ENGINEERING A SAFER WORLD: Systems Thinking Applied to Safety

システム理論による安全工学
－想定外に気づくための思考法 STAMP－

Nancy G. Leveson 著

兼本　茂・福島祐子 監訳

青木善貴・石井正悟・岡本圭史
沖汐大志・片平真史・金子朋子
兼本　茂・日下部茂・野本秀樹
橋本岳男・福島祐子・向山　輝
山口晋一・吉岡信和・余宮尚志
訳

共立出版

Engineering a Safer World: Systems Thinking Applied to Safety
by Nancy G. Leveson

Copyright © 2011 Massachusetts Institute of Technology
All rights reserved.

Japanese translation published by arrangement with The MIT Press through The English Agency (Japan) Ltd.

Japanese language edition published by KYORITSU SHUPPAN CO., LTD.

日本語版に寄せて

今、我々の使っている事故防止のためのエンジニアリング・ツールの多くは、すべて60年以上も前の、より単純でアナログな世界において開発されたものです。当時は、今とはまったく違う種類の技術が使われており、ソフトウェアを含むシステムや、今日のような複雑なシステムはほとんどありませんでした。

これらの古いツールを使って、今日の非常に複雑なソフトウェア集約型システムの事故を防ごうとしても、その有効性はだんだんと小さくなってゆくでしょう。そのようなシステムの事故の原因は、過去に起きていた事故とは異なります。社会技術的でソフトウェア集約的なこの複雑な世界と、私たちの周りで繰り広げられている技術革命の中では、より適した「何か新しいもの」が必要とされています。

本書は、システム理論とより包括的で最新の事故原因モデルに基づいた、安全工学への新しいアプローチについて述べています。この新しいアプローチは有効なのでしょうか？　このアプローチは航空や防衛を中心としたほとんどの産業で損失を防ぐために使われており、世界中に広がりつつあります。そして、科学的、経験的に比較することによって、従来の安全工学的なアプローチよりも優れていることが示されています。この新しいアプローチは、過去のシステムではなく、今日運用されているシステムに合わせて設計されているため、従来の手法に比べて、より効果的で、コストがかからず、使いやすい手法です。

本書では、安全工学における「何か新しいもの」の必要性を説明した上で、コンポーネントの単純な故障を超えた因果関係の拡張モデルと、新しい事故・ハザード分析手法を提案します。また、今日の重要なシステムの運用と管理に必要とされているのは何かということを、具体例を交えて概説します。本書で提示したツールは、従来のエンジニアリングの枠を超えて、安全性向上とリスク管理のために、今日のあらゆる種類の大規模な社会技術システムに適用され、活用されています。

このたび本書が日本語で読めるようになり、世界をより安全に暮らせる場所にするためのこの画期的なアプローチが、より多くの方々に触れてもらえることをとてもうれしく思います。

ナンシー・G・レブソン

The engineering tools developed to prevent accidents were all developed over 60 years ago, in a simpler, analog world. At that time, very different types of technology were used: There were few systems that contained software or had the complexity of our systems today.

Trying to prevent accidents using those tools on today's enormously complex, software-intensive systems is becoming less and less effective. The causes of accidents today are different than those that occurred in the past. We need something new that is better suited to our complex, sociotechnical, and software-intensive world and the technological revolution that is unfolding around us.

This book describes a new approach to safety engineering, based on systems theory and a new, more comprehensive and up-to-date model of accident causes. Does this new approach work? It is being used in most industry, especially aviation and defense, to prevent losses and is spreading around the world. Comparisons, both scientific and empirical, show its superiority over traditional safety engineering approaches. It is more effective, less costly, and easier to use than the traditional techniques because it is designed for the types of systems designed and operated today, not those of the past.

This book describes the need for something new in safety engineering, presents an extended model of causation that goes beyond simple component failure, describes new accident analysis and hazard analysis techniques, and outlines what is need to operate and manage critical systems today. These tools go beyond traditional engineering and are also appropriate and being used on all types of large sociotechnical systems today to improve safety and manage risk.

I am thrilled that the book is now available in Japanese and that more people will be exposed to this revolutionary approach to making our world a safer place to live.

Nancy G. Leveson

訳者まえがき

　本書は、2011 年に出版されたナンシー・レブソン教授による『Engineering a Safer World』の翻訳です。STAMP（システム理論に基づく事故モデルとプロセス）という新しい安全工学を提唱している本と言った方が伝わるかもしれません。10 年以上前の書籍の訳本を刊行することに疑問を持たれる方もいるでしょう。しかし、車の自動運転や AI 技術などソフトウェア集約的なシステムの実用化が進んでいる今だからこそ、大規模で複雑なシステムの安全をより確かなものにするために必要な考え方（STAMP 理論）と分析手法を、この本から学ぶ必要があります。そして、日本国内で、より読みやすい日本語で出版することには意味があると考えます。

　この STAMP 理論については、JAXA（宇宙航空研究開発機構）、JAMSS（有人宇宙システム株式会社）などで先駆的な研究活動もされていましたが、日本で注目を集めたのは、2015 年 6 月に IPA（（独）情報処理推進機構）でナンシー・レブソン教授を招いた講演会が開催されてからといえます。その後、IPA/IoT システム安全性向上ワーキンググループ（2015 年〜2018 年）や、AI/IoT システム安全性シンポジウム（2019 年〜）などで普及・啓発活動が行われ、STPA（システム理論に基づくプロセス分析）や CAST（STAMP に基づく因果関係分析）などの理解が進んできました。

　一方で、これらの手法の基盤となっている「システム理論」と、そこからなぜ STAMP が生まれたか、さらには、なぜこの考え方が従来の安全工学に対するパラダイムシフトとなっているかは、十分に理解されているとは言い難いでしょう。「あとがき」で述べられているように、システム思考とシステム理論に基づいて、「故障の防止」から「振る舞いに関する安全制約の強化」へ、「信頼性の確保」から「安全のコントロール」へと焦点を変えた、安全工学の新しいアプローチが STAMP の本質だといえます。この STAMP は、2011 年の福島の原発事故後、注目を集めているレジリエンスエンジニアリング（故障が起こっても、最低限の安全機能が確保される弾力性をもったシステム構築の考え方）とも相通じる考え方でもあります。この新しい考え方をきちんと理解して STAMP を使っていくことは、より安全な世界を創り上げるという本来の目的に沿った成果につなげるために、極めて重要であるといえます。

　英語による原文からこのような考え方を汲み取るには、多くの方々にとっては時間のかかる厄介な作業だと思われます。今回の訳本は、そのような方々のために刊行するものであり、大胆な意訳も含めて、できるだけ読みやすくなるように心がけたものです。ただし、特定のキーワードでは、カタカナを入れて訳すことで混乱を防ぐようにしています。たとえば、「safety control structure」は、機械を対象とした安全を考える場合、「安全制御構造」と訳せますが、本書では組織が絡んだ安全も対象としており、その場合、「安全管理体制」と訳したほうが読みやすくなります。しかし、同じキーワードを異なる日本語に訳すことで、著者の意図が間違って伝わる可能性もあります。このような混乱を避けるため、「安全コントロールストラクチャー」とカタカナ訳にしました。

　本書では、現実に起こった事故である、米国のブラックホーク・ヘリコプターに対する味方への誤射、バイオックスの薬品リコール、アメリカ海軍の SUBSAFE 安全管理プログラム、そしてカナダの町の公共水道の細菌汚染などに適用した事例が紹介され、その中で STAMP 理論の有効性が確認されています。この他にも、STAMP は大規模システムの安全分析で数多く試されてきており、従来の技術よりも効果的で、コストがかからず、使いやすいことがわかってきました。この STAMP に基づくアプ

ローチは、安全性を後付けするのではなく、システム工学の初期段階から組み込むことにより、はるかに低いコストでより安全な世界を実現できるものといえます。このような考え方は、組織や人が絡んだソフトウェア集約システムでは特に大事です。

日本では、大きな事故の際、その責任を追及することが注目されます。事故の原因や責任を追及することは必要ですが、本書で指摘されている最も大切なことは、その間違いを誘発した本質的原因や、それをカバーできる装置や体制がなぜなかったのかということの考察と、それに基づいた再発防止体制を構築することです。これには、システム全体を俯瞰できるシステミックな思考を持った人とそれを支援できる方法論が必要になります。また、システムのコンポーネントの信頼性を高めるだけでは複雑なシステムの安全性向上にはつながらないといったことも指摘されています。高信頼性のコンポーネント作りに秀でた日本のエンジニアへの警告と捉えるべきかもしれません。本書のいろいろな事例はこのようなことを考える良い機会になると思います。

ナンシー・レブソン教授は、ソフトウェア信頼性・システム安全分野ですぐれた研究を精力的に推進されています。本書の前作である『Safeware（邦題：セーフウェア、翔泳社刊）』は、ソフトウェア信頼性という視点だけでなく、人や組織まで含んだシステム安全という視点で安全を考えている先駆的な名著ですが、システム安全の考え方を哲学といえるまでにまとめたのが本書といえます。ここから始まったSTAMPという考え方は、MIT主催で毎年開催されているSTAMPワークショップに集まる幅広い産業界の方々によって具体化され、多くの成果が得られています。日本でも、IPAでのIoTシステム安全性向上ワーキンググループを受けて、前述のAI/IoTシステム安全性シンポジウムという専門家が集まる会合が毎年開催されていますが、安全という扱いにくいテーマのために、産業界からの積極的な参加は限られているのが実情です。この邦訳本の出版がこのような壁を破るきっかけになればよいと考えています。

本書は、システム安全に興味を持つ、企業の経営者／管理者／担当者／開発者、大学教員／学生だけでなく、安全エンジニアを含むエンジニアの方々、および、エンジニアではない方々をも対象としています。大規模なシステムを設計し、さらに、長期間にわたって運用するという難しい課題を抱えているのは、決してエンジニアだけではないでしょう。経営者や管理者に加えて、そのようなシステムの規制を行う方々や、受益者としての地域の方々を含む消費者など多岐にわたります。本書では多くの実例を対象とした説明がなされており、エンジニアでない方々にとっても十分に理解でき、実務にも役立つ説得力ある記述となっています。

翻訳には、レブソン教授に師事したメンバー、および、IPAワーキンググループとそれに続くAI/IoTシステム安全性シンポジウムの委員などが参加しています。これらのメンバーが、レブソン教授の意に沿った訳になるよう、議論を尽くしてきました。この邦訳本の出版を機に、ぜひ多くの方々に読んでいただきたいところです。

なお、翻訳に際しては、各章に担当者を割り振った後、一次・最終・監修と複数回の相互レビューを重ねたため、各章の担当訳者の表示は省略することにしました。

2024年10月

訳者を代表して　兼本茂、福島祐子

我々は、今持っているテクノロジーには生命力や意志があり、あたかもそれ自身で進んでいるように偽っている。すべてをテクノロジーのせいにすることも、すべてを釈明することもでき、最後にはテクノロジーを使って我々自身を正当化することもできてしまう。

—— T. Cuyler Young, *Man in Nature*

私にシステム安全工学を教えてくれたすべての偉大なエンジニアたち、特に私を信じてくれたグラディ・リー（Grady Lee）に感謝します。また、米国でシステム安全を作り上げた C・O・ミラー（C. O. Miller）を始めとする米国の航空宇宙エンジニアや、ヨーロッパで先駆的な取り組みをしたイェンス・ラスムッセン（Jens Rasmussen）を筆頭とする、安全に対してシステム思考を適用するための初期の基礎を作った人々にも感謝します。

目　次

日本語版に寄せて　iii
訳者まえがき　v
まえがき　xvii

第1部　基礎 ——————————————————————————— 1

第1章　なぜ今までと違うものが必要なのか？ ················· 3

第2章　伝統的な安全工学の基礎を疑う ···················· 7
2.1　安全性と信頼性に関する勘違い　7
2.2　事象連鎖としての事故因果関係のモデル化　13
　　2.2.1　直接的な因果関係　17
　　2.2.2　事象を選択する際の主観性　17
　　2.2.3　連鎖条件の選択における主観性　19
　　2.2.4　システミックな要因の軽視　21
　　2.2.5　事故モデルへのシステミックな要因の取り込み　24
2.3　確率論的リスク評価の限界　28
2.4　事故発生時のオペレーターの役割　30
　　2.4.1　事故の原因はオペレーターによるものが多いのか？　31
　　2.4.2　後知恵バイアス　32
　　2.4.3　システム設計がヒューマンエラーに与える影響　33
　　2.4.4　メンタルモデルの役割　34
　　2.4.5　ヒューマンエラーに対する異なる考え方　37
2.5　事故におけるソフトウェアの役割　39
2.6　システムの静的な見方と動的な見方　42
2.7　非難の矛先を決めることへのこだわり　43
2.8　新しい事故モデルの目標　47

第3章　システム理論と安全性の関係 ···················· 51
3.1　システム理論入門　51
3.2　創発と階層　53
3.3　コミュニケーションとコントロール　54
3.4　システム理論を用いた事故の理解　56
3.5　システム工学と安全性　57
3.6　システム設計への安全の組み込み　59

第2部　STAMP：システム理論に基づく事故モデル —— 61

第4章　因果関係に対するシステム理論的な見方 ……………………… 63

4.1　安全制約　64
4.2　階層的な安全コントロールストラクチャー　67
4.3　プロセスモデル　72
4.4　STAMP　74
4.5　事故原因の一般的な分類　76
　　4.5.1　コントローラーの動作　77
　　4.5.2　アクチュエーターとコントロール対象のプロセス　81
　　4.5.3　コントローラーと意思決定者間の連携とコミュニケーション　81
　　4.5.4　コンテキストと環境　83
4.6　新しいモデルの適用　83

第5章　味方への誤射による事故 ………………………………………… 87

5.1　背景　87
5.2　味方への誤射による事故を防止する階層的な安全コントロールストラクチャー　90
5.3　STAMP を用いた事故分析　100
　　5.3.1　近接事象　100
　　5.3.2　物理的なプロセスの失敗と相互作用の機能不全　103
　　5.3.3　航空機と兵器のコントローラー　105
　　5.3.4　空挺指令員（ACE）と任務指揮官（MD）　118
　　5.3.5　AWACS のオペレーター　121
　　5.3.6　コントロールの上位レベル　129
5.4　味方への誤射の事例からの結論　138

第3部　STAMPの活用 ————————————————————— 141

第6章　STAMPを用いたより安全なシステムのエンジニアリングと運用 …………… 143

6.1　安全への取り組みの費用対効果が高くない場合があるのはなぜか？　143
6.2　安全におけるシステム工学の役割　147
6.3　システム安全工学のプロセス　148
　　6.3.1　経営管理　149
　　6.3.2　開発　149
　　6.3.3　運用　150

第7章　基本的な活動 ……………………………………………………… 151

7.1　事故と許容できない損失の定義　151
7.2　システムハザード　153
　　7.2.1　システム境界を描く　154
　　7.2.2　高レベルのシステムハザードの識別　156

目　次　　xiii

7.3　システム安全要求と安全制約　159

7.4　安全コントロールストラクチャー　162

　　　7.4.1　技術システムの安全コントロールストラクチャー　163

　　　7.4.2　社会システムにおける安全コントロールストラクチャー　168

第8章　STPA：新しいハザード分析手法 ……………………………………………… 175

8.1　新しいハザード分析手法の目的　175

8.2　STPA の手順　176

8.3　潜在的にハザードにつながるコントロールアクションを識別する（ステップ1）　180

8.4　非安全なコントロールアクションがどのように発生し得るかを判断する（ステップ2）　182

　　　8.4.1　因果関係シナリオの識別　183

　　　8.4.2　コントロールの経時的な劣化の考慮　187

8.5　ヒューマンコントローラー　188

8.6　安全コントロールストラクチャーの組織コンポーネントに対する STPA の利用　191

　　　8.6.1　プログラムと組織のリスク分析　191

　　　8.6.2　ギャップ分析　193

　　　8.6.3　組織およびプログラムのリスクを識別するためのハザード分析　194

　　　8.6.4　分析の使用と拡張の可能性　197

　　　8.6.5　伝統的なプログラムリスク分析法との比較　197

8.7　社会技術システムのリエンジニアリング：医薬品の安全性とバイオックスの悲劇　198

　　　8.7.1　バイオックスの承認・回収にまつわる事象　198

　　　8.7.2　バイオックスの事例分析　200

8.8　STPA と従来の伝統的なハザード分析法との比較　205

8.9　まとめ　206

第9章　安全主導設計 ……………………………………………………………………… 207

9.1　安全主導設計プロセス　207

9.2　産業用ロボットの安全主導設計の例　208

9.3　安全性の設計　216

　　　9.3.1　コントロール対象のプロセスと物理的なコンポーネントの設計　217

　　　9.3.2　コントロールアルゴリズムの機能設計　218

9.4　ヒューマンコントローラーの設計における特別な考慮事項　225

　　　9.4.1　簡単であるが効果のないアプローチ　225

　　　9.4.2　コントロールシステムの中の人間の役割　227

　　　9.4.3　ヒューマンエラーの基本的な考え方　229

　　　9.4.4　コントロールの選択肢の提供　231

　　　9.4.5　タスクを人間の特徴に合わせる　233

　　　9.4.6　一般的なヒューマンエラーを減らすための設計　234

　　　9.4.7　正確なプロセスモデルの作成と維持の支援　236

　　　9.4.8　情報とフィードバックの提供　244

9.5　まとめ　252

第10章 システム工学への安全の統合 253

10.1 仕様書の役割と安全情報システム　253

10.2 インテント仕様　255

10.3 システムと安全を統合した工学のプロセス　258

    10.3.1 システムの目標の設定　259

    10.3.2 事故の定義　261

    10.3.3 システムハザードの識別　261

    10.3.4 アーキテクチャーの選択とシステムのトレードオフ検討への安全性の組み込み　262

    10.3.5 環境に関する想定の文書化　269

    10.3.6 システムレベルの要求の生成　271

    10.3.7 高レベルの設計制約と安全制約の識別　272

    10.3.8 システム設計と分析　278

    10.3.9 システム制限の文書化　284

    10.3.10 システム認証、保守、進化　285

第11章 CAST：事故とインシデントの分析 287

11.1 STAMP の事故分析への適用における一般的なプロセス　288

11.2 近接事象連鎖の作成　289

11.3 損失が発生したシステムとハザードの定義　290

11.4 安全コントロールストラクチャーの文書化　292

11.5 物理的なプロセスの分析　293

11.6 安全コントロールストラクチャーの上位レベルの分析　296

11.7 後知恵バイアスに関する言葉とその具体例　306

11.8 連携とコミュニケーション　311

11.9 ダイナミクスと高リスクな状態への移行　314

11.10 CAST 分析からの推奨事項の生成　315

11.11 CAST と伝統的な事故分析との実験的比較　319

11.12 まとめ　321

第12章 運用時の安全コントロール 323

12.1 運用時の安全コントロール　324

12.2 運用時の開発プロセスの欠陥の検出　326

12.3 変更の管理またはコントロール　327

    12.3.1 計画された変更　328

    12.3.2 計画外の変更・変化　328

12.4 フィードバック・チャネル　330

    12.4.1 監査とパフォーマンス評価　331

    12.4.2 異常、インシデント、および事故の調査　332

    12.4.3 報告システム　333

12.5 フィードバックの利用　337

12.6 教育と訓練　338

12.7 運用安全管理計画の作成　339

12.8 労働安全への STAMP の適用　341

目 次　　　　　　　　　　　　　　　　　　　　　　　　　　　　　　　　　　　　xv

第13章　安全のための経営管理と安全文化 ……………………………………………… 343

13.1　なぜ経営者は安全に配慮し投資する必要があるのか？　343

13.2　安全目標を達成するための一般的な要求事項　347

13.2.1　経営陣のコミットメントとリーダーシップ　348

13.2.2　企業の安全方針　349

13.2.3　コミュニケーションとリスク認識　350

13.2.4　より高いリスクへのシステム移行のコントロール　352

13.2.5　安全、文化、非難　352

13.2.6　効果のある安全コントロールストラクチャーの構築　358

13.2.7　安全情報システム　363

13.2.8　継続的改善と学習　365

13.2.9　教育、訓練、能力開発　365

13.3　最終的な考察　365

第14章　SUBSAFE：米国海軍の潜水艦安全プログラムの成功事例 …………… 367

14.1　プログラムの沿革　367

14.2　SUBSAFE の目的と要求事項　370

14.3　SUBSAFE のリスク管理の基本　371

14.4　権力の分離　372

14.5　認証　373

14.5.1　初期認証　373

14.5.2　認証の維持　374

14.6　監査手順とアプローチ　375

14.7　問題の報告と批評　377

14.8　課題　377

14.9　継続的な訓練と教育　378

14.10　潜水艦の生涯を通した実行とコンプライアンス　378

14.11　SUBSAFE から学ぶべき教訓　378

あとがき　381

付録A　定義　385

付録B　人工衛星の損失　387

付録C　公共水道の細菌汚染　409

付録D　システムダイナミクス・モデリングの概要　427

参考文献　429

索引　438

まえがき

　私は、コンピューター・サイエンスの大学院を修了し、コンピューター・サイエンス部門の教員になった後、システム安全の分野での冒険を始めた。新しい仕事に就いた最初の週に、当時ヒューズ・エアクラフトの地上システム部門に所属していたシステム安全エンジニア、マリオン・ムーン（Marion Moon）から電話がかかってきた。どうやら、彼は何人かの教員の間を尋ね歩いてきたようで、私が最後の望みだったようだ。魚雷のプロジェクトで、「ソフトウェア安全」と呼ばれる新しい問題に取り組んでいるとのことだった。私は、それについては何も知らないし、まったく関係のない分野で働いていることを告げた。そして、この問題を調べる気はある、と付け加えた。そこから、解決策と、より安全なシステムを構築する方法というさらに一般的な問題への 30 年の探究が始まった。

　2000 年頃、私はとても落胆していた。多くの優秀な人々が安全性の問題に長い間取り組んできたにもかかわらず、進歩が止まっているように思えたからだった。エンジニアが熱心に安全分析を行っても、事故にはあまり効果がないように思えた。進歩が見られない理由は、従来の安全工学の基礎となる技術的な土台や想定が、今日の複雑なシステムに対しては不十分だからであると考えた。

　工学の世界は技術革命を経験したが、フォールトツリー解析や故障モード影響分析など、安全・信頼性工学に適用される基本的な工学的手法はほとんど変化してこなかった。一方、今やデジタルコンポーネントを使用しないシステムはほとんどなく、しかも、それらが取って代わった従来の純粋なアナログシステムとはまったく異なる働きをしている。同時に、システムとそれを取り巻く世界の複雑さも非常に増大している。従来の安全工学は、もっと単純でアナログな世界をベースにしていたが、事故の原因が変化するにつれ、その有効性が薄れつつある。

　私は 20 年来、産業界のエンジニアがソフトウェア集約型の新しいシステムに旧来の手法を適用しようと奮闘し、多大な労力を費やしたものの、ほとんど成果を上げることができずにいるのを見てきた。同時に、損失を大幅に減らすには、エンジニアはもはや技術的な問題点だけに目を向け、安全性に影響を与える社会的、経営的さらには政治的な要因を無視するわけにはいかなくなってきた。そこで私は、何か新しいものを探そうと決心した。本書は、その探究の結果と、その結果生まれた新しい事故因果関係モデルとシステム安全手法について述べたものである。

　その解決策は、現代のシステム思考とシステム理論に基づいた安全へのアプローチを構築することにあると考えている。これらのアプローチは、一見新しく、パラダイム・シフトのように見えるが、第二次世界大戦後に開発されたシステム工学の考え方に根ざしている。また、1950 年代に C・O・ミラー（C. O. Miller）、ジェローム・レデラー（Jerome Lederer）、ウィリー・ハマー（Willie Hammer）などの航空宇宙技術者によって開拓された、システム安全（MIL-STD-882）という安全工学に対する独自のアプローチも基盤となっている。この安全に対するシステムズアプローチは、もともと航空宇宙システム、特に軍用機や弾道ミサイルシステムの複雑化に対応するために生み出された。しかし、これらの考え方の多くは長年の間に失われ、また、より主流の工学的手法、特に信頼性工学の影響によって退けられてきた。

　本書は、このような初期のシステムズアプローチの考え方に立ち返り、それらの考え方を今日の技術に合わせてアップデートしたものである。また、イェンス・ラスムッセン（Jens Rasmussen）とその

追随者たちがヨーロッパで行った、システム思考を安全工学や人間工学に応用するための先駆的な研究も基礎としている。

今日までの経験から、本書で紹介する新しいアプローチ（現代のシステム思考・システム理論に基づいた安全へのアプローチ）は、現在の技術よりも効果的で、コストがかからず、使いやすいということがわかってきた。ぜひとも参考にしていただきたい。

『セーフウェア』との関係

私の最初の著書『Safeware（邦題：セーフウェア、翔泳社刊）』は、今日、システム安全（MIL-STD-882）において知られていること、実践されていることを幅広く紹介し、技術の現状を理解するための参考となるものである。重複を避けるため、『セーフウェア』に登場する安全工学の基本概念に関する情報は、基本的には繰り返さない。しかし、本書自体の一貫性を保つため、特に『セーフウェア』を執筆した後に理解が深まったトピックについては、若干の繰り返しがある。

想定する読者層

本書は、学術研究者や一般の方々よりむしろ、洗練された実務家向けに書かれている。そのため、参考文献は記載しているが、このトピックについてこれまでに書かれたすべてを引用したり、説明したり、この分野の研究の現状を学術的に分析することはしていない。本書の目的は、事故を減らし、システムや高度な製品をより安全にするために、エンジニアや安全性に関心のある人々が使えるツールを提供することである。

また、本書は、安全エンジニアではない方々や、エンジニアではない方々をも対象として書かれている。このアプローチは、医療や金融など、あらゆる複雑な社会技術システムに適用することができる。本書は、安全性を向上させ、リスクをよりよく管理するために、システムを「リエンジニアリング」する方法を示している。もし、あなたの分野で潜在的な損失を事前に回避することが重要であるならば、その答えは本書にあるかもしれない。

内容紹介

この安全への新しいアプローチの基礎となる大前提は、今日の人工的に作られたシステムを扱うためには、従来の因果関係のモデルを拡張する必要があるということである。最も一般的な事故因果関係モデル（accident causality models）では、事故は部品の故障によって引き起こされ、システムの部品を高信頼化したり、部品の故障を想定した計画を立てたりすれば事故が防げると想定している。この想定は、過去の比較的単純な電気機械システムにおいては正しいが、今日私たちが構築しているような複雑な社会技術システムにおいては、もはや正しくない。安全性を向上させ、リスクをより適切に管理するには、より効果的な工学的アプローチの基礎となる、事故因果関係に関する新しい拡張モデルが必要なのである。

本書は3つのパートで構成されている。第1部では、なぜ新しいアプローチが必要なのか、従来の事故モデルの限界、新しいモデルの目標、新しいモデルのベースとなるシステム理論の基本的な考え方を説明する。第2部では、拡張された新しい因果関係モデルを提示する。最後のパート（第3部）では、事故調査・分析、ハザード分析、安全設計、運用、管理など、システム安全工学の新しい技法を生み出すために、新しいモデルがどのように利用できるかを示す。

本書の準備に長い時間を要したのは、実際のシステムにおいて自分自身で新しい技法を試して、これらの新しい技法がうまく機能し、効果的であることを確認したかったからである。これ以上出版を遅ら

まえがき xix

せないために、演習問題や多くの事例、その他の教育・学習用教材を作成したら、将来的にウェブサイトからダウンロードできるようにするつもりである。

第6章から第10章は、システム安全工学とハザード分析に関するものであり、意図的に独立した内容にしている。そのため、安全に関することがらは授業内容の一部にすぎないが、安全の実践的設計面が最も関係しているような、学部や大学院のシステム工学の授業で使用することができる。

謝辞

本書を生み出した研究の一部は、NSFとNASAから長年にわたって多くの研究助成金を受けた。NASAラングレー研究所のデビット・エッカート（David Eckhardt）は、この研究を始めるにあたり、初期の資金を提供してくれた。

また、長年にわたってこれらのアイデア（訳注：現代のシステム思考、システム理論に基づいた安全へのアプローチを構築しよう、というアイデア）の発展を助けてくれた学生や同僚たちにも感謝している。その人たちの数はあまりに多く数えきれないほどだが、彼らが考え出したアイデアや、私たちが一緒に取り組んだアイデアについて、本書を通してその功績を称えるように努めた。もし、私がうっかりして功績を称えるべきところで記載していないことがあれば、あらかじめお詫びしておく。私は門下生や同僚と頻繁に議論してアイデアを共有しているので、ときにはアイデアがどこから出てきたものかわからなくなることもある。通常、創作の過程では、お互いがほかの人が行ったことを積み重ねていくので、誰がどのアイデアを創作したのか判断がつかないこともある。もちろん、彼らが非常に貴重な意見を提供し、私の思考に大きく貢献してくれたことは言うまでもない。

特に、本書の執筆中にMITに滞在し、アイデアの展開に重要な役割を果たしてくれた門下生に感謝している。ニコラス・デュラック（Nicolas Dulac）、マーガレット・ストリングフェロー（Margaret Stringfellow）、ブランドン・オーウェンス（Brandon Owens）、マシュー・クチュリエ（Matthieu Couturier）そしてジョン・トーマス（John Thomas）。この中の数名は、本書で使用されている事例作成に協力してくれた。

このほか、下記の元門下生も本書中のアイデアに重要な示唆を与えてくれた。マット・ジャフィ（Matt Jaffe）、アーウィン・オン（Elwin Ong）、ナターシャ・ネオギ（Natasha Neogi）、カレン・マレー（Karen Marais）、キャスリン・ヴァイス（Kathryn Weiss）、デビッド・ジプキン（David Zipkin）、スティーヴン・フリーデンタール（Stephen Friedenthal）、マイケル・ムーア（Michael Moore）、ミルナ・ダウク（Mirna Daouk）、ジョン・スティーレー（John Stealey）、ステファニー・チエジ（Stephanie Chiesi）、ブライアン・ワン（Brian Wong）、マル・アサートン（Mal Atherton）、シューイチロウ・ダニエル・オータ（Shuichiro Daniel Ota）そしてポリー・アレン（Polly Allen）。

下記の同僚たちからも協力を得て、意見を寄せてもらった。シドニー・デッカー（Sidney Dekker）、ジョン・キャロル（John Carroll）、ジョエル・カッチャー・ガーシェンフェルド（Joel Cutcher-Gershenfeld）、ジョゼフ・サスマン（Joseph Sussman）、ベティ・バレット（Betty Barrett）、エド・バチェルダー（Ed Bachelder）、マーガレット・アン・ストーリー（Margaret-Anne Storey）、メーガン・ディエクス（Meghan Dierks）、スタン・フィンケルシュタイン（Stan Finkelstein）。

第1部

基　礎

第1章 なぜ今までと違うものが必要なのか？

　本書は、より安全なシステムを構築するために、伝統的な安全工学とは重要な点で異なる新しいアプローチを提示する。伝統的なアプローチは、過去に考案されたより単純なシステムには有効であったが、今日、私たちが構築しようとしているシステムや、それらシステムがその中で構築されるコンテキスト（context、訳注：背景、前後関係、状況、条件などの意味だが文脈で異なるのでカタカナで表現する）には大きな変化（changes）が生じてきている。以下のような変化によって、安全工学の守備範囲が広がりつつある。

- **技術の変化の速さ**：過去の事故から学ぶことは、今でも安全工学の重要な要素だが、事故を防止するための設計について何世紀にもわたって学んできた教訓が、古い技術が新しい技術に置き換わるときに失われたり、効果を失ったりする可能性がある。技術は、私たちのエンジニアリング手法がその変化に対応するよりも、はるかに速いスピードで変化している。新しい技術は、私たちのシステムに未知のものを持ち込み、損失（loss）への新たな経路を作り出す。

- **経験からの学習能力の低下**：新技術の開発が急速に進むと同時に、新製品の市場投入までの時間が大幅に短縮され、この時間をさらに短縮しようという強いプレッシャーが存在するようになった。今世紀初頭、基礎技術の発見から製品として世に出るまでの平均時間は30年であった。現在、私たちの技術は2〜3年で市場に投入され、5年後には時代遅れになっているかもしれない。商業的あるいは科学的に利用する前に、潜在的な振る舞いやリスクをすべて理解するために、システムや設計を慎重にテストする時間的余裕はもはや存在しない。

- **変化する事故の本質**：技術や社会の変化に伴い、事故の原因も変化している。システム工学やシステム安全工学の手法は、技術革新の急速なペースに追いついていない。特にデジタル技術は、エンジニアリングのほとんどの分野で静かな革命を起こしている。電気機械的な（electromechanical）コンポーネントの事故防止に有効だったアプローチ（コンポーネントの冗長化による個々のコンポーネントの故障防止など）の多くは、デジタルシステムやソフトウェアの使用によって発生する事故をコントロールするのには、有効ではない。

- **新しいタイプの危険（hazards）**：科学の進歩や社会の変化によって、新たな危険性が生じている。たとえば、人々は、食物や環境中に含まれる新しい人工化学物質や毒素にさらされることが多くなっている。また、製薬製品の未知の副作用により、多くの人々が被害を受ける可能性がある。抗生物質の誤用や過剰摂取により、耐性菌が発生することもある。安全工学上の最もよくある戦略は、これらの新たな危険の多くに対して限られた効果しか及ぼさない。

- **複雑性の増加と結合の増加**：複雑性にはさまざまな形態があるが、私たちが構築しようとしているシステムでは、そのほとんどが複雑化する傾向にある。たとえば、**インタラクティブな複雑性**（システムコンポーネント間の相互作用に関連）、**動的な複雑性**（時間の経過に伴う変化に関連）、**分解的な複雑性**（構造分解が機能分解と一致しない場合）、**非線形な複雑性**（原因と結果が直接的または明白な方法で関連していない場合）などがある。システムの運用は、一部の専門家以外には理解できないほ

ど複雑なものもあり、そのような専門家でもシステムの潜在的な振る舞いについては、不完全な情報を持っている場合もある。問題は、私たちが自身の知的管理能力を超えるシステムを構築しようとしていることである。つまり、システムのあらゆる種類の複雑さが増すと、設計者がシステムの潜在的な状態をすべて考慮すること、そして、オペレーターがすべての正常・異常の状況や外乱を安全かつ効果的に処理することが難しくなる。実際、複雑性とは、知的管理能力不能（intellectual unmanageability）と定義することすら可能である。

この状況は今に始まったことではない。歴史上、発明や新技術はしばしば科学的な裏付けやエンジニアリングの知識より先行してきたが、科学や工学が追いつくまで、常にリスクの増大と事故の発生がついて回ることになった[1]。私たちは今、リスクをコントロールするための現在のアプローチの力を大幅に高め、新たに改善されたリスク管理戦略を生み出すことで、技術の進歩に追いつかなければならない立場にあるのである。

- **1つの事故に対する耐性の低下**：事故による損失は、私たちが構築するシステムのコストや潜在的な破壊性の上昇によって増大している。新しい科学・技術の発見は、新たな危険や増大する危険（放射能被曝や化学汚染など）を作り出しただけではなく、システムのスケール増大に伴い、被害を受ける人数の増大、環境汚染、遺伝子損傷などを通して未来の世代への影響を与えるものになってきている。経済的損失や科学技術の発展を阻害するような損失の規模も、増大しつつある時代になった。たとえば、宇宙機は製作に10年の時間と十数億ドルの資金を要するが、それを失う時間は数分である。金融システムの崩壊は、ますます相互接続・相互依存しつつある経済に世界規模の影響を与えるようになってきている。事故から学ぶというやり方（飛行－修正－再飛行（fly-fix-fly）という安全へのアプローチ）は、最初の事故を起こさないようにすることに注力するよう改善される必要がある。

- **優先度の選択とトレードオフの難しさ**：1つの事故による損失が増加する一方で、企業はコストと生産性に関して短時間で意思決定しなければならない厳しく競争的な環境に直面している。政府機関は、技術がますます高価になる時代において、予算の制限に対処しなければならない。そのため、安全性よりもコストやスケジュールのリスクを優先し、近道をしようとする傾向が強くなる。意思決定者は、このような厳しい判断を下すための情報を必要としている。

- **人間と自動化とのより複雑な関係**：人間は、システムのコントロールを自動化システムと協調的に行い、より高いレベルの意思決定を行う立場になり、その意思決定を自動化が実行することが多くなっている。このような変化は、モードの混乱を引き起こすような新しいタイプのヒューマンエラーや、作為と不作為のエラーの増加といった新しいヒューマンエラーの多様化をもたらしている[182, 183]。人間と機械の間の不適切なコミュニケーションは、ますます重要な事故要因になりつつある。現在の安全工学のアプローチでは、このような新しいタイプのエラーに対処することはできない。

人間のあらゆる振る舞いは、それが起こる状況に影響される。ハイテクなシステムを使って働くオ

---

1 たとえば、19世紀前半に導入された高圧蒸気エンジンは、産業や輸送に大きな変革をもたらしたが、その一方で爆発事故が頻発する結果となった。熱力学、シリンダー内の蒸気のアクション、エンジン内の材料の強度など、蒸気機関の運用に関する科学的情報はエンジニアの間で急速に蓄積されたが、ボイラー内の蒸気圧力の蓄積、腐食や腐敗の効果、ボイラー爆発の原因などについては、ほとんど科学的理解が得られていないのが実情であった。高圧蒸気は、ボイラーに過大な負担をかけ、材料や構造の弱点をさらすことで、当時のボイラー設計を陳腐化させていたのである。技術的な安全装置を加えようとしても、エンジニアが蒸気ボイラーの内部を十分に理解していなかったため、うまくいかなかった。蒸気生成のダイナミクスが理解されるようになったのは、今世紀半ばを過ぎてからである[29]。

ペレーターは、しばしば、彼らが使う自動化の設計や、彼らが働く社会的・組織的環境に翻弄されることになる。オペレーターのエラーのせいだと非難された最近の事故の多くは、オペレーターが運用する環境の欠陥に起因するというのがより正確な見方といえるであろう。職場と自動化の設計を改善することによって事故を減らすという新たなアプローチが待ち望まれている。

• **安全に対する規制や人々の見解の変化：** 今日の複雑に絡み合う社会構造において、安全に対する責任は個人から政府へと移行しつつある。個人はもはや身の回りのリスクをコントロールする能力を持たず、政府に対して、法律やさまざまな形の監査や規制を通して人々の安全を確保するためにより大きな責任を負うことを期待している。企業は、安全リスクと時間・予算とのバランスを取るのに苦労している。経済的な目的を阻害することなく、より効果的な規制戦略を設計する方法が求められている。個人やグループを保護するために裁判に頼ることは、潜在的なマイナス面を多く含んでいる。たとえば、法律訴訟を恐れて技術革新を抑制したり、不必要にコストを増加させたり、製品やサービスへのアクセスを低下させたりする。

伝統的な安全工学アプローチを段階的に向上させても、より安全なシステムをエンジニアリングする能力が大きく向上することはない。今日私たちが扱っているようなタイプのシステムやハザードをエンジニアリングし、運用するには、大きなパラダイム変化が必要なのである。本書は、システム理論やシステム思考を用いることで、事故因果関係の理解を広げ、より強力な（そして驚くほどコストのかからない）新たな事故分析・防止手法を示す。また、人間の死傷にとどまらず、設備、ミッション、金融、情報などあらゆるタイプの大きな損失を含む、より広範な事故と安全性の定義が可能になる。

本書の第1部では、新しいアプローチの基礎を紹介する。最初のステップは、事故の原因について、（かつては適合していたとしても）もはや今日のシステムに適合しない、現在のあまりに単純な事故原因分析に疑問を投げかけ、将来の進歩の指針となる新しい考え方を作り出すことである。新しい、より現実的な考え方は、達成すべきゴールと、新しい分析手法で評価するための基準を作るために使用される。最後に、新しいアプローチのための科学的、エンジニアリング的基礎を概説する。

第2部では、より包括的な新しい因果関係のモデルを紹介し、第3部では、21世紀の安全をよりよく管理するために、拡張された事故因果関係モデルをどのように活用するかを説明する。

第**2**章 伝統的な安全工学の基礎を疑う

> *我々を邪魔しているのは、知らないということではない。実際は知らないのに、知っていると思い込んでいることである。*[1]

　パラダイムの変化は、今日私たちが行っていることの根底にある基本的な想定（assumption）を疑問視することから始まる。安全性や事故が起こる原因に関して信じている多くのことが、疑問視されることなく広く受け入れられてしまっている。本章では、事故の原因や事故防止策の想定のうち最も重視されているものについて、「実際は違うのではないか？」と疑問を投げかける。もちろん、これらの想定にはそれぞれ真実があり、その多くは過去のシステムにとっては真実であったこともある。しかし、本当の疑問は、これらの想定が今日の複雑な社会技術システムに今も当てはまるかどうか、そしてどのような新しい想定に置き換える必要があるか、あるいは新しい想定を追加する必要があるかということである。

2.1 安全性と信頼性に関する勘違い

想定1：システムあるいはコンポーネントの信頼性を高めることで安全性は向上する。コンポーネントやシステムが失敗しなければ、事故は起こらない。

　この想定は、エンジニアリングなどの分野で最も浸透しているものの1つである。問題は、それが真実ではないということだ。安全性（safety）と信頼性（reliability）は**別の特性**なのである。一方が他方を含意するものでも、要求するものでもない。システムの信頼性が高くても非安全（unsafe、訳注：安全ではないこと）であることはあり得る。また、安全であっても信頼性が低い場合もある。システムをより安全にすると信頼性が低下し、信頼性を高めると安全性が低下するというように、この2つの特性は矛盾する場合さえある。この点に関する混乱は、ほとんどの事故・インシデント分析において、失敗事象（failure event）に主眼が置かれていることに象徴されている。また、安全の組織的側面を研究する研究者の中には、**信頼性**の高い組織は安全であると示唆することにより、この間違いを犯す者もいる[107, 175, 177, 205, 206]。

　安全性と信頼性の等価性については、上記のような想定が広くなされているため、この2つの特性の区別を慎重に検討する必要がある。まず、システムのコンポーネントが1つも失敗しない事故を考えてみよう。

信頼できるが非安全な状態

　複雑なシステムにおいて、事故は、個々の要求が満たされている、つまり**故障していない**コンポーネ

1　Will Rogers（*New York Times*, 10/7/84, p.B4 など）、Mark Twain、Josh Billings（*Oxford Dictionary of Quotations*, 1979, p.49）参照。

ント間の相互作用によるものが実は多いのである。火星探査船マーズ・ポーラー・ランダー（Mars Polar Lander）の損失は、宇宙船が惑星表面に降下し、着陸脚を展開する際に発生する振動ノイズ（偽のシグナル）に起因するものであった[95]。このノイズは異常時でなくても発生し得るものであり、着陸脚システムの失敗を示すものではない。しかし、搭載されたソフトウェアは、これらのシグナルを着陸が起こったというサインである（とソフトウェアエンジニアは教わっていた）と解釈し、下降エンジンを早々に停止させ、宇宙船を火星表面に衝突させる原因となってしまった。着陸脚とソフトウェアは（要求仕様どおりに）正しく確実に動作していたが、システム設計者が着陸脚の展開と下降エンジン制御のソフトウェアの間に起こり得る、すべての相互作用を考慮しなかったために事故が発生したのである。

　マーズ・ポーラー・ランダーの損失事故は、コンポーネントの**相互作用による事故**である。このような事故は、個々のコンポーネントの故障ではなく、システムのコンポーネント間（電気機械的、デジタル制御的、人間的、社会的）の相互作用によって発生する。一方、もう１つの主な事故タイプである**コンポーネントの故障事故**は、１つ以上のコンポーネントの故障に起因するものである。コンポーネントの故障事故では、通常、故障はランダムな現象として扱われる。コンポーネントの相互作用による事故では、故障がない場合もあり、安全でない振る舞いを引き起こすシステムの設計エラーはランダムな事象ではない。

　エンジニアリングにおける「**故障**」（failure、訳注：本書内では文脈により「失敗」、「不具合」と訳している箇所もある）とは、コンポーネント（またはシステム）が意図した機能を発揮しない、あるいは発揮できないことと定義することができる。意図された機能は（同時に故障も）、コンポーネントの振る舞いの要求に関して定義される。コンポーネントの振る舞いが、指定された要求（例：着陸脚からのシグナルを受信したときに下降エンジンを停止する）を満たしていれば、たとえその要求がより大きなシステムの観点から見て望ましくない振る舞いを含んでいたとしても、そのコンポーネントは**故障**したことにはならないのである。

　エンジニアリングではコンポーネントの故障による事故が最も注目されがちであるが、現実にはシステム設計が複雑化するにつれて、コンポーネントの相互作用による事故が多くなってきている。かつては、設計がより知的に管理しやすく、コンポーネント間の潜在的な相互作用を網羅的に計画し、理解し、予測し、防御することができた[155]。さらに、徹底的なテストが可能であり、使用前に設計のエラーを排除することができた。しかし、現代の高度な技術システムにはもはやこうした特性はなく、たとえすべてのコンポーネントが信頼性を持って運用されていたとしても、つまり、コンポーネントが故障しなかったとしても、システムの設計エラーが重大事故の原因となることが多くなっているのである。

　コンポーネントの相互作用による事故の別の例として、イギリスの回分式化学反応器（batch chemical reactor、訳注：以降、「回分反応器」と呼ぶ）で発生した事故を考えてみよう[103]。このシステムの設計は図 2.1 に示すようなものであった。コンピューターは、反応器への触媒の流入と、反応を抑制するための還流凝縮器への冷却水の流入をコントロールする役割を持っていた。さらに、コンピューターへのセンサー入力により、プラントの各所に問題が発生した場合には、それを警告することになっていた。プログラマーは、プラントに故障があった場合、コントロールする対象の変数はすべてその状態で維持したまま、警報を鳴らすようにと指示されていた。

　あるとき、コンピューターが、ギアボックスの油量レベルの低下を示すシグナルを受信した。コンピューターは必要な対応を行った。アラームを鳴らし、ほかの状態はそのままにしておいたのである。このとき、偶然にも、反応器に触媒を加えたばかりであった。しかし、コンピューターは還流凝縮器へ

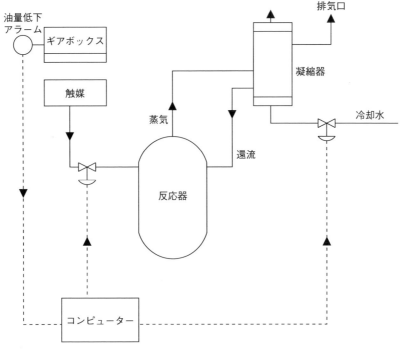

図 2.1　回分式化学反応器の設計（出典：Kletz[103, p.6]より）

の冷却水の流量を増やし始めたばかりであったため、流量は少ないまま維持されてしまうこととなった。結果、反応器が過熱し、開放バルブが開き、反応器の中身が大気中に放出されてしまったのである。

この事故ではコンポーネントの故障は発生していない。ソフトウェアを含む個々のコンポーネントは仕様どおりに動作していたのだが、それらが一緒になって危険な (hazardous) システムの状態を作り出してしまったのである。問題は、システム全体の設計にあった。どのコンポーネントも故障していなかったのだから、個々のコンポーネントの信頼性を高めたり、コンポーネントの故障から防護したりするだけでは、この事故を防止することはできない。防止するためには、システムコンポーネント間の非安全な相互作用を識別し、排除または緩和することが必要である。コンポーネントの信頼性が高くても、コンポーネントの相互作用による事故を防止することはできないのである。

安全だが信頼性に欠ける

マーズ・ポーラー・ランダーや英国の回分反応器の事故は、故障していない信頼性の高いコンポーネントの相互作用の機能不全、つまりシステム全体の設計に原因があるため、安全でないシステムが信頼性の高いコンポーネントによって作れてしまうことを示している。一方、コンポーネントの故障によって危険なシステムの状態が生じないようにシステムを設計・運用すれば、信頼性の低いコンポーネントを持っていても安全であるシステムは存在し得る。事故を防止するための設計手法については、『Safeware（邦題：セーフウェア、翔泳社刊）』の第 16 章に記載されている。明らかな例としては、フェールセーフ、つまり、失敗しても安全な状態になるように設計されたシステムがある。

信頼できないが安全な振る舞いの例として、人間のオペレーターを考えてみよう。オペレーターが指定された手順に従っていなければ、信頼性のある運用にはなっていない。場合によっては、それが事故につながる可能性もある。逆に、指定された手順がそのときの状況下では非安全であることがわかり、事故を防止できるケースもある。オペレーターが事故を防止するために、事前に作成された手順を無視

した例は数多くある[115, 155]。一方で、スリーマイル島のように、オペレーターが訓練で提供された、あらかじめ定められた指示に従ったために、まさに事故が発生したこともある[115]。運用手順からの逸脱の結果、成功であればオペレーターは賞賛されるが、結果が失敗であれば、彼らは「信頼できない」として処罰される。成功したケース（指定された手順から逸脱することで事故を回避した）では、彼らの振る舞いは信頼できないが安全なものである。これはシステムの振る舞いの安全制約を満たしているが、指定された手順に従うことに関する個人の信頼性要求は満たしていない。

　この時点で、信頼性に関するいくつかの定義を追加しておくべきであろう。エンジニアリングにおける信頼性とは、あるものが、与えられた条件下で、時間の経過の中で、指定された振る舞いの要求を満たす確率、つまり、失敗しない確率と定義される[115]。信頼性は、しばしば平均故障間隔として定量化される。しかし、あらゆるハードウェアコンポーネント（そして、ほとんどの人間）は、ある条件または十分な時間があれば、「壊れる」あるいは「失敗する」可能性がある。したがって、定義における時間と運用条件の限界では、以下の2点を明確に異なるものとして区別することが必要となる。

　　(1) 想定される運用条件下での信頼性の低さ
　　(2) どのコンポーネントまたはコンポーネントの設計も、運用を継続させることができない状況

　運転者が車のブレーキをかけるのが遅すぎて前の車に衝突した場合、その状況で車を止められなかったからといって、ブレーキが「故障した」とは言わないであろう。このケースでは、ブレーキは信頼できないものではない。運用上の信頼性はあったが、その瞬間の安全のための要求がブレーキ設計の能力を超えていたのである。失敗と信頼性は、常に要求条件と想定される運用環境条件とに関連している。必要な要求も想定される要求もない場合、どんな振る舞いでも許容され、信頼性が損なわれることはないため、失敗はありえないということになる。

　これに対し、安全性は、事故がないことと定義され、事故とは、計画外・想定外の損失を伴う事象と定義される[115]。したがって、安全性を高めるためには、失敗をなくすことではなく、ハザードの除去や防止に焦点を当てるべきである。すべてのコンポーネントの信頼性を高くしても、システムが安全なものになるとは限らない。

安全性と信頼性の競合

　この時点で、コンポーネントの信頼性だけではシステムの安全性は確保できない、と読者は確信したかもしれない。しかし、もしシステム全体の信頼性が高ければそのシステムは安全であり、そして逆にシステムの信頼性が低ければそのシステムは非安全であるのは確かだと思うかもしれない。つまり、システムレベルでは信頼性と安全性は同じものだと思ったのではないだろうか。この一般的な想定もまた、間違っている。たとえば、ある化学プラントでは、信頼性の高い製造工程を有していても、ときとして（あるいは継続的に）有毒物質を周囲の環境に放出してしまうことがある。このプラントは、信頼性はあるが非安全なのである。

　安全性と信頼性は同じものではないばかりか、信頼性を高めると安全性が低下し、安全性を高めると信頼性が低下するというように、ときには競合する（conflict）ことがある。物理的な設計で次のような簡単な例を考えてみよう。タンクの作動圧力と破裂圧力の比（実質的な強度）を大きく設計すれば、タンクの信頼性は高くなり、平均故障間隔も長くなる。しかし、万が一破裂した場合、破裂時の圧力が高くなるため、より深刻なダメージにつながる可能性がある。

　信頼性と安全性は、設計時においても、安全に停止した状態に移行するか（そして人々や財産を守るか）、それともシステム目標を達成しつつ事故のリスクを高めて継続するかの選択を迫られる場合に、

競合する可能性がある。

　信頼性と安全性の競合を理解するには、要求と制約を区別する必要がある。要求とは、組織のミッションや存在意義から導出されるものである。たとえば、化学プラントのミッションは化学物質を生産することだ。一方、制約条件は、システムや組織がミッションの目的を達成するために許容される手段のことである。居合わせた人を毒物にさらさないこと、環境を汚染しないことは、ミッション（化学物質を生産すること）を達成するための制約条件である。

　航空管制や医療など、安全性がミッションや存在意義の一部になっているシステムもあれば、安全性がミッションではなく、ミッションを達成する方法に対しての制約になっているシステムもある。このようなシステムで制約を確実に強制できる最良の方法は、システムを構築・運用しないことかもしれない。核爆弾を作らないことは、偶発的な核爆発に対する最も確実な防護となる。私たちはそのような妥協はしたくないかもしれないが、何らかの妥協はほとんど常に必要である。（爆弾を作らない以外の方法での）偶発的爆発対策の最も効果的な設計は、爆発することが求められているときにもまた、その起こりやすさ（likelihood）を減少させることになる。

　安全制約がミッション上の目的と競合することがあるだけでなく、複数の安全要求そのもの同士が競合することもある。たとえば、電車の自動ドアの安全制約の1つは、電車が停止し、駅のプラットフォームに正しく位置が合っていない限り、ドアは開いてはいけないというものである。一方、「緊急避難のためにどこでもドアを開けられるようにしなければならない」という安全制約も存在する。このような競合を解決することが、安全工学とシステム工学の重要なステップとなる。

　航空管制のような安全を保証することをミッションの目的とするシステムでも、大抵は他の競合する目的を持っている。航空管制システムは一般的に、システムの処理能力を向上させることと、安全を確保することの両方をミッションとしている。スループットを向上させる方法の1つは、航空機を接近させて運用することであり、それは安全マージンを減少させることにつながる。許容可能なリスクを保証するために航空機間の距離を十分に取ると、システムの処理能力が低下する可能性がある。

　どのようなシステムにも、複数の目的と制約が存在する。設計とリスクマネジメントの課題は、競合する要求と制約を特定し分析すること、競合する要求と制約の間で適切なトレードオフを行うこと、システムの信頼性を低下させずにシステムの安全性を高める方法を見出すことである。

組織レベルでの安全性と信頼性の競合

　ここまでの考察では、物理的なレベルでの「安全性」対「信頼性」に焦点を当ててきた。しかし、物理的なシステムの上位にある社会的、組織的なレベルではどうだろうか。高信頼性組織（High Reliability Organization：HRO）の提唱者が高信頼性組織は安全であると示唆するように、ここでも安全性と信頼性は同じなのだろうか。答えは、やはり、ノーである[124]。

　図2.2は、ラスムッセン（Rasmussen）がゼーブルッヘ（Zeebrugge）のフェリー事故について分析したものである[167]。この図を理解するためには、いくつかの背景知識が必要となる。フェリーが転覆した日、ヘラルド・オブ・フリーエンタープライズ号（Herald of Free Enterprise）は、ドーバー（Dover）とベルギーのブルージュ・ゼーブルッヘ（Bruges−Zeebrugge）港を結ぶルートで運航していた。このルートは通常の航路ではなく、ゼーブルッヘのリンクスパン[2] は大型客船タイプの船用に特別に設計されたものではなかった。このリンクスパンは同時に1つのデッキにしか使用できないため、EデッキとGデッキに同時に使用することは不可能である。また、当時は春の高潮のため、スロープ

2　リンクスパンとは、フェリーなどの船に車両を乗せたり降ろしたりする際に使用する跳ね橋の一種。

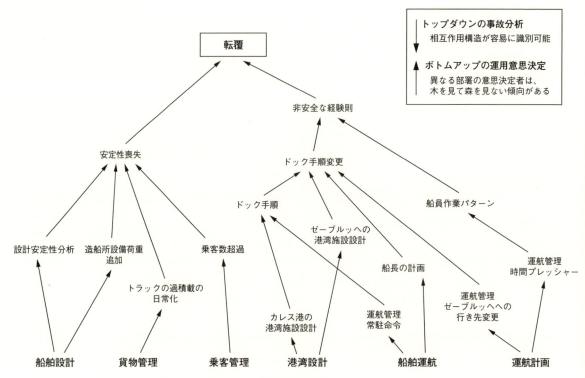

図 2.2　ゼーブルッヘ事故における複雑な相互作用（出典：Rasmussen[167, p.188]より）

(ramp) を E デッキの高さまで十分に上げることができなかった。この制限は一般に知られており、前方のバラストタンクを満タンにしてフェリーの船首を水中に下げることで克服されていた。ヘラルド号は同年末の改修時に、船の設計上のこの制限を克服するための改造を行う予定であった。

　係留を外す前に、乗組員の 1 人である甲板長補佐がフェリーの船首扉を閉めるのが通常の業務であった。一等航海士もデッキに残り、扉が閉まっていることを確認してから操舵室に戻る。事故当日、一等航海士はスケジュールを守るため、船が係留を外す前に操舵室に戻り（これは一般的な慣習）、扉の閉鎖を甲板長補佐に任せた。甲板長補佐はゼーブルッヘ到着後、車両甲板を清掃して少し休憩していた。彼は船がドックを出たとき、自分のキャビンに戻ってまだ眠っていた。構造上、船長は操舵室から扉が見えず、扉の位置を示す指標灯も操舵室になかったため、扉が閉められているとしか考えていなかった。なぜほかの誰も扉を閉めなかったのかについては、事故報告書では説明されていない。

　また、別の要因も事故に影響した。1 つは水深である。もし船の速度が 18 ノット (33 km/h) 以下で、浅瀬でなかったなら、車両甲板にいた人々はおそらく船首扉が開いていることに気づいてそれを閉める時間があっただろうと、事故報告では推測されている[187]。しかし、開いた扉だけでは最終的な転覆を引き起こすには十分ではない。その数年前、ヘラルド号の姉妹船の 1 隻が船首扉を開けたままドーバーからゼーブルッヘへ航行し、無事に目的地に到着したことがあるからである。

　ほとんどの船は、喫水線の下を水密区画に仕切り、万一浸水した場合でも、水を 1 つの区画に閉じ込め、船を浮かせることができるようになっている。ヘラルド号の設計では、仕切りのないオープンな車両甲板になっており、車両の乗り降りが容易にできるようになっていて、この設計のために車両甲板に水が浸入してしまった。フェリーが旋回するとき、車両甲板の水が片側に寄り、船は転覆した。そして乗客・乗組員 193 人が死亡した。

この事故では、船舶設計、港湾設計、貨物管理、乗客管理、運航計画、船舶運航に関する意思決定者は、自分の意思決定がほかに及ぼす影響（副次的影響）やフェリー事故に至るプロセス全体への影響を意識することなく、意思決定を行っていた。それぞれが持っている情報に基づいて意思決定するという点で、「信頼性の高い」運用をしていたといえる。

ボトムアップの分散型意思決定（decentralized decision making）は、複雑な社会技術システムにおいて重大な事故につながる可能性があり、これまでもそうであった。それぞれの個別の判断は、それがなされた限られたコンテキストにおいては「正しい」かもしれないが、独立した判断と組織の振る舞いが機能不全の形で相互作用したとき、事故につながるのである。

安全性はコンポーネントの特性ではなく、システムの特性であり、コンポーネントレベルではなく、システムレベルでコントロールする必要がある。この話題については第3章でもう一度触れる。

（2.1節冒頭の）想定1（高信頼性＝安全性）は明らかに誤りである。これは新しい想定に置き換える必要がある。

新想定1：高信頼性は安全性の必要条件でも十分条件でもない。

より安全なシステムを構築するためには、コンポーネントの故障や信頼性に注目するのではなく、システムのハザードおよびその除去や低減に注目することが必要となる。このことは、安全性の分析や設計を行う上で重要な意味を持つ。故障モード分析（failure modes and effects analysis：FMEA）などのボトムアップの信頼性工学上の分析手法は、安全性の分析には適していない。フォールトツリーのようなトップダウンの手法も、コンポーネントの故障に焦点を当てるのであれば、十分ではない。何か別のものが必要なのである。

2.2　事象連鎖としての事故因果関係のモデル化

想定2：事故は、直接的に関連する事象の連鎖によって引き起こされる。損失に至る事象の連鎖を見ることで、事故を理解し、リスクを評価することができる。

安全性において最も重要な想定の一部は、世界がどのように機能しているかについての私たちのモデルにある。モデルが重要なのは、事故や潜在的に危険なシステムの振る舞いのような現象を理解し、その理解をほかの人に伝えられるような形で記録するための手段を提供できるからである。

安全工学への取り組みの根底には、ある種のモデル、すなわち**事故因果関係モデル**（accident causality model、略して**事故モデル**（accident model））がある。事故モデルは、(1)事故の原因を調査・分析し、(2)将来の損失を防止する設計を行い、(3)作成したシステムや製品の使用に伴うリスクを評価するための基礎を提供するものである。そして、なぜ事故が起こるのかを説明し、事故を防止するためのアプローチを判断するものである。これらの活動を行う際、モデルを使用していることを意識することはないかもしれないが、必ず何らかの（おそらく無意識の）現象のモデルがあなたの思考の中に含まれている。

すべてのモデルは抽象化されたものである。つまり、モデルとは、事故の本質に深く関連している特徴に焦点を当てて抽象化することにより、無関係な細かな事象を取り除き、分析対象を単純化するものである。ある特徴を重視し、ほかの特徴を関連しないものとして取捨選択することは、ほとんどのケースでモデル作成者の任意の選択となる。しかし、その取捨選択は、将来の事象を予想する上でモデルの有用性と正確性を決定する重要な意味を持つ。

すべての事故モデルの根底にある想定は、事故には共通のパターンがあり、単なるランダムな事象ではない、ということである。事故モデルは事故にパターンを与え、安全分析で考慮される要因に影響を与える。事故モデルは、事故の原因を特定し、将来の事故を防止するための対策を講じ、システムを運用する際のリスクを評価することに影響するため、使用する事故モデルの能力と特徴は、ハザードを特定しコントロールする能力、ひいては事故を防止する能力に大きな影響を与えることになる。

　最も初期の公式の事故モデルは産業安全（労働安全とも呼ばれる）に由来し、作業者を負傷や疾病から守るための固有の要因を反映している。その後、これらと同じモデルまたはその派生モデルが、複雑な技術システムや社会システムのエンジニアリングや運用に適用されるようになった。当初、産業事故防止の対象は、むき出しの刃やベルトなど、物の非安全な状態に向けられていた。このように安全でない状態を防止することに重点を置くことは、労働災害の減少に大きな効果があったが、最も明白なハザードが除去されるにつれて、減少の勢いは自然に鈍くなっていった。そして、次に非安全な行為に重点が置かれるようになった。事故は、プラントや製品の変化によって防ぐことができたはずの事象ではなく、誰かの過失とみなされるようになったのである。

　1931年に発表されたハインリッヒ（Heinrich）の事故モデル（ドミノモデル）は、最初に発表された一般的な事故モデルの1つで、安全性の重点がヒューマンエラーに移行するのに非常に大きな影響を与えた。ハインリッヒは、一般的な事故の一連の流れを、5つのドミノが並んで立っている状態に例えた（図2.3）。最初のドミノが倒れると、自動的に隣のドミノを倒し、傷害が起こるまでそれを繰り返すことになる。このモデルによれば、あらゆる事故発生の系列において、家系や社会的な環境が個人の過失を引き起こし、それが非安全な行為や条件（機械的または物理的なもの）の近接原因（proximate reason、訳注：直接的な原因）となり、事故が発生し、それが傷害につながるということになる。1976年、バード（Bird）とロフタス（Loftus）は基本的なドミノモデルを拡張し、事故の要因として管理者の判断を取り入れた。

1. 管理者によるコントロールの欠如は以下の2を許し、
2. 基本的な原因（個人の要因、仕事の要因）は以下の3につながり、
3. 直接の原因（基準以下の慣行／条件／エラー）は以下の4の近接原因となり、

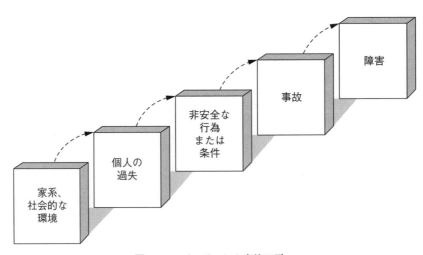

図2.3　ハインリッヒの事故モデル

4. 事故やインシデント（訳注：事故につながりかねない出来事）が起き、
5. その結果として損失が発生する。

同年、アダムス（Adams）は、以下を含む管理者増強モデル（management-augmented model）を提案した。

1. 管理体制（目標、組織、運用上の工夫など）
2. 運用上のエラー（管理者や監督者の振る舞い）
3. 戦術上のエラー（従業員の振る舞いや作業条件に起因するもの）
4. 事故・インシデント
5. 人または資産に対する負傷や損傷

リーズン（Reason）は20年後にドミノモデルを作り直し、ドミノをスイスチーズの層に置き換え、その層つまりドミノを失敗した「防御層」[3]とラベル付けしたものをスイスチーズモデルと呼んだ [172, 173]。

単純なドミノモデルは複雑なシステムには不適切だということで、ほかのモデルが開発された（『セーフウェア』[115] 第10章参照）。しかし、事故の原因は単一の原因や**根本原因**（root cause）にあるという想定は、ドミノ（またはスイスチーズの層）や故障の連鎖（どちらも次の連鎖を直接引き起こす、または導く）の考え方と同様に、残念ながら根強く残っている。また、事故原因を特定する際にヒューマンエラーが重視されることも、この考え方の根底にあった。

今日、最も一般的な事故モデルは、時間経過に従い連鎖した複数の事象という観点から事故を説明している。含まれる事象は、ほとんどの場合、何らかの失敗事象やヒューマンエラー、あるいはエネルギー関連事象（例：爆発）である。連鎖はフォールトツリーのように枝分かれしている場合もあれば、時間や共通の事象によって同期した複数の連鎖が存在する場合もある。事象をグラフィカルに表現するために多くの記法が開発されたが、基本的なモデルは同じである。図2.4は加圧されたタンクの破裂の例である。

事象連鎖モデル（event-chain models）の因果関係の利用は、エンジニアの安全設計の方法に対して重要な意味を持っている。事故が事象の連鎖によって引き起こされるのであれば、最も明白な防止対

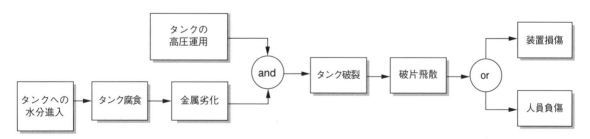

図 2.4 加圧されたタンクの破裂に至る事象の連鎖モデル（出典：Hammer[79]より）。**水分が腐食を引き起こし、金属が弱くなり、それが高圧運用と相まってタンクが破裂し、破片が飛び散り、最終的に人員の負傷や設備の損傷につながる**

---

3 防御層の設計は、主にプロセス産業、特に原子力発電で使用される一般的な安全設計アプローチである。別の産業では、異なる設計アプローチが一般的に用いられている。

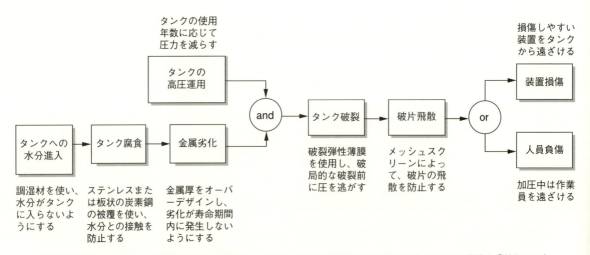

図 2.5 加圧されたタンクの破裂事象の連鎖と、その中の個々の事象を防止することによって連鎖を「断ち切る」ためにとり得る対策

策は損失事象が発生する前にその連鎖を断ち切ることである。これらのモデルで考慮される最も一般的な事象はコンポーネントの故障であるため、予防対策は故障事象を防止すること、つまりコンポーネントの完全性を高めたり、冗長性を導入したりして事象が発生する可能性を低減することに重点が置かれる傾向にある。たとえば、タンク破裂事故においては、腐食を防ぐことができれば、タンク破裂は回避される。

図 2.5 には、連鎖を断ち切るために設計された緩和策が示されている。これらの緩和策は、事故の事象連鎖モデルに基づく最も一般的な設計手法の例であり、防護壁（例：タンクに使用する金属を板状の炭素鋼で被覆して水分との接触を防止する、メッシュスクリーンを設けて破片の飛散を防止する）、インターロック（破裂弾性薄膜を使用）、オーバーデザイン（金属の厚みを増す）、運用手順（古くなったら動作圧を下げて運用する）等である。

物理的な故障だけを扱うこの単純な例では、故障を防止するための設計はうまくいく。しかし、この単純な例でさえ、連鎖する事象に間接的に関連する要因の考慮が欠落することがある。間接的あるいはシステミックな（systemic、訳注：システミックは「全体的な」、「システム全体に関連する、または影響を及ぼす」といった意味を持つ。systematic（体系的な）とは異なる概念である）例として考えられるのは、効率を上げようとする競争のために、あるいはコスト上の要請により、タンクの老朽化に伴って運用時の圧力を下げるという計画に従わなくなる可能性があることである。第 2 の要因は、加圧されたタンクの近くで作業者が働く時間が次第に延長されていくという経時的な変化かもしれない。

事象連鎖を表現するための形式的、あるいは非形式的な表記法には、事象（events）だけを記載する場合と、事象に至った条件（conditions）も記載する場合がある。事象は条件を生み出し、その条件は既存の条件とともに、新たな条件を生み出す事象へとつながっていく（図 2.6）。たとえば、タンクが腐食する事象は、タンクに腐食が存在する条件をもたらし、金属が弱くなる事象をもたらし、弱くなった金属という条件をもたらす、といったようにつながっていく。

図 2.6 条件が事象を引き起こし、それが新たな条件をもたらし、さらに事象を引き起こす

伝統的な安全工学の基礎を疑う 17

　事象と条件の違いは、事象が限定された時間内にしか発生しないのに対し、条件は何らかの事象が発生し、その結果新たな条件や変化が生じるまで存続するということである。たとえば、引火性混合物が爆発する（事象）前に存在しなければならない３つの条件は、引火性ガスや蒸気そのもの、空気、および点火源である。このうち１つか２つの条件は、他の条件が発生し、爆発に至るまでに一定期間存在する可能性がある。事象（爆発）は、制御不能なエネルギーや空気中に飛散した有毒化学物質など、新たな条件を作り出す。

　事象連鎖（つまり、ドミノやスイスチーズの層）に基づく因果関係モデルは単純で、それゆえ魅力的である。しかし、このモデルは単純すぎて、なぜ事故が起こるのか、どのように事故を防止するのかを理解するために必要なものが含まれていない。その重要な限界としては、直接的な因果関係を要求してしまうこと、含める事象を選択する際の主観性（subjectivity、訳注：主観が入ること）、連鎖条件を識別する際の主観性、システミックな要因を排除することなどがある。

2.2.1　直接的な因果関係

　事象連鎖モデルの因果関係（つまり、ドミノやスイスチーズのスライス間の因果関係）においては、事象の前には必ず先行する事象が発生しなければならず、後続の事象が発生するためのリンク条件（linking conditions）が存在しなければならないという直接的・線形的な因果関係の存在が要求される。事象Ａが発生しなければ、次の事象Ｂは発生しないというようなことである。このように、事象連鎖モデルは線形因果関係を重視するため、非線形の関係を取り入れることは困難になるか、不可能になる。たとえば、「喫煙は肺がんの原因である」というステートメントを考えてみよう。このようなステートメントは、両者の間に直接的な関係がないため、因果関係の事象連鎖モデルでは許されないだろう。多くの喫煙者は肺がんにならないし、肺がんになる人の中には喫煙者でない人もいる。しかし、両者の間には、かなり複雑な非線形の関係ではあるが、何らかの関係があることは広く認められている。

　考慮される因果関係の種類に限界があることに加え、事象連鎖モデルを用いて識別される要因には、考慮される事象と、事象をリンクさせる条件のみによって決まってしまうという問題がある。損失に直接先行するか、直接関与する物理的事象以外では、含めるべき事象の選択は主観的であり、事象を説明するために選択される条件はさらに主観的なものになる。この２つの問題について、それぞれ順番に考察していく。

2.2.2　事象を選択する際の主観性

　事象連鎖に含める事象の選択は、一連の説明事象をどこまで遡るかを判断するために使われる停止ルールに影響される。連鎖の最初の事象は、しばしば**開始事象**（initiating event）や**根本原因**（root cause）とラベル付けされるが、開始事象の選択は任意であり、本当は、さらにそれ以前の事象や条件をつけ足すことが可能なのである。

　ときには、開始事象が選択される（後方連鎖が停止する）が、それは、開始事象が身近な事象のタイプであるという理由や、開始事象が規程からの逸脱であり、事故の説明として受け入れやすいという理由による[166]。ほかのケースでは、開始事象や根本原因が選ばれるのは、それが対策をとれる最初の事象と感じられるからということもある。[4]

4　一例として、NASAの手順および指針文書（NPG 8621 Draft 1）では、根本原因を次のように定義している。「事故へとつながる事象の連鎖の中で、方針／慣行／手順、あるいは個人の方針／慣行／手順の遵守のいずれかによって、体系的にコントロールすることが可能であった、最初の原因となるアクションまたは行動の失敗」

また、情報不足により原因の道筋が見えなくなってしまい連鎖の後方探索が停止することもある。ラスムッセンは、事象の動的な流れに積極的に関与するオペレーターの行動が事故の原因として識別されることが多いのは、人間の行動を分析し、さらにそこを通り抜けてバックトラックを続けることが難しいからである、という現実的な説明をしている[166]。

「根本原因」が選択される最後の理由は、識別された原因として政治的に受け入れられやすいということである。ほかの事象や説明では、組織やその請負業者にとって問題を引き起こすか、政治的に許容できないため、除外されたり、深く検討されなかったりするのである。

たとえば、1994 年にイラクの飛行禁止区域上空で起きた米国陸軍の味方ヘリコプターへの誤射による事故報告書には、撃墜に至る事象の連鎖が記されている。これらの事象の中には、ヘリコプターのパイロットが飛行禁止区域に入ったときに、この区域で要求される無線周波数に切り替えなかった（航路上の周波数のままだった）事実が含まれている。（公式の報告書でそうなっているように）この事象で連鎖をたどるのをやめてしまうと、ヘリコプターのパイロットが無線手順に従わなかったことが、損失に対し部分的に責任があるように読める。しかし、この事故に関するほかの説明[159]によると、米国の作戦司令官が別の安全上の問題を解決するために、ヘリコプターが使用する無線周波数について例外を作り（第 5 章参照）、したがってパイロットが「必要」な周波数に切り替えなかったのは単に命令に従ったからであった。ヘリコプターのパイロットに対して公式の無線手順に従わせないように出した指令は、政府の公式事故報告書に記載されている事象の連鎖には含まれていない。しかしこれでは、ヘリコプターのパイロットの損失（事故）についての責任に対する理解がまったく違うものになってしまう。

根本原因に加え、ある事象や条件は**近接**（proximate）または**直接**（direct）の原因として識別され、それと異なる事象は**影響要因**（contributory）として区別されることがある。この区別を生み出すのは、ひとえに根本原因を何に見出すかにかかっており、それを導出するための基本原理のようなものは存在しない。

このように原因を区別したり、考慮する要因を制限したりすると、将来の事故から学び、防止する上で支障をきたすことがある。次の航空機の例で考えてみよう。

1979 年にシカゴのオヘア空港で起きたアメリカン航空 DC-10 型機の墜落事故では、アメリカ国家運輸安全委員会（National Transportation Safety Board：NTSB）は「整備起因の亀裂」だけを非難し、翼に穴があくとスラットが格納されるような設計エラーについては非難しなかった。この抜け漏れにより、マクドネル・ダグラス社（McDonnell Douglas）は設計の変更を要求されず、同じ設計の欠陥に関連する将来の事故を招くこととなった[155]。

航空機事故における同様の因果関係の抜け漏れは、最近も発生している。1994 年 4 月 26 日、名古屋空港にアプローチしていた中華航空 A300 型機の墜落事故がその一例である。この事故の要因の 1 つは、飛行制御ソフトウェアの設計にあった。過去に同型航空機で起きた事故では、問題を解決するために 2 台のコンピューターの修正を求める技術通報（Service Bulletin）が出されていた。しかし、コンピューターの問題が以前の事故の「直接原因」とされていなかったため（おそらく少なくとも部分的には政治的な理由で）、この修正は**義務**（mandatory）ではなく**推奨事項**（recommended）とされていたのである。中華航空はその結果、コンピューターへの変更の実装は緊急ではないと判断し、次に飛行機のコンピューターが修理を必要とするときまで修正を延期することにした[4]。この延期のために、264 人の乗客と乗務員が死亡してしまうこととなった。

DC-10 型機のもう 1 つの話は、オンタリオ州ウィンザー（Windsor, Ontario）上空での急減圧によるあわや大惨事の出来事である。1972 年 6 月、アメリカン航空の DC-10 型機が飛行していたところ、貨物ドアが開き、乗客席の床の一部と、その中を通っていたコントロールケーブルがすべて失われたの

伝統的な安全工学の基礎を疑う   19

である。しかしパイロットのブライス・マコーミック（Bryce McCormick）が並外れたスキルと冷静さを発揮したおかげで、飛行機は無事に着陸した。驚くべき偶然の一致でマコーミックは、減圧による床面の崩壊を懸念し、エンジンのみで飛行機を飛行させる訓練を受けていた。この危機一髪の事故の後、マコーミックはすべてのDC-10型機のパイロットに急減圧の結果を知らせ、彼と乗務員が乗客と航空機を救うために使った操縦技術の訓練を受けるように推奨した。FAA（Federal Aviation Administration：アメリカ連邦航空局）の調査員、国家運輸安全委員会、そしてこの飛行機の胴体を設計したマクドネル・ダグラスの下請け業者のエンジニアは、いずれもこの飛行機の設計の変更を推奨した。しかし、マクドネル・ダグラス社は、ウィンザー事件（Windsor incident）を、設計者やエンジニアのミスではなく、貨物室のドアを閉める役割を担った荷物係のヒューマンエラー（事象連鎖の中で都合の良い事象）に完全に帰属させ、荷物係がドアを無理に開けることを防ぐ修正策を考え出すだけでよいとしたのである。

　ウィンザー事件後の発見の1つは、ドアが不適切に閉められていても、外側のハンドルの位置などの外観的なサインで、正しく閉まっているように見えるということだった。また、この事件により、コックピットの警告システムが作動せず、ドアがきちんと閉まっていない状態で飛行機が離陸したことに乗務員が気づかない可能性があることが判明した。

> 航空業界では、航空機の基本設計の欠陥について、人命の犠牲を伴わず、このような明白な警告だけを示してくれる事故に出会うことは非常にまれである。ウィンザー事件は、乗務員のスキルと飛行機が軽装であったという幸運によって、すべての命が救われた例外的なケースとして称賛されるにふさわしいものであった。もし乗客がもっと多く、したがって重量がもっとあったら、コントロールケーブルの損傷は間違いなくさらに深刻なものになっていただろうし、どんなスキルでも飛行機を救うことができたかどうかは大いに疑問である[61]。

それから約2年後の1974年3月、満員のトルコ航空DC-10型機がパリ近郊に墜落し、346人の死者を出すという航空史上最悪の事故の1つが発生した。この事故もまた、飛行中に貨物ドアが開き、客室の床が崩落し、飛行コントロールケーブルが切断されるというものであった。事故直後、サンフォード・マクドネル（Sanford McDonnell）はマクドネル・ダグラス社の公式見解を述べ、再び荷物係と地上勤務員に責任を負わせようとした。しかし、このときついに、FAAはすべてのDC-10型機にハザードの除去のための変更を命じた。1975年7月に出されたFAAの規制は、すべてのワイドボディのジェット機に、20平方フィートの胴体の穴に耐えられることを要求するものであった。事象連鎖の根本原因を荷物係のエラーとし、基本的なエンジニアリング設計の欠陥ではなく、事象連鎖のみを排除しようとしたため、パリでの事故を防ぐことができたはずの修正が行われなかった事例である。

　事故の因果関係の特定がうまくいかない限り、インシデントや事故が不必要に繰り返されることになる。

2.2.3　連鎖条件の選択における主観性

　事象と根本原因の事象を選択する際の主観性に加え、それを説明するために選択される事象間のリンク（links、訳注：つながり）も主観的でバイアスがかかっている。ルプラ（Leplat）は、リンクは、物理的な知識や組織の知識など、さまざまなタイプの知識やルールによって正当化されると指摘している。同じ事象でも、分析者が持つこの事象の生み出す心象によって、異なるタイプのリンクを生じさせることができる。いくつかのタイプのルールが可能な場合、分析者は状況に対する自分なりの捉え方（メンタルモデル（mental model））に一致するものを適用するだろう[111]。

たとえば、1995 年にコロンビアのカリ（Cali）付近で起きたアメリカン航空の B757 型機の損失を考えてみよう[2]。この損失では、2 つの重要な事象があった。

(1) パイロットはロゾ・アプローチ（rozo approach）の許可を求める。
(2) パイロットは FMS[5] に「R」をタイプする。

実は、パイロットは「R」ではなく「ROZO」と入力すべきであった。なぜならば、「R」はボゴタ近郊の「ロメオ（romeo）」と呼ばれる別の無線ビーコンの記号であったからである。その結果、航空機は山岳地形に向けて間違った進路をとってしまった。これらの事象は議論の余地のないものだが、この 2 つの事象のリンクは以下のいずれによっても説明することができる。

- **パイロットのエラー**：下降開始を急いだため、パイロットは飛行経路への影響を検証することなく、進路変更を実行した。

- **乗務員の手順エラー**：降下開始を急ぐあまり、機長がほかのパイロットからの通常の検証を受けずにウェイポイント（訳注：物理的な空間のある地点を識別するための座標の組）の名前を入力してしまった。

- **アプローチ・チャートと FMS の矛盾**：アプローチ・チャートでロゾ（rozo）を識別するために使用されている識別子「R」は、FMS でロゾ（rozo）を呼び出すために使用されている識別子と一致していなかった。

- **FMS の設計上の不備**：FMS は、ディスプレーに表示された最初の識別子を選択することが、その識別子を持つ最も近いビーコンを選択することにはならないということを、パイロットがわかるようには表示していなかった。

- **アメリカン航空の訓練の不備**：南米に飛行していたパイロットはビーコン識別の重複について警告されておらず、また航空機の FMS で使用されているロジックや優先度について十分な訓練を受けていなかった。

- **製造メーカーの問題**：ジェプセン・サンダーソン（Jeppesen Sanderson）は FMS 搭載の航空機を運航する航空会社に、ジェプセン・サンダーソンの飛行管理システムのナビゲーションデータベースとジェプセン・サンダーソンのアプローチ・チャートが提供するナビゲーション情報の違いや、FMS ナビゲーション情報の電子表示で採用するロジックと優先順位を通知していなかった。

- **国際規格の不備**：飛行管理システムで使用される電子ナビゲーションデータベースの提供者に対し、統一的な基準を提供する世界的な規格がなかった。

リンクする条件（または事象）の選択は、事故の原因に大きく影響するが、この例ではすべてが妥当であり、それぞれが一連の事象の説明となり得る。その選択は、事故そのものというよりも、その選択をした人やグループによって決まるといえるかもしれない。実際、この事故を理解し、将来の事故を防止するためにこの事故から十分に学ぶには、不正確な入力という事象を説明するためのこれらの要因をすべて識別する必要がある。使用される事故モデルは、複数の技術的および社会的なシステムのレベルにおいて包括的な分析を促し、導くものでなければならない。

---

5 FMS とは、パイロットをさまざまな方法で支援する自動化された飛行管理システム（flight management system）である。このケースでは、ナビゲーション情報を提供するために使用されていた。

2.2.4 システミックな要因の軽視

事象連鎖モデルの問題は、単に、含めるべき事象の選択と、その一部を原因としたラベル付けが恣意的であることだけではない。そして、含めるべき条件の選択も恣意的であり、通常は不完全であることだけでもない。もっと重要なことは、事故を事象や条件の連鎖として捉えることは、損失からの理解と学習を制限し、事象の連鎖に含めることができない要因を省いてしまう可能性があるということなのである。

事故を説明するために作成される事象連鎖は、通常、損失が発生する直前の近接事象に焦点を当てる。しかし、事故のもとは、実は何年も前にできあがっていることが多いのである。ある事象は、単に損失の引き金となっただけで、その事象が起こらなかったら別の事象が損失につながったかもしれない。ボパール（Bhopal）の事故はそのよい例だ。

1984年12月にインドのボパールにあるユニオン・カーバイド社（Union Carbide）の化学プラントからのイソシアン酸メチル（MIC）放出事故は、史上最悪の産業事故といわれている。控えめに見積もっても、死者2,000人、（失明を含む）後遺症1万人、負傷者は20万人に及ぶとされている[38]。インド政府はこの事故を、プラントの配管の不適切な洗浄というヒューマンエラーに起因するものと非難した。比較的新人の作業者が、詰まっていた配管やフィルターの洗浄を担当していた。MICは水と接触すると大量の熱を発生させるため、作業者はMICタンクと洗浄中の配管やフィルターを隔離するためのバルブを適切に閉めて作業していた。しかし、誰も、バルブからリーク（漏洩）した場合に備えて、バルブをバックアップするために必要なセーフティディスク（スリップブラインド（slip blind）と呼ばれる）を挿入していなかった[12]。

ボパールの事故のメカニズムを説明する事象連鎖には、次のようなものが考えられる。

- E1　作業者がスリップブラインドを挿入せずに配管を洗浄する。
- E2　MICタンクに水が漏れる。
- E3　爆発が起こる。
- E4　開放バルブが開く。
- E5　MICが空中に排出される。
- E6　MICが風によってプラント周辺の住民エリアに運び込まれる。

ユニオン・カーバイド社もインド政府も、事故の原因を、配管を洗浄した作業者にあると非難した[6]。連鎖をもっと遡れば、別のオペレーターのエラーが根本原因（開始事象）として識別されるかもしれない。伝えられるところによると、配管洗浄のタスクを割り当てられた作業者は、バルブが漏れることは知っていたが、それは自分の仕事ではなかったので、配管が適切に隔離されているかどうかを確認しなかったと言っていたようである。セーフティディスクを挿入するのは保守部門の仕事であったが、保守シートにはこのディスクを挿入する指示はなかった。配管洗浄のオペレーターは、本来なら第2シフトのスーパーバイザーが監督すべきであったが、コスト削減のためにそのポジションが廃止されていた。つまり、根本原因は、スリップブラインドを挿入する責任者か、第2シフトの監督者がいなかったことにあるともいえる。

6　ユニオン・カーバイド社の弁護士は、MICタンクへの水の混入は保守作業者のミスではなく、サボタージュ行為であると主張した。この開始事象に関する解釈の違いは、法的責任に関して重要な意味を持つが、ここで紹介する事故の事象連鎖モデルの限界に関する議論や、後述するように、この事故がなぜ起きたのかを理解する上では何の違いも生じさせない。

しかし、連鎖をたどるのを止めるポイントと、根本原因としてラベル付けするための特定のオペレーターのアクションの選択（ほとんどの場合オペレーターのアクションが根本原因として選択される）は本当の問題ではない。問題は、この事故がなぜ起こったかを理解するために事象の連鎖を用いることに起因する、過剰な単純化にある。プラントの設計と運用上の条件を考えれば、事故は起こるべくして起こったのである。

> どのように（水が）侵入したとしても、冷却ユニットが切り離され、フレオン（freon）が抜かれていなければ、あるいは計器が適切に作動し監視されていれば、あるいは休憩時間が終わるまで先延ばしされるのではなく、MIC の最初の匂いを感知した時点でさまざまな措置が取られていれば、あるいは洗浄装置が稼働していれば、あるいは水スプレーが排出ガスを消せるほど高くなるよう設計されていれば、あるいはフレアタワーが稼働し大規模な逸脱に対処できるだけの能力があれば、このような激しい爆発を引き起こさなかったはずである。[156, p.349]

会社が経費削減のために、冷却ユニットなどの受動的安全装置を停止することはよくあることである。運用上のマニュアルでは、MIC がシステム内にあるときは常に冷却ユニットを稼働しなければならないことになっていた。制御不能な反応を避けるため、化学物質は 5℃以下の温度に維持されなければならない。MIC が 11℃になると、高温警報が鳴ることになっていた。しかし、コスト削減のために冷却ユニットが停止され、MIC は通常 20℃近くで維持されていた。プラント管理者は警報の閾値を 11℃から 20℃に調整し、タンク温度の記録を停止したため、温度上昇を早期に警告することは不可能となった。

プラントの計器は頻繁にサービス停止に陥っていた[23]。ボパールの施設では、オペレーターに異常事態を警告するような警報やインターロック装置が、重要な位置にほとんどないという、システム設計上の不備があった。

プラントの他の保護装置は、設計の閾値が不十分であった。排ガス洗浄装置は、もし機能していたとしても、かなり低い圧力と温度で少量のガスしか中和できないように設計されていた。事故時に放出されたガスの圧力は排ガス洗浄装置の設計値を 2.5 倍近くも上回り、温度も少なくとも 80℃を超えていた。同様に、フレアタワー（放出された蒸気を燃やすための塔）も、事故時に放出された推定 40 トンの MIC を処理するには、まったく不十分なものであった。さらに、MIC は地上 108 フィート（訳注：約 32 メートル）の排気口から排出されたのだが、この高さはガス放出を食い止めるための水幕設備の高さをはるかに超えていた。水幕設備は地上 40〜50 フィート（訳注：約 12〜15 メートル）の高さまでしか届かなかったのである。複数のウォータージェットは 115 フィート（訳注：約 35 メートル）まで到達することが可能だったが、それはウォータージェットが単独で運用される場合でのみという制約付きのものであった。

バルブからのリークの発生は日常茶飯事であり、その原因を調査することはほとんどなかった。問題は検査されることなく解決されるか、無視されるかのどちらかであった。2 年前に行われたユニオン・カーバイド社の安全監査では、スリップブラインドを使用しないフィルター清掃作業、バルブの漏れ、排ガス洗浄装置からの物質でタンクが汚染される可能性、圧力計の不良など、今回の事故に含まれる多くの安全上の問題点が指摘されていた。安全監査では、水幕設備の能力アップが推奨され、MIC が漏洩したフレアタワーの警報が作動していないため、漏洩に長時間気づかない可能性があると指摘されていた。しかし、推奨された事項はいずれも修正されることはなかった[23]。監査情報がユニオン・カーバイド社のインド子会社と完全に共有されていたかどうか、また、修正がなされたかどうかを確認する責任が誰にあったのかについては、意見が分かれている。いずれにせよ、監査で識別された問題が是正

されたかどうかを確認するための追跡調査が行われることはなかった。

事故の1年前、MICプラントを管理していた化学エンジニアが安全措置の不履行を不服として退職したが、それでも何も変更されなかった。さらに、その化学エンジニアを電気系のエンジニアが引き継いだが、化学物質が放出された場合の対策が改善されることはなかった。プラントでは、警報が頻繁に鳴り響いていたため（サイレンが週に20回から30回、さまざまな理由で発生）、実際の警報なのか、いつものお決まりの警報なのか、または訓練なのか区別がつかないほどであった。皮肉なことに、警報サイレンは、MICの漏洩が検出されてから2時間後（そしてほとんどすべての負傷者が出た後）まで鳴らず、（訳注：鳴ったあとも）会社の方針でわずか5分後に止められてしまった[12]。さらに、慣例となっている多くの警戒態勢は実際の危機に対しては効果がなかった。放出時の危険な状態がわかると、多くの従業員はプラントの汚染されたエリアから走って逃げ出し、作業者や近隣住民を避難させるために待機していたバスはまったく無視された。プラント作業者は必要最低限の緊急時設備しか持っておらず、たとえば酸素マスクは事故発生後に不足が判明し、非日常的な事象にどう対処すべきかについての知識や訓練はほとんどされていなかった。

化学物質の放出が始まったとき、警察への通報もなかった。実際、警察や報道関係者から呼び出されたプラントの広報担当者は、まず事故を否定し、次にMICは危険ではないと主張した。また、周囲のコミュニティーには、放出の前も後も危険であることを警告することもなく、濡れた布を顔に当てたり目を閉じるといった、致命的な曝露から救うことができたはずの簡単な注意事項についても知らせていなかった。もし地域社会に警告を発し、このような簡単な情報を提供していれば、（ほとんどではないにせよ）多くの命が救われ、負傷も防止されたことであろう[106]。

プラントの劣悪な条件が放置された理由のいくつかは、金銭的なものであった。1981年以降、MICの需要が激減し、減産とコストダウンのプレッシャーがかかっていた。事故当時、プラントは半分以下の能力で稼働していた。ユニオン・カーバイド社はインドの管理者に赤字削減のプレッシャーをかけていたが、削減の方法について具体的な方策を示すことはなかった。これにより、保守と運用の要員は半分に減らされ、保守手順が大幅に削減され、シフト交代制が停止され、シフト終了時に交代要員が現れなければ、次のシフトは無人になった。事故当時、スリップブラインドを配管に挿入する責任者はシフトに現れなかった。経営上層部は、この削減は単に、回避可能で無駄な出費を減らすだけで、全体的な安全性には影響しない、と正当化していた。

プラントが赤字になるにつれ、熟練の作業者の多くはより安定した仕事を求めて去って行った。その結果、熟練作業者の代わりになる人がいなかったか、未熟な作業者に取って代わられることになった。プラントが建設された当初は、オペレーターや技術者は、化学（chemistry）や化学工学（chemical engineering）の分野で2年相当の大学教育を受けていた。しかも、ユニオン・カーバイド社は、彼らに6か月の訓練を提供していた。しかし、プラントが赤字になり始めると、教育水準や人員配置のレベルが引き下げられたという。かつてユニオン・カーバイド社は、プラント要員をウエストバージニア州に派遣して集中訓練を行い、米国の技術者チームが定期的に現場の安全性を点検していた。しかし、1982年までには、財政的なプレッシャーから、財政的、技術的なコントロールは維持しつつも、プラントの安全性を直接監督することをあきらめた。1982年以降、アメリカ人の顧問はボパールに常駐しなくなった。

財政損失に続いて、管理者と労働者の問題が発生した。プラントのモラルは低く、「従業員の間では、管理者が極端で無慈悲な手段でコストカットを実施し、安全な運用を確実にするための詳細な配慮はもはや存在しないという考え方が広まっていた」[127]。

そして、これらはこの大惨事に関与した要因のほんの一部にすぎない。要因には、プラント内の他の

技術的ヒューマンエラー、設計エラー、管理上の過失、米国およびインド政府側の規制不備、そもそもインドでこれほど危険な化学物質を作っていた理由に関する一般農業政策や技術移転政策なども含まれる。これらの視点や「原因」は、どれか1つだけでは、今回の事故を理解し、将来の事故を防止するためには不十分である。特に、オペレーターのエラーやサボタージュだけを事故の根本原因として識別することは、将来の類似事故を防止するための機会をほとんど無視することになる。システミックな因果要因の多くは、近接事象や損失に先立つ条件とは、間接的にしか関連していないのである。

間接的でシステミックな要因も含め、すべての要因を考慮すると、実際には保守作業者は、この損失とは無関係の小さな存在にすぎなかったことが明らかになる。むしろ、安全マージンの劣化は、特定の単独の判断ミスが原因なのではなく、さまざまな判断ミスにより、少しずつ重大事故につながるような状況へと、プラントをゆっくりと時間をかけて移行させていったのである。ユニオン・カーバイド社のプラントとその運用の全体的な状態を考えると、1984年12月のあの日、配管洗浄作業でスリップディスクを挿入するアクションが省かれていなかったとしても、何か別のことがきっかけで事故が起きていたであろう。実際、その前年にも同様の漏洩が起きていたが、同じような壊滅的な結果にはならず、そのインシデントの真の根本原因は識別されず、修正もされなかった。

ある事象（保守作業者がスリップディスクを外れたままにしたなど）やいくつかの事象を、ボパールの事故につながる事象の根本原因あるいは連鎖の始まりとラベル付けすることは、よく言ったとしても、誤解を招きやすい。ラスムッセンは以下のように書いている。

> 多くの関係者がそれぞれの日常業務の中で、より生産性を高め、よりコストを下げるという当たり前の要請に応えているうちに、事象が事故につながってしまう舞台が徐々に整っていく可能性が非常に高い。最終的には、誰かのごく普通の振る舞いが、事故を引き起こすことになるのである。もし、この「根本原因」が何らかの安全対策によって回避されたとしても、事故は別のタイミングで別の原因によって引き起こされる可能性が非常に高い。言い換えれば、事象、行為、エラーという観点から事故を説明することは、システムの改善にはあまり役には立たない[167]。

一般に、事象ベースのモデルは、組織の構造的欠陥、経営者の意思決定、会社や産業の安全文化の欠陥など、システミックな事故要因を表現することが苦手である。事故モデルは、近接事象を越えて分析対象を広げるような、事故メカニズムの広い視野を醸成する必要がある。技術コンポーネントや純粋なエンジニアリング活動に焦点を絞ったり、オペレーターのエラーに焦点を絞ったりすると、将来の事故を防止する上で最も重要な要因を無視することになりかねない。事故がなぜ起こったかを説明するために使用する事故モデルは、すべての因果要因を含めることを奨励するだけでなく、これらの要因を識別するためのガイドラインを提供するものでなければならないのである。

2.2.5 事故モデルへのシステミックな要因の取り込み

大規模な人工システム（engineered systems）は、単に技術的な人工物の集まりではない。それは、それを作り上げたエンジニアリング組織の構造、管理体制、手順、文化を反映したものである。また、通常、そのシステムが作られた社会を反映したものでもある。ラルフ・マイルズ・ジュニア（Ralph Miles Jr.）は、システム理論の基本概念を説明する中で、次のように記している。

> すべての技術の根底には、少なくとも1つの基本的な科学が存在するが、科学が創発されるはるか以前に技術が十分に開発されている場合もある。あらゆる技術的システムや人間組織のシステムの根底には、目的、目標、判断基準を提供する社会的なシステムが存在する。[137, p.1]

複雑なシステムにおける事故を効果的に防止するには、技術やその基礎となる科学だけでなく、その社会システムも含めた事故モデルを使用する必要がある。システムの構築や運用に用いられている目的、目標、判断基準を理解しなければ、事故を完全に理解し、最も効果的に防止することはできない。

安全の社会的、組織的側面の重要性に対する認識は、「システム安全 (System Safety) (MIL-STD-882)」[7]の初期にさかのぼる。1968 年、当時 NASA のアポロ有人飛行安全プログラムのディレクターであったジェローム・レデラー (Jerome Lederer) は次のように書いている。

> システム安全は、リスク管理の全領域をカバーしている。それは、ハードウェアとシステム安全工学の関連する手順以上のものである。そこには、設計者や製造者の姿勢やモチベーション、従業員と管理者の関係、業界団体間や政府との関係、監督や品質管理における人的要因、産業安全や公衆安全と設計や運用とのインターフェースに関する文書、トップマネジメントの関心と姿勢、事故調査と情報交換における法的システムの影響、重要作業者の認証、資源、公共感情、その他多くの非技術的であるが許容可能なレベルのリスク制御の達成に不可欠な影響などが含まれる。システム安全のこれらの非技術的な側面を無視することはできない。[109]

しかし、こうした非技術的な側面が**無視される**ことがあまりにも多いのである。

事故の因果関係では、少なくとも 3 つのタイプの要因を考慮する必要がある。1 つ目は近接事象の連鎖であり、ヘラルド・オブ・フリーエンタープライズ号にとっては、甲板長補佐が扉を閉めなかったこと、一等航海士が早々に操舵室に戻ったことなどがこれにあたる。なお、ここでは一等航海士が甲板長補佐の仕事をチェックするという冗長設計がなされていたが、冗長設計によくあるように、事故を防止することはできなかった[115, 155]。

2 つ目のタイプの情報は、事象の発生を可能にした条件、すなわち、大潮、この港のフェリー搬入路の不十分な設計、一等航海士がスケジュールを守ろうとした (そのため扉が閉まる前に車両甲板を離れた) ことなどが含まれる。これらの条件はすべて、今回の事象に直接対応付けることができる。

3 つ目のタイプの要因は、事象や条件に対する間接要因である。事故がなぜ起きたのかを十分に理解し、将来の事故を防止するためには、これらの間接的な要因が重要なのである。このケースでは、フェリーの所有者 (タウンゼント・ソーレセン社 (Townsend Thoresen)) がフェリービジネスで競争力を保つために、荷物の積み下ろしが速く、加速も素早くできるように設計された船を必要としていたこと、また、会社の経営者が船長や一等航海士にスケジュールを厳守するようプレッシャーをかけていたことも、システミックな要因として挙げられる (これも競争上の要因に関連するものである)。

事象モデルにシステミックな要因を接ぎ木する試みがいくつかなされてきたが、どれもが大きな問題を抱えている。最も一般的なアプローチは、事象連鎖の上に階層的なレベルを追加することであった。70 年代にジョンソン (Johnson) は、事故を直接事象の連鎖として表現し、各事象の発生原因をシステミックな影響要因によって記述するモデルを提案した (図 2.7) [93]。

ジョンソンは、管理的要因をフォールトツリー (管理監督リスクツリー (Management Oversight Risk Tree) : MORT と呼ばれる手法) に落とし込もうとしたが、結局、管理の実践を監査するための一般的なチェックリストを提供するにとどまった。このようなチェックリストは非常に有用となり得る

---

7 本書でこの用語を大文字の固有名詞として表記する場合は、もともと国防総省とその請負業者が初期の ICBM システムのために開発し、MIL-STD-882 で定義した安全工学の特定の形式を表している。一方、一般名称としての「システム安全」または「安全工学」は、安全のためのエンジニアリングのすべてのアプローチを示す。(訳注:原文では、この固有名詞を大文字にして区別しているが、本書内ではこれを「システム安全 (MIL-STD-882)」と記載し、一般名称と区別する。)

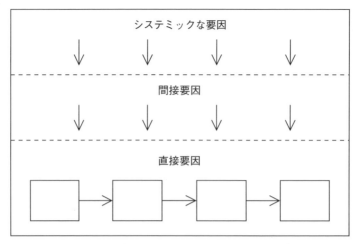

図 2.7　ジョンソンの事故の 3 レベルモデル

が、あらゆるエラーが事前に定義され、チェックリストの形にまとめられることが前提となっている。このチェックリストは、事故調査時に問われるべき一連の質問から構成されている。米国エネルギー省（U.S. Department of Energy：DOE）の MORT ユーザーズマニュアルに記載されている質問の例は次のとおりである。必要な監督のスキルを更新し、改善するために十分な訓練が行われたか？　監督者は独自の技術的なスタッフをかかえていたか、またはそのような人材にアクセスすることができたか？　監督プログラムおよびレビュー機能の必要性に対して十分な、適切な規律による技術的な支援があったか？　監督プログラムの効果を評価できるような、パフォーマンスを測定する方法が確立されていたか？　起動前に保守計画が提供されていたか？　すべての関連情報が計画者および管理者に提供されたか？　それは実際に利用されていたか？　安全上の懸念が、経営者から積極的に、そして具体的なアクションとして示されていたか？　などである。

　もともとジョンソンがこのような質問を何百も提供していたが、1970 年代にジョンソンがチェックリストを作成したあとも質問は追加され、現在ではさらに長いリストになっている。MORT のチェックリストは、項目が一般的であるため使用可能ではあるが、一般的であるがゆえに、その有用性には限界がある。チェックリストより効果のあるものが必要である。

　事象連鎖に対する階層的な追加手法の中で最も洗練されたものは、ラスムッセンとスベダン（Svedung）のリスク管理に関わる社会技術システムのモデルである [167]。図 2.8 に示すように、社会的・組織的なレベルでは、彼らは政府、規制当局と団体、企業、管理者、労働者のレベルを持つ階層的なコントロールストラクチャーを用いている。すべてのレベルにおいて、情報の流れが記述される。このモデルは運用に重点を置いており、システム設計や分析プロセスからの情報は、運用プロセスへの入力として扱われる。各レベルで、事象連鎖を用いて関係する要因をモデル化し、その下のレベルの事象連鎖とリンクさせている。ただし、この場合も、事象の根本原因と因果関係の連鎖が想定される。これらの限界を克服したラスムッセンとスベダンのモデルの一般化については、第 4 章に示す。

　繰り返しになるが、より安全なシステムの設計・運用方法の習得を進歩させるためには、新たな想定が必要なのである。

新想定 2：事故は社会技術的なシステム全体が関与する複雑なプロセスである。伝統的な事象連鎖モデルでは、このプロセスを十分に記述することはできない。

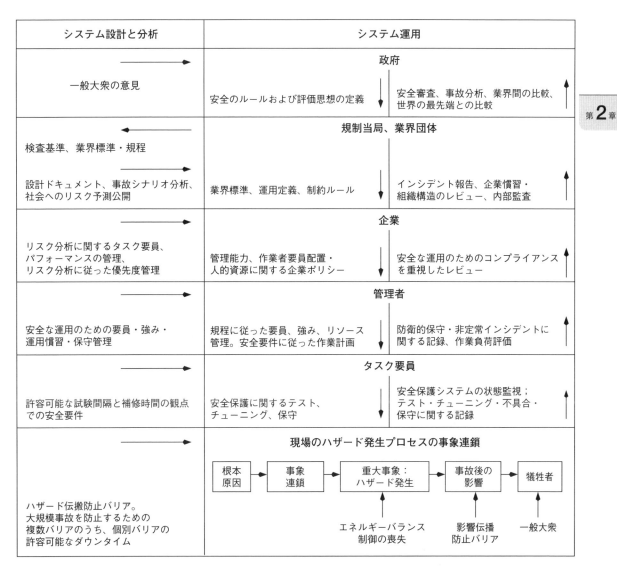

図2.8 ラスムッセン／スベダンのリスク管理モデル

　今日、安全工学の基礎となっている事故モデルのほとんどは、私たちが構築しているシステムの種類やそのコンテキストがもっと単純だった時代に由来している。第1章で述べたように、新しい技術や社会的要因によって事故の発生メカニズムが基本的に変化しており、事故を理解するための説明のメカニズムや事故防止のために適用するエンジニアリング手法の変更が必要になってきているのである。

　事象ベースのモデルは、複雑なプロセスとして事故を表現する能力に限界があり、特に、組織の構造的欠陥、経営の欠陥、会社や業界の安全文化の欠陥といったシステミックな事故要因を表現することには限界がある。組織的なコンポーネントや社会的なコンポーネントを含むシステム全体がどのように運用され、損失につながったかを理解する必要がある。事象連鎖モデルを拡張したものもいくつか提案されているが、いずれも重要な点で十分ではない。

　事故モデルは、近接事象を越えて分析を拡大するような、事故メカニズムを理解するための広い視野を提供すべきものである。オペレーターのアクション、物理的なコンポーネントの故障、技術に焦点を絞ると、将来の事故を防止する上で最も重要ないくつかの要因を無視することになりかねない。「根本

原因」という概念自体を見直す必要があるということである。

2.3 確率論的リスク評価の限界

想定3：事象連鎖に基づく確率論的リスク解析は、安全性やリスク情報を評価・伝達するための最良の方法である。

定量的リスク評価という現在のアプローチには、事象連鎖モデルの限界が反映されており、ほとんどがツリーや他の形式の事象連鎖を使用している。確率（または確率密度関数）が事象連鎖の事象に割り当てられ、損失事象の全体的な起こりやすさ（likelihood）が計算される。

確率論的リスク評価（probabilistic risk assessment：PRA）を行う場合、通常、連鎖する事象のうち、最初の事象群は互いに相互排他的（訳注：オーバーラップしない独立事象）と想定される。この想定は計算の単純化はするが、現実と一致しないことがある。例として、海上石油プラットフォームの事故連鎖についての次の説明を検討してみよう。

> 開始事象とは、一連の事故の引き金となる事象のことである。たとえば、波がジャケット（訳注：海洋プラットフォームの躯体をなす鉄鋼構造物）の処理能力を超え、その結果、石油の噴出が発生し、基礎部分の損傷事象が引き起こされるといった事象である。開始事象として、これらの事象は相互排他的であり、どれか1つだけが一連の連鎖を開始させる。プラットフォームの壊滅的な損壊は、基礎の損傷、ジャケットの損傷、デッキの損傷のいずれかによって開始される。これらの最初の失敗も（定義上）相互排他的であり、最も単純な形で「確率論的リスク評価」モデルの基本事象を構成する。[152, p.121]

基礎、ジャケット、デッキの損傷のいずれかを開始事象として選択することは、これまで見てきたように恣意的であり、メーカーや施工上の問題など、それらにつながる先行事象を考慮事項から除外してしまう。たとえば、基礎の損傷は粗悪な建設資材の使用と関係があるかもしれず、ひいては予算の不足や政府の監督不行き届きと関係があるかもしれない。

また、開始事象は相互排他的であり、どれか1つだけが事故を起こすと想定する理由は、おそらくまた計算を単純化するため以外にはないように思われる。事故では、一見独立しているように見える失敗が、共通のシステミックな原因（多くの場合、失敗ではない）を持ち、その結果、偶然に失敗することがある。たとえば、基礎に劣悪な原料を使うようにというプレッシャーが、ジャケットやデッキにも及び、波が3つすべてに偶然に依存した損傷を引き起こすかもしれない。また、失敗事象というよりもシステミックな要因である基礎の設計不良が、圧迫によって基礎の変形を引き起こし、ジャケットとデッキに負荷をかける可能性がある。このような事象を独立したものとして評価すると、非現実的なリスク評価につながる可能性がある。

ボパールの事故では、排出口の排ガス洗浄装置、フレアタワー、水噴出装置、冷却ユニット、各種監視装置などが同時に運用停止に陥った。一見無関係なこれらの事象に確率を割り当て、独立性を想定すると、この事故は単に一生に一度の偶然の一致にすぎないと信じてしまいそうである。事象連鎖モデルに基づく確率論的リスク評価では、これらの事象を独立した失敗事象として扱い、その偶然の一致は考えが及ばないほどかけ離れたものとして計算されてしまう。リーズンは、これと同様に、深層防護に基づく彼の有名なスイスチーズモデルにおいて、一般的に「そのような機会の軌道が同時にすべての防衛に抜け穴を見つける可能性は実に非常に小さい」[172, p.208] と主張している。先に示唆したように、ボパールや、実際、ほとんどの事故を詳しく見ると、そうした主張とはまったく異なり、これらはラン

ダムな失敗事象ではなく、共通のシステミックな要因に由来するエンジニアリングと経営者の判断に関連していたことがわかる。

うまく設計されたシステムで起こる事故のほとんどは、2つ以上の確率の低い事象の最悪の組み合わせで発生するものである。人々はシステムリスクを予想しようとするとき、確率の低い事象を明示的または暗黙的に掛け合わせ、独立していると想定し、実際には事象が依存しているにもかかわらず、ありえないほど小さな数字を出してしまう。この依存関係は、事象の連鎖に現れない共通のシステミックな要因に関係している可能性があり、マコール（Machol）はこの現象をタイタニック号での偶然の一致（Titanic coincidence）と呼んでいる[131]。[8]

タイタニック号の事故とそれに伴う人命の損失には、多くの「偶然の一致」が影響している。たとえば、船長はその時点での状況に対してスピードを出しすぎており、氷山に対する適切な監視が行われておらず、船の救命艇の数が不足しており、救命艇の訓練が行われておらず、救命艇は適切に下ろされたが、その運用が不十分であり、近くの船の無線のオペレーターが眠っていて遭難信号を聞いていなかった、などである。これらの事象や条件の多くは独立していると考えられがちだが、船の安全性や不沈性に関する誤った分析による過信が、過度の航行速度、適切な見張りの欠如、救命艇の数や訓練の不足に影響した可能性が高いと考えると、それらは独立していないとも考えられる。衝突が夜間に起きたために、氷山は容易に見つけられず、日中よりも船を離れることは難しくなり、そして近くの船の船員は眠っていたのである[135]。つまり、これらがすべて独立した事象だと想定することが、真のリスクをきわめて低く見積もることにつながるのである。

確率論的リスク評価（PRA）のもう1つの問題は、失敗事象に重点が置かれていることである。設計エラーは通常無視され、失敗確率として間接的に計算に入ってくるだけである。故障していない（運用されている）コンポーネント間の機能不全の相互作用による事故、つまりコンポーネント相互作用の事故は、通常考慮されることはなく、システミックな要因も考慮されない。冒頭の海上石油プラットフォームの例では、デッキの損傷に関する真の確率密度関数は、デッキが耐えなければならない条件に対する不十分な設計（人間の設計エラー）、あるいは、先に述べたように、政府の監督不足やプロジェクト予算の制限による不十分な建設材料の使用に左右されるものといえるかもしれない。

PRAで使用する故障確率を決定するために過去のデータを使用する場合、設計エラーや管理者の安全でない判断などの故障ではない要因は、データが導出された過去のシステムと検討中のシステムとの間で異なる場合がある。各PRAには、確率が導出された条件についての記述を含めることが可能である（当然、それが望ましい）。しかし、そのような記述がない場合、評価されるプラットフォームにおける条件は、以前に建設されたものと違うため、リスクが著しく変わるかどうかを判断することはできないだろう。新しい機能の導入やコンピューターによる能動的な制御は、失敗の確率に大きな影響を与える可能性があり、その場合、過去の経験からのデータの有用性は疑わしくなる。

PRAの利用で最も危険な結果は、直接的な物理的故障だけを考慮することから生じる。リスク評価における過信によって、潜在的な設計エラーが無視され、修正されないことがあるのである。たとえば、驚くほど多くの事故に関与している例として、バルブに電力を供給したという情報だけを用いてバルブの開閉操作の確認を行い、実際のバルブの位置を確認しないような配線設計を行うという問題がある。ある空軍のシステムは、過加圧から機体を保護するためにオペレーターが開放する開放バルブを搭

---

8 「事故は起こり得ないという信念」がしばしば大事故につながってしまうという事実を、ワット（Watt）は、タイタニック効果と名付けた。タイタニック効果は、人々が「災害は起こり得る」と信じて、災害を防止したり、その影響を最小化したりする計画を立てるほど、災害の規模を小さくできるということを言おうとしている[204]。

載していた[3]。主バルブが故障した場合に備えて、バックアップバルブも用意されていた。オペレーターは、バックアップバルブを起動すべきと決定するには主バルブが開いていないことを知る必要があった。ある日、運用上の問題でオペレーターが主バルブを開くコマンドを出し、位置表示灯と開度表示灯の両方が点灯したが、実際には主バルブは開いていなかった。オペレーターは主バルブが開いたと思い、バックアップバルブを作動させなかったため、爆発が起こったのである。

　事故後の調査で、表示灯の回路はバルブの**通電**の有無を示すように配線されていただけで、バルブの**位置**を示すものではなかったことが判明した。つまり、表示灯はバルブ操作ボタンが押されたことだけを示し、バルブがコマンドどおりに動作したことは示していなかったのである。この設計の確率論的リスク評価では、2つのバルブが同時に故障する確率は低いと想定されていたが、電気配線の設計エラーという可能性は無視されていた。その設計エラーの確率は定量化できないのである。もし、設計エラーが判明していたならば、その設計エラーを排除することが適切な解決策であり、確率を設定することではなかったはずである。同じタイプの設計の欠陥は、スリーマイル島の事故の要因でもあった。排出バルブを閉じる指示が出されたことを示すインジケーターは点灯していたが、実際にはバルブは閉まっていなかったのである。実際には、バルブは開いた位置で止められていたのだ。

　このような電気機械システムに対するPRAの限界に加え、個々のコンポーネントの故障確率と相互排他的事象の組み合わせに基づく現在のリスク定量化手法は、ソフトウェアや認知的に複雑な判断を行う人間によって制御されるシステムには適していない。また、多くの善意の努力にもかかわらず、安全文化の欠陥などの管理・組織要因を取り込む有効な方法はない。その結果、事故におけるこれらの重要な要因は、分析者が「失敗」確率の求め方を知らないか、便宜的に数字を抜き出しているために、しばしばリスク評価から除外されることになる。もし、このような設計の欠陥が測定できるほどわかっているのであれば、測定しようとするよりも設計を直した方が良いはずである。

　PRAを実施している場合、将来起こり得る別の事象については、通常考慮されることはない。

新想定3：リスクと安全性は、確率論的リスク解析以外の方法で最もよく議論することができ、理解することができる。

意思決定において、リスクを理解することは重要である。多くの人々は、リスク情報は確率の形で伝えるのが最も適切であると考えている。しかし、確率を正しく解釈することがいかに難しいことであるかについては、多くのことが言われている[97]。たとえ人々がそのような値を適切に使うことができたとしても、確率を計算するために一般的に使われているツールは失敗事象の確率に基づいて計算しており、それでは深刻な限界がある。本書で紹介するような、失敗事象に基づかない事故モデルは、安全性、そしてより一般的にはリスクを理解し評価するための、まったく新しい基本原理を提供することができるだろう。

2.4　事故発生時のオペレーターの役割

想定4：事故のほとんどは、オペレーターのエラーによって引き起こされる。安全な振る舞いに報酬を与え、非安全な振る舞いを処罰することで、事故は大幅に減少する。

これまで見てきたように、「原因」の定義には議論の余地がある。しかし、システムのオペレーターがいる場合、そのオペレーターが事故の責任を負わされる可能性が高いという事実は変わらない。この現象は新しいものではない。19世紀には、鉄道の連結事故は鉄道作業者の負傷と死の主な原因の1つで

あった[79]。1888 年から 1894 年の 7 年間に、16,000 人の鉄道作業者が連結事故で死亡し、170,000人が障がいを被った。管理者たちは、このような事故は作業者のエラーと不注意によるものであり、したがって作業者にもっと注意するように言う以外には何もできない、と主張した。結局、政府が介入し、自動連結器の取り付けを義務化した。その結果、死亡事故は激減した。1896 年 6 月（議会がこの問題に取り組んでから 3 年後）の『Scientific American』（サイエンティフィック・アメリカン）誌は以下のように書いている。

> 歴史上、これほど悲惨な死者を出した戦いはほとんどない。この死亡事故の多くは、鉄道会社の不完全な設備が原因であった。20 年前、車両を自動的に連結できることが実践的に証明され、連結しようとする 2 両の車両の間に鉄道従業員が入り込んで、命を危険にさらす必要はもはやなかったのである。そして、米国議会は 1893 年 3 月、各地からの訴えを受け、「安全器具法」を可決した。この法律を遵守するために、鉄道会社は 5 千万ドルのコストをかけている。その結果、死亡率は 35 パーセント減少した。

2.4.1 事故の原因はオペレーターによるものが多いのか？

オペレーターを非難する傾向は、単に 19 世紀の問題ではなく、今日でも根強く残っている。第二次世界大戦の間とその後、空軍は航空機の事故に関して深刻な問題を抱えていた。たとえば、1952 年から 1966 年までの間に、7,715 機の航空機が失われ、8,547 人が死亡した[79]。これらの事故のほとんどは、パイロットの責任とされた。1950 年代の航空宇宙エンジニアの中には、原因がそれほど単純だとは信じておらず、性能、安定性、構造的健全性（structural integrity）と同じように、安全性も航空機に設計され組み込まれなければならないと主張する者もいた。このアプローチについては、いくつかのセミナーが開かれ、論文も書かれたが、空軍は大陸間弾道ミサイルの開発に着手するまで真剣に取り組まなかった。大陸間弾道ミサイル燃料の度重なるひどい爆発事故においては、非難すべきオペレーターがいなかった。パイロットのエラー以外の要因に直面した空軍は、安全性をシステムの問題として扱い始め、それに対処するためのシステム安全（MIL-STD-882）プログラムが開発されたのである。今後、無人自律型航空機やその他の自動化されたシステムの普及に伴い、同様の姿勢と実践が迫られるかもしれない。

航空機事故の 70 パーセントから 80 パーセントはパイロットのエラーが原因であるとか、労働災害の 85 パーセントは非安全な条件ではなく、作業者による危険な行為が原因であるという発表を今でもよく見かける。しかし、よくよく調べてみると、データに偏りがあったり不完全だったりすることがわかる。事故についてわかっていないことが多ければ多いほど、その事故はオペレーターのエラーに帰属されてしまう可能性が高い[93]。しかし、重大事故の徹底的な調査によって、ほとんどの場合、他の要因が見つかるのである。

この問題の一因は、事故調査において事象連鎖モデルを用いることに起因している。なぜなら、前述のように、オペレーターの振る舞いの原因になる**事象**を見つけることが困難だからである。問題がシステム設計にある場合、エラーを説明する近接事象は存在せず、システム設計時の判断に欠陥が存在するだけである。

人間の行動に先行して技術的な失敗があったとしても、その責任を失敗に対するオペレーターの不十分な運用に押し付ける傾向がある。ペロー（Perrow）は、最良の産業においてさえ、事故の原因をオペレーターのエラーに帰すること、設計者や管理者のエラーを無視することが横行していると主張している[155]。彼は航空事故に関する米国空軍の研究を引用し、ヒューマンエラー（このケースではパイ

ロットエラー）という呼称は、本当の原因が不明確で複雑な、あるいは組織にとって厄介な災難に対する便利な分類であると述べている。

オペレーターのアクションが事象の連鎖の中で都合のよい停止点になりがちだという事実のほかに、オペレーターのエラーの統計的な傾向は次のとおりである。(1)オペレーターのアクションは一般的に安全に悪影響を及ぼす場合のみ報告され、事故防止に寄与した場合は報告されない。(2)オペレーターがすべての緊急事態を克服できるという非現実的な期待に基づいて非難されることがある。(3)成功しなかった場合の結果が、深刻になる可能性が高く、かつ、設計者が予想しておらずオペレーターの訓練でカバーされていない状況が多く含まれる場合、オペレーターは、システムの振る舞いの限界に対して介入しなければならないことが多い。(4)後知恵で、リアルタイムに行われた判断より優れた判断を見つけることは簡単だが、事故発生以前に潜在的エラーを検出し修正することは、はるかに困難である。[9]

2.4.2 後知恵バイアス

後知恵バイアスという心理現象は、事故の原因帰属に重要な役割を果たすので、この議論には時間をかけてもよい。イギリスのクラップハムジャンクション駅（Clapham Junction）の列車事故に関する報告書では、次のような結論が出されている。

> 人間の行動や判断で、後知恵で欠陥があるように見せたり、良識がないように見せたりできないものは、ほとんどない。批評家はその事実を常に認識しておくことが重要である。[82, pg.147]

事故後に、人々がどこで間違ったのか、何をすべきで何をすべきでなかったのかを知ることも、重要だと判明した情報の欠落について人々を判断することも、予見または防止すべきであった損害の種類を正確に確認することも、容易である[51]。しかし、事象の発生以前にそのような洞察をすることは困難であり、おそらく不可能である。

デッカー（Dekker）[51]は、後知恵がもたらす弊害を以下のように指摘している。

- 結果から出発して、推定された、あるいはもっともらしい「原因」まで遡って推論できるため、因果関係を単純化しすぎる。
- 結果の可能性とそれを予見する人々の能力を過大評価してしまう。なぜなら、私たちはすでに結果を知っているからである。
- ルールや手順の「違反」の役割を過大評価してしまう。文書化されたガイドと実践の間には常に相違があるが、この相違がトラブルにつながることはほとんどない。このギャップが因果関係を持つようになるのは、悪い結果が出て、それを見て推論するときだけである。
- そのときどきの人々に提示されたデータの重要度や関連性を見誤る。
- 結果とそれ以前のアクションを一致させて考えてしまう。結果が悪かったのであれば、それに至るまでのアクションも悪かったはずである。たとえば、機会の欠落、評価の誤り、誤った判断、誤感知などがある。

後知恵バイアスを避けるためには、事故における人間の役割を分析する際に、「何が悪かったか」から「なぜそのように行動することが理にかなっていたか」へと考え方を変化させる必要があるのである。

9　事故の原因がオペレーターのエラーに帰属することについては、『セーフウェア』第5章でより詳しく考察している。

2.4.3 システム設計がヒューマンエラーに与える影響

すべての人間活動は、その舞台となる物理的な環境と社会的な環境の中で行われ、その影響を受けている。そのため、システム設計上のエラーとオペレーターのエラーを切り離すことは、非常に困難であることが多い。すなわち、高度に自動化されたシステムでは、オペレーターはシステム設計と運用手順に翻弄されることが多いということである。スリーマイル島のオペレーターが犯した大きな間違いの1つは、電力会社から提供された手順に従ってしまったということであった。また、システムは、危険な状態から効果的に回復するために必要な情報を提供することはなかった[99]。

1995年のカリにおけるB757型機事故後の訴訟では、コロンビアの調査員が事故の原因をすべて乗務員のエラーにあると非難したことに基づき、アメリカン航空が事故の責任を負わされた。公式の事故調査報告書では、損失原因として以下の4つを挙げている[2]。

1. 滑走路19へのアプローチの計画と実行を適切に行わなかった乗務員の失敗、および彼らによる自動操縦の不適切な使用。
2. アプローチを継続することの危険性を示す多くの警告があったにもかかわらず、アプローチを中止しなかった乗務員の失敗。
3. 垂直航法、地表への接近、重要な無線誘導での相対的位置に関する乗務員の状況認識の欠如。
4. 飛行の重要なフェーズでFMS支援誘導が混乱し、乗務員に過大な作業負荷が生じた際に、従来型の無線誘導に戻さなかった乗務員の失敗。

特に4番目に特定された原因を見てほしい。FMSの支援誘導がわかりにくくなり、過剰な作業量が要求されたときに、自動化の設計よりもむしろパイロットに責任があるとしている。公平を期すために、報告書は2つの「影響要因」(原因ではない)も識別している。

- ダイレクトルーティングを実行する際に、ディスプレーからすべての中間修正点を削除するFMSのロジック。
- 航空図に掲載されているものとは異なる命名規則が使用されている、FMSが生成する航法情報。

これら2つの「影響要因」は、第3の原因であるパイロットの「状況認識の欠如」に大きく関係している。事故の事象連鎖モデルを用いても、これらFMS関連の事象はパイロットのエラーに影響している。少なくとも、「原因」とラベル付けされたものとは異なる扱いを受けるべき理由はないように思われる。また、この事故には識別された原因や影響要因のいずれにも反映されていない他の多くの要因があった。

この事件では、カリの事故報告書の結論が法廷で争点となった。アメリカの控訴裁判所は事故の4つの原因に関する報告書の結論を否定し[13]、これを受けてアメリカン航空が連邦裁判所で、ハネウェル・エアトランスポートシステム社(Honeywell Air Transport Systems)とジェプセン・サンダーソン社製の航空機自動化システム(訳注:FMS)のコンポーネントが事故の発生を促したと訴えたのである。アメリカン航空が非難したのは、ジェプセン社がカリ空港のビーコンの位置を他のほとんどのビーコンとは違うファイルに保存していたことである。コンピューター会社の弁護士は、ビーコンコードは適切にアクセスできたはずで、パイロットのエラーであると主張した。陪審は、2つの会社が欠陥製品を生産し、ジェプセン社の責任は17パーセント、ハネウェルの責任は8パーセント、アメリカン航空の責任は75パーセントと結論づけた[7]。このような責任の分配は、それぞれの会社がどれだけの金額を支払わなければならないかを判断する上では重要かもしれないが、恣意的なものであり、将来の事故防止に関して重要な情報を提供するものではない。しかし、この判決は、単純化しすぎた因果関

係の概念を否定した点で、興味深いものである。また、法廷外で解決することなく、損失におけるソフトウェアの役割が認められた最初のケースの1つでもある。

　しかし、このケースは、その後の航空機事故におけるパイロットへのエラー転嫁に対して、あまり影響を及ぼしていないように思える。

　問題の1つは、エンジニアが人間を機械と同一視する傾向にあることである。人間の「失敗」は通常、物理的なコンポーネントの故障と同じように扱われる。つまり、指定された、あるいは規定された一連のアクションのパフォーマンスからの逸脱である。この定義は機械の故障と同じである。しかし、人間の振る舞いは機械よりもはるかに複雑である。

　多くのヒューマンファクターの専門家が見出しているように、オペレーターはより効率的で生産的になろうとし、時間的なプレッシャーに対処するため、指示書や書かれた手順に忠実に従うことはほとんどない[167]。原子力発電所のような制約の多い高リスクの環境におけるオペレーターの行動の分析においても、手順の修正事象が繰り返し発見されている[71, 201, 213]。中身を吟味してみると、これらのルール違反は、オペレーターが仕事をしなければならない作業量とタイミングの制約を考えると、きわめて合理的であるように見える。これは、**規範的な手順**（normative procedure、訳注：正式に書かれた手順）からの逸脱とみなされるエラーと、合理的で通常使用される**効果的な手順**（effective procedure）からの逸脱とみなされるエラーとの間に基本的な競合が存在していることを示している[169]。

　これが意味することの1つは、事故の後であれば、**指示された手順**（訳注：前記の「規範的な手順」）ではなく**確立された手順**（訳注：前記の「効果的な手順」）に従って、公式ルールを破ったのは誰なのかを、動的な事象の流れに関与した人の中から見つけることは簡単である、ということである。確立された手順が、規範的な指示やルールからしばしば逸脱していることを考えると、オペレーターの「エラー」が事故発生の70～80パーセントの原因であるということは驚くようなことではない。想定2の考察で述べたように、根本原因の識別は、その事象が規程からの逸脱を含んでいるという理由によって行われることが多いのである。

2.4.4　メンタルモデルの役割

　図2.9に示すように、人間のメンタルモデル（訳注：人間が頭の中に描く、コントロール対象の構造や機能）の更新は重要な役割を果たす。設計者とオペレーターは、それぞれ異なるメンタルモデルをプラントに対して持っているだろう。設計者とオペレーターのモデルが異なるのは当然であり、両者が実際のプラントとは大きく異なることもある。設計者は、開発中にモデルを、プラントが建設可能なレベルまで頭の中で発展させる。**設計者のモデル**は、プラントが構築される前に作られた理想的なものである。この理想的なモデルと、実際に構築されるシステムとの間には、大きな違いが存在する可能性がある。設計者は、製造・構築時のばらつきのほか、常に理想や平均に向き合うことになるが、実際のコンポーネントそのものを扱うわけではない。したがって、設計者は平均的な閉止時間を持つバルブのモデルを持っているかもしれないが、実際のバルブは、製造や原料の違いを反映した連続的なタイミングの振る舞いのどこかに閉止時間を持つものとなる。設計者の理想化されたモデルは、オペレーターの運用指示と訓練の開発に使用される。しかし、実際のシステムは、製造・構築時のばらつき、時間の経過に伴う進化や変化によって、設計者のモデルとは異なる場合がある。

　オペレーターが持つシステムのモデルは、設計者のモデルから作成された正式な訓練に基づくものと、システムでの経験に基づくものとで構成される。オペレーターは、想定された理想的なシステムではなく、構築された現実のシステムに対処しなければならない。物理的なシステムが時間の経過に伴っ

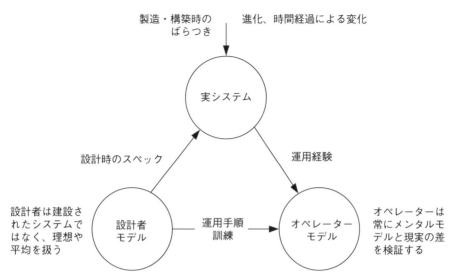

図2.9 メンタルモデル間の関係

て変化し、進化していく中で、オペレーターのモデルや運用手順もそれに合わせて変化していかなければならない。正式な手順、作業指示、および訓練は、現在の運用環境を反映するように定期的に更新されるが、必然的に常にタイムラグが生じることとなる。さらに、オペレーターは、理想化された手順や訓練には反映されない時間や生産性のプレッシャーの中で作業している可能性がある。

オペレーターは、システムの進化に伴い、フィードバックを利用して、システムのメンタルモデルを更新する。システムが変化し、自分のメンタルモデルを更新しなければならないとオペレーターが判断する唯一の方法は、試行（experimentation）によるものである。安全な振る舞いの境界がどこにあるのかを知るためには、ときにはその境界を越える試行をしなければならないということである。

試行は制御のどのレベルにおいても重要である[166]。最適化の基準が速度と滑らかさであるマニュアルタスクでは、許容可能な適応性と最適化の限界は、ときおり限界を超えたときに経験するエラーからしか知ることができない。エラーはスキルを最適なレベルに維持するために不可欠な要素であり、この目的を達成するためのフィードバックループの必要な部分である。ヒューマンエラーを、人が操作を行うフィードバックループとは異なる因果連鎖の事象として扱ってしまうと、事故におけるこうした試行の役割を理解することはできないのである。

より高いレベルの認知制御と上位レベルでの意思決定では、オペレーターが条件の変化に対応するために手順を更新したり、予期せぬ状況に対する最善の対応について推論するときの仮説を評価したりするために、試行が必要とされる。情報の探索や仮説の検証の際にはきわめて合理的で重要なアクションも、「激動（turbulent）」の状況下における詳細な情報を入手できなければ、後知恵では容認できないミスに見えるかもしれない[169]。

運用システムと相互作用する経験を通してメンタルモデルを適応させる能力があるからこそ、人間のオペレーターの価値は高いのである。ここまで考察してきた理由により、オペレーターの実際の振る舞いは、現在の入力とフィードバックに基づいているため、規定された手順と異なる場合がある。逸脱が正しい場合（設計者のモデルがその瞬間のオペレーターのモデルより精度が低い場合）、オペレーターは正しい仕事をしているとみなされる。オペレーターのモデルが誤っている場合、たとえその時点で彼らが持っている情報からは誤ったメンタルモデルの方が妥当であったとしても、不幸な結果を招いたのはオペレーターであると非難されることが多い。

システム設計においてフィードバックを与え、試行を可能にすることは、オペレーターがコントロール能力を最適化するために重要なことである。自動化の度合いが低かった過去のシステムでは、オペレーターは、試行する能力、システムの状態に関するメンタルモデルを更新する能力を自然に育てることができた。高度に自動化されたシステムの設計者は、メンタルモデルを更新する能力の必要性を理解せず、オペレーターを「ループから外す」ような自動化を設計してしまいがちである。そして、オペレーターが誤ったメンタルモデルに基づいて間違いを犯すと、誰もが驚くことになる。残念ながら、このようなミスに対する反応は、自動化をさらに進め、オペレーターを蚊帳の外に置くことで、さらに問題を悪化させることにつながるのである[50]。

間違った決定は、作業者や設計者のモデルの範囲の狭さから生じることもある。意思決定者は、自分たちの決定が影響を及ぼすシステムをあまりにも狭い範囲でしか見ていない可能性がある。図2.2とヘラルド・オブ・フリーエンタープライズ号の事故の考察を想起してほしい。特定の意思決定者に関連するシステムモデルの境界は、全体システム内で見られる他のいくつかの意思決定者の活動に依存する場合がある[167]。事故は、その限定されたモデルに基づく彼らの決定の相互作用と副次的な影響から生じるかもしれない。事故が起こる前に、個々の意思決定者が日々の運用上の意思決定において、全体像を把握し、別の部門や組織の他の人々によってなされた決定に、部分的に依存する複数の安全防御策と安全マージンの状況を正しく認識することは困難であろう[167]。

ラスムッセンは、現場の判断基準、そして、振る舞いを形成する時間や予算に対するプレッシャーと短期的なインセンティブ（incentives）を考慮すると、ほとんどの決定は理にかなったものになると強調している。専門家は、日々の多忙な活動の中で、現場の条件を満たすために最善を尽くすが、自分の振る舞いが危険な影響を及ぼす可能性があることに気づかないことがある。個々の決定は、個々の職場環境と現場のプレッシャーの中では安全で合理的に見えても、全体として考えると非安全な場合がある。自分の決定が、別の部門や組織の他の人々の決定に依存している場合、その安全性を判断することは不可能ではないとしても、困難なものである。

分散型意思決定は、緊急を要する状況では、当然必要である。しかし、分散型意思決定も、すべての安全上重要な意思決定と同様に、事故低減に効果的であるためには、システムレベルの情報のコンテキストの中で、全体システムの観点から行う必要がある。分散型意思決定を安全なものにする1つの方法は、可能であればシステム全体の設計においてシステムコンポーネントを分離し、決定がシステム全体に影響を及ぼさないようにすることである。この問題に対処するもう1つの一般的な方法は、標準的な緊急時手順を規定し、訓練を行うことである。運用状態が危険レベルに達したら避難警報を鳴らすように、オペレーターが指示される場合もある。このようにして、システムレベルで安全な手順が決定され、オペレーターは危機的状況に一貫性のある適切な対応をするよう訓練されるのである。

もちろん、予期しない条件が発生し、損失を回避するために、オペレーターが指定された手順（そのような場合は非安全な手順）を破らざるを得ない状況もある。もし、オペレーターが決められた手順に従うだけでなく、リアルタイムに意思決定をすることが期待されているのであれば、安全な決定をするために、状況についてのシステムレベルの情報を、いつも持っていなければならない。もちろん、システム設計上、コンポーネントが分離され、オペレーターが個別の判断で安全を独立に達成することができるのであれば、このようなことは必要ない。とはいえ、このような分離はシステム設計の中に組み込まれていなければならない。

高信頼性組織（high reliability organization：HRO）の理論家の中には、これとは正反対のことを主張する人もいる。彼らは、HROが安全なのは、最前線の専門職が知識と判断を駆使して安全性を維持しているからだと主張している。危機の際には、HROにおける意思決定は、決定に必要な判断力を

持つ最前線の作業者に受け渡されると彼らは主張する[206]。問題は、最前線の作業者が意思決定に必要な知識と判断力を持つという想定が、必ずしも正しくないということである。その一例が、第5章で分析する味方への誤射による事故である。パイロットは、守るように言われた規定を無視し、自分たちが持っている不十分な情報をもとに、自分たちで意思決定を行ったのである。

　HRO理論の多くは、航空母艦の航空機運用のような安全を重視するシステムの研究から導出されたものである。たとえば、ラ・ポルテ（La Porte）とコンソリーニ（Consolini）[107] は、空母の運用は本来海軍の指揮系統に従うが、最も低いレベルの司令官でも着陸を中止することができると論じている。明らかに、着陸を中止するケースでは、指揮系統に従った命令を発する時間的余裕がないため、このような現場権限の移譲が必要なのである。しかし、このような現場レベルの船員は、一方向の意思決定しかできない、つまり、着陸を中止することしかできないということに注意しなければならない。要するに、彼らは、危険な状況に際して、先天的に安全な状態（ゴー・アラウンド、着陸を中止すること）に移行することを許されているだけということである。他のハザードと競合しない安全な状態が存在し、この決定が統括するアクションとその決定条件が比較的単純であるため、システムレベルの情報は必要ないのである。航空母艦は通常、交通量の少ないエリアで運用されているため、さらに上位の大きなシステムからは切り離されており、したがって、局所的な中止の決定はほとんど常に安全であり、より大きなシステムの安全性の観点から許容されるのである。

　しかし、少し状況が違い、混雑した都市部の空港でパイロットがゴー・アラウンドの意思決定をする場合を考えてみよう。着陸すれば明らかに危険が存在する場合にゴー・アラウンドを実行するのは正しい判断だが、ゴー・アラウンドを実行したパイロットが、直交する向きの滑走路を離陸する他の航空機に接近しすぎたニアミスが、過去には発生している。この問題の解決策は、分散化されたレベルには存在しない。このケースでは、個々のパイロットは危険なシステムの状態を回避するためのシステムレベルの情報を持っていないからである。着陸や離陸の手順を変えたり、滑走路を新設したり、航空交通を再分配したりすることで、システムレベルで変化を与えることによって、危険性を軽減しなければならないのである。パイロットが、ゴー・アラウンドが必要だと感じたときには、いつでもできるようにしたいものであるが、システム全体が衝突を防止するように設計されていなければ、そのアクションはある危険を減らす一方で、別の危険を増加させることになる。安全性とは、（コンポーネントの特性なのではなく）システムの特性なのである。

2.4.5　ヒューマンエラーに対する異なる考え方

　伝統的な意思決定に関する研究では、意思決定を、それが行われるコンテキストから切り離された離散的なプロセスとして研究してきた。しかし、この考え方に対抗する新しい考え方が出始めている。運用（operation）をあらかじめ定義されたアクションの順序として考えるのではなく、システムと人間の相互作用を、個別の「決定」やエラーを特定することが困難な連続的なコントロールタスクと考えるようになってきている。

　エドワーズは1962年に、意思決定は進行中のプロセスの一部としてのみ理解することができると最初に主張した一人である[63]。システムの状態はその時点で実行され得るいくつかのアクションの集合として認識され、そのうちの1つが選択され、コントロール対象のシステムから得られる反応が次のアクションの背景として作用する。このとき、エラーは、振る舞いの流れの中で局所化することは困難である。つまり、成功とはいえないようなアクションでも、オペレーターにとっては、最適なパフォーマンスを探す自然な過程の一部なのである。例として、船の操舵を考えてみよう。Aという船の操舵手は、前方に障害物（おそらく他の船）を見つけ、それを避けるために船を左に操舵することにし

た。風、潮流、波の作用により、操舵手は希望のコースを維持するために絶えず調整を行う必要があるかもしれない。ある時点で、相手の船も進路を変化させると、操舵手の最初の安全な進路の判断は、もはや正しくなくなり、修正する必要がでてくる。操舵は、何が正しくて安全な振る舞いなのかが、時間の経過や、また以前の振る舞いの結果に応じて変化する、連続的なコントロールのアクションやプロセスとして理解することができる。海が船に与えるアクションと他の船の想定されるアクションの影響に関する操舵手のメンタルモデルは、継続的に調整されなければならない。

人間の意思決定に関するこの非伝統的なコントロールモデルでは、個々の安全でないアクションを特定することが難しいだけでなく、意思決定の分析は、社会的コンテキスト、それが行われる価値システム、およびそれがコントロールすることを意図する動的な作業プロセスの分析から分離することができない[166]。この見方は、**動的な意思決定**（dynamic decision making）[25]、**自然主義的意思決定**（naturalistic decision making）という新しい分野[217, 102]、そして本書で紹介する安全性へのアプローチなど、意思決定研究におけるいくつかの現代的な動向の基礎となっている。

ラスムッセンらが主張するように、単純な事象連鎖モデルやヒューマンエラー・モデルを超える、より効果的な事故モデルを考案するには、事故における人間の役割をエラー（つまり規範的手順からの逸脱）から説明する代わりに、人間の振る舞いを形成するメカニズムや要因、つまり人間の振る舞いが行われ決定がなされるパフォーマンス形成のコンテキストに重点を移すことが必要である。人間の振る舞いを決定と行動に分解してモデル化し、その振る舞いが行われるコンテキストから切り離された現象として分析することは、振る舞いを理解する上で効果的な方法ではない[167]。

代わりとなる見方として、人間の振る舞いを表現し理解するための新しいアプローチが必要であり、ヒューマンエラーやルール違反に焦点を当てるのではなく、実際の動的なコンテキストにおける振る舞いを生成するメカニズムに焦点を当てる。このようなアプローチでは、作業の仕組みの制約、許容できるパフォーマンスの限界、試行の必要性、変化への適応を導く主観的な基準を考慮に入れなければならない。このアプローチでは、伝統的なタスク分析が**認知的作業分析**（cognitive work analysis）[169, 202] や**認知的タスク分析**（cognitive task analysis）[75] で置き換えられるか、または補強されることとなる。振る舞いは、意思決定者の目標、許容可能なパフォーマンスの限界、環境が振る舞いに与える制約（価値システムおよび安全制約を含む）、および人間の適応性のメカニズムという観点からモデル化される。

このようなアプローチは、事故や「ヒューマンエラー」に対する新たな対処法につながるものである。指定された手順からの逸脱を敵視することにより人間の振る舞いをコントロールしようとするのではなく、以下のようなことによって振る舞いをコントロールすることに焦点を当てるべきである。

- 安全なパフォーマンスの境界（振る舞いに関する安全制約）を特定する
- 境界を明示して知らしめ、境界での対処能力を開発する機会を与える
- コンテキストの影響やプレッシャーに対応するためのパフォーマンスの最適化や適応を、安全に行えるようシステムを設計する
- システム全体にわたる意思決定のネットワークにおいて個々の意思決定の潜在的に危険な副作用を識別する手段を提供する
- エラー耐性のある設計を行う（安全制約に違反する前にエラーを可視化し、復旧可能にする）[167]
- オペレーターと意思決定者が安全制約に違反するように駆り立てるプレッシャーを打ち消す

繰り返しになるが、将来の事故削減のためには、古い想定を捨て、新しい想定に置き換えることが必

要になる。

新想定4：オペレーターの振る舞いは、それが発生する環境の産物である。オペレーターの「エラー」を減らすには、オペレーターが働く環境を変化させる必要がある。

人間の振る舞いは、それが行われる環境に常に影響される。その環境を変化させることは、報酬と処罰を用いる通常の行動主義的アプローチよりも、オペレーターのエラーを変化させる効果が高い。環境の変化なくしては、ヒューマンエラーはいつまでたっても減らない。私たちは、オペレーターのエラーが避けられないようなシステムを設計し、そして、システム設計ではなく、オペレーターを非難しているのである。

　ラスムッセンらが主張するように、より効果的な事故モデルを考案するには、事故において人間が果たす役割を説明する際に、エラー（規範的手順からの逸脱）から、人間の振る舞いを形成するメカニズムや要因、つまり人間の行動や決定がなされる際のパフォーマンス形成の特徴やコンテキストに重点を移すことが必要である。現在の事故モデルのほとんどがやっているように、振る舞いを決定と行動や事象に分解してモデル化し、振る舞いが行われるコンテキストから分離した現象として研究することは、振る舞いを理解するための効果的な方法ではない[167]。

2.5　事故におけるソフトウェアの役割

想定5：高信頼性ソフトウェアは安全である。

システムにソフトウェアが含まれる場合の安全性を確保するための最も一般的なアプローチは、ソフトウェアの信頼性を高くしようとすることである。ソフトウェアの専門職ではない読者がこの想定に欠陥があることを理解できるように、ソフトウェア一般について少し述べておこう。

　デジタルコンピューターが他の機械にはないユニークさとパワーを発揮するのは、私たちが、初めて汎用的な機械を手に入れたという事実に由来する。

ソフトウェア	＋	汎用コンピューター	＝	専用機械

たとえば、機械的な自動操縦やアナログの自動操縦を一から作る必要はなく、目的を達成するための指示やステップという形で自動操縦の「設計」を書くだけでよいのである。それをコンピューターに読み込ませ、コンピューターが指示を実行しながら、事実上、専用機械（自動操縦装置）となっていく。変更が必要な場合は、指示を変更すれば、別の物理的な機械を一から作る必要はなく、同じ機械（コンピューターハードウェア）を使用することができる。ソフトウェアとは、要するに、**機械の設計を物理的な実装から抽象化したもの**である。つまり、機械の論理的な設計（ソフトウェア）と、その機械（コンピューターハードウェア）の物理的な設計は分離されているのである。

　（訳注：この仕組みを用いることで、）これまで物理的に不可能、あるいは非現実的だった機械が実現可能になり、設計の変更も、製造プロセスを経ずに素早く行えるようになった。つまり、機械の物理的な部分（コンピューターハードウェア）を再利用し、設計と検証の段階を残すだけで、製造の段階はこれらの機械のライフサイクルから排除される。設計フェーズも変化し、設計者は物理的な実現方法を気

にすることなく、実現すべきステップを識別することに集中できるようになったのである。

　コンピューターを利用することのこのような利点（小型・軽量化など特定の用途に特化した利点もある）により、潜在的な危険性のあるシステムへの導入を含め、コンピューターの利用が爆発的に増加した。しかし、コンピューターの利用の潜在的なデメリットと、それらの利用によってもたらされた従来のエンジニアリングプロセスにおける大きな変化によって、新しいタイプの事故が発生したり、事故調査や事故防止が難しくなったりしている。

　コンピューターによる最も重要な変化の1つは、特殊な用途の機械の設計を、通常、そのような機械設計の専門家ではない人が行うようになったことである。たとえば、自動操縦の設計者は、自動操縦がどう働くべきかを決めて、その情報をソフトウェアエンジニアに提供する。そのエンジニアは、ソフトウェア設計の専門家ではあるが自動操縦の専門家ではない。しかし、自動操縦の詳細設計を行うのは、そのソフトウェアエンジニアなのである。この機械設計の専門家とソフトウェアエンジニアの間の余分なコミュニケーションのステップが、現在のソフトウェアにおける最も深刻な問題の原因となっている。

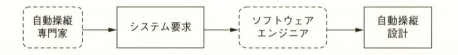

　したがって、運用されているソフトウェアで発見されるエラーのほとんどが、要求の欠陥、特に不完全な要求仕様に起因していることは驚くにはあたらない。完全性（completeness）は、多くの場合、要求仕様に関連付けられた品質であるが、きちんと定義されることはほとんどない。本書のコンテキストに最も適した定義は、ジャッフェ（Jaffe）によって次のように提案されたものである。「ソフトウェアの要求仕様は、ソフトウェアの望ましい振る舞いを、設計されたかもしれない他の望ましくないプログラムの振る舞いと区別するのに十分であれば完全である」[91]。

　過去20年間にソフトウェアが関与した重大な事故は、そのほとんどがコーディングエラーではなく、要求の欠陥に起因するものである。要求には、以下についての不完全な想定や間違った想定が反映されていることがある。

- ソフトウェアによってコントロールされるシステムコンポーネントの運用についての想定
（例：ソフトウェアで生成されたコントロール指示にコンポーネントがどれだけ早く反応できるか）
- コンピューター自身のために必要な運用についての想定

　マーズ・ポーラー・ランダーの事故では、ソフトウェアの要求事項に、着陸脚のセンサーがノイズを生成する可能性や、逆に惑星表面から40メートル以上の高さにある間はセンサーからの入力を無視することについての情報が含まれていなかった。回分反応器の事故では、ソフトウェアエンジニアは触媒バルブより先に水用バルブを開けるよう指示されたことはなく、その順序は重要ではないと考えていたことは明らかである。

　また、コントロール対象のシステムの状態や環境条件を処理しきれずに、問題が発生することもある。あるF-18は航空機の機械的な故障によって入力が予想以上に早く到着し、ソフトウェアに負荷がかかったために墜落した[70]。また、別のF-18の墜落事故は、エンジニアがあり得ないと想定し、ソフトウェアが処理するようにはプログラムされていない姿勢に、航空機がなってしまったことに起因して発生した。

このようなケースでは、要求事項を正確に実装するという意味で、単にソフトウェアを「正しく」作ろうとしても、安全性は高まらない。ソフトウェアが高い信頼性を持ち、正しいとしても、以下のような場合には非安全になる可能性がある。

- ソフトウェアは要求事項を正しく実装しているが、指定された振る舞いはシステムの観点からは非安全である。
- ソフトウェアの要求には、システムの安全性に必要な特定の振る舞いが規定されていない（つまり不完全である）。
- ソフトウェアが、要求で指定されていない、意図しない（非安全な）振る舞いをする。

もし問題が、本来の設計者が望んだことではなく、ソフトウェアエンジニアが考えたことを実行するソフトウェアに起因するのであれば、統合製品チームや他のプロジェクト管理方式を用いて、コミュニケーションを図ることが有効である。しかし、最も深刻な問題は、ソフトウェアが何をすべきか、あるいは何をすべきでないかを誰も理解していないときに発生する。このような要求の決定を支援する、より良い手法が必要なのである。

ソフトウェアの安全性の問題はコーディングエラーではなく、要求の欠陥に起因するという仮説がある。それを支持するデータには、逸話的なものだけでなく、いくつかの確かなものも存在する。ルッツ(Lutz) は、ボイジャー（Voyager）とガリレオ（Galileo）宇宙船の統合テストとシステムテスト中に発見された387個のソフトウェアエラーを調べた[130]。彼女は、システムにとって潜在的な危険性を持つと識別されたソフトウェアエラーは、安全性に関連しないソフトウェアエラーとは異なるエラーメカニズムによって発生する傾向があると結論づけた。彼女は、これら2つの宇宙船について、安全性に関連するソフトウェアエラーは、最も一般的に、以下のものから発生することを示した。

(1) 文書化された要求仕様と、システムが正しく機能するために必要な要求の食い違い
(2) ソフトウェアとシステムの他の部分との、インターフェースに関する誤解

これらは、文書化された要求の実装におけるコーディングエラーには関与していない。

ソフトウェア要求の問題の多くは、**柔軟性の呪い**（curse of flexibility）とでも言うべきものから生じている。コンピューターが非常に強力で有用なのは、それまでの機械が持っていた物理的な制約の多くを排除してしまったからである。これは恵みであると同時に呪いでもある。設計の物理的な実現について心配する必要はなくなったが、同時に設計の複雑さを制限する物理的な法則もなくなった。物理的な制約は、設計、構築、および設計物の変更に規律を強制することができる。また、物理的な制約は、構築するものの複雑さをコントロールすることも可能である。しかしソフトウェアでは、**達成可能な**ことの限界は、**成功かつ安全**に達成できることの限界とは異なる。つまりソフトウェアにとっての限界は、構造的な完全性と物質の物理的な制約から、私たちの知的能力の限界へと変化するのである。

あらゆる条件下でどのように動作するかを完全に決定することができないという点では、理解できないソフトウェアを作ることは可能であり、非常に簡単でさえある。人間の知的限界を超えるようなソフトウェアを作ることは可能であり、私たちはしばしばそうしている。その結果、潜在的に非安全な相互作用が開発中に検出されないという、知的に管理不能なコンポーネントの相互作用による事故が増加している。ソフトウェアはシステムコンポーネント間の相互作用をコントロールすることが多いので、コンポーネントの相互作用による事故と密接な関係があってもおかしくはない。しかし、この事実は、安全でない可能性のあるシステムや製品をコントロールする場合に、ソフトウェアをどのようにエンジニアリングしなければならないかについて、重要な意味を持つ。ソフトウェアの信頼性や正確性（コード

と要求の整合性）を確保するだけのソフトウェアやシステム工学手法では、安全性にほとんど良い影響を及ぼさないことになる。

効果のある手法は、次の新たな想定に基づくものであろう。

新想定 5：高信頼性ソフトウェアは必ずしも安全ではない。ソフトウェアの信頼性を高めても、実装のエラーを減らしても、安全性にはほとんど影響しない。

2.6　システムの静的な見方と動的な見方

想定 6：重大事故は、ランダム事象の偶然の同時発生から起こる。

現在の安全工学手法のほとんどは、事故に関わる個々の事象のみを考慮し、事故の発生プロセス（accident process）全体は考慮しないという限界に苦しんでいる。事故は、ある特定のタイミングで要因が重なり、損失につながったという不幸な偶然の産物として捉えられがちである。このような考え方は、因果関係の時間軸をあまりにも狭く捉えすぎていることから生じている。ボパールでの MIC 放出の直後だけを見れば、冷却システム、フレアタワー、排出口の排ガス洗浄装置、警報装置、水幕設備などがすべて同時に作動不能になったことは偶然の一致のように見える。しかし、この事故をより大きなレンズで見ると、その因果要因はすべて以前から存在していたシステミックな原因と関係していることがわかる。

システムは静的なものではない。事故は複数の独立した事象の偶然の発生というものではなく、時間の経過とともにリスクの増大する状態への移行を伴うことが多い[167]。この移行の途中で高いリスクが検出され、低減されない限り、事故は避けられない地点に到達してしまう。したがって、実際に損失が発生した時点の事象は、あまり重要ではない。それらの事象が発生しなければ、何か別の事象が損失につながったはずである。この概念は、損失は「起こるべくして起こった事故」であるという一般的な観測結果に反映されている。スペースシャトル・コロンビア号の損失は、外部タンクから断熱材が剥落し、再突入時の熱のコントロールストラクチャーを損傷したことが直接の原因であった。しかし、この事象の前には、シャトルの損失を引き起こす可能性のある多くの潜在的な問題があり、事故は運や特殊な状況によって回避されていたのである。経済的、政治的プレッシャーにより、シャトルプログラムはわずかな逸脱でも損失につながりかねない状態に移行してしまったわけである[117]。

社会システムと人間を含めた安全性を高めるためのあらゆるアプローチは、変化への適応性を考慮しなければならない。よく知られている言葉を借りれば、「不変なものなどないという事実だけが不変である」ということになる。システムや組織は、現場のプレッシャーや短期的な生産性・コスト目標に対応して適応し、常に変化している。人々は、自分の環境に適応するか、あるいは、自分の用途に合うように環境を変化させる。システムと人々が時間とともに適応性のある性質を持っていることの帰結として、安全防御は時間とともにシステム的に退化する可能性が高くなる。特に、費用対効果と生産性向上のプレッシャーが意思決定の主要な要素である場合、その傾向は顕著である。ラスムッセンは、ここでの重要な要因は、そのような適応はランダムなプロセスではなく、探索戦略（search strategies）に依存した最適化のプロセスであり、したがって、予測可能であり、潜在的にコントロール可能であると指摘した[167]。

ウッズ（Woods）は、事故における適応性の重要性を強調している。彼は、組織や人間の失敗を複雑さに対処するための適応性の破綻として説明し、事故は「生産プレッシャーや変化に直面して、予定

していた防御が浸食され失敗へと流されること」を伴うものであると述べている[214]。

　同様に、ラスムッセンは、重大事故は多くの場合、独立した失敗の偶然によって引き起こされるのではなく、激しい競争環境における費用対効果の高さへのプレッシャーの下で、組織の振る舞いが安全な振る舞いの境界へと体系的（systematic）に移行することを反映していると論じている[167]。この視点の1つの意味は、優れた安全文化は、職場環境の職務上のプレッシャーと絶えず戦わなければならないので、そのための闘いは決して終わらないということである。したがって、安全文化の改善には、環境における振る舞いを形成する要因に向けられた分析的なアプローチが必要である。この目的を達成するための方法については、第3部で述べる。

　人間も組織も、安全制約で区切られたエリア内にいる限り、適応し、安全性を維持できる。しかし、最適な運用を追求するあまり、人間と組織は確立された慣習の限界を見つけようとすることになる。これは、安全な振る舞いに関する制約を課すことができない限り、ときとして安全のための慣習の限界を超えるリスクを意味する。

　ラスムッセンによれば、安全な振る舞いの限界に向かう自然な流れは、社会技術システム全体の中で、異なる職場環境やコンテキストにいる複数の人々の決断から生じることにより複雑化している。さらに、すべてが競争や予算上のプレッシャーにさらされており、それぞれが自分の当面の状況の下で意思決定を最適化しようとすることによって、複雑になる。ゼーブルッヘ・フェリー事故（図2.2参照）や第5章で説明する味方への誤射の事故が示すように、会社や組織のさまざまな場所で、異なる時間に複数の意思決定者がいて、全員が局所的に費用対効果を最適化しようと努力していることが、事故の舞台を準備することになるかもしれない。そして、事象の動的な流れは、ある1つの行為によって暴発することがある。

　したがって、私たちの新しい想定は以下のとおりである。

新想定6：システムはより高リスクな状態への移行をする傾向がある。このような移行は予測可能であり、適切なシステム設計によって防止することができる。あるいは、リスク上昇の先行指標を用いて運用時に検知することができる。

時間の経過に伴うシステムの適応を扱うためには、因果関係モデルや安全技術は、単なる事象や条件ではなく、事故に関わる**複数のプロセス**を考慮する必要がある。プロセスは一連の事象をコントロールするものであり、個々の事象や人間の行動を考慮するのではなく、時間の経過に伴い変化し適応するシステムや人間の振る舞いを記述するものである。事故の原因を語ることは、このシステムや事故のプロセスの観点においては意味を持たない。ラスムッセンが主張するように、適応性の高い社会技術のシステムにおける組織的・社会的要因を説明するには、決定論的な因果関係のモデルでは不十分なのである。その代わりに、因果関係は、立法者、政府機関、業界団体や保険会社、会社経営者、技術者やエンジニア、運用などを含む社会技術システム全体を包含する複雑なプロセスとして見なければならない[167]。

2.7　非難の矛先を決めることへのこだわり

想定7：責任の所在を明らかにすること（assigning blame）は、事故やインシデントから学び、それを防止するために必要である。

想定3で述べたオペレーターを非難する（blame）傾向のほかにも、原因究明における主観性のタイプ

が存在する。エンジニア、管理者、運用者、組合役員、保険業者、弁護士、政治家、報道機関、国家、被害者とその家族など、関係者全員が事故の原因をすべて同じように認識することは、まれである。このような矛盾は、人々が正当に同意できない規範的、倫理的、政治的な事項を含む状況においては典型的なものである。同じ条件であっても、あるグループからは不必要に危険な条件とされ、別のグループからは十分に安全で必要とされることがある。さらに、事故の原因に関する判定は、訴訟の脅威や利益競合に影響されるかもしれない。

　研究データはこの仮説を有効なものとしている。さまざまな研究により、原因の選択は、被害者と分析者の特徴（例：身分、関与の度合い、仕事の満足度）だけでなく、被害者と分析者の関係や、事故の重要度にも依存することがわかっている[112]。

　たとえば、ある調査では、仕事に満足し、企業に溶け込んでいる労働者は、事故を主に個人の原因に帰属させる傾向にあることがわかった。一方、仕事に満足しておらず、企業へあまり溶け込んでいない労働者は、企業側に責任があることを示唆する非個人的原因をより頻繁に挙げていた[112]。別の研究結果では、被害者、安全管理者、一般管理者の間で事故原因の帰属に違いがあることが判明した。ほかの研究は、事故は個人が直接関与していない要因に帰属されやすいことを示唆している。さらに考慮すべき事項として、組織内の地位が挙げられる。地位が低い人ほど、事故を組織にリンクした要因のせいにする傾向が強くなる。地位が高い人は、事故について作業者のせいにする傾向がある[112]。

　事故とインシデント（ヒヤリハット）の間にすら、因果関係の帰属の仕方に違いがあるように思われる。ヒヤリハット報告に関する事故調査データでは、これらの事象の原因が主に技術的な逸脱に帰属されやすいことを示唆している。一方、事故につながった同様の事象では多くの場合、オペレーターのエラーとして非難される傾向がある[62, 100]。

　因果関係の識別は、データの収集方法にも影響される場合がある。データは通常、一連の事故事象を文章で記述する形で収集されるが、これまで見てきたように、事故の直前に発生した明白な条件や事象に集中し、それほど明白ではない事象や間接的な要因は省かれる傾向がある。この固有のバイアスに対する単純な解決策はない。間接要因を具体的に問わない報告書の様式は、そうした間接要因を引き出さず、一方で、特定の情報を要求する、より指示的な報告書の様式は、検討しようとしているカテゴリーや条件を限定してしまうことがある[101]。

　事故・インシデント報告における因果関係のフィルタリングに影響を与える他の要因は、報告システム自体の設計に関連している場合がある。たとえば、NASA の航空安全報告システム（Aviation Safety Reporting System：ASRS）には、FAR（Federal Aviation Regulations：連邦航空規則）の非遵守を含むカテゴリーがある。9 年間に報告されたヘリコプターのインシデントと事故に関する NASA の研究活動では、このカテゴリーが圧倒的に多く挙げられている[81]。NASA の分析では、インシデントデータにおける FAR 違反の優位性は、認識された FAR 違反や本物の FAR 違反からの免除を得ようとする ASRS 報告者の動機を反映している可能性があり、必ずしも本当の割合ではないと結論づけている。

　ことを最も複雑にしているのは、人間の行動には常にその人の目的や動機付けに対する何らかの解釈が伴うということである。関係者は自分の実際の目的や動機に気づいていないかもしれないし、自分のアクションを解釈し直そうとするさまざまなタイプのプレッシャーにさらされているかもしれない。事故分析者による事後の説明は、その人自身のメンタルモデルや追加の目的やプレッシャーに影響されるかもしれない。

　目的に基づく説明と動機に基づく説明の違いに注意する必要がある。目的は最終状態を表し、動機はその最終状態が選択された**理由**を説明する。たとえば、吹雪の中、スピードの出しすぎで車が電柱にぶ

つかったという仮定のケースを考えてみよう。この事象の連鎖を目的に基づいて説明すると、運転者は早く家に帰りたかったという事実が含まれるかもしれない。動機付けに基づく説明としては、客が夕食に来るので、運転者は客が到着する前に食事の準備をしなければならなかったという事実があるかもしれない。

目的や動機に基づく説明は、事故調査員が直接測定したり、観測したりすることができない想定に依存する。ルプラは、「オペレーターが床を掃き掃除する」という事象について、(1)床が汚れている、(2)監督者がいる、(3)操作する機械が壊れており、オペレーターは別の仕事を探す必要がある、という3つの異なる動機を説明することでこのジレンマを説明している[113]。たとえ事故の関係者が生き残ったとしても、さまざまな理由で真の目的や動機が明らかにされないことがある。

上記のようなことを合わせると、どのようになるだろうか。事故調査を行う理由としては、(1)事故の責任の所在を明らかにするため、(2)事故がなぜ起こったのかを理解し、将来の事故を防止するため、の2つが考えられる。責任の所在を明らかにすることが目的の場合、DC-10型機の事故の荷物係やボパールの保守作業者のように、責任を負わせるにふさわしい人物などが見つかると、調査した事象の後ろ向き連鎖はしばしばそこで停止してしまうのである。その結果、選択された開始事象は、なぜ事故が発生したのかを説明するには表面的すぎることになり、将来の同様の損失を防止することができなくなる可能性がある。

ほかの例を挙げると、チャレンジャー号（Challenger）の事故調査で連鎖の探索がOリング（オーリング、訳注：高温ガスの漏れを防ぐためのフィールドジョイントのシール）の故障で止まってしまった場合、その特定の設計の欠陥を修正しても、将来の事故につながるシステミックな欠陥がなくなるわけではない。チャレンジャー号に関しては、そのようなシステミックな問題の例として、問題のある意思決定とそれにつながる政治的・経済的プレッシャー、問題報告の不備、傾向分析の欠如、「沈黙した」または効果のない安全プログラム、コミュニケーションの問題などが挙げられる。これらはいずれも（特定の事象に現れることはあっても）「事象」ではないため、事故に至る事象の連鎖には現れない。賢明にも、チャレンジャー号の事故報告書の著者は、事象連鎖を、直接的で物理的な原因を特定するためにのみ用い、それらの事象が発生した理由に用いることはしなかった。そして、その報告書の提案は、NASAにおける多くの重要な変化、あるいは少なくともそうした変化をもたらすための試みにつながったのである。

それから20年後、またもやスペースシャトルが失われた。コロンビア号の事故（断熱材がオービターの翼に衝突）である。この直接原因はチャレンジャー号の事故と大きく異なるが、システミックな因果要因の多くは類似しており、チャレンジャー号の事故後にこれらの要因が十分に修正されなかったか、これらの損失の間の数年間に再び発生したことを反映していた[117]。

非難することは、エンジニアリングの概念ではなく、法律的または道徳的なものである。通常、事故に影響する1つ以上の要因を他の要因から区別する客観的基準は存在しない。弁護士や保険業者は、多くの要因が損失事象に影響していることを認識しているが、実務上の理由、特に責任の立証のために事故原因を単純化しすぎて、**近接原因**（直接的要因）と呼ばれるものを特定することが多い。その目的は、損害賠償を支払う法的責任を負う紛争当事者を特定することであり、それは支払い能力によって、あるいは会社経営者や産業全体が将来特有な行動をとることがないようにするための政策の思惑によって、影響を受ける可能性がある。

誰を罰するかという非難の対象を確定することよりも、より安全なシステムを構築する方法を学ぶことが目的である場合、事故分析における重点は、限定的で非難する方向性を持つ**原因**（事象やエラー）から、事象やエラーがなぜ発生したか、という**理由**の観点から事故を理解することに移行する必要があ

る。筆者が行った、ソフトウェアが関係する最近の航空宇宙事故の分析では、ほとんどの報告が非難対象を明らかにしただけで終わっている。事故がなぜ起きたのか、たとえば、なぜオペレーターがエラーを起こしたのか、今後どのようにしてそのエラーを防ぐか（おそらくソフトウェアの変更によって）、なぜソフトウェアの要求に安全でない振る舞いが指定されていたのか、なぜその要求にエラーが入り込んでしまったのか、なぜソフトウェアを使う前にそれを検出し修正しなかったのかという根本には触れていない[116]。

　事故に対するオペレーターの影響を理解しようとする場合、後知恵バイアスを克服するのと同じように、オペレーターが「間違った」ことをしたかということではなく、なぜその条件下でそのように行動することが理にかなっていたかに焦点を当てる方が、将来の事故を防止する方法を学ぶ上で役に立つ[51]。ほとんどの人々は悪意があるわけではなく、状況や情報のもとでできる限りのことをしようとしているにすぎない。その労力（efforts）がなぜ十分でなかったのかを理解することは、今後、誠実な労力がより成功するように、システムと環境の特徴を変化させるのに役立つであろう。非難の対象探しに焦点を当てると、この目的の達成に影響しないばかりか、事故調査時の公正さを低下させ、何が本当に起こったのかを知ることを難しくする可能性がある。

　非難することに重点を置くと、誰か、あるいは何かがもっと悪いといった、多くの責任追及や論争にもなりかねない。事故調査では通常、どの要因が最も重要であったかを判断し、根本原因、主要原因、影響した要因などのカテゴリーに分類することに多くの労力が費やされる。一般的に、事故に対するさまざまな要因の相対的重要性を判断することは、将来の事故を防止する上で有用ではないかもしれない。ハッドン（Haddon）[77] は、事故への対策は、因果要因の相対的重要度によって判断すべきではなく、将来の損失を減らすために最も効果のある対策を優先すべきであると、合理的に主張している。事象連鎖の事象を含む説明は、将来の損失を防ぐために必要な情報を提供しないことが多い。事故に対する事象や条件の相対的影響を判断すること（ある事象が根本原因か影響要因かの議論など）に多くの時間を費やすことは、法制度以外では生産的ではない。ハッドンは、むしろ、エンジニアリングの労力は、(1)最も容易に、あるいは最も現実的に変化させることができ、(2)多くの事故を防ぐことができ、(3)最も大きなコントロールができる要因を特定するために割くべきであると提言している。

　本書の目的は、責任の所在を明らかにすることではなく、事故を理解し防止するための新しいアプローチを説明することにある。したがって、事故がなぜ発生したのかの説明を提供するために、事故に関与したすべての要因を識別し、これらの要因間の関係を理解することに重点を置いている。その説明をもとに、将来の損失を防止するための提案をすることができるのである。より安全なシステムを構築するためには、直接的、間接的を問わず、すべての因果関係を考慮することが効果的である。本書で紹介する新しいアプローチでは、どの要因が他の要因よりも「重要」であるかを判断するのではなく、すべての要因が互いにどのように関連し、最終的な損失事象やニアミスにつながっているかを考える。

　今後の進歩の基礎を完成させるためには、最後にもう１つ、新しい想定が必要である。

新想定７：非難することは安全の敵である。システムの振る舞いが全体としてどのように損失に影響したかを理解することに焦点を当てるべきであり、誰を・何を非難するかに焦点を当てるべきではない。

非難することよりも、なぜ事故が起こるのかに焦点を当てることで、安全性を高めることができる。

　事故の因果関係の想定を更新することで、21世紀におけるより安全なシステム構築に向けて、より大きな前進を遂げることができるようになる。新旧の想定を表2.1にまとめた。新想定は、事故の因果関係に対する新しい見方を提供するものである。

伝統的な安全工学の基礎を疑う　　47

表 2.1　安全工学のための新しい基礎

旧想定	新想定
システムあるいはコンポーネントの信頼性を高めることで安全性は向上する。コンポーネントやシステムが失敗しなければ、事故は起こらない。	高信頼性は安全性の必要条件でも十分条件でもない。
事故は、直接的に関連する事象の連鎖によって引き起こされる。損失に至る事象の連鎖を見ることで、事故を理解し、リスクを評価することができる。	事故は社会技術的なシステム全体が関与する複雑なプロセスである。伝統的な事象連鎖モデルでは、このプロセスを十分に記述することはできない。
事象連鎖に基づく確率論的リスク解析は、安全性やリスク情報を評価・伝達するための最良の方法である。	リスクと安全性は、確率論的リスク解析以外の方法で最もよく議論することができ、理解することができる。
事故のほとんどは、運用上のオペレーターのエラーによって引き起こされる。安全な振る舞いに報酬を与え、非安全な振る舞いを処罰することで、事故は大幅に減少する。	オペレーターのエラーは、それが発生する環境の産物である。オペレーターの「エラー」を減らすには、オペレーターが働く環境を変化させる必要がある。
高信頼性ソフトウェアは安全である。	高信頼性ソフトウェアは必ずしも安全ではない。ソフトウェアの信頼性を高めても、実装のエラーを減らしても、安全性にはほとんど影響しない。
重大事故は、ランダム事象の偶然の同時発生から起こる。	システムはより高リスクな状態への移行をする傾向がある。このような移行は予測可能であり、適切なシステム設計によって防止することができる。あるいは、リスク上昇の先行指標を用いて運用時に検知することができる。
責任の所在を明らかにすることは、事故やインシデントから学び、それを防止するために必要である。	非難することは安全の敵である。システムの振る舞いが全体としてどのように損失に影響したかを理解することに焦点を当てるべきであり、誰を・何を非難するかに焦点を当てるべきではない。

2.8　新しい事故モデルの目標

　事象ベースのモデルは、1つ以上のコンポーネントの故障がシステムの故障やハザードにつながる事故に対して最も効果的である。しかし、故障事象の単純な連鎖のみを含む事故モデルや説明は、故障事象間の微妙で複雑な結合や相互作用を見落としやすく、コンポーネントの故障がまったくない事故を完全に見逃してしまう可能性がある。物理現象を説明するために開発された事象ベースのモデルは、適応性の高い、緊密に結合した、相互作用する複雑な社会技術システムにおける組織的・社会的要因や人間の判断、ソフトウェアの設計エラー、すなわち、設計が行われている環境の変化における新しい要因（第1章に記述）に関連する事故を説明するには不適切である。

　新しいモデルの模索の結果、第2部で紹介する事故モデルが誕生したわけであるが、その背景には次のような目標がある。

- 部品の故障やヒューマンエラー以外の要因の考慮を強制することで、事故分析を拡大すること。このモデルは、事故メカニズムを広く捉えることを推奨し、単に近接事象を調査することから、社会技術システム全体を考慮することへと調査を拡大するものであるべきである。このようなモデルには、社会的要因、規制要因、文化的要因を含める必要がある。スペースシャトル・チャレンジャー号の事故報告書のように、これをうまく行っている事故報告書もあるが、そのような結果は、事故モデルそのものに導かれているというよりも、その場限りのものであり、調査に携わった個人の力

に依存しているように見受けられる。

- 事故がなぜ起こったのか、将来の事故を防止するためにはどうすればよいのかということについて、より良く、より主観的ではない理解を生む、より科学的な事故モデルの方法を提供すること。事象連鎖モデルは、事故の説明に含めるべき事象や調査すべき条件を選択する際のガイドをほとんど提供していない。モデルとは、損失につながった適応性を含む、包括的な関連要因を識別し、理解する上で、より多くの支援を提供するべきものである。

- システム設計のエラーやシステム相互作用の機能不全を含めるようにすること。広く使われているモデルは、コンピューターやデジタルコンポーネント以前に作られたものであり、それらをうまく扱えない。実際に、事象ベースのモデルの多くは、製造プロセスにおける作業員の穴への転落や負傷といった産業事故を説明するために開発されたものであり、システム安全にはまったく適合していない。新しいモデルは、システムコンポーネント間の相互作用の機能不全による事故を説明できるものでなければならない。

- コンポーネントの故障を超え、高度な技術システムでソフトウェアや人間が想定している複雑な役割を扱うことができる、新しいタイプのハザード分析とリスク評価を受け入れ、促進すること。フォールトツリー解析や、ほかのさまざまなタイプの故障分析手法のような従来のハザード分析手法は、ヒューマンエラーやソフトウェアおよび他のシステム設計のエラーに対してはうまく機能しない。適切なモデルは、これらの故障ベースの方法を補強するハザード分析手法を提案し、冗長性や監視よりも幅広いリスク削減対策を促進する必要がある。さらに、リスク評価は、現在、失敗事象の確率論的解析に強く根ざしている。現在の確率的リスク評価手法をソフトウェアやその他の新技術、管理者、認知的に複雑な人間のコントロール活動にまで拡張しようとする試みは、期待外れであった。この方向性はやがて行き詰まるかもしれないが、別の理論上の基礎から出発することにより、複雑なシステムのリスク評価に対する、新しい、より包括的なアプローチを発見する上で大きな進歩が得られるかもしれない。

- 事故における人間の役割を、エラー（規範的行動からの逸脱）ではなく、人間の振る舞いを形成するメカニズムや要因（すなわち、人間の行動が行われ、意思決定がなされるパフォーマンス形成メカニズムやコンテキスト）に重点を移すこと。新しいモデルは、人間の決定と振る舞いがハイテクなシステムで発生している事故において果たしている複雑な役割を説明し、単に個々の決定だけでなく、一連の決定と複数の相互作用する意思決定者による決定の間の相互作用を扱うべきである [167]。このモデルには、人間の振る舞いの背後にあるかもしれない目的と動機、そしてその振る舞いに影響を与えたコンテキスト要因の分析が含まれていなければならない。

- 事故分析における重点を、効果が薄く、他人を非難する方向性につながる「原因」ではなく、「理由」、つまり事象やエラーがなぜ起こったのかという観点から事故を理解するよう促すこと [197]。より安全なシステムをエンジニアリングする方法を学ぶことがここでの目標であり、誰を処罰すべきかを識別することではない。

- 単なる事象や条件ではなく、事故に関わるプロセスを検証すること。プロセスを、一連の事象をコントロールするものとして扱い、事象や人間の行動を個別に考えるのではなく、時間の経過に伴う変化や適応性を記述する。

- 必要に応じて、複数の視点と複数の解釈を許容し、促進すること。オペレーター、管理者、規制機関はすべて、事故の根底にある欠陥のあるプロセスについて、コントロールストラクチャーの階層

レベルのどこから見るかに応じて、異なる見方をすることがある。その一方で、事実に基づくデータは、その解釈からは分離する必要がある。

- 運用上の評価指標を定義し、パフォーマンスデータの分析を支援すること。コンピューターによって大量の運用データを収集することができるが、そのデータを分析して、システムが安全な振る舞いの限界に向かっているかどうかを判断することは簡単ではない。新しい事故モデルは、設計・開発時の決定を評価し、ハザードに対するコントロールが適切かどうかを判断し、ハザード分析と設計プロセスの前提となる運用と環境の想定が間違っていないかどうかを見極め、事故につながる前に先行指標と運用における危険な傾向や変化を識別し、事故リスクを許容できないレベルまで高めかねない時間の経過に伴う不適応なシステムや環境の変化を特定するための適切な安全評価指標と運用のチェック手順を示すべきものである。

これらの目標は、信頼性理論ではなく、システム理論に基づいたモデルが安全工学の活動の基礎にあれば、達成可能である。

第**3**章　システム理論と安全性の関係

　前章の最後で設定した目標を達成するためには、システム安全の新たな理論となる土台が必要となる。その基盤となるのがシステム理論（systems theory）である。本章ではシステム理論の基礎的な概念の一部を紹介し、それがシステム工学（systems engineering）にどのように反映されるか、また、システム安全とどのように関係するかについて説明する。

3.1　システム理論入門

　システム理論の始まりは 1930 年代から 1940 年代に遡る。当時は複雑なシステムが構築され始めた時代であった。古典的な分析技術でそれらの複雑なシステムを扱うには限界があり、システム理論はそれに対処するものとして位置づけられた[36]。ノーバート・ウィーナー（Norbert Wiener）はシステム理論のアプローチを制御・通信工学（control and communications engineering）に適用し[210]、ルートヴィヒ・フォン・ベルタランフィ（Ludwig von Bertalanffy）は同様の概念を生物学に展開した[21]。ベルタランフィは、さまざまな分野で現れてきた新しい考え方が、システムの一般的な理論として統合できることを示した。

　従来の科学的手法である**分割統治法**（divide and conquer）では、個別の要素単位にシステムが分割され、それらの要素の 1 つ 1 つについて個々に検討が行われる。システムの物理的な側面は個別の物理コンポーネントに分解され、システムの振る舞いは時系列上の離散的な事象に分解される。

物理的な側面 → 個別の物理コンポーネント

振る舞い → 時系列上の離散的な事象

この手法（正式には**解析的還元**（analytic reduction）と呼ぶ）は、「分離が可能である」という前提に立つ。すなわち、1 つ 1 つの要素が独立して動くこと、および、各要素を別々に検討しても全体の解析結果に影響がないことを前提としている。この前提は、各要素がフィードバックループやその他の非線形な相互作用を受けないことを意味しており、また、要素を単独で観察したときに示す振る舞いと、全体の中での役割を演じるときに示す振る舞いが同一であることを意味している。また、3 番目の基本的な前提は、各要素を統合して全体を構築する原理が単純であるということである。つまり、要素間の相互作用が十分に単純で、要素自体の振る舞いと要素間の相互作用を別々に考えても問題ないという前提である。

　これらの前提は、多くの物理法則にとっては合理的である。システム理論の専門家たちは、このような前提が可能なシステムを、**組織化された簡素性**（organized simplicity、図 3.1）を示すタイプと呼ぶ[207]。そのようなシステムは、相互作用の分析が不要であるようなサブシステムに分割することが可能である。つまり、サブシステム同士がどのように作用し合うかが詳細にわかっており、それらの相互作用をペア単位で考察することができる。物理学の分野では、構造力学に代表されるように解析的還元が非常に有効である。

　別のタイプとして、**組織化されていない複雑性**（unorganized complexity）を示すシステムがある。

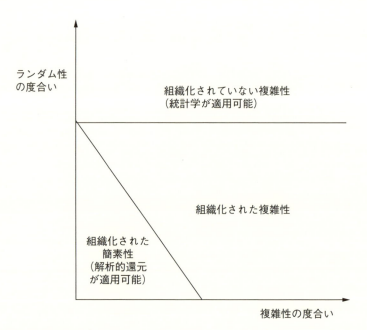

図 3.1　システムの3つのタイプ（出典：Gerald Weinberg, *An Introduction to General Systems Thinking* [John Wiley, 1975]より）

このタイプのシステムでは還元的アプローチは適さない。しかしながら、集合体として扱うことが可能な場合がある。複雑ではあるが振る舞いには規則性とランダム性があり、統計学を適用できる。つまり、区別のつかない多くの要素で構成され、構造を持たない1つの塊としてシステムを捉えた上で、その振る舞いを平均値で記述する。このアプローチは**大数の法則**（law of large numbers）に基づいている。母集団が大きければ大きいほど、観測される値が予測された平均値に近くなる可能性が高い。物理学では、統計力学がこの手法を体現している。

そして3つ目のタイプのシステムが、**組織化された複雑性**（organized complexity）を示すものである。このタイプのシステムは、複雑すぎるために完全な分析は困難であり、また、ランダム性が十分に高くないため統計的な手法も適さない。システムが構造を持つため、「平均」が意味をなさないのである[207]。第二次世界大戦以降に開発された多くの複雑なシステムは、生体システムや社会システムと同様にこのタイプに属する。複雑なソフトウェアの構築でよく直面する問題も、「組織化された複雑性」の性質によって説明がつく。解析的手法と統計的手法のどちらも、ソフトウェアに対して適用しようとすることは困難なのである。

システム理論は、この第3のタイプのシステムのために開発された。このシステムズアプローチでは、システムを部分的に捉えるのではなく、全体として捉えることに重点を置く。この理論では、社会的側面から技術的側面まで、関連するすべての側面を考慮した「全体」を捉えることによってのみ、システムの性質を適切に扱うことができると考える[161]。このようなシステムの性質は、システムの要素間の関係性、すなわち要素同士がどのように相互作用し、どのように組み合わされるかによってもたらされる[1]。要素や部品ではなく、システム全体の分析と設計に集中することが「組織化された複雑性」を持つシステムの分析手段となるのである。

システム理論では、(1)**創発**（emergence）と**階層**（hierarchy）、および、(2)**コミュニケーション**（communication）と**コントロール**（control）という2組の対をなす概念が基礎となる[36]。

3.2 創発と階層

　複雑なシステムの一般的なモデルは、**階層**の観点で表現することができる。各階層はその1つ下の階層よりも複雑性が高く、階層のレベルはその階層が持つ**創発特性**（emergent properties）によって特徴づけられる。創発特性とは、1つ下の階層には存在しない、つまり、下位階層を記述するのに適した言語では意味をなさないような性質のことである。たとえば、リンゴの形について、最終的に「リンゴの細胞」の観点で説明することができたとしても、下位階層の記述においては「リンゴの形」は意味を持たない。下位階層におけるプロセスの作用（訳注：細胞間の相互作用）が上位階層における複雑性、つまりリンゴ全体の複雑性をもたらし、その複雑性が創発特性を持つのである。リンゴの例でいえば、リンゴ全体の形がリンゴの持つ創発特性の1つになる[36]。創発の概念とは、ある複雑さのレベルにおいて、そのレベルにおける性質（そのレベルの創発特性）は還元不可能（irreducible）であるという考えである。

　階層理論（hierarchy theory）は、複雑さのレベルの基本的な差異を扱う。レベル間の関係を明らかにすることが究極の目的である。すなわち、何がレベルを生み出すのか、何がレベルの違いを区別するのか、レベル間を結びつけるものは何か、について説明することである。ある階層レベルの要素の集合がどのような創発特性に結び付くかは、それら要素の**自由度の制約**（constraints upon the degree of freedom）が関係している。要素の制約によって結果的にどのような創発特性が現れるか、それを説明するには、要素自体を説明する言葉ではなく、上位の（メタレベルの）階層に相当する言葉が必要となる。

　信頼性は、コンポーネントの特性である[1]。たとえば、バルブの信頼性については単独で結論を出すことができる。なぜならば、バルブの信頼性とは、与えられた条件のもとで与えられた期間、バルブの動作が要求された仕様を満たす確率と定義されるからである。

　一方、安全性は、明らかにシステムの創発特性である。安全性は、システム全体の状況（context）を考えることによってのみ定義可能なのである。たとえば、あるプラントが安全性の許容範囲を満たすかどうかは、バルブ1つ1つを調べてみても判断できない。バルブがどのような状況で使用されているかという情報なしに、「バルブの安全性」について述べても意味がない。安全性は、バルブと他の構成機器との関係性によって決まるのである。別の例を挙げると、たとえばパイロットが着陸時に行う手順がある。その手順が、ある航空機やある状況下では安全であったとしても、状況が違えば安全とは言い切れない。

　よく混同されるが、信頼性と安全性は異なる性質である。パイロットが着陸の手順を信頼性高く実行したとしても、航空機や空港の状況によってはその手順が安全ではない場合もある。また、人も動物もいない砂漠で銃を撃つ場合、弾丸が確実に発射されれば信頼性は高く、かつ安全であるといえる。しかし、人がたくさんいるショッピングモールで銃を撃った場合には、確実に弾丸が発射されれば信頼性は変わらず高いといえるが、安全ではないことは明らかである。

　安全性はシステムの創発特性であるため、ソフトウェアモジュールや個人の行動など、システム構成要素の1つを切り出してその安全性を評価することはできない。あるシステムや環境下では完璧に安全であった要素が、別のシステムや環境で使われた場合も安全とは限らないのである。

1　これはやや単純化しすぎた表現である。システム要素の信頼性は、ある条件下（例：磁気干渉や超高温）では、その環境から影響を受ける場合もあるためである。ただし、システム要素の基本的な信頼性は個別に定義したり測定したりすることが可能である。一方で、個々の要素の安全性については特定の環境下以外では定義されない。

本書の第2部で紹介する新しい事故モデルは、システム理論の基本である階層的なレベルの考え方を取り入れている。それは、階層の上位レベルに制約があったりなかったりすることが、下位レベルの振る舞いをコントロールしたり許容したりするという考え方である。安全性は、これらの各階層における創発特性として扱う。システムの構成要素の振る舞いや要素間の潜在的な相互作用に対してどのような制約が課されるか、それが安全性に影響を与える。たとえば前章の回分反応器では、触媒バルブと水用バルブの相互関係に対して、どのような制約が存在するかが安全性に影響を与えている。

3.3 コミュニケーションとコントロール

システム理論の基盤となるもう1つの対をなす概念はコミュニケーションとコントロールである。規制やコントロールアクションの一例は、ある階層レベルの動作に制約（constraints）を与えることである。それにより、そのレベルにおける「振る舞いの法則」が定められる。この振る舞いの法則が、1つ上の階層での意味のある振る舞いを生み出す。階層は、その階層間で働くコントロールプロセスによって特徴づけられるのである[36]。

自然界のシステムに見られるコントロール機構と人工的なシステムで作られるコントロール機構には類似性がある。両者の関係性を扱う学問分野がシステム理論の一部にあり「サイバネティクス（cybernetics）」と呼ばれる。チェックランド（Checkland）は次のように述べている。

> コントロールは常に制約を課すことを伴い、コントロールプロセスを説明するには、少なくとも2つの階層レベルを考慮する必要がある。ある階層レベルにおいて、そのレベルで起きる現象を1つ1つの粒子（particle）の振る舞いで代表して記述できることと、別の階層の力が干渉しないことを前提とすれば、動的方程式を用いてその階層を記述できる場合はしばしばある。しかし、コントロールプロセスを記述する場合は、ある階層がその下の階層に制約を課すことを必ず記述に含める必要がある。下位の階層に制約が課されることで上位の階層にはある特定の機能が創発される。そのような観点から見ると、上位レベルは下位レベルの代替的な（よりシンプルな）表現であるという見方ができる[36, p.87]。

注目すべきは、コントロールは常に制約を課すことを伴う、と述べている点である。本書で紹介する安全へのアプローチでは、**安全制約（safety constraints）** を課すことが基本的な役割を果たす。今日の安全工学では故障を防ぐことに焦点を当てた考え方が一般的であるが、そのような局所的な観点ではなく、安全ではない事象や状態、すなわちハザードを避けるためにシステムの振る舞いに制約を課すという広い観点のアプローチを紹介する。

オープンシステム（環境からの入出力があるシステム）におけるコントロールは、コミュニケーションを必要とする。ベルタランフィは、構成要素に変化がなく平衡状態に落ち着く**クローズドシステム**（closed systems）と、外部環境とのやりとりによって平衡状態から外れる可能性がある**オープンシステム**（open systems）とを区別した。

制御理論（control theory）では、オープンシステムは、相互に作用する要素で構成され、情報と制御のフィードバックループによって動的平衡状態を保つシステムである。たとえば、プラント全体のパフォーマンスは、コストや安全性、品質といった制約を満たしつつ目的の製品を生産できるようにコントロールされる必要がある。

プロセスをコントロールするためには、次の4つの条件が満たされている必要がある[10]。

- **目標に関する条件**（Goal Condition）：コントローラー（controller）は、目標を持っている必要がある（例：「目標値を維持する」など）。

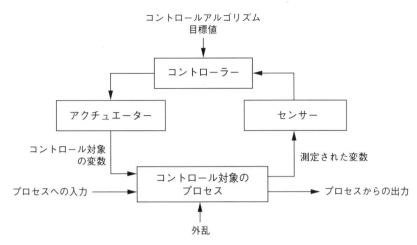

図3.2 標準的なコントロールループ

- **動作に関する条件**（Action Condition）：コントローラーは、システム状態に影響を与えることができる必要がある。工学的には、そのようなコントロールアクションはアクチュエーター（actuators）によって実現される。
- **モデルに関する条件**（Model Condition）：コントローラーは、システムのモデルである（あるいはシステムのモデルを含む）必要がある（4.3節参照）。
- **観測性に関する条件**（Observability Condition）：コントローラーは、システムの状態を把握できる必要がある。工学用語では、システム状態を観測するものをセンサー（sensors）と呼ぶ。

図3.2は、典型的なコントロールループを示している。プラントのコントローラーは、コントロール対象のプロセスの状態を測定された変数（フィードバック（feedback））から取得し、その情報を利用して必要なアクションをとる。このアクションは、**コントロール対象の変数**（controlled variables）を操作するものであり、外乱に対して守るべき制約や**目標値**（set points）を維持することを意図する。一般に、オープンシステムの階層（自然なものや人工的なもの）を維持するためには、規制やコントロールのための情報伝達が行われるようなプロセスが必要である。

コントロールアクション（control action）による効果は通常、対象プロセスに対して少し遅れて現れる。これは、コントロールループを伝搬する信号が遅延するためである。アクチュエーターは外部からの信号に対して即座に反応しない場合があり（**デッドタイム**（dead time）と呼ばれる）、プロセスは操作に対する反応が遅れる場合があり（**時定数**（time constraints）と呼ばれる）、また、センサーは一定のサンプリング間隔でしか値を得られない場合がある（**フィードバック遅れ**（feedback delays）と呼ばれる）。このようなタイムラグ（訳注：時間遅れ）があると、プロセス内外の乱れによる影響が短時間で収まらず、影響範囲も広くなる。また、たとえば直接観測できない遅れがある場合に、それを推測する機能をコントローラーに求めるなど、追加要件を課すことにもなる。

事故や安全においては、モデルに関する条件が重要な役割を果たす。コントロールアクションを効果的に行うためには、コントローラーは、コントロール対象の現在の状態を知る必要があり、その状態におけるさまざまなコントロールアクションがどのような影響を与えるかを予測できる必要もある。4.3節でさらに述べるように、過去に起きた事故の多くは、コントローラーが、対象プロセスの状態がある特定の状態にあると誤って認識し、それに基づいて損失につながるようなコントロールアクションを

行ってしまった（あるいは必要なコントロールアクションを行わなかった）ことに起因している。たとえば、火星探査機マーズ・ポーラー・ランダー（Mars Polar Lander）の降下エンジンコントローラーは、機体が火星の表面に達したと誤って認識し、降下エンジンを停止させてしまった。また、ヘラルド・オブ・フリーエンタープライズ号（Herald of Free Enterprise）の船長は、車両甲板の扉が閉まっていると思い込んで出港してしまったのである。

3.4 システム理論を用いた事故の理解

システム理論に基づく安全分析のアプローチでは、事故はシステムのコンポーネントの相互作用から発生すると考え、通常、単独の因果変数や要因の特定は行わない[112]。産業界（労働者）の安全モデルと事象連鎖モデルが非安全な振る舞いや状況に注目するのに対し、古典的なシステム安全モデルは、「システムの運用や組織において何が悪くて事故が起きたのか」に注目する。

このシステムズアプローチでは、安全性とは、システムのコンポーネントが、ある環境内で相互作用することで生じる創発特性であるとする。安全性のような創発特性は、システムのコンポーネントの動作に関する一連の制約（コントロール法則）によってコントロールまたは実現される。たとえば、火星探査機の降下エンジンは火星表面に到達するまではオンにしておかなければならず、フェリーの車両甲板の扉は出港前に閉じておかなければならない。事故は、これらの制約に違反するコンポーネント間の相互作用によって発生する。言い方を変えれば、コンポーネント間の相互作用に対する適切な制約が欠落しているのである。コンポーネント間の相互作用による事故は、コンポーネントの故障による事故と同様に、このような概念で説明することができる。

つまり、安全性はコントロールの問題と捉えることができる。事故は、コンポーネントが故障した場合、外乱を受けた場合、そしてコンポーネントの間が適切にコントロールされず相互作用が正常に機能しなかった場合に起きるのである。スペースシャトル・チャレンジャー号の事故では、フィールドジョイント（訳注：固体ロケットブースターの接合部）の隙間を塞ぐ役割のＯリング（訳注：高温ガスの漏れを防ぐためのフィールドジョイントのシール）が、燃料ガスの放出防止を適切にコントロールできなかった。火星探査機マーズ・ポーラー・ランダーでは、センサー（測定された変数によるフィードバック）からのノイズを地表に到達したことを示す信号と誤認し、探査機の降下速度を適切にコントロールできなかった。このような工学的な設計ミスによる事故は、実は開発プロセスにおける不適切なコントロールに起因している場合もある。ミルスター衛星（Milstar satellite）では、開発・テストフェーズでソフトウェアの読み込みテープの誤植を発見できず、衛星が失われた。組織内のマネジメント機能が与えるコントロールに起因する場合もある。たとえば、チャレンジャー号やコロンビア号の事故は、打ち上げの決定プロセスにおけるコントロールが不適切であったことが原因である。

事故の事象は、相互作用が機能しないことや安全制約が適切に課されないことによる**影響**（effects）を反映するが、不適切なコントロール自体は、間接的な形でしかその事象に反映されない。つまり、事故の事象は不適切なコントロールの**最終的な結果**（result）なのである。なぜコントロールが不適切となり、安全制約が維持されず事故が起きたのかを明らかにするためには、コントロールの構造自体を見直す必要がある。

たとえば、チャレンジャー号の事故における非安全な振る舞い（ハザード）は、高温の燃料ガスが放出されたことであった。そのハザードをコントロールするために使われていたのがＯリングである。すなわち、点火時の圧力によって生じるフィールドジョイントのわずかな隙間を塞ぐことがＯリングの役割であった。この事故は、Ｏリングを含めたシステム設計が、燃料ガスの放出に対する制約をうま

く課すことができなかったために起きたのである。事故が起きた原因を理解し、今後の事故防止に必要な知見を得るためにはいくつかの疑問に答える必要がある。なぜこの設計では制約を適切に課すことができなかったのか、なぜこの設計が選択されたのか（どのような意思決定プロセスだったのか）、なぜ開発中に欠陥が見つからなかったのか、もっとうまくいったかもしれない別の設計はなかったのか、などである。これらの疑問から、もともとの設計プロセス（design process）について考えていくのである。

　事故を理解するためには、運用プロセス（operations process）の影響も調べる必要がある。安全ではない可能性があるという警告があったにもかかわらず、なぜ、打ち上げ実行という決定がなされたのか。運用時に犯されたミスの1つは、安全設計上の制約違反の可能性に関するフィードバックを正しく扱わなかったことである。この事故の場合、運用時に、フィールドジョイントからの高温の燃料ガスの放出を防ぐという安全制約に対して、Oリングが適切に機能しない設計になっているというフィードバックがあった。たとえば、過去のシャトルの打ち上げ時のOリングのガス漏れと侵食に関するデータや、寒冷地でのOリングの挙動を懸念するエンジニアからのフィードバックなどがあったのだが、これらが適切に扱われなかった。二次Oリングが冗長性に欠けることは、チャレンジャー号の事故よりずっと前から知られていたが、その情報はNASAマーシャル宇宙飛行センター（Marshall Space Flight Center）のデータベースに取り込まれることがなく、打ち上げを決定した人々も知らなかった。さらに、新しいタイプのパテ（訳注：くぼみなどを埋めて平らにするための塗料）が使われることや新たなOリングの漏れチェックの導入など、運用中の設計やテスト手順の変更に関するフィードバックがされておらず、それらの変更がフィールドジョイントの安全制約を満たすかどうかの検証も十分になされなかったのである。もう1つ、最後の例として、安全上の懸念が十分に考慮されていることを飛行前に確認する管理プロセス、たとえば飛行準備レビューなど、飛行を決定する管理者へのフィードバック手段に欠陥があったことが挙げられる。

　事象ベースの事故モデルの基礎となる古典的な解析的還元アプローチに比べ、システム理論ははるかに優れた安全工学の基盤を提供する。この理論は安全性とリスクの分析方法や管理プロセスをより強力かつ効果的に進めるものであり、第2章で述べたような現在実践されていることの不十分さを補い、拡張することができる。

　システム理論に基づく安全アプローチとシステム工学のプロセスを組み合わせることで、システムの開発中もしくは再設計中に安全性を作りこむことが可能となる。システム工学も同じシステム理論に基づき、システム全体をエンジニアリングするものであるため、システム理論に基づく安全アプローチとシステム工学の組み合わせは最適な手段となるのである。

3.5　システム工学と安全性

　システムに関する新しい理論は、第1章で述べた多くの歴史的要因とともに、第二次世界大戦後の工学において重視されるようになり、後にシステム工学と呼ばれるようになった。戦時中および戦後の急速な技術の発展により、技術者はそれまで存在していたシステムよりも、さらに複雑なシステムの設計・構築に直面したのである。この新しい学問分野の主な推進力となったのは、1950年代から1960年代にかけての軍事計画、特に大陸間弾道ミサイル（ICBM）システムであった。また、アポロ計画（Apollo）は、当初からシステム工学が不可欠な要素であると認識された最初の非軍事的な国家プログラムであった[24]。

　MIL-STD-882で定義されるシステム安全（MIL-STD-882）は、システム工学の下位分野である。シ

ステム工学と同じ時期に、同じようなシステムの複雑化に直面して作られた。防衛関係者は、複雑で新しいシステムに対して従来の標準的な安全工学を適用していたが、インターフェースやコンポーネント間に生じる問題に気づかず、実際に損失が発生する段階になって初めて従来の手法の限界が明らかになったのである。このような初期の航空宇宙分野の事故を調査したところ、その多くが設計、運用、管理の不備に起因することが判明した。明らかに、大きな変革が必要だったのである。システム工学とその下位分野であるシステム安全（MIL-STD-882）は、このような問題に対処するために生み出されたものである。

システム工学の理論的な基礎となるのは、システム理論である。システム理論では、いかに多様で特殊なコンポーネントで構成されたシステムであったとしても、システムを統合した全体として見ることが特徴である。その目的は、事前に設定された設計基準に従い、サブシステムを統合して、全体目標を達成するために最も効果的なシステムを構築することである。システム設計を最適化するためには、これらの設計基準（目標）の間でトレードオフの調整が必要になることが多い。

システム工学が学問として発展したことで、従来よりも非常に複雑で困難な技術的問題の解決が可能になった[137]。システム工学を構成する多くの要素は、それぞれ優れたエンジニアリングと見ることができる。つまり、内容が新しくなったというより、重点がシフトしたものといえる。また、エンジニアリングの多くは技術や科学に基づくが、システム工学はエンジニアリングプロセスの全体的なマネジメントにも同様に関与する。

安全に対するシステム工学のアプローチは、システムのある特性（この場合は安全性）は、社会的・技術的システムを全体として捉えたコンテキストにおいてのみ適切に扱える、という基本的な前提から出発する。システム工学では、個々のコンポーネントやサブシステムを最適化しても一般的にはシステム全体の最適化につながらない、という前提が基本となる。実際、コンポーネント間の複雑で非線形な相互作用のため、特定のサブシステムを改善しても、それがシステム全体の性能を悪化させる場合もあり得る。たとえば、各航空会社が出発地から目的地までの経路を最適化しようとした結果、ある特定のハブ空港に利用が集中すると、航空輸送システム全体のスループットは最適化されない可能性がある。航空管制システムの目標の1つは、航空輸送システム全体のスループットを最適化すると同時に、個々の航空機や航空会社が目標を達成できるような柔軟性をできるだけ持たせることである。システム工学が成功すれば、最終的に全員が利益を得られるのである。また同様に、各製薬会社が利益を最適化するために行動するのは企業として正当かつ妥当なことであるが、公衆衛生を向上させるために安全で効果的な医薬品や生物学的製品を生産するという大きな社会システム（social system）の目標に対しては必ずしも最適ではないだろう。このようなシステム工学の原則は、伝統的に工学の領域と考えられていた範囲を超えたシステムにも適用可能である。2007年に始まった金融システムとそのメルトダウンは、システム工学のコンセプトが役立つ社会システムの一例である。

システム工学のもう1つの前提は、各コンポーネントの個々の振る舞い（事象やアクションを含む）は、システム全体におけるそのコンポーネントの役割や相互作用を考慮しない限り、理解することはできないということである。このシステム工学の基本は、「システム全体は部分の総和以上である」という原則として知られる。複雑なシステムにおいて、個々の部品を分析し変更することで長期的に安全性を向上させようとする試みは、しばしば長期的には成功しないことが証明されている。たとえば、ラスムッセン（Rasmussen）は、原子力発電所の安全性の分野で長年活動してきた中で、局所的な特徴のモデルから安全性を改善しようとする試みが行われたことがあるが、この試みそのものによる改善効果ではなく、予想しなかった方法で人々が変化に適応することで安全性が補われていたことを述べている[167]。

システム理論と安全性の関係 59

複雑なシステムの安全性を高めるためのアプローチは、このようなシステム工学の基本原則を踏まえたものであるべきである。そうでなければ、扱える事故やシステムの種類に制限が生じる。本書で紹介するアプローチは、そのような、より安全でより複雑なシステムを設計可能とするアプローチである。

3.6　システム設計への安全の組み込み

米国の防衛分野や航空宇宙分野で実践されているシステム安全（MIL-STD-882）のアプローチや、本書で紹介する新しいアプローチは、一般的なシステム工学のプロセスや問題解決のアプローチに自然に適合している。この問題解決のプロセスには、いくつかの段階がある。まず、システムが満たすべき目的と基準の観点から、ニーズや問題の特定を行う。システムが満たすべき基準は、後で設計案のランク付けにも使用される。潜在的なハザードを持つシステムの場合、その目的には安全性に関する目的が含まれ、安全設計と安全制約に関する高いレベルの要求事項が含まれる。たとえば列車の自動運行システムの場合、乗客が乗降口にいるにもかかわらずドアが閉まるというハザードが考えられる。その場合の安全設計の要件としては、ドアが閉まる際に障害物を検知したらドア閉を撤回すること、という要件が考えられる。

システム設計に対するハイレベルな要求と制約が特定された後、システム総合（system synthesis）のプロセスが実行され、一連の設計案が作成される。それらの各設計は既定の目的や設計基準に照らして分析・評価され、最終的に1つの設計が実装対象として選択される。実際にはこのプロセスは非常に反復的である。後の工程で得られた結果が前の工程にフィードバックされ、それによってシステムの目的や満たす基準や設計案の見直しが行われることもある。もちろん、ここで説明したプロセスは非常に単純化され、理想化されたものである。

以下に、基本的なシステム工学の実践の流れと、その中で安全性がどのような役割を果たすかについての例を挙げる。

- **ニーズ分析**（Needs analysis）：システム設計の出発点はニーズの認識である。ニーズは、その実現に要する投資を正当化できるものである必要があり、適切な解決策を生み出せるように、十分に理解可能なものである必要がある。また、開発中および最終的なシステムを評価するための基準が明確になっている必要がある。システムの運用に伴う危険性がある場合は、ニーズ分析に安全性を含める必要がある。

- **フィージビリティスタディ**（Feasibility studies）：このステップの目標は、一連の現実的な設計案を生成することである。これは、対象システムにおける主要な制約と設計基準（安全制約と安全設計基準を含む）を識別すること、および、それらの制約や基準を満たし、物理的・経済的に実現可能な解決策を生み出すことで達成される。

- **トレードスタディ**（Trade studies）：トレードスタディでは、一連の実現可能な設計案に対して、既定の設計基準に照らした評価を行う。ハザードはいくつかの安全措置のいずれかによってコントロールできる可能性がある。トレードスタディでは、それらの安全措置に対して、効果、コスト、重量、サイズ、安全性などの観点から相対的な優劣を判断する。たとえば、ある材料を別の材料に置き換えることで火災や爆発のリスクを低減できるとしても、一方で信頼性や効率を低下させるかもしれない。設計案の各々は、評価対象となる性能面の目標や制約だけでなく、（システムハザードから導かれる）独自の安全制約を持つ場合がある。意思決定は、理想的には数学的な分析に基づいてなされるべきであるが、多くの重要な要素に対して定量的評価を行うのは、不可能ではないと

しても困難であることが多く、主観的に判断せざるを得ない場合もある。

- **システムアーキテクチャーの開発と分析**（System architecture development and analysis）：このステップでは、システムをサブシステムに分割する。これにより、個々のサブシステムの設計に課される機能や制約（安全制約を含む）、主要なシステムインターフェース、サブシステムのインターフェーストポロジー（訳注：インターフェースの接続形態をモデル化したもの）が明確になる。そして、これらの側面について、求めるシステム性能特性と制約（安全制約を含む）の観点で分析を行う。このプロセスは許容可能なシステム設計が得られるまで繰り返される。最終的に得られる設計は、各サブシステムの実装が個別に独立して実行できるように十分詳しく記述される必要がある。

- **インターフェース分析**（Interface analysis）：インターフェースは、システムのコンポーネント間の機能的な境界を定義する。管理の観点から言えば、インターフェースは、(1)視認性（visibility）とコントロールを最適化すること、(2)コンポーネント間の分離により各々の独立した実装が可能であること、また、権限と責任の移譲が可能であることが必要である[158]。工学的な観点からは、インターフェースは機能を独立した機能に分割し、システム全体の統合、テスト、運用を容易にするように設計する必要がある。インターフェースの設計における重要な要素の1つは安全性であり、システムのインターフェース分析の一部として安全分析が行われなければならない。インターフェースは特に設計上のミスを犯しやすく、事故の大半に関与するため、インターフェース設計の最も重要なゴールは単純化することである。インターフェースが単純であることは、システム統合前に適切な設計と分析、テストを行えることにつながり、インターフェースの責務を明確に理解することに役立つ。

　この一般的なシステム工学のプロセスを具体的に実践するには、システムのコンポーネントにどのようなモデルを用いるか、また、どのようなシステム品質を求めるかが重要となる。安全性に関して言えば、事故がなぜどのようにして起きるのかについて理解するために用いられてきたモデルは、事象（特に失敗事象）に基づくモデルが一般的であり、事故の防止には信頼性工学の手法が用いられてきた。本書の第2部では、本章で紹介した新たな安全性に関するシステムズアプローチをさらに詳しく説明し、第3部では、これらの安全性とシステム工学に関する取り組みを実践するためのテクニックを紹介する。

第2部

STAMP
システム理論に基づく事故モデル

　第2部では、第2章で述べた新たな想定（new assumptions）に基づき、そこから生じる目標を果たすために拡張された事故因果関係モデル（accident causality model）を紹介する。この新しいモデルの理論上の基礎は、第3章で紹介したシステム理論である。STAMP（Systems-Theoretic Accident Model and Processes：システム理論に基づく事故モデルとプロセス）と呼ばれるこの新しい因果関係モデルを用いると、システム安全における重点が、故障（failures）を防ぐことから、振る舞いの安全制約（safety constraints）を課すこと（enforcing）に変化する。コンポーネントの故障による事故も含まれるが、因果関係の概念はコンポーネントの相互作用（interaction）による事故にも拡張される。安全性は信頼性の問題ではなく、コントロールの問題として再定義される。この変化は、今日最も懸念されている複雑な社会技術システムを含む、より安全なシステムをエンジニアリングする（engineering、訳注：科学的原理に従って計画、あるいは設計、構築すること）ための、より強力で効果的な方法をもたらすものである。

　第4章では、このモデルの3つの主要概念である安全制約、階層的なコントロールストラクチャー（hierarchical control structures）、プロセスモデル（process models）についてまず紹介する。次に、STAMPの因果関係モデルについて、この新しいモデルが示唆する事故原因の分類に沿って説明する。

　STAMPへの理解を深めるために、イラク北部上空での米空軍戦闘機による米陸軍ヘリコプターに対する味方への誤射・撃墜、カナダの小さな町での大腸菌による公共水道汚染、ミルスター衛星の損失など、まったく異なる種類の損失（loss）の原因について説明する。第5章では、味方への誤射による事故の分析を紹介する。その他の事故分析は、付録BおよびCに収めている。

第4章 因果関係に対するシステム理論的な見方

　従来の因果関係モデルでは、事故は故障事象の連鎖（chains of failure events）によって引き起こされ、それぞれの故障が、連鎖の中の次の故障を直接引き起こすと考えられていた。第1部では、このような単純なモデルは、今日私たちが構築しようとしている、より複雑な社会技術システムに対しては、もはや適切ではない理由を説明した。事故因果関係の定義は、故障事象だけでなく、コンポーネントの相互作用による事故や、間接的あるいはシステミック（systemic）な因果メカニズムも含めて拡張する必要がある。

　最初のステップは、事故の定義を一般化することである[1]。**事故**（accident）とは、計画されておらず、望ましくない損失の事象（loss event）である。その損失には人間の死傷も含まれるが、ミッションや設備の損失、経済的損失、そして情報の損失など、ほかの大きな損失が含まれることもある。

　損失は、コンポーネントの故障、システムへの外乱、システムコンポーネント間の相互作用、そして個々のシステムコンポーネントの振る舞いが、ハザードにつながるシステムの状態（hazardous system states）をもたらすことによって生じる。ハザード（hazards）の例としては、石油精製所から有毒化学物質が放出される、患者が致死量の薬を受け取る、2機の航空機が最小間隔の義務に違反する、駅間で通勤電車のドアが開く、などがある。[2]

　システム理論では、安全性などの創発特性（emergent properties）は、システムコンポーネント間の相互作用から生じるとされている。創発特性は、コンポーネントの振る舞いやコンポーネント間の相互作用に制約を課すことでコントロールされる。したがって、安全性はコントロールの問題となり、コントロールの目的は安全制約を課すことである。事故は、システムの開発、設計、運用において、安全に関する制約を不適切にコントロールしたり、不適切に課したりすることによって起こる。

　ボパール（Bhopal）においては、MIC（methyl isocyanate、訳注：イソシアン酸メチル）は水と接触してはならない、という安全制約への違反があった。マーズ・ポーラー・ランダーでは、安全制約は、宇宙船が惑星の表面に、最大限度の強さ以上で衝突してはならないというものであった。第2章で紹介した回分反応器の事故では、反応器の内容物の温度制限が安全制約の1つである。

　そこで、問題はコントロールの問題となり、システムの設計や運用の中で安全制約を課すことによって、システムの振る舞いをコントロールすることが目的となる。この目的を達成するためには、コントロールが確立されなければならない。これらのコントロールには、ヒューマンコントローラー（human controller）や自動化されたコントローラー（automated controller）が含まれている必要はない。コンポーネントの振る舞い（故障を含む）や非安全な（unsafe）相互作用は、物理的な設計、プロセス（製造プロセスや手順、保守プロセス、運用など）、あるいは社会的なコントロールによってコントロールできる。社会的なコントロールには、組織（管理者）、政府、規制の構造が含まれるが、文化や政策、個人的なもの（自己の利益など）も含まれ得る。後者の例としては、2009年の金融危機の説明として、投資銀行が株式公開した際に、個人のリスクを軽減し長期的な収益を上げるという自制心がなくなり、

1　本書の中で使用する定義一式は、付録Aに記載している。
2　ハザードについては、第7章でより詳細に定義している。

リスクを引き受ける投資銀行に対してほとんど力を持たない、立場の弱い株主にリスクが移行したことが挙げられている。

このフレームワークでは、事故がなぜ起きたのかを理解するためには、なぜコントロールが無効であったのかを明らかにする必要がある。将来の事故を防止するには、故障を防ぐことに重点を置くのではなく、必要な制約を課すことができるようなコントロールを設計し実装するという、より広い目的にシフトする必要がある。

STAMP事故モデルは、上記の原則に基づいている。安全制約、階層的な安全コントロールストラクチャー、プロセスモデルの3つの基本的な構成概念が、STAMPの基礎となっている。

4.1 安全制約

STAMPの最も基本的な概念は、「事象」ではなく「制約」である。損失につながる事象は、安全制約がうまく課せなかったからこそ発生するのである。

設計や運用において安全制約を識別し、課すことの難しさは、以前より増している。旧来の自動化されていないシステムの多くでは、技術や運用環境の限界によって、物理的あるいは運用上の制約が課されることがよくあった。物理的な法則と物質の制限により、物理設計の複雑さには自然な制約が課されており、受動的コントロール（passive controls）を利用できていたのである。

エンジニアリングにおいては、**受動的コントロール**とは、その存在によって安全性を維持するものである。基本的には、システムを安全な状態に落とし込むか、単純なインターロックを使用して、システムのコンポーネント間の相互作用を安全なものに制限する。その存在によって安全性を維持する受動的コントロールの例としては、封じ込め容器などの遮蔽物や障壁、安全帯、ヘルメット、自動車の受動的拘束システム（訳注：シートベルトなど）、柵などがある。受動的コントロールは、重力などの物理的な原理によって、安全な状態に落とし込むこともある。たとえば、昔の鉄道の信号機では、（信号機をコントロールする）ケーブルが切れた場合、アームが自動的に停止位置に落ちるように重りを使っていた。そのほかにも、故障の際には接点が開いたままになるように設計された機械式リレーや、航空機の車輪を上げ下げする圧力システムが故障すると車輪が下がって着陸位置でロックされる格納可能な着陸装置などがある。第2章の回分反応器の例では、バルブを開く順番が重要であるため、設計者は水用バルブが閉じている間は触媒バルブを開くことができないような物理的なインターロックを使用してもよかったのである。

対照的に、**能動的コントロール**（active controls）は保護を提供するために次のようなアクションを必要とする。それは、(1)ハザードにつながる事象や状態の**検知**（監視）、(2)変数の**測定**、(3)測定の解釈（**診断**）、(4)**対応**（回復またはフェイルセーフ手順）であり、損失が発生する前にすべてを完了しておく必要がある。これらのアクションは通常、制御（control）システムによって実施され、現在では大抵、そのシステムにはコンピューターが含まれている。

出力を遮蔽するドアを必要とする高出力の回路について、単純な受動的安全コントロールを考えてみよう。ドアを開けると回路は遮断され、電源はオフになる。ドアを閉めると電源はオンになり、人間は高出力に接触することはない。このような設計は、シンプルかつフールプルーフである。同じ高出力でも、能動的安全コントロールの設計では、出力へのドアが開かれたことを検知する何らかのセンサーと、電源を停止するためのコントロール指示（control command）を出す能動的コントローラーが必要になる。受動的な設計に比べると、能動的コントロールシステムでは故障モード（failure modes）が大幅に増加し、システムコンポーネントの相互作用も複雑化する。鉄道の信号の例では、ケーブルが

遮断されたことを検出する方法（おそらく現在はケーブルの代わりにデジタルシステムが使われているので、デジタル信号システムの故障の検出が必要）と、電車を停止させるために運転士（operators）に警告を発する何らかの能動的コントロールがなければならない。第2章で紹介した回分反応器の設計では、単純で機械的なインターロックの代わりに、バルブの開閉順序をコンピューターでコントロールする方法を採用していた。

ここでは実用上の理由から単純な例を用いているが、設計の複雑さは私たちの知的管理能力の限界に達しており、その結果、コンポーネントの相互作用による事故が増加し、システムの安全制約が課されていない。比較的単純なコンピューターによる回分反応器のバルブ制御の設計でさえ、コンポーネントの相互作用による事故を起こしている。受動的コントロールの代わりに能動的コントロールを用いるのには、機能性の向上、設計の柔軟性、長距離での運用可能性、軽量化など、非常に優れた理由があることが多い。しかし、エンジニアリング上の問題の難しさが増し、さらなる設計エラーの潜在的な可能性がもたらされる。

同様の議論は、オペレーターと彼らがコントロールするプロセスとの間の相互作用についても可能である。クック（Cook）[40]は、コントロールが主として機械的なものであり、作動しているプロセスの近くにいる人が操作していたときには、近いこと（proximity）により、振動、音、温度などの直接的で物理的なフィードバック（feedback）を通して、プロセスの状態を感覚的に認知できていたことを示唆している（図4.1）。ディスプレーはプロセスに直接つながっており、本質的にプロセスの物理的な拡張である。たとえば、電車の運転席で計器の指針がちらつくのは、(1)わずかな圧力変動に応じてエンジンのバルブが開閉していること、(2)計器がエンジンに接続していること、(3)（計器の）指針が固定されていないこと、などを示す。このように、ディスプレーはコントロール対象のプロセス（controlled process）やディスプレー自体の状態についての豊富な情報を提供する。

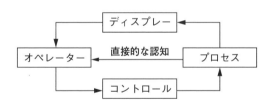

図4.1　オペレーターは、プロセスや機械的なコントロールを直接的に認知できる

電気機械的なコントロールを導入したことにより、オペレーターは、純粋に機械的につながってコントロールできていた距離よりも、（物理的にも概念的にも）もっと遠い距離からプロセスをコントロールできるようになった（図4.2参照）。しかし、この距離は、オペレーターがプロセスに関する多くの直接的な情報を失うことを意味していた。つまり、彼らはすでにプロセスの状態を直接感じることはできず、コントロールとディスプレー面は、プロセスやコントロール自体の状態に関する豊富な情報源を、もはや提供しないということである。システム設計者は、プロセスの状態をイメージとして合成し、オペレーターに提供しなければならなくなった。オペレーターは、あらゆる条件下でプロセスを安全にコントロールするための情報を必要とするが、その情報を設計者が事前に決定しなければならなくなり、これが設計エラーの重大で新たな原因となった。もし設計者が、特定の状況が起き得ることを予想せず、当初のシステム設計でその状況に備えていないのであれば、オペレーターが運用中にその状況についての情報を必要とすることさえも、予想しないであろう。

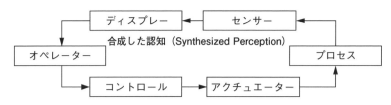

図 4.2 オペレーターは、プロセスの状態に関する間接的な情報と間接的なコントロールを持つ

　設計者はまた、オペレーターのアクションや、発生するかもしれない故障についてのフィードバックを提供しなければならなくなった。コントロールは今や、プロセスに対して望ましい効果がないまま運用されるかもしれないが、オペレーターがそれに気づかない可能性もある。そして、間違ったフィードバックが原因で、事故が発生するようになった。たとえば、スリーマイル島（Three Mile Island）で起きた事故も含めてよく起こる事故は、オペレーターがバルブを開くよう指令し、バルブが開いたというフィードバックを受けたが、実際には開いていなかったというものであった。このケースでは、バルブに電力が供給されたことを示すフィードバックを提供するよう配線はされていたが、実際にバルブが開いたことを示すフィードバックを提供するようにはなっていなかった。このようなシステムでは、コントロールアクション（control actions）の成功と失敗（failure）に関するフィードバックの設計が間違った方向に導くだけではなく、戻りのリンク（訳注：フィードバックのためのリンク）もまた失敗につながるかもしれない。

　電気機械的なコントロールにより、システム設計上の制約が緩和され、より大きな機能ができるようになった（図4.3）。同時に、機械的にコントロールされたシステムには存在しなかった、あるいはめったに存在しなかった、設計者やオペレーターによる新たなエラーの可能性が出てきた。その後、コンピューターやデジタル制御が導入されると、さらなる利点が生まれ、コントロールのシステム設計の制約がさらに取り除かれ、エラーの可能性がますます高まった。昔の機械的なシステムでは、「近いこと」が五感に訴えるフィードバックの豊かな源泉を提供し、潜在的な問題を早期に発見できていた。しかし、自動化されたコントロールとディスプレーを使用する新しいシステムでは、以前と同じ品質を把握したり、提供したりすることが難しくなっている。

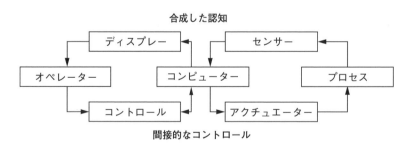

図 4.3 オペレーターはコンピューターが生成するディスプレーを持ち、コンピューターを通じて
　　　　　プロセスをコントロールする

　このようなシステムの設計は、制約がなくなることで難しくなる。物理的な制約は、システムの設計、構築、変更において、規律を課し、複雑なものを制限してきた。物理的な制約はまた、物理的なコンポーネントやプロセスの価値ある情報を効率的にオペレーターに伝え、彼らの認知プロセス（cognitive processes）をサポートするように、システム設計を形作っていたのである。

　同じ議論は、組織や社会のコントロール、そして社会技術システムのコンポーネント間の相互作用に

おいて増大してきている複雑性にも当てはまる。今日のエンジニアリングプロジェクトの中には、何千人ものエンジニアを雇っているものがある。たとえば、統合打撃戦闘機（Joint Strike Fighter）では、8,000人のエンジニアが米国中に展開している。企業の運営はグローバル化し、相互依存性が大幅に高まり、多種多様な製品を生産するようになった。安全を確保するためには、社会技術システム全体におけるコントロールと安全制約の強制（enforcing）に基づく、安全に対する新しい全体論的アプローチ（holistic approach）が必要である。

この目的を達成するためには、システムレベルの制約を識別し、それを課すための責任を分担し、適切なグループに割り当てなければならない。たとえば、あるグループのメンバーは、ハザード分析を行う責任を負うかもしれない。このグループの管理者は、グループがそのような分析を行うためのリソース、スキル、および権限を確実に持ち、高品質の分析結果を確保する責任を負う可能性もある。より上位のレベルの管理者は、予算、企業の安全方針の確立、および安全方針と安全活動が成功裏に実施され、ハザード分析によって得られた情報が、設計と運用に使用されることを確実にするための監督（oversight）を行う責任を負うかもしれない。

システムや製品の設計・開発中に安全制約が細分化され、設計が進展するにつれて、サブ要求や制約が設計のコンポーネントに割り当てられていく。たとえば、回分反応器では、システムの安全要求は、反応器内の温度を常に特定のレベル以下に保つことである。還流凝縮器を使ってこの温度を制御するという設計上の意思決定がなされるかもしれない。この決定が、「触媒を反応器に加えるときには、必ず還流凝縮器に水を流すこと」という新たな制約につながる。触媒と水用バルブの運用上の責任を負うコンポーネントの決定後、追加の要求が生じる。たとえば、物理的なインターロックではなく（あるいはそれに加えて）、ソフトウェアを使用することが決定された場合には、ソフトウェアに対して、「触媒バルブが開いているときは、水用バルブは常に開いていなければならない」という制約を課す責任を割り当てなければならない。

今日の社会が求めるレベルの安全性を提供するには、まず課すべき安全制約を識別し、それを実行するための効果的なコントロールを設計する必要がある。このプロセスは、複雑で高度な技術を要する今日のシステムにおいては、従来よりもはるかに困難である。そしてこれを解決するには、第3部で紹介する新しい手法、たとえば、システムの安全制約からコンポーネントの安全制約を導出できるような手法が必要となる。過去の単純な電気機械的なシステムだけを構築する、あるいはより高いリスクを受け入れるといった代替案は、ほとんどの場合、受容できる解決策とはみなされないであろう。

4.2 階層的な安全コントロールストラクチャー

システム理論（3.3節参照）では、システムを階層的なストラクチャーとして捉え、各レベルがその下のレベルの活動に制約を課す（impose）、つまり、上位レベルでの制約や制約の欠如が、下位レベルの振る舞いを許容する、あるいはコントロールする。

コントロールプロセス（control processes、訳注：下位レベルをコントロールするプロセス）は、階層内の下位レベルのプロセスをコントロールするために、レベル間で機能する（operate）。これらのコントロールプロセスは、それぞれが責任を持って安全制約を課す（enforce、訳注：下位レベルに安全制約を強制する）。事故は、これらのコントロールプロセスが不適切なコントロール（inadequate control）を行い、下位レベルのコンポーネントの振る舞いの中で安全制約が破られたときに発生する。

適応的（adaptive）フィードバックメカニズムに基づくコントロールの階層で事故を表現することにより、「適応（adaptation、訳注：環境や条件に合わせた改造）」が、事故を理解し防止する上で中心

的な役割を果たすようになる。

　階層構造の各レベルにおいて、制約の欠落（安全に対する責任の割り当てがないこと）や不適切な安全コントロール指示、下位レベルで正しく実行されない指示、制約を課すことに関するフィードバックの不適切な伝達や処理の結果として、不適切なコントロールが生じる可能性がある。たとえば、運用管理者が非安全な作業指示や手順をオペレーターに与えたり、管理者が安全制約を課す指示を出しても、オペレーターがそれを無視したりすることがある。運用管理者が、非安全な指示を与えたことや、自分の安全に関する指示が守られていないことを判断するための、確立されたフィードバック・チャネルを持っていないということもある。

　図 4.4 は、航空輸送のように、安全性が重視され規制された米国の産業でよく見られる、典型的な社会技術の階層的な安全コントロールストラクチャーである。もちろん、それぞれのシステムは、そのシ

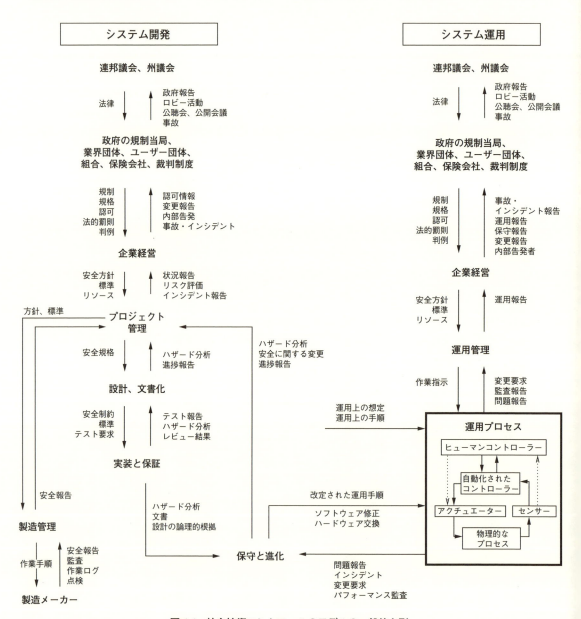

図 4.4　社会技術コントロールのモデルの一般的な形

ステム固有の特徴を含めてモデル化する必要がある。図4.4は、基本的な2つの階層的なコントロールストラクチャー、つまり、左側のシステム開発向けのコントロールストラクチャーと右側のシステム運用向けのコントロールストラクチャーがあり、それらの間には相互作用がある。たとえば、航空機メーカーは、直接コントロールするのはシステム開発だけかもしれないが、安全は航空機の開発と運用の両方に関わっており、どちらも単独ではうまくいかない。運用中の安全は、当初の設計・開発と運用上の効果的なコントロールに依存している。おそらく、2つのストラクチャーの間にコミュニケーション・チャネルが必要である[3]。たとえば、航空機メーカーは、安全分析の基礎となった運用上の環境の想定や、安全な運用手順に関する情報を顧客に伝えなければならない。逆に、運用上の環境（例：民間航空会社）は、システムの存続期間中のパフォーマンスについて製造メーカーにフィードバックを提供する。

各安全コントロールストラクチャーの階層レベルの間には、効果的なコミュニケーション・チャネルが必要である。下位レベルに安全制約を課すために必要な情報を提供する下向きの**参照チャネル** (reference channel) と、制約がどれだけ効果的に満たされているかについてのフィードバックを提供する上向きの**測定チャネル**（measuring channel）の両方が必要である（図4.5）。どのようなオープンシステムにおいても、適応的コントロールを行うためには、フィードバックが重要である。コントローラーは、より容易に目的を達成するために、フィードバックを利用して将来のコントロール指示を適応させる。

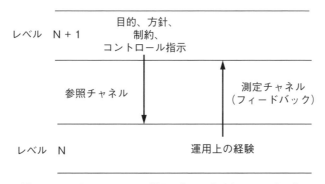

図4.5　コントロールレベル間のコミュニケーション・チャネル

図4.4に示した一般的なコントロールストラクチャーでは、政府、業界団体全般、裁判所が、それぞれ上位の2つのレベルを構成している。開発をコントロールするための政府のコントロールストラクチャーと、運用をコントロールするための政府のコントロールストラクチャーは、異なる場合がある。つまり、航空機メーカーが開発した航空機を認証する責任は、FAA（Federal Aviation Administration：アメリカ連邦航空局）の中のある組織に割り当てられ、一方で、航空会社の運用を監督する責任は、別の組織に割り当てられるということである。各コントロールストラクチャー、各レベルにおける適切な制約はさまざまであるが、一般的には、技術的な設計やプロセス上の制約、管理上の制約、製造上の制約、そして運用上の制約が含まれるであろう。

システム開発とシステム運用の2つの階層で最上位レベルにあるのは、連邦議会と州議会である[4]。

---

[3] 図を簡略化して読みやすくするため、図には2つのコントロールストラクチャー間の相互作用のすべては示していない。
[4] 米国以外の国のモデルでは、もちろん変更が必要である。筆者が米国に精通しているため、この例では米国のケースを使用している。

議会は法律を制定し、政府の規制構造を確立し資金を提供することで、安全をコントロールする。これらのコントロールの成功や追加のコントロールの必要性に関するフィードバックは、政府報告、議会の公聴会や証言、さまざまな利益団体によるロビー活動、そしてもちろん事故という形でもたらされる。

次のレベルには、政府の規制当局、業界団体、ユーザー団体、保険会社、そして裁判制度が含まれる。組合は、航空輸送システムにおける航空管制官組合のような安全な運用の確保や、製造メーカーにおける労働者の安全確保において、常に重要な役割を担ってきた。企業経営に対して望ましい安全への配慮を促進する規制当局が存在せず、一般市民がほかに手段を持たない場合には、法制度が利用される傾向がある。通常、このレベルにおける制約は、政策、あるいは規制、認可、（業界団体やユーザー団体による）規格、訴訟による脅威という形で作られ、企業に課される。組合がある場合には、運用上または製造上の安全に関する制約は、組合の要求や団体交渉から生じることがある。

企業経営は、その行動に関する規格や規制、その他さまざまなコントロールを受け取り、自社の具体的な方針と標準に落とし込む。多くの企業は、より詳細な標準文書だけでなく、一般的な安全方針（イギリスでは法律で要求されている）を持っている。フィードバックは、状況報告、リスク評価、インシデント報告などの形で行われることもある。

開発のコントロールストラクチャー（図4.4の左）においては、企業の方針と標準は通常、各エンジニアリングプロジェクトで特定のプロジェクトのニーズに合わせて調整され、おそらく補強される。上位レベルのコントロールプロセスは全体の目的と制約だけを提供し、下位レベルでは、全体の目的と制約を運用できるようにするために、当面の状況と局所的な目標を考慮して多くの詳細を追加することもある。たとえば、政府の規格や企業の標準がハザード分析（hazard analysis）の実施を要求し、（運用手順の設計者、ユーザーマニュアルの作成者を含む）システムの設計者と文書作成者が、システムの設計と運用に関する、特定の安全制約を識別するために用いられる実際のハザード分析プロセスをコントロールすることもある。これらの詳細な手順に対しては、おそらく上位レベルの承認が必要である。

システムハザードのコントロールに必要であると識別された設計上の制約は、規格・標準やその他の要求とともに、個々のシステムコンポーネントの実装者や保証者（assurers）に渡される。成功したかどうか（訳注：ハザードがコントロールされているかどうか）については、テスト報告、レビュー、さまざまな追加のハザード分析から提供されるフィードバックにより判断される。開発プロセスの終了時には、ハザード分析の結果、および、安全に関する設計機能と設計の論理的根拠の文書はどちらも保守グループに渡され、システムの進化と維持のプロセスにおいて使用されるべきである。

コントロールの層（layers）を含む同様のプロセスは、システム運用のコントロールストラクチャーにも見られる。その上、2つのストラクチャーの間には相互作用がある（少なくとも、あるべきである）。たとえば、開発で使用された安全設計の制約は、運用手順やパフォーマンス監査、プロセス監査の基礎となるべきである。

どのコントロールループ（control loop）でも同様に、タイムラグは、コントロールアクションとフィードバックの流れに影響を与え、安全制約を課すコントロールループの効果に影響を与える可能性がある。たとえば、規格は策定や変更に何年もかかることがあるが、その期間が長いことにより現在の技術や業務に遅れをとることがある。物理的なレベルでは、システムのそれぞれ違う箇所に違うスピードで新技術が導入される場合があり、その結果、コントロールストラクチャーの非同期的な進化（asynchronous evolution）が生じることがある。たとえば、1994年にイラク北部の飛行禁止区域において、米空軍のF-15戦闘機2機が米陸軍のブラックホーク・ヘリコプター（Black Hawk helicopters）を撃墜した事故では、戦闘機とヘリコプターの間での無線通信ができなかった。その理由は、F-15のパイロットが妨害電波に強い新しい無線機を使っていたために、陸軍ヘリコプターに搭

載された古い技術の無線機との通信ができなかったからである。ハザード分析には、時間の経過に伴うこのようなタイムラグや潜在的な変化の影響を含める必要がある。

遅延につながるタイムラグに対処するのには、測定チャネルからの情報やフィードバックの取得があまり遅延しない、より下位のレベルに責任を委譲するというのが、よくあるやり方である。技術が急速に変化する時代には、タイムラグに対応するために、上から下りてきたコントロールプロセスの補強や、現在の状況に合うような修正が、より下位のレベルにおいて必要になることがある。ブラックホークの撃墜の例のように最下層でのタイムラグがある場合には、フィードバックの欠如を克服するためのフィードフォワード制御（feedforward control）や、振る舞いの一時的なコントロールが必要かもしれない。味方の別の航空機が指示されたのと同様に、F-15 パイロットが利用可能な古い無線技術を使用するように指示されていれば、F-15 とブラックホークの間の通信は可能であっただろう。

より一般的には、コントロールストラクチャーは時間の経過とともに常に変化する。特に、人間や組織のコンポーネントを含むものは変化する。物理的な装置も時間とともに変化するが、大抵はより遅い変化であり、予測可能である。社会的、人間的側面の安全性を扱うのであれば、事故因果関係モデルには変化（change）の概念を含まなければならない。さらに、安全コントロールストラクチャーが制約を課す上で、時間が経っても効果を維持するための、コントロールと保証（assurance）が必要である。

コントロールは、必ずしも厳格で権威主義の管理のやり方を意味するものではない。ラスムッセン（Rasmussen）は、各レベルにおけるコントロールは、非常に規範的な指示とコントロールストラクチャーで課すこともあれば、目標達成の方法に多くの自由度を持たせた遂行目標として、緩やかに実装されることもあると述べている[165]。「監督（oversight）による管理」から「洞察（insight）による管理」へという最近の傾向は、より下位のレベルに対して行使されるフィードバックコントロールのレベルの違いや、「規範的な管理コントロール」から、現場のコンテキストにより目標が解釈され満たされるという「目標による管理」への変化を反映している。

しかし、洞察による管理とは、安全に関する責任を放棄するという意味ではない。ミルスター衛星の損失[151]、マーズ・クライメイト・オービター（Mars Climate Orbiter）[191]とマーズ・ポーラー・ランダー[95, 213]の損失においては、事故報告はいずれも、監督から洞察への転換がうまくいかなかったことが損失の要因であることに言及している。判断を委譲し、目標によって管理しようとする試みには、使用する価値基準の明確な定式化と、その価値を社会や組織を通じて伝えるための有効な手段が必要である。さらに、各レベルでの具体的な判断が、伝えられた目標や価値にどのような影響を与えたかを、適切かつ正式に評価する必要がある。機能がどの程度うまく実行されているかを測定するためには、フィードバックが必要である。

図 4.4 の事例には規制当局が含まれているが、安全性のために政府の規制が必要であることを意味しているわけではない。必要なのは、安全に対する責任が社会技術システム全体に適切な形で割り振られることである。たとえば、航空機の安全においてはメーカーが主要な役割を果たしており、FAA の型式承認機関は、下位レベルの階層で航空機に安全がうまく作りこまれているかを監督しているだけである。もし企業や業界が公共の安全に対する責任を果たそうとしない、あるいは果たせないのであれば、政府が公共の安全の全体的な目標を達成するために介入する必要がある。しかし、より良い解決策は、システムの設計と製造、および運用を直接管理している企業の経営陣が責任を持つことである。

安全コントロールストラクチャーは産業界によって違いがあり、その例を以降の章に掲載している。付録 C の図 C.1 は、カナダのオンタリオ州の水道の階層的な安全コントロールシステムのためのコントロールストラクチャーと安全制約を示している。ストラクチャーは、階層の最上位が図の左側になるように、（コントロール図では一般的であるが）横向きに描かれている。システムハザードは、公共の

飲料水システムを通して一般市民が大腸菌やその他の健康に関わる汚染物質にさらされることである。したがって、安全コントロールストラクチャーの目的は、そのような曝露を防ぐことである。この目的から、2つのシステム安全制約が導出される。

1. 水質を損なってはならない。
2. 公衆衛生対策は、水質が何らかの形で損なわれた場合、それにさらされるリスクを低減させなければならない（遵守すべき通知や手順など）。

このコントロールストラクチャーによってコントロールされる物理的プロセス（図 C.1 の右側）は、水道システム、地域の公共事業が使用する井戸、および公衆衛生のシステムである。コントロールストラクチャーの詳細については付録 C で説明する。しかし、各コンポーネントに対しては、コントロールストラクチャー全体の中で果たす役割についての適切な責任、権限、および説明責任が、割り当てられていなければならない。たとえば、カナダ連邦政府の責任は、全国的な公衆衛生システムを確立し、その効果的な運用を確認することである。州政府は、規制当局と規範を確立し、規制当局にリソースを提供し、規制当局が適切に仕事をしていることを確認するための監督とフィードバックループを提供し、適切なリスク評価と効果的なリスク管理計画が実施されていることを確認する必要がある。地域の公共事業の運用は、細菌汚染の証拠が見つかった場合には、殺菌のために適切な量の塩素を散布し、残留塩素を測定し、さらなる措置を講じなければならない。残留塩素は汚染の可能性を迅速にフィードバックする方法であるが、一方では、水のサンプルを分析することで、時間はかかる（タイムラグが大きくなる）が、より正確なフィードバックが得られる。公共水道の全体的な安全コントロールストラクチャーにおいては、どちらも使われている。

　安全コントロールストラクチャーは非常に複雑になることがある。構造全体の一部を抽象化し、そこに焦点を合わせることは、コントロールについて理解し、話し合う上で有効かもしれない。さまざまなハザードの調査において、構造全体の一部のみが関係している場合には、その部分については詳細な検討が必要であるが、残りは部分構造への入力や環境として扱えばよい。唯一重要な点は、ハザードはまずシステムレベルで識別すべきであり、その後、コントロールストラクチャー全体の中の部分に対する安全制約を識別するために、ボトムアップではなくトップダウンでプロセスを進めなければならないということである。

　社会技術の安全コントロールストラクチャーのあらゆるレベルにおける活動は、急速に変化する技術、競争や市場投入のプレッシャー、安全に関する責任に対する規制や人々の見解の変化など、第1章で指摘した重圧に直面している。要求される安全制約が、これらのプレッシャーから無視されることが絶対に起こらないようにするために、新しい手順やコントロールが必要になるであろう。

4.3　プロセスモデル

　STAMP で、安全制約や階層的な安全コントロールストラクチャーとともに用いられている3つ目の概念は、プロセスモデルである。プロセスモデルはコントロール理論（control theory）の重要な要素である。プロセスをコントロールするために必要な4つの条件については、第3章に記載している。1つ目は目標であり、STAMP においては、階層的な安全コントロールストラクチャー内の各コントローラーが課さなければならない安全制約である。動作に関する条件は（下方への）コントロール・チャネルで実装され、観測性（observability）に関する条件は（上方への）フィードバック、つまり測定チャネルで具体化される。最後の条件は、モデルに関する条件である。ヒューマンコントローラーでも自動

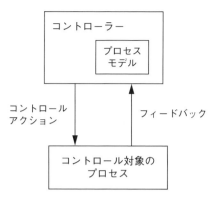

図4.6 すべてのコントローラーは、コントロールされるプロセスのモデルを含まなければならない。事故は、コントローラーのプロセスモデルがコントロール対象のシステムと一致せず、コントローラーが非安全な指示を出した場合に発生する可能性がある

化されたコントローラーでも、コントロールされるプロセス（process being controlled）を効果的にコントロールするためには、このモデルが必要である（図4.6）。

　極端な場合、このプロセスモデルには、1つか2つの変数しか含まれない場合がある。たとえば、単純なサーモスタット（訳注：温度自動調節器）に必要なモデルには、現在の温度と設定値、そして温度をどのように変化させるかについてのいくつかの制御法則が含まれている。一方、実効性のあるコントロールを行うには、航空管制に必要なモデルのように、多数の状態変数と遷移を含む非常に複雑なモデルが必要な場合もある。

　このモデルが、自動化されたコントローラーの制御ロジックに組み込まれている場合であっても、ヒューマンコントローラーが保持するメンタルモデルに組み込まれている場合であっても、モデルには、同じ種類の情報、すなわちシステム変数の間に必要な関係性（制御法則）、現在の状態（システム変数の現在の値）、プロセスが状態を変更できる方法が含まれていなければならない。このモデルは、どのようなコントロールアクションが必要かを判断するために使用され、さまざまな形のフィードバックによって更新される。室温のモデルにおいて、周囲の温度が設定温度より低いと示された場合、サーモスタットは発熱体を起動させるためのコントロール指示を出す。温度センサーは、（うまくいけば上昇している）温度に関するフィードバックを提供する。このフィードバックは、サーモスタットの現在の室温のモデルを更新するために使用される。そして、設定温度に達すると、サーモスタットは発熱体を停止させる。同じように、人間のオペレーターも、安全なコントロールアクションを与えるために、正確なプロセスモデルやメンタルモデルが必要である。

　コンポーネントの相互作用による事故は、通常、間違ったプロセスモデルの観点から説明することができる。たとえば、マーズ・ポーラー・ランダーの事故では、ソフトウェアが、宇宙船は着陸したとみなし、下降エンジンを停止させる制御指示を出してしまった。ヘラルド・オブ・フリーエンタープライズ号の事故では、船長が、フェリーの扉は閉まっていると思い込み、係留所を離れるように指示した。コロンビアのカリでのB757の墜落事故においては、パイロットが、「R」はカリ近郊の無線ビーコンを示す記号であると信じていた。

　一般的に事故は、自動化されたコントローラー、あるいは、ヒューマンコントローラーが使用しているプロセスモデルが、プロセスと一致しないときに発生することが多い。特にコンポーネントの相互作用による事故や、複雑なデジタル技術やヒューマンエラーが絡んだ事故では、そのようになる。結果的に次のようなことが起きる。

1. 間違った（incorrect）、または非安全なコントロール指示が与えられる。
2. （安全のために）要求されたコントロールアクションが与えられない。
3. コントロール指示は正しいかもしれないが、間違ったタイミング（早すぎる、または、遅すぎる）で与えられる。
4. コントロールの停止が早すぎる、または適用が長すぎる。

　これら4つのタイプの不適切なコントロールアクションは、第8章で説明する新しいハザード分析手法で用いる。

　コントロール対象のプロセスのモデルは、階層的なコントロールストラクチャーの下位にある物理的なレベルだけでなく、すべてのレベルにおいて必要である。ある石油精製所の管理者が適切な意思決定を行うためには、その精製所の安全設備の現在の保守レベル、労働者の安全教育の状況、そして、どの程度安全要求が守られているか、あるいは効果があるかといったモデルが特に必要であろう。石油の世界的複合企業のCEOであれば、自分がコントロールする複数の精製所の状態についてはそれほど詳細なモデルを持っているわけではない。しかし、安全に影響を与える企業レベルの適切な判断を下すためには、すべての企業資産の安全の状態についてのより広い視野が必要である。

　プロセスモデルは運用時に使われるだけでなく、システム開発の活動においても使われる。設計者は、設計されるシステムのモデルと開発プロセス自体のモデルの両方を使用する。開発者は、安全に必要なシステムやソフトウェアの振る舞い、あるいはシステムを制御する物理的な法則について、間違ったモデルを持っているかもしれない。開発者が開発プロセス自体に関する間違ったモデルを持っている場合もまた、安全性に影響を与える可能性がある。

　後者の例としては、タイタン／セントール衛星の打ち上げシステムが、軌道に投入中のミルスター衛星とともに失われた事故が挙げられる。コンピューターがエンジンへの姿勢変更の指示を判断していたが、そのコンピューターが使用する読み込みテープに誤植があったことが原因であった。読み込みテープの情報は、基本的には、姿勢制御ソフトウェアが使用するプロセスモデルの一部であった。この誤植が開発プロセスの中で発見されなかったのは、テストプロセスに対する開発者のモデルに欠陥（flaws）があったためであった。詳しく言うと、各開発者は、別の誰かが実際の読み込みテープを使ってソフトウェアをテストしていると思い込んでいたが、実際には誰もテストしていなかったのである（付録B参照）。

　まとめると、プロセスモデルは、(1)なぜ事故が起こるのか、なぜ人間が安全上重要なシステムを不適切にコントロールするのかについての理解と、(2)より安全なシステムの設計において、重要な役割を果たすのである。

4.4　STAMP

　STAMP事故因果関係モデルは、安全制約、階層的な安全コントロールストラクチャー、プロセスモデルの3つの基本概念と、基本的なシステム理論の概念に基づいて構築されている。新しい因果関係モデルのためのすべての要素については説明してきた。あとはそれらを組み合わせるだけである。

　STAMPではシステムを、フィードバック・コントロールループにより動的平衡の状態に保たれた、相互に関連した複数のコンポーネントとみなしている。システムは静的なものとしてではなく、その目的を達成するため、そして自分自身や環境の変化に対応するために継続的に適応する（adapting）動的なプロセスとして扱われる。

因果関係に対するシステム理論的な見方　　　　75

　安全とは、システムとそのコンポーネントの振る舞いに対する適切な制約が満たされたときに達成される、システムの創発特性である。安全な運用を確保するために、システムの当初の設計が振る舞いに対して適切な制約を課す必要があるだけではなく、時間が経過してシステム設計に変化や適応が生じた場合でも、システムは安全制約を課し続けなければならないのである。

　事故は、人・社会・組織の構造、エンジニアリング活動、物理的なシステムコンポーネント間の相互作用による欠陥のあるプロセスが、システムの安全制約への違反につながった結果である。STAMP では、事故につながるプロセスについて、システムのパフォーマンスが複雑な目的や価値を満たすために、時間の経過とともに変化することにより、適応的フィードバックが安全を維持することに失敗するという観点から説明している。

　安全管理（safety management）は、コンポーネントの故障の防止という観点で定義されるのではなく、振る舞いの安全制約を課し、時間の経過にともなう変化や適応があってもその効果が持続するような、安全コントロールストラクチャーの構築であると定義されている。効果のある安全（およびリスク）管理では、発生する変化の種類を制限する必要があるかもしれない。しかし、その目的は、安全制約を課しながら、できるだけ多くの柔軟性とパフォーマンスの向上を可能にすることである。

　STAMP を使用すると、違反した安全制約を特定し、それを課すためのコントロールがなぜ不適切だったのかを明らかにすることで、事故を理解することができる。たとえば、ボパールの事故を理解するには、単に保守担当者がスリップブラインド（訳注：安全のための金属シート）を挿入しなかった理由だけでなく、有害化学物質の放出を防止し、そのような事態を緩和するためにシステムに設計されていたコントロール（保守手順や保守プロセスの監督、冷却装置、計器などの監視装置、排出口の排ガス洗浄装置、水噴射装置、フレアタワー、安全監査、警報と警戒訓練、緊急時の手順や装置など）が成功しなかった理由も明らかにする必要がある。

　STAMP は、単純なコンポーネントの故障よりも多くの事故原因を熟慮できるだけでなく、不具合（failures）やコンポーネントの故障による事故についての、より高度な分析を可能にする。コンポーネントの故障は、製造プロセスにおける不適切な制約、つまり、フォールトトレランスの欠落や不適切な実装などの不適切なエンジニアリング設計、個々のコンポーネントの能力（人間の能力を含む）と作業への要求との間の不適合、環境的な外乱（例：電磁障害（EMI））への未対応、不適切な保守、物理的な劣化（摩耗）などに起因する場合がある。

　コンポーネントの故障は、内部や外部の影響に対するコンポーネントの完全性や耐性を高めること、あるいは安全マージンや安全率を組み込むことで防止することができる。また、設計範囲内でコンポーネントを運用するといった運用上のコントロールや、定期的な点検や予防保守によって回避することも可能である。製造時のコントロールは、製造プロセス中に生じた欠陥や欠点を減らすことができる。物理的なコンポーネントの故障がシステムの振る舞いに与える影響は、冗長性を利用することで排除や軽減ができるかもしれない。他の因果関係モデルとの大きな違いは、STAMP では、単にコンポーネントの故障を事故の原因とするのではなく、なぜそれらの（システミックな要因（訳注：2.2.4 項、2.2.5 項を参照）を含む）不具合が発生して事故に至ったのか、つまり、そのような不具合を防止するため、あるいは安全への影響をできる限り減らすために設けられたコントロールが、欠けていたり不適切であったりした理由を明らかにする点である。また、新しい技術の導入やシステムコントロールにおける人間の新たな役割に伴って頻発するようになったコンポーネントの相互作用による事故など、ほかのタイプの事故の原因も STAMP で分析できる。

　STAMP は、事故の因果関係を単純に図式化することには向いていない（図 4.7）。ドミノ（dominoes）、事象連鎖（event chains）、スイスチーズの穴（holes in Swiss cheese）などは把握しやすいので非常

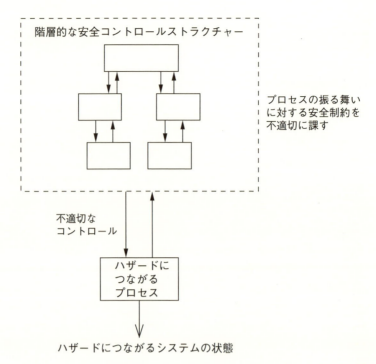

図 4.7 事故は、プロセスの振る舞いに対する安全制約を不適切に課すことにより発生する

に説得力はあるが、因果関係、ひいては事故防止に使われるアプローチを単純化しすぎている。

4.5 事故原因の一般的な分類

STAMPの基本的な定義から始めると、基本的なシステム理論や制御理論を用いて、一般的な事故原因を識別することができる。その結果から得られた分類（classification）は、事故分析や事故防止の活動に役立つ。

STAMPでは、事故は、複雑なプロセスによりシステムの振る舞いが安全制約に違反した結果、発生するとしている。安全制約は、設計、開発、製造、運用の間に整備される、階層的なコントロールストラクチャーのさまざまなレベル間のコントロールループの中で課される。

STAMPの因果関係モデルを用いると、事故が起きた場合には、以下のうち1つ以上が必ず発生していることになる。

1. 安全制約がコントローラーによって課されていなかった。
    a. システムの社会技術的なコントロールストラクチャーの各レベルにおいて、関連する安全制約を課すために必要なコントロールアクションが与えられていなかった。
    b. 必要なコントロールアクションは与えられたが、タイミングが悪かった（早すぎた、遅すぎた）、またはやめるのが早すぎた。
    c. 安全制約に違反する原因となる非安全なコントロールアクション（unsafe control actions）が与えられた。
2. 適切なコントロールアクションは与えられたが、守られなかった。

因果関係に対するシステム理論的な見方

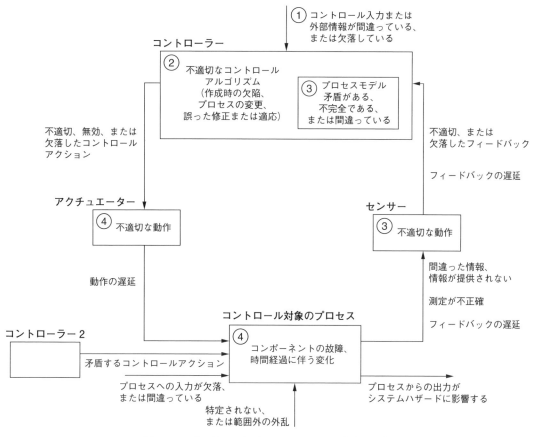

図 4.8　ハザードにつながるコントロールの欠陥の分類

これらの一般的で同じ要因が、社会技術的なコントロールストラクチャーの各レベルに適用されるが、各レベルでの要因の解釈（適用）は違うかもしれない。

　事故因果要因の分類は、コントロールループの基本コンポーネント（図 3.2 参照）をそれぞれ検査し、その適切ではない動作（operation）が、一般的なタイプの不適切なコントロールにどのように影響するかを判断することから始まる。

　図 4.8 に、事故因果要因の分類を示す。事故の因果要因は、(1)コントローラーの動作、(2)アクチュエーター（actuators）やコントロール対象のプロセスの振る舞い、(3)コントローラーや意思決定者間のコミュニケーション（communication）や連携（coordination）の、3 つのカテゴリーに大別される。また、コントロールストラクチャーに人間が含まれている場合、コンテキスト（context）や振る舞いを形成するメカニズム（behavior-shaping mechanisms）も因果関係に重要な役割を果たす。

4.5.1　コントローラーの動作

　コントローラーの動作には、コントロール入力とその他の関連する外部の情報源、コントロールアルゴリズム（control algorithms）、プロセスモデルの、3 つの主要な部分がある。安全制約を課し、安全を確保するために必要なコントロールアクションが、不適切であったり、無効であったり、欠落したりしているのは、これらの主要部分の欠陥に起因している可能性がある。ヒューマンコントローラーやアクチュエーターにとっては、コンテキストもまた重要な要因である。

非安全な入力（図 4.8 ①）

　階層的なコントロールストラクチャーの各コントローラーは、それ自体が、より上位のレベルのコントローラーによってコントロールされる。より上位のレベルから与えられた、安全な振る舞いに必要なコントロールアクションやその他の情報は、欠落していたり間違っていたりすることがある。再度、ブラックホークの味方への誤射の例を挙げると、飛行禁止区域をパトロールする F-15 パイロットは、妨害波に対応した一斉通信（jammed broadcasts）を解釈できないリストに載っている型式の航空機に対しては、妨害波に対応していない（non-jammed）無線モードに切り替えるよう指示されていた。ブラックホーク・ヘリコプターは、新しいアンチジャミング技術（訳注：妨害波を取り除く技術）にアップグレードされていなかったが、このリストからは漏れていた。そのため、F-15 の無線の一斉通信を聞くことができなかった。ほかにも、コントロールではない入力の欠落や間違いが、コントローラーの動作に影響することがある。

非安全なコントロールアルゴリズム（図 4.8 ②）

　ここでのアルゴリズムは、エンジニアがハードウェアのコントローラーのために設計した手順と、ヒューマンコントローラーが使用する手順の両方を意味する。コントロールアルゴリズムは、もともと設計が不適切であったり、プロセスが変化してアルゴリズムが非安全になることにより、安全制約を課さないことがある。あるいは、アルゴリズムが自動化されている場合は保守担当者によって、また人間が実行する場合はさまざまな当然の適応によって、コントロールアルゴリズムが不適切に変更されることにより、安全制約を課さないこともある。人間のコントロールアルゴリズムは、最初の訓練やオペレーター（operators）に提供された遵守すべき手順、そして長い年月にわたるフィードバックと試行の影響を受ける（図 2.9 参照）。

　時間の遅延は、コントロールアルゴリズムを設計する上で重要な考慮事項である。どのようなコントロールループにも、プロセスパラメーターの測定からその測定値を受け取るまでの時間や、指示を出してから実際にプロセス状態が変化するまでの時間といったタイムラグがある。たとえば、TCAS[5] やそれ以外の航空機システムの制御機能を設計する際には、パイロットの応答遅れという重要なタイムラグを考慮する必要がある。また、航空機の性能制限によって生じる、コントロール対象のプロセス（例：航空機の軌道）におけるタイムラグも考慮する必要がある。

　遅延は直接観測できない場合には、推測する必要があるかもしれない。フィードバックループのどこで遅延が発生するかによって、遅延に対処するためのさまざまなコントロールアルゴリズムが必要になる[25]。つまり、デッドタイム（dead time、訳注：応答や反応がない不感時間）と時定数（time constants、訳注：平衡状態に達する時間の目安）には、いつアクションが必要になるかを事前に予測できるアルゴリズムが必要ということである。フィードバックの遅延によって、先行するコントロールアクションがいつ効果を発揮し、リソースが再び利用可能になるかを予測するための要求が必要となる。このような要求は、遅延に対処するためのある種のオープンループやフィードフォワード戦略を必要とするかもしれない。コントロールアルゴリズムにおいて時間の遅延が十分に考慮されていなければ、事故が発生する可能性がある。

　ルプラ（Leplat）は、多くの事故が**非同期的な進化**に関連していることを指摘した[112]。非同期的な進化とは、システム（このケースでは階層的な安全コントロールストラクチャー）のある箇所に対す

5　TCAS（Traffic alert and Collision Avoidance System：空中衝突防止装置）とは、航空機同士の衝突を防止するための航空用のシステムである。TCAS の詳細については、第 10 章に記載している。

因果関係に対するシステム理論的な見方　　79

る変更（changes）を、その変更に関連した別の箇所に必要な変更をしないで、行うことである。サブシステムへの変更は慎重に設計されるかもしれないが、その変更がシステムの別の箇所に与える影響に関して、安全コントロールの側面を含む考慮がおろそかにされたり、不適切であったりすることがある。また、適切に設計されたシステムの一部が劣化した場合にも、非同期的な進化が起こる可能性がある。

　これらのケースはいずれも、変更あるいは劣化したサブシステムの振る舞いについて、ユーザーやシステムコンポーネントが誤った予想を立てることにより、事故につながる可能性がある。アリアン 5（Ariane5）の軌道は、アリアン 4（Ariane4）の軌道から変わったが、慣性基準（inertial reference）システムソフトウェアは変更されなかった。その結果、慣性基準ソフトウェアが持つ想定が成立しなくなり、発射直後に宇宙船は失われた。1998 年の科学衛星 SOHO（SOlar Heliospheric Observatory：太陽・太陽圏観測機）との連絡の喪失は、ジャイロ（訳注：物体の向きや角速度を検出する計測器）のスピンダウンを行う手順で機能の変更があったことを、オペレーターに伝え損なったことが要因の 1 つであった。ブラックホークに対する味方への誤射による事故（第 5 章で分析）では、非同期的な進化の例がいくつも見られた。たとえば、ミッションが変更となり、空軍と陸軍との間のコミュニケーションの要となる人物が離任したが、安全コントロールストラクチャーは重要なコンポーネントがないまま放置された。

　ここではコミュニケーションが重要な要素であり、また、起き得る変化を監視し、その情報をより上位のレベルのコントロールにフィードバックすることも重要である。たとえば、制約を作成する安全分析プロセスには、必ずそのプロセスを運用する環境に関する基本的な想定がある。アリアン 5 やSOHO のように、環境が変化してその想定が成り立たなくなると、実施されているコントロールが不適切なものになる可能性がある。ほかの例として、埋め込み型ペースメーカーがある。この機器は当初、成人のみが使用するものと想定されており、ペースメーカーが「プログラム」されている間、その患者は医師の診察室で静かに横になっていることを想定していた。その後、これらの機器は子どもにも使用されるようになったため、ハザード分析とコントロール設計を行った際の想定はもはや通用せず、見直しが必要になった。コントロールアルゴリズムを効果的に更新するためには、当初の（そしてその後の）分析の想定が記録され、入手可能であることが必要である。

矛盾、不完全、間違ったプロセスモデル（図 4.8 ③）

　4.3 節で、効果的なコントロールはプロセスの状態のモデルに基づいていると述べた。事故、特にコンポーネントの相互作用による事故は、ほとんどの場合、コントローラー（人間および自動化されたものの両方）が使用するプロセスモデルと、実際のプロセスの状態との間の矛盾（inconsistencies）に起因している。コントローラーのプロセスモデル（人間のメンタルモデル、あるいはソフトウェアやハードウェアのモデル）がプロセスの状態と乖離している場合、（誤ったモデルに基づく）間違ったコントロール指示が事故につながることがある。たとえば、(1)ソフトウェアが、飛行機が地上にいることを知らずに着陸装置を上げてしまう、(2)コントローラー（自動化または人間）が、ある対象を味方と認識せずにミサイルを発射してしまう、(3)パイロットは航空機の制御が SPEED モード（訳注：対気速度が自動的に制御されるモード）だと思っていたが、コンピューターが OPEN DESCENT モード（訳注：設定した高度まで下降するモード）に変更しており、パイロットがそのモードに対して不適切な動作をしてしまう、(4)コンピューターが、航空機は着陸しているとみなし、パイロットによるブレーキシステムの操作を無効にしてしまう、などである。いずれも実際に発生した事例である。

　システム開発者のメンタルモデルもまた、重要である。たとえば、ソフトウェア開発では、要求され

る振る舞いに対するプログラマーのモデルとエンジニアのモデルが一致しない（一般的にソフトウェア要求のエラーと呼ばれる）こともあれば、運用中にソフトウェアが、プログラマーが想定しテストで使われたものとは異なるコンピューターハードウェア上で実行されたり、異なる物理的なシステムを制御したりするかもしれない。また、複数のコントローラー（人間と自動化の両方）がある場合、それぞれのプロセスモデルの整合性（consistent）を保つ必要もあるため、状況はさらに複雑になる。

　矛盾の最も一般的な形は、1つ以上のプロセスモデルが、すべてのあり得るプロセス状態やすべてのあり得る外乱に対して、適切な振る舞いを定義していないという点で不完全な場合に発生する。外乱には、処理されていない、または誤って処理されたコンポーネントの故障が含まれる。もちろん、絶対に完全なモデルなどは存在しない。目的は、使用時に安全制約に違反しないために十分なだけ、完全なものにすることである。この意味での完全性基準（completeness criteria）は『セーフウェア』[115]で提示されており、完全性分析は第9章で説明しているとおり、新しいハザード分析手法に統合されている。

　プロセスモデルはどのようにして、実際のプロセスの状態と矛盾してしまうのだろうか。システムに設計された（またはコントローラーが人間の場合は訓練によって与えられた）プロセスモデルが最初から間違っている、コントロール対象のプロセスの状態が変化しているのにプロセスモデルを更新するためのフィードバックが欠落したか間違っている、プロセスモデルが間違って更新される（コントローラーのアルゴリズムのエラー）、タイムラグが考慮されていない、という可能性がある。その結果、コントロールされない外乱、処理されないプロセス状態、システムをハザード状態にする軽率な指示、コントロール対象のプロセスのコンポーネントの故障を処理しないか間違って処理する、といったことが発生し得る。

　フィードバックは、コントローラーが安全な動作をする上で、非常に重要なものである。システム理論の基本原則は、どのようなコントロールシステムもその測定チャネルを超えた働きはしないということである。フィードバックが欠落していたり、不適切であったりするのは、そのようなフィードバックがシステム設計に含まれていない、監視やフィードバックのコミュニケーション・チャネルに欠陥がある、フィードバックがタイムリーではない、測定器具が不適切な動作をしている、などの理由が考えられる。

　たとえば、カリのB757の事故報告では、航空機の後方にあるウェイポイント（waypoints）[6]がコックピットのディスプレイに表示されなかったので、探していたウェイポイントが後方にあることに乗務員が気づかなかったことが影響したとされている（フィードバックの欠落）。アリアン501（訳注：アリアン5の最初のロケットの通称）では、慣性基準システムから送信されたエラーメッセージを姿勢制御システムがデータとして解釈したために（フィードバックの不正処理）、姿勢制御ソフトウェアが使用する姿勢モデルが発射装置の姿勢と一致しなくなり、その結果、宇宙船の搭載コンピューターが、ブースターとメインエンジンのノズルに間違った非安全な指示を出すことになった。

　プロセスモデルがシステムの本当の状態から乖離するのは、別のもっと微細な理由である可能性もある。プロセスの状態に関する情報は、計測値から推測する必要がある。たとえば、航空機の衝突防止システム TCAS II では、メッセージの往復伝播時間から他機の相対的な距離位置を算出する。理論上の制御機能（制御法則）は、制御される変数やコンポーネントの状態（例：航空機の本当の位置）についての本当の値を用いる。しかし、コントローラーは常に測定値しか持っておらず、タイムラグや不正確さがある。コントローラーは、これらの測定値を用いてプロセスの本当の状態を推測し、必要であれ

6　ウェイポイントとは、物理的な空間のある地点を識別するための座標の組である。

因果関係に対するシステム理論的な見方 81

ば、要求されているプロセス状態を維持するための是正措置を導き出さなければならない。TCASの例では、センサーには、高度測定値（必ずしも本当の高度ではない）を提供する高度計のような搭載装置と、他の航空機とコミュニケーションするためのアンテナが含まれる。TCASの主要なアクチュエーターはパイロットであるが、パイロットはシステムのアドバイザリー（advisories）に応じることもあれば、応じないこともある。測定した値あるいは想定した値と、本当の値との対応付けには欠陥がある可能性がある。

　まとめると、プロセスモデルが最初から間違っていることもあれば、間違った、または欠落したフィードバックや測定精度の不正確さにより、間違ったものになることもある。ここでいう間違いがない（correct）とは、現在のプロセス状態や他のコントローラーが使用しているモデルと矛盾していない（consistency）という意味で定義している。プロセスモデルは、プロセスループのタイムラグにより、短期間だけ間違った状態になる可能性もある。

第4章

4.5.2　アクチュエーターとコントロール対象のプロセス（図4.8④）

　ここまで考察してきた要因は、不適切なコントロールに伴うものであった。そのほかに、コントロール指示が安全制約を維持しているにもかかわらず、コントロール対象のプロセスがその指示を実行しない場合がある。その1つ目の理由は、参照チャネル、つまりコントロール指示の伝達の欠陥や障害である。2つ目の理由は、アクチュエーターやコントロール対象のコンポーネントの過失や故障である。3つ目の理由は、コントロール対象のプロセスの安全が、与えられたコントロールアクションの実行のために、電力などの他のシステムコンポーネントからの入力に依存している場合である。これらのプロセスへの入力が何らかの形で欠落したり不適切であったりする場合、コントローラーのプロセスはコントロール指示を実行することができず、事故が発生するかもしれない。最後の理由としては、コントローラーでは処理できない外乱の発生があり得る。

　階層的なコントロールストラクチャーでは、アクチュエーターやコントロール対象のプロセス自体が、より下位のレベルのプロセスのコントローラーであるかもしれない。この場合、コントロールを実行する際の欠陥は、先に述べたコントローラーの場合と同じである。

　繰り返しになるが、この種の欠陥は、単に運用や技術システムだけではなく、システム設計や開発にも当てはまる。たとえば、システム開発でよくある欠陥としては、システム安全エンジニアが収集・作成した安全情報（ハザードとそれをコントロールするために必要な設計制約）が、システム設計者やテスト担当者に適切に伝わらない、またはシステム開発プロセスにおいてこれらの情報を使用する際に欠陥がある可能性がある。

4.5.3　コントローラーと意思決定者間の連携とコミュニケーション

　複数のコントローラー（人間や自動化）がある場合、コントロールアクションの連携が不適切になり、意思決定やアクションが予期せぬ副作用を発生させたり、コントロールアクションが対立したりする（conflicting）場合がある。ここではコミュニケーションの欠陥が、重要な役割を果たす。

　ルプラは、事故は、**重複エリア**（overlap areas）あるいは**境界エリア**（boundary areas）、言い換えれば、2つ以上のコントローラー（人間または自動化）が同じプロセスをコントロールする場合、あるいは同じ境界をもつプロセスをコントロールする場合に最も起こりやすいことを示唆している（図4.9）[112]。境界エリアと重複エリアの両方において、独立した判断の間に曖昧さと対立が存在する可能性がある。

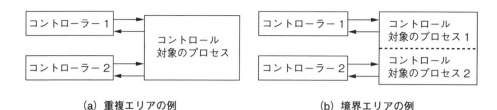

(a) 重複エリアの例　　　　　　　　　　(b) 境界エリアの例

図 4.9 問題は、同じプロセスに対するコントロールが共有される場合や、別々にコントロールされるプロセス間の境界エリアで発生することが多い

　境界エリアにおけるコントロール機能に関する責任分担は、しばしば不十分である。たとえばルプラは、鉄鋼プラントにおいて高炉部門と輸送部門の境界で事故が頻発した例を挙げている。高炉の状態を輸送作業者に知らせるシグナルが機能していなかったのだが、それぞれの部門は相手が直すのを待っていたために修理されないという対立した事態が発生していた。ファベルジェ（Faverge）は、このような機能不全の原因は、それぞれの部門の作業者と、共通する 1 人の管理者との間の距離を隔てている管理階層レベルの数に関係があると指摘している。距離が離れれば離れるほどコミュニケーションは難しくなり、その結果、不確実性やリスクも大きくなる。

　境界エリアのコントロールにおける連携の問題は、多発している。先に述べたように、タイタン／セントールの打ち上げロケットでは、姿勢制御が不適切であったために、ミルスター衛星が失われた。このときは、ソフトウェアの読み込みテープの誤った入力により、間違ったプロセスモデルが使用されていた。事故後、実際の読み込みテープを使ったソフトウェアのテストを、誰も行っていないことが判明した。テストや保証に携わる各グループは、別のグループがテストしていると思い込んでいたのである。システム開発プロセスにおいて、システム工学とミッション保証の活動が欠落していたり、効果がなかったり、共通のコントロールや管理機能が個別の開発グループや保証グループからかなり離れていたりした（付録 B 参照）。イラク北部での味方への誤射によるブラックホーク・ヘリコプターの損失における要因の 1 つは、ヘリコプターが通常は飛行禁止区域の境界エリアの中だけを飛行しており、そのエリアでの航空機（訳注：ヘリコプターを含む）の取り扱い手順が不明確だったことである。もう 1 つの要因は、ブラックホークの飛行は陸軍基地がコントロールし、それ以外の空域のコンポーネントは空軍基地がコントロールしていたことである。ここでもまた、コントロールの共通した箇所は、コントロールストラクチャーの中の事故が起きた箇所よりもはるか上にあった。その上、陸軍基地と空軍基地の間を仲介するコントロールレベルにおいても、コミュニケーションの問題が存在していた。

　重複エリアは、ある機能が 2 つのコントローラーの協力によって成し遂げられる場合や、2 つのコントローラーが同じ対象に対して影響を及ぼす場合に存在する。このような重複は、コントロールアクションが対立する可能性（コントロールアクション間の相互作用の機能不全）を生じさせる。ルプラは、鉄鋼産業の研究に言及しているが、その研究の中で、共同活動エリアは全活動エリアのわずかな割合にすぎないにもかかわらず、その共同活動エリアにおいて、物的損害を伴う技術的なインシデントの 67 パーセントが起きていたことを明らかにした。インドのバンガロール（Bangalore）で起きた A320 の事故では、機長がアプローチ（訳注：着陸のために空港に進入すること）中にフライトディレクター（訳注：機体姿勢を、姿勢指示器に重ねて表示する飛行計器）の電源を切った際に、副操縦士も同じことをすると思っていた。そのようにしていれば、アプローチの段階で推奨される手順である、オートスロットルによって対気速度が自動的に制御されるモード構成（SPEED モード）になっていたはずであった。しかし、副操縦士はフライトディレクターをオフにしなかったため、低高度が選択されたときに、SPEED モードの代わりに OPEN DESCENT モードが有効化され、結局、滑走路の手前で航空機が墜

落する一因となった[181]。味方への誤射によるブラックホークの撃墜では、空域監視将校（Aircraft Surveillance Officer：ASO）は自分が36度線以南の航空機の識別と追跡のみに責任があると思っていたが、36度線以北のエリアの航空管制官は、ASOが自分のエリア（訳注：36度線以北のエリア）の航空機も追跡・識別していると思っており、それに従って行動していた。

2002年、ドイツ南部上空で2機の航空機が衝突する事故が発生した。この事故の重大な要因は、航空機のTCAS（衝突防止）システムと地上の航空管制官との連携がうまくいかなかったことであった。衝突を回避するためのアドバイザリーがそれぞれ異なり、対立していたのである。パイロットが両方ともどちらか一方に従っていれば、損失は避けられたはずだが、1人はTCASのアドバイザリーに、もう1人は地上の航空管制官のアドバイザリーに従ったのである。

4.5.4 コンテキストと環境

人間の欠陥のある意思決定は、先に述べたように、間違った情報や不正確なプロセスモデルから生じる可能性がある。しかし、人間の振る舞いは、その人間が働いているコンテキストや環境にも大きく影響される。これらの要因は、「振る舞いを形成するメカニズム」と呼ばれている。意思決定に影響を与える価値システムやその他の影響するものは、コントローラーの入力とみなすことができるが、そのように表現すると、それらの役割や根源が単純化されすぎてしまう。コンテキストと振る舞いを形成するメカニズムの種別についてはここでは述べないが、関連する原則と経験則は次章以降で明らかにする。

4.6 新しいモデルの適用

まとめると、STAMPは安全管理における制約の役割に、特に焦点を当てている。事故は、システム開発およびシステム運用のコントロールストラクチャーの各レベルにおいて、安全に関わる振る舞いに対する不適切なコントロールや制約の強制に起因するとしている。事故は、実行されたコントロールが、なぜ不適応な変化（maladaptive changes）を防止または検出できなかったかという観点から理解することができる。

STAMPに基づく事故因果関係分析は、違反した安全制約の識別から始めて、安全制約を課すために設計されたコントロールがなぜ不適切であったのか、あるいは適切であったとすれば、なぜシステムは安全制約を課すことを適切にコントロールできなかったのかを明らかにする。

安全に対するこの概念の中には、「根本原因（root cause）」は存在しない。その代わり、事故の「原因（cause）」は、ある状況下における振る舞いの安全制約の違反につながる、不適切な安全コントロールストラクチャーで成り立っている。将来の事故を防止するには、安全コントロールストラクチャーをより効果的なものにリエンジニアリングする、あるいは設計する必要がある。

安全コントロールストラクチャーとその中にある個々の構成要素の振る舞いは、他の物理的または社会的システムと同様に、時間とともに変化する。そのため、事故は動的なプロセスとして捉えなければならない。損失の近接事象（proximal loss events、訳注：損失に直接つながる事象）の時点だけに注目すると、将来の同じ原因による損失の再発を防止するために必要となる、より大きな事故の発生プロセスの最も重要な側面が歪められ、視野から外れてしまう。そのような視野を持たなければ、欠陥のあるプロセスや不適切な安全コントロールストラクチャーの結果である症状（symptoms）の原因を突き止めることはできない。その症状しか見ずに、それしか修正しないということになる。

事故の動的側面を理解するために、損失につながるプロセスを、「システムが複合的な目的や価値を満たそうとするために、安全コントロールシステムのパフォーマンスを、時間の経過とともに下げてし

まう適応的フィードバック機能」と捉えることができる。「適応」は事故を理解する上で重要であり、モデルに本来備わっている適応的フィードバックメカニズムによって、STAMPの分析に基本的なシステム特性として適応を取り入れることができる。

　私たちはこのモデルを使った実践の中で、実際のデータとそのデータの解釈を切り離せることを発見した。つまり、事故に関わる事象や物理的なデータが明確だとしても、その重要性や要因が存在した理由についての説明は、しばしば主観的なものになる。同様に、考察すべき事象の選択も主観的である。

　STAMPモデルはまた、ほとんどの事故報告書や他のモデルよりも完全なものである。事例としては、[9, 89, 140]を参照されたい。たとえば、第2章で記述したカリのアメリカン航空の事故においてFMSに誤って「R」を入力した理由はいずれも、その事故のSTAMP分析におけるコントロールストラクチャーの適切な階層レベル上に現れている。STAMPの使用は、要因を識別するだけでなく、要因間の関係を理解する上でも有用である。

　STAMPモデルは、特定の人やグループに事故の責任を負わせることはしないため、おそらく訴訟に役立つことはない。しかし、社会技術システムの各部分が損失にどのように影響したかを調査することにより、事故を理解する上でより大きな助けとなる（通常、各階層レベルが影響している）。このような理解は、技術的、管理的、組織的、規制的な側面を含め、より安全なシステムをエンジニアリングする方法を学ぶために役立つはずである。

　この目的を達成するために、基礎となる基本的な概念的事故モデル（図4.8参照）から、事故につながる要因を分類する枠組みを導出した。この分類は、特定の事故に関与する要因を識別し、損失につながるプロセスにおけるそれら要因の役割を理解する上で利用することができる。ブラックホーク撃墜後の事故調査（次章で詳細に分析）では、この事故に関与した130ものさまざまな要因が識別された。結局、軍法会議にかけられたのはAWACSの上級指揮官だけで、彼は無罪になった。事故の発生プロセスについて知れば知るほど、責任を負わせるべき1人の人間やシステムの一部分を見つけることは難しくなるが、将来の同様の出来事を防止するための効果的な方法を見つけることは容易になっていく。

　STAMPは、発生した事故の分析だけでなく、事故を防止するための新しい、より効果があり得るシステム工学方法論の開発にも役立つ。ハザード分析は、事故が発生する前の事故の調査と考えることができる。フォールトツリー解析（fault tree analysis）やさまざまな種類の故障分析手法などの従来のハザード分析手法は、非常に複雑なシステム、ソフトウェアエラー、ヒューマンエラー、およびシステム設計エラーに対してはうまく機能しない。また、それらの手法には通常、組織や管理者の欠陥は含まれていない。問題は、これらのハザード分析手法が、事故における故障事象とコンポーネントの故障の役割に焦点を当てているために、限界があるということである。つまり、コンポーネントの相互作用による事故、高度技術システムにおいてソフトウェアと人間が担っている複雑な役割、事故における組織的要因、事故の発生理由を理解するために必要な事象とアクションの間の間接的な関係などは考慮されていないのである。

　STAMPは、このような新しいハザード分析と予防の手法を生み出すための方向性を示している。システムの事故モデルではすべてが制約から始まるため、この新しいアプローチでは、安全を維持するために必要な制約の識別、事故につながるコントロールストラクチャーの欠陥（安全制約の不適切な適用）の識別、そして制約を課すコントロールストラクチャー、物理的なシステム、運用条件の設計に焦点を当てる。

　このようなハザード分析手法は、典型的な故障ベースの設計を補強し、コンポーネントの故障に対処するために単に冗長性や過剰設計を追加するよりも、より幅広いリスクを削減する対策を促進する。ま

た、この新しい手法は、設計が完了し非安全であることがわかるまで待つのではなく、安全分析が設計の生成を導くように、**安全主導設計**（safety-guided design）を実現する方法を提供する。第3部では、STAMP に基づく手法を使用して、運用条件や安全管理コントロールストラクチャーの設計を含むシステム設計を通して、事故を防止する方法について説明する。

　STAMP は、パフォーマンス分析の改善にも活用できる。複雑なシステムのパフォーマンスを監視することは、いくつかのジレンマを生み出す。コンピューターによって大量のデータを収集することはできるが、そのデータを分析して、システムが安全な振る舞いの限界へ向かっているかどうかを判断することは簡単ではない。システム理論と安全制約の基本概念に基づいた事故モデルを使用することで、以下に示す取り組みへの方向性が見えてくるであろう。

- 適切な安全評価指標（safety metrics）と先行指標（leading indicators）の特定
- 安全制約に対するコントロールが適切かどうかの判断
- ハザード分析の基礎となる技術的な故障、潜在的な設計エラー、組織構造、人間の行動に関する想定の評価
- 設計と組織文化の基礎となる運用、および、環境の想定における誤りの検出
- 事故のリスクを許容できないレベルまで高めてしまう、時間の経過に伴う不適応な変化の識別

　最後に、STAMP はリスク評価（risk assessment）に対して、まったく異なるアプローチの方法を示す。現在、リスク評価は、故障事象の確率論的解析に深く根ざしている。現在の PRA（Probabilistic Risk Assessment：確率論的リスク評価）手法をソフトウェアやその他の新技術、管理、認知的に複雑な人間のコントロール活動に拡張しようとする試みは、期待外れであった。このまま先に進んでも行き詰まるかもしれない。複雑なシステムのリスク評価を大きく進歩させるには、まったく異なる理論的基礎から始まる革新的なアプローチが必要である。

第5章 味方への誤射による事故

　STAMPの目的は、事故が起きる理由の理解を助け、理解したことを活用して、新たに損失防止のためのより良い方法を生み出すことにある。本章および付録B、Cでは、事故因果関係を分析し理解するためのSTAMPの利用方法に関する事例を示す。これらの詳細な事例は、さまざまなタイプのシステムや産業において、STAMPが適用可能であることを示すために選んだ。分析を支援するために、第11章では、CAST（Causal Analysis based on STAMP：STAMPに基づく因果関係分析）と呼ばれるプロセスを説明する。

　本章では、1994年に、イラク北部上空の米空軍F-15が味方を誤射したことにより、米陸軍のブラックホーク・ヘリコプター（Black Hawk helicopter）とその乗員全員を失った因果関係を掘り下げる。この事例を選んだ理由は、STAMP分析の大部分を作成するのに必要な情報が、この撃墜に関する議論、さまざまな見解や書籍から与えられているからである。事故報告書では、因果関係の重要な情報を省いてしまうことがよくある（この事例における公式の事故報告書も同様である）。事故の本質上、大抵は運用（operation）に焦点が当てられる。付録Bは、エンジニアリング開発が重要な影響を及ぼした事故の事例である。付録Cの事故分析は、公衆衛生に関わる社会問題に焦点を当てている。

5.1 背景

　湾岸戦争後、イラク北部の丘陵地帯に逃げ込んだ数十万人のクルド人難民を苦難から解放するため、多国籍の人道支援活動として「プロバイド・コンフォート作戦（Operation Provide Comfort：OPC）」が創設された。軍の活動の目的は、難民が再び定住するための安全な場所を提供することと、難民を支援する救援者の安全を確保することであった。OPCの正式な任務文書には、「イラク北部の平和と秩序

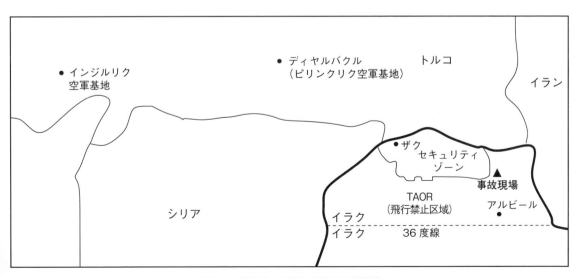

図 5.1　飛行禁止区域と周辺の位置関係

AAI	空対空インテロゲーション（Air-to-Air Interrogation、IFF と一緒に使用する）
ACE	空挺指令員（Airborne Command Element、AWACS における司令官の代理）
ACO	空域管制命令書（Airspace Control Order、OPC におけるすべての部隊の航空作戦に対する指針）
AFB	空軍基地（Air Force Base）
AI	空中迎撃（Airborne Intercept、戦闘機のレーダーの一種）
ARF	航空機クルー用ファイル（Aircrew Read Files、ROE を含む ACO を補完したもの）
ASO	空域監視将校（Air Surveillance Officer、AWACS における職位の1つ）
ATO	航空職務命令書（Air Tasking Order、当日の特定職務の指針）
AWACS	空中警戒管制システム（Airborne Warning and Control System、空中における軍の航空管制システム）
BH	ブラックホーク（Black Hawk）
BSD	戦闘参謀指令（Battle Staff Directives、ATO に反映されていない直近のスケジュール変更）
CTF	合同任務部隊（Combined Task Force）
CFAC	連合軍空軍部隊（Combined Forces Air Component、TAOR における OPC のすべての航空機作戦の戦術的コントロールおよび空軍航空機の作戦コントロール）
DO	作戦指揮官（Director of Operations）
GAO	米国政府説明責任局（U.S. Government Accountability Office）
HQ-II	HAVE QUICK（frequency hopping：周波数ホッピング）無線
HUD	ヘッドアップディスプレー（Heads Up Display）
IFF	敵味方識別装置（Identification Friend or Foe）
JOIC	統合作戦諜報センター（Joint Operations and Intelligence Center）
JSOC	統合特殊作戦部隊（Joint Special Operations Component、イラク国内での捜索救助作戦）
JTIDS	統合戦術情報伝達システム（Joint Tactical Information Distribution System、空域占有者の画像を地上に提供する）
MCC	軍事連携センター（Military Coordination Center、ブラックホーク・ヘリコプターの作戦統制）
MD	任務指揮官（Mission Director、任務を地上から指揮する）
Min Comm	必要最小限の通信（Minimal Communications）
NCA	国家指揮権限（National Command Authority、大統領と国防長官）
NFZ	飛行禁止区域（No-Fly Zone）
OPC	プロバイド・コンフォート作戦（Operation Provide Comfort、クルド人難民を守るための多国籍の活動）
ROE	交戦規定（Rules of Engagement、米軍により許可された行動を統制する規定）
SD	上級指揮官（Senior Director、AWACS における職位の1つ）
SITREP	状況報告（Situation Report）
SPINS	任務に関する特別な命令（Mission-related Special Instructions）
TACSAT	戦術用衛星無線（Tactical Satellite Radios、陸軍ヘリコプターのパイロットが MCC と通信するために使用する）
TAOR	戦術的責任領域（Tactical Area of Responsibility、飛行禁止区域（No-Fly Zone）の別名）
USCINCEUR	米国欧州軍司令官（U.S. Commander in Chief, Europe）
VID	目視による識別（Visual Identification）
WD	兵器指揮官（Weapons Director、AWACS における職位の1つ）

図 5.2　本章で使用する頭字語

味方への誤射による事故

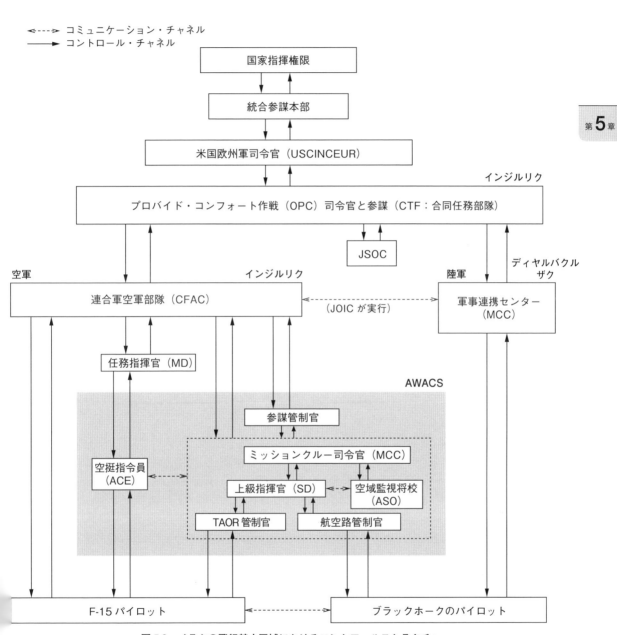

図 5.3　イラクの飛行禁止区域におけるコントロールストラクチャー

を乱すようなイラクの振る舞いを抑止すること」と書かれていた。

OPC の主要な任務は、地上での作戦（operations）に加え、イラク北部の空域を占拠することであった。この任務を達成するため、36 度線以北のイラク国内の全空域を含む飛行禁止区域（no-fly zone、戦術的責任領域（Tactical Area of Responsibility：TAOR）とも呼ばれる）が設定された（図5.1 参照）。航空作戦は、イラク航空機の飛行禁止区域への侵入を妨げるために、空軍が主導していた。一方、地上作戦は、同地区のクルド人などに対する人道的支援を行うために、陸軍により編成されていた。

米国、トルコ、英国、フランスの戦闘機と支援機は、イラク戦闘機による救援活動への脅威を防ぐため、飛行禁止区域を毎日巡回した。陸軍ヘリコプターの任務は地上活動を支援することであり、陸軍は主に部隊の移動、補給、医療搬送のためにヘリコプターを使用していた。

1994 年 4 月 15 日、TAOR 上空で 3 年近く日々活動してきた米空軍の 2 機の F-15 が、巡回中に、米陸軍のブラックホーク・ヘリコプター 2 機をイラクのハインド・ヘリコプターと間違えて、撃墜してしまった。ブラックホークには、米国人 15 人と英国、フランス、トルコの軍人、クルド人など 11 人の計 26 人が搭乗していた。これは、全員が死亡した事故であり、米軍機が関与した空対空の味方への誤射による軍事史上最悪の事故の 1 つである。

関与したすべての航空機は、晴天で良好な視界の中を飛行しており、AWACS（Airborne Warning and Control System：空中警戒管制システム）航空機がその地域の航空機を監視（surveillance）・管制（control）しており、すべての航空機には電子識別・通信機器（明らかに正常に機能していた）が装備され、勲章を授与された経験豊富なパイロットが操縦していた。

コントロールの対象としているハザードは、「味方」（連合軍）の航空機を脅威（threat）と間違えること、そして、それを撃ち落としてしまうことであった。このハザードは非公式には味方への誤射（friendly fire）と呼ばれ、よく知られており、これを防止するためのコントロールストラクチャーが確立されていた。統合参謀本部（Joint Chiefs of Staff）から航空機そのものに至るまで、各レベルで適切な制約が規定され、課されていた。なぜこのような事故が起こったのかを理解するためには、なぜそのコントロールストラクチャーが損失を防止するのに無効だったのかを理解する必要がある。また、今後同じようなコントロールの欠陥による事故が発生しないようにするには、コントロールが無効になりシステムが事故の方向に向かっていること、つまりリスクの高い状態に移行している（migrating）ことを検知するためのモニタリングやフィードバックループを確立するなど、コントロールストラクチャーを適切に変更する必要がある。識別されるモデルや要因が広範囲であればあるほど、防止できる事故の種類は多くなる。

STAMP のこの事例では、事故とコントロールストラクチャーについての情報は、事故報告書の原本[5]、事故調査のプロセスと結果に関する GAO（Government Accountability Office：政府説明責任局）報告書[200]、撃墜に関する 2 冊の書籍（スコット・スヌーク（Scott Snook）の博士論文[191]を元にした書籍、犠牲者の 1 人の母親であるジョアン・パイパー（Joan Piper）による書籍[159]）から得られたものである。すでに広範囲に及ぶ分析が行われているので、これらの資料からコントロールストラクチャー（図5.3 に示す）の大部分を再構築することができる。本章では多くの頭字語が使われているので、図5.2 で定義する。

5.2 味方への誤射による事故を防止する階層的な安全コントロールストラクチャー

国家指揮権限（National Command Authority）と欧州軍司令官（Commander-in-Chief Europe）

「プロバイド・コンフォート作戦」指揮の命令が国家指揮権限（大統領と国防長官）から軍に下され、

米国欧州軍司令官（USCINCEUR）がプロバイド・コンフォート作戦のための合同任務部隊（Combined Task Force：CTF）の創設を指示した。

一連の命令と計画により、CTFの全体的な指揮統制体系（command and control structure）が確立された。また、これらの命令と計画では、下位の構成部隊（component commands）や作戦部隊（operational units）に十分な権限と指針（guidance）を与えることにより、全体的な任務命令と下位部隊の具体的な作戦との間のギャップを埋めるために必要となる手順を、現地で開発できるようにした。

コントロールストラクチャーの最上位では、国家指揮権限（統合参謀本部を通じて活動する大統領と国防長官）が交戦規定（Rules of Engagement：ROE）を定めるための指針を提示していた。ROEは、攻撃や敵対的な侵入から自らを守り、他の要員や財産を保護するために米軍に許される行動を規定しており、連合軍機が武器の発射前に従うべき厳格な一連の手順を定めたものである。これは、法的、政治的、軍事的な考慮事項に基づいたものである。軍事活動が現在の国家基本方針に一致していることと戦闘活動が適切に統制（control）されていることを確実なものとするために、十分に自衛できるような規定を意図している。司令官たちは、統合参謀本部の指針に沿って、自分の責任地域のROEを定め、特有の作戦や状況の変化に応じて修正する。

ROEは敵機や軍事的脅威の扱い方を規定しているため、味方への誤射による事故において重大な影響を与えた。OPCに適用されたROEは、米国欧州軍（United States European Command）の平時のROEに対して、OPCが国家指揮権限で承認された修正を加えたものであった。この保守的なROEにおいては、連合軍機は、武器を発射する前に厳格な一連の手順に従うことが要求されていた。この地域が戦闘区域に指定されていたにもかかわらず、あまり攻撃的ではない平時の交戦規定が使われたのは、統合作戦（joint task force、訳注：合同任務部隊（CTF））に参加している国の数が多かったからである。ROEの目的は、湾岸戦争（Operation Desert Storm）で頻発した味方への誤射による事故を防ぐために、軍事的な対立を抑制することであった。ブラックホーク・ヘリコプターが撃墜された理由を理解するには、なぜROEが、味方への誤射による事故を防止するために、効果的なコントロールを与えることができなかったのかを理解する必要がある。

この事故に関連するシステムレベルの3つの安全制約：

1. 国家指揮権限（NCA）と米国欧州軍司令官（UNCINCEUR）は、味方への誤射による事故を防止する能力を備えた指揮統制体系を確立しなければならない。

2. 統合参謀本部が（個別の作戦状況に合わせて調整しながら）作成したROEの指針は、あらゆる状況において味方への誤射による事故を防止できなければならない。

3. 欧州軍司令官（European Commander-in-Chief）は、合同任務部隊（CTF）が作成した作戦計画をレビュー、モニタリングし、任務の変更に応じて更新されることを確実なものとし、計画実行に必要な要員を提供しなければならない。

コントロール：実施されていたコントロールには、ROEの指針、作戦命令、およびその配下のコントロールレベルにおいて生ずるコントロール（実際のROEや作戦計画など）のレビュー手順などが含まれる。

合同任務部隊（CTF）

今回の事故（および味方への誤射の防止）に関連する合同任務部隊（CTF）組織を構成する部隊（components）は、CTFの参謀（staff）、連合軍空軍部隊（Combined Forces Air Component：

CFAC)、および陸軍の軍事連携センター（Military Coordination Center：MCC）であった。空軍の戦闘機は、トルコのインジルリク空軍基地（Incirlik Air Base）にあるCTF本部やCFACと同じ場所に配備され、米陸軍のヘリコプターは同様に、トルコのディヤルバクル（Diyarbakir）にある陸軍本部に配備されていた（図5.1参照）。

CTFの配下には、次の3つの部隊があった（図5.3）。

1. 軍事連携センター（MCC）は、セキュリティゾーンの状況をモニタリングし、MCCとCTFに対して航空全般の支援を提供するイーグルフライト・ヘリコプター（Eagle Flight helicopters、ブラックホーク）の作戦統制（operational control）を行っていた。

2. 統合特殊作戦部隊（Joint Special Operations Component：JSOC）は、連合軍の航空機がイラク国内で墜落した場合に捜索・救助活動を行うことを、主な責任として割り当てられていた。

3. 連合軍空軍部隊（CFAC）は、戦術的責任領域（TAOR）で活動するすべてのOPC航空機の戦術統制（tactical control）[1]と、空軍機の作戦統制を行うことを職務としていた。CFAC司令官は、作戦指揮官（Director of Operations：CFAC/DO）、インジルリクのCTF本部にいる地上の任務指揮官（Mission Director：MD）、AWACSに搭乗している空挺指揮員（Airborne Command Element：ACE）を通じてOPC飛行任務の日常の統制を行っていた。

欧州軍レベル（European Command level）の権限において作戦命令が立てられ、初期の指揮統制体系が定義された。CTF司令官に対しては、OPCを統制するための作戦計画を作成するよう指示が出された。これを受けて、CTF司令官は1991年7月、CTF内の指揮系統と組織的責任を明確にした作戦計画を作成した。1991年9月、米国欧州軍司令官は、イラク北部での任務の進展に対応して当初の組織構造を修正し、空軍の規模拡大と地上部隊の大幅な撤退を指示した。

CTFは、その作戦計画に必要な変更を行うための支援計画を準備するよう命じられていた。事故調査委員会（Accident Investigation Board）は、1991年に作戦計画を改訂する努力は始められたものの、指揮統制の関係と責任における変更を反映するために、計画が実際に更新されたことを示す証拠は、1994年には見つけられていないことを明らかにした。計画において、撃墜に関して致命的だったことは、空軍と陸軍の間のコミュニケーション上の重要な人物が、任務の変更により離任し、その職が誰にも引き継がれなかったことである。非同期的な進化（asynchronous evolution）のこのケースが、今回の味方への誤射による損失の一因になっている。

事故に関連する司令レベル（Command-Level）の安全制約：

1. 交戦規定（ROE）や作戦上の命令と計画は、味方への誤射による事故を防止するよう、司令レベルにおいて規定しなければならない。その計画には、責任分担や戦闘地域への飛行を連携できるようなコミュニケーション・チャネル（communication channels）の確立とモニタリングが含まれていなければならない。

2. ROEおよび作戦の命令と計画への遵守がモニタリングされなければならない。状況の変化や任務の変更に応じて、改変されなければならない。

---

1 戦術統制とは、かなり限定された範囲の権限、すなわち、与えられた任務を達成するために必要な動きや操縦制御に関する、通常は現地における詳細な指導やコントロールを意味する。一方、作戦統制とは、下位部隊への命令、任務の割り当て、目標の明示、任務達成に必要な正式な指示を与えるための、より広範な権限を意味する。

コントロール：コントロールには、ROE と作戦計画、さらにその効果と適用に関するフィードバックメカニズムが含まれていた。

CFAC と MCC

　合同任務部隊（CTF）の中でこの事故に関わったのは、陸軍の軍事連携センター（MCC）と空軍の連合軍空軍部隊（CFAC）の２つであった。

　この撃墜には、明らかにコミュニケーションの失敗（failure）が影響していた。F-15 パイロットは、米陸軍のブラックホークがこの地域にいることも、味方機を標的にしていたことも知らなかった。3つの軍（空軍、陸軍、海軍）の間にコミュニケーションの問題があることは、よく知られている。プロバイド・コンフォート作戦では、こうした問題を解消するための手順が規定されていた。

　軍事連携センター（MCC）は、クルド人を支援する陸上および米国ヘリコプターの任務を調整していた。陸軍派遣隊（Army detachment）の重要な機能は、クルド人への人道的支援と保護に加えて、クルド人の町や村に米国旗を掲げて米国の存在を継続的に示すことであった。この米陸軍の機能を支えていたのが、イーグルフライトと呼ばれるヘリコプター派遣隊であった。

　陸軍の軍事連携センターを除くすべての CTF 部隊は、トルコのインジルリク空軍基地に駐留し、そこを拠点として活動していた。MCC は２か所で活動していた。前線の本部はイラク国内の小さな村、ザク（Zakhu、図 5.1 参照）に置かれた。ザクには、作戦上の要員、通信要員、保安要員、医師、通訳、連合軍参謀など、約 20 人の人々が勤務していた。ザクでの作戦は、トルコのディヤルバクルにあるピリンクリク空軍基地（Pirinclik Air Base）から派遣される小規模な管理部隊によって支援されていた。ピリンクリクには、UH-60 ブラックホーク・ヘリコプターのイーグルフライト小隊も配置されていた。イーグルフライト・ヘリコプターは、MCC の作戦を支援するため、ザクに何度も（通常は毎日）赴いていた。

　連合軍空軍部隊（CFAC）司令官は、OPC の任務を達成するために、すべての航空作戦の活動を調整する責任を負っていた。彼は、空中警戒管制システム（AWACS）、米空軍（USAF）の空輸および戦闘機部隊の作戦統制を委任されており、米陸軍、米海軍、トルコ、フランス、英国の固定翼機（fixed wing aircraft）とヘリコプターの戦術統制を担っていた。CFAC と MCC の司令官の間で統制（control）が分断されていたことと、両者間のコミュニケーションの問題が、事故の大きな要因であった。

　このような複雑な連携問題（coordination problem）においては、コミュニケーションが重要である。コミュニケーションは、統合作戦諜報センター（Joint Operations and Intelligence Center：JOIC）を介して行われていた。JOIC は、CTF のコントロールストラクチャーを上下左右に横断するコミュニケーションを受け取り、配信、送信していた。JOIC には、陸軍の連絡将校は配置されていなかったが、要求に応じて、MCC ヘリコプター派遣隊と CTF 参謀の間の連絡係を準備することは可能だった。

　味方への誤射による事故を防止するためには、パイロットは飛行禁止区域を飛行する味方の機体を常に正確に把握し、そのような事故を防止するための ROE やその他の手順を知り、それに従う必要がある。コントロールのより上位のレベルは、現地での手順[2]を開発する権限と指針を、CTF 以下のレベルに委ねていた。現地での手順には、次のようなものがあった。

2　軍隊で使われる**手順**（procedures）という用語は、職務（task）をどのように遂行するかを記述した標準的で詳細な行動過程（courses of action）を表す。

- **空域管制命令書（Airspace Control Order：ACO）**：ACO には、OPC における現地でのすべての航空作戦のための権威ある指針が含まれている。標準高度やルート、空中給油の手順、回復手順、空域での衝突回避義務、投棄手順などが定められている。衝突回避手順は、事故につながるかもしれない航空機同士の相互作用を防止するための方法であった。イラクの TAOR では、高高度（high altitudes）で通常飛行する戦闘機は地上 1 万フィート以上、低高度（low-altitude）で通常飛行するヘリコプターは地上 400 フィート以下に留まることになっていた。すべての航空機クルーは、ACO に含まれる情報を確認し、遵守する責任があった。CFAC 作戦司令官は、OPC の任務を指揮するために、空域管制命令書（ACO）を含む指針を公示する責任を負っていた。

- **航空機クルー用ファイル（Aircrew Read Files：ARF）**：航空機クルー用ファイルは ACO を補完するものであり、すべての航空機クルーはこのファイルも読む必要がある。ここには、機密扱いの交戦規定（ROE）、ACO への変更、現地司令官が航空任務をどのように実行したいのかについての直近の補足が含まれている。

- **航空職務命令書（Air Tasking Order：ATO）**：ACO と ARF には、OPC に所属するすべての航空機に適用される情報の概略が含まれているが、具体的な任務の指針は、日次の ATO の中で公示されていた。そこには、日次の飛行スケジュール、使用する無線周波数、IFF コード（航空機が敵か味方かを識別するために使用）、そして、どんな日の飛行にも必要となるそれ以外の最新情報が含まれていた。すべての航空機は、飛行前に、任務に関する特別な命令（Special Instructions：SPINS）を含む最新の ATO のハードコピーを、機内に備えておくことが義務付けられている。毎朝 11 時 30 分（軍事時間で 1130 時）頃、任務計画室が翌日の ATO を公示し、午後遅くにはそのコピーが全部隊に配布される。

- **戦闘参謀指令（Battle Staff Directives：BSD）**：ATO に反映されなかったスケジュールの変更は、直前の戦闘参謀指令の中で公示され、翌朝の飛行任務の前に個別に配布され、すべての ATO に添付される。

- **日次フローシート（Daily Flowsheets）**：軍のパイロットは、膝に小さなクリップボードを装着して飛行する。膝に装着したこのクリップボードには、日次フローシートや無線周波数など、飛行任務の際にすぐに必要となる参照情報がまとめられている。フローシートとは、その日に飛行禁止区域に入る予定の航空機の流れを時系列に図式化したものである。ATO から重要な情報を取り出し、時間軸に変換し、コピー機で縮小して、パイロットが飛行中に手軽に参照できるようにしている。

- **現地での作戦手順と命令、標準的な作戦手順、チェックリストなど**：文書に加え、離陸後のパイロットには、OPC 司令長官（OPC Commanding General）から連合軍空軍部隊（CFAC）、任務指揮官（MD）、AWACS に搭乗している空挺指令員（ACE）を経由し、最終的にパイロットに至る切れ目のない指揮系統（command chain）を通じて、無線でリアルタイムに指導が与えられる。

CFAC 作戦司令官は、航空機クルーが到着した時点で、ROE を含む OPC 任務のあらゆる特殊な点について、彼らに確実に情報を与える責任を負っていた。作戦司令官には、航空機クルー用ファイル（ARF）、空域管制命令書（ACO）、日次の ATO（航空職務命令書）、任務に関する特別な命令（SPINS）を公示する責任もあった。

事故に関する安全制約：
1. TAOR に進入するすべての航空機の間の連携とコミュニケーションが確立されなければならない。

TAOR に誰がいるべきか、そして、誰がいるのかを、いつでも判断するための手順が確立されていなければならない。

2. TAOR 内のすべての航空機の追跡と、戦闘機が TAOR 内のすべての味方機の位置を確実に把握するための手順が制定され、モニタリングされなければならない。

3. ROE は、より下位のレベルの人にも理解され、遵守されなければならない。

4. すべての航空機は、TAOR 内で効果的なコミュニケーションをとることができなければならない。

コントロール：現場のコントロールには、ACO、ARF、フローシート、情報、それ以外に、打ち合わせ、訓練（ROE、航空機識別など）、航空機の識別と追跡のための AWACS 手順、飛行禁止区域における規定の無線周波数とレーダー信号、指揮系統 (OPC 司令官 (OPC Commander) → 任務指揮官 (MD) → 空挺指令員（ACE）→ パイロット)、明文化された規則に従わない者への懲罰、効果的なコミュニケーションを確実にする責任を持つグループ（JOIC）が含まれていた。

任務指揮官（MD）と空挺指令員（ACE）

空挺指令員（ACE）は、AWACS に搭乗しており、空中における司令官の代理人であり、緊急を要する決定を下すために、状況に関する最新の情報を備えている。ACE はすべての航空作戦をモニタリングし、地上の司令部にいる MD と直接連絡を取り合う。ACE は、また、報告された未確認の (unidentified) 航空機を識別するために、AWACS クルーとやりとりする必要もある。

地上の MD は、AWACS にいる ACE、および地上の CFAC 司令官とのコミュニケーションのつながりを、常に維持する。MD は、OPC 司令官の決定や承認が必要となるような事態が飛行禁止区域内で発生した場合には、ただちに司令官に報告しなければならない。ACE が米軍や連合軍を投入するような状況に遭遇した場合、MD は ACE とコミュニケーションをとり、指令について指導する。MD はまた、天候に関する意思決定、安全上の手順の実行、航空機のスケジューリング、ATO の正確な実行を確実にする責任を負う。

撃墜事故が起きた時点での ROE では、異常事態に遭遇した航空機クルーが ACE か AWACS に詳細を伝え、伝えられた方が適切な対応についての指針を提供することになっていた[200]。もちろん、脅威が差し迫っているケースでは例外があり得た。航空機クルーは、まず ACE に連絡し、その人物の手に負えない場合は、次に AWACS に連絡するよう指示されていた。ROE には、報告すべき 6 つの異常事態・出来事が定義されており、そこには、「未確認の航空機に対する迎撃飛行」が含まれていた。先述したとおり、ROE は、可能性のある交戦を抑制し、指揮系統にある者が事態を確認する時間を確保するために特別に設計されたものであった。

文書化された指針は明確であったが、それがどのように実施されたのか、実施されるべきだったか、そして誰が意思決定権限を持っていたかについて、議論がなされた。撃墜事故の調査中に責任の所在についての矛盾した証言があったのであるが、それは、事後に行動を正当化しようとしたためか、あるいは責任者を含む全員が責任の所在について本当に混乱していたためか、おそらくその両方だったのだろう。

事故に関する安全制約：

1. ACE と MD は、ROE で指定され、示唆された手順に従わなければならない。

2. ACE は、パイロットが ROE に従うことを確実なものにしなければならない。

3. ACE は、報告された未確認の航空機を識別するために、AWACS クルーとやりとりしなければならない。

コントロール：安全制約を課すためのコントロールには次のものが含まれていた。

- 意思決定の全体原則を示し、交戦を抑制して個人の過失や任務を逸脱した振る舞いを防ぐための ROE
- TAOR 空域の状態についての最新の情報を入手し、パイロットや AWACS クルーと連絡を取り合うことによりコミュニケーションを強化するために AWACS に搭乗した ACE
- リアルタイムな意思決定のために、パイロットから CFAC 司令官への指揮系統を提供する地上の MD

AWACS 管制官（AWACS Controllers）

AWACS（空中警戒管制システム）は、上空にある航空管制塔のような役割を担う。AWACS の OPC 任務は以下のとおりであった。

1. 飛行禁止区域を行き来する航空機の管制（control）
2. （戦闘機と AWACS 本体のための）空中給油の連携
3. 飛行禁止区域内で作戦行動をしているすべての OPC 航空機に対する、飛行中の脅威警報と管制の提供
4. すべての正体不明の（unknown）航空機の監視、発見、識別の提供

AWACS はボーイング 707 を改造したもので、上部に円盤状のレーダードームがあり、内部に強力なレーダーと無線設備を搭載しており、上空をスキャンして航空機を探す。レーダードームからの生データは、コンピューターが処理し、最終的に航空機の後方全体に 3 列に配置された 14 台のカラーコンソールに戦術情報を表示する。AWACS は同時に約 1,000 機の敵の航空機を追跡し、100 機の味方機に指示を出す能力を持っている[159]。

AWACS には、AWACS の地上と飛行における安全な運用に責任を持つ航空機クルー（パイロット、副パイロット、ナビゲーター、航空エンジニア）と、AWACS の指令、管制、監視、通信、センサーシステムに関する全責任を持つミッションクルー（mission crew）が搭乗する。

約 19 名のミッションクルーは、ミッションクルー司令官（mission crew commander：MCC）の指揮のもとで活動する。MCC は、AWACS の任務とミッションクルーの管理（management）・監督（supervision）・訓練に関する全責任を持つ。ミッションクルーのメンバーは、以下の 3 つの部隊に分かれている。

1. **技術者**（Technicians）：技術者は、航空機の物理的な機器を操作、モニタリング、保守する責任を持つ。

2. **監視**（Surveillance）：監視部門は、監視データの検出、追跡、識別、高度測定、表示、記録の責任がある。正体不明の対象がレーダースコープに現れると、監視技術者（surveillance technicians）は詳細な手順に従い、その航跡を特定する。また、AWACS の電子システムで検出された未確認の OPC 以外の航空機の取り扱いの責任を持つ。この部門は空域監視将校（air surveillance officer：ASO）が監督し、上級空域監視技術者（advanced air surveillance technician）と 3 名の空域監視技術者（air surveillance technicians）が業務を遂行する。

3. **兵器**（Weapons）：兵器管制官（weapons controllers、訳注：兵器指揮官（weapons directors）の誤植と思われる）は上級指揮官（senior director：SD）の監督下にある。この部隊は TAOR に割り当てられたすべての航空機と兵器システムの管制に責任を持つ。SD と 3 人の兵器指揮官

（weapons directors）はともに、OPCを支援するために飛行するすべての味方機の位置確認、識別、追跡、管制に関する責任を担っている。兵器指揮官には、以下の特定の職務の責任がそれぞれ割り当てられていた。

- 航空路管制官（enroute controller）は、TAORに出入りするOPC航空機の流れを管制していた。この人物は、TAOR外の味方機の無線やIFFのチェックも行っていた。
- TAOR管制官（TAOR controller）は、TAOR内のすべてのOPC航空機への脅威警告と戦術統制を行っていた。
- 給油機管制官（tanker controller）は、すべての空中給油作戦を管制していた（事故には関与していないため、これ以上言及しない）。

コミュニケーションと連携を容易にするため、SDのコンソールは物理的にMCCとACEの間の「ピット（pit）」（訳注：3人掛けシート）に配置されていた。SDは内部無線網を通じて、兵器部門と監視部門の作業を同期させていた（synchronized）。また、ACEとMCCの両方の要求を満たすために、兵器指揮官の行動をモニタリングし、連携していた。

　コントロールストラクチャーを設計した者は、AWACSクルーの訓練と、飛行禁止区域において絶え間なく進化する実践との間で、隔たりが生じる可能性（安全コントロールストラクチャーの非同期的な進化のもう1つの例）を認識していた。そのため、トルコに常駐する参謀や指導員を設けることで、コントロールできるようにしていた。彼らの仕事は、通常30日間のローテーションで一時的にOPCにおいて勤務する米国のAWACSクルーに対して、つながりをもたせることであった。この陰のクルー（shadow crew）は、AWACSの新クルーのTAORでの最初の飛行任務に同乗し、OPCでの実際の業務がどのように行われているか注意を喚起する役割を担っていた。彼らの仕事は、新クルーに対して、現地での手順や最近発生した出来事、前回の勤務以降に生じた方針や捉え方の変更について、新クルーの質問に答えることだった。事故はAWACSの新クルーが来た初日に発生したため、指導員や参謀も同乗していた。

　上記の人々に加えて、OPCのすべての任務飛行にはトルコ人の管制官も搭乗しており、現地の航空管制システム（air traffic control systems）とのインターフェースにおいて、クルーを支援していた。

　AWACSは通常、最初の空中給油機と戦闘機の約2時間前にインジルリク空軍基地を離陸する。AWACSが離陸すると、AWACSのシステムがオンラインになり、トルコ地区作戦センター（Turkish Sector Operations Center、レーダーサイト）と統合戦術情報伝達システム（Joint Tactical Information Distribution System：JTIDS）[3]とのリンクが確立される。JTIDSリンクが確認されると、CFACのACEは、残りの部隊を順序どおりに発進させる。通常、1時間以内に給油機と戦闘機が離陸し、念入りに調整された1つの流れでTAORに向かう。戦闘機はAWACSによる支援がなければ、政治的な国境を越えてイラクに入ることはできない。

事故に関する安全制約：
1. AWACSのミッションクルーは、TAOR内のすべての航空機を識別し、追跡しなければならない。味方機を脅威（敵）として識別してはならない。

3　統合戦術情報伝達システムは、任務の指揮統制システム（mission command and control system）の中心的なコンポーネントとして機能し、AWACSからの現在の航空画像をリアルタイムでダウンリンク（訳注：地上受信局へのデータの送信）して、地上の司令官に提供する。この情報は、他の情報源からのデータと統合され、より完全な状況の画像を司令官に提供する。

2. AWACS のミッションクルーは、戦闘機からの問い合わせに対して、すべての追跡対象の航空機の状態を正確に伝えなければならない。

3. AWACS のミッションクルーは、フローシート（ATO）に出ていない連合軍の航空機が存在すれば、TAOR 内の航空機に対して警告しなければならない。

4. AWACS クルーは、戦闘機が味方機を標的にしていることを、戦闘機に対して警告することを怠ってはならない。

5. JTIDS は、空域とその占有者（occupants）の正確な画像を地上に提供しなければならない。

コントロール：コントロールには、航空機の識別と追跡の手順、訓練（飛行のシミュレーションを含む）、打ち合わせ、参謀管制官（staff controllers）、コミュニケーション・チャネルが含まれていた。SD と空域監視将校（ASO）はクルーの活動をリアルタイムで監督（oversight）していた。

パイロット

戦闘機は 2 機および 4 機の編隊で飛行するため、常に明確な指揮系統が必要である。今回の事故における 2 機編隊では、飛行はリードパイロット（lead pilot）に完全に任されており、ウィングパイロット（wingman）はすべての命令をリードパイロットから受ける。

空域管制命令書（ACO）では、戦闘機は AWACS の支援なしに政治的な国境を越えてイラクに入ることは許されず、空中迎撃（airborne intercept：AI）レーダーを搭載した戦闘機が TAOR 内のイラク機の捜索を終えるまで、いかなる航空機も TAOR に入ることはできない、と規定されている。AI レーダー搭載機は、飛行禁止区域に「他機がいないことを確認（sanitized）」した後、旋回軌道を定めてイラク航空機の捜索を続け、他の航空機がそのエリアにいる間は上空から支援する。OPC 以外の航空機を見つけた場合には、交戦規定（ROE）に基づき、ACO に明記されているとおりに、進路を阻止し、識別し、適切な行動をとる。

エリアに他機がいないことを確認した後、1 日 6 時間から 8 時間の飛行スケジュールを通して、さらに戦闘機や給油機が TAOR に行き来する。その飛行時間帯は、予測できないようにランダムに選ばれる。

事故に関する安全制約：

1. パイロットは、上位レベルで確立され伝えられた交戦規定を熟知し、それを遵守しなければならない。

2. パイロットは、飛行禁止区域に誰がいるのか、その者がそこにいるべきかどうかを常に把握していなければならない。つまり、飛行禁止区域内の他の航空機の状態を常に正確に把握し、味方機が脅威であると誤認してはならない。

3. エリア内の航空機パイロットは、無線通信を聞くことができなければならない。

4. 固定翼機は 10,000 フィート以上、ヘリコプターは 400 フィート以下で飛行しなければならない。

コントロール：コントロールには、ACO、ATO、フローシート、無線、IFF、ROE、訓練、AWACS、戦闘機とヘリコプターを接触させないための手順（例：異なる高度で飛行する）と、TAOR で作戦行動をとる際の戦術上の特別な無線周波数があった。すべての航空機には、国籍を明らかにするために国旗が目立つように掲げられていた。

コミュニケーション：味方への誤射による事故を防止するためには、コミュニケーションが重要である。米陸軍のブラックホーク・ヘリコプターは、標準的な航空電子機器、無線機、IFF、レーダー機器に加え、FM、UHF、VHF の無線機からなる通信機器をすべて搭載していた。FM と UHF の無線機は、

パイロットが暗号化モードで**保護された通話**ができるよう、毎日、機密コードが設定された。ACO では、TAOR 内を飛行する際には特別な周波数を使用するよう指示されていた。

無線の見通し（line-of-sight、訳注：送受信可能な範囲）の限界とイラク北部の高い山岳地形、そしてヘリコプターは敵の防空レーダーから隠れるために地形を利用して低空飛行することから、飛行禁止区域に入るすべてのブラックホークは戦術用衛星無線（tactical satellite radios：TACSAT）も搭載していた。この TACSAT は、MCC との通信に使用された。TACSAT は移動中のヘリコプターの中では操作できないため、操作するには、ヘリコプターを着陸させる必要があった。

F-15 はブラックホークと同様の航空電子機器、通信機器、電子機器を装備していたが、F-15 が HAVE QUICK II（HQ-II）周波数ホッピング無線機を装備していたのに対し、ヘリコプターは装備していなかった。HQ-II は 1 秒間に何度も周波数を変更させることで、敵のほとんどの通信妨害を打ち破っていた。F-15 パイロットはより高度な HQ-II 技術を好んで使用していたが、F-15 の無線機は非 HQ-II モードでも、はっきりした通信が可能であった。ACO は、HQ-II が不可能と明記された航空機が TAOR を飛行している場合、F-15 には非 HQ-II 周波数を使用するよう指示していた。この事故の要因の 1 つは、非 HQ-II モードを使用して交信しなければならない非 HQ-II 航空機のリストに、ブラックホーク・ヘリコプター（UH-60）が**載**っていなかったことである。

識別（Identification）：航空機の識別は、AAI/IFF（Air-to-Air Interrogation（空対空インテロゲーション、訳注：対象機に対する質問）／敵味方識別装置（Identification Friend or Foe））と呼ばれるシステムによって支援されていた。連合軍の各航空機には、IFF トランスポンダー（IFF transponder、訳注：応答機）が装備されていた。味方のレーダー（AWACS、戦闘機、地上サイトに配備）は、レーダースクリーンに映る対象が敵か味方か判断するため、パロットチェック（parrot check）と呼ばれる処理を実行する。AAI コンポーネント（インテロゲーター（interrogator）、訳注：質問機）は飛行中の航空機に信号を送り、その身元を判断する。IFF コンポーネントは応答する、つまり、秘密コード（毎日変わる数字による識別パルスであり、保護された装置を使って離陸前に航空機にアップロードする必要がある）によりスコーク（訳注：航空機コード）を応答する（squawk back）。反射信号（return signal）が有効であれば、要求側の航空機の表示ディスプレー（レーダースコープ）にそのシグナルが表示される。味方であることを示す応答を生成するためには、要求側の航空機と応答側の航空機の両方の暗号システムに、互換性のあるコードがロードされていなければならない。

F-15 の AAI/IFF システムは、4 つの識別シグナルやモードを使用して質問（interrogate）できる。さまざまな種類の IFF シグナルは、一種の冗長性を提供する。モード I は一般的な識別シグナルで、32 種類のコードを選択できる。事故当時、OPC では、TAOR の内部用と外部用の 2 つのモード I コードが指示されていた。モード II は航空機固有の識別モードで、4,096 種類のコードを使用することができる。モード III は軍用機と民間機の両方の味方の識別を無保護（nonsecure）で行うもので、TAOR 内では使用されていない。モード IV は保護されたモードであり、高い信頼度で対象機を味方であるか識別することができる。ACO によると、イラクの飛行禁止区域で味方機を識別する主な手段は、IFF インテロゲーション（interrogation）プロセスにおけるモード I と IV ということになっていた。

物理的な識別も、味方への誤射による事故を防止する上では重要である。ROE では、脅威の可能性があるものを目視により識別（visual identification）することを、パイロットに要求している。この識別をしやすくするため、ブラックホークには 2×3 フィート（訳注：約 60㎝×90㎝）の米国旗が 6 旗描かれていた。米国旗は、各ヘリコプターの各ドア、両方のスポンソン（sponsons）[4]、機首、そし

4　スポンソンとは、補助燃料タンクのことである。

て胴体腹部に描かれていた[159]。数か月前に、ブラックホークが小銃による地上砲撃の標的にされたため、各スポンソンの側面にも国旗が追加されていた。

5.3 STAMPを用いた事故分析

よく知られたハザードの原因である味方への誤射による事故を防ぐために、前節で述べたコントロールと精巧なコントロールストラクチャーがあり、すべての機器は作動しており、快晴の日であったにもかかわらず、なぜ撃墜事故が起きたのだろうか。事故後、統合参謀本部議長（Chairman of the Joint Chiefs of Staff）は次のように語った。

> このような事故を決して起こさないために、1つだけではなく、人的、手続き的、技術的な一連の安全措置が講じられていました。しかし、これらの安全措置は、明らかにうまくいきませんでした。[5]

STAMP を使ってこの事故の原因を理解し、将来の損失を防止する方法を学ぶには、なぜこれらの安全措置が味方への誤射の防止に成功しなかったのか、を突き止める必要がある。この事故については、さまざまな説明がなされてきた。それらの矛盾する説明を整理し、個々のシステムコンポーネントの故障だけでなく、コンポーネント間の非安全な相互作用や誤解（miscommunications）を含む事故の発生プロセス（accident process）を理解するためには、当時の現場の安全コントロールストラクチャーにおける各要素が、このプロセスで果たした役割を理解する必要がある。

次の項では、この損失に関連する近接事象（proximate events）について記述する。その後、これらの事象がなぜ発生したかを説明する STAMP の分析を示す。

5.3.1 近接事象

図5.4は公式の事故調査委員会報告書（Accident Investigation Board Report）から引用したもので、近接事象の主役である AWACS、F-15、ブラックホークそれぞれの行動を時系列に示したものである。また、前に示した図5.1 には、重要な行動の位置関係を示したエリアの地図が含まれているので、参照されたい。

AWACS は、当日の任務に関する打ち合わせの後、インジルリク空軍基地を離陸した。持ち場に到着し、航空機の追跡を開始したときに、AWACS の監視部門は（ブラックホークからの）未確認のレーダー反射（radar returns）に気がついた。その航空機には、「味方一般（friendly general）」の追跡シンボルが割り当てられており、ヘリコプターを示す「H」とラベル付けされていた。ブラックホーク（イーグルフライト）はその後、ゲート1を通って TAOR（飛行禁止区域）に入り、AWACS 管制官（controllers）に到着を知らせ（check in）、ザクに飛行した。AWACS 管制官はその際、ブラックホークの航跡に「EE01」という識別子を付けた。ブラックホークのパイロットは IFF（敵味方識別）モード I コードを変更しなかった。この日トルコを飛行していた味方のすべての固定翼機のコードは42、TAOR でのコードは52であった。パイロットはまた、TAOR で使用する周波数に変更せず、航空路無線周波数（enroute radio frequency）のままにしていた。ヘリコプターがザクに着陸したとき、AWACS のレーダースコープ上のヘリコプターのレーダー反射と IFF（Identify Friend or Foe）応答が弱くなった。30分後、イーグルフライトはザクからの出発を AWACS に報告し、ウィスキー（ザクのコードネーム）

5　ジョン・シャリカシュヴィリ（John Shalikashvili）統合参謀本部議長, 航空機事故調査委員会　第21巻報告書の送付状より, 1994a, 1 ページ目.

味方への誤射による事故   101

時刻	AWACS	F-15	ブラックホーク
0436	AWACS がインジルリク基地を出発		
0522			ブラックホークがディヤルバクルを出発
0545	AWACS が「配置完了」を明言 監視部門が航空機の追跡を開始		
0616	イーグルフライトの IFF モードⅠ、コード 42 が検出された場合、上級指揮官（SD）のスコープに「H」シンボルが表示されるように設定		
0621	航空路管制官がブラックホークに応答。イーグルフライトの航跡に「EE01」という識別子を付与		ブラックホークが TAOR への進入時に、航空路周波数で AWACS を呼び出し
0624	ブラックホークのレーダーと IFF 応答が弱まる		ブラックホークがザクに着陸
0635		F-15 がインジルリク基地を出発	
0636	航空路管制官が F-15 に IFF モードⅣで質問		
0654	AWACS がブラックホークの無線呼び出しを受信。航空路管制官が「EE01」シンボルを再設定し、追跡を再開		ブラックホークが AWACS を呼び出し、「ウィスキー」から「リマ」への飛行を報告
0655	SD のレーダースコープに、「H」が頻繁に表れ始める		
0705		F-15 が航空路周波数で AWACS に到着を連絡	
0711	ブラックホークのレーダーと IFF の連絡が弱まる。SD のスコープに「H」が表示されなくなる。コンピューターのシンボルは最後に把握した速度と方向で動き続けている		ブラックホークが山岳地形に進入
0713	ASO が、SD のスコープ上でブラックホークの最終確認位置付近を矢印で示す		
0714	SD のディスプレーから矢印が消える		
0715	ACE が F-15 に、「状況に変更なし」を返す。AWACS レーダーを低速度検出の設定に調整	F-15 が ACE に到着を連絡	
0720		F-15 が TAOR に進入、AWACS に呼びかけ	
0721	「EE01」シンボルが AWACS から消える		
0722	TAOR 管制官が「反応なし」と応答	F-15 リードが 40NM（海里）のレーダーによる補捉を報告	
0723	F-15 がレーダーを補捉したと報告した付近で、断続的な IFF 応答が表れる		
0724	SD のスコープに「H」シンボルが再表示される		
0725	ブラックホークの IFF 応答が頻繁になる。TAOR 管制官が F-15 に「反応あり」と応答	F-15 リードが「敵に遭遇（contact）」と呼びかけ（約 20NM のレーダー反応）	
0726	ブラックホークの IFF 応答は継続していたが、レーダー反応は断続的		
0727	航空路管制官がブラックホークの IFF／レーダー反応があった付近に「不明、未解決、未評価のシンボル」を示し、IFF 質問を試みる		
0728	ブラックホークの IFF とレーダー反応が途切れる	F-15 リードが、ヘリコプターを 5NM で「目視」	
0728		F-15 リードが識別のための追い越しを実施。「ハインド 2 機を目視確認」と呼びかけ	
0728		F-15 ウィングが識別のための追い越しを実施。「2 機を目視確認」と呼びかけ	
0729		F-15 リードがウィングに、「ミサイル準備」を指示。AWACS を呼び出し「交戦状態に入った」と連絡	
0730		F-15 パイロットがヘリコプターに向けて発射	ミサイルがブラックホークに命中

図 5.4　事故につながった近接事象の時系列

からリマ（TAOR の奥地にある町、アルビール（Irbil）のコードネーム）へ向かう途上であることを告げた。航空路管制官はヘリコプターの追跡を再開した。

この日、TAOR には 2 機の F-15 が最初に入り、連合軍の他の航空機がこのエリア内に入る前に、**他機がいないことを確認する（敵機のチェック）**職務が課されていた。F-15 は、ヘリコプターが進入してから約 1 時間後、TAOR に入る前の最終チェックポイントに到着した。彼らは、すべての戦闘システムの電源を入れ、IFF モード I コードを 42 から 52 に切り替え、TAOR の無線周波数に切り替えた。そして AWACS に TAOR への進入を報告した。

ちょうどそのとき、ブラックホークが山岳地形に入ったので、ヘリコプターのレーダーと IFF の交信が弱くなった。AWACS のコンピューターは、レーダー表示上でヘリコプターの航跡を、最後に捉えた速度と方向で動かし続けたが、追跡する際に識別するための（ヘリコプターを表す）「H」のシンボルは消えてしまった。空域監視将校（ASO）は SD のスコープに、ブラックホークが最後に確認された地点を、（重要性を示すのに使用する）「注意の矢印（attention arrow）」で示した。SD のコンソール上では、この大きな矢印には点滅する警告灯が付いている。しかし、SD はその矢印を認識しなかった。そして、60 秒後に矢印と警告灯の両方ともが自動的に消えてしまった。その後、ASO は AWACS レーダーを調整し、低速移動する物体を検出しようとした。

TAOR に入る前に、F-15 リードパイロットは空挺指令員（ACE）に到着を連絡し、以前に指示された情報（「状況に変更なし（negative words）」）から重要な変更がないことを告げられた。5 分後、F-15 は TAOR に進入し、リードパイロットが TAOR 管制官に到着を報告した。1 分後ついに、航空路管制官のスコープからヘリコプターのシンボルが消えてしまった。このシンボルは、TAOR 内にヘリコプターがいることを視覚的に思い出させる最後に残されたものであった。

TAOR に進入して 2 分後、F-15 リード機（lead F-15）は、低空でゆっくり飛行する航空機からのレーダー反射の受信を示す計器へのヒットを検出した。F-15 リードパイロットはウィングパイロットに警告した後、交信をロックオンし、F-15 の空対空インテロゲーターを使って対象に IFF コードを問い合わせた。連合軍の航空機であれば、モード I、コード 52 のスコークを応答する（squawk）はずである。スコープを見ると、そのようにはなっていなかった。彼は AWACS 管制官にレーダーのヒットを報告し、TAOR 管制官はその位置にはレーダーによる捕捉はない（「反応なし（clean there）」）と伝えた。ウィングパイロット（wing pilot）はリードパイロットの警告に応答し、自分のレーダーもその対象を表示していると伝えた。

その後、F-15 リードパイロットは、インテロゲーションを連合軍の全航空機がスコークを設定している（squawking）はずの第 2 モード（モード IV）に切り替えた。最初の 1 秒間は正しいシンボルが表示されたが、残りのインテロゲーション時間（4〜5 秒）には、対象はモード IV でスコークを応答していないことが伝えられた。F-15 リードパイロットは、主無線で AWACS に 2 度目の連絡を行い、対象の位置、高度、方位を復唱した。このとき、AWACS 航空路管制官は、スコープ上でその地点にレーダー反射がある（「反応あり（hits there）」）と答えたが、この反射が味方機の可能性があることを指摘しなかった。ちょうどこのとき、ブラックホークの IFF 応答は継続していたが、レーダー反射は断続的であった。航空路管制官は、ヘリコプターのレーダー反射と IFF の反応があった場所に「正体不明、未解決、未評価」の航跡シンボルを置いて、IFF 識別を試みた。

F-15 リードパイロットは、モード I と IV を再度確認したが応答がないので、対象が敵であることを確認するために、目視識別のための追い越し（visual identification pass）を実施した。これは、交戦規定で必要とされる次のステップである。すると、イラクのヘリコプターと思われるものが見えた。彼は航空機の写真が入った「グッディーブック（goody book）」を取り出し、シルエットを確認し、その

ヘリコプターが、イラクが飛行させているロシアの航空機の一種であるハインド（Hinds）であると識別した（「ハインド2機を目視確認（Tally two Hinds）」）。F-15のウィングパイロットも2機のヘリコプターを見たと報告したが（「2機を目視確認（Tally two）」）、それがハインドであるか、イラクの航空機であると識別したかについては明らかにしていなかった。

F-15リードパイロットはAWACSに呼びかけ、敵機と交戦していることを伝え（「タイガーツー[6]がハインド2機を目視確認、交戦開始（Tiger Two has tallied two Hinds, engaged）」）、ウィングパイロットに攻撃を許可し（「ミサイル準備（Arm hot）」）、自分もミサイルを準備した。そしてモードIの最終チェックを行ったが、おもわしくない応答を受信したので、ミサイル発射ボタンを押した。ウィングパイロットがもう1機のヘリコプターを射撃し、2機とも撃墜された。

この記述は事象連鎖を表しているが、「なぜ」事故が発生したのかについて、最も表面的なレベルでしか説明しておらず、今後の再発防止のためのシステム再設計に関する手がかりはほとんどない。事故をとりまくこのような基本的な事象を見るだけでは、規律に欠けたパイロットが快晴の中で味方機を撃ち落とし、支援するはずのAWACSクルーなどはヘリコプターの存在をF-15パイロットに伝えずにただ座って見ていた、というひどい怠慢に近い過ちがあったように見える。STAMPの分析では、後述するように、まったく違うレベルの理解を得ることができる。以降の分析では、なぜその場にあるコントロールが事故を防げなかったのかを理解し、将来の同様の事故を防ぐために必要な変更を、識別することを目的とする。未然にこのような出来事を防止するためには、システムの設計・開発時に、STAMPに関連したハザード分析を使うことができる（第8章、第9章を参照）。

以降の分析では、損失につながる基本的な失敗と相互作用の機能不全（dysfunctional interactions）を、まず物理レベルにおいて識別する。次に、階層的な安全コントロールストラクチャーの下位のレベルから各レベルを順番に検討していく。

各レベルでは、その振る舞いが行われたコンテキストが考慮される。各レベルのコンテキストには、ハザード、安全要求と安全制約、ハザードを防止するために実行されたコントロール、コントロールの欠陥の理解に関わる環境や状況の特徴（関係者、割り当てられた仕事と責任、関連する環境要因および振る舞いを形成する要因（environmental behavior-shaping factors）など）が含まれる。コンテキストの記述の後、そのレベルでの失敗と相互作用の機能不全について、関係した事故要因（図4.8参照）とともに記述する。

5.3.2 物理的なプロセスの失敗と相互作用の機能不全

分析の最初のステップでは、事故に関連する物理的なプロセスの中での物理的な失敗と相互作用の機能不全を理解する。図5.5にその情報を示す。

物理的なコンポーネントは、おそらくIFFシステムを除けば、すべて意図したとおりに動作していた。IFFのモードIVの応答が断続的であったことについては、完全には説明されていない。広範囲にわたって機器の分解検査をしても、（訳注：事故当時と）同じF-15と異なるブラックホークで再現をしても、なぜF-15のIFFインテロゲーターがモードIVの応答を受信しなかったのか、誰も説明することができなかった[200]。事故調査委員会の報告書には、「モードIVインテロゲーションの試みが失敗した理由は確定できないが、おそらく次の要因の1つ以上に起因する。それは、インテロゲーションモードの間違った選択、空対空インテロゲーターの欠陥、IFFトランスポンダーのコード読み込みの

---

6 タイガーワン（Tiger One）は、F-15リードパイロットのコードネームであり、タイガーツー（Tiger Two）はウィングパイロットを示す。

物理的なプロセス

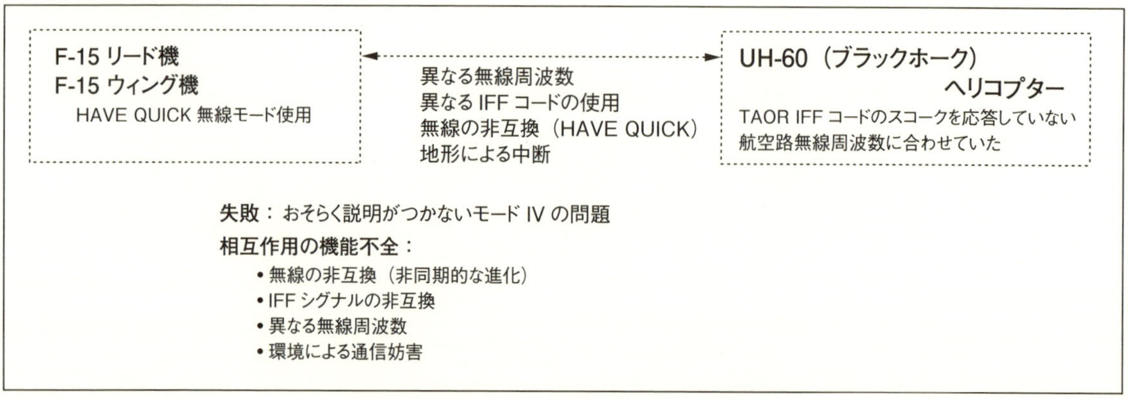

```
┌─────────────────────────────────────────────────────────────────────────┐
│  ┌ ─ ─ ─ ─ ─ ─ ─ ─ ─ ─ ┐                          ┌ ─ ─ ─ ─ ─ ─ ─ ─ ─ ─ ─ ─ ┐ │
│  │ F-15 リード機       │ ◄─────────────────────► │ UH-60（ブラックホーク）  │ │
│  │ F-15 ウィング機     │    異なる無線周波数        │          ヘリコプター     │ │
│  │   HAVE QUICK 無線モード使用 │ 異なる IFF コードの使用  │ TAOR IFF コードのスコークを応答していない │ │
│  │                     │    無線の非互換（HAVE QUICK）│ 航空路無線周波数に合わせていた │ │
│  └ ─ ─ ─ ─ ─ ─ ─ ─ ─ ─ ┘    地形による中断         └ ─ ─ ─ ─ ─ ─ ─ ─ ─ ─ ─ ─ ┘ │
│                                                                           │
│           失敗： おそらく説明がつかないモード IV の問題                     │
│           相互作用の機能不全：                                             │
│                • 無線の非互換（非同期的な進化）                            │
│                • IFF シグナルの非互換                                      │
│                • 異なる無線周波数                                         │
│                • 環境による通信妨害                                       │
└─────────────────────────────────────────────────────────────────────────┘
```

図 5.5　物理的なレベルでの事故の発生プロセス

誤り、電気的応答の取り違え、レーダーによる捕捉の断続的な喪失、である」と書かれている。[7]

　正しく動作している航空機の機器の間で、相互作用の機能不全と不適切なコミュニケーションがいくつかあった。最も明白な非安全な相互作用は、2機の味方機に対して2発のミサイルを発射したことであるが、戦闘機とヘリコプターの間の通信にもまた、4つの障害が存在していた。それらは、ミサイルの発射を止められたかもしれないものであった。

1. ブラックホークとF-15は異なる無線周波数を使用していたため、パイロットは互いに話すことができず、またこの事故に関わった他の機体の間の会話を聞くこともできなかった。最も重要な会話は、2人のF-15パイロット間の無線での会話と、F-15リードパイロットとAWACSにいる要員との間の会話であった。空域管制命令書（ACO）に従えば、ブラックホークは、TAOR周波数で通信するべきであった。ここで分析をやめてこのレベルだけを見ると、TAOR周波数に変更しなかったブラックホークのパイロットに過失があるように見えてしまう。しかし、コントロールのより上位レベルを調べると、違う結論が導き出される。

2. たとえ同じ周波数であったとしても、空軍の戦闘機はHAVE QUICK II（HQ-II）無線機を装備しており、一方、陸軍のヘリコプターは装備していなかった。F-15とブラックホークのパイロットが通信できる唯一の方法は、F-15パイロットが非HQモードに切り替えることであったが、そのようにはしなかった。パイロットが遵守するように示されていた手順でも、そのようには指示されていなかった。実際に、撃墜された2機のヘリコプターに関して、1機はHQ-Iと呼ばれる旧バージョンを搭載しており、HQ-IIとの互換性がなかった。もう1機はHQ-IIを搭載していた。しかし、陸軍のすべてのヘリコプターがHQ-IIに対応していたわけではないので、CFACは陸軍ヘリコプターの作戦行動に対しては、他のOPCの部隊（訳注：CFAC、AWACS、F-15など）と無線を同期させるために必要となる暗号支援の提供を拒否していた。

　　事故分析の目的が責任の所在を明らかにすることであれば、たとえ同じ周波数であったとして

7　欧州の米陸軍司令官（The commander of the U.S. Army in Europe）は、この報告書の文言に異議を唱えた。彼は、委員会の報告書には、コードが不適切に読み込まれた可能性を裏付けるものは何もなく、この件に関して陸軍のクルーに過失がないことは明らかだと主張した。米国の欧州軍司令官（Commander in Chief, Europe）も彼の主張に同意した。この報告書の文言は変更されなかったが、欧州の米陸軍司令官は、この異議が委員会報告書の添付書類として含まれていたため、自分の懸念事項は解決されたと述べた。

味方への誤射による事故　　105

も技術が違えば通信はできないので、無線周波数の違いは関係ないと考えることもできる。しかし、将来の事故を防止するために十分な知識を学ぶことが目的であれば、無線周波数の違いは関係しているわけである。

3. ブラックホークは、TAOR 内を飛行する際に要求される IFF モード I コードでスコークを応答しなかった。GAO の報告によると、ブラックホークのパイロットは、TAOR 内での作戦行動中、TAOR 外と同じモード I コードを日常的に使用しており、それが間違っているとは誰も忠告しなかった。しかし、繰り返しになるが、間違ったモード I コードは話の一部でしかない。

　　事故調査委員会の報告書では、F-15 パイロットがヘリコプターに質問したときにモード I 応答を受信できなかった原因は、ブラックホークが間違った IFF モード I コードを使用したからであると結論づけた。しかし、空軍の特別任務部隊（special task force）は、パイロットがインテロゲーションで使用したと証言したシステム設定の記述に基づき、F-15 はコードに関係なくモード I または II の応答を受信して表示するはずであったと結論づけた[200]。F-15 が応答を受信しなかった同じときに、AWACS はヘリコプターから味方のモード I と II の応答を受信していたのである。GAO 報告書は、ヘリコプターが間違ったモード I コードを使用したとしても、F-15 は応答の受信ができないはずはないと結論づけた。事故委員会の会長が GAO 調査委員に対して、F-15 リードパイロットの事故当日の発言と調査委員会での彼の証言が異なるため、リードパイロットがヘリコプターに質問した回数を判断することは困難である、と述べたことに GAO 報告書が言及し[200]、状況をさらに混乱させた。

4. 物理的な見通しの制限によって通信も妨害された。ブラックホークは非常に高い山に囲まれた狭い谷間を飛行していたため、可視範囲での通信が途絶えた。

　このような相互作用の機能不全の理由の 1 つは、陸軍と空軍の技術が非同期的に進化し、それぞれ異なる軍における無線をほとんど互換性のないまま放置しておいたことにある。事故調査は一般的に、事象連鎖や技術的なプロセスにおける失敗や相互作用の機能不全を見るだけで終了してしまうが、そうなるとこの事故が発生した理由を大きく誤解させてしまう。今後の発生防止に必要な情報を得るためには、コントロールのより上位レベルの調査が必要である。

　撃墜事故後、以下の変更がなされた。

- ブラックホーク・ヘリコプターには、戦闘機との通信を可能にするため、最新の無線が搭載された。この変更が完了するまでの間、戦闘機はヘリコプターとの衝突回避のため、クリアな TAOR 周波数のままにするよう指示された。

- ヘリコプターのパイロットは、同じ TAOR 無線周波数を受信し、TAOR の IFF コードのスコークを応答するよう指示された。

5.3.3　航空機と兵器のコントローラー

　パイロットは航空機を直接コントロールするが、そこには兵器の起動も含まれる（図 5.6）。彼らの決定（decisions）と行動が行われたコンテキストを最初に説明し、続けてコントロールストラクチャーのこのレベルにおける相互作用の機能不全について説明する。次に、不適切なコントロールアクションの概要とその要因を説明する。

F-15 リードパイロット

違反した安全要求と安全制約:
- 交戦規定に従わなければならない
- 味方機を敵と識別してはならない
- 衝突回避規則に従わなければならない

不適切な決定とコントロールアクション:
- 目視識別のための追い越しが不適切であった
- 目視識別のための追い越しを2度実施しなかった
- ブラックホークをイラク軍のハインドであると誤認した
- 敵意があることを確認しなかった
- ACE に報告しなかった
- むやみに急いで行動した
- ACE の承認なしで行動した
- ウィングからの明確な識別を待たなかった
- ウィングからのあいまいな応答に疑問を持たなかった
- 許可なく高度制限に違反した
- AWACS を守るという基本的な任務から外れた

コンテキスト:
- リードパイロットの指示を採用する
- 戦闘エリアであり、交戦準備ができている
- 無線交信規律（必要最小限の通信）
- F-16 パイロットとの競争意識

メンタルモデルの欠陥:
- ヘリコプターに関する不正確なメンタルモデル
- ROE に関する間違ったメンタルモデル
- 現在の空域占有者に関する不正確なメンタルモデル

ブラックホークのパイロット

違反した安全要求と安全制約:
- ATO に従わなければならない

コンテキスト:
- ザクへの飛行は日常任務であった
- 空軍部隊からは物理的に離れていた
- 自衛のために谷間を飛行した
- VIP 任務を遂行中であった
- ハインドは形や大きさがスポンソンと一致していた

不適切な決定とコントロールアクション:
- 他機がいないことを確認する前に TAOR に入った
- TAOR 無線周波数に変更しなかった
- モードⅠIFF コードに変更しなかった

メンタルモデルの欠陥:
- TAOR 用に区別された IFF コードを知らなかった
- 自分たちが無線周波数を変えていると想定されていることを知らなかった
- 航空優勢の獲得前の TAOR への進入に対する ACO の制限は、自分たちには適用されないと信じていた
- AWACS によって追跡されていると思っていた
- AWACS がデルタポイントシステムを使っていると思っていた

識別のための追い越しからの不明瞭なフィードバック

交戦命令

あいまいな無線通信

識別不足に関する報告なし

発射命令

レーダースコープ上の未確認の標的

間違ったメンタルモデルとモードⅣ IFF 情報

F-15 ウィングパイロット

違反した安全要求と安全制約:
- 交戦規定に従わなければならない
- 味方機を敵と識別してはならない
- 衝突回避規則に従わなければならない

コンテキスト:
- リードパイロットの指示を採用する
- 戦闘エリアであり、交戦準備ができている
- 無線交信規律（必要最小限の通信）
- F-16 パイロットとの競争意識

不適切な決定とコントロールアクション:
- 目視による識別が不適切であった
- 識別が不足していることを報告しなかった
- 識別が不足しているのに交戦を続けた

メンタルモデルの欠陥:
- ヘリコプターに関する不正確なメンタルモデル
- ROE に関する間違ったメンタルモデル
- 現在の空域占有者に関する不正確なメンタルモデル

発射命令

レーダースコープ上の未確認の標的

追い越しからの不明瞭なフィードバック

| F-15 戦闘機 | F-15 戦闘機 | UH-60（ブラックホーク）ヘリコプター |

図5.6　パイロットレベルにおける分析

味方への誤射による事故　　　107

決定とアクションが行われたコンテキスト

安全要求と安全制約：社会技術（sociotechnical）コントロールストラクチャーにおいてこのレベルで課されなければならない安全制約は、先に述べたとおりである（訳注：5.2節「パイロット」の説明箇所）。F-15パイロットは、TAORに誰がいるのか、そしてその者がそこにいるべきなのかを知る必要がある。つまり、味方機を敵と識別しないために、TAORにいるすべての航空機の状態を、常に正確に確認できなければならない。また、対象を射撃する前に実施すべき手順を定めた交戦規定（ROE）に従わなければならない。本章で前に述べたとおり、OPCのROEは、統合参謀本部が作成した指針に基づきOPC司令官が考案したものであった。OPCにはさまざまな国の多くの参加者がおり、味方への誤射による事故の可能性があるため、あえて保守的に作られていた。ROEは軍事的な対立を抑制するために設計されたものであるが、この事故のケースではうまくいかなかった。この事故の発生プロセスを理解して再発を防止するために重要なことは、なぜその目的が達成されなかったかを理解することである。

コントロール：前節で述べたように（訳注：5.2節「パイロット」の説明箇所）、このレベルのコントロールには、TAORでの作戦に関するルールと手順（ACOで規定）、TAORでの通常業務に関して与えられた情報（航空職務命令書（ATO）で規定）、フローシート、通信と識別チャネル（無線とIFF）、訓練、AWACSの監督、戦闘機とヘリコプターの接触防止手順（例：F-15は異なる高度を飛行する）などが含まれていた。国籍を識別しやすくするため、すべての航空機に対して、国旗を目立つように掲げることが義務付けられていた。

F-15パイロットの役割（Roles）と責任（Responsibilities）：戦闘任務を遂行する際には、F-15は常に1人のリードパイロット、1人のウィングパイロットの一組で飛行することが、航空戦術上決められている。彼らはチームとして飛行し戦うが、常にリードパイロットが主導権を握っている。この日の任務は、他の航空機がTAORに進入する前に、レーダーでエリアを徹底して捜索し、TAORに敵機がいないことを確認することであった。また、AWACSをあらゆる脅威から保護することもタスクの1つであった。ウィングパイロットにはレーダーで20,000フィート以上のエリアを確認する責任があり、リードパイロットには25,000フィート以下のエリアを確認する責任があった。リードパイロットは重複した5,000フィートのエリアに対する最終的な責任を負っていた。

F-15パイロットに対する環境要因および振る舞いを形成する要因：その日のリードパイロットは、空軍で9年の経験を持つ大尉（captain）であった。3年以上F-15を操縦し、その間、ボスニア（Bosnia）で11回、イラク北部で19回、飛行禁止区域を守る戦闘任務に従事していた。この不運な事故は、OPCを支援するための2回目の視察飛行における6度目の飛行で発生した。

　ウィングパイロットは撃墜当時、中佐（lieutenant colonel）であり、第53戦闘飛行隊（Fighter Squadron）の司令官で、経験豊富なパイロットであった。彼は砂漠の嵐作戦（Desert Storm）の中で、インジルリクからの戦闘任務で飛行し、その後OPCを立ち上げた初期グループで勤務したことがあった。湾岸戦争で唯一確認された敵のハインド・ヘリコプターの撃墜は、彼の功績である。この撃墜は有視界外の（beyond visual range）射撃であり、実際には彼はヘリコプターを見ていないことになる。

　F-15パイロットは、6〜8週間ごとに交代で派遣された。飛行禁止区域での勤務は、平時のパイロットにとっては交戦の可能性がある、めったにない機会であった。パイロットは、敵がいるかもしれない空を飛行することを強く意識していた。実弾入りの個人用の拳銃を受け取り、捕虜になった際に使われる可能性のある結婚指輪などの個人の所有物を外し、墜落したパイロットを帰還させれば多額の報酬が

得られることを示すブラッドチット（blood chits）が支給され、そのエリアの脅威についての説明を受けていた。その日の朝に準備していたあらゆることから、敵の航空機に遭遇する可能性があるという事実が痛切に感じられる。パイロットは、交戦地帯にいる状況の中で決定を下し、戦闘の準備を整えたのである。

GAO報告書によると、振る舞いに影響を与えたかもしれないもう1つの要因は、プロバイド・コンフォート作戦（OPC）に従事するF-15とF-16のパイロット間の競争意識であった。通常、このような競争意識は健全で、前向きなプロとしての競争につながると考えられるが、撃墜当時には、競争意識はより顕著で激しくなっていた。合同任務部隊（CTF）の司令官は、このような雰囲気は、F-16の部隊がOPCでの唯一の戦闘機撃墜とボスニアでのすべての撃墜を達成したことに起因するとした[200]。F-16パイロットは低空飛行のヘリコプターを迎撃するためによく訓練され装備を与えられている。F-15パイロットはその日、F-16が自分たちの後にTAORに入ることを知っていた。少しでも躊躇すれば、F-16がさらに撃墜の手柄を手に入れる結果になる可能性があった。

最後の要因は、根強い文化的な常識である「無線交信規律（radio discipline）」（必要最小限の通信（minimal Communication：min comm）と呼ばれる）であった。これにより、通信の中での言い回しが省略され、誤解の可能性があっても明確にしなくなっていた。戦闘機パイロットはコックピット内では非常に忙しく、認知能力が限界まで試されることが多い。その結果、無線により不必要に邪魔が入ると、競合する重要な要求から大きく気がそれてしまう[191]。そのため、戦闘機の集団には無線での会話を最小限にするという大きなプレッシャーがあり、それが、正確さと理解を確認しようと努力する気を失わせていた。

ブラックホークのパイロットの役割と責任：陸軍ヘリコプターのパイロットは、日常任務でTAORを飛行しザクを訪れていた。この特別の日には、ザクの米陸軍司令部で司令官交代が行われた。退任する司令官は、後任の司令官を飛行禁止区域に同行させ、この地域を統制する2人のクルド人指導者に紹介することになっていた。パイロットはまず、いつもどおりの行程でザクに飛行し、そこで陸軍大佐（colonels）2名とOPCの要人を代表する高官VIPを乗せて、イラクの2つの町、アルビールとサラーフッディーン（Salah ad Din）に向かう予定であった。ブラックホークがこのようにTAORの奥深くまで飛行するのは珍しいことではなく、その前の3年間のプロバイド・コンフォート作戦でも頻繁に行われていた。

ブラックホークのパイロットに対する環境要因および振る舞いを形成する要因：イラク国内では、ヘリコプターは地形飛行（terrain flight）モードで飛行していた。つまり、空中衝突の防止と、脅威となるイラクの地対空レーダーから自分の存在を隠すために、地面をはうように飛行していたのである。地形飛行には3つの種類がある。パイロットは、戦術や任務に関する幅広い変化に応じて、適切なモードを選択する。敵との遭遇が予想されない場合には、**低高度地形飛行**（low-level terrain flight）で飛行する。**超低空飛行**（contour flying）は低高度よりも地面に近く、**ほふく飛行**（nap-of-the-earth flying）は地形飛行の中で最も低く低速で、敵との遭遇が予想される場合にのみ用いられるものである。イーグルフライト・ヘリコプターは、イラク北部ではほとんどの時間、超低空モードで飛行していた。彼らは谷間や低高度のエリアを好んで飛行していた。撃墜の日に彼らが通ったルートは、険しく起伏の多い2つの山に挟まれた緑の谷間であった。アルビールまでの1時間の飛行中、彼らは山岳地形によってイラクからは守られたが、同時に通信に支障をきたすことにもなった。

ブラックホークには、任務に必要とされる距離と時間から、**スポンソン**と呼ばれるポンツーン型（pontoon-shaped）の燃料タンクが装着されていた。スポンソンは横のドアの下に取り付けてお

り、それぞれ 230 ガロンの追加燃料が入っている。ブラックホークは緑色でカモフラージュされており、一方、イラクのハインドは薄茶色（light brown）とデザートタン（desert tan、訳注：茶系の色）でカモフラージュされていた。識別しやすくするために、ブラックホークには 2×3 フィートの米国旗が各ドアと機首に 1 旗ずつ計 3 旗と、4 旗目の大きな旗がヘリコプターの胴体腹部に描かれていた。さらに、各スポンソンの側面には 2 旗の米国旗が描かれていた。

このレベルにおける相互作用の機能不全

F-15 パイロットとブラックホークのパイロット間のコミュニケーションは明らかに機能しなかった。物理的なプロセスにおける相互作用の機能不全（無線周波数、IFF コード、アンチジャミング技術の非互換）が関わることにより、結局、通信チャネルは一致せず、チャネルを介して情報が伝達されることはなかった。F-15 パイロット間のコミュニケーションは、物理的な地形に加えて、メッセージの省略につながった**必要最小限の通信**という方針や、前述のような誤解の可能性を明確にしないことによっても妨げられていた。

欠陥のある、または不適切な決定とコントロールアクション

味方機 2 機への射撃という F-15 パイロットの明らかに間違った命令以上に、陸軍ヘリコプターのパイロットも F-15 パイロットも、飛行中に、不相応な、または不適切なコントロールアクションを実行していた。

ブラックホークのパイロット：

- 陸軍ヘリコプターは、空軍により他機がいないことが確認される前に TAOR に進入した。空域管制命令書（ACO）では、このエリアでの航空優勢の獲得（fighter sweep）は、同盟国の航空機の進入より前でなければならないと定めている。しかしイーグルフライト・ヘリコプターはザクに頻繁に行っていたため、陸軍ヘリコプターに対しては、この方針に対する公式的な例外が設けられていた。空軍戦闘機のパイロットは、この例外について知らされていなかった。この誤解を理解するには、コントロールストラクチャーのより上位レベル、特にその上位レベルのコミュニケーションの構造を見る必要がある。

- 陸軍パイロットは、TAOR で使用すべき適切な無線周波数に変更しなかった。しかし、先述したとおり、同じ周波数だったとしても、無線のアンチジャミング技術の違いにより、F-15 との通信は不可能であっただろう。

- 陸軍パイロットは TAOR において適切な IFF モード I シグナルに変更しなかった。しかし、先述したとおり、F-15 はモード I 応答を受信できるはずであった。

F-15 リードパイロット：F-15 パイロットの非安全なコントロールアクションに関する報告と説明は、この事故について記述した人たちの間で大きく異なる。分析が複雑なのは、事故後のパイロットによる供述が、過失致死の容疑で捜査を受けたことに影響された可能性が高い。つまり、時間の経過とともに彼らの話が大きく変化したことによる。また、リードパイロットは興奮のあまり、ウィングパイロットに HUD[8] テープを作動させるために必要な無線連絡を行わず、自分自身もテープを作動させることを忘れていた。したがって、何が起きたのか、何が目撃されたのかといういくつかの側面に関する証拠

8　ヘッドアップディスプレー（Head-Up Display）。

は、事故後の調査や裁判でのパイロットの証言に限定される。

　また、パイロットが飛行禁止区域のために定められた交戦規定（ROE）に従っていたかどうかの判断においても、ROE が公開されておらず、事故調査委員会の報告書の関連箇所が検閲され削除されているため、困難な状態になっている。とはいえ、この事故に関する他の情報源は、空軍パイロットの ROE 違反という明確な事実に言及している。

　F-15 リードパイロットについては、以下のような不適切な決定とコントロールアクションを識別できる。

- ROE で要求されている目視による識別を適切に行わず、識別を確かめるための 2 度目の追い越しも行わなかった。F-15 パイロットは地上や地形に接近した飛行に慣れていない。リードパイロットは、高い山に囲まれた狭い谷間の飛行は地上から射撃される恐れがあり危険が伴うため、できるだけ高い位置に留まり、それから 3、4 秒の短い間だけ、目視による識別のために降下したと証言した。彼は時速 500 マイル以上で飛行し、左手のヘリコプターを、横に約 1,000 フィート、上空に約 300 フィート離れた距離で追い越した。彼は、次のように証言している。

  > 翼の先端が山に当たらないようにしながら、主無線で呼びかけ、ヘリコプターのシルエットが載っているガイドを取り出すという 2 つのタスクを同時に実行しました。1.25 秒未満ずつ 3 度ちらりと素早く見ることしかできませんでした。[159]

  ブラックホークの深緑色のカモフラージュは、谷間の緑色の背景に溶け込み、識別の難しさが増していた。

  　事故調査委員会は、F-15 とブラックホークをパイロットに操縦させて、目視による識別が行われた状況を再現した。テストパイロットはブラックホークを識別することができず、それぞれのヘリコプターにある 6 旗の米国旗のいずれも見えなかった。F-15 パイロットは、自分たちが行ったと証言した目視識別のための追い越しの様式を用いても、ROE の識別要求を満たせていなかったのである。

- ヘリコプターをイラクのハインドと誤認した。この誤認には、2 つの基本的に誤った決定があった。1 つは UH-60（ブラックホーク）ヘリコプターをロシア製のハインドと識別したこと、もう 1 つはハインドがイラクのものであると思い込んだことである。シリアやトルコもハインドを飛行させており、米国連合軍のいずれかが、そのヘリコプターを所有している可能性もあった。週次の飛行隊会議を開催していた作戦支援飛行隊（Operations Support Squadron）の司令官は、このエリアには非常に多くの国と航空機があり、F-15 などがヘリコプターをレーダーに捉えた場合には、アメリカやトルコ、あるいは国連のヘリコプターである可能性が高いので、OPC にいる間はずっと各飛行隊に対して、飛行禁止区域上空の航空機の誤認には注意するよう毎週繰り返し言ってきた、と証言した。

  > ヘリコプターを正体不明のものとして迎撃する場合にはいつでも、手順、機器の故障、レーダーを覆い隠す高い地形などの問題があります。ヘリコプターを電子的に識別できない理由は数多くあります。規律を守ることが大切なのです。間違えるより、撃ち漏らす方がましです。[159]

- 発射の前に、ROE で要求されている、ヘリコプターが敵意を持っているかの確認を行わなかった。ROE では、パイロットに対して、航空機の種類や国籍の判断だけでなく、航空機が迷子になっているか、遭難しているか、医療任務に就いているか、あるいは亡命したパイロットが操縦している

可能性などの考慮を要求していた。

• 空挺指令員（ACE）に報告しなかったことで、交戦規定（ROE）に違反した。ROE によると、パイロットは ACE（パイロットの指揮系統にいて、物理的には AWACS に配置されている）に未確認の航空機に遭遇したことを報告すべきであった。彼は、ACE のミサイル発射の承認を待たなかった。

• 無理にむやみに急いで行動し、コントロールストラクチャーの上位者（交戦を統制する責任を持つ者）に行動する時間を与えなかった。パイロットが TAOR にいるヘリコプターの兆候を最初に受け取ってから、それを撃ち落とすまでの事故全体の時間は、わずか 7 分であった。パイロットには、緊急時に自ら行動することが ROE では認められている。では、この状況が緊急時であったかどうかということには疑問がある。

連合軍空軍部隊（CFAC）の高官は、急ぐ必要はなかったと証言した。飛行速度の遅いヘリコプターは、F-15 が最初にレーダーで見つけてから 14 マイルも飛んでおらず、威嚇飛行もせず、セキュリティゾーンから南東に離れたところを飛んでいた。GAO 報告書は、ヘリコプターの速度を考えると、戦闘機はトルコの空域に戻り、燃料を補給してもまだ、ヘリコプターが 36 度線の南を通過する前に戻って交戦する時間があったと、任務指揮官（MD）が述べたことに言及している。

ヘリコプターはまた、F-15 および、AWACS を保護し、エリアに敵がいないかどうかを判断するという F-15 の任務に対して、何の脅威ももたらさなかった。ある専門家は、たとえそれがイラクのハインドであったとしても、「ハインドが F-15 の脅威となるのは、F-15 がその真正面にじっと止まっており、『さあ撃て』と言った場合だけです。それ以外の場合は、おそらくそれほど攻撃を受けないでしょう」と後にコメントしている [191]。

パイパーは、この事故について執筆した米空軍士官学校（Air Force Academy）の教授であるトニー・カーン（Tony Kern）中尉（Lt.Col.）の言葉を引用している。

間違いは起きますが、ヘリコプターへの射撃を急ぐ必要はありませんでした。F-15 は何度も追い越しをすることができたし、ヘリコプターの意図を判断するために目的地まで追跡することさえもできたでしょう。[159]

パイロットの早まった行動に対するどんな説明も、憶測による産物でしかない。スヌークは、この素早い対応は、戦闘機パイロットに教え込まれた過剰な防衛反応に起因するとしている。スヌークと GAO 報告書はともに、F-16 パイロットとの競争意識と、F-15 リードパイロットの、敵の航空機を撃ち落としたいという願望に言及している。F-16 が F-15 の 10 分から 15 分後に TAOR に入ることで、F-16 パイロットが敵の航空機を撃墜するという手柄を立てる可能性があった。F-16 は低空飛行のヘリコプターを迎撃するための訓練と装備に優れている。もし F-15 パイロットが指揮系統を巻き込んでしまっていたならば、ペースは遅くなり、このパイロットの撃墜の機会は台無しになってしまったであろう。スヌークはさらに、平時のパイロットにとっては、これはめったにない戦闘の機会であったと主張している。

人間の行動の背後にある目的や動機付けは、知ることができない（2.7 節参照）。F-15 パイロットが事故から生還したこのケースでも、彼ら自身の説明を疑う根拠はたくさんあり、その中には実刑判決の可能性があるものも含まれている。交戦直後のパイロットによる説明は、その 1 週間後の、軍法会議にかけるべきかどうかを判断するための公式調査の中での彼らの説明とは、大きく異なる。しかし、いずれにせよ、イラク北部の開けた地形で、あのように飛行速度の遅いヘリコプ

ターが超音速の戦闘機2機から逃げられる可能性はなく、F-15にとって深刻な脅威でもなかった。したがって、この状況は緊急時ではなかったのである。

- ヘリコプターを射撃する前に、ウィングパイロットによる明確な識別（positive ID）を待たず、曖昧な応答を受け取っても、それを疑問に思わなかった。リードパイロットが2機のイラクのヘリコプターを目視により識別したと呼びかけたときに、彼はウィングパイロットに識別を確認する（confirm）ように頼んだわけである。ウィングパイロットは無線で「2機を目視確認」と連絡したところ、リードパイロットはそれを、イラクのヘリコプターを確認したと受け取った。しかし、そのことについてウィングパイロットは後に、2機のヘリコプターを見たが、必ずしもイラクのハインドを見たという意味ではない、と証言した。リードパイロットは交戦に入る前に、ウィングパイロットによる明確な識別を待たなかったということである。

- 彼は許可なく高度制限に違反した。パイパーによると、OPC司令官はある公聴会で次のように証言した。

  > 私はイラク北部では、規則どおり日常的に高度制限を課していました。4月14日、固定翼機の最低高度は1万フィートに制限されていました。この情報は各飛行隊の航空機クルー用ファイルに記載されました。どんな例外にも、私の承認が必要でした。[159]

  公式の事故報告書を含め、他のどの事故報告書にも、パイロット側のこの間違った行動については触れられていない。このコントロールの欠陥については調査されなかったので、この行動が「参照チャネル（reference channel）」の問題（すなわち、パイロットが高度制限について知らなかった）から生じたのか、それとも「アクチュエーター」エラー（すなわち、パイロットは高度制限について知っていたが、理由はわからないが無視することを選んだ）から生じたのかを判断することはできない。

- AWACSを保護するという基本的な任務から外れ、AWACSが攻撃を受けやすくしてしまった。つまり、ヘリコプターが陽動作戦であるという可能性もあった。TAORへの最初の飛行任務は、AWACSやそれ以外の航空機が限定された作戦行動区域に進入しても、安全であることを確実なものにすることであった。パイパーは、それが彼らの任務の唯一の目的であったと強調している[159]。パイパーは、やはりこのことに言及している唯一の人物であるが、OPC司令官がある公聴会で、F-15がヘリコプターを攻撃して撃ち落とした際に、AWACSを空中において別の脅威にさらしてしまったかどうかと聞かれたときの証言を引用している。司令官は次のように答えていた。

  > そのとおりです。F-15がヘリコプターを調査するために降下し、何度も追い越してヘリコプターと交戦し、さらにそのエリアを目視で偵察するために通過している間ずっと、AWACSは危険にさらされていた可能性があります。[159]

ウィングパイロット：ウィングパイロットはリードパイロットと同様、高度制限に違反し、基本的な任務から外れた。さらに以下を行った。

- ヘリコプターを明確に識別することができなかった。つまり、彼の目視による識別は、F-15リードパイロットほどヘリコプターに近くはなく、ヘリコプターを認識するには不十分であり、そして、ウィングパイロットによる識別は2、3秒の間だけであった。ワシントン・ポストの記事によると、彼は調査員に対して、「2機を目視確認」と報告する前に、ヘリコプターをはっきりとは見

ていないと語った。調査員とのある面談の記録において、彼は次のように話していた。「私は彼らを、敵とも味方とも認識していませんでした。飛行隊長（訳注：リードパイロット）からの連絡でハインドが見えることを予想していました。それを否定するものは何も見えませんでした」。

ウィングパイロットは当初、ヘリコプターをハインドと識別できなかったと証言していたが、4月から半年後にかけてその証言を翻し、彼を軍事会議にかけるかどうかの公聴会では、「ハインドと識別できた」と証言した[159]。これらの矛盾する証言のうち、どちらが真実なのかを判断する方法はない。

識別せずに交戦を続けた理由としては、ROE に対するメンタルモデルが不適切だったこと、リードパイロットの命令に従い彼の識別が適切であると思い込んだこと、見たいもの（what one expects to see）、つまりヘリコプターが敵であってほしいという願望が、見えるもの（what one sees）に強く影響したこと、そしてそれらの組み合わせなど多岐にわたる。

• ヘリコプターを識別していないことをリードパイロットに伝えていなかった。撃墜の責任を問う公聴会で、リードパイロットは、彼がウィングパイロットに無線で、「タイガーワン、ハインド2機を目視確認。確認してくれ」と言ったと証言した。この点については両パイロットとも同意しているが、その後、証言が矛盾してくる。

1994 年秋に、ウィングパイロットを 26 件の過失致死罪で起訴するべきかどうかの公聴会が開かれた。これは、リードパイロットが AWACS に交戦を伝えたのが、ヘリコプターがイラクのハインドであるかどうかを確認せよというリードパイロットの指示に、ウィングパイロットが応答した前か後かという非常に狭い争点にかかっていた。リードパイロットは、ヘリコプターをハインドと識別した後、ウィングパイロットに識別を確認するよう求めたと証言した。ウィングパイロットが「2機を目視確認」と応答した際に、リードパイロットはこの応答が識別を確認した合図であると信じた。そして AWACS に無線連絡し、「タイガーツーがハインド2機を目視確認、交戦開始」と報告したのである。一方、ウィングパイロットは、自分（ウィングパイロット）がリードパイロットに「2機を目視確認」と無線連絡する前に、リードパイロットが「交戦開始」のメッセージを AWACS に連絡したと証言した。彼は、自分の「2機を目視確認」の連絡は、「確認せよ」の呼びかけに対してではなく、「交戦開始」の連絡に応答したもので、単に対象の航空機を両方とも目視確認したことを意味するものであったと述べた。彼は、いったん交戦開始が連絡されれば、識別はもはや必要ないと適切に判断したと主張した。

1994 年秋の公聴会では、これらのうちのどのシナリオが実際に起きたのかについて結論が出されたが、それは、空軍の公式の事故報告書や別の公聴会での審査官の結論とは異なる。繰り返すが、ここで責任の所在を明らかにしたり、通信（communications）が不明瞭であったと結論づけるためにどのシナリオが正しいかということを正確に判断することはできないし、その必要もない。必要最小限の通信という方針は、交戦するかもしれないという興奮と同様に、ここでの要因の1つであった。スヌークは、パイロットの聞きたいことへの期待が、入力情報の選別（filtering）につながったことを示唆している。このような選別は、航空会社のパイロットと管制官の間の通信においてよく知られた問題である。定着した言い回しは、その選別を軽減するためのものである。しかし、ウィングパイロットの連絡は標準的なものではなかった。実際にパイパーは、この（訳注：ウィングパイロットの）無線通話が、撃墜事故以降、戦闘機のパイロットを養成する基地やプログラムにおいて、「戦闘機の迎撃中に、パイロットが行う可能性のある最悪な無線通信」の例として用いられていることを指摘している[159]。

- 適切に識別していないにもかかわらず、交戦を続けた。識別せずに交戦を続けた原因は、ROE に対するメンタルモデルが不適切だったこと、リードパイロットの命令に従ったこと、リードパイロットの識別が適切だと思い込んだこと、ヘリコプターが敵であってほしいと思ったこと、そしてこれらの組み合わせなど多岐にわたるかもしれない。彼の矛盾した証言だけでは、その理由を判断することはできない。

欠陥のあるコントロールアクションと機能不全の相互作用についてのいくつかの理由

図 4.8 に示した事故要因は、欠陥のあるコントロールアクションの説明に使用できる。これらの要因は、間違ったコントロールアルゴリズム、不正確なメンタルモデル、複数のコントローラー間の連携不足、コントロール対象のプロセスからの不適切なフィードバックに分類される。

間違ったコントロールアルゴリズム：ブラックホークのパイロットは与えられた手順を正しく守っていた（後述する「コントロールのより上位レベル」（5.3.6 項）を参照）。これらの手順は非安全なものだったので、事故後に変更された。

F-15 パイロットはコントロールアルゴリズム（交戦規定で要求される手順）を正しく実行しなかったようである。しかし、ROE には機密が含まれているため、この結論を証明するのは難しい。事故後、ROE は変更されたが、どのような変更がなされたかは公開されていない。

F-15 パイロットの不正確なメンタルモデル：空軍パイロットのメンタルモデルと実際のプロセス状態の間には、多くの不一致があった。まず、ブラックホーク・ヘリコプターがどのように見えるのかについての効果的なメンタルモデルがなかった。これには、目視による認知（visual recognition）訓練が不十分であったことや、スポンソンを取り付けたブラックホークがハインドに似ていることなど、いくつかの理由がある。F-15 パイロットが訓練を受けていたブラックホークの写真には、このような翼に取り付けた燃料タンクはなかったのである。また、F-15 パイロットが目視識別のために追い越した際の速度や、対象の上を通過した際の角度などの要因もある。

F-15 パイロットは 2 人とも、それ以前の 4 か月間に限定された目視による認知訓練しか受けていなかった。その原因の 1 つは、ウィングパイロットがドイツのある基地から別の基地へと物理的に移動したため、通常の訓練が中断されたことであった。しかし、たとえその訓練が完了していたとしても、不適切であったと思われる。それは、F-15 の主な任務は高速で移動する航空機との空対空戦闘であるため、作戦訓練のほとんどは、最も危険で脅威となり得る他の高高度戦闘機に焦点を合わせて行われるからである。事故前の最後の訓練では、ヘリコプターを描いたスライドは全体の 5 パーセントにすぎなかった。F-15 の情報打ち合わせや訓練では、イラクのヘリコプターのカモフラージュが薄茶とデザートタン（ブラックホークの深緑色のカモフラージュとは対照的）であることは一切取り上げられなかった。

パイロットは「ビアショット（beer shots）」と呼ばれる、飛行中の航空機の見え方に似ているぼやけた写真を使って、高速で飛行するさまざまな種類の航空機を認識するように教えられる。しかし空軍パイロットは、陸軍ヘリコプターを認識する訓練はほとんど受けていない。陸軍ヘリコプターは飛行する高度が違うので、めったに遭遇しないのである。訓練中に陸軍から提供されたヘリコプターの写真はすべて、陸軍の要員にとってはよく見る地上の視点から撮影されたものであり、その上を飛行する戦闘機のパイロットにとっては役に立たなかった。ほとんどの戦闘機がヘリコプターを見る位置である上部後方から撮影された写真はなかった。この事故の後、空軍の目視による認知訓練と手順は変更された。

F-15 パイロットはまた、現時点での空域占有者についての不正確なメンタルモデルを持っていたが、

それは、その日誰がいつ空域に入るかについて入手していた情報に基づいていた。彼らは、自分たちが TAOR に入る最初の連合軍の航空機であると想定しており、かつ、次の複数の方法でそのように伝えられていた。

- ACO には、航空優勢の獲得により他機がいないことが確認されるまでは、連合軍の航空機（固定翼機あるいは回転翼機）が TAOR に入ることは許可されないことが明記されていた。

- 日次の ATO と航空機クルー用ファイル（ARF）には、その日に TAOR に入る予定のすべての飛行の一覧が含まれていた。陸軍のブラックホークの飛行について、ATO には、コールサイン（call sign）、機体番号、任務の種類（輸送）、大まかなルート（ディヤルバクルから TAOR へ、そしてディヤルバクルに戻る）だけが記載されていた。出発時刻はすべて「必要に応じて」記載されるが、日次フローシートにはヘリコプターについての記載がなかった。パイロットは、任務中に主に参照するフローシートを、ニーボード（kneeboards、訳注：飛行に必要な情報を膝に固定するもの）に貼って飛行する。F-15 は、まさしく最初に TAOR に入る任務飛行として記載され、それ以外の航空機はすべて F-15 の後に続く予定であった。

- その日の朝の飛行前の打ち合わせで、ATO とフローシートは細部にわたり見直された。フローシートに出ていない陸軍ヘリコプターの飛行については言及されなかった。

- 航空機に向かう前に渡された「戦闘参謀指令」（ATO や ARF に公示された情報に対する直前の変更を手書きした紙）には、ブラックホークの飛行に関する情報はなかった。

- F-15 リードパイロットはエンジン始動直後、地上にいる任務指揮官（MD）との無線連絡において、ATO が公示されてからは新しい情報は受け取っていないと告げられた。

- TAOR に入る直前、リードパイロットは、このときは AWACS にいる空挺指令員（ACE）に対して、到着を再度知らせた。ここでも、エリア内の陸軍ヘリコプターについては知らされなかった。

- 0720 に、リードパイロットは配置に着いたと報告した。通常はその際に、AWACS からエリア内の航空機の「画像（picture）」が提供される。このときには、ブラックホークはすでに 3 回にわたって AWACS に到着を知らせていたが、F-15 パイロットには何の情報も提供されなかった。

- 交戦中、AWACS は、陸軍ヘリコプターについてパイロットには知らせなかった。F-15 リードパイロットは、受信したレーダーによる捕捉を識別する試みが失敗したと 2 度報告したが、それに対して、そのエリアにブラックホークが存在していることは知らされなかった。最初の報告の後、TAOR 管制官は「反応なし」と返答したが、これはその場所でのレーダーのヒットがないことを意味していた。3 分後、2 度目の連絡の後、TAOR 管制官は「反応あり」と回答した。もしレーダーシグナルが味方機と識別されていれば、管制官は「応答あり（paint there、訳注：指定されたIFF モード、正しいコードでの応答がある）」と回答していただろう。

- F-15 の IFF トランスポンダーは、前述したとおり、そのシグナルを味方機からのものとは識別していなかった。

空域占有者についての F-15 パイロットのメンタルモデルが誤っており、矛盾する入力情報を受けても再検討しなかった理由を説明するために、さまざまな複雑な分析が提案されている。しかし、単純な説明として考えられるのは、彼らが言われたことを信じたということである。認知心理学では、メンタルモデルは、特にこのケースのように曖昧な根拠に直面すると、なかなか変更されないことがよく知られている。オペレーターは、コントロール対象であるシステムの状態に関する入力情報を受け取ると、ま

ずその情報を自分の現在のメンタルモデルに当てはめようとし、当てはまらない情報を排除する理由を探そうとする。オペレーターは常に自分のメンタルモデルと現実の差を検証しているので（図2.9参照）、メンタルモデルを長く保持してその間違ったメンタルモデルを導いた情報源がさまざまであるほど、矛盾する情報、特に曖昧な情報によってメンタルモデルが変わることに抵抗感が生じる。パイロットはその時点で、TAOR に味方のヘリコプターはいないと、ほぼすべての関係者から繰り返し聞かされていたのである。

　また、F-15 パイロットは、未確認の航空機を見つけた際に必要となる、ROE と手順について誤解していた（間違ったモデルを持っていた）可能性がある。事故報告書によると、ROE は、打ち合わせや個々のクルーが理解していく中で、単純な形へと縮小されていった。この単純化により、一部のパイロットは、識別の難しさや亡命した者に対して安全な行動をとる必要性、航空機が遭難しクルーがその場所を知らない可能性など、交戦前に必要となる具体的な考慮事項を知らなかった。一方で、その前の週にインシデントがあり、F-15 パイロットは、ACE に報告するという戦闘機パイロットへの要求を、再度強調する口頭指示を受けていた。その指示は、4 月 7 日のインシデントにおいて、イラク航空機への迎撃を「中断せよ（knock off）」、つまりやめろという ACE の命令を、F-15 パイロットが最初のうちは無視していたために出されたものであった。ACE は、パイロットが航空機と交戦する準備をしていると聞いて、パイロットに連絡し、敵機が飛行禁止区域外にいると判断し、「餌と罠」の状況[9]を警戒していることを伝え、交戦を中止するよう指示したのである。GAO 報告書によると、連合軍空軍部隊（CFAC）の高官は GAO に対し、インシデントにおける ACE のこの「中断せよ」という介入について、F-15 の部隊は「非常に動揺」し、ACE が F-15 パイロットの任務を妨害したと感じていたと述べている[200]。第 2 章で考察したように、個人の行動の背後にある動機付けを判断する方法はない。事故分析者は、代わりとなる説明を提示することしかできない。

　リードパイロットの間違ったメンタルモデルのさらなる原因は、F-15 ウィングパイロットからの曖昧な、または欠落した（missing）フィードバック、ブラックホークとの通信の機能不全、AWACS や CFAC の作戦行動から参照チャネルを介して提供される不適切な情報に起因している。

ブラックホークのパイロットの不正確なメンタルモデル： ブラックホークのコントロールアクションは、不正確なメンタルモデルとも関連している。それは、TAOR の内部と外部では飛行するための IFF コードが異なることや、TAOR の内部では自分たちが無線周波数を変更すると思われていたことを、彼らが知らなかったことである。後述するように、実際には、彼らは周波数を変えてはいけないと言われていた。また、航空優勢の獲得の前の、同盟国航空機の TAOR への進入に対する ACO の制限は、彼らには適用されないと聞かされていた。つまり、ヘリコプターに対しては公式な例外が設けられていた。彼らは、ヘリコプターはセキュリティゾーン内にいる限り、AWACS による支援がなくても TAOR 内に入ることができると理解していた。実際に、ブラックホークのパイロットは、AWACS や戦闘機の支援の前に、何事もなく何も言われずに TAOR に入ることが多かったので、それが習慣になっていた。

　さらに、彼らの無線は F-15 パイロット間および F-15 と AWACS 間の HAVE QUICK 通信を拾うことができなかったので、状況に対するブラックホークのパイロットのメンタルモデルは不完全であった。スヌークによると、ブラックホークのパイロットは、調査中に次のように証言している。

　　私たちは、システム全体には統合されていませんでした。F-15 や航空優勢の獲得、給油機、偵察作戦、

9　GAO 報告書によると、このような戦略では、戦闘機が 1 機以上の敵の標的によってエリアに誘い込まれ、他の戦闘機や地対空ミサイルによって攻撃される。

味方への誤射による事故 117

そして AWACS において何が起きているのかまったく知りませんでした。誰がどこにいつ来るのか、全然わかりませんでした。[191]

複数コントローラー間の連携：このレベルでは、各コンポーネント（航空機）のコントローラーは 1 人であるため、連携の問題は発生しなかった。しかし、コントロールのより上位のレベルでは問題が多発していた。

コントロール対象のプロセスからのフィードバック：F-15 パイロットは、目視識別のための追い越しにより、曖昧な情報を受け取っていた。彼らが飛行した速度と高度では、味方であることを識別するためのブラックホーク特有のマークを、検出することができなかったと思われる。山岳地形を飛行したため、識別のための追い越しを適切に行うことはできず、さらにヘリコプターの緑色のカモフラージュによって、より難しくなっていた。ウィングパイロットから F-15 リードパイロットへのフィードバックも曖昧であり、リードパイロットが誤って解釈した可能性が高い。両パイロットとも、間違った IFF のフィードバックを受けていたようである。

事故後の変更

事故後、ブラックホークのパイロットには、以下の変更がなされた。

- ATO が公表しているルートとタイミングの厳守が義務付けられた。

- AWACS の確固たるコントロールがなければ、TAOR 内での行動は許可されない。AWACS の支援がない場合、ATO に記載されていることを条件とし、ディヤルバクルとザク間の管理上のヘリコプターの飛行のみが許可された。

- TAOR の共通無線周波数を受信することが義務付けられた。

- 地上にいない限りは、少なくとも 20 分ごとに AWACS との無線交信を確認することが義務付けられた。

- 着陸時には AWACS に通知することが義務付けられた。航空路の各地点における無線連絡が必須となった。

- 無線交信が確立できない場合、交信が回復するまで AWACS との見通し線まで上昇することが義務付けられた。

- TAOR（ザクを含む）に着陸する前に、地上において、予定時刻に離陸できないような遅延が予想される場合には、AWACS に知らせることが義務付けられた。

- 離陸後すぐに AWACS に連絡し、IFF モード I、II、IV が機能していることを再確認することが義務付けられた。AWACS との無線チェックが思わしくない場合や、モード IV が機能しない場合には、TAOR に進入できなくなった。

すべての戦闘機パイロットには、以下の変更がなされた。

- 低高度の環境に入る際には AWACS に知らせること、そして、ヘリコプターとの衝突回避のために、クリアな TAOR 周波数を維持することが義務付けられた。

- TAOR に進入する前に、UHF や HAVE QUICK、または UHF のクリアな無線周波数を使用して AWACS に連絡し、IFF モード I、II、IV を確認することが義務付けられた。AWACS との無線交

信が良くない場合やモード IV が機能しない場合には、TAOR に進入できなくなった。

　最後に、上空からの識別をしやすくするために、ブラックホークの回転翼に認識するための白い帯が描かれた。

5.3.4　空挺指令員（ACE）と任務指揮官（MD）

決定とアクションが行われたコンテキスト

安全要求と安全制約：ACE と MD は、ROE で明示された手順と暗に示された手順を遵守しなければならない。ACE は、パイロットが ROE を遵守することを確実なものとしなければならない。ACE は報告された未確認の航空機を識別するために、AWACS クルーとやりとりしなければならない（図5.7）。

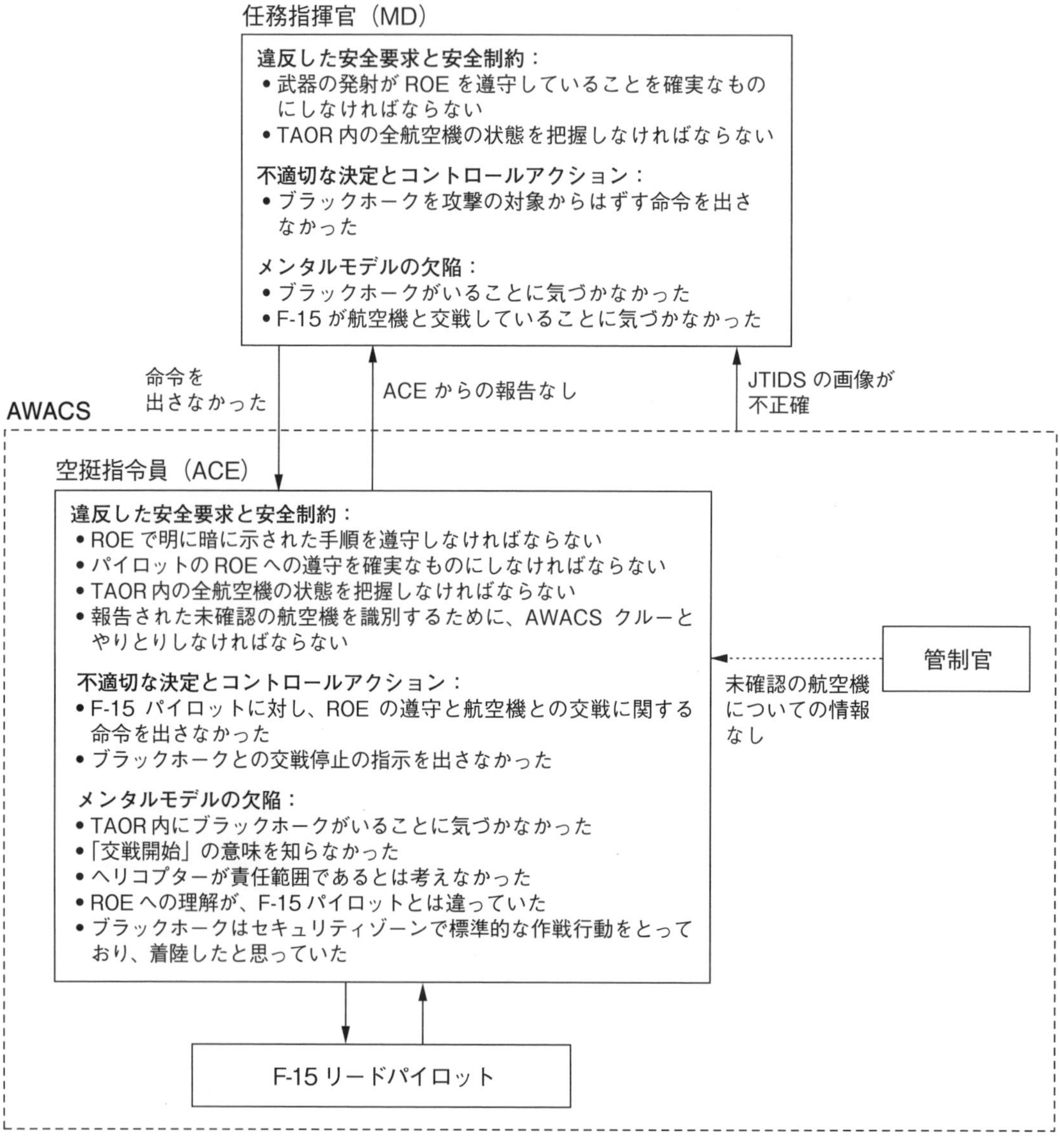

任務指揮官（MD）

違反した安全要求と安全制約：
- 武器の発射が ROE を遵守していることを確実なものにしなければならない
- TAOR 内の全航空機の状態を把握しなければならない

不適切な決定とコントロールアクション：
- ブラックホークを攻撃の対象からはずす命令を出さなかった

メンタルモデルの欠陥：
- ブラックホークがいることに気づかなかった
- F-15 が航空機と交戦していることに気づかなかった

命令を出さなかった　　ACE からの報告なし　　JTIDS の画像が不正確

AWACS

空挺指令員（ACE）

違反した安全要求と安全制約：
- ROE で明に暗に示された手順を遵守しなければならない
- パイロットの ROE への遵守を確実なものにしなければならない
- TAOR 内の全航空機の状態を把握しなければならない
- 報告された未確認の航空機を識別するために、AWACS クルーとやりとりしなければならない

不適切な決定とコントロールアクション：
- F-15 パイロットに対し、ROE の遵守と航空機との交戦に関する命令を出さなかった
- ブラックホークとの交戦停止の指示を出さなかった

メンタルモデルの欠陥：
- TAOR 内にブラックホークがいることに気づかなかった
- 「交戦開始」の意味を知らなかった
- ヘリコプターが責任範囲であるとは考えなかった
- ROE への理解が、F-15 パイロットとは違っていた
- ブラックホークはセキュリティゾーンで標準的な作戦行動をとっており、着陸したと思っていた

管制官

未確認の航空機についての情報なし

F-15 リードパイロット

図 5.7　ACE と MD に関する分析

コントロール：コントロールには、交戦を抑制するための ROE と、個人の過失や任務を逸脱した振る舞いを防止するための指揮系統が含まれる。

役割と責任：ACE は、戦闘作戦をコントロールする責任と、ROE が課されることを確実なものにする責任を負っていた。彼は AWACS で飛行していたので、TAOR 空域の状態について最新の情報を得ることができた。

　ACE の職務には常に、戦闘機の経験を持つ非常に経験豊富な人物が就いていた。その日には、空軍に 19 年間所属していた少佐（major）が ACE であった。彼はおそらく、空軍の中の 40 歳未満の誰よりも戦闘経験が豊富であった。総飛行時間 2,000 時間、125 回の戦闘任務で飛行、そのうち 27 回は湾岸戦争に参加しており、その間に殊勲飛行十字章（Distinguished Flying Cross）と 2 つの英雄勲章（air medals for heroism）を受章していた。事故当時、彼は ACE として 4 か月間勤務しており、AWACS で約 15 回から 20 回の任務飛行をしていた[191]。

　地上にいる MD は、即時の意思決定のために、パイロットから CFAC 司令官への指揮系統を提供していた。事故当日の MD は、空軍に 18 年以上所属する中佐であった。彼は欧州では F-4 で 1,000 時間以上、さらに全世界において F-15 で 100 時間以上、飛行していた[191]。

環境要因および振る舞いを形成する要因：事故に関する報告書や書籍の中で、関係する要因は識別されなかった。

このレベルにおける相互作用の機能不全

　ACE は AWACS ミッションクルーから未確認の航空機や敵の航空機に関する情報を得ることになっていたが、この事例では提供されなかった。

欠陥のある、または不適切な決定とコントロールアクション

　ACE は F-15 に対して、ROE の遵守や米軍ヘリコプターへの交戦や射撃に関する命令を一切出さなかった。

欠陥のあるコントロールアクションと相互作用の機能不全の理由

間違ったコントロールアルゴリズム：コントロールアルゴリズムは理論上効果的であるはずだが、実行されることはなかった。

不正確なメンタルモデル：CFAC とそれに従う MD と ACE は、ヘリコプターの最終的な戦術統制を行っていたが、AWACS クルーと同様に、ヘリコプターの活動は OPC 航空作戦には必須ではないという認識を持っていた。ACE は事故後の証言で、「AWACS がイーグルフライトを追跡するのは、厚意としてやっていただけと理解しています」とコメントしている。

　また、MD と ACE は、自分たちの責任を果たすために必要な情報を持っていなかった。ACE は、ブラックホークが空域のどこにいるのかについての不正確なメンタルモデルを持っていた。彼は、ブラックホークがセキュリティゾーンで標準的な作戦行動をとり、着陸したと思っていたと証言した[159]。彼はまた、レーダースコープを持っていたものの、AWACS のレーダー記号の知識はなかったとも証言した。「この小さなブリップ（blips、訳注：航空機の位置を示す輝点）が何を意味するのか、まったくわかりません」。地上にいる MD は、JTIDS（統合戦術情報伝達システム）を介して AWACS から送られてくる現在の空域の状態に関する情報に依存していた。

ACE は、ROE で義務付けられているとおり、敵機の可能性がある状況では、F-15 パイロットが自分に助言を求めると思い込んでいたと証言した。未確認の航空機との交戦を開始する権限が誰にあるかという点では、ROE に対する ACE が持つメンタルモデルと F-15 パイロットが持つメンタルモデルは、明らかに一致していなかった。交戦規定では ACE が責任を負うことになっていたが、差し迫った脅威がある場合には自分にも権限があると信じているパイロットもいた。セキュリティ上の懸念から、事故調査中には実際に使用された ROE は公開されなかったが、先に示したとおり、低速で飛行するブラックホークは、F-15 にとって重大な脅威ではなかったはずである。

F-15 パイロットは、交戦について ACE に連絡しなかったが、ACE は F-15 リードパイロットが TAOR 管制官に呼びかけるのを聞いていた。ACE は事故調査委員会に対して、F-15 パイロットが目視による識別をした時点では何かを決意したわけではないと信じており、彼らがこんなに早く対応するとは思いもよらなかったので介入できなかった、と証言した。彼は、OPC に配属されてからは、F-15 やそれ以外の戦闘機が航空機を調査する際には、ACE にフィードバックを求めるという手順になっていたと主張した。そうすれば、ACE と AWACS クルーは、その航空機がどこの所属の航空機であるのか、くまなく捜して突き止めようとし、明確に識別したであろう。それがうまくいかなかった場合には、ACE はパイロットに目視による識別を依頼することになっていた [159]。したがって、ACE は、F-15 パイロットから報告されたことはなかったが、F-15 パイロットが、先に自分に報告せずにヘリコプターを射撃することはないと、おそらく想定していた。この時点では、F-15 パイロットは単に、AWACS 管制官に識別を要求しただけであった。ACE の ROE への理解に照らせば、F-15 パイロットは、差し迫った脅威がない限り、彼（ACE）の承認なしでは射撃することはないはずであり、そして差し迫った脅威はなかった。ACE は、F-15 パイロットから、どのような行動をとるべきかと聞かれることを待っていたと証言している。

また、ACE はある公聴会で次のように証言した。

実は今朝まで、無線での「交戦開始（engaged）」がどのような意味か、知りませんでした。パイロットが引き金を引いて、彼らを撃つとは思ってもいませんでした。私はかつて F-111 の右席に乗っていましたが、「交戦開始」とはパイロットが目視で攻撃するために降下することを意味すると思っていました。[159]

複数のコントローラー間の連携：該当なし

コントロール対象のプロセスからのフィードバック：F-15 リードパイロットは、ROE に従わず、識別した航空機のことを ACE に報告せず、助言も求めなかったが、ACE は、F-15 パイロットから AWACS 管制官への問いかけから、識別した航空機のことを知ることができた。MD は、JTIDS から空域の状態について間違ったフィードバックを受けていた。

タイムラグ（Time Lags）：コントローラーに遅れ（lag）があるところで異常なタイムラグが発生しており、コントロールループの他の部分のコントローラーでは発生していなかった [10]。ACE（AWACS 内）と MD（地上）が交戦に関して（ROE で要求される）適切なコントロール命令を出すよりも早く、F-15 パイロットが対応した。

10　同じような種類のタイムラグが発生し、F-18 の損失につながったことがある。そのときは、機械の故障により、コンピューター・インターフェースへの入力がコンピューターの処理能力よりも早かった。

事故後の変更
事故後の変更はなかったが、役割分担は明確になった。

5.3.5　AWACSのオペレーター

このレベルのコントロールストラクチャーには、矛盾したメンタルモデルや非同期的な進化の実例が多く含まれている。さらに、このコントロールレベルでは、規定された手順を受け入れられるやり方（accepted practice）へと、時間の経過とともに適応させていった興味深い具体例や、連携の問題などの例を提供している。さまざまなコントローラーが、それぞれ異なる安全要求と安全制約を課したために、混乱が生じ、責任が重複していた（図5.8）。その重複と、コントロール対象のプロセスの境界エリアが、TAOR内で航空機をコントロールする責任者の間の、深刻な連携の問題を引き起こした。

AWACSのミッションクルー

違反した安全要求と安全制約：
- TAOR内のすべての航空機を識別し、追跡しなければならない
- 味方機を敵と誤認してはならない
- 問い合わせがあった場合には、すべての航空機の状態を戦闘機に正確に伝えなければならない
- フローシートに出ていない航空機が存在する場合は、戦闘機に警告しなければならない
- 味方機を標的にしていることについて、戦闘機への警告を怠ってはならない
- 空域と空域占有者の正確な画像を、（JTIDSを通して）地上に提供しなければならない

相互作用の機能不全：
- 航空機の管制が、航空路管制官からTAOR管制官に管制移管されなかった
- レーダースコープ上でのヘリコプターの飛行の追跡に関するASOと上級兵器指揮官（senior WD）の間の相互作用

不適切な決定とコントロールアクション：
- 航空路管制官は、BH（ブラックホーク）パイロットに対してTAOR周波数に変更するよう伝えなかった
- 航空路管制官は、BHの管制をTAOR管制官に管制移管しなかった
- 航空路管制官は、TAOR内のBHの進路をモニタリングしなかった
- 航空路管制官は、BHの飛行計画を判断するためにデルタポイントシステムを使用しなかった
- TAOR管制官は、TAOR内のヘリコプターの針路をモニタリングしなかった
- F-15パイロットが標的にしたヘリコプターが味方であることを、発射前に誰も警告しなかった
- 味方機がエリア内にいることを、誰もパイロットに警告しなかった
- 交戦を止めようとしなかった
- 間違ったIFFコードのスコークを応答していることを、誰もBHパイロットに伝えなかった
- MCCは、ATOに載っていないヘリコプターについての情報を、朝の打ち合わせで伝えなかった
- 陰のクルーは活動をモニタリングしていなかった

連携の欠陥：
- 誰がヘリコプターを追跡しているかについての混乱
- 監視と兵器指揮官の責任についての混乱
- 飛行禁止区域内のヘリコプターの飛行をモニタリングする責任が誰にも割り当てられていない
- 交戦を開始する権限を誰が持っているかについての混乱

コンテキスト：
- 必要最小限の通信
- 士気の低下、不適切な訓練、過労
- 事故発生時は不活発な時間帯であった
- 端末の故障で座席配置が変更された
- 空域違反はまれにしか発生しない

メンタルモデルの欠陥：
- ヘリコプターがOPCの航空作戦に不可欠な存在だとは思わなかった
- 空域占有者とその位置についての不正確なメンタルモデル
- ヘリコプターはザクにしか行かないと思っていた

図5.8　AWACSのコントロールレベルにおける分析

決定とアクションが行われたコンテキスト

安全要求と安全制約：このレベルにおいて、事故に関係する安全制約は、大まかに言うと、パイロットによる航空機の誤認と、その結果生じることになる味方への誤射を防止することであった。より具体的な要求と制約を図5.8に示す。

コントロール：コントロールには、航空機の識別と追跡の手順、訓練（飛行シミュレーションを含む）、打ち合わせ、参謀管制官、コミュニケーション・チャネルが含まれていた。上級指揮官（SD）と空域監視将校（ASO）はクルーの活動をリアルタイムで監督し、ミッションクルー司令官（MCC）はAWACS内のすべての活動を指揮していた。

　OPC発足当初から使われていたデルタポイント（Delta Point）システムは、実際の場所に対して標準的なコードネームを提供していた。このコードネームは、無線メッセージを聞いているかもしれない敵に対して、ヘリコプターの飛行計画を知られないようにするために使われていた。

役割と責任：AWACSクルーは、TAORに行き来するすべての航空機の識別、追跡、管制、空中給油の調整、TAORにおける上空での脅威の警告とコントロール、およびすべての正体不明の航空機の監視、検出、識別に責任を負っていた。個々の責任については、5.2節に記述している。

　参謀兵器指揮官（staff weapons director、指導員）は、インジルリクに常駐していた。彼は、インジルリクに交代でやってくる新しいAWACSクルーに対し、新任説明会をすべて行い、TAORでの最初の任務飛行に同行していた。OPCの指導者層は、アメリカ国内でのスピンアップ訓練（訳注：配属前の準備のための訓練）とTAORでの絶え間ない実践との間には、いくらかの距離が生じる可能性があることを認識していた。そのため、先述のとおり、AWACSの新任のクルーがトルコに初飛行する際には、その都度、常駐の参謀や指導員が一緒に飛行していた。事故当日には、参謀管制官のうち2名がAWACSに同乗し、現場特有の手順に対して新任のクルーが抱く疑問に答えるとともに、先述したとおり、規定された手順から受け入れられるやり方への適応について伝えた。

　SDはAWACS管制官として5年間勤務していた。これは彼にとってOPCへの4度目の配属であるが、SDとしては2度目であり、イラクのTAOR上での60回目の任務飛行であった[159]。彼はSDとして年間200日以上勤務し、2,383時間以上の飛行時間を記録していた[191]。

　TAOR外の航空機に責任を持つ航空路管制官は、空軍に4年勤務した中尉（first lieutenant）であった。彼は2年前（1992年5月）にAWACSの訓練を終えており、以前にイラクのTAORで勤務したことがあった[191]。

　TAOR管制官は、TAOR内を飛行するすべての航空交通を管制する責任があり、空軍に9年以上勤務する少尉（second lieutenant）であった。しかし彼は、管制官学校を卒業したばかりで、これまで米国本土以外の場所に配属された経験はなかった。実際には、このインシデントの2か月前に任務準備（mission ready）が完了したばかりであった。今回の飛行は、彼にとって初めてのOPC勤務であり、TAOR管制官としても初めてであった。彼は、過去3回の飛行訓練において、任務準備が完了している兵器指揮官として管制したことがあるだけで[191]、TAOR管制官の役割に就いたことはなかった。当時のAWACSの指導では、最も経験の浅い管制官をTAORに配置することが推奨されていた。この慣例の背後にある理由については、この事故に関する報告書では何も言及されなかった。

　撃墜事故の際、空域監視将校（ASO）は大尉であった。彼女は1992年10月に任務準備が完了しており、指導員ASOとして評価されていた。ASOに割り当てられていたもとのクルーの等級が上がり、トルコに間に合わなかったので、彼女がその代役に志願した。事故当時、彼女はすでにOPCで5週間半勤務しており、OPCでの3度目の配属を終えていた。彼女は、ASOとして年間約200日勤務して

いた[191]。

環境要因および振る舞いを形成する要因：撃墜事故があった当時は、国防予算の削減により、基地の閉鎖や軍事規模の縮小が進んでいた。同時に、ソビエト連邦の崩壊によってもたらされた政治情勢の変化により、一連の作戦に米軍が大きく関わることが要求されていた。軍（AWACSクルーを含む）は、予算削減、早期退職、強制解雇、昇進の遅れ、保守の先送り、新しい装備の導入の遅れなどにより、これまで経験したことのないペースで働いていた。これらの要因がすべて、士気の低下、不十分な訓練、高い離職率の原因となっていた。

AWACSクルーは、オクラホマ州のティンカー（Tinker）空軍基地に常駐して訓練を受けた後、約30日間の交代制で世界各地に配属されていた。事故当日のAWACS管制官は、1名を除いて全員がイラクの飛行禁止区域で勤務した経験があったが、この日は一緒に勤務する初日であり、ASOを除けば交代勤務の初日であった。直前の命令であったため、チームは最低限の訓練しか受けておらず、配属前に必要となる丸々3時間の訓練2回の代わりに、1回のシミュレーターによる訓練を受けただけだった。彼らが受けたただ1回の訓練においてでさえ、参加していないチームメンバーがいた。空域監視将校（ASO）、空挺指令員（ACE）、ミッションクルー司令官（MCC）は参加できず、1人は後に交代してしまった。先述のとおり、当初このクルーと一緒に配属を指名され、訓練を受けていたASOは、直前にキャリア養成学校に送り出され、代わりにトルコでの交代勤務を終えたばかりの別のASOが代理を務めたのである。

彼らは1回だけシミュレーターによる訓練を受けたが、演習を進めるためにボーイング社から提供されたコンピューターのテープが最新ではなかった（これも非同期的な進化の一例である）こともあり、あまり効果がなかった。たとえば、地図は古く、使用されていた交戦規定は、当時OPCで施行されているものとは違い、かなり限定されたものであった。モードIコードは記載されておらず、OPCの味方参加者リストにUH-60（ブラックホーク）などは含まれていなかった。2回目のシミュレーションの訓練は、飛行演習のため中止となってしまった。

TAORエリアでは、まだ他機がいないことが確認されていなかったので、不活発な（low activity）時間帯であった。つまりその時間に飛行禁止区域を飛行していた航空機は、まだF-15が2機とブラックホークが2機の計4機だけであった。AWACSクルーは、戦闘が激しい間は、文字どおり何百機もの敵機と味方機を追跡するための訓練と装備を備えている。多くの事故は、より活発な（higher activity）時間帯よりも警戒心が低下している不活発な時間帯に発生する。

MCCは、ほかの重要な監督者（supervisors、SDとACE）2人とともに、航空機の前方にある「ピット」と呼ばれる3人掛けシートに座り、シートそれぞれに専用のレーダースコープがある。SDはMCCの左側に座る。監視部門は後方に座る。過去3年間、飛行禁止区域における違反はめったになく、脅威もあまりなかったので、その日の飛行は通常どおりと考えられており、ピットにいる監督者たちも単なる日常任務とみなしていた[159]。

AWACSの最初の巡回中に、技術者たちはレーダーコンソールの1つが動作していないことを発見した。スヌークによると、この種の問題は珍しいことではないため、AWACSにはクルーの予備の座席が設計されている。航空路管制官は、自分が担当するコンソールが正常に動作していないことに気づくと、TAOR管制官と給油機管制官の間にある通常の位置から、SDの真後ろの予備の座席に移動した。この位置は彼の監督者の視界に入らず、また、TAOR管制官との物理的な接触を排除した。

コントローラー間の相互作用の機能不全

　正式な手順では、航空機がTAORに入るときには、航空路管制官からTAOR管制官に、航空機の管制を管制移管する（hand off）ことになっていた。ブラックホークに対してはこの管制移管が行われず、TAOR管制官はブラックホークがTAOR内を飛行していることに気づかなかった。スヌークはこのコミュニケーションのエラーについて、レーダーコンソールの故障により、TAOR管制官と航空路管制官の間のコミュニケーションが支障をきたしたためと説明している。しかし、この説明では、航空路管制官がTAOR管制官と隣り合わせに座っている場合であっても、航空路管制官がTAOR管制官に管制移管せずに、ヘリコプターの管制を続けるのが**通常**の手順であるという事実とかみあわない。隣の席に座っていれば、エリア内の航空機について、通常もっと多くの非公式な相互作用があったかもしれない。しかし、座席の配置が違っていたとしても、そのような相互作用が起きたという保証はない。ヘリコプターがレーダースクリーンから消えてしまい、航空路管制官がヘリコプターの位置について不正確なメンタルモデルを持っていたことに注意してほしい。航空路管制官は、ヘリコプターがTAORの境界近くにいると思い込んでおり、TAORの奥深くに入り込んでいることに気づいていなかった。したがって、航空路管制官は、たとえ隣に座っていたとしても、ブラックホークの本当の位置をTAOR管制官に伝えることはできなかったであろう。

　レーダースクリーン上のヘリコプター飛行の追跡に関して、ASOと上級指揮官（SD）の間の相互作用には多くの機能不全があった。たとえばASOは、SDのレーダースコープに注意の矢印を提示し、ある時点ではどの軌道からも外れて漂っていたヘリコプターのシンボルが見当たらないことについて、質問しようとした。SDは注意の矢印への対応をせず、60秒後にそれは自動的にスクリーンから消えた。ブラックホークからのレーダー反射とIFF応答が弱まったときに、ヘリコプターのシンボル「H」はレーダースクリーンからは消えてしまい、交戦の直前まで戻らなかったため、TAOR内にブラックホークがいることを、AWACSクルーに視覚的に思い出させるものはなくなってしまった。事故調査では、AWACSの人間とコンピューターのインターフェース設計の分析や、それがどのように事故に結びついたかについての分析は行われなかった。しかし、そのような分析は、コントローラーがそのように行動したことが、なぜ彼らの理にかなっていたのかを完全に理解する上では重要である。

　過失致死を問う軍法会議において、SDは、自分のレーダースコープがヘリコプターを味方だと識別しなかったので、自分には責任はないと主張した。ブラックホークの識別がレーダースコープから外れた理由を問われたとき、彼は2つの理由を挙げた。1つ目は、有効なシグナルが付いていなかったので、ヘリコプターがどこかに着陸したと思い込んでいたという理由であった。2つ目は、スコープに表示されたシンボルはJTIDSダウンリンクを通じて地上の司令官にリアルタイムで中継されていたので、不確かなTAORの画像を送信することを非常に懸念したという理由であった。

> たとえブラックホークの識別を保留したとしても、そこがブラックホークの着陸地点かどうかはわからないので、正確な画像にはならなかったでしょう。あるいは数分前に着陸したとしても、その場所がどこなのかはわかりません。ですから、その時点で私たちができる最も正しいことは、シンボル（symbology[sic]、訳注：symbologyは原文ママ）を消すことでした。

欠陥のある、または不適切な決定とコントロールアクション

　この事故では、AWACSの各管制官が関与した不適切なコントロールアクションが無数にあった。AWACSクルーはチームとして働いているため、決定の間違いを一個人に帰することが困難な場合がある。各個人の立場からすればアクションや決定は正しかったかもしれないが、全体としてみれば決定は間違っていたということである。

航空路管制官はブラックホークのパイロットに対して、TAOR 管制官が受信している TAOR 周波数に変更するよう指示を出さず、TAOR 管制官へのブラックホークの管制移管もしなかった。ヘリコプターを管制移管しないという慣例は、より効率的に航空機の往来を処理する方法として、おそらく時間の経過とともに進化してきたのだろう。これも非同期的な進化の一例である。ヘリコプターは通常、TAOR の境界付近にしかおらず、そこにいる時間も短いため、短時間のうちに 2 度ヘリコプターを管制移管することは、AWACS クルーにとって非効率的であるとみなされたのである。その結果、時間が経つにつれて、ヘリコプターを航空路管制官のコントロール下に置くという、より効率的な手順に変更されたわけである。AWACS クルーは、TAOR 内でのヘリコプターのコントロールに関して文書による指導や訓練を受けていなかったため、固定翼機に対する通常のやり方をヘリコプターに適用する (apply) ために、可能な限り適応させた（adapted）のである。

航空路管制官はヘリコプターを管制移管しなかったことに加え、ブラックホークが（ザクを出発した後）TAOR にいる間、針路をモニタリングせず、飛行計画（ウィスキーからリマまで）に細心の注意を払っていなかった。F-15 パイロットに対してエリア内に味方のヘリコプターがいることを警告せず、F-15 パイロットが射撃する前に、標的としているヘリコプターが味方であることを警告しなかった。そして、ブラックホークのパイロットに対しては、彼らが誤った周波数で、そして誤った IFF モード I コードでスコークを応答していることを告げなかった。

TAOR 管制官は TAOR 内のブラックホークの針路をモニタリングしておらず、F-15 パイロットが射撃する前に、標的としているヘリコプターが味方のヘリコプターであることを警告しなかった。どの時点においても、どの管制官も、エリア内に味方のヘリコプターがいることを F-15 パイロットに警告しておらず、交戦を止めようともしなかった。事故調査委員会は、戦闘機パイロットの日次の打ち合わせの時点では、陸軍ヘリコプターの活動については通常はわからないため、AWACS クルーがヘリコプターのクルーから活動に関する情報をリアルタイムで受け取り、その情報をエリア内の他の航空機に中継して伝えるのが通常の手順であったことを突き止めた。もしこれが本当に慣例であったとすれば、その日は明らかに慣例どおりではなかった。

管制官はデルタポイントシステムを使ってヘリコプターを追跡することになっており、ブラックホークのパイロットは航空路管制官にウィスキーからリマに移動中であると報告していた。しかし、航空路管制官は、コードネームであるウィスキーとリマがどの町を意味しているのか、まったく知らなかったと証言した。撃墜が起きた後、彼はコールサインを定義した張り紙を探しに行き、最終的に監視部門でそれを見つけた[159]。コールサインを使ってヘリコプターを追跡することは、明らかに普通のやり方ではなかった。もし普通なのであれば、（訳注：コールサインを定義した）表は手元に近いところにあったはずである。実際に、上級指揮官 (SD) の軍法会議では、弁護側は、ティンカー基地（AWACS クルーが駐在し、訓練を受けていた基地）の AWACS クルーで、デルタポイントシステムを使ったことがあると証言できる者を、見つけることはできなかった[159]。しかし、ブラックホークのパイロットは、デルタポイントを使った飛行計画を提供していたので、明らかに使われていると考えていたわけである。

AWACS のどの管制官も、ブラックホーク・ヘリコプターに対して、彼らが TAOR においては間違っている IFF コードでスコークを応答していることを伝えなかった。スヌークは、軍法会議において、この警告がなかったことに関して次の 3 つの釈明を申し立てた SD の証言を引用している。(1) 必要最小限の通信の方針、(2) AWACS クルーが、ブラックホークは自分たち（訳注：ブラックホークのパイロット）が何をしているかを知っているはずだと信じていること、(3) パイロットは何をしろと命じられるのを好まないこと。公判で提供されたこれらの釈明はどれもあまり納得のいくものではない。管制

官たちが軍法会議や懲役刑の可能性に直面した際に、自分が仕事を果たさなかったことに対する事後の正当化のための釈明のように思われる。陸軍ヘリコプターが正しいコードでスコークを応答しておらず、また、何か月も正しいコードで応答してこなかったと管制官が認めていることを考えると、必要最小限の通信の方針というのは適切な釈明とはいえない。この状況を改善するためには、リアルタイムの無線通信以外に、使用できるコミュニケーション・チャネルが必要だったわけである。パイロットは自分たちが何をしているかを知っているはずだという議論は、パイロットが何をしろと命令されることを好まないという議論も同様であるが、単に責任の放棄にすぎない。参謀兵器指揮官による次の証言は違った見方を提供しており、おそらくすべての管制官に当てはまることである。「ヘリコプターの場合、もしザクに行こうとしているのであれば、そのさらに先に行くことについては、自分にはそれほど関係がありません。ですから、F-15がヘリコプターを識別する必要があるかどうかについては、実のところ関心がありません」[159]。

　ミッションクルー司令官は、クルーの朝の打ち合わせを開催していた。彼は、その日にOPCを飛行するすべての味方機とそのコールサイン、そして彼らがTAORに進入する予定時刻がリストアップされた活動フローシートに、じっくりと目を通した。パイパーによると（ほかの誰も言及していないが）、司令官は、ヘリコプターのコールサインとIFF情報がフローシートの余白に書き込まれていたにもかかわらず、ヘリコプターには気がつかなかった。

　新任のクルーのOPCでの初日には、必ず陰のクルーが一緒に飛行したが、この指導員の職務はあまり明確にされていなかったようである。撃墜時には、1人は厨房で「休憩中」であり、もう1人はクルーの休憩所に戻り、本を読んで仮眠をとっていた。AWACSの後部で寝ていた参謀兵器指揮官は、SDの軍法会議において、任務における自分の存在意義は「回答者」、つまり新任のクルーの疑問に答えるだけだったと証言した。撃墜時には、このエリアは不活発な時間帯であり（TAORにはF-15が2機しかいないはずだった）、陰のクルーは、その時間帯であれば自分たちの助言は必要ないと考えていたのだろう。

　参謀兵器指揮官が休憩所に戻ったときには、AWACS管制官のスコープにはヘリコプターのシンボル「EE01」だけが表示されていた。管制官たちはそれを、ザクに向かっているだけだと考えていた。

　クルーの行動の機能不全の多くは、慣例に従っていたため（例：TAOR管制官にヘリコプターを管制移管しないなど）、たとえ陰のクルーがいたとしても、どのような違った結果になっていたかは不明である。たとえば、参謀兵器指揮官は、公聴会や公判において、以前にヘリコプターがザクを過ぎてTAORに入るのを見たことはあるが、ヘリコプターの目的地を判断するためのデルタポイントシステムについて、クルーに説明する必要があるとはまったく思っていなかったと証言している[159]。[11]

欠陥のあるコントロールの理由

不適切なコントロールアルゴリズム：このレベルの事故分析では、定められた手順と慣例との違い、時間の経過による手順の適応、安全な振る舞いの限界への移行（migration toward the boundaries）について、興味深い具体例が示されている。ディヤルバクルからザクへ往復するヘリコプター任務飛行が多いため、管制官たちは、わずか数分のためにヘリコプターを管制移管してTAOR周波数に切り替える価値がないように思えたと証言している。慣例（ヘリコプターをTAOR管制官に管制移管するのではなく、航空路管制官のコントロール下に置く）は、ヘリコプターの振る舞いが通常とは異なる日、つ

11　たとえ陰のクルーの行動が今回の事故の原因ではなかったとしても、事故調査をきっかけにシステム運用に関する安全監査を行い、改善の可能性を明らかにすることができる。

まり TAOR に長く滞在し境界線の数マイル先まで踏み入るその日までは、安全であるように見えていた。しかし、そのような状況になると、この慣例はもはや安全なものではなくなってしまった。この事故の複雑な要因は、陸軍ヘリコプターを追跡する際の各管制官の責任について、誰もが誤解していたことであった。

スヌークは、**必要最小限の通信**という常識によって、AWACS クルーは概して、規則の強制には消極的であったこと、AWACS がイーグルフライトの不適切なモードⅠコードを修正しなかったこと、そして、管制官が絶対に必要なこと以上に話すことを躊躇したことにより、ヘリコプターのパイロットがイラクに入る際に、彼らへの TAOR 周波数の無理強いを思いとどまったことを指摘している。

スヌークによると、ヘリコプターを管制するための手順も明示されておらず、文書化もされていなかった。ヘリコプターとの無線交信は頻繁に途切れたが、その際に従うべき手順はなかったと述べている。一方パイパーは、AWACS の運用マニュアルには以下のように書かれていると主張している。

> ヘリコプターの軌道は重要性が高いため、トルコでは 5 分ごと、イラクでは 2 分ごとに紙に印刷する必要がある。ヘリコプターのレーダー捕捉が失われるとレーダーシンボル（symbology[sic]、訳注：symbology は原文ママ）が中断される可能性があるので、その座標は特別な航空日誌に記録されるべきである。[159]

事故報告書の公開部分には、特別な航空日誌や、そのような手順が通常行われていたかどうかについての情報の記載はない。

不正確で矛盾したメンタルモデル：AWACS クルー（および ACE）は通常、ヘリコプターの活動は OPC の航空作戦に必須の要素ではないという共通認識を持っていた。また、ATO のどの規定が陸軍ヘリコプターの活動に適用されるのかについて誤解していた。

F-15 の管制に関わった人のほとんどは、その日の TAOR にブラックホークがいることを知らなかった。唯一の例外は航空路管制官であり、ヘリコプターが TAOR にいることを知っていた。しかし彼は、ヘリコプターはその境界にとどまっており、したがって TAOR 奥深くのヘリコプターの実際の位置からは遠く離れたところにいると考えていたようである。TAOR 管制官は、ブラックホークのパイロットとは一度も通話していないと、次のように証言した。「ヘリコプターは、航空路管制官に 2 回知らせた後、TAOR の奥深くまで飛行しているのに、（通常受け入れられているとおり）航空路周波数（enroute frequency）を使い続けていました」。

ブラックホークと連絡を取り合っていた航空路管制官は、ヘリコプターがどこにいるかについての不正確なメンタルモデルを持っていた。ブラックホークのパイロットは、ザクにある陸軍の軍事連携センターからの離陸を最初に報告する際に、航空路管制官に連絡し、自分たちはリマに向かうと伝えた。航空路管制官はリマというコールサインがどの都市を指しているのかを知らなかったが、その情報を調べようともしなかった。ほかのクルーメンバーも、次の「複数のコントローラー間の連携」の項で述べるとおり、自分たちの責任について不正確なメンタルモデルを持っていた。ブラックホークのパイロットは、AWACS が自分たちを追跡していると明らかに考えていたし、管制官がデルタポイントシステムを使っていると思っていた。そうでなければ、ヘリコプターのパイロットがあのような方法（訳注：リマというコールサインで伝えたこと）でルート名を提示するはずがない。

AWACS クルーは、OPC におけるブラックホークの任務と役割について、正確なメンタルモデルを持っていなかったと思われる。いくつかの欠陥のあるコントロールアクションは、ヘリコプターはザクにしか行かないので追跡の必要はなく、標準的な TAOR の手順に従う必要はないというメンタルモデ

ルから生じたと思われる。

　パイロットと彼らの目視による認知訓練と同様に、間違ったメンタルモデルは、少なくともある程度は、チームが受けた AWACS の不適切な訓練の結果だったのだろう。

複数のコントローラー間の連携：先に述べたとおり、この事故では、コントロールの責任の重複と、境界エリアにおけるコントロール対象のプロセスに対する責任についての混乱により、連携の問題がいたるところに見られる。中でも注目すべきは、ヘリコプターが通常は TAOR の境界付近で作戦行動をとっていたため、誰がコントロール（管制）するのか、あるいはコントロールすべきなのかについて混乱が生じたことである。

　公式の事故報告書には、ヘリコプターの追跡責任に関して AWACS ミッションクルーの中でかなりの混乱があったことが記されている[5]。ミッションクルー司令官は、飛行禁止区域でのヘリコプターの交通をモニタリングする責任は特に誰にも与えられておらず、彼の指揮下のクルーは、ヘリコプターは自分たちの命令には含まれないと信じていたと証言した[159]。参謀兵器指揮官は、ブラックホークが何をするのか知らなかったことを強調し、「どこかもどかしい任務でした」と述べた[159]。SD の軍法会議において、AWACS の給油機管制官は、AWACS クルーがインジルリクに到着した際に受けた説明会で、飛行禁止区域を飛ぶヘリコプターについて参謀兵器指揮官が「彼らはそこにいるが、注意を払う必要はない」と言ったと証言した。航空路管制官は、管制移管手順は戦闘機にだけに適用されると証言した。「私たちは通常、どのヘリコプターに対しても決まった手順を持っていません。[……] ヘリコプターについては、まったく（口頭での）指導（または訓練）を受けたことがありません」[159]。

　監視要員とほかの管制官の活動の間にも連携の問題が存在していた。事故調査中、空域監視将校（ASO）は、監視部門の責任は 36 度線以南であり、36 度線以北のすべての航空機の追跡と識別の責任は、別の管制官にあると証言した。その別の管制官は、位置に関係なく、監視部門がすべての正体不明の航空機の追跡と識別に責任があることを示唆した。実際に、空軍の規則では、監視部門は TAOR 全域の正体不明で未確認の航跡を追跡する責任を持っているとされている。ここでも軍法会議の恐れがあるため、証言だけでは単純に規定された運用（訳注：監視部門が TAOR 全域の責任を持つ、という空軍の規則）から通常の運用（訳注：監視部門の責任は 36 度線以南である、という ASO の証言）へと移行したことを含めて何が問題だったのかを、正確に把握することはできない。少なくとも、誰が何をコントロールしていたのかについて混乱があったことは明らかである。

　階層的なコントロールストラクチャーのこのレベルにおいてコントローラー間の連携がうまくいかなかったことの説明としては、スヌークが示唆するように、この特別なグループはチームとして一緒に訓練したことが一度もなかったことが挙げられる[191]。しかし、ヘリコプターの取り扱い手順がなく、経験豊富な管制官や指導員でさえもヘリコプターを取り扱う責任について混乱していたことを考えると、スヌークの説明ではあまり説得力がない。より妥当な説明としては、上位の管理レベルによる責任についての指導と線引き（delineation）がなかったことが挙げられる。また、当初はこのようなストラクチャーにおいて、各人の役割が明確にされていたとしても、時間が経つにつれて、より効率的な手順へと現地で無秩序に適応され、コントロールストラクチャーのさまざまな部分の非同期的な進化により、機能不全が生じたのである。ヘリコプターと固定翼機にはそれぞれ別々のコントロールストラクチャーがあり、それはかなり高い階層レベルで結合していた。次の 5.3.6 項で述べるように、コントロール階層の上位レベルに位置するコンポーネント間、特に陸軍の軍事連携センター（MCC）と連合軍空軍部隊（CFAC）本部との間に、コミュニケーションの問題があった。

コントロール対象のプロセスからのフィードバック：ブラックホークから AWACS へのシグナルは、

見通しの限界とブラックホークが飛行している山岳地形のため、不安定であった。ヘリコプターは地形を利用して防空レーダーから身を隠していたが、この地形で隠されたことによって、ブラックホークからAWACS（および戦闘機）へのレーダー反射もさまざまな時点で弱まっていた。

タイムラグ：無線送信信号の問題や着陸するまでTACSAT無線が使えないことにより、ブラックホーク・ヘリコプターからの無線報告が遅れてしまうなどの重要なタイムラグが事故の一因となった。F-15パイロットの行動が速かったため、ACEと同様に、管制官たちが状況を判断し、適切に対応する時間はほとんどなかった。

事故後の変更

事故後、AWACSの運用に関して多くの変更が行われた。

- OPCのすべての航空機に対して、TAORに進入する前に、IFFモードIVが正常であることの確認が義務付けられた。
- 航空作戦を連携するための責任が、より明確になった。
- AWACSの航空機クルーは全員、以前に受けた訓練と認証プログラムを再度受け、再認証されることが必要になった。
- AWACSクルーの臨時勤務を年間120日に短縮する計画が作られた。最終的には、1995年1月から7月までの間に、年間166日から135日に減らされた。航空戦闘軍団（Air Combat Command）は、AWACSクルーの増員を計画した。
- TAORのすべての飛行には、AWACSの管制が必要になった。
- AWACS管制官には、通常の責務に加え、TAORの全空域をレーダーで監視し、ヘリコプターを含むすべての作戦行動についてのアドバイザリーや衝突回避の支援を行うことが、特に求められるようになった。
- AWACS管制官は、TAOR内で作戦行動をとっている味方のヘリコプターの位置を、定期的にすべての航空機へ一斉通信することが義務付けられた。

事故に関して入手できた資料のどこにも記載はないが、AWACSクルーがデルタポイントシステムを使い始めること、あるいは、ブラックホークのパイロットがデルタポイントを使わないよう命じられ、飛行計画を送信するための別の手段が義務付けられることのいずれかが、妥当であると思われる。

5.3.6 コントロールの上位レベル

社会技術コントロールストラクチャーのどのレベルにおいても、その振る舞いを完全に理解するには、対象とするレベルの不適切なコントロールを、1つ上のレベルのコントロールが、なぜどのように許したのか、あるいは引き起こしたのかを理解することが必要である。この事故におけるより下位のレベルの多くの誤った決定とコントロールアクションは、より上位のレベルのコントロールを調査することによってのみ、完全に理解することができる。

決定とアクションが行われたコンテキスト

違反した安全要求と安全制約：軍事連携センター（MCC）、連合軍空軍部隊、CTF司令官といったコントロールストラクチャーの上位レベルは、多くの安全制約に違反していた。数名が軍法会議にかけら

れる可能性を調査され、公式の戒告状を受け取った。違反した安全制約は以下のとおりである。

(1) 航空機の追跡と戦闘作戦を指揮する責任者全員に対して、適切な責任を委ね、職務を規定し、効果的な訓練を提供する手順を制定しなければならない。

(2) 手順は、TAOR 空域の作戦行動に関わるすべての人にとって、首尾一貫しているか、少なくとも補完的なものでなければならない。

(3) 安全を重視すべき活動が正しく行われていること、および現地への適応により安全の限界を超えた運用になっていないことを確実なものにするために、任務の遂行（performance）をモニタリングしなければならない（フィードバック・チャネルの確立）。

(4) 空軍と陸軍の間で装備や手順を連携し、コミュニケーション・チャネルが有効であり、非同期的な進化が起きていないことを確認しなければならない。

CFAC と MCC

違反した安全要求と安全制約：
- TAOR 内のすべての航空機の追跡と、戦闘機が TAOR 内のすべての味方機の位置把握を確実なものとするための手順が制定され、モニタリングされなければならない
- TAOR に進入するすべての航空機の間の連携とコミュニケーションが確立されなければならない。誰が TAOR にいるべきか、そして、誰がいるのかを、いつでも判断する手順が確立されていなければならない
- ROE は、より下位レベルの人にも理解され、遵守されなければならない
- すべての航空機は、TAOR 内で効果的なコミュニケーションをとることができなければならない

コンテキスト：
- CFAC の活動が、MCC から物理的に離れていた
- 空軍は決められた厳密なスケジュールで活動していたが、陸軍の任務には柔軟なスケジュールが求められていた

コミュニケーションと相互作用の機能不全：
- ヘリコプターの活動予定に関する詳細な飛行情報を、タイムリーに受け取っていなかった
- 飛行情報を知る必要がある人すべてに、その情報が配布されたわけではなかった
- 情報チャネルは主に一方向であった
- モード I コードの変更が MCC に連絡されなかった
- ATO には 2 つのバージョンがあった
- ヘリコプターの飛行計画は、F-16 パイロットには渡されていたが、F-15 パイロットには渡されていなかった

メンタルモデルの欠陥：
- 司令官は、手順は遵守されており、ヘリコプターは追跡されており、F-15 パイロットはヘリコプターの飛行スケジュールを受け取っていると思っていた
- 陸軍と空軍の ATO には一貫性があると思っていた

不適切な決定とコントロールアクション：
- ブラックホークは航空優勢の獲得の前に TAOR への進入が許されていたが、F-15 と AWACS クルーはこの例外を知らされていなかった
- ヘリコプターは、詳細な飛行計画を提出してそれに従うようには要求されていなかった
- ヘリコプターの飛行計画への直前の変更を取り扱う手順がなかった
- F-15 パイロットは、陸軍ヘリコプターに対して非 HQ モードを使うようには、指示されていなかった
- SITREP を CFAC に渡すための手順が規定されていなかった
- 新任への ROE についての訓練が不適切であった
- 規律が不適切であった
- パイロットへの目視による識別の訓練が不適切であった
- AWACS クルーへのシミュレーターとスピンアップ訓練が不適切であった
- ヘリコプターの管制移管手順が確立されていなかった。AWACS によるヘリコプターのコントロールに関する、明示的あるいは書面による手続きや、口頭による助言、あるいは訓練がなかった
- F-15 パイロットの非安全な振る舞いに対して、規則と手順によるコントロールが適切ではなかった
- 陸軍パイロットは、IFF コードについて間違った情報が与えられていた
- 陰のクルーに対して、不適切な手順が規定されていた

不適切な連携：
- ヘリコプターの飛行を連携する責任が自分にあるとは、誰も思っていなかった

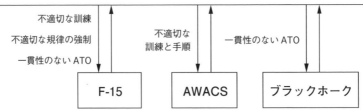

図 5.9　CFAC と MCC レベルの分析

(5) 予定されている飛行に関する正確な情報を、パイロットと AWACS クルーに提供しなければならない。

コントロール：役割と責任を明確にする作戦命令と計画、管理体制、空域管制命令書（ACO）、連携会議と打ち合わせ、指揮系統（OPC 司令官→任務指揮官（MD）→空挺指揮員（ACE）→パイロット）、文書による規則に従わない者に対する懲罰、効果的なコミュニケーションの確保に責任を持つグループ（JOIC：統合作戦諜報センター）などのコントロールが整っていた。

役割と責任：MCC が陸軍ヘリコプターの作戦統制を担い、CFAC が固定翼機の作戦統制と TAOR 内の全航空機の戦術統制を担っていた。固定翼機の飛行を陸軍ヘリコプターと連携する最終的な責任は、合同任務部隊（CTF）の司令官（CFAC と MCC 両方の上位）が負っていた。

公式の事故分析では、この段階で個人の具体的な責任について検討するかもしれないが、本書における分析では、CFAC と MCC を実在するもの（entities）として扱えば十分である。

環境要因および振る舞いを形成する要因：空軍は、綿密に計画された、厳密に実行されるお決まりのスケジュールに基づいて行動していた。詳細なミッションパッケージ（mission packages、訳注：任務ごとの装備（航空機、システムなど）、人員、支援など）は、数週間から数か月前に計画されていた。厳密なスケジュールは、事前に計画されたミッションパッケージにおいて公示され、実行された。空軍とは対照的に、陸軍パイロットは、絶えず変化する現場の要求に対応しなければならず、その柔軟性に誇りを持っていた[191]。その任務の性質から、ヘリコプターの正確な離陸時間や、詳細な飛行計画を事前にスケジュールすることは、彼らには事実上不可能であった。厳密に実行することはさらに困難であった。ブラックホークの飛行計画には、離陸予定時刻、ディヤルバクルからゲート 1 を通ってザクに至る移動経路、そして帰着時刻が記されていた。陸軍ヘリコプターのクルーは、ザクにある軍事連携センターで簡単な指示を受けるまで、TAOR 内のどこに行くのかについて正確に知ることはめったになかった。それにより、ほとんどの飛行計画では、イーグルフライトは「TAOR 内とその周辺で作戦行動をとる」とだけ記されていた。

CFAC の作戦における陸軍イーグルフライトのパイロットと、インジルリクにいた空軍パイロットが物理的に離れていたことが、両軍の間にすでに存在していたコミュニケーションの難しさの一因となっていた。

コントローラー間の相互作用の機能不全

コントロールストラクチャーのこのレベルにおけるコミュニケーションの機能不全が、この事故では重大な影響を与えた。このコミュニケーションの欠陥が、このレベルとこれより下位のレベルにおける連携の欠陥の一因となった。

味方への誤射を防止するための重要な安全制約として、戦闘機パイロットは、飛行禁止区域に誰がいるのか、そして彼らがそこにいるべきかどうかを知る必要がある。しかし、合同任務部隊（CTF）の参謀も連合軍空軍部隊の参謀も、TAOR で計画されている MCC のヘリコプターの活動に関する詳細な飛行情報を、タイムリーに要求せず、また受け取ってもいなかった。その結果、OPC の日次の航空職務命令書（ATO）は、イラク北部での米国ヘリコプターの飛行活動に関する詳細情報が、ほとんどないまま公示されていた。

公式の事故報告書によると、TAOR における MCC のヘリコプター活動の飛行ルートや時間に関する具体的な情報は、通常、AWACS がヘリコプターのクルーから無線で受け取り、戦闘機パイロットに情

報を中継することにより初めて、ほかの OPC 参加者が知ることができるようになっていた[5]。コントロールのより上位レベルにいる人は、このような飛行情報の中継が行われていると考えていたかもしれないが、AWACS 管制官がデルタポイントシステム（ヘリコプターのクルーが AWACS 管制官に飛行計画を伝えるために使用）を使っていなかったことを考えると、中継は行われなかったようである。つまり、ヘリコプターがザクを通り過ぎてしまうと、AWACS 管制官は彼らの飛行計画を知らなかったので、その情報を戦闘機パイロットやそれ以外の OPC の参加者に中継することはできなかったのである。

MCC が CFAC の参謀に提供する週間飛行スケジュールは、計画を立てるのに十分なものではなかった。空軍は事前に任務を計画できるが、陸軍ヘリコプターの任務はそれとは違い、日々の要求に柔軟に対応する必要があった。MCC が日々要求する任務は、大抵、前日の出来事に基づいていた。週間飛行スケジュールが作成され CTF の参謀に提供されていたが、確定した行程は通常、翌日の ATO が公示されるまでは入手できなかった。週間スケジュールは、月、水、金の CTF 参謀会議で説明されたが、その情報は、回転翼機（訳注：ヘリコプター）と固定翼機（訳注：飛行機）の効果的な連携とスケジュールを決められるほど詳細ではなく、十分に固まったものでもなかった[5]。

日次 ATO には、ブラックホーク・ヘリコプターの航路が何本か記載されていた。この中に 2 つのヘリコプターの航路（それぞれ 2 機のヘリコプターによる 2 回の飛行）が記載されており、コールサイン（イーグル 01/02 とイーグル 03/04）、任務番号、IFF モード II コード、そして LLTC（ディヤルバクルの識別子）→TAOR →LLTC とだけ記述された飛行ルートが一緒に記入されていた。ATO には、TAOR 内のルートや飛行時間に関する情報は一切記載されていなかった。離陸時刻と TAOR への進入時刻に関する情報は、「必要に応じて」と記載されていた。

ザクの MCC は毎晩、翌日のヘリコプターの飛行をリストアップした状況報告（Situation Report：SITREP）を、JOIC（インジルリクに設置）に提供していた。SITREP には飛行の詳細は完全には含まれておらず、到着が遅すぎるため、翌日の ATO には含まれなかった。MCC は、予定された任務の前夜に JOIC に電話をかけ、ATO の航路を「有効にする（activate）」ことにしていた。しかし、JOIC から、SITREP の情報を必要とする CFAC の人物へと伝える手順は確立されていなかった。

SITREP を受け取った JOIC の当直将校（duty officer）は、離陸時刻とゲート時刻（ヘリコプターがイラク北部に入る時刻）をトルコの作戦部隊に送り、承認してもらうことになっていた。一方で、JOIC の諜報担当者（intelligence representative）は、MCC の週間スケジュールと SITREP を統合し、保護された諜報チャネルを使って、この更新した情報を必要としている作戦飛行隊の担当者に伝えていた。この情報を、JOIC から、ヘリコプターの戦術的責任を負う CFAC の人物に対して、（ACE と MD を通して）渡す手順は存在しなかった[5]。通常、誰がいつ飛行するのかを CFAC が判断していたため、情報チャネルは主に外向きと下向きの一方通行のコミュニケーション用に設計されていた。

今回の特定の撃墜事例では、MCC の週間スケジュールは 4 月 8 日に JOIC に提供され、その後 CFAC の中の適切な人物に提供されていた。そのスケジュールには、4 月 14 日に予定されていた MCC のヘリコプター 2 機の管理上の飛行が示されていた。公式の事故報告書によると、その 2 日前（4 月 12 日）に、MCC 司令官は、ザクからアルビールとサラーフッディーンの町までのセキュリティゾーン外の飛行の承認を申請していた。OPC 司令長官は 4 月 13 日にこの申請書を承認し、JOIC はその承認を MCC に伝えたが、ATO を作成している責任者には、この情報が提供されなかったようである。MCC の 4 月 13 日付 SITREP では、この飛行は「任務支援（mission support）」と記載されているが、それ以外の詳細は含まれていない。この場合、通常よりも早く情報が入手できたので、ATO に含めることはできたはずであるが、適切なところに情報を届けるための確立されたコミュニケーション・チャネルや手順が存在しなかったことに留意されたい。JOIC が 4 月 13 日夜に MCC の SITREP とともに

受け取った MCC の週間スケジュールの更新では、任務の目的地がサラーフッディーンとアルビールであることが示されていた。しかし、この情報は CFAC には伝えられなかった。

4月13日の午後遅く、MCC は JOIC の当直将校に連絡し、この任務の ATO 航路を有効にした。離陸時刻は 0520、ゲート時刻は 0625 が申請された。ザクより先に向かうための離陸時刻や飛行ルートは明示されていなかった。4月13日の SITREP、週次飛行スケジュールの更新、および ATO 航路の有効化申請が JOIC に届くのが遅すぎたため、水曜日（4月13日）の参謀会議では説明されなかった。CFAC のスケジューリング部門（戦闘参謀指令や朝の打ち合わせなどさまざまな発信源を通して、ATO への直前の変更を配信する責任を持つ）、地上の MD、AWACS に搭乗している ACE には、どの情報も伝えられなかった[5]。この飛行は、日常的な食糧や医療の供給ではなく、16人の高官 VIP が搭乗しており、CTF 司令官の個人的な配慮と承認が必要であったことに留意されたい。しかし、この飛行に関する情報は、それを知る必要のある人々に伝えられることはなかった[191]。つまり、情報は MCC から CTF の参謀へと上には伝わったが、MCC から CFAC へと横には伝わらず、CTF の参謀から CFAC へと、下にも伝わることはなかった（図 5.3 参照）。

コミュニケーションの深刻な機能不全の2つ目は、TAOR で使用すべき適切な無線周波数と IFF コードのコミュニケーションに関係していた。撃墜の約2年前、CFAC の参謀の誰かが、IFF のモードとコードに関する指示の変更を決めた。スヌークによると、この変更の経緯や理由を正確に思い出した者はいなかった。変更前は、すべての航空機は、どこを飛行しても1つのモード I コードのスコークを設定していたが、変更後は、飛行禁止区域内を飛行するときは、すべての航空機は別のモード I コードに切り替えることが要求されるようになった。この変更は、日次 ATO を介して伝えられていた。しかし事故後、空軍の ATO と、陸軍パイロットが電子的に受け取っていた ATO が、完全に同じものではないことが判明した。これは、非同期的な進化と、システムコンポーネント間の連携不足の、また別の具体例である。少なくとも2年間は、日次 ATO には2つのバージョンが存在していた。1つはインジルリクの任務計画室が直接印刷し、インジルリク空軍基地の全部隊に伝令（messenger）によって個別に配布されるもの、もう1つは空軍のコミュニケーションセンター（JOIC）を通じて、ディヤルバクルの陸軍ヘリコプターの作戦行動に電子的に配布されるものである。陸軍パイロットが受け取ったものは、SPINS に含まれるモード I コードの変更に関する情報を除けば、任務計画室が配布したものとすべての点で同じであった。つまり、陸軍のイーグルフライトが受け取った ATO には、2種類のモード I コードについての言及はなかったのである[191]。

TAOR でブラックホークが使用する適切な無線周波数については、どのような混乱があったのだろうか。パイパーは、ブラックホークのパイロットが TAOR で飛行する際には、航空路周波数を使用するよう指示されていたことを指摘している。OPC 司令官は事故後、ブラックホーク・ヘリコプターには HAVE QUICK 技術が装備されていないため、ブラックホークは**安全対策**（safety measure）として、TAOR 周波数ではなく航空路周波数の方を使用していると説明を受けたと証言したのである。空域管制命令書（ACO）では、新しい技術を搭載しないブラックホークのような特定のタイプの航空機（F-1（訳注：フランスのダッソー社製の戦闘機ミラージュ F1）など）と話すときは、F-15 に対して HAVE QUICK ではない（非 HQ）モードを使うように義務付けていた。しかし、F-15 パイロットに渡されていた非 HQ 航空機のリストにはなぜか、UH-60（ブラックホーク）は含まれていなかった。ブラックホークに航空路無線周波数を使用させるという決定はなされたが、この決定は ACO に規定された F-15 の手順の責任者には、どうやら伝えられなかったようである。なお、ブラックホークが航空路無線周波数を使用したことを適切に説明するためには、STAMP に基づく分析で求めているとおり、コントロールのより上位レベルを徹底的に調査する必要がある。撃墜に関するさまざまな報告書の中で、パイパー

だけが、陸軍ヘリコプターには安全上の理由から例外が設けられていたという事実を記している。公式の事故報告書、スヌークによる事故に関する詳細な書籍、そして GAO 報告書では、この事実には触れていない。パイパーはこの事実を、公聴会と裁判に出席することで突き止めた。このように、事故報告書から重要な情報が抜け落ちてしまったことは、コントロールのより上位のレベルの調査が不完全な場合には、間違った因果関係分析につながり得ることを示す興味深い具体例である。パイパーは著書の中で、事故調査委員会が 21 冊もの証拠・証言を提出しながらも、調査中に見つかった無線周波数やそれ以外の問題について、OPC 司令官に聞かなかったのはなぜか、ということを問題視している。

ヘリコプターについては、AWACS による援護なしでセキュリティゾーン内の作戦行動を認めるなど、また別の正式な例外が設けられていた。STAMP を用いると、この事故は、陸軍の運用と空軍の運用を、効果的なコミュニケーションや連携もなく適応させ分岐させていった動的なプロセスとして理解することができる。

コミュニケーションや相互作用の機能不全の多くは、任務や運用計画の非同期的な進化に起因している。イラク北部での任務の進展に対応し、1991 年 9 月には対空資産（air assets）が増強され、地上部隊の相当部分が撤退した。このとき、CTF の当初の組織構造は変更されたものの、運用計画は変更されなかった。特に、MCC と CFAC の間のコミュニケーションと連携の責任者の職位は、代わりとなるコミュニケーション・チャネルが設けられないまま廃止された。

安全コントロールストラクチャーの非安全で非同期的な進化は、システム設計時に安全制約、想定（assumptions）、およびコントロールを適切に文書化しておいて、設計により制約や想定が破られないかどうかを見極めるために、変更を加える前にチェックすることで、防ぐことができる。意図しない変化や振る舞いが安全の限界を越えてしまうことは、教育、先行指標（leading indicators）の識別と確認、対象を定めた監査など、さまざまな手段で防止できる。第 3 部では、非同期的な進化が事故につながることを防止する方法について述べる。

欠陥のある、または不適切なコントロールアクション

このレベルでは、以下を含む欠陥のある、または欠落したコントロールアクションが多く見られる。

• ブラックホークのパイロットは、AWACS による支援なく TAOR に入ることが許されていたが、F-15 のパイロットと AWACS クルーは、方針に対するこの例外については知らされていなかった。このコントロールの問題は、意思決定者がほかの人の決定を知らないという分散型意思決定（distributed decision making）の問題（図 2.2 で示すゼーブルッヘ（Zeebrugge）の例を参照）の実例である。

　1993 年 9 月以前は、イーグルフライト・ヘリコプターは、必要ならば航空優勢を獲得する前に戦闘機の支援なしで、要求に応じていつでも飛行していた。1993 年 9 月以降は、AWACS と戦闘機の支援が配置についていない場合には、ヘリコプターの飛行はセキュリティゾーンに限定されるようになった。しかし、4 月 14 日の任務では、イーグルフライトはセキュリティゾーン外での飛行を申請し、実施の許可を得ていた。1993 年 9 月付の CTF 方針書では、MCC を支援する UH-60 ヘリコプターの飛行について、「セキュリティゾーン外のイラクでの UH-60 のすべての飛行には、AWACS の支援を必要とする」という方針が打ち出されていた。TAOR のセキュリティゾーン内では、ヘリコプターの飛行は、AWACS や戦闘機の支援なしで日常的に行われており、CTF の各レベルの要員もそのことを認識していた。MCC 要員は、セキュリティゾーン外での飛行には、AWACS の支援が必要という義務を認識しており、その義務を遵守していた。しかし、事故に関

わった F-15 パイロットは、ACO の文書による指針に基づき、固定翼機であれ回転翼機であれ、航空優勢を獲得する前に、OPC 航空機が TAOR に入ることは許されないと信じていた[5]。

　それと同時に、ブラックホークも自分たちの行動に問題はないと考えていた。ザクの陸軍司令官は撃墜の前夜、OPC の作戦・計画・方針担当の司令官（Commander of Operations, Plans, and Policy for OPC）に電話し、AWACS の支援なしの飛行任務を申請したが、AWACS の支援は必須であると命じられていた。（飛行中に AWACS に報告し、飛行計画と目的地を知らせていた）ブラックホークのパイロットからすると、自分たちは遵守しており、AWACS のコントロール下にいたわけである。

- ヘリコプターは、詳細な飛行計画を提出すること、それに従うことを義務付けられてはいなかった。提出された陸軍飛行計画に対する直前の変更や更新を伝えるための効果的な手順が確立されていなかった。

- F-15 パイロットは、ヘリコプター用の非 HQ モードを使うようには命じられていなかった。

- SITREP の情報を CFAC に渡す手順が規定されていなかった。ヘリコプターの飛行計画は CFAC と F-15 パイロットには配布されていなかったが、F-16 飛行隊には配布されていた。なぜ、ある飛行隊には情報が伝わり、すぐ向かい側にいるもう 1 つの飛行隊には伝わらなかったのだろうか。F-15 は主に制空権の獲得、つまり高高度の空中戦闘任務を目的として設計されている。一方、F-16 は多目的な戦闘機である。低空飛行をしない F-15 とは異なり、F-16 は低空飛行の任務が一般的であり、低空を飛行する陸軍ヘリコプターと遭遇する可能性があった。結果として、F-16 飛行隊の参謀将校（staff officers）は低空での空中衝突を避けるために、ヘリコプターの作戦行動に関する詳細を JOIC に要求し、郵便局の郵便物受取所まで受け取りに行き、日次の打ち合わせでパイロットに伝えていた。しかし、F-15 の計画立案者はそのようなことはしなかった[191]。

- 新任者に対する ROE に関する訓練が不適切であった。パイパーは、OPC 要員が、交戦規定を徹底して理解させるための一貫性のある総合的な訓練を受けておらず、OPC に新しく着任した航空機クルーの多くが、戦闘地域に指定された場所における攻撃的ではない交戦規定の必要性に疑問を抱いていたと主張している[159]。これらの主張（詳細は[159]にある）や F-15 パイロットが関わったインシデントから判断すると、パイロットは、ROE の目的や必要性を十分には理解していなかったと思われる。

- F-15 パイロットに対する目視による識別の訓練が不適切であった。

- AWACS クルーに対するシミュレーターやスピンアップの訓練が不適切であった。訓練教材の変更と、飛行禁止区域での実際の状況との間に、非同期的な進化が起きていた。さらに、必要なシミュレーター訓練の提供と、クルー全員の参加を確実にするためのコントロールがなかった。

- ヘリコプターの管制移管の手順がまったく確立されていなかった。実際に、TAOR 内のヘリコプターの管制に関して、明示的または書面による手順、口頭での指導やいかなる訓練も、AWACS クルーには提供されていなかった[191]。AWACS クルーは調査中に、ヘリコプターとの交信は途絶えてばかりであったが、そのようなときに従うべき手順はなかったと証言した。

- 陰のクルーが新任のクルーを指導する方法について、不適切な手順が規定され、適用されていた。

- 作戦行動のために制定された規則や手順は、F-15 パイロットの非安全な振る舞いに対して、適切なコントロール、規律の適切な強制、あるいは安全違反への適切な対処を提供していなかった。

CFAC 作戦指揮官補佐（Assistant Director of Operations）は GAO 調査員に対し、撃墜事件当時、OPC では F-15 への監督がほとんど行われていなかったと述べた。ヒヤリハット（close calls）につながる飛行規律（flight discipline）のインシデントが非常に多かったため、撃墜の 1 週間前に、航空グループの安全会議が開かれ議論されていた。飛行規律や安全上の問題点には、空中でのヒヤリハット、給油時の非安全なインシデント、そして非安全な離陸があった。問題に対する修正（会議を含めて）の効果がなかったことは明らかである。しかし、多くのヒヤリハットがあったという事実は、安全上の深刻な問題が存在し、それが適切に処理されなかったことを示している。

　CFAC 作戦指揮官補佐はまた、F-15 の行動に関して物議を醸す問題（contentious issues）が派遣隊司令官（Detachment Commander）会議でよく議論されるテーマになっていたと、GAO に対して述べた。これらの問題について F-15 グループと話し合うための F-15 パイロットが、CTF の参謀の中にはいなかった。OPC 司令官は、OPC ではミスやプロにふさわしくない飛行を許さず、規則違反のためにたびたび部下を送還していたと証言した。彼が送還した部下の大半は F-15 パイロットであり、このグループの規律と態度に深刻な問題があることを示唆していた[159]。

- 陸軍パイロットは、TAOR で使用する IFF コードと、無線周波数についての誤った情報を与えられていた。先述のとおり、この不一致は、プロセスコントロール、つまり 2 つの異なる ATO の間の非同期的な進化とつながり（整合性（consistency））の欠如から生じたものである。これは分散型意思決定（図 2.2 を再度参照）に関わるさらに危険な実例を示している。

欠陥のあるコントロールの理由

無効なコントロールアルゴリズム：このレベルのコントロールの欠陥のほとんどすべては、無効なコントロールアルゴリズムの存在と使用に関するものである。空軍と陸軍の間では、コミュニケーション・チャネルが効果的であることと、非同期的な進化が起きていないことを確認するための設備や手順が連携されていなかった。CFAC の組織と回転翼機の飛行活動を積極的に連携していたと思われる最後の CTF 参謀は、1994 年 1 月に離任した。その後、連携の目的で、CFAC に MCC の代表者が配属されることは特になかった。1993 年 12 月以降、MCC のヘリコプター派遣隊の代表者は、CFAC の週次スケジュール会議には出席していなかった。ザクの MCC ヘリコプター派遣隊に所属し、インジルリク空軍基地に配属されていた陸軍の連絡将校は新任であり（1994 年 4 月着任）、MCC と OPC 任務の関係を十分には認識していなかった[5]。

　安全を重視すべき活動が正しく行われ、現地への適応により運用が安全の限界を越えておらず、情報が効果的に伝達され手順が守られていることを確実なものとするための任務遂行のモニタリングが行われていなかった。非安全な適応を防止するための効果的なコントロールが確立されていなかった。

　より下位のレベルの問題について提供されたフィードバックは無視されていた。たとえば、事故に関するパイパーの説明には、戦闘機が容認できないほど何度もレーダーを使ってブラックホークをロックオンしたことを、撃墜の 6 か月前 1993 年 10 月には訴えていた、というヘリコプターのパイロットの証言が含まれている。陸軍ヘリコプターのパイロットは、ブラックホークのパイロットが固定翼機と通信できるようにすることは急務であると主張していたが、事故が起きるまでは何も変更されず、事故後にブラックホークに新しい無線機が搭載された。

不正確なメンタルモデル：合同任務部隊（CTF）の司令官は、適切なコントロールと連携が行われていると思っていた。この誤ったメンタルモデルの根拠は、彼が陸軍ヘリコプターの定期便の乗客として

飛行した際に、その飛行をAWACSが効果的にモニタリングしていると感じたことから得たフィードバックであった。陸軍ヘリコプターのパイロットは、デルタポイントシステムを使って位置と飛行計画を報告しており、AWACSには、そのメッセージを無視している様子は見られなかった。CTF司令官は、デルタポイントシステムはすべてのAWACS任務において、標準的なものであると信じていたと証言した。AWACSのSDの軍法会議において、AWACSクルーが陸軍ヘリコプターを追跡していたかどうかを問われた際、OPC司令官は次のように答えた。

> この出来事以前の約1,109日間の間、私は何十回もイーグルフライトで飛行したが、飛行の追跡は、彼ら（訳注：AWACSクルー）の通常の手順でした。追跡について彼らが文書化されたものを持っていたのかは知らないが、イーグルフライトに乗客として何度も搭乗した私としては、追跡していたことは明白であり、疑う余地がないと思います。[159]

司令官はF-16の現役パイロットでもあり、F-16の打ち合わせに出席していた。彼はこの打ち合わせで、F-16のパイロットが受け取った日次ATOにブラックホークの時刻があることに気づいたが、すべての飛行隊が同じ情報を受け取っていると思った。しかし、先述のとおり、司令官が一緒に飛行した飛行隊の隊長（訳注：先述の「F-16飛行隊の参謀将校」）は、わざわざブラックホークの飛行情報を入手していたが、F-15飛行隊の隊長（訳注：先述の「F-15の計画立案者」）はそのようにはしていなかったのである。

このレベルに含まれる多くの人たちも、F-15パイロットとブラックホークのパイロットに提供されたATOには一貫性があり、必要な情報が全員に配布され、公式の手順が理解され守られていると思い込んでいた。

複数のコントローラー間の連携：陸軍と空軍の間には、明らかにコントロールの重複と境界エリアの問題があった。軍の間に連携の問題があることは有名であるが、このケースでも適切な対処はされなかった。たとえば、空軍と陸軍のパイロットには、2種類の別々のATOが提供された。空軍のF-15と陸軍ヘリコプターでは、統制体系（control structures）が別々であり、物理的なプロセスのかなり上位に、指示を出す共通の箇所（common control point）があった。両軍では飛行計画における柔軟性の重要度が異なっていたために、この問題は複雑になってしまった。問題の1つは、ヘリコプターには、詳細な飛行計画を提出してそれに従うという義務はなく、直前の変更に対処する手順も確立されていなかったことである。これらの欠如には、ヘリコプターのコントロールをMCCとCFACが共有していたことも関係しており、両本部が物理的に離れていたことで複雑になった。

事故調査中に、参謀間のコミュニケーションが途絶えたことについて、CTFの参謀長（Chief of Staff）に責任があったかどうか、という論点が挙げられた。審査官は証拠を検討した後、参謀長に対して不利益な処分は行わないと勧告した。その理由は、(1)彼がCTF司令官の命令に従って注意を集中させていたこと、(2)彼には計画・政策の作戦指揮官とCFACとの間の情報伝達を調べる明確な指示や理由がなかったこと、(3)空軍の参謀が大半を占める中で、彼は最も新しく着任した唯一の陸軍の上級メンバーであったため、通常は航空作戦に精通していなかったこと、(4)これらの欠如を招いた経験豊富な大佐（colonels）を頼りにしていたこと[200]である。この結論は、明らかに誰かに責めを負わせよう（blame）とする目的に影響されていた。責めを負わせるという側面を無視すれば、この結論は、誰にも責任はなく、誰もがほかの誰かに責任があると思っていたという印象を与える。

公式の事故報告書によると、ACOの内容は、1991年9月7日付の作戦計画で示された指針をほぼ反映していた。しかし、その計画は、任務が変更される前に提供されていたものであった。事故報告書

では、事故当時、重要な CTF 要員がこの特別な計画の存在を知らなかったか、古すぎて適用できないと考えたと結論づけている。事故報告書は「CFAC と CTF 参謀の中で最も重要な要員が、MCC のヘリコプター活動の連携を、CFAC／CTF それぞれの責任の一部であるとは考えていなかった」と述べている[5]。

CTF の参謀からそのコンポーネント組織（CFAC と MCC）への明確な指針が途絶えたため、それらの組織はそれぞれの責任について明確には理解していなかった。その結果、MCC のヘリコプター活動は、TAOR 内のほかの OPC 航空作戦に完全には統合されないことになったわけである。

5.4 味方への誤射の事例からの結論

今回の撃墜事故の近接事象と直近の関係者の振る舞いだけを見ると、この事故の原因は、システムの技術的なオペレーター（パイロットと AWACS クルー）の重大なミスであるように見える。実際に、6 つの司令部に属する 120 人以上からなる空軍の特別任務部隊は、(1)AWACS ミッションクルーが F-15 パイロットに状況の正確な画像を提供しなかったこと、(2)F-15 パイロットが対象を誤認したこと、という個人による業務遂行における 2 つの機能停止（breakdowns）が撃墜の原因になったと結論づけた。事故調査委員会が作成した 21 冊の事故報告書から、ウィリアム・ペリー（William Perry）国防長官（Secretary of Defense）は、損失に至る「事象連鎖」の中の「エラー、怠慢、失敗」を次のようにまとめた。

- F-15 パイロットがヘリコプターをイラクのハインドと誤認した。
- AWACS クルーが介入を怠った。
- ヘリコプターとその作戦行動が、飛行禁止区域の作戦を実施中の任務部隊に統合されていなかった。
- IFF システムが機能しなかった。

スヌークによると、軍事共同体（military community）はこの 4 つの「原因」を撃墜の説明としておおむね受け入れているとのことである。

確かにパイロットと AWACS のレベルにおいてミスはあったが、STAMP の分析を用いることで、彼らの振る舞いに影響を与えた環境や他の要因の役割を、次のように、より完全に説明することができる。

- 一貫性がない、欠落している、または不正確な情報
- 互換性のない技術
- 不適切な連携
- コントロールが重複する領域と誰が何に責任を持つかについての混乱
- 起き得る適応に対してコントロールやチェックをすることなく、効率的ではあるがより安全ではない運用手順へと、時間が経つにつれて移行したこと
- 不適切な訓練
- 概して言うと、安全制約を課さなかったコントロールストラクチャー

このように、非常に複雑なこの事故を 4 つの「原因」に狭めて誰かに責めを負わせることは、この事象から学ぶことを阻害してしまう。軍の外の個々人（その中には被害者の親族もいる）が事故報告書で提供された単純な分析を受け入れず、自分自身で事実解明を行ったからこそ、より完全なこの STAMP

の分析が可能となったのである。

　STAMP では、事故を動的なプロセスとして捉えている。この事例では、陸軍と空軍の運用が、コミュニケーションや連携をすることなく、適応し分岐していったのである。OPC は撃墜が起きた時点では、3 年以上インシデントなく運用されていた。その間に、上層部からの不適切なコントロールを補うための現地での適応がなされ、その適応がうまくいかない状況が発生するまでは、起きている問題が隠されてきたのである。連携、コミュニケーション、その他の問題の重大性に対する最高司令レベルでの認識不足が、この事故の重要な要因である。

　この事故では、4.5 節で識別した因果要因のほぼすべての種類を見ることができる。この事実は異例なことではなく、ほとんどの事故にはこれらの要因が多く含まれている。事象連鎖に注目すると、事故に結び付いた近接事象、したがって主な現場の当事者（このケースではパイロットと AWACS 要員）に焦点を狭めることになる。STAMP を使用し事故をコントロールの問題として扱うことで、他の組織的な要因や当事者、そしてそれらが果たす役割を明確に特定できる。最も重要なことは、このような広い視野で事故を捉えなければ、おそらく組織的な問題の症状だけが特定されて除去されることになり、技術や運用といったコントロールストラクチャーのより下位レベルでの症状は異なるが、同じシステミックな要因で引き起こされる将来の事故のリスクを大幅に低減させることはできない、ということである。

　理解しやすいように STAMP を使用して、事故の多角的なビューを構築する方法については、第 11 章で説明する。STAMP の事故分析例については、付録を参照していただきたい。

第3部

STAMPの活用

　STAMP は、システム安全（system safety）のための新しい理論的基盤である。この基盤上に、システム安全のための新しく強力な技術とツールを構築することができる。第3部では、より安全なシステムを設計（engineering）するための実践的な方法をいくつか紹介する。ここで紹介する手法はすべて、現実のシステムで実際に使われ、成功をもたらしたものである。これらの手法を試した人が驚いていたのは、この手法が非常に複雑なシステムにおいてうまく機能し、かつ、経済的に利用できることであった。将来的にはこの理論がさらに改良され、多くの実践への適用が生み出されることは疑う余地がない。

第6章 STAMPを用いたより安全なシステムの エンジニアリングと運用

第3部は、膨大なコスト、時間、工数をかけずに、安全性の高いシステムを構築したい人を対象としている。安全性の高いシステムを構築・運用するには非常にコストがかかるという考えが広く浸透している。この考えは、今日、通常用いられている安全工学（safety engineering）の手法から生じているが、必ずしも事実ではない。トップダウン式のシステム安全工学とSTAMPを用いた安全主導設計（safety-guided design）により、システムの安全性を高めるだけでなく、それに要するコストを削減することは、可能である。本章ではその概要を説明し、次の章では費用対効果が高い安全プロセスの実施方法について詳しく説明する。

6.1 安全への取り組みの費用対効果が高くない場合があるのはなぜか？

非常に効果の高い安全工学のプログラムが存在することは確かであるが、安全性の向上に関する費用対効果がほとんどないまま、大量のリソースを消費するケースが非常に多い。問題解決のためには、まず、問題を理解する必要がある。なぜ、安全への取り組みが費用対効果に見合わない場合があるのか。この問いには、一般的に次の5つの答えがある。

1. 安全への取り組みが表面的、孤立的、見当違いである。
2. 安全への取り組みの開始が遅すぎる。
3. 用いる手法が、現在構築しているシステムや新しいテクノロジーに適していない。
4. 安全への取り組みが、技術的なコンポーネントに焦点を当てすぎている。
5. システムが、その存続期間を通して変化しないことを前提としている。

表面的、孤立的、見当違いな安全への取り組み：多くの場合、安全工学では、最終的なシステム設計の安全性向上に役立つとは限らないような、高コストで退屈な活動が多い。チャイルズ（Childs）はこれを「うわべのシステム安全（cosmetic system safety）」と呼んでいる[37]。詳細なハザードログが作成され、分析が行われるが、実際のシステム設計にはあまり役立たない。定量化が不可能な特性に対して、数値が結びつけられる。これらの数値は何らかの数値的要件が目標であることを裏付けているように見えるため、関係者はみな自分の仕事を果たしたかのように感じる。安全分析が、顧客や設計者が望む答え、すなわちシステムが安全であることを示すことにより、誰もが満足してしまう。ハッドン・ケイヴ（Haddon-Cave）は、2009年のニムロッドMR2（Nimrod MR2）の事故報告書で、このような取り組みを遵守のみの儀式（compliance only exercises）と名付けた[78]。取り組みの結果は、システムの認証や経営陣による承認には影響を与えるが、あらゆる活動と多額の費用にもかかわらず、システムの安全性には影響を与えないのである。

これに類する別の問題として、エンジニアや開発者によるシステム構築活動と安全活動が分離してしまう問題が挙げられる。安全の専門家がシステム設計から切り離され、ミッション保証部門に配置されるケースが非常に多い。安全が設計に含まれていなければ、その安全を保証することはできない。システムは、最初から安全であるように構築されなければならない。安全工学を設計から切り離すと、ほぼ

確実に、費やした労力とリソースは無駄になってしまう。安全工学が効果的なのは、設計プロセスに適用し、設計へのインプットを提供する場面であって、安全に関する主要な決定がなされた後に成果物について議論する場面ではないのである。

安全工学の取り組みでは、完成した設計が安全であることを証明するセーフティケース（safety case）の作成に主眼が置かれることがあるが、これは、開発中に特定のプロセスに従っていたことを示すものであることが多い。しかし、単にプロセスに従うことは、そのプロセスが効果的であることを意味するわけではない。これが、プロセス保証の多くの取り組みの基本的な限界である。また、プロセスを超えた議論になる場合もあるが、議論は、システムが安全であるという仮定からスタートし、結論の正しさを示すことに重点が置かれてしまう。システムが安全であることを示す証拠を探すことに多くの労力を費やし、システムが安全ではないことを示す証拠探しには多くの労力を費やさない。基本的な考え方が正しくないため、結論にバイアスがかかってしまうのである。

システム安全（MIL-STD-882）が成功した理由の1つは、これと逆のアプローチをとったことである。すなわち、システムが非安全であることを示し、ハザードシナリオを特定する。エンジニアは「起こってほしくない」ことではなく、「起こってほしいこと」を重視する傾向があるが、このような別の視点を持つことで、見落としていたハザードに至る道筋が明らかになる場合がよくある。

本書の第3部で定義する安全主導設計を行う場合、設計と一緒に「セーフティケース」を作成する。とはいえ、認証のための議論（certification argument）を作成する場合は、開発プロセスで作成されたドキュメントを集めるだけでほぼ事足りることになる。

安全への取り組みの開始の遅延：上に挙げたような効果の乏しい取り組みではなく、有用な活動を含むような安全への取り組みであったとしても、開始が遅すぎる場合がある。フローラ（Frola）とミラー（Miller）は、完成したシステムの安全性に関わる最も重要な決定の70〜80パーセントは、初期のコンセプト設計でなされると主張している[70]。その決定において安全工学の取り組みが反映されない限り、システムの安全性に大きな影響は与えられないだろう。安全エンジニアは安全分析を行うのに忙しくしており、その間にシステムエンジニアが、ハザード分析に基づかない設計や運用に関する重要な決定をしてしまうことが非常に多い。安全エンジニアが作成した情報をシステムエンジニアが入手したときには、設計上の決定に大きな影響を与えるには遅すぎる状況になるのである。

もちろん、エンジニアが早い段階で安全を考慮することは当然なのであるが、その段階で得られるのは、ある特定の機能が安全を重視すべきかどうかという情報のみであることが多い。設計中の機能が事故原因になる可能性について、その重要性を示す文字や数字が知らされるだけで、それ以外はほとんど知らされない。エンジニアは、このような非常に限られた情報のみを頼りに、コンポーネントの冗長性を高めたり安全マージンをとったりすることによって、コンポーネントの信頼性を向上させることに注力せざるを得ない。しかし、このような冗長性や安全マージンは、それが必要なのか、システムの機能に関連する特定のハザードに対して有効なのか、といった分析が注意深く行われることなく追加されてしまうことが多い。その結果、ハザードの除去や軽減への効果がほとんどないのに、構築や維持にコストがかかる設計になってしまう。先に述べたように、冗長性や安全マージンを持たせた過剰設計は、主に純粋な電気機械の部品やその部品の故障による事故に対しては有効である。しかし、ソフトウェアやコンポーネント間の相互作用による事故にはまったく有効ではない。場合によっては、そのような設計技法は設計に複雑さをもたらすため、コンポーネント間の相互作用による事故の**確率**を高めてしまう可能性さえある。

現在の安全工学の手法のほとんどは、詳細設計の段階から適用する。そのため、安全工学の手法を意

識して適用したとしても、完成した設計の安全評価に役立つだけであり、設計の初期段階での意思決定の指針にはならない。設計が完成してからの評価では、エンジニアが安全性に関する重要な問題に直面した場合に、大幅な変更を行うには遅すぎたりコストがかかりすぎたりするという結果を招く。システムやコンポーネントの設計を行うエンジニアに対して、安全分析の結果が、設計に対する批判的な形で開発プロセスの後の工程で与えられた場合、安全性の懸念に関わるその分析結果は、無視されるか、反論されることが多い。それは、その時点での設計変更にはコストがかかりすぎることが理由である。一方は安全性に重大な限界があると主張するが、他方はそのような限界は存在しない、重大ではない、あるいは安全分析が間違っているなどと主張し、設計レビューが論争に発展してしまうのである。

　問題は、設計者の意識が低いということではなく、設計を大きく変更することが不可能なタイミングで、設計についての安全性に関する懸念が提起されることにある。そのタイミングでは、設計者は自分の設計を擁護せざるを得ないのである。もし論争に負ければ、現在の設計に手を加えなければならない。安全性のために設計のやり直しをするのは、ほとんどすべての場合、実現不可能である。もし、設計者が早い段階の意思決定で安全性を考慮するために必要な情報を持っていれば、安全設計のための追加コストは不要となる。むしろ、(1)下した決定に欠陥があることや安全性が不十分であることが判明した結果として手戻りが減ること、そして、(2)不要な過剰設計や防御をしなくなった結果としてコストを下げることにもつながる。

　安全に関する取り組みの費用対効果を高めるには、システム工学（systems engineering）のプロセスにおけるコンセプト検討段階からその取り組みを組み入れ、設計が決定される時点で安全性を組み込むことが鍵となる。安全性を後から加えたり、後付けしたりするのではなく、最初からシステム設計に組み込んでおけばコストはずっと低くなる。

現在のシステムや新しいテクノロジーに適さない手法の使用：従来から使われている主な安全工学の手法は、数十年前の手法を前提としており、現在のシステムで用いられるテクノロジーや複雑さ、あるいは新たに出現（emerge）した事故原因に基づく前提に合っていない。つまり、ソフトウェアやヒューマンエラー、マネジメントの判断ミスには対応しておらず、また、組織構造や社会システムの欠陥にも適用できない。これらは事故の要因ではあるが、従来の安全分析ツールが想定するような「故障」を起こすわけではないのである。

　しかし、ほかに使えるツールがないため、安全エンジニアは、言わば四角い釘を丸い穴に無理やり押し込むようなことをして、それでうまくいくことを期待しているのである。そのため、時間やお金などのリソースが費やされるだけで、大した成果が得られない結果となる。過去のアナログのハードウェア部品や比較的単純なシステムを想定した従来の技術ではなく、より複雑なシステムに適した新たな安全工学の技術が必要であるという事実に、向き合うべきときが来ているのである。第8章では、STAMPをベースにした新しいハザード分析手法であるSTPAについて説明するが、他の手法でもよい。重要なのは、これらの問題に正面から取り組むことであり、問題から目を背けたり、今日のシステムに適合しない技術を誤って適用したり、無駄に拡張しようとしたりして時間を浪費することではない。

システムの技術的なコンポーネントに焦点を当てた安全への取り組み：安全工学（さらに言えば、システム工学も）の多くの取り組みでは、システムの技術的なコンポーネントに焦点が当てられ、システムの社会的、組織的、人間的なコンポーネントを考慮する努力は設計プロセスにおいてほとんどなされていない。オペレーターは正しく操作するように訓練され、それによってどのような設計にも適応できるものだという想定が置かれる。ヒューマンファクターとシステムの高度な分析が、不足しているのである。そしてやむを得ず事故が起きてしまうと、設計者の想定したとおりにオペレーターが行動しなかっ

た、としてオペレーターが非難の対象になる。一例を挙げると（ほとんどの事故報告書にこのような例があるが）、コロンビアのカリ（Cali）付近で起きたアメリカン航空 B757 型機の事故（第 2 章参照）では、原因としてパイロットの 4 つのミスが指摘された。そのうちの 1 つは「飛行の重要なフェーズで、FMS 支援誘導が混乱し、過大な作業負荷が生じた際に、従来型の無線誘導に戻さなかったパイロットの失敗」というものであった。これは、「飛行の重要なフェーズで、パイロット（オペレーター）を混乱させ、過大な作業負荷を与えた FMS システム」が原因であるという言い方の方が、より有益であったかもしれない。

ほぼすべてのシステムに人間が含まれているにもかかわらず、エンジニアがヒューマンファクターについて学ぶことはあまりない。技術的なコンポーネントの周囲に都合のよい境界線を引き、その人工的な境界線の内側に注意を集中させがちである。ヒューマンファクターの専門家は、設計者が、人間のオペレーターのタスクではなく、技術的な問題に焦点を当てるテクノロジー中心の自動化（technology-centered automation）に苦言を呈してきた[208]。このような自動化は、結果としてヒューマンエラーの可能性を増大させる「ぎこちない（clumsy）」自動化と呼ばれている[183, 22, 208]。第 2 章では、安全のための新しい想定の 1 つとして、「オペレーターのエラーはそれが発生する環境の産物である」ということを示した。

これに類する問題は、情報技術を利用したシステムでよく見られる。たとえば、多くの医療情報システムは安全性を高めることに成功しているとは言い難く、新しいタイプのハザードや損失につながっていることさえある[104, 140]。医療専門家にとって情報システムの使い勝手が良いかどうかや、医療行為とワークフローに対して情報システムの設計がどのような影響を与えるか（必ずしもプラスの影響ではない）について、開発時に十分考慮されない場合が多い。

一般に、システムの自動化は手動システムよりも安全であると考えられている。それは、手動システムに伴うハザードが排除されるからである。自動化によって新たな、より性質の悪いハザードが起きる可能性、そしてそれらのハザードをどのようにして防いだり、最小化したりできるかについての検討は十分になされない。航空業界では、コックピットや飛行制御の設計において、この自動化に関する教訓を数多く学んできた。それは、コミッションエラー（error of commission、訳注：誤った行為によって起こるエラー）の低減は、同時に新たなオミッションエラー（error of omission、訳注：行うべきことを行わないことによるヒューマンエラー）を生み出してしまうということである[181, 182]（第 9 章参照）。この点においては、航空業界以外のほとんどの業界はさらに遅れをとっている。

安全に関するほかのシステム特性が、手遅れの状態になるまで無視されがちであるのと同様に、オペレーターとヒューマンファクターの専門家が設計の初期段階に参加できなかったり、変更に非常にコストがかかる段階まで設計者から孤立して作業していたりする場合が多い。また、ヒューマンファクターの設計は事故が起きるまで検討されないことがある。ときには、事故が起きてもなお検討されないこともあり、そうなると、新たな事故が起きることはほぼ確実なものとなる。

費用対効果の高い安全工学を提供するためには、システムと安全性の分析および設計のプロセスにおいて、システム内の人間（物理的なプロセスを直接コントロールしていない人間も含む）を考慮する必要がある。個別に考慮したり、事後に考慮したりするのではなく、コンセプト検討の開始段階からシステムのライフサイクル全体を通して考慮が必要なのである。

システムはその存続期間を通して変化しないという前提： エンジニアが、システムが時間とともにどのように進化し、変化していくかについて考慮することはまれである。保守性に関する設計は考慮されたとしても、意図しない変化（change）については無視されがちである。あらゆるシステムに変化はつ

きものである。物理的な機器はシステムの存続期間を通して老朽化するが、適切に保守されないことがある。人間の振る舞いや優先順位の考え方は、時間とともに変化するのが普通である。組織は変化・進化し、安全制御の構造（safety control structure）自体も進化する。また、システムを運用する場であり、相互作用を及ぼす対象でもある社会環境や物理的環境にも、変化は生じる。これらの変化に対して効果的なコントロールを行うには、これらのタイプの変化に伴うリスクを低減するように、コントロールを設計する必要がある。事故が起きたら高くつくということだけではなく、システムの変更（change）について計画しておけば、変化自体に関わるコストの削減もできるのである。さらに、運用においても変更の管理と対応に労力を集中させることが必要である。

6.2 安全におけるシステム工学の役割

構築し運用するシステムの規模と複雑さが増すにつれ、高度なシステム工学のアプローチを用いることがより重要となる。安全性などの重要なシステムレベルの（創発的な）特性は、システムの設計に組み込まれている必要がある。後から追加したり単に測定したりするのでは、効果がないのである。

システム工学は、もともとは技術的なシステムのために開発されたものであるが、社会システムや社会の構成要素など、通常、「工学的な（engineered）システム」とは考えられないようなものに対しても同様に適用可能であり、重要なアプローチである。あらゆるシステムは、特定の目的を達成するために（すなわち要求と制約を満たすために）設計されるという意味で、工学的なシステムなのである。したがって、たとえば、病院の安全性や医薬品の安全性を保証することは、普通は工学的な問題（engineering problems）とはみなされないが、広義の工学（engineering）には含まれる。システム工学のプロセスの目的は、ミッションを果たすようなシステムを、その達成方法に関する制約を守りつつ、作成することである。

エンジニアリングとは、もっとも高い費用対効果を得られるように設計プロセスを体系化する方法のことである。社会システムは、意図的な設計プロセスという意味での「設計」によってできたものというより、時間の経過とともに進化してきたものだというべきかもしれない。しかし、そのようなシステムを改善するために変更する努力は、再設計（redesign）やリエンジニアリングプロセスであると捉えることもでき、これもシステム工学のアプローチの恩恵を受けることができる。STAMP を基本的な因果関係モデルとして用いる場合、安全システムのエンジニアリングやリエンジニアリングとは、システムが安全に（すなわち許容できない損失が起きずに）動作するよう、安全コントロールストラクチャーとそれに組み込まれたコントロールを設計（または再設計）することを意味する。コントロールされるもの（化学製造プロセス、宇宙船や航空機、公衆衛生、食糧供給の安全性、企業の不正、金融システムのリスクなど）は、適用可能なコントロールの種類やその設計に大きな違いはあるが、その違いは大まかなプロセスの観点からいうと重要ではない。そして、そのプロセスは、標準的なシステム工学のプロセスと非常に近いものである。

問題は、第1部で議論したように、多くの工学技術やシステム工学の技術でさえも、複雑な社会システムに適合した条件や前提には基づいていないということである。しかし、STAMP と新しいシステム理論に基づく安全アプローチであれば、複雑な、**技術的および社会的なプロセス**の双方に対して進むべき道を示すことができる。第3部で説明する一般的なエンジニアリングならびにリエンジニアリングのプロセスは、あらゆるシステムに適用することが可能である。

6.3 システム安全工学のプロセス

STAMPでは、事故や損失は、振る舞いに対する安全制約が課されないことに起因すると考える。安全な運用のための適切な制約を当初のシステム設計に組み込むだけではなく、その安全制約は、時間の経過とともにシステム設計が変更されても強制され続ける必要がある。これが、安全の経営管理（management）、開発、運用における基本的な目標となる。

システム工学の最善のプロセスについては合意されたものは存在しないし、おそらく存在し得ない。なぜなら、プロセスは、そのプロセスが用いられる特定の問題や環境に適合している必要があるからである。本書の第3部では、理にかなったあらゆるシステム工学プロセスに、システム安全を統合する方法について説明する。図6.1は、費用対効果の高いシステム安全プロセスの3つの主要な要素、すなわち経営管理、開発、運用について示している。

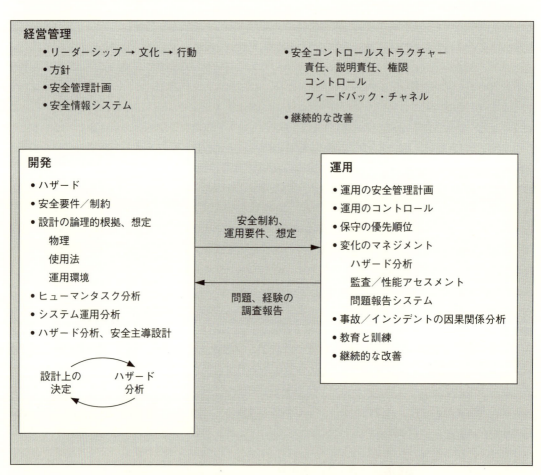

図6.1 STAMPに基づくシステム安全工学プロセスの構成要素

6.3.1 経営管理

安全は、経営陣のリーダーシップとコミットメントから始まる。これがなければ、組織内の人々の努力はほぼ失敗に終わる。リーダーシップは文化を醸成し、それが行動の原動力となるのである。

経営陣は、自らの行動によって文化を形成することに加え、組織の安全方針を確立し、適切な責任、説明責任と権限を備えた安全コントロールストラクチャー、および、コントロール、フィードバック・チャネルを構築する必要がある。また、安全管理計画を策定し、安全情報システムと継続的な学習・改善のプロセスが効果的に整備されていることを確認する必要がある。

第13章では、安全におけるマネジメントの役割と責任について述べる。

6.3.2 開発

安全への取り組みの費用対効果を高めるには、最初からシステム工学のプロセスに組み込み、システムの設計が決定される際に安全設計も行うことが鍵となる。すべての視点とシステム構成要素がプロセスや関連ドキュメントに含まれ、誰でも容易に参照して理解でき、役立つような状態になっていなければならない。

システム工学は、まず、システムの目的を定めることから始める。次に、回避すべき潜在的なハザードを識別する。目的とシステムハザードからシステムの機能要件と安全要件を識別し、それを設計、運用、管理の基本とする。これらの基本を確立する方法については第7章で説明する。

安全工学の費用対効果を高めるためには、早い段階から取り組む必要がある。そのためには、開発の初期コンセプトを形成する段階から安全性を考慮すること、そして、システムのライフサイクルを通して継続的に安全性を考慮することが必要である。設計上の決定を行う際は、安全性を考慮するのと同時に、それ以外のシステム要件や制約も考慮に入れ、競合（conflicts）を解決する必要がある。用いられるハザード分析技術は、設計が完成していなくても適用できるべきであり、事故に関わるあらゆる要素を含めて分析できなければならない。第8章では、システムの安全設計に必要な情報をSTAMP因果関係モデルで表し、そのモデルに基づいた新しいハザード分析技術を説明する。第9章ではさらに、ヒューマンエラーを助長しないように、人間が使うシステムおよびシステムコンポーネントをどのように設計するかなど、安全設計における一般原則も紹介する。

ドキュメント化は、設計・開発におけるコミュニケーションのためだけでなく、避けることのできない経時的な変化に対処するためにも非常に重要となる。ドキュメントには、設計決定のための論理的根拠や、ハイレベルな要件と制約から詳細な設計に至るまでのトレーサビリティーが含まれている必要がある。また、元のシステム開発が完了した後、運用・保守するために必要な情報は、オペレーターと保守担当者にとって使いやすい形で提供されなければならない。第10章では、安全上の考慮事項をどのようにしてシステムの仕様やシステム工学のプロセスに組み入れればよいかについて説明する。

エンジニアは、システムに関わる人々は「正しいこと」をするように訓練され、あらゆることに順応できるものだと想定し、システム開発における技術的な側面に重点を置きがちである。そして、事故が起きるとオペレーターが非難の対象となる。前述のように、安全に対するこのようなアプローチは、安全工学が本来の効果を発揮できない理由の1つである。システム設計のプロセスでは、ヒューマンコントローラーを考慮することから始め、開発中もその視点を継続する必要がある。そのための最善の方法は、設計上の決定と安全分析にオペレーターを関与させることである。オペレーターは、コンセプト設計の段階には参加せず、開発の後半だけに関わる場合が多い。安全なシステムを設計するためには、オペレーターや保守担当者がコンセプト開発の段階から設計プロセスに参加するべきであり、ヒューマンエラーやその防止に関する検討を行うことが設計作業において最も重要である。

多くの企業、特に航空宇宙分野では、設計エンジニア、安全エンジニア、ヒューマンファクターの専門家、システムの潜在的なユーザー（オペレーター）、保守担当者などを含む統合的なチームが形成されていることが多い。しかし、そこで使われている開発プロセスは、このコラボレーションの可能性を最大限に活用できているとは限らない。第3部では、これを実現させるためのプロセスについて説明する。

6.3.3　運用

システムは、いったん構築されれば、安全に運用されなければならない。そのために必要な情報を、システム工学では「安全制約と運用の想定」という形で作成し、これに基づいて安全設計を行う。これらの制約と想定は、オペレーターが理解して使用できる形式で、運用に渡す必要がある。

システムのライフサイクルを通して、物理的なコンポーネント、人間の行動、組織の安全コントロールストラクチャーなどの変化はほぼ必ず起きる。したがって、運用では、それらの変化によってシステムの安全制約に反することが起きないように管理する必要がある。安全な運用のための要求については、第12章で説明する。

今こそ、システムの開発、運用、管理を STAMP によって変革し、「より安全な世界を実現するためのエンジニアリング（engineering a safer world）」を目指すべきときなのである。

第7章 基本的な活動

以降の章に記載するすべてのプロセスでは、システム工学（system engineering）において共通した基本的な活動の実施を前提とする。この活動には、対象となるシステムに対して、事故や損失、ハザード、安全要求と安全制約、安全コントロールストラクチャーを定義することが含まれる。

7.1 事故と許容できない損失の定義

安全への取り組みの最初のステップは、考慮すべき事故や損失のタイプについて合意することである。

一般的には、事故の定義は顧客から出てくるものであるが、官庁からの規制を受けるシステムの場合には政府から出てくることもある。その他、ユーザーグループ、保険会社、職能団体、産業規格やそれ以外のステークホルダーから来ることもある。システムを開発する会社や組織が自由に好きなものを作れるのであれば、事故の責任に関する考慮事項や事故のコストが絡むこともあるだろう。

基本的な用語の定義は、産業界やエンジニアリングの専門分野によって大きく異なる。本書では、システム安全（system safety）（MIL-STD-882）での一般的な用法を反映し、付録 A に示す一連の基本的な定義を用いる。ここで、**事故**（accident）とは、次のように定義される。

> **事故**：人命の損失や人身傷害、物的損害、環境汚染、ミッションの損失など、損失をもたらす望ましくなく、計画されていない事象。

事故は人命の損失を伴う必要はないが、ステークホルダーにとって受け入れがたい何らかの損失（loss）が発生することである。システム安全（MIL-STD-882）は常に人命以外の損失を考慮してきたが、なぜかほかの多くの安全工学（safety engineering）では、損失の定義を人間の死傷に限定している。包括的な定義の一例として、宇宙船の事故には、宇宙飛行士の損失（宇宙船が有人の場合）、支援要員や一般市民の死傷、ミッションの未達成、主要設備の損傷（発射設備の損傷など）、惑星の環境汚染などが含まれるであろう。たとえば、地球が属する太陽系にある惑星の、氷の衛星の特徴を調べる探査機の設計に用いられた事故の定義は、以下のとおりであった[151]。

A1. 地球上の人間や人的資産が死亡または損傷する。

A2. 地球外の人間や人的資産が死亡または損傷する。

A3. 惑星のいずれかの衛星に生存する生物（存在する場合）が、地球起源の生物由来の物質によって殺されたり、変異したりする。

> **論理的根拠**：外惑星の氷の衛星が地球起源の生物由来の物質で汚染されると、外惑星の氷の衛星に固有の生物由来の物質に破滅的な影響を及ぼす可能性がある。

A4. ミッションの目的に応じた科学的なデータが収集されない。

A5. ミッションの目的に応じた科学的なデータが、十分に調査される前に使用不能（例：削除や破

損）になる。

A6. 惑星の衛星を研究する将来のミッションで、地球起源の生物が外惑星のいずれかの衛星に生息する生物と間違われる。

論理的根拠： 外惑星の衛星が地球起源の生物由来の物質で汚染されると、将来のミッションの中でその生物由来の物質を発見し、外惑星の衛星に由来するものであると誤って結論づける状況となる可能性がある。

A7. 本ミッション中のインシデント（訳注：事故より軽微な事象）により、別のミッションがそのミッションの目的に応じた科学的データの収集、返送、利用に失敗する直接的な原因となる。

論理的根拠： 本ミッションが、別のミッションの宇宙探査のためのインフラへのアクセスを拒否することにより、その別のミッションの完遂を妨害する可能性がある（例：ディープスペースネットワーク（deep space network：DSN）[1] での限られたリソースの過剰な使用や本ミッション中の発射台の損傷により、別のミッションが打ち上げ可能な時間帯での打ち上げを逃すなど）。

設計プロセスにおいて目標の間でのトレードオフが必要なときには、識別した損失への優先順位づけや重要度のレベルの割り当てが役立つかもしれない。例として、第9章で挙げている、スペースシャトルの耐熱タイルを補修する産業用ロボットを考えてみよう。このロボットの目的は、以下のとおりである。

(1) スペースシャトルの打ち上げ、再突入、輸送の間に生じる耐熱タイルの損傷を点検する。
(2) 耐熱タイルに防水加工化学物質を塗布する。

レベル1：

A1-1： 宇宙船および乗務員の損失（例：熱の防護が不十分であったなど）

A1-2： 処理施設における人命の損失または重大な傷害

レベル2：

A2-1： 打ち上げの遅延あるいは x ドルを超える損失をもたらす、軌道衛星や処理施設内の物理的な損傷

A2-2： 入院や治療が必要な傷害により身体に長期的または永続的な悪影響を受けること

レベル3：

A3-1： 軽微な傷害（治療を必要としない、あるいは最小限の治療処置しか必要とせず、長期的または永続的な身体への悪影響を引き起こさないもの）

A3-2： 打ち上げの遅延に影響を及ぼさない、かつ損失が x ドル未満となるような、軌道衛星の軽微な損傷

A3-3： 打ち上げの遅延や x ドル以上の損失をもたらさない、処理設備（床置きや吊り下げ）内での

---

1 ディープスペースネットワークは、太陽系や宇宙探査のための、惑星間での宇宙探査機のミッションおよび電波・レーダーによる天体観測を支援する、大型アンテナや通信施設による国際的な通信網である。また、このネットワークにより地球の一部を周回するミッションもサポートされている。

基本的な活動　　　　　　　　　　　　　　　　　　　　　　　　　　　　　　　　　　153

　　　物損

A3-4：移動型ロボットの損傷

　　想定：タイル処理ロボットに機械故障が発生した場合に備え、軌道衛星の耐熱タイルを整備する
　　　　ためのバックアッププランがあること、また、それ以外の理由でロボットが作動しなく
　　　　なった場合にも、同様のバックアップ対策が適用可能であることを想定している。

顧客は、請負業者や耐熱タイル処理ロボットの設計者が従わなければならない安全方針を、決めている
かもしれない。例として、NASA の代表的な安全方針に近いものを以下に挙げる。

　安全性に関する一般的な方針：人的傷害や軌道衛星の損傷に関連するすべてのハザードは、システム
　　設計によって除去または緩和されなければならない。ロボットや作業エリア内の物への損傷にしか
　　影響しない軽微なハザードについては、現実的なコスト内での対応により、除去または緩和しなけ
　　ればならない。除去できないハザードについては、トレードオフを考慮した上で、ハザード分析、
　　システム設計、開発手順を文書化し、顧客に提示した上で、その承認を得なければならない。

7.2　システムハザード

　ハザード（hazard）という用語はこれまで、さまざまな意味で使われてきた。たとえば、航空分野
でのハザードはシステムを取り巻く環境にあるもの（例：航空機の航路にある山など）を指すことが多
い。これに対し、システム安全（MIL-STD-882）では、ハザードはその環境にあるものだけではなく、
設計されるシステム（あるいは環境対象との関係）の中にあるものと定義される。たとえば、航空機の
飛行が山に近づきすぎる場合には、ハザードとなり得る。

　ハザード：特定の最悪な環境条件において事故（損失）につながるシステムの状態または条件の集合。

この定義には、若干の説明が必要である。まず、ハザードは、ここで定義しているように条件（conditions）
として定義することも、事象（events）として定義することもできる。ただし、どちらか一方を一貫
して使用する必要がある。ハザードが事象であるか条件であるかについての議論はあるが、その区別は
関係なく、どちらを用いてもよい。図2.6は、事象と条件の関係を示している。条件は事象につながり、
事象は条件につながる。化学プラントのハザードは、化学物質の放出（事象）あるいは大気中の化学物
質（条件）として表現することができる。唯一の違いは、事象は時間的に制限されているのに対し、事
象によって引き起こされた条件は、現行の条件を変化させる別の事象が発生するまで、時間が過ぎても
継続するという点である。なお、目的によっては、一方を選択した方が他方を選択するよりも、都合が
よいことがあるかもしれない。

　第2に、**故障**（failure、訳注：本書内では文脈により「失敗」、「不具合」と訳している箇所もある）
という言葉はどこにも出てこないことに注意してもらいたい。ハザードは故障と同じではない。つま
り、故障があってもハザードを引き起こさない場合もあり、故障がなくてもハザードが発生することは
ある。システム安全（MIL-STD-882）の創始者の一人であるＣ・Ｏ・ミラー（C.O. Miller）は、「ハザー
ドを故障と区別することは、安全性と信頼性の違いを理解する上で暗黙の了解である」[138]と警告し
ている。

　ハザードは、「害を及ぼす可能性があるもの」、「事故につながる可能性があるもの」と定義されるこ
とがある。この定義の問題点は、ほとんどのシステム状態が、害を及ぼす可能性や事故につながる可能

性を持っていることである。そして、この定義によれば、飛行中の飛行機はハザード状態にあるが、た とえば、航空管制システムや航空輸送システムの設計者は、飛行機が地面から離れないようなシステム を設計することはない。実用上の理由から、この定義では、ミッション達成のためにシステムが必要と する状態は除外されるべきである。ハザードの定義を、システムが絶対にあってはならない状態（つま り、事故や損失という事象に近い状態）に限定することで、設計者は、システムからハザードを除去す る設計の自由度と能力を高めることができる。航空管制の場合、ハザードは、「空中にある2機の飛行 機」ではなく、「最小間隔の基準に違反した2機の飛行機」である。

事故は、システムまたはコンポーネントの環境に応じて定義される。

ハザード ＋ 環境条件 ⇒ 事故（損失）

例を挙げると、有毒化学物質や爆発の際のエネルギーの放出は、周辺に人々や建造物がある場合にのみ 損失が発生する。有毒物質の放出の場合には、気象条件が損失の発生に影響を及ぼすことがある。該当 する環境条件が存在しなければ損失は発生しない、つまり定義上、事故は起きていないということであ る。損失とはならないこのタイプの事象は、一般にインシデント（incident）と呼ばれている。ハザー ドが事象として定義される場合、ハザードとインシデントは同一である。

7.2.1 システム境界を描く

前述の定義で、何がハザードとなるのかは、システムの境界をどこに引くかによって決定される。シ ステムとは抽象的なものであり、システム境界は、システムを定義する個人の判断に依存して設定され る。システム境界をどこに引くかによって、どの条件をハザードの一部とみなし、どの条件を環境の一 部とみなすかが判断される。この選択は任意であるため、境界、ひいてはハザードを定義する最も有用 な方法は、システム設計者が、なにかしらコントロール可能で、かつ、事故に関連するような条件を含 むように境界を引くことである。つまり、設計者に対して、ハザードを除去またはコントロールできる システムを設計し、それによって事故を防止することを期待するのであれば、それらのハザードは設計 者の設計空間に存在するものでなければならない。このコントロールの要求が、ハザードと事故を区別 する理由である。つまり事故の方は、システムの設計者やオペレーターがコントロールできない環境の 側面を含んでいる可能性がある。

さらに、システムの定義には再帰的な性質があるため（つまり、あるレベルのシステムはより上位の システムのサブシステムとみなすことができる）、より高いレベルに位置するシステムはより影響範囲 の大きいハザードをコントロールすることが可能となる。しかし、いったんシステム境界が引かれる と、システム設計者は、自らがコントロールできる事故要因のコントロールについてのみ責任を負うこ とになる。これには、包括的なシステムのハザードを確実に除去またはコントロールするためのコン ポーネントの安全要求として、上位のシステム設計者から渡されたものが含まれる。

化学プラントの例で考えてみよう。ハザードはプラント周辺での住民の死傷（損失）となる事象と定 義できるが、そのような損失には、プラントの設計者やオペレーターがコントロールできない多くの要 因が関係している可能性がある。一例として、風の速度や方向などの放出時の大気条件が挙げられる。 潜在的な事故や損失における別の要因としては、プラント周辺の住民の居住地や地域社会の緊急時への 備えや対応といったものがあるが、これらはいずれも地方政府か州政府のコントロール下にあることが 多い。化学プラントの設計者には、緊急時における適切な措置のための設備および手順の設計と、それ らの運用に必要な情報を提供する責任がある。しかし、彼らの主な設計上の責任は、彼らの設計のコン トロール下にあり、事故が起きる可能性がある範囲、つまり、有毒化学物質の放出を防止するためのプ

ラントの設計にある。

　実際に、損失事象となるための環境条件は、時間の経過に伴って変化することがある。たとえば、潜在的な危険性を持っている化学プラントは、もともと人口が集中している地区から離れた場所に位置していたかもしれないが、時間の経過とともに、プラントを職場とする人員が近くに住むようになる、あるいは遠隔地や悪臭を発生するプラントの近くは土地が安いという理由から、そのような場所に住む傾向が出てくる。化学プラントの設計者は通常、これらの条件に対して設計上のコントロールができないので、プラントの周囲にシステム境界を引き、プラントからのコントロール不能な化学物質の放出をハザードとして定義するのが最も都合が良いと考えている。より大きな社会技術システムを、安全を考慮して設計または分析するのであれば（そのようにすべきであるが）、潜在的なハザードとそれを防止するための対処の数は自然に増加する。たとえば、地域の土地区画法によってプラントの位置やその付近の土地の利用をコントロールすることや、緊急避難や医療の提供をすることが挙げられる。

　社会技術システムの各コンポーネントは、それぞれ異なる事故の側面をコントロール対象としている場合があり、事故の発生プロセスの異なる部分、すなわち、異なるハザードや安全制約に責任を持っている。さらに、複数のコンポーネントが同じハザードに関連した責任を持つこともある。たとえば、化学プラントの設計者および関連する政府規制機関はともに、有毒化学物質を想定外に放出する事故につながる可能性があるプラント設計の特徴に対して、懸念を抱いていると思われる。とはいえ、政府の役割は、設計および建設の承認と点検プロセスに限定されており、基本的な設計の作成責任はプラント設計者が有しているであろう。

　ハザードとシステム境界の関係を示すもう１つの例として、航空管制システムを考えてみよう。事故が航空機同士の衝突と定義されるのであれば、適切なハザードは航空機間の最小間隔に違反することである。空中衝突防止装置（traffic alert and collision avoidance system：TCAS）やより一般的な航空管制システムの設計者は、理論的には航空機間の間隔をコントロールできるが、接近した２機の航空機が実際に衝突するかどうかを決めるほかの要因、たとえば視界や気象条件、パイロットの精神状態や注意力などはコントロールできないかもしれない。これらは、悪天候から航空機を遠ざける航空管制や、パイロットの選定や訓練、航空機の設計など、航空輸送システムのほかの構成要素でコントロールすることができる。

　個々の設計者やシステムのコンポーネントは、その設計空間におけるハザードのみに対処する責任を負っている。しかしながら、コンポーネントの設計に先立ち、より大きなシステムへの安全の作り込みに取り組むことにより、システム全体の安全性を高めると同時に、各コンポーネントへの安全の作り込みに伴う労力、経費、トレードオフを低減することができる。個々の技術的なコンポーネントだけでなく、より大きな社会技術システムを考慮することで、ハザードを除去またはコントロールするための最も費用対効果の高い方法を特定することができる。もし、より大きなシステムの一部しか考慮しなければ、システム全体の設計の１箇所のシステムハザードを除去またはコントロールするために、システム全体のほかの複数箇所を考慮した場合に必要となるよりも、はるかに大きく妥協しなければならなくなるかもしれない。たとえば、宇宙船の打ち上げに関連する特定のハザードは、宇宙船の設計、物理的な打ち上げのためのインフラ環境、打ち上げ手順、打ち上げを制御するシステム、あるいはこれらの組み合わせによってコントロールできるかもしれない。もしシステム境界の設定やハザードを特定するプロセスにおいて宇宙船の設計しか考慮しなければ、ハザードのコントロールには、システムのほかの部分における設計機能によってハザードの一部や全部を除去またはコントロールする場合よりも、多くのトレードオフが必要となる可能性がある。

　ここで示唆されているのは、複雑なシステムに安全を作り込むためには、トップダウン型によるシス

テム工学が重要であるということである。その上、航空機に衝突防止システムを導入するように、既存のシステムに新しいコンポーネントを導入する場合、航空機自体の安全だけではなく、航空管制の安全やより大きな航空輸送システムが安全に与える影響を考慮する必要がある。

すでに存在する一連のシステムを組み合わせて、新しいシステムを作る場合もある[2]。個々のシステムは、もともと作られたシステムの中では、安全になるように設計されているかもしれない。しかしながら、あるコンポーネントに課された安全制約が、組み合わせたシステムでのハザードを適切にコントロールできなかったり、新旧システムのコンポーネント間の相互作用を伴うハザードをコントロールできなかったりする場合がある。

ここで考察してきた理由は、システムに関連するハザードの定義はシステムの安全を保証する上で重要なステップであるが、なぜ個人の判断に任されているか、そして、より大きな社会技術システムを考慮したシステム工学の取り組みがなぜ必要であるかを説明するためである。事故や損失を定義し、サブシステムの周りに境界線を引いた後のシステム設計の最初のステップの1つは、そのシステムやサブシステムの設計者が、除去またはコントロールする必要のあるハザードを特定することである。

7.2.2 高レベルのシステムハザードの識別

実践的な理由から、高レベルのシステムハザードの小規模なセットを、最初に識別する必要がある。最初にあまりに大きなリストから始めると、通常、高レベルのハザードの詳細と原因をリストに含めてしまうことで、ハザードの識別と分析のプロセスが混乱し、不完全なものになることがよくある。最も複雑なシステムであっても、高レベルのハザードが12個を超えることはほとんどなく、通常はこれよりも少ない。

ハザードは、規制団体や業界団体によって課される可能性のある追加の安全基準や慣行を考慮した、事故や損失の定義により識別される。たとえば、7.1節の外惑星探査機事故の定義に関連するハザードは、以下のように定義できる[151]。

H1. データ収集のミッションを達成できないこと（A4）

H2. 収集したデータを返送するミッションを達成できないこと（A5）

H3. 科学調査員が、返送された収集データを利用するミッションを達成できないこと（A5）

H4. ミッション用ハードウェアにおける地球起源の生物由来物質による外惑星の衛星への汚染（A6）

H5. ミッション用ハードウェアの有毒物質、放射性物質または高エネルギー物質に、地球上の生命あるいは人的資産が地球上で曝露すること（A1）

H6. ミッション用ハードウェアの有毒物質、放射性物質または高エネルギー物質に、地球上の生命あるいは人的資産が地球外で曝露すること（A2）

H7. 別の宇宙探査ミッションが、データの収集、返送、利用のために、共有の宇宙探査インフラを利用できないこと（A7）

括弧内の数字は、それぞれのハザードに関連する事故を識別するものである。

7.1節でNASAの耐熱タイル処理ロボットに対して定義された事故から導出される可能性のある高レ

---

2 システムオブシステムズ（system of systems）と呼ばれることもあるが、すべてのシステムはより大きなシステムのサブシステムである。

ベルのシステムハザードとしては、以下のものが考えられる。

H1. 可動式ベースと目標物（宇宙船や人間を含む）の間の最小間隔の違反

H2. 不安定なロボットベース

H3. ロボットベースやマニピュレーターアームの動作による、人間への負傷や宇宙船への損傷

H4. ロボットの損傷

H5. 火災や爆発

H6. DMES（Dimethylethoxysilane、訳注：危険性のある揮発性液体）を使用した防水加工化学物質への人間の接触

H7. 耐熱防護の不十分性

設計プロセスにおいて、これらの高レベルのハザードは、設計の代替案を検討する中で洗練されていくことになる。第9章では、その洗練するプロセスに関する詳細な情報と例を提供する。

　航空機の衝突制御（collision control）は、より複雑な例である。先に述べたように、関連する事故は、飛行中の2機の航空機同士の衝突であり、回避すべきシステム全体のハザードは、航空機間の物理的な最小間隔（距離）の違反である。

　このような事故を回避するための制御は1つだけであり、空中衝突防止装置（TCAS）のような航空機衝突防止装置の搭載が、現在ではほとんどの民間航空機には義務付けられている。TCASの目的は安全性の向上だが、TCASを使用することで、新たなハザードが発生することも事実である。TCASの設計時に考慮されたハザードは、以下のとおりである。

H1. TCASが、異常接近（near midair collision：NMAC）を引き起こす、またはそれに関与する。異常接近は、2機の制御された航空機が最小間隔基準に違反することと定義されている。

H2. TCASが、地面へと向かう操縦制御（control maneuver）を引き起こす、またはそれに関与する。

H3. TCASが、パイロットの航空機制御の喪失を引き起こす、またはそれに関与する。

H4. TCASが、安全性に関する他の航空機のシステムに干渉する。

H5. TCASが、地上の航空管制システム（例：応答機による地上への伝送、レーダーや無線サービス）に干渉する。

H6. TCASが、安全性に関するATC（air traffic control：航空管制）アドバイザリー（訳注：TCASからの指示）（例：制限エリアや悪天候の回避）を妨害する。

地上航空管制官も衝突防止に重要な役割を担っているが、より大規模で異なるハザードに対しての責任を負っている。

H1. 制御された航空機が最小間隔基準に違反する（NMAC）。

H2. 制御された航空機が非安全な悪天域に突入する。

H3. 制御された航空機が許可なく制限された空域に侵入する。

H4. 制御された航空機が割り当てられた滑走路の安全なタッチダウン地点以外の固定障害物に近づ

きすぎる（操縦可能状態での地面への墜落（controlled flight into terrain：CFIT）と呼ばれる）。

H5. 制御された航空機と管理空域内の侵入機が最小間隔基準に違反する。

H6. 制御された飛行ができなくなる、あるいは機体の完全性が失われる。

H7. 地上にいる航空機が移動している物体に接近しすぎたり、静止している物体に衝突したり、舗装されたエリアから外れたりする。

H8. 航空機が許可を得ていない滑走路に進入する（滑走路侵入（runway incursion）と呼ばれる）。

システムレベルの非安全な振る舞い（ハザード）は、コンポーネントレベルやサブシステムレベルのハザードにつながる振る舞いに、対応付けることができる。ただし、逆のプロセス（ボトムアップ）は不可能である。つまり、個々のコンポーネントの振る舞いだけをみて、システムレベルの危険な振る舞いを識別することはできないことに注意してもらいたい。安全性はシステムの特性であり、コンポーネントの特性ではないのである。自動ドアのシステムを考えてみよう。ドアだけを考えた場合に、すぐに考えられるハザードの1つは、ドアが閉まるときに人にぶつかることである。この場合、安全制約として、ドアは出入り口に人がいるときには閉まってはならないという制約がある。このハザードは、ドアシステムがどのような環境で使用される場合にも関係するものである。ドアが建物の中にある場合、別の重要なハザードとして、たとえば建物が火事になるなど、危険な環境から出られなくなることがある。そのため、ドアを開ける要求があればいつでもドアが開くというのが合理的な設計制約となる。しかし、移動する電車でドアを使用する場合は、電車の移動中や駅間でドアが開くという、さらなるハザードを考慮する必要がある。移動する電車では、建物内の自動化されたドアシステムとは異なる安全設計制約が適用されることになる。ハザードの識別は、システム全体とそのハザード、潜在的な事故を考慮しなければならないトップダウンのプロセスである。

　ここでは、自動化されたドアシステムが電車制御システムの一部であると想定する。電車のドアに関連するシステムレベルの電車のハザードには、閉じるドアに人が挟まる、走行中の電車から人が転落する、駅のプラットフォームに正しく位置が合っていない停車中の電車から人が転落する、電車内の危険な環境から乗客や職員が脱出できなくなる、などが挙げられる。これらのシステムハザードから、電車の自動化されたドアコンポーネントに関係するハザードにつながる振る舞いを明らかにすると、以下のようなハザードになる。

1. 電車が発車したときにドアが開く。

2. 電車の走行中にドアが開く。

3. 駅のプラットフォームと正しく位置が合っていないときにドアが開く。

4. 人が出入り口にいるときにドアが閉まる。

5. 障害物を挟んだドアが再び開かない、または再び開いたドアが再び閉まらない。

6. 駅間での緊急避難のときに、ドアが開かない。

電車のドアコントローラーの設計者は、これらのハザードをコントロールするための設計をすることになる。なお、制約条件3と6は矛盾しており、設計者はこのような矛盾（conflicts）を調整する必要がある。一般的には、まずシステムレベルでハザードの除去を試みるべきである。システムレベルで除去できない、または適切にコントロールできない場合は、システムコンポーネントで処理するハザード

に洗練しなければならない。

　残念ながら、ハザードを識別するためのツールは存在しない。ドメインに関する専門知識が必要であり、システムを構築する人の主観的な評価に依存している。なお、『セーフウェア』の第13章では、このプロセスに役立つ一般的な経験則をいくつか記載している。朗報としては、ハザードを識別することは、通常、難しいプロセスではないことである。間違いや労力が最も多く発生するのは、ハザード分析プロセスの後半のステップである。

　また、ハザードには正しいものも誤ったものもない。システムのステークホルダーが合意したハザードを回避することが重要である。政府機関の中には、規制や認定を行うシステムで、考慮すべきハザードを義務付けているところもある。たとえば、アメリカ国防総省は、核兵器の製造者に対して、以下の4つのハザードを考慮するよう要求している。

1. 事故やインシデントに関係した兵器や、投棄された兵器が、核出力（nuclear yield）を生み出す。
2. 核兵器が、緊急戦争命令や権限ある当局の指示を受けることなく、意図的に事前武装、武装、発射、あるいは放出される。
3. 核兵器が、不注意に事前武装、武装、発進、発射、放出される。
4. 不十分なセキュリティが、核兵器に適用されている。

使用者団体や専門職団体が、自分たちが使用するシステムのハザードを定義し、開発者に除去やコントロールを求めることがある。しかし、ほとんどのシステムでは、考慮すべきハザードは開発者とその顧客に委ねられている。

7.3　システム安全要求と安全制約

　システムとコンポーネントのハザードが識別された後、次の主要な目標は、ハザードの発生を防止するために必要なシステムレベルの安全要求と設計制約を特定することである。これらの制約は、システム設計とトレードオフ分析のガイドとして利用される。

　システムレベルの制約は、システム工学の分解プロセスで洗練され、各コンポーネントに割り当てられる。その後、このプロセスが個々のコンポーネントに対して繰り返され、個々のコンポーネントが洗練され（おそらくさらに分解され）、設計上の意思決定がなされる。

　図7.1は、電車における自動ドアのハザードから、生成される可能性のある設計制約の例を示している。ここでも、3番目の制約が最後の制約と矛盾する可能性があり、この矛盾の解決がシステム設計プロセスの重要な部分となることに注意してもらいたい。設計プロセスの早い段階でこのような矛盾を識別することで、より良い解決策を導き出すことができる。初期の決定を変更することが不可能であったり現実的でなかったりすれば、その後の選択肢はより制限されるかもしれない。

　設計プロセスが進み、設計上の意思決定がなされると、安全要求と制約はさらに洗練され、拡張される。たとえば、TCASの安全制約として、地上の航空管制システムに干渉してはならないというものがある。プロセスの後半では、干渉が発生する可能性のある行いに対して、この制約がより詳細な制約へと洗練されていく。たとえば、地上監視レーダー、距離測定機器チャネル、無線サービスへの干渉を制限するためのTCAS設計上の制約が含まれる。さらに、TCASがどのように情報を処理して送信するかという制約もある（第10章参照）。

　図7.2は、上記で識別したいくつかの航空管制（ATC）のハザードに対する、高レベルの要求と制約

	ハザード	安全設計制約
1	電車が発車したときにドアが開く	電車はどのドアも開いたままでは移動できてはならない
2	電車の走行中にドアが開く	走行中はドアを閉じたままにしなければならない
3	駅のプラットフォームと正しく位置が合っていない状態でドアが開く	ドアは、緊急の場合を除き、列車が停止した後にのみ開くことができ、プラットフォームと正しく位置が合っていなければならない（下記のハザード6を参照）
4	人が出入り口にいるときにドアが閉まる	ドアが閉まり始める前は、ドア周辺には何もない状態でなければならない
5	障害物を挟んだドアが再び開かない、または再び開いたドアが再び閉まらない	障害物を挟んだドアは、障害物を取り除くために再び開き、その後自動的に再度、閉じなければならない
6	駅間での緊急避難のため、ドアが開けられない	緊急避難のために列車が停止しているときは、どこでも、ドアを開ける手段を提供しなければならない

図7.1　電車のドアのハザードにおける設計制約

を示したものである。ATC の高レベルの制約を、TCAS の高レベルの制約（図7.3）と比較することは有益である。地上の航空管制には、TCAS だけでは処理できない衝突問題の側面や、コントロールしなければならない別のハザードや、潜在的な航空機事故に関する追加の要求と制約がある。

　2つのシステムコンポーネント（ATC と TCAS）に対するいくつかの制約は、航空機間の安全な間隔を維持するアドバイザリーのように、密接に関連している。このようにコントロールが重複している例は、解決すべき潜在的な矛盾や連携の問題についての重要な懸念事項を提起している。4.5 節で述べたように、事故はしばしばコントローラー間の境界エリアで発生し、複数のコントローラーが同じプロセスをコントロールする場合に発生する。2002 年7月のユーバーリンゲン（Überlingen、ドイツ）上空での2機の航空機の衝突事故は、航空機の間隔に関する複数のコントローラーの責任の競合が十分に解決されていなかったために、TCAS と地上の航空管制官が矛盾するアドバイザリーをパイロットに出したことが原因であった。矛盾の可能性のある責任は、システム設計と運用において注意深く扱われなければならない。そのような矛盾の識別は、第8章で説明する新しいハザード分析手法に含まれている。

　コンポーネント間の相互作用に関連するハザード、たとえば航空管制と TCAS による衝突防止の試みの間の相互作用は、安全コントロールストラクチャーの設計において扱われる必要がある。おそらくパイロットに対して、矛盾するアドバイザリーの中からどのように選択するべきかについて、義務付けることになる。サブシステムの設計では、これらのハザードを扱う際に、複数のサブシステムの振る舞いに影響を与える考慮事項があるかもしれない。したがって、その考慮事項はより高いレベルで解決し、サブシステムの振る舞いの制約として渡さなければならない。

	ハザード	安全設計制約
1	コントロール対象の2機の航空機が最小間隔基準に違反している	a. ATC は、航空機間の安全な間隔を維持するアドバイザリーを出さなければならない b. ATC は、異常接近警報を発する必要がある
2	コントロールされた航空機が非安全な悪天候に突入する（着氷状態、ウィンドシア（訳注：風向きや風速の急変）・エリア、雷雨セル（訳注：雷雨を構成する積乱雲））	a. ATC は、航空機を非安全な悪天候のエリアに誘導するようなアドバイザリーを出してはならない b. ATC は、気象に関するアドバイザリーや警告を航空機乗務員に発する必要がある c. ATC は非安全な悪天候に突入した航空機に警告を出す必要がある
3	コントロールされた航空機が制限された空域に許可なく侵入する	a. ATC は、より大きなハザードを避ける場合を除き、航空機を制限空域に向かわせるアドバイザリーを出してはならない b. ATC は、航空機が制限空域に侵入するのを防止するため、タイムリーな警告を出さなければならない
4	コントロールされた航空機が割り当てられた滑走路の安全なタッチダウン地点以外の固定障害物や地形に近づきすぎる	ATC は、航空機と地形や物理的な障害物との安全な間隔を保つようなアドバイザリーを出さなければならない
5	コントロールされた航空機とコントロールされた空域内の侵入機が最小間隔基準に違反する	ATC は、可能な限り侵入機を遠ざけるための警告やアドバイザリーを出さなければならない
6	コントロールされた飛行ができなくなる、あるいは機体の完全性が失われる	a. ATC は、航空機の安全な飛行包絡線（訳注：航空機の飛行可能な速度や荷重や高度の範囲）外でアドバイザリーを出してはならない b. ATC アドバイザリーは、安全な飛行を維持するために、乗務員の気を散らしたり、妨げたりしてはならない c. ATC は、パイロットや航空機が飛行できなくなる、あるいは航空機の安全な飛行の継続を劣化させるようなアドバイザリーを出してはならない d. ATC は、航空機が標準的なグライドパス（glidepath、訳注：地上レーダーが示す着陸コース）を下回ったり、間違った場所で交差したりする原因となるアドバイザリーを出してはならない

図7.2 航空管制（ATC）のための高レベルの要求と設計制約

	ハザード	安全設計制約
1	TCAS が NMAC（異常接近）を引き起こす、またはそれに関与する	a. TCAS は、潜在する危険な脅威に対して、効果的な警告と衝突回避のための適切なガイダンスを、適切な制限時間内に与えなければならない b. TCAS は、航空機が TCAS を搭載していなければ発生しなかったであろう NMAC を引き起こしたり、それに関与してはならない
2	TCAS が、地面へと向かう操縦制御を引き起こす、またはそれに関与する	TCAS は、地面へと向かう操縦制御を引き起こしたり、それに関与してはならない
3	TCAS が、パイロットの航空機制御の喪失を引き起こす、またはそれに関与する	a. TCAS は飛行中の重要なフェーズでパイロットや ATC の運用を妨げたり、航空機の運用を乱したりしてはならない b. 不要な警報や迷惑な警報が、許容できるほど低いレベルで鳴るように、TCAS は運用されなければならない。不要警報の発生率は、飛行の安全性に危険な影響を与えず、コックピットでの作業に悪影響を与えない程度に十分低くなくてはならない c. TCAS は、航空機の安全飛行包絡線外でアドバイザリーを出したり、航空機の継続的な安全飛行を劣化させたりしてはならない（例：失速マージンを減少させる、失速警報が出るなど）
4	TCAS が安全性に関する他の航空機のシステムに干渉する	TCAS は安全性に関する他の航空機のシステムに干渉してはならないし、間隔不足に関係するハザードに関与してはならない
5	TCAS が地上の航空管制システム（例：応答機、レーダーや無線伝送）に干渉する	TCAS は、地上の ATC システムや他の航空機の地上の ATC システムへの送信に干渉してはならない
6	TCAS が安全性に関する ATC アドバイザリー（例：制限エリアや悪天候の回避）を妨害する	TCAS は、ATC の着陸許可からできるだけ逸脱しないようにアドバイザリーを出す必要がある

図 7.3　TCAS のための高レベルな設計制約

7.4　安全コントロールストラクチャー

　7.3 節で示した物理システム設計に対する安全要求と制約は、標準のシステム工学におけるプロセスの入力情報として、物理システム設計と安全コントロールストラクチャーに組み込む必要がある。それらがどのように使用されるかについては、第 10 章で例示する。

　物理システムの上位にある組織・社会システムレベルの安全コントロールストラクチャーを設計する際には、運用や保守・アップグレードに関するものなどのシステムの安全要求や制約を、追加で用いることになる。正しい安全コントロールストラクチャーは 1 つとは限らない。何が実践的で効果的であるかということは、文化的要因やそれ以外の要因に大きく依存している。すべての安全コントロールス

トラクチャーに当てはまるいくつかの一般原則については、第13章に記載する。コントロールストラクチャーを設計するためには、これらの原則を、関係する特定のシステムの安全要求や制約と組み合わせる必要がある。

社会システムのエンジニアリングプロセスは、通常のシステム工学におけるプロセスと非常に似ており、どのシステム工学プロジェクトでも同様であるが、システムの要求と制約を識別することから始まる。各要求を実現するための責任は、必要な権限と説明責任とともに、コントロールストラクチャーのコンポーネントに割り当てる必要がある。これは、どのようなマネジメントシステムにおいても同じである。コントロールは、責任が遂行されることを保証するために設計されなければならず、フィードバックループは、コントローラーが正確なプロセスモデルを維持できるように作成されなければならない。

7.4.1 技術システムの安全コントロールストラクチャー

本節では、宇宙探査の世界を例にしているが、これらの要求と制約の多くは、違う種類の技術システムの開発と運用に容易に適応できる。

この例における要求は、コロンビア号事故調査委員会の報告書で推奨された、独立技術部門（independent technical authority：ITA）と呼ばれるNASAの新しい管理体制についてのプログラムリスク評価を行うために作成されたものである。リスク分析そのものは、STPAという新しいハザード分析手法の章（第8章）で説明されている。しかし、安全やリスク分析の最初のステップは、技術システムの場合と同じである。つまり、回避すべきシステムのハザードを特定し、新しい管理体制に対する一連の要求事項を生成し、コントロールストラクチャーを設計することである。

NASAの有人宇宙計画における新しい安全コントロールストラクチャーは、コロンビア号の損失につながったエンジニアリングとマネジメントの意思決定の欠陥を改善するために導入されたものである。除去または緩和されるべきハザードは、以下のとおりであった。

システムハザード：エンジニアリングやマネジメントの意思決定が甘く、損失につながる。

ハザードを防止するための4つの高レベルのシステム安全要求と制約が特定され、さらに具体的な要求と制約に洗練された。

1. 技術的な意思決定には、安全上の考慮事項を第一に考えなければならない。

   a. 宇宙飛行士、従業員、一般市民を保護するために、NASAミッションのための最先端の安全標準と要求を確立し、実装し、強制、維持しなければならない。

   b. 安全性に関する技術的な意思決定は、コストやスケジュールなどのプログラムの考慮事項から、独立していなければならない。

   c. 安全性に関する意思決定は、正しく、完全で、最新の情報に基づいて行わなければならない。

   d. 全体的な（最終的な）意思決定には、安全性とプログラムの懸念事項の両方を、わかりやすく、明確に考慮する必要がある。

   e. 当機関は、安全性に関する意思決定において、効果的な評価と改善を提供する必要がある。

2. 安全性に関する技術的な意思決定は、きわめて有能な専門家が、全従業員の幅広い参加を得て、行わなければならない。

   a. 技術的な意思決定は、信頼できるものでなければならない（信頼できる要員、技術要求、意思

決定ツールを使って、実施しなければならない)。

   b. 技術的な意思決定は、権限、責任、説明責任に関して、明確かつ曖昧さのないものでなければならない。

   c. 安全性に関する技術的な判断はすべて、プログラムによって実装される前に、該当するレベルの決定に責任を持つ技術的な意思決定者の承認を得なければならない。

   d. すべての従業員と請負業者が、安全性に関する意思決定に寄与できるような仕組みとプロセスを構築しなければならない。

3. 安全分析は、初期の要求獲得、要求開発、設計プロセスから始まり、システムのライフサイクルを通して利用可能であり、使用されなければならない。

   a. 質の高いシステムハザード分析を作成する必要がある。

   b. 要員は、高品質の安全分析を生み出す能力を有していなければならない。

   c. エンジニアや管理者は、ハザード分析の結果を意思決定に利用するための訓練を受けなければならない。

   d. ハザード分析プロセスには、適切なリソースが適用されなければならない。

   e. ハザード分析の結果は、それを必要とする人にタイムリーに伝わらなければならない。請負業者を含み、下方向、上方向、横方向（例：サブシステムを構築する人の間）のコミュニケーションを可能にするコミュニケーション構造が確立されなければならない。

   f. ハザード分析は、設計の進展やテスト経験の蓄積に応じて、精緻化（洗練、拡張）し、更新していく必要がある。

   g. 運用中には、経験を蓄積するのと同様に、ハザードログを保守管理し、使用しなければならない。飛行中のすべての異常については、ハザードに関与する可能性があるかどうかを評価しなければならない。

4. 当機関は、（安全性に関する技術的な懸念事項に対して）技術的な良心（conscience）を十分に表明する手段を提供し、技術的な矛盾やプログラム上の懸念事項と技術的な懸念事項の間の対立を、完全かつ適切に解決するプロセスを提供しなければならない。

   a. 技術的な良心の表明を処理するために、コミュニケーション・チャネル、解決プロセス、裁定手順を作成する必要がある。

   b. 安全に関する意思決定や技術的な良心の構造の中で、適切に機能していない箇所に関する苦情や懸念事項を表面化させるために、不服申し立てのためのチャネルを確立しなければならない。

これらの要求や制約はどこから来るのか。多くのものは、特に第12章と第13章で識別される開発、運用、管理における安全に関する基本原則に基づくものである。ほかのものは、コロンビア号やチャレンジャー号の事故報告書で特定された因果要因や、NASAの安全文化や安全管理に対する別の批評など、経験に基づいている。リストアップされた要求事項は、NASAの高度な技術とエンジニアリングの領域、およびITAプログラムの焦点であった宇宙計画、さらにNASAにおける文化のユニークな側面を明確に反映している。別の産業では、それぞれ独自の要求事項がある。製薬業界の例は次の項に示す。

　リスク分析においては、漠然としすぎて役に立たない小さな要求セットよりも優れた、どの安全コントロールストラクチャーにも通用する普遍的な要求セットというものは、現実的にはなさそうである。

各組織は、その組織特有の安全に対する目標が何であるか、また、その目標を確実に達成する可能性のあるシステムの要求と制約を判断する必要がある。

安全コントロールストラクチャーを設計・分析する際には、管理者や従業員のようなステークホルダーや、規制機関のように分析対象のグループを監督する者が、安全目標と要求事項を明確に賛同・承認することが重要である。

独立技術部門（ITA）は、第14章で述べる海軍原子力のSUBSAFEプログラムで用いられている安全コントロールストラクチャーである。このストラクチャーでは、安全性に関する意思決定はプログラム管理者の手から離れ、技術部門に委ねられる。もともとのNASAの実装では、技術部門の権限はNASAのエンジニア部門長にあったが、その後、変更が加えられた。図7.4に、当初のNASA ITAの全体的な安全コントロールストラクチャーを示す。[3]

コントロールストラクチャーの各コンポーネントについて、その全体的な役割、責任、コントロール、プロセスモデルの要求、連携およびコミュニケーションの要求、そのコンポーネントが責任を果たす能力に影響を与える可能性のあるコンテキスト（振る舞いを形成する環境的な）要因、およびコントロールストラクチャー内のほかのコンポーネントへの入力と出力に関する情報、を決める必要がある。図7.5に、コントロールストラクチャーにおけるコンポーネントの責任を示す。ITAと安全コントロールストラクチャーに関するリスク分析は、第8章に記載する。

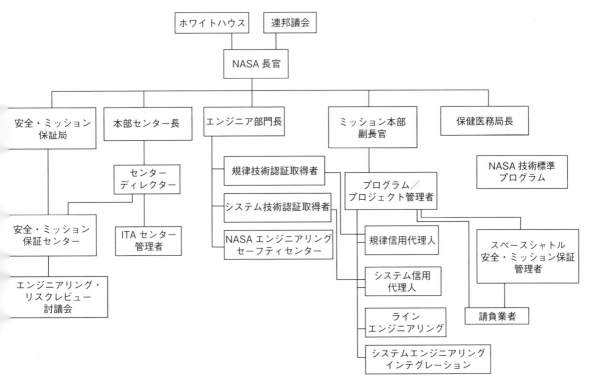

図7.4　ITAの当初の設計下におけるNASAの安全コントロールストラクチャー

3　その後、ITAは、NASAのエンジニア部門長の下ではなく、NASAのセンターディレクターの管理下に置くように、コントロールストラクチャーが変更された。そのため、このコントロールストラクチャーはNASAにおけるITAの現状を反映してはいない。ただし、第8章で述べるハザード分析ではこの設計を使用する。

行政府
NASA 長官の任命
NASA の高レベルの目標とビジョンの設定
NASA の予算充当案の作成

連邦議会
NASA 長官任命の承認
NASA 予算割り当ての承認
NASA の運用に影響を与える法令

NASA 長官
エンジニア部門長（ITA）および安全・ミッション保証局の責任者の任命
独立技術部門の役割を果たすための資金と権限のエンジニア部門長への提供
具体的行動によるプログラムの懸念事項に対する安全へのコミットメントの実証
ITA プログラムを定義する指示と手続き要求の提供
ミッション本部副長官とエンジニア部門長（ITA）との相違点の裁定

エンジニア部門長（Chief Engineer）
ITA の推進
ITA プログラムの有効性の検証
認証取得者とのコミュニケーション・チャネルの確立
意思決定と学んだ教訓の伝達
技術的要求事項、製品および方針の確立、監視および承認、並びに要求事項のすべての変更、特例許可お
　　よび放棄
安全性、リスク、傾向の分析
飛行（打ち上げ）準備状況の独立評価
対立事項の解決
エンジニアリングコミュニティ全体での技術的な良心の造成

システム技術認証取得者（System Technical Warrant Holder）
特定のシステムや複数のシステムに関する技術的な方針、技術的な標準、要求、およびプロセスの確立と
　　保守
要求、仕様、標準に対する技術製品のコンプライアンスの確立
システムと ITA（エンジニア部門長）間の主要なインターフェースの確立
データ、論理的根拠、別の専門家へのアクセスにおける規律技術認証取得者の支援
製造、品質、および FMEA/SIL の使用、傾向分析、ハザードとリスクの分析
安全で信頼できる運用に関わる問題についてのタイムリーで日常的な技術的職位の確立
適切なコミュニケーション・チャネルおよびネットワークの確立
後任計画
すべての方法論、アクションやクロージング、決定の文書化
意思決定と教訓の伝達を通じた機関の知識ベースの維持
安全で信頼性の高い飛行・運用の観点からの打ち上げ準備状況の評価
予算・リソース要求の定義
コンピテンスの維持
保証するシステムに対する技術的な良心の指導

規律技術認証取得者（Dicipline Technical Warrant Holder）
当機関の専門的な知識ベースへのインターフェースの確立
システム技術認証取得者の責任遂行のための支援
保証された規律の技術的な仕様と標準の所有（システム安全標準を含む）
被保証分野における米国中央情報局の知識ベースの維持
機関全体を通じて保証された規律全般の健全性の維持
後継者育成計画
保証された規律の技術的な良心の指導
予算とリソースの要求の定義

図 7.5　NASA ITA の安全コントロールストラクチャーにおけるコンポーネントの責任

信用代理人（Trusted Agents）
　審査：すべての変更と特例許可を評価し、技術認証取得者から依頼されたすべての機能を実行
　システム技術認証取得者のための日常業務の実施（取締役会、会議、委員会の代理）
　特定のプロジェクトに関する技術認証取得者への情報提供（例：安全分析）

インラインエンジニア
　認証取得者、安全・ミッション保証、信用代理人、プログラムやプロジェクトへの公平な技術的職位の提供
　システム安全工学の実施（分析と結果の設計、開発、運用への反映）
　請負業者が作成した分析と結果の請負業者製品への反映の評価
　機関の技術的な良心としての活動

安全・ミッション保証局の責任者（Chief Safety and Mission Assurance Officer：OSMA）
　機関全体の保証活動のリーダーシップ、方針指示、機能的監督、調整
　プログラムおよびプロジェクトにおける安全性と信頼性の保証
　インシデント／事故の調査

安全・ミッション保証センター（Center Safety and Mission Assurance：S&MA）
　すべての必要な要求、標準、指示、方針、手順の遵守の保証
　品質（信頼性、安全性）評価の実施
　レビューへの参加
　不必要な安全性リスクを回避するためのあらゆる活動への介入
　各プロジェクトの安全性、信頼性、品質保証計画の推奨
　各宇宙運用センターのエンジニアリング・リスクレビュー討議会の議長

エンジニアリング・リスクレビュー討議会の責任者と参加者
　受け入れられてコントロールされたハザードの正式な安全レビューの実施
　統合されたハザードの統括と解決
　要求事項へのコンプライアンス、すべてのデータおよびハザード分析の正確性、ハザードの適切な分類の
　　保証

スペースシャトル安全・ミッション保証管理者
　請負業者および NASA センターの技術的支援者の活動における、要求事項へのコンプライアンスの保証
　宇宙運用センターが行う安全性、信頼性、品質エンジニアリング活動の統合とガイダンスの提供

プログラム／プロジェクト管理者
　プログラムチームやプロジェクトチームを通した ITA 理解のためのコミュニケーション
　報告者が共有しているプログラム上の懸念事項全体に関する安全性の優先順位付け
　信用代理人の支援
　技術認証取得者への完全かつタイムリーなデータの提供
　システム技術認証取得者の決定の遵守

システムエンジニアリング・インテグレーションオフィス
　システムレベルでのハザード分析と異常調査の統合
　システムレベルの安全関連要求と制約についての請負業者とのコミュニケーション
　テスト中と運用中のハザード分析の更新とハザードログの管理

請負業者
　製造と設計におけるハザード分析の利用
　NASA システムエンジニアリング・インテグレーションへのハザード情報の伝達

センターディレクター
　センターでの技術的な良心の実践
　センターにおける ITA の財務・管理上の独立性の保持
　センターにおける ITA の活動の支援
　センターでの安全活動の支援

図 7.5　NASA ITA の安全コントロールストラクチャーにおけるコンポーネントの責任（続き）

ITA センター管理者
　技術認証取得者への事務的支援

NASA エンジニアリング＆セーフティセンター（NESC）
　リスクの高いプロジェクトに関する詳細な技術的レビュー、評価、分析
　特定の事故調査
　システムエンジニアリングの徹底的な分析

本部センター長（Headquarters Center Executives）
　ITA の独立性を支援・維持するためのセンターの組織とプロセスの提携
　ITA の監視、所属センターでの技術的な良心の表明と解決
　所属センターでの安全性とミッション保証の監督

ミッション本部副長官（MIssion Directorate Associate Administrators）
　ミッションのためのすべてのエンジニアリングおよび技術的な作業に対するリーダーシップと説明責任
　財務、要員、エンジニアリングのインフラと ITA の連携
　認証取得者とプログラム管理者、プロジェクト管理者間の意見の相違の解決

NASA 技術標準プログラム
　ITA との標準活動の調整

図 7.5　NASA ITA の安全コントロールストラクチャーにおけるコンポーネントの責任（続き）

7.4.2　社会システムにおける安全コントロールストラクチャー

　社会システムの安全コントロールストラクチャーは、設計されるのではなく、時間とともに進化していくことが多い。しかし、固有のリスクを分析して事故を防止するためだったり、事故分析で判断された過去の損失原因を除去またはコントロールするために、再設計あるいは「リエンジニアリング」することは可能である。

　リエンジニアリングのプロセスは、除去または軽減すべきハザード、安全性を高めるために必要なシステム要求と制約、および現在の安全コントロールストラクチャーの設計を定義することから始まる。そして、安全コントロールの再設計を推進するために、分析を行う。しかし、もう一度言うが、本章でこれまで説明してきたすべてのシステムと同様に、このプロセスはハザードと安全要求、および、そこから導出される制約を特定することから始まる。このプロセスについて、医薬品の安全性を使って説明する。

　医薬品業界の問題点については、これまで何十冊もの本が書かれてきた。誰もが善意を持っており、既存のインセンティブ構造の中で自分の行いを最適化しようと、ただ懸命に努力しているように見える。その結果、このシステムは、各グループの個々の最善の利益が、必ずしも社会全体の最善の利益とならない、あるいは一致しないところまで進化してしまったのである。安全コントロールストラクチャーは存在するが、個々のコンポーネントの目標とは反対に、システムレベルの目標を十分に満足させるとは限らない。

　この問題は、「各コンポーネントを最適化しても、必ずしもシステムの最適化には至らない」という従来のシステム工学の問題と捉えることができる。先ほどの航空輸送システムを考えてみよう。各航空機が出発地から目的地までの経路を最適化しようとした場合、よく知られているハブ空港に一斉に到着すると、システム全体の処理能力が最適化されないことがある。航空管制システムの 1 つの目的は、システム全体の処理能力を最適化するために、個々の航空機の動きをコントロールし、一方では、個々の航空機や航空会社がその目的を達成するために、可能な限りの柔軟性を持たせるようにすることであ

る。航空管制システムと航空輸送システムの運用ルールは、公共の安全が脅かされる場合に、矛盾する目標を解決するものである。各航空会社は自社の航空機をできるだけ早く着陸させたいだろうが、航空管制官は安全のための余裕を設けるために、航空機間の十分な間隔を確保する。これと同じ原則を、人工的に作られたシステム以外にも適用することができる。

究極の目的は、インセンティブを社会のより大きな利益に合わせるように、医薬品の安全コントロールストラクチャー全体を、リエンジニアリングあるいは再設計する方法を決定することである。適切に設計されたシステムであれば、すべてのステークホルダーは、科学的にも倫理的にも正しいことをしやすくなり、同時に自らの目的を可能な限り達成することが容易になるはずである。システム全体の目標を達成する方法と、それに伴うトレードオフに関する情報を意思決定者に提供することによって、より良い決定が可能となる。

システム工学は医薬品（より一般的には医療）の安全とリスク管理に適用できるが、従来のエンジニアリングの問題とは重要な違いがあり、システム安全への従来のアプローチを変更する必要がある。ほとんどの技術システムでは、何かをしないこと（例：不注意によってミサイルを発射しないこと）は通常安全であり、ハザードにつながる事象（hazardous event、例：不注意な発射）を防止することを中心にして問題が熟考されるため、リスクの管理はより単純である。つまり、「実施することにはリスクあり／実施しないことにはリスクなし」の状況である。従来のエンジニアリングアプローチでは、システムの運用に関わるハザードを除去またはコントロールするための、さまざまな方法のコストおよび潜在的な効果を特定して評価する。トレードオフでは、望ましいシステムの機能やシステムの信頼性の低下に伴うコストを含め、さまざまな解決策のコストを比較する必要がある。

医薬品の安全性における問題は、前述のものとは異なる。非安全な可能性のある医薬品を処方することにはリスクはあるが、その医薬品を処方しないことにもリスクがある（患者が病気の状態から死亡する）。「実施することにはリスクあり／実施しないことにもリスクあり」の状況である。リスクとメリットとは、意思決定の複雑さを大幅に増加させることと、意思決定に必要な情報を大幅に増加させる形で対立する。「実施することにはリスクあり／実施しないことにもリスクあり」の判断に対処するためには、より強力な新しいシステム工学での手法が必要である。

もう一度言うが、まずは、基本的な目的、ハザード、安全要求が特定されなければならない[43]。

システムの目的：安全で効果のある医薬品を提供し、人々の長期的な健康増進を図る。

避けるべき重要な損失事象（事故）は、以下のとおりである。

1. 患者が、健康に悪影響を与えるような医薬品治療を受ける。
2. 患者が、必要な治療を受けられない。

これらの損失事象に関連して、以下の3つのシステムハザードを識別することができる。

H1：一般市民が非安全な医薬品にさらされる。
1. 安全に使用するための条件が正しく記載されていないラベルが貼付された医薬品が販売される。
2. 承認された医薬品が非安全なものであることが判明したが、適切な対応（警告、市場からの撤去など）がなされない。
3. 臨床試験において、患者が許容できないリスクにさらされる。

H2：医薬品が非安全に服用される。
1. 適応症（訳注：医薬品が許可された疾患）に対して誤った医薬品が処方される。

2. 薬剤師が処方された薬とは違う薬を提供する。

3. 医薬品が非安全な組み合わせで服用される。

4. 医薬品を指示どおりに服用しない（服用量、タイミング）。

H3：患者が必要とする、効果のある治療が受けられない。

1. 安全で効果のある医薬品が開発されなかったり、使用が承認されなかったり、市場から撤去されたりする。

2. 安全で効果のある医薬品が、必要とする人たちの手元に届かない。

3. 開発やマーケティングに不必要な遅延が発生する。

4. 医師が必要な医薬品を処方しない、あるいは患者が医薬品を提供できる人に会えない。

5. 患者が、効果がない、あるいは耐え難い副作用があると感じ取り、処方された医薬品の服用を中止する。

上記のハザードから、これらを防止するためのシステム要求が導き出される。

1. 医薬品は長期的な健康増進のために開発されること。

 a. 必要な医薬品を開発し、市場に出すための適切なインセンティブが継続的に存在すること。

 b. 新薬の開発やその使用の最適化に必要な科学的な知識・技術が利用できること。

2. 市場に出回っている医薬品には、十分な安全性と効果があること。

 a. 医薬品の安全性テストが、効果的でタイムリーに実施されること。

 b. 新薬は、有効性を確認し、再現性のある意思決定プロセスに基づき、FDA によって承認されること。

 c. 医薬品に貼付されているラベルには、安全性や有効性に関する正しい情報が提供されていること。

 d. 医薬品は適正製造基準に従って製造されていること。

 e. 市販の医薬品は、有害事象、副作用、潜在的な否定的相互作用について監視されること。承認後の長期研究は、長期的な効果や当初の研究活動に含まれない部分集団への影響を検出するために実施されること。

 f. 潜在的な安全性リスクに関する新しい情報は、独立した諮問委員会でレビューされること。承認された後に非安全であることが判明した市販医薬品は、撤去、回収、制限、あるいは適切なリスク／メリットが提供されること。

3. 患者が、健康に必要な医薬品を入手し、使用できること。

 a. 医薬品の承認が不必要に遅延しないこと。

 b. 患者が医薬品を手に入れられること。

 c. リスクとメリットに関する意思決定を支援するために、正確な情報を入手できること。

 d. 患者が自分の健康に必要な、可能性、実用性、妥当性のある最善の処置を受けられること。

 e. 患者が必要な用量と純度の医薬品を手に入れられること。

4. 患者が安全で効果のある方法で医薬品を服用できること。

 a. 患者が用量について正しい指示を受け、それを守ること。

 b. 患者が医薬品を非安全な組み合わせで服用しないこと。

 c. 患者が治療中は医師のもとで適切にモニタリングされていること。

 d. 臨床試験中、患者が許容できないリスクにさらされないこと。

システム工学では、どんなに現実的な設計でも、要求を完全には達成できない可能性がある。1つには、（電車のドアの例で説明したように）要求同士が矛盾していることもあれば、（安全性以外の）別のシステム要求や制約と矛盾していることもある。目標は、現在のできる限りの要求を満たすシステムを設計すること、または既存のシステムを評価・改善することである。そして、フィードバックや新しい科学技術・エンジニアリングの進歩を利用して、時間をかけて継続的に設計を改善することである。設計プロセスで行わなければならないトレードオフは、慎重に評価・検討し、必要に応じて再検討する。

図7.6に、米国における一般的な医薬品の安全コントロールストラクチャーを示す。各コンポーネントに割り当てられた責任は、ストラクチャーの設計において想定されたものである。実際には、コンポーネントがいつも、これらの責任に応えているというわけではない。

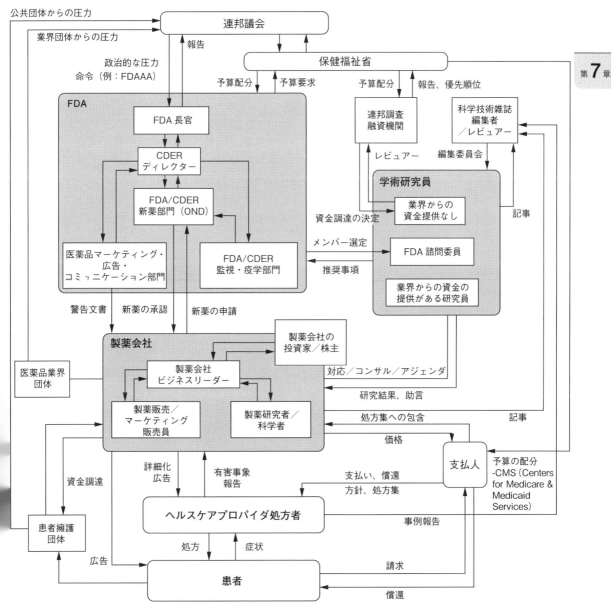

図7.6　米国の医薬品の安全コントロールストラクチャー

連邦議会は、法律の通過や指示の提供によってFDAに指針を与え、医薬品の安全性を確保するために必要な法案を提出し、FDAが独立して活動するために十分な資金を確保し、FDA活動の効果について立法による監督を行い、業界のやり方に対して委員会によるヒアリングや産業界の調査を行う。

FDA医薬品評価研究センター（center for drug evaluation and research：CDER）は、処方箋医薬品、ジェネリック医薬品、一般用医薬品が一般大衆に適切に提供され、安全で効果があることを確認し、市販された医薬品に予期せぬ健康リスクがないか監視し、市販された医薬品の品質をモニタリングし強制する。CDERのスタッフは、有能なFDA諮問委員会メンバーの選出、利益相反規定の確立と強制、研究員への正確で有用な有害事象報告書の提供などの責任を担っている。

CDERには3つの主要なコンポーネントがある。新薬部門（office of new drugs：OND）は、新薬の承認、医薬品のラベル設定、必要な場合は医薬品のリコールを担当する。具体的には、ONDは以下の責任を負っている。

- 臨床試験参加者の安全性を確保するため、米国における治験薬の臨床試験および開発プログラムをすべて監督し、FDAのために実際にこれらの機能を果たす治験審査委員会（institutional review boards：IRB）の監督を行う。
- 新薬の承認に必要な要件とプロセスを設定する。
- 医薬品が意図した用途に対して安全であるという出資者の主張を厳しく検査する（新薬承認申請安全性レビュー）。新薬の安全性・有効性を公平に評価し、適切と判断されれば販売を承認する。
- 承認された場合、医薬品のラベルを設定する。
- 有益な効果がある可能性のある医薬品を不必要に遅延させない。
- 長期的な安全リスクの可能性がある場合は、フェーズ4（市販後）安全性テストを要求する。
- 新しい証拠によりリスクがメリットを上回ると判断された場合、その医薬品を市場から撤去する。
- 医薬品の安全性に関する新しい情報が発見された場合は、ラベル情報を更新する。

FDA CDERの2つ目の部門は医薬品マーケティング・広告・コミュニケーション部門（division of drug marketing, advertising, and communications：DDMAC）である。このグループは、医薬品のマーケティングと販売促進を監督する役割を担っており、広告が正確で誤りがないかレビューを行う。

FDA CDERの3つ目の部門は、監視・疫学部門である。このグループは、製品の安全性、有効性、品質に関する継続的なレビューに責任を負っている。この目的は、受け取った有害事象データを統計的に分析し、安全性に問題があるかどうかを判断することによって達成される。この部門は、医薬品が市場に出た後に判明した新データに基づいてリスクを再評価し、リスクに対処する方法を推奨する。また、医薬品の安全性に関する問題点について、ONDのコンサルタントを務めることもある。新たな証拠により重大なリスクが示された場合には、その医薬品を市場から撤去するよう推奨はできるが、実際に撤去を要求できるのはONDのみである。

FDAは、FDA諮問委員会からの情報を得て、その職務を遂行する。これらの委員会は、学術研究員で構成され、公益に対する最善で独立した助言や推奨事項の提供を責務としている。諮問委員会は、助言の対象に関連した利益相反を開示しなければならない。

研究員や研究センターは、医薬品の安全性、有効性、新規用途について独立した客観的な研究を提供し、FDAから要請があった場合には、偏りのない、専門家としての意見を述べる責任がある。論文発表の際には、利益相反をすべて開示し、自分が大きく寄与した論文だけを功績にすべきである。

科学雑誌は、科学的な品質の高い記事を掲載し、医師に対して正確でバランスのとれた情報を提供する責任を負っている。

支払人と保険会社は、被保険者の医療費を必要に応じて支払い、安全で効果の高い医薬品に対してのみ払い戻しを行う。保険会社は、払い戻し請求の対象とする承認された医薬品の処方集やリストを提供することで、医薬品の使用をコントロールすることができる。

製薬開発者と製薬会社もまた、医薬品の安全コントロールストラクチャーに関する責任を負っている。彼らは次のことによって、避けられるリスクから患者を保護しなければならない。安全で効果のある医薬品を提供すること、医薬品の効果をテストすること、医薬品を適切にラベル表示すること、臨床試験中の患者を適切にモニタリングして保護すること、医薬品の危険な使用を促進しないこと、安全とみなされなくなった医薬品を市場から排除すること、医薬品を適正製造基準に従って製造すること。また、FDA が要求している長期的な承認後の研究の実施、潜在的なハザードを検証するための新たな試験の実施、有害事象の報告チャネルの提供・維持・奨励などにより、医薬品の安全性を監視する責任を負っている。

製薬会社はまた、医師を教育し、医薬品の安全性に関するすべての利用可能な情報を FDA に提供し、潜在的な新しい安全性の問題点をタイムリーに FDA に知らせることによって、医薬品の安全性に関する正確で最新の情報を医師と FDA に提供しなければならない。製薬会社は、新しい医薬品や治療法の開発のための研究への出資も行う。

そして、最後に紹介するのは、医師と患者である。医師（訳注：図 7.6 では「ヘルスケアプロバイダ処方者」）には、次の責任がある。

- 患者を第一に考えて、治療の意思決定を行う。
- 治療と非治療のリスクを比較検討する。
- ラベルに記載された制限に従って医薬品を処方する。
- 処方する医薬品のリスクとメリットの側面に関する最新の知識を維持する。
- 治療中の患者の症状をモニタリングし、有害事象や否定的相互作用の有無を確認する。
- 処方した医薬品の使用に関連する可能性のある有害事象を報告する。

患者は、今日の世界では、事実上の限界により、自分自身の健康に対する責任が増えつつある。従来は、彼らは医師の指示に従い、処方箋どおりに医薬品を服用し、適宜、医師の優れた知識に従い、医師や適切なチャネルを経由して処方箋医薬品を入手する責任を負ってきた。

設計としては、この安全コントロールストラクチャーは強固であり、潜在的に効果があるように見える。しかし、残念ながら、必ずしも想定どおりに機能するわけではなく、個々のコンポーネントが常にその責任を果たしてきたわけでもない。第 8 章では、このストラクチャーにおける潜在的なリスクを分析するために、新しいハザード分析手法である STPA と、それ以外の基本的な STAMP の概念の使用について説明する。

第8章 STPA
新しいハザード分析手法

　ハザード分析は、「事故が起こる前に調査すること」と表現できる。その目的は、潜在的な事故原因、つまり損失につながる可能性のあるシナリオを識別し、損害が発生する前に設計や運用段階で、それらのシナリオを除去またはコントロールすることである。

　最も広く用いられている既存のハザード分析手法は、50年前に開発されたものであり、今日のより複雑な、ソフトウェア集約型の社会技術システムへの適用には重大な限界がある。本章では、STAMPの因果関係モデルに基づく、STPA（System-Theoretic Process Analysis：システム理論に基づくプロセス分析）と呼ばれるハザード分析の新しいアプローチについて説明する。

8.1　新しいハザード分析手法の目的

　現在、3つのハザード分析手法が広く使われている。フォールトツリー解析（Fault Tree Analysis）、イベントツリー解析（Event Tree Analysis）、そしてHAZOPである。また、この3つの手法を組み合わせたものとして、原因結果分析（Cause-Consequence Analysis、トップダウン型フォールトツリーと前方分析型イベントツリーの組み合わせ）、蝶ネクタイ分析（Bowtie Analysis、前方連鎖技法と後方連鎖技法の組み合わせ）などが使われることもある。これらの手法については、『セーフウェア』[115]や、ほかの基本的な文献に詳しい情報が掲載されているので、馴染みのない方はそちらを参照されたい。FMEA（Failure Modes and Effects Analysis）はハザード分析手法として使われることがあるが、ボトムアップの信頼性分析手法であり、安全分析への適用には大きな限界がある。

　STPAを開発した最大の理由は、STAMPで識別された、旧来の手法では扱えない新たな因果要因を含めるためである。具体的には、ソフトウェアの欠陥も含む設計エラー、コンポーネントの相互作用による事故、認知的に複雑な人間の意思決定エラー、事故に影響する社会的、組織的、管理的要因などをハザード分析手法に含めるためである。つまり、電気機械的なコンポーネントだけでなく、事故の発生プロセス全体を包含した事故シナリオを識別することが目的である。従来のハザード分析手法に新しい機能を追加して新技術に対応しようとする試みがなされてきたが、旧来の手法の根底にある仮定やその基礎となる因果関係モデルが、これらの新しい因果要因の特徴に適合しないため、その成功は限られたものにとどまっている。STPAは、第2章で識別された新しい因果関係の想定に基づいている。

　STPAの設計における別の目的は、ユーザーが良い結果を得るためのガイドを提供することである。フォールトツリー解析やイベントツリー解析は、分析者にほとんどガイドを提供しない、つまり、ツリー自体は分析の結果でしかない。分析者が使用するシステムのモデルも、分析自体も、分析者の頭の中にしかない。これらの手法を使用するには、分析者の専門知識が不可欠であり、その結果得られるフォールトツリーやイベントツリーの品質は、大きく変化する。

　プロセス産業で広く使われているHAZOPは、分析者にもっと多くのガイドを提供する。HAZOPは、フォールトツリーやイベントツリーとは少し異なる事故モデルに基づいている。つまり、事故は、配管の流量が多すぎる、あるいは順流が要求されているのに逆流するなど、システムパラメーターの逸脱から発生するとしている。HAZOPでは、プラントの配管図や配線図の各部を検査するために、増加

(more than)、減少 (less than)、逆転 (opposite) といった一連のガイドワードを使用する。そのため、プロセスに対するガイド（パラメーター逸脱の振る舞いに対するガイド）と、プラントの物理的な構造の具体的なモデルに対するガイドの両方が用意されている。

HAZOP と同様に、STPA もシステムのモデルで作業し、分析を支援する「ガイドワード」を持っている。しかし、STAMP では、事故は不適切なコントロールに起因するとみなされるため、使用するモデルは物理的なコンポーネント図ではなく、機能的なコントロール図になる。また、ガイドワードのセットは、物理的なパラメーターの逸脱ではなく、コントロールの欠如に基づいている。エンジニアリングの専門知識は依然として必要であるが、分析の完全性をある程度保証するために、STPA プロセスのガイドが提供される。

STPA の 3 つ目の目的は、設計が完了する前に利用できること、つまり、分析開始前に設計が存在しなくても、設計プロセスをガイドするために必要な情報を提供することである。概念設計の初期段階からシステムの安全設計を行うことは、より安全なシステムをエンジニアリングするための最も費用対効果の高い方法である。もちろん、安全主導設計ができない場合は、既存の設計やシステムにも適用できる分析手法でなければならない。

8.2 STPAの手順

STPA は、システムライフサイクルのどの段階でも使用することができる。STPA は、一般的なハザード分析手法と同じ目的を持っている。それは、システムハザードから導かれる振る舞いの安全制約が、どのように破られる可能性があるかについての情報を蓄積することである。STPA を使用する時期にもよるが、STPA は、システムの設計、開発、製造、運用、さらに、時間の経過に伴う自然な変化を含めて、システム設計で要求される安全制約を厳格に守らせるために、必要な情報と文書を提供する。

STPA では、第 7 章で定義された、機能的なコントロール図と要求事項、システムハザード、安全制約およびコンポーネントに対する安全要求が用いられる。STPA を既存の設計に適用する場合、これらの情報は分析プロセスを開始するときに利用できる。STPA を安全主導設計に使用する場合、プロセスの開始時にはシステムレベルの要求と制約だけしか利用できない場合がある。後者の場合、反復型設計と分析プロセスの進行に伴い、これらの要求と制約が洗練され、個々のシステムコンポーネントに反映される。

STPA には大きく分けて 2 つのステップがある。

1. システムの不適切なコントロールがハザード状態につながる可能性があることを識別する。以下の原因により、ハザード状態は、安全制約のコントロールまたは強制が不適切なために発生する。

   a. 安全の確保に要求されるコントロールアクションが与えられない、またはこれが遵守されない。

   b. ハザードにつながる非安全なコントロールアクションが与えられる。

   c. 潜在的に安全なコントロールアクションが、早すぎたり、遅すぎたり、間違った順序で与えられる。

   d. 安全なコントロールアクションが、早すぎる停止、または長すぎる適用（連続的あるいは非離散的なコントロールアクションの場合）で与えられる。

2. ステップ 1 で識別した潜在的にハザードにつながるコントロールアクションが、どのように発生し得るかを判断する。

a. 非安全なコントロールアクションごとに、コントロールループの一部がその原因となり得るかどうかを調べる。コントロールと緩和策がまだ存在しない場合は設計し、既存の設計に対して分析を行う場合は既存の対策を評価する。同じコンポーネントの複数のコントローラーまたは複数の安全制約について、競合や潜在的な連携問題（coordination problems）を識別する。

b. 設計されたコントロールが時間とともにどのように劣化し得るかを検討し、以下のような保護手段を組み込む。

i. 安全制約を保証するための変更手順の管理およびその計画された変更内への組み入れ。

ii. ハザード分析に際して用いた想定が運用監査とコントロールの前提条件となり、安全制約に違反する計画外の変化を検出することができるパフォーマンス監査。

iii. 異常をハザードやシステム設計まで遡って突き止める事故・インシデント分析。

分析は1つのステップで行うこともできるが、プロセスをいくつかのステップに分けることで、安全エンジニアの分析負担を軽減し、ハザード分析のための構造化されたプロセスを提供できる。最初のステップ（非安全なコントロールアクションの識別）で得られた情報は、2番目のステップ（非安全なコントロールアクションの原因の識別）を実施するために必要なものである。

　本章では、STPA を実施する際にシステム設計が存在していることを想定している。次章では、STPA を用いた安全主導設計と、コントロールシステムを安全に設計するための原則を説明する。

　本章では、2つの例を用いて STPA を定義する。1つ目は、シンプルで一般的なインターロックである。関係するハザードは、人間が高電力のような潜在的に危険なエネルギー源に曝露することである。エネルギーのオン・オフを行う電源コントローラーは、ハザードを防止するためにインターロックを実装している。物理的なコントロール対象のシステムでは、電力源を覆うドアや防護壁によって、電力源が有効な間はその曝露を防止する。この例を簡単にするため、防護壁が設置されている間は人間が物理的にエリア内に入ることはできないと仮定する。つまり、防護壁はエネルギー源を覆うだけのものとする。ドアや防護壁は手動で操作されるので、自動化コントローラーの働きは、ドアが開いたときに電源をオフにして、ドアが閉まったときに再びオンにすることだけである。

　この設計を前提として、次のハザードと安全制約からプロセスを開始する。

ハザード：高エネルギー源への曝露。
制約：ドアが閉まっていないときは、エネルギー源はオフでなければならない。[1]

　図8.1 に、この単純なシステムのコントロールストラクチャーを示す。この図では、システムのコンポーネントが、各コンポーネントが提供できるコントロール指示と、各コンポーネントの潜在的なフィードバックやそれ以外の情報、コントロール源とともに示されている。自動化コントローラーによるコントロール操作は、電源のオフとオンを含む。人間のオペレーターは、ドアを開閉することができる。自動化コントローラーへのフィードバックは、ドアが開いているかどうかの表示を含む。STPA（ハザード分析）プロセスの中で判断されるように、別のフィードバックが要求されたり、有用であったりする場合もある。

---

1 「ドアが閉まっていないとき」という表現は、「ドアが開いているとき」と同じではない。その理由は、制約を課すべき電源コントローラーが持つコントロール対象のプロセスのモデルでは、「ドアは開いている、閉じている、開いているか閉じているか不明」という3つの状態を捉えるべきところを、「開いているか閉じているか不明」という状態がしばしば見逃されることにある。したがって、「ドアが開いているとき」ではなく、「ドアが開いている、またはドアの開閉が不明である」という表現が正確である。この違いが重要である理由についての考察は、9.3.2項を参照されたい。

ハザード：人間が高エネルギー源に曝露されること

システム安全制約：ドアが完全に閉まっていないときは、
エネルギー源は常にオフでなければならない。

電源コントローラーの機能要求：
(1) ドアが開かれたことを検知して、電源をオフにする。
(2) ドアが閉まったら、電源をオンにする。

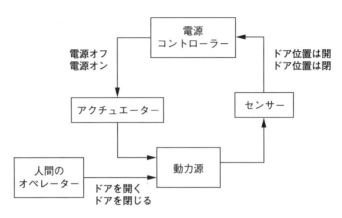

図 8.1　単純なインターロックシステムのコントロールストラクチャー

　本章の後半で使用する、より複雑な 2 つ目の例として、架空ではあるが現実的な弾道ミサイル迎撃システム (fictional but realistic ballistic missile defense system：FMIS) のコントロールストラクチャーを、図 8.2 に示す。ペレイラ (Pereira)、リー (Lee)、ハワード (Howard)[154]が、米国の弾道ミサイル防衛システム (Ballistic Missile Defense Systems：BMDS) の最初の配置と実地テストの前に、不注意な発射のリスクを評価するために、STPA を使用してこの例を作成した。

　BMDS は、飛行の全フェーズ（ブースト、ミッドコース、ターミナル）において、あらゆる範囲の脅威を撃退するための階層的な防衛システムである。本章で使用する例は、セキュリティ上の理由で実際のシステムから変更しているが、現実的なものである。本章で STPA によって識別した問題は、実際のシステムで STPA を使用して発見したいくつかの問題と同様の結果であった。

　米国の BMDS は、イージス艦搭載プラットフォームの海上センサー、アップグレードされた早期警戒システム、新規およびアップグレードされたレーダー、地上型ミッドコース防衛システム、発射統制、C2BMC (Command and Control Battle Management and Communications) 指揮管制システム、および地上型迎撃ミサイルなどの、さまざまなコンポーネントを持っている。今後の改善により、機能が追加される予定である。この例では、イージス（艦型）プラットフォームなど、システムの一部が省略されている。

　図 8.2 は、この例に含まれる FMIS コンポーネントのコントロールストラクチャーを示したものである。指揮・権限部門は、基本方針、交戦基準、および訓練のようなものを提供することによって、オペレーターをコントロールする。フィードバックとして、指揮・権限部門は演習結果、準備完了情報、軍事作戦演習 (wargame) の結果、その他の情報を得る。オペレーターには、発射統制サブシステムに指示を出し、状況情報をフィードバックして受け取り、迎撃ミサイルの発射をコントロールする責任がある。

　発射統制は、オペレーターからの指示とレーダーからの現在の脅威に関する情報を受け取る。これらの入力をもとに、発射統制は発射ステーションへ指示を出し、これにより発射ステーションは迎撃ミサ

STPA：新しいハザード分析手法　　　　　　　　　　　　　　　　　　　　　　　　　　179

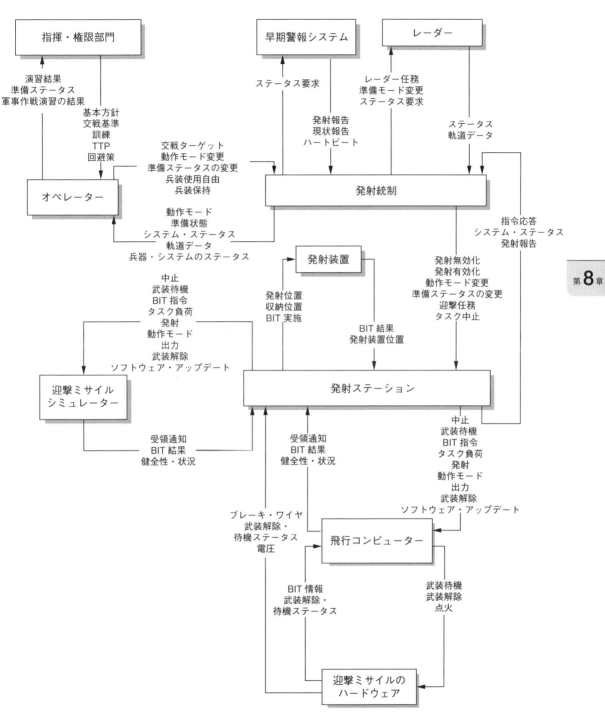

図8.2 架空の弾道ミサイル防衛システム（FMIS）のコントロールストラクチャー
（出典：Pereira, Lee, and Howard [154] より）

イルの発射をコントロールする。発射統制は、発射を有効化したり無効化したりすることができ、もちろん、以前に提供されたコントロールアクションの状態やシステム自体の状態についてのフィードバックを発射ステーションから受け取る。発射ステーションは、実際の発射装置と飛行コンピューターをコントロールし、それらが迎撃ミサイルのハードウェアをコントロールする。

このシステムには、もう1つのコンポーネントがある。作戦準備の完了を確実にするため、FMIS には迎撃ミサイルシミュレーターがあり、システムの故障検出を目的とし、定期的に飛行制御コンピューターを模擬する（mimic）ために使用される。

8.3 潜在的にハザードにつながるコントロールアクションを識別する（ステップ1）

第7章で定義された基本的な活動から始めて、STPA の最初のステップでは、システム設計で提供される安全コントロールを評価し、ハザードにつながる潜在的に不適切なコントロールかどうかを判断する。ハザードコントロールの評価では、コントロールアクションが（先に述べたように）以下の4つの方法でハザードになる可能性があるという事実を用いる。

1. 安全性に要求されるコントロールアクションが与えられない、またはこれが遵守されない。
2. ハザードにつながる非安全なコントロールアクションが与えられる。
3. 潜在的に安全なコントロールアクションが、遅すぎたり、早すぎたり、間違った順序で与えられる。
4. 安全なコントロールアクションが、早すぎる停止、または長すぎる適用（連続的あるいは非離散的なコントロールアクションの場合）で与えられる。

便宜上、表を使ってこの部分の分析結果を記録するが、別の方法で情報を記録することも可能である。従来のシステム安全（MIL-STD-882）プログラムでは、この情報はハザードログに含まれることが多い。図8.3は、単純なインターロックの例におけるステップ1の結果を示している。この表には、ハザードにつながる以下の4つのタイプの振る舞いが含まれている。

1. ドアを開けても、電源オフの指示が与えられない。
2. ドアが開いてから、コントローラーが電源オフの指示を与えるまでの時間が長すぎる。
3. ドアが開いているにもかかわらず、電源オンの指示が与えられる。
4. （ドアが完全に閉まっていないにもかかわらず）電源オンの指示を与えるのが早すぎる。

コントロール アクション	与えられないと ハザード	与えられると ハザード	誤ったタイミング／ 順序でハザード	早すぎる停止、 長すぎる適用で ハザード
電源オフ	ドアを開けているのに電源をオフにしない	ハザードには つながらない	ドアが開いてから、コントローラーが電源をオフにするまでの時間が長すぎる	適用外
電源オン	ハザードには つながらない	ドアが開いているのに電源をオンにする	ドアが完全に閉まっていないのに、電源をオンにするのが早すぎる	適用外

図8.3 ハザードにつながるシステムの振る舞いの識別

不正確であってもハザードにつながらない振る舞いは、表には含まれていない。たとえば、電源オフで、かつドアが開いている（または閉じている）ときに電源オン指示を与えないことは、品質保証上の問題であるかもしれないが、ハザードにつながることではない。また、ドアを閉めたまま電源をオフにした場合も、ミッション保証の問題ではあるがハザードにはつながらない。トーマス（Thomas）は、表に含めるべきケースを見落とさないために、各コントロールアクションの環境変数とプロセス変数のすべての可能な組み合わせの影響を、分析者が考慮できるように支援する手順を構築した[199a]。

表の最後の列、**早すぎる停止**、**長すぎる適用**は、離散的なインターロックの指示には適用されない。適用される例を挙げると、航空機の衝突回避システムで、パイロットが他の航空機を回避するために上昇または下降するよう指示されているような場合である。もし、上昇あるいは下降するコントロールアクションの停止が早すぎたとすれば、衝突を回避できない可能性がある。

識別されたハザードにつながる振る舞いは、システムコンポーネントの振る舞いに対する安全制約（要求）に変換できる。この例では、4つの制約が電源コントローラー（インターロック）に課されなければならない。

1. ドアが開いているときは、電源は必ずオフになっている。
2. **電源オフ**の指示は、ドアが開いてから x ミリ秒以内に与えられなければならない。
3. **電源オン**の指示は、ドアが開いているときには絶対に与えてはならない。
4. **電源オン**の指示は、ドアが完全に閉まるまで絶対に与えてはならない。

第**8**章

より複雑な例では、システムが運用されているモードが、アクションや事象の安全を決定することがある。このようなケースではおそらく、運用上のモードを追加の列として表に含める必要があるかもしれない。たとえば、宇宙船のミッションのコントロールアクションの中には、ミッションの中で、打ち上げや再突入フェーズの間にのみハザードにつながるものがあるかもしれない。

第2章では、多くの事故、特にコンポーネントの相互作用による事故は、不完全な要求仕様に起因していることを述べた。たとえば、回分反応器のバルブ位置の変更の順序についての制約や、火星探査機「ポーラー・ランダー」の下降エンジンの停止条件の制約が欠落していることが挙げられた。STPAのこの最初のステップで提供された情報は、識別されたシステムのハザードにつながる振る舞いを防止するために必要な制約、つまり安全要求の識別に使用できる。STPAの次のステップ（設計を改善する段階）では、制約を適切に実行するためにコンポーネントが要求する情報、および、設計におけるハザードを除去またはコントロールするために必要な追加の安全制約と情報、あるいは、そもそもシステムを適切に設計するために必要な情報が識別される。

ステップ1のあまり自明でない例として、FMISの例を提供する。ハザードは、「不注意な発射」である。**発射有効化（FIRE ENABLE）**コマンドが発射統制モジュールから発射ステーションに送信され、その後、発射ステーションが発射コマンドを受信すると、発射が実行可能になる。ペレイラ（Pereira）、リー（Lee）、ハワード（Howard）[154]が記述しているとおり、**発射有効化制御**コマンドは、発射ステーションに迎撃ミサイルの発射を可能にするよう指示する。このコマンドを受信する前に発射ステーションが迎撃ミサイル発射のコマンドを受信した場合、発射ステーションはエラーメッセージを返し、発射コマンドを破棄する[2]。

---

2 9.4.4項では、潜在的にハザードにつながるアクションを複数のステップに分割することの安全性に関する理由を説明している。

コマンド	与えられないと ハザード	与えられると ハザード	誤ったタイミング／ 順序でハザード	早すぎる停止、 長すぎる適用で ハザード
発射有効化	ハザードには つながらない	迎撃機のタスクを受け 入れ、発射手順を進め る可能性あり	早い：不注意な発射に 進展する可能性あり 順序どおりではない： 有効化の前に 無効化を受け付ける	適用外
…				

図 8.4　FMIS のハザードにつながるコントロールアクションを識別する表の一部

　図 8.4 は、発射有効化コマンドに対して STPA ステップ 1 を行った結果を示している。このコマンドを出し損なった場合（2 列目）、発射は行われない。この手落ちはミッション保証上の懸念事項となる可能性はあるが、分析中のハザード（不注意な発射）には影響しない。

　発射有効化コマンドが発射ステーションに誤った形で提供された場合、発射ステーションは迎撃タスクを受諾する状態に移行し、発射手順を進めることが可能な状態となる。ほかの誤ったコマンドやタイミングを誤ったコマンドと組み合わせると、このコントロールアクションは不注意な発射に影響する可能性がある。

　発射有効化コマンドが遅れると、発射ステーションの発射手順が遅延するが、それだけで、不注意な発射に影響することはない。発射有効化コマンドが早すぎると、上記の誤った発射有効化と同様に、不注意な発射に進展する機会を与えてしまう可能性がある。3 番目のケースとして、発射有効化コマンドと発射無効化コマンドの順序が誤っている可能性がある。もし設計・構築したシステムでこの誤った順序付けができてしまうのであれば、意図しないときに迎撃タスクを処理し迎撃ミサイルを発射する可能性が、そのシステムに残されていることになる。

　最後に、発射有効化コマンドは、迎撃タスクを許可するために発射ステーションに送られる離散的なコマンドである。発射有効化コマンドは連続したコマンドではないので、「早すぎる停止」のカテゴリーは適用されない。

8.4　非安全なコントロールアクションがどのように発生し得るかを判断する（ステップ 2 ）

　STPA のステップ 1 を実施することで、コンポーネントの安全要求が得られる。あるシステムにとっては、これで十分かもしれない。とはいえ、コンポーネントの安全制約に違反し、ハザードにつながるコントロールアクションに至るシナリオを識別するために、ステップ 2 を実行することもできる。いったん、潜在的な原因が識別されれば、識別されたシナリオが除去されているか、または何らかの方法でコントロールされているかについて、設計上で確認することができる。もし識別されたシナリオが除去されておらず、コントロールもされていないのであれば、設計を変更する必要がある。設計がまだ存在していない場合、設計者はこの時点で、設計を作成しながらハザードにつながる振る舞いを除去したり、コントロールしたりすることができる。つまり、次章で説明するような安全主導設計を用いることができるわけである。

なぜステップ2が必要なのか。強制すべき安全制約をエンジニアに与えることは必要であるが、それだけでは十分ではない。2.1節で説明した回分反応器を考えてみよう。ハザードは反応器の内容物の過熱である。システムレベルでは、エンジニアは、（この設計のように）水と還流凝縮器を使用して温度をコントロールすることを決定するかもしれない。この決定がなされた後、触媒と水の流れを制御するバルブをコントロールする必要がある。STPAのステップ1を適用すると、バルブを間違った順番で開くことは危険であると判断され、それに応じて、バルブの開閉指示の順番に関する制約が、ソフトウェアの要求事項に追加される。すなわち、水用バルブは触媒バルブより先に開き、触媒バルブは水用バルブを閉じる前に閉じなければならない、より一般的に言うと、触媒バルブを開いているときは必ず水用バルブは開いていなければならないという制約である。ソフトウェアがすでに存在する場合には、このような指示の順序がソフトウェアに課されていることは、ハザード分析によって確認できるであろう。明らかに、この順序を課したソフトウェアを作成することは、ソフトウェアがすでに構築された後でこの順序が正しいことを証明するよりも、はるかに簡単である。

しかし、これらの安全制約を強制するだけでは、ソフトウェアの安全な振る舞いを確実にするには不十分である。たとえば、ソフトウェアが水用バルブを開くように指示したが、何かの間違いでバルブが実際には開かなかったり、開いたが水の流れが何らかの形で制限されたりしたとする（HAZOPにおける無流量（no flow）ガイドワード）。配管に水が流れているかどうかをソフトウェアが判断するためにはフィードバックが必要であり、ソフトウェアは触媒バルブを開く前にこのフィードバックを確認する必要がある。ソフトウェアの安全制約がソフトウェアエンジニアに提示されたとしても、ソフトウェアのロジックやシステム設計によって達成できない可能性がある。STPAのステップ2は、このようなシナリオを識別するために使用される。本質的に、ステップ2では、従来のハザード分析で見つかる、ハザードへ至るシナリオや経路を識別する。このステップは、フォールトツリーの中身を作成するような、いつもの「魔法」のようなものである。違いは、シナリオを作成するためのガイドが提供されていることと、単なる故障以上のものが考慮されることである。

因果関係シナリオを作成するためには、コントロールストラクチャー図に各コンポーネントのプロセスモデルを含める必要がある。システムがすでに存在するのであれば、これらのモデルの内容は、システムの機能設計とそのドキュメントを見れば容易に判断できるはずである。システムがまだ存在しない場合には、推測する中で最善の内容から分析を開始し、分析プロセスが進むにつれて推測した内容を洗練し、変更していけばよい。

高電力のインターロックの例では、プロセスモデルは単純である（図8.5）。一般的な因果関係は図4.8で示したとおりであり（本章でも図8.6に再掲）、シナリオを識別するために利用する。

8.4.1 因果関係シナリオの識別

ステップ1で識別したハザードにつながるコントロールアクションから始めて、ステップ2の分析では、そのコントロールアクションがどのように発生し得るかを識別する。ハザードがどのように起き得るかについての情報を収集するために、ステップ1で識別したハザードにつながるコントロールアクションごとにコントロールループの各要素を調べ、それらがハザードの原因となり得るか、ハザードに影響し得るかどうかを判断する。潜在的な原因が識別されれば、エンジニアは、コントロールや緩和対策がまだ存在しない場合はそれらを設計できるし、既存の設計に対して分析を行う場合には既存の対策を評価できることになる。

潜在的にハザードにつながるコントロールアクションは、ステップ2でそれぞれ考慮されなければならない。例として、ドアが開いたときに電源を切らないという非安全なコントロールアクションを考

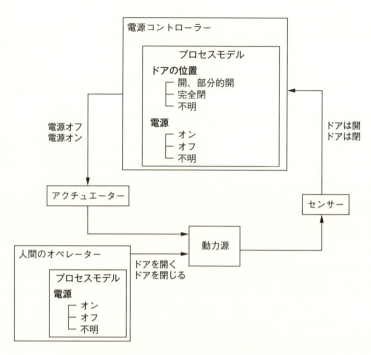

図 8.5　高エネルギーコントローラーのプロセスモデル

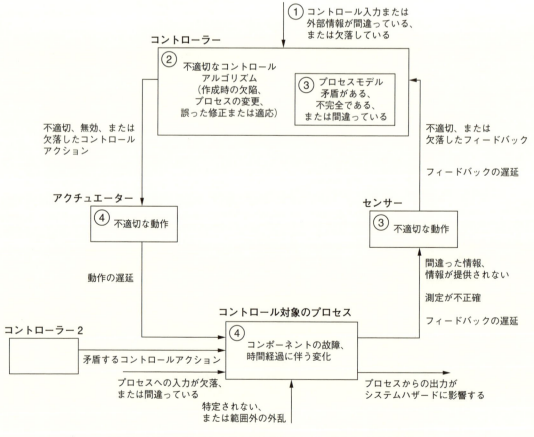

図 8.6　ステップ 3 でシナリオを作成するときに考慮すべき因果要因

STPA：新しいハザード分析手法

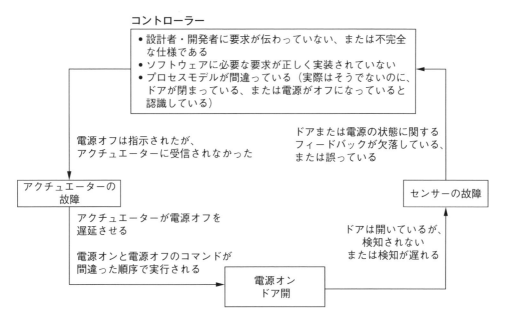

図 8.7　高電力のインターロックのステップ 2b の STPA 分析例

えてみる。図 8.7 は、因果関係分析の結果を図式化したものである。もちろん、別の方法で結果を文書化することも可能である。

　図 8.7 のハザードは、ドアは開いているが電源はオフになっていない状態である。まずコントローラー自体に着目すると、要求がコントローラーの開発者に伝わっていない場合、要求が正しく実装されていない場合、あるいは実際には正しくないのに、ドアが閉まっている、または電源がオフであると、プロセスモデルが誤って示している場合に、ハザードが発生する可能性がある。図 8.6 に示す一般的な因果要因を用いて、コントロールループを調べることにより、ループの各要素の因果要因も同様に識別する。これらの原因には、**電源オフコマンドは送信されたがアクチュエーターが受信しなかった**、アクチュエーターはコマンドを受信したが実行しなかった（アクチュエーターの故障）、アクチュエーターがコマンドの実行を遅らせた、**電源オンと電源オフ**のコマンドが間違った順序で受信されたか実行された、ドアが開いていることがドアセンサーに検知されなかったり検知が受け入れられないほど遅れたりした、センサーが故障したり偽のフィードバックがあったりした、ドアや電源の状態に関するフィードバックがコントローラーによって受信されていなかったりプロセスモデルに正しく組み込まれていなかったりした、などがある。

　特定の設計が検討されている場合は、より詳細な因果関係分析を行うことができる。たとえば、使用するコミュニケーション・チャネルの特徴から、コマンドやフィードバックが失われたり、遅延したりする可能性があるかどうかを判断することができる。

　因果関係分析が完了したら、物理的に不可能ではない原因それぞれについて、（設計が存在する場合は）設計の中で適切に処理されているか、分析によるサポートを受けて設計を進めている場合には、原因をコントロールするための設計機能が追加されているかについて確認する必要がある。

　安全設計の最初のステップは、ハザードの完全な除去を試みることである。この例では、ドアが開くと同時に回路が切れるように、ドアを介した回路を用いてシステムを再設計することで、ハザードを除

去することができる。しかし、何らかの理由でこの設計の代替案が、おそらく非現実的であるとして却下されたと想定してみよう。設計の優先順位を考えると、次善の選択肢は、ハザードが発生する可能性を低減させること、損失につながるハザードを防止すること、そして最後に損害を最小化することの順となる。安全設計についての詳細は、『セーフウェア』［115］の第16章と第17章、および本書の第9章に記載されている。

設計は、ほとんどの場合、複数の目標を達成することに関するトレードオフを伴う。そのため、設計者は、相応の理由をもって、ハザードをコントロールする最も効果のある方法を選ばず、ほかの選択肢の1つを選ぶ場合がある。将来の分析、証明、再利用、保守、アップグレードなどの活動のために、選択の論理的根拠を文書化することが重要である。

この単純な例では、多くの原因を緩和する1つの方法として、電源がオンかオフかを識別する警告灯を追加する方法がある。人間のオペレーターは、高エネルギーの電力源に手を入れる前に、電源がオフになっていることをどうやって知るのだろうか。元の設計では、ドアを開けたから電源が切れたと想定する可能性が高いが、それは不正確な想定である可能性がある。そこで、警告灯によるフィードバックと保証を追加する。実際、自動化された工場の保護システムは、保護システムによって検出されたことを、近くにいる人間に聴覚的または視覚的に提供するように設計されているのが一般的である。もちろん、警告灯を追加するなどの変更があれば、その変更を分析して、新たなハザードや因果関係シナリオを分析しなければならない。たとえば、電球が切れることがあるため、安全な状態（電源オフ）を消灯ではなく点灯で表現するように設計したり、2色使いにしたりすることが考えられる。安全性の問題に対する解決策には、通常、それぞれ欠点や限界があるため、それらを比較し、関係する特定の状況を考慮して最適な設計を決定する必要がある。

図8.6に示した要因に加え、システムの安全コントロールストラクチャーにおいて、同じコンポーネントに対するコントローラーが2つ存在する場合、分析者はその影響を常に考慮する必要がある。たとえば第5章の味方への誤射の例がある。飛行禁止区域の中と外の航空機の追跡をそれぞれ担当する2人のAWACSオペレーターの間で、両者の境界エリアにいる航空機を担当するのが誰であるのかについての混乱があった。以下のFMISの例は、そのようなシナリオを示している。連携問題に起因したハザードにつながる経路が存在しないことを、分析して見極めなければならない。

FMISシステムは、STPAステップ2のより複雑な例を提供している。発射統制が発射ステーションに出す**発射有効化コマンド**を考えてみる。ステップ1では、このコマンドが間違っていた場合、発射ステーションは迎撃タスクを受け入れ、発射手順を進めることができる状態に移行する。この間違ったコマンドは、ほかのコントロールアクションが間違っていたり、タイミングが誤っていたりすると、不注意な発射の一因となる可能性がある。

以下は、STPAステップ2を用いて、ハザード状態（安全制約の違反）に至る可能性があると識別された、2つの因果要因の例である。これらの例はいずれもコンポーネントの故障を伴わないが、代わりに非安全なコンポーネントの相互作用や、現在のハザード分析方法ではほとんどの場合識別できない、より複雑な原因に起因するものである。

最初の例は、ソフトウェアが絡む事故ではよくあることだが、要求仕様に欠落があるために、気づかずに**発射有効化コマンド**を送信してしまう例である。

発射有効化コマンドは、発射統制がオペレーターから**兵装使用自由**コマンド（WEAPONS FREE command、訳注：自己の判断で兵装を使用してよいというコマンドのこと）を受信し、かつ発射統制システムが少なくとも1つのアクティブ（有効）な軌道を有する場合に送信される。アクティブな軌道は、レーダーが飛来してくるミサイルのようなものを検出したことを示す。軌道の非アクティブ化を

宣言するために、次の3つの基準が規定されている。(1)レーダー入力がないまま一定時間が経過、(2)軌道上の予測できる全影響時間が経過、(3)迎撃が確認された場合、である。オペレーターは、これらの選択肢のいずれかを選択解除することができる。ただ1つ、設計者が考慮しなかったケースとして、オペレーターがすべての選択肢を選択解除した場合、どの軌道も非アクティブとして示されないというものがあった。この条件下では、不注意で兵装使用自由コマンドを入力すると、そのときにシステムが追跡している脅威がない場合でも、発射有効化コマンドがただちに発射ステーションに送られてしまう。

この潜在的な原因が識別されれば、解決策は明らかである。ソフトウェアへの要求と設計を修正し、欠落しているケースを含めるようにすればよい。代わりにすべての選択肢を選択解除しないようにオペレーターに警告する方法もあるが、このようなヒューマンエラーは起き得ることであり、ソフトウェアの方がこのエラーを安全に処理するべきである。人間が間違えないことを当てにするのは、事故が起きることの確約にほかならない。

第2の例は、正規のソフトウェアとテスト用ソフトウェアの混乱に関係している。FMISは、迎撃機の飛行制御コンピューターを模した迎撃シミュレーターを使用して、定期的にシステムの運用テストを実施している。当初のハザード分析で、テスト用のコマンドが運用中のシステムに送信される可能性を識別した。その結果、発射ステーションから提供されるシステム状態の情報には、発射ステーションがミサイルシミュレーターにのみ接続されているのか、それとも実際の迎撃機に接続されているのかという情報が含まれるようになった。発射統制のコンピューターは、この状態変化を検出した場合、オペレーターに警告を発し、マッチング状態にリセットコマンドを出す。しかし、発射ステーションがその変化を発射統制コンポーネントに通知するまでに、わずかな時間の空きがあり、その間に、発射統制のソフトウェアが、テスト用の発射有効化コマンドを実際の発射ステーションに送信してしまう可能性がある。この例は、発射ステーションの複数のコントローラーと2つの運用モード（例：テストと本番発射）があるために生じる連携問題である。潜在的なモードの混乱の問題は、発射ステーションがあるモードに入っていると認識しているにもかかわらず、実際にはもう1つの別のモードに入っているときに発生する。このハザード状態を防止するためには、いくつかの異なる設計変更が必要となる。

実際のミサイル防衛システムに対してSTPAを使用した際に、別々に開発されたコンポーネントをより大きなシステムに統合する際のリスクが評価され、これまで知られていなかったいくつかの不注意な発射のシナリオが識別された。評価を実施した人々は、STPA分析と支援データによって、リスク受容の決定を行うための根拠を管理者に提供できたと結論づけた[154]。評価結果は、システムの配置と実地テストの前に変更する必要があるとされていた、未解決の安全リスクの緩和を計画するために使用された。システムの変更が提案されると同時に、それらの変更はコントロールストラクチャー図と評価分析の結果を更新することによって評価された。

8.4.2　コントロールの経時的な劣化の考慮

STPAの最後のステップでは、設計されたコントロールが時間とともにどのように劣化（degrade）するかを検討し、それに対する防護策を組み込む。設計により、劣化のメカニズムを識別し、緩和することができる。たとえば、潜在的な原因として腐食が識別された場合、より強度の高い、あるいは腐食性の低い原料を使用することが考えられる。劣化の防護策には、計画的なパフォーマンス監査も含まれるだろう。そこでは、ハザード分析に際してのさまざまな想定が、運用監査や制御のための前提条件になる。たとえば、オペレーターに警告するために警告灯を追加したインターロックシステムにおける想定は、警告灯が機能しており、オペレーターがドアを開けても安全かどうかを判断するために警告灯を使用できる、というものである。パフォーマンス監査では妥当性確認のために、オペレーターが、警告

灯の目的と、警告灯が点灯している間はドアを開けないことの重要性を知っていることを、チェックするかもしれない。この機能が作業を遅延させたり、オペレーターが警告灯の目的を理解していない場合、時間が経つと、オペレーターがこの機能をバイパスするための回避策を作るかもしれない。また、時間経過に伴う職場環境の変化により警告灯の一部が見えなくなる可能性もある。想定と要求される監査はシステム設計プロセスにおいて洗い出し、運用チームに伝える必要がある。

パフォーマンス監査と並行して、システム設計に計画された変更があった場合には、必ず**変更手順の管理**を行い、STPA 分析を見直す必要がある。多くの事故は、システムに変更が加えられた後に発生する。選択されたコントロール戦略の論理的根拠とともに適切な文書化が行われ、管理されていれば、この再分析は過度の負担にはならないはずである。この目的を達成する方法については、第 10 章で考察する。

最後に、事故やインシデントの後、なぜコントロールが有効でなかったのかを判断するために、設計とハザード分析を見直す必要がある。たとえば、スペースシャトルの熱表面を断熱材が損傷させるというハザードが設計時には識別されていたが、コロンビア号の損失までの数年間は、飛行中に異常が発生したらハザード分析を更新するというプロセスは廃止されていた。スペースシャトルのハザード分析の標準（NSTS22254、スペースシャトル計画のハザード分析手法（Methodology for Conduct of Space Shuttle Program Hazard Analyses））には、ハザードは新しい設計があるときや設計が変更されたときにのみ再検討されることが規定されていた。つまり、異常が生じたときにハザード分析を更新したり、異常が既知のハザードに関連しているかどうかを判断するといったプロセスがなかったのである [117]。

第 12 章では、運用中に STPA の結果を使用する方法について詳しく説明する。

8.5　ヒューマンコントローラー

前述のインターロックシステムで人がドアの状態をコントロールしたように、システム内の人間は、STPA のステップ 1 における自動化されたコンポーネントと同じように扱うことができる。しかし、ヒューマンコントローラーに対する因果関係分析や詳細なシナリオ生成は、電気機械装置や少なくともアルゴリズムがわかっていて評価可能なソフトウェアに比べ、はるかに複雑なものとなる。また、運用上の手順がオペレーターに与えられていても、第 2 章で考察したような理由から、オペレーターは時間の経過に伴って、運用手順を変更する必要性があると感じがちである。

人間と自動化コントローラーの大きな違いの 1 つ目は、人間がコントロール対象のプロセスのモデルを追加で必要とすることである。すべてのコントローラーは、自分が直接コントロールしているプロセスのモデルを必要とするが、ヒューマンコントローラーは、石油精製や航空機など、自動化コントローラーをとおして間接的にコントロールされるプロセスのモデルも必要とする。もし人間が自動化コントローラーを監督したり、間違った振る舞いやハザードにつながる振る舞いがないか自動化コントローラーを監視したりするよう求められるのであれば、人間は自動化コントローラーとコントロール対象のプロセスの両方の状態に関する情報を持っている必要がある。図 8.8 は、この要求を示している。追加のプロセスモデルが必要になれば、自動化されたシステムを監督するための特別な訓練とスキルが必要となる。人間がコンピューターを監督すれば、訓練の必要性が減るという間違った想定がなされることがあるが、これは真実ではない。このような状況では、人間のスキルレベルや必要な知識は常に上昇する。

図 8.8 には、人間が自動化コントローラーの予備として機能する場合、ヒューマンコントローラーが

STPA：新しいハザード分析手法　　　　　　　　　　　　　　　　　　　　　　　　　　　　　　189

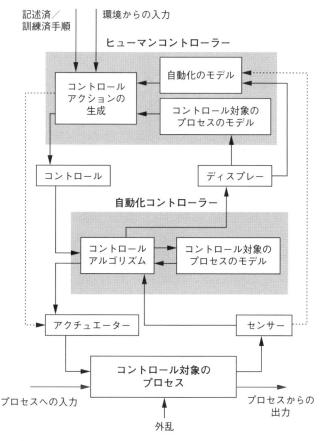

図 8.8　物理的プロセスをコントロールする自動化されたコントローラーをコントロールする
　　　　ヒューマンコントローラー

プロセスのアクチュエーターに直接アクセスする必要があることを示す点線が含まれている。さらに、人間が自動化を監視する場合、人間はセンサーからの直接入力を必要とする。それは、自動化が混乱し、コントロール対象のプロセスの状態について誤った情報をフィードバックしていることを検出するためである。

　システム設計、訓練、運用手順は、人間の監督者が必要とする追加のプロセスモデルの正確な作成と更新をサポートしなければならない。より一般的には、人間が自動化コントローラーを監督する場合、追加の分析と設計要求が必要となる。たとえば、自動化によって使用されるコントロールアルゴリズムは、学習可能で理解しやすいものでなければならない。自動化機能における矛盾した振る舞いや不必要な複雑さは、ヒューマンエラーを増加させることにつながる。さらなる設計要求については次章で考察する。

　STPA に関して言うと、ステップ 2 を実行する際には、プロセスモデルの追加とシステム設計の複雑化によって、両方のプロセスモデルがどのように不正確となるかを判断するために、さらなる因果関係分析が必要となる。

　人間と自動化コントローラーの 2 つ目の重要な違いは、トーマス［199］が指摘するように、自動化されたシステムが（定期的に更新はされるが）基本的に静的なコントロールアルゴリズムを持つのに対し、人間はフィードバックと目標の変化の結果として、変化する動的コントロールアルゴリズムを採用していることである。ヒューマンエラーは、従来の事故の因果関係モデルに見られるような直接関連す

る事象やエラーの連鎖としてではなく、フィードバックループを使用してモデル化し、理解するのが最も適している。しばしば失敗するオペレーターの行動は、最適なパフォーマンスを追求するという自然な行動に起因していると考えるべきであろう[164]。

図2.9をもう一度考えてみよう。オペレーターは、従うべき手順を設計者から提供されることが多い。しかし、設計者はコントロール対象のプロセスに関する独自のモデルを扱っており、そのモデルは、対象が作り上げられ、さらに、時間の経過に伴い変化する実際のプロセスを反映していない可能性がある。ヒューマンコントローラーは、実際にあるシステムそのものを扱わなければならない。ヒューマンコントローラーは、ほかのコントロールループと同じように、フィードバックを使ってプロセスモデルを更新する。人間は、コントロール対象のシステムの振る舞いとその現在の状態を理解するために試行し、その情報を使ってコントロールアルゴリズムを変更することがある。たとえば、レンタカーを借りた後、運転者は高速道路を走る前にブレーキや操舵システムを試して、その動作の感触を確かめることがある。

ヒューマンコントローラーは、コントロール対象のプロセスで故障が発生したと疑われるときには、コントロール対象のプロセスを診断し、適切な反応であるかを確かめるために試行をすることがある。また人間は、システムのパフォーマンスを最適化する方法を判断するために試行をする。運転者が自動化されたシステムについての知識を深め、車の振る舞いを最適化する方法を学ぶにつれて、運転者のコントロールアルゴリズムは時間が経過すると変化することがある。また、運転者の目的や動機付けも時間が経つと変化する可能性がある。対照的に、自動化コントローラーは、必然的に、設計者のコントロール対象のプロセスとその環境のモデルに基づいて、単一の要求セットで設計されている。

トーマスは、走行制御を用いた例[199]を示している。自動走行制御システムの設計者は、車両のモデル（重量、エンジン出力、応答時間など）、道路および車両交通の一般的な設計、ならびに推進およびブレーキシステムの基本的なエンジニアリング設計原則に基づいて、コントロールアルゴリズムを選択することができる。単純なコントロールアルゴリズムでは、現在の速度（フィードバックで監視）と目標速度との差に応じて、スロットルをコントロールするだろう。

自動車の走行制御の設計者と同様に、人間の運転者も自動車の推進システムのプロセスモデルを持っている。そのモデルはおそらく自動車制御の専門家のモデルよりも単純であるが、各アクセル位置に対する車の加速度のおおよその割合を含んでいる。このモデルによって、運転者は現在の道路の条件（氷で滑りやすいか、晴れて乾燥しているか）と、与えられた目的（制限速度を守るか、決められた時間に目的地に到着するか）に対して、適切なコントロールアルゴリズムを構築できる。自動走行制御の静的なコントロールアルゴリズムとは異なり、人間の運転者は、車の性能の変化、目標やモチベーションの変化、運転経験の変化などに応じて、コントロールアルゴリズムを時間の経過とともに動的に変更することが可能である。

自動化コントローラーとヒューマンコントローラーの違いは、ハザード分析とシステム設計に対して異なる要求をもたらす。単純に人間の「失敗」や「エラー」を識別するだけでは、より安全なシステムを設計するには不十分である。ハザード分析では、ハザードにつながる人間の具体的な振る舞いを識別する必要がある。場合によっては、その振る舞いがなぜ起こるのかを識別できるかもしれない。いずれにせよ、人間を「再設計」することはできない。訓練は役に立つが、十分とはいえない。オペレーターが高度な訓練を受け、熟練の技を持っていたとしても、ヒューマンエラーを回避するために訓練でできることは、ほんのわずかである。自動車の運転者のように、訓練が現実的ではなかったり、最小限のものである場合も少なくない。唯一の真の解決策は、ハザードの分析で得られた最悪の場合の人間の振る舞いに関する情報を、ほかのシステムコンポーネントやシステム全体の設計に利用し、その振る舞いを

除去、低減、あるいは補償することである。第9章では、なぜシステムに人間のオペレーターが必要なのか、また、ヒューマンエラーを排除・低減するための設計方法について考察する。

　現在定義されているSTPAは、ヒューマンエラーの原因について、従来のハザード分析方法よりもはるかに有益な情報を提供するが、STPAを補強することで、設計者にさらに多くの情報を提供できる可能性がある。ストリングフェロー（Stringfellow）は、ヒューマンコントローラーのためにSTPAにいくつかの追加手段を提案している[195]。一般的に、エンジニアは、人間によるコントロールの特徴的な側面に対処するために、ハザード分析に人間を含めるためのより良いツールを必要としている。

8.6　安全コントロールストラクチャーの組織コンポーネントに対するSTPAの利用

　前述の例は、安全コントロールストラクチャーのより下位のレベルに焦点を当てているが、STPAは組織や管理のコンポーネントにも利用できる。これらのレベルへの適用についてはあまり試行例がなく、改めて、より多くの試行をする必要がある。

　本節では2つの例を紹介する。1つ目は、コロンビア号事故後に提案された新しい管理体制について、STPAを用いたリスク分析をNASAで実証したものである。2つ目は医薬品の安全である。この2つの例については、第7章で、システムのハザード、安全要求、制約を識別し、安全コントロールストラクチャーを文書化する基本的な活動について説明した。本節では、そこから開始して、実際のリスク分析プロセスを説明する。

8.6.1　プログラムと組織のリスク分析

　コロンビア号の事故調査委員会（Columbia Accident Investigation Board：CAIB）は、コロンビア号の事故の原因の1つが、安全プログラムがスペースシャトルのプログラム管理者から独立していなかったことであるということを明らかにした。CAIBの報告書は、NASAにSUBSAFE（第14章参照）で使用されたのと同様の独立技術部門（Independent Technical Authority：ITA）の機能を導入するよう勧告し、SUBSAFEの経験を持つ人物が、NASAスペースシャトル・プログラムの新しい組織構造の設計と実施を支援するために採用された。プログラムが設計され実施され始めてから、プログラムのリスク分析が行われ、プログラムの効果に関する計画的なレビューに役立てられた。ここでは、伝統的なプログラムリスク分析法（programmatic risk analysis）を用いて、専門家によりプログラム内のリスクが識別された。これと並行して、MITのグループは、この新しい組織構造のリスクと脆弱性を理解し、改善を推奨するために、同じタイプのプログラムのリスク分析の基礎としてSTAMPを使用するプロセスを開発した[125][3]。この節では、ほかのシステムやほかの創発特性に対して何ができるかを示す例として、STAMPに基づくプロセスと結果を説明する。たとえばララシー（Laracy）[108]は、輸送システムのセキュリティを検査するために、同様のプロセスを使用している。

　STAMPに基づく分析は、STAMPの基本概念に立脚している。それは、ほとんどの重大事故は、単に近接した（proximal）物理的事象の特異な集まりから生じるのではなく、競合する目的やトレードオフのために安全措置やコントロールが緩和されるにつれて、組織が時間とともにリスクの高い状態に移行することから生じるというものである。このような高リスクの状態では、事故の引き金となる事象

3　この項で説明する分析には、ニコラス・デュラック（Nicolas Dulac）、ベティ・バレット（Betty Barrett）、ジョエル・カッチャー・ガーシェンフェルド（Joel Cutcher-Gershenfeld）、ジョン・キャロル（John Carroll）、スティーヴン・フリーデンタール（Stephen Friedenthal）など、多くの人々が寄与している。

が必ず発生する。チャレンジャー号とコロンビア号の事故では、内外のさまざまなパフォーマンスに対するプレッシャーに応えて行動や意思決定が変化するにつれ、組織のリスクはかなり以前から許容できないレベルまで高まっていた。リスクはゆっくりと増加するため、誰もそれに気づかない。つまり、ゆでガエル現象である。実際のところ、事故が起きないために、リスクと同時に自信と自己満足も高まっていたのである。

　STAMPに基づく分析の目的は、従来のシステム安全工学プロセスをこの組織構造の分析と再設計に適用することであった。図8.9は用いられた基本的なプロセスを示しており、システムハザードと安全要求および制約を識別するための予備的ハザード分析（Preliminary Hazard Analysis）から始まっている。第2段階として、ITAの安全コントロールストラクチャーのSTAMPモデル（NASAの設計による。図7.4参照）を作成し、識別した安全要求と制約を安全コントロールストラクチャー上で割り当てられた責任に対応させ、すべてのギャップ（訳注：安全要求・制約とそれらの責任への割り当ての間

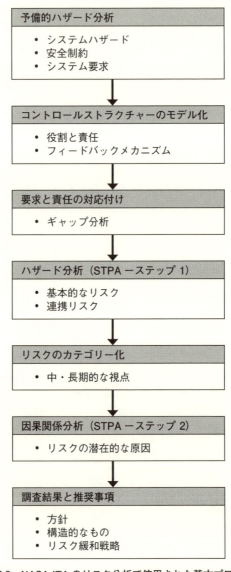

図8.9　NASA ITAのリスク分析で使用された基本プロセス

の欠落や相違など）を識別するために、ギャップ分析を実施した。その後、STPAを用いた詳細なハザード分析を行い、システムリスクの識別と推奨事項の作成を行った。この推奨事項は、設計された新しい安全コントロールストラクチャーの改善と、新しいプログラムの実装と長期的健全性の監視のためのものであった。ここでは、読者がプロセスを理解するのに十分なモデリングと分析の内容のみを記載している。完全なモデル化と分析については、ほかの文献[125]を参照されたい。

　この例のハザードの識別、システムの安全要求、安全コントロールストラクチャーについては7.4.1項で説明しているので、ここではその基本的な情報から始める。

8.6.2　ギャップ分析

　既存の組織的または社会的な安全コントロールストラクチャーを分析する場合、最初のステップの1つは、各要求を実施する責任がどこにあるのかを判断し、現在の設計の欠陥、つまり、どこにも実装（強制）されていない要求を識別するためにギャップ分析を実行することである。次に、安全コントロールストラクチャーを評価し、それがシステムの安全要求と制約を強制するのに潜在的に有効であるかどうかを判断する必要がある。

　システムレベルの安全要求と制約、そしてNASAの安全コントロールストラクチャーにおける各コンポーネントの個々の責任との間で対応付けが行われ、要求がどこでどのように実装されたかが確認された。ITAプログラムは当時、慎重に定義され文書化されていた。別の状況では、そのような文書化が欠けている場合、インタビューやほかの手法を使用して、組織のコントロールストラクチャーが実際にどのように機能しているかを聞き出す必要があるかもしれない。最終的には、システムを安全に保守・運用するために、完全な説明書が準備されなければならない。ほとんどの組織では、各従業員の仕事に関する記述はあるが、安全に関する責任は必ずしも分離・識別されていないため、ギャップや重複が識別されないことがある。

　一例として、ITA構造では、システムレベルの安全要求に対して以下の責任事項が記載されている。

1a. NASAミッションのための最先端の安全標準および要求事項を、確立、実装、強制、そして、維持し、宇宙飛行士、全従業員、一般市民を守らなければいけない。

責任事項1aはNASAエンジニア部門長に割り当てられたが、規律技術認証取得者（Discipline Technical Warrant Holders）、規律信用代理人（Discipline Trusted Agents）、NASA技術標準プログラム、安全・ミッション保証局のそれぞれも、このエンジニア部門長の責任の遂行において役割を担っている。より具体的には、システム要求1aは、以下の責任割り当てによりコントロールストラクチャーに実装された。

- **エンジニア部門長**：技術的な標準や方針を開発、監視、維持する。
- **規律技術認証取得者**：
  - 技術的な標準の開発・更新を行う際の優先事項を推奨する。
  - 担当する規律内のすべての新規または更新されたNASA推奨標準（NASA Preferred Standards）を承認する（NASAエンジニア部門長は当機関の承認を保持する）。
  - 認証された分野におけるNASA推奨技術標準（NASA Preferred Technical Standards）の開発、採用、維持に参加（主導）する。
  - 技術標準のワーキンググループのメンバーとして参加する。
- **規律信用代理人**：技術標準委員会において、規律技術認証取得者の代理となる。

- **NASA 技術標準プログラム**：標準の作成や更新を行う際に、規律技術認証取得者と連携する。
- **NASA 安全・ミッション保証局：**
  - FMEA、リスク、ハザード分析プロセスを含む、一般的な安全性、信頼性、品質に関するプロセス標準および要求事項の開発・改善を行う。
  - 安全性とミッション保証の方針と手順が適切であり、文書化も適切になされていることを確認する。

対応付けが完了したら、各システムの安全要求と制約が組織設計に確実に組み込まれているかを確認し、また設計の欠陥や弱点を見つけるために、ギャップ分析を行う。この分析では、特に定義されたITA の組織構造に反映されていない要求事項に関する懸念事項が表面化した。

1つの例としては、ITA の構造的なコンポーネントが、適切に機能していないことに対する苦情や懸念事項を伝えるためのチャネルの不在が検出された。NASA が「技術的な良心」と呼ぶものを表明するためのチャネルはすべて認証取得者を経由するが、認証取得者自身や、うまく機能していない ITA の職位からの懸念事項を表明する方法は定義されていなかった。

2つ目の例は、エンジニアと管理者が意思決定の際に、ハザード分析の結果を使用するための訓練についてである。そのための訓練を確認する責任を負うべき者に関する記述が、ITA 実施計画の文書からは省かれていた。より一般的に言うと、ハザード分析プロセスに対する責任が分散しており、定義が不明確なため、以下を保証する責任を決めることが困難であった。たとえば、適切なリソースを用いること、設計の進展やテスト経験の蓄積に応じてハザード分析を精緻化（洗練、拡張）し更新すること、経験の蓄積に応じてハザードログを保守・利用すること、潜在的ハザードに応じてすべての異常を評価することである。ITA 以前は、これらの責任の多くは各センターの安全・ミッション保証部門に割り当てられていたが、ITA の新体制では、このプロセスの多くがエンジニアリングに移行（これが本来あるべき姿）するため、これらの機能に対する明確な責任を識別する必要がある。STAMP においては、事故の基本的な原因の1つは、複数のコントローラーに対する責任がうまく定義されていなかったり、重複していたりすることである。

最後の例は、ITA プログラムの評価プロセスに関するものである。ITA がどの程度機能しているかの評価は、計画の一部であり、エンジニア部門長の責任として割り当てられている。STAMP に基づくものと並行して行われる ITA プログラムの公式なリスク評価は、そのエンジニア部門長の責任で実施され、定期的に実施される計画であった。私たちは、継続的な学習と改善プロセスを実施し、定期的なレビュー以外でも必要に応じて、ITA の設計そのものを調整するための具体的な組織構造とプロセスを追加することを推奨した。

8.6.3 組織およびプログラムのリスクを識別するためのハザード分析

ITA プログラム上のリスクを識別し、そのリスクを定期的に評価するためのリスク分析が、エンジニア部門長の責任の1つとして規定されていた。この目的を達成するため、NASA は、リスク分析の専門家がステークホルダーと面談し、リスクを識別して考察する会議を開催するという従来のプロセスを用いて、プログラム上のリスクを識別した。STAMP に基づく分析では、より形式的で構造的なアプローチを用いた。

STAMP 用語でいうリスク（risk）は、以下の2種類に分けられる。

(1) コントロールストラクチャー内の個々のコンポーネントが責任を果たす方法における基本的な不十分さ（基本的なリスク）

STPA：新しいハザード分析手法　　195

（2）意図しない相互作用や意図しない結果につながる可能性のある、活動や意思決定の連携に関わるリスク（連携リスク）

基本的なリスク

ITA の場合のハザードである、事故につながる非安全な意思決定に対して、STPA で識別された不適切なコントロールの4つのタイプを適用すると、ITA には以下の4つの一般的なリスクのタイプがあることがわかった。

1. エンジニア部門長や認証取得者により、非安全な決定や承認がなされる。
2. 安全な意思決定がなされない（例：NASA の目的や ITA の長期的な支援を損なうような過度に保守的な意思決定）。
3. 意思決定に時間がかかりすぎて、影響が小さくなる、さらに、ITA への支援も減少する。
4. 優れた意思決定が ITA によってなされるが、システム設計、構築、運用に適切な影響を与えない。

ITA 安全コントロールストラクチャーの中の潜在的に非安全なコントロールアクションの中で、上記の一般的なリスクにつながる可能性のあるものが、ITA のプログラム上のリスクである。いったん識別したのであれば、この非安全なコントロールアクションは、ほかの非安全なコントロールアクションと同様に、除去またはコントロールしなければならない。

STAMP に基づくリスク分析では、安全コントロールストラクチャーのコンポーネントごとに定義された責任とコントロールアクションに対して、4つの一般的なタイプの不適切なコントロールアクションを適用した。ただし、特定の責任に対して意味をなさないものや、リスクに影響を与えないものは除外した。これを達成するために、一般的な責任は、より具体的なコントロールアクションとして詳細化しなければならない。

例として、エンジニア部門長は、先に述べたように、技術標準とシステム要求事項、およびすべての変更、特例許可、要求の棄却について、ITA としての責任を負う。この責任を実装するための、エンジニア部門長が利用可能なコントロールアクションは以下のとおりである。

- 技術標準や方針を開発、監視、維持する。
- プログラムやプロジェクトと連携しながら、技術的要求事項の設定や承認を行い、それらがプログラムやプロジェクトにおいて強制、実装されるのを確認する（設計が要求事項に適合していることを確認する）。
- 初期の技術要求事項に対するすべての変更を承認する。
- すべての特例許可（要求事項に対する放棄、逸脱、例外）を承認する。
- その他

これらのうち、技術標準や方針を開発、監視、維持するコントロール責任を例にとると、STPA ステップ1を用いて識別されるリスク（潜在的に不適切または非安全なコントロールアクション）には、次のようなものがある。

1. 一般的な技術および安全標準が作成されていない。
2. 不適切な標準や要求が作成される。
3. 弱体化させようとする外部からの圧力により、標準が経年劣化する。変更を承認するプロセスに欠陥がある。

4. 標準が環境の変化に応じて変更されない。

別の例として、エンジニア部門長がこれらの職務をすべて自分でこなすことはできないので、彼の部下に責任の一部を委ねたり、「認証（warrants）」したりする人のネットワークがある。エンジニア部門長は、他の階層的な管理構造と同様に、認証取得者が適切に職務を遂行することを確実にする責任を負う。

技術要求に対するすべての特例許可および放棄を承認するというエンジニア部門長の責任は、システム技術認証取得者（System Technical Warrant Holder：STWH）に割り当てられている。この責任に関するSTWHのリスクや潜在的に非安全なコントロールアクションは以下のとおりである。

- 非安全なエンジニアリングの特例許可や放棄が承認される。
- 安全要求への適合性を判断せずに設計が承認される。放棄が常態化している。
- レビューと承認に時間がかかり、ITAがボトルネックになる。ミッションの達成が脅かされる。エンジニアは承認の必要性を無視し始め、別のやり方でSTWHを回避するようになる。

STPAを管理構造に適用した今回の試行では、長いリスクのリストが識別されたが、ITAプロセスのさまざまな参加者に関するリスクの多くは、密接に関連していた。参加者ごとにリストアップされたリスクは、その参加者の特定の役割と責任に関連しており、したがって、関連する役割や責任を持つ参加者は、関連するリスクを生み出すことになる。この関係は、先のステップでシステム要求からITAの各コンポーネントの役割と責任までたどることで明らかにされた。

連携リスク

連携リスクは、複数の人々やグループが同じプロセスをコントロールする際に発生する。結果として生じる可能性のある非安全な相互作用のタイプには、次のものが含まれる。

(1) 両方のコントローラーとも、別のもう一方のコントローラーがコントロールに関する責任を果たしていると想定し、その結果、誰もその責任を果たさない場合。
(2) コントローラーが、意図しない副作用があるような、競合するコントロールアクションを提供する場合。

潜在的な連携リスクは、前述のギャップ分析で使用したシステム要求からコンポーネント要求への対応付けによって識別される。同じシステム要求に関連する類似の責任が識別された場合、新たな連携リスクの可能性を検討する必要がある。

たとえば、ITAの設計文書は、安全工学の機能の多くを誰が実施するかということについて、曖昧であった。安全工学はこれまでセンターの安全・ミッション保証部門の責任であったが、計画では、これらの機能は新組織のITAに移行することが想定されており、いくつかの明らかなリスクが生じていた。

もう1つの例は、標準の作成責任をNASA本部の安全・ミッション保証局（Office of Safety and Mission Assurance：OSMA）からITAに移行させたことである。計画では、ヒューマンレーティング宇宙船（human rating spacecraft）やハザード分析の実施に関する技術設計標準などの、技術標準の責任の一部はOSMAに残されたが、誰が何を担当するのかが明確に区分されないままITAに移されたものもある。同時に、論理的にはミッション保証グループに属すると思われる、計画が守られることを保証する責任も明確には分担されていなかった。この2つが重複したことにより、いくつかの機能が達成されなかったり、矛盾する標準が作成されたりする可能性が出てきた。

8.6.4 分析の使用と拡張の可能性

リスクを緩和・コントロールする対策は、リスクのリスト自体から生成することもできるが、STPAのステップ2を適用してリスクの原因を識別することで、より良いコントロール対策を提供できるようになる。これは、物理システムにおいてSTPAのステップ2が同様の役割を果たすのと同じである。前述の例で、システム技術認証取得者が技術要件に対するすべての特例許可と放棄を承認する責任を負うとすると、非安全なエンジニアリングの特例許可や放棄を承認する潜在的な原因として、アクションの安全性に関する情報が不適切または間違っていること、不適切な訓練、プログラム上の懸念事項に関する圧力に屈すること、経営陣のサポート不足、要求した特例許可を適切に評価する時間やリソースが不適切であること、などが挙げられる。これらの因果要因は、図8.6の一般的な要因を使用して生成されたが、より適切な方法で定義されている。ストリングフェローは、STPAを組織要因に適用する方法をより深く検討している[195]。

この分析は、識別されたリスクを除去または緩和できる可能性のある、安全コントロールストラクチャー（ITAプログラム）に対する潜在的な変更を識別するために、使用することができる。安全性に関する一般的な設計原則は、次章で説明する。

NASAのリスク分析の目的は、ITA設立後の早い時期に計画されていた特別評価に何を含めるべきかを判断することであった。同じ目的を達成するために、MITグループは、識別したリスクを、(1)緊急、(2)長期、(3)標準的な進行中のプロセスでコントロール可能なもの、に分類した。これらの分類は、以下のように定義された。

緊急の懸念事項：短期的な評価に含まれるべき、緊急かつ重大な懸念事項。
長期的な懸念事項：リスクが時間とともに増加するため、あるいはシステムや環境の振る舞いに関する将来の知識なしには評価できないため、潜在的に将来の評価の一部となるべき、重大な長期的懸念事項。
標準プロセス：大規模な特別評価の手順ではなく、点検などの標準的なプロセスで対処すべき重要な懸念事項。

この分類によって、計画中の短期的なリスク評価の一部となる管理可能なリスクのサブセットを識別し、将来の評価を待つことができるものや、継続的な手順でコントロールできるものを識別することができた。たとえば、ITAプログラムへの「賛同」の度合いをただちに評価することは重要である。そのような支援がなければ、ITAは持続できず、危険な意思決定のリスクは非常に高くなる。一方、現在の認証取得者の適切な後継者を見つける能力は、STAMPに基づくリスク分析で識別された長期的な懸念事項であり、ITAの新しいコントロールストラクチャーができてすぐに評価することは困難であろう。たとえば、現在の技術認証取得者の実績は、最も有能な人々が将来的にその仕事を望むかどうかに影響を与える要因の1つなのである。

8.6.5 伝統的なプログラムリスク分析法との比較

NASAがITAに対して行った伝統的なリスク分析では、約100個のリスクが識別された。より厳密で構造的なSTAMPに基づく分析では、NASAのプロセスの結果をまったく知らずに独自に行ったが、NASAが識別したすべてのリスクとさらに追加のリスクを識別し、全部で約250個のリスクを識別した。その違いには、STAMPグループがNASAの管理者、議会、行政部門（ホワイトハウス）など、安全コントロールストラクチャーにおけるより多くのコンポーネントを考慮したことに関連するものが含まれていた。STAMPに基づくプロセスで識別された、このさらなる追加のリスクが、単にNASA

の分析では欠落していたのか、あるいは何らかの理由で廃棄したのかを判断する方法はない。

NASA の分析にはリスクの因果関係分析は含まれておらず、比較はできない。彼らの目的は、今後の ITA のリスク評価プロセスに何を含めるべきかを判断することであり、その目的は STAMP 実証のリスク分析よりも狭いものであった。

8.7 社会技術システムのリエンジニアリング：医薬品の安全性とバイオックスの悲劇

前節では、高度技術システムを開発・運用する組織の管理体制に対する STPA の活用を説明した。STPA などの分析は、社会システムにも潜在的に適用可能である。この節では、医薬品の安全性を例として提供する。

クチュリエ（Couturier）は、バイオックス（Vioxx）の導入と回収に関連する事件について、STAMP に基づく因果関係分析を行った[43]。事故の原因が識別されれば、再発防止のための変更が必要である。バイオックスの事故がもたらした変更については、多くの提案がなされている（例：[6, 66, 160, 190]）。バイオックスのリコール後、米国会計検査院（Government Accountability Office：GAO）[73]、医学研究所（Institute of Medicine：IOM）[16]、およびメルク社（Merck）の委託により 3 つの主要な報告書が作成された。これらの報告の公表は、2 つの大きな変化の波をもたらした。1 つは FDA（Food and Drug Administration：米国食品医薬品局）内部で着手され、2 つ目は FDAAA（FDA Amendments Act：米国食品医薬品局改正法）という新しいルールの形で議会によって行われた。クチュリエ[43, 44]は、ほかの人々からの情報とともに[4]、バイオックスの出来事を利用して、これらの提案・実施された方針と構造的な変化を、その潜在的な効果を予測するために、STAMP を使用してどのように分析され得るかを実証した。

8.7.1 バイオックスの承認・回収にまつわる事象

バイオックス（ロフェコキシブ（Rofecoxib））は、メルク社が製造する処方薬である COX-2 阻害薬である。1999 年 5 月に FDA に承認され、主に変形性関節症による疼痛管理に広く使用された。バイオックスは、市場で販売されている間、メルク社の主要な収益源の 1 つであった。80 か国以上で販売され、2003 年の世界での売上高は 25 億ドルに達した。

2004 年 9 月、メルク社は安全上の懸念から同医薬品を市場から自主的に回収した。同医薬品は、高用量で長期間服用した患者に心血管系事象（心臓発作や脳卒中）のリスクを高めることが疑われたためである。バイオックスは、それまでは最も広く使用された医薬品の 1 つであったが、市場からの回収を余儀なくされた。FDA の科学者であるグラハム（Graham）が行った疫学研究によると、バイオックスは 27,000 人以上の心臓発作や死亡と関連があり、「この国の歴史、世界の歴史における唯一最大の医薬品安全性の大惨事」かもしれない、といわれている[76]。

考察すべき重要な疑問は、このような危険な医薬品が、問題の警告にもかかわらず、なぜ市場に出回り、そこに長く留まっていたのか、そして今後、このような損失を避けるにはどうしたらよいのか、ということである。

この込み入った長話の中で起きた主な事象は、1994 年のバイオックス分子の発見から始まる。メル

---

[4] スタン・フィンケルシュタイン（Stan Finkelstein）、ジョン・トーマス（John Thomas）、ジョン・キャロル（John Carroll）、マーガレット・ストリングフェロー（Margaret Stringfellow）、メーガン・ディエクス（Meghan Dierks）、ブルース・サティ（Bruce Psaty）、デビッド・ヴァース（David Wierz）、その他さまざまなレビューアーなど、多くの方々がこの節で説明した分析のために情報を提供してくれた。

ク社は 1998 年 11 月に FDA の承認を求めた。

1999 年 5 月、FDA は変形性関節症の症状緩和と急性痛の管理を目的としてバイオックスを承認した。COX-2 阻害薬が従来の NSAIDS（非ステロイド性抗炎症薬）よりも鎮痛効果が高いとは誰も言っていなかったが、出血やほかの消化器系の合併症が少ないことがセールスポイントであった。しかし、FDA はこれに納得せず、消化器系に問題が生じる可能性があるという警告をラベルに記載するよう要求した。12 月までに、バイオックスは同クラスの新規処方箋の 40 パーセント以上を占めるようになった。

メルク社は、ロフェコキシブが消化器系の合併症が少ないという主張の妥当性を確認するために、自社の医薬品をほかの NSAIDS と同列にみなすべきではないということを証明する研究活動を開始した。しかし、この研究活動は裏目に出た。

バイオックスが承認される前の 1999 年 1 月、メルク社はロフェコキシブと旧来の非ステロイド性抗炎症薬、つまり NSAID であるナプロキセンの有効性と副作用を比較する VIGOR（Vioxx Gastrointestinal Outcomes Research：バイオックス消化器系アウトカム研究）という試験を開始した。2000 年 3 月、メルク社は VIGOR 試験の結果、バイオックスはナプロキセンより消化管に安全であるが、循環器系の問題のリスクは 2 倍になると発表した。メルク社は、リスクが増加した循環器系の問題の原因はバイオックスそのものにあるのではなく、セレブレックス（試験で使用されたナプロキセン）がその問題への対策をとっていたためであると主張した。メルク社は、2004 年に市場からバイオックスを回収する 1 か月前まで、その好ましくない調査結果の公表を最小限にとどめた。

VIGOR 試験の後すぐに、ADVANTAGE という別の研究活動が開始された。ADVANTAGE は VIGOR と同じ目的であったが、VIGOR が関節リウマチを対象としたのに対し、ADVANTAGE は変形性関節症を対象としていた。ADVANTAGE 試験では、バイオックスがナプロキセンよりも消化器系に安全であることは証明されたものの、鎮痛効果においてロフェコキシブ（訳注：バイオックス）がナプロキセンよりも優れていることを示すことはできなかった。ADVANTAGE の報告書が公表されたずっと後になって、この報告書の筆頭著者は、この研究活動にまったく関与していなかったことが判明した。報告書の原稿は、メルク社が、社内の著者たちにより書かれたものを、その筆頭著者に差し出したものであった。これは、企業の研究員が論文を書き、著名な研究者の名前を筆頭著者として掲載するという、論文のゴーストライティングの最近の顕著な例の 1 つとなった[178]。

さらに、後に明らかとなったメルク社の文書によると、ADVANTAGE 試験はメルク社のマーケティング部門から出てきたものであり、「種まき」試験（試験薬を市場に出すための試験）であった。つまり、「その薬を開業医に渡して患者の治療経験をさせたり、会社との魅力的で有益な交流をさせることで、その薬を処方する忠実な医師を増やすことを期待したもの」であった[83]。

この研究活動により、バイオックスはナプロキセンよりも消化器系に安全であることが証明されたものの、COX-2 阻害薬が循環器系の問題のリスクを倍増させることが、またもや突然明らかになった。2002 年 4 月、FDA はメルク社に対し、バイオックスのラベルに心臓発作や脳卒中に影響する可能性があることを記載するよう要求した。しかし、メルク社に対して、影響の有無を識別するためにバイオックスとプラセボ（訳注：薬効成分を含まない偽薬）を比較する試験を実施することは命じなかった。2000 年 4 月、FDA はメルク社に対し、循環器系の安全性を評価するためにバイオックスの動物実験を行うことを推奨したが、そのような研究活動は行われなかった。

VIGOR 試験と ADVANTAGE 試験の両方に対して、公表された報告から循環器系の事象が漏れていたという主張がなされている[160]。2000 年 5 月、メルク社は VIGOR 試験の結果を公表した。そのデータには、バイオックス患者が経験した 20 件の心臓発作のうち、17 件しか含まれていなかった。後

にこの見落としが見つかった際に、メルク社は、その事象は試験終了後に発生したものであり、報告する必要はなかったと主張した。このデータは、ナプロキセンと比べて心臓発作のリスクが4倍高いことを示していた。2000年10月、メルク社は、VIGOR研究活動における残りの3件の心臓発作についてFDAに正式に報告した。

メルク社はバイオックスを医師向けに大々的にマーケティングしており、ドロシー・ハミル（Dorothy Hamill）やブルース・ジェンナー（Bruce Jenner）などの人気スポーツ選手を使った消費者への直接広告に、年間1億ドル以上を費やしていた。2001年9月、FDAはメルク社に対し、バイオックスの心臓・血管系への影響について、医師の誤解を招くことをやめるよう警告書を送付した。

2001年、メルク社は、大腸ポリープに対するバイオックスの有効性を示して市場を拡大するため、APPROVe（Adenomatous Polyp Prevention On Vioxx：バイオックスにおける腺腫性ポリープの防止）と呼ばれる新しい研究活動を開始した。APPROVeは、バイオックス使用の18か月後に心臓発作と脳卒中の相対リスクが増加することが、予備データにより示されたため、早期に中止された。ロフェコキシブの長期使用により、プラセボを投与された患者に比べ、心臓発作や脳卒中にかかるリスクが約2倍となった。

FDAの研究員であるデビッド・グラハム（David Graham）は、140万人のカイザー・パーマネンテ（Kaiser Permanente、訳注：米医療保険ネットワーク運営大手）のメンバーのデータベースを分析し、バイオックスを服用した人は、バイオックスの主なライバルであるセレブレックスを服用した人よりも心臓発作や心臓突然死に陥る可能性が高いことを発見した。グラハムは議会の委員会で、FDAが彼の調査結果の公表を阻止しようとしたと証言した。彼は、「仲間はずれにされ、陰湿な脅迫にさらされ、威嚇された」環境であったと述べている。グラハムは委員会に、FDAの上司が彼の結論を骨抜きにすることを示唆したという、自身の主張を裏付ける電子メールのコピーを提出した[178]。

メルク社はバイオックスのリスクを否定するあらゆる努力をしたが、2004年9月に同医薬品を市場から回収した。2004年10月、FDAはメルク社によるバイオックスの代替医薬品であるアルコキシア（Arcoxia）を承認した。

バイオックスに関連した大規模な訴訟によって、製薬業界における多くの疑わしい慣行が明るみに出た[6]。メルク社は、この一連の出来事において、試験結果をFDAに正確に報告しなかったこと、少なくとも1つの試験において患者の安全性を監督する適切な管理委員会（DSMB：治験データ安全性モニタリング委員会）を持たなかったこと、誤解を招くマーケティング活動、ロフェコキシブの研究に関する雑誌論文のゴーストライティング、出版業者に金を払って偽医学雑誌を作成し有利な論文を掲載させたことなど、いくつかの非安全な「コントロールアクション」を告発されている[45]。FDAによって推奨された市販後の安全性調査は行われず、市場を拡大するための調査だけが行われていたのである。

8.7.2 バイオックスの事例分析

医薬品の安全性に関するハザード、システムの安全要求と制約、安全コントロールストラクチャーの文書化は第7章に示したとおりである。これらを用いて、クチュリエはいくつかのタイプの分析を行った。

彼はまず、システム要求から安全コントロールストラクチャー内の各コンポーネントに割り当てられた責任までたどり、前述のNASA ITAリスク分析と同様にギャップ分析を行った。その目的は、各安全要求を強制する責任を、少なくとも1つのコントローラーが負っていることを確認し、複数のコントローラーが同じ責任を負っている場合を識別し、各コントローラーを別々に調査して、与えられた責

任を遂行する能力があるかどうかを判断することであった。

ギャップ分析では、明らかなギャップや欠落した責任は見つからなかったが、複数のコントローラーがいくつかの同じ安全要求を強制する責任を負っていた。たとえば、FDA、製薬会社、医師はすべて、医薬品の有害事象を監視する責任を負っている。このような冗長性は、コントローラーたちが協力し合い、持っている情報を共有するのであれば、有効である。しかし、活動の連携がうまくいかずギャップが生じると、問題が起こる可能性がある。

責任の割り当てがなされても、それが効果的に実行されるとは限らない。NASA の ITA 分析と同様に、潜在的に不適切なコントロールアクションを STPA ステップ 1 で識別し、潜在的な原因をステップ 2 で識別し、これらの原因から保護するためのコントロールを設計・実装していくのである。コントロールの効果的な実装や適用を阻む外部や内部の圧力など、コンテキスト要因を考慮する必要がある。たとえば、2003 年のバイオックスはメルク社の売上高の 11 パーセントに相当する 25 億ドルを売り上げたが[66]、大ヒットした医薬品の販売に関わる金銭的な動機を考えると、外部からの強い監視とコントロールなしに、製薬会社に医薬品の安全性に関する責任を期待することは不合理かもしれないし、そもそも責任を負うべきではないのかもしれない。医薬品の開発と試験の責任を製薬メーカーから取り上げるという提案もなされている[67]。

また、コントローラーは、割り当てられた安全制約を強制するために、必要なリソースと情報を持っていなければならない。医師は、患者を適切に保護するために、製薬会社の担当者からは独立した、医薬品の安全性と有効性に関する情報を必要とする。医薬品の安全コントロールストラクチャーの分析を行う最初のステップの 1 つは、各コンポーネントの責任が遂行されるかどうかに影響し得るコンテキスト要因を識別し、そして、責任を遂行するために利用可能なコントロールを実施する際に、情報に基づいた意思決定を可能にする正確なプロセスモデルを作成するために必要な情報を識別することである。

クチュリエはまた、医薬品の安全コントロールストラクチャー、システム安全要求と制約、バイオックスの損失における事件、STPA とシステムダイナミクス・モデル（付録 D 参照）を次のような調査に用いた。それは、バイオックス事件の後に実施された、安全でない医薬品の販売をコントロールするための変更の潜在的な有効性や、その変更がシステム全体へ与える影響についての調査である。たとえば、2007 年の FDAAA により、FDA の責任が増大し、新たな権限が与えられていた。クチュリエは、FDAAA からの推奨事項、IOM の報告書、そしてバイオックス事象の STAMP の因果関係分析の結果から考察した。

システムダイナミクス・モデリングにより、コンテキスト要因と非安全なコントロールアクションの関係、および安全コントロールストラクチャーが、時間の経過とともに効果のない方向に移行する理由が明らかになった。多くのモデル手法は、直接的な関係（矢印）しか提供しないため、因果要因間の間接的な関係を理解するには不十分である。システムダイナミクスは、このような間接的かつ非線形な関係を明らかにする方法を提供する。このモデル手法については、付録 D で説明している。

まず、医薬品の安全コントロールストラクチャーにおける各コンポーネント（患者、製薬会社、FDA など）の振る舞いに対する、コンテキスト上の影響をモデル化するために、システムダイナミクス・モデルが作成される。次に、システム全体の振る舞いやコンポーネント間の相互作用を理解するために、これらのモデルを組み合わせる。完全な分析結果は[43]に、また、いくつかの結果に関する短い論文は[44]に掲載されている。ここでは、その概要といくつかの例を示す。

図 8.10 は、このシステムにおいて医薬品のリコールを妨げる 2 種類の圧力の簡単なモデルである。左側のループは医薬品のリコールに関連する製薬会社内の圧力、右側のループは医薬品のリコールに関連する FDA の圧力を示している。

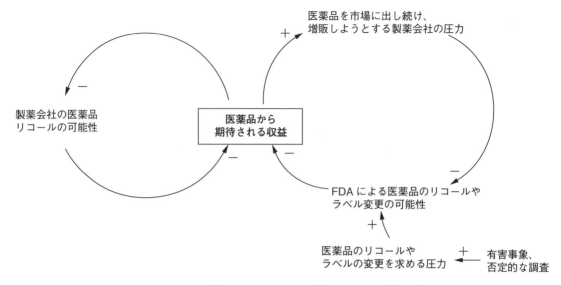

図 8.10　医薬品のリコール防止を強化する圧力の概要

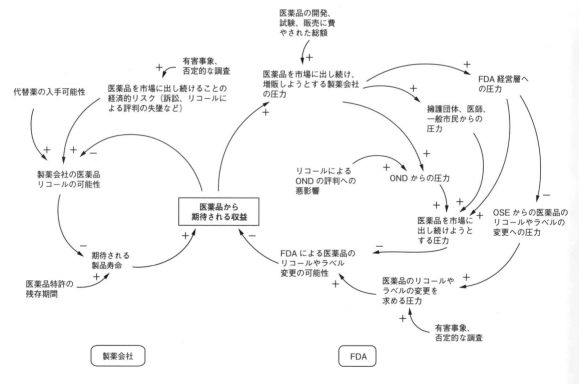

図 8.11　医薬品のリコール防止を強化する圧力の詳細モデル

STPA：新しいハザード分析手法　　203

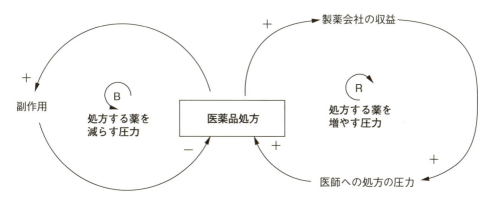

図 8.12　医師の処方に与える影響の概要

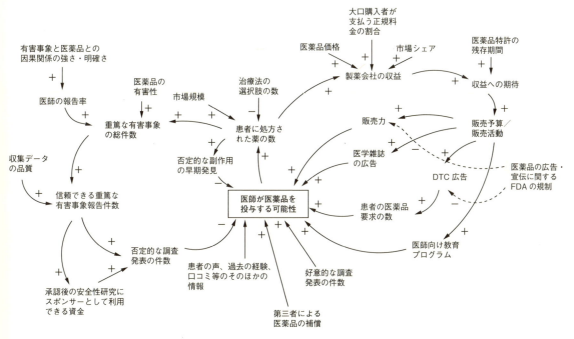

図 8.13　医師の処方行動の詳細モデル

医薬品が承認されると、その開発、試験、販売に多大な資源を投入した製薬会社は、その医薬品から得られる収益を最大化し、市場に医薬品を出し続けようとする動機を持つようになる。こうした圧力は、大ヒットが期待される医薬品であり、会社の財政的健全性がその医薬品の成功に依存する可能性がある場合には、より顕著になる。この目的により、会社内では医薬品を市場に出し続けようとする強化ループが形成される。会社はまた、FDA に圧力をかけて承認済みの適応症を増やし、つまり購入者の数を増やし、ラベルの変更に抵抗し、医薬品のリコールを防ぐという動機も持っている。会社がリコール防止に成功すれば、医薬品への期待が増大し、別の強化ループが形成される。医薬品のリコールという外部からの圧力は強化ダイナミクスを制限はするが、克服するには惰性の力が大きすぎる。

図 8.11 には、より詳細で複雑なフィードバックループがあり、代替薬の入手可能性、医薬品の特許の残存期間、医薬品開発に費やした時間の長さなど、外部からの圧力が含まれている。製薬会社からのFDA への圧力は、PDUFA 手数料[5] による新薬部門（Office of New Drags：OND）への圧力、医薬品を出し続けるための諮問委員会からの圧力（諮問委員会は、患者支援団体からの圧力や製薬会社との有利なコンサルティング契約の対象となる）、FDA 監視・疫学部門（Office of Surveillance and Epidemiology：OSE）からの医薬品リコールの圧力などを含めて詳しく説明されている。

図 8.12 と図 8.13 は、医薬品の過剰処方につながる圧力を示したものである。図 8.12 には 2 つの主要なフィードバックループがある。左側のループは、有害事象や否定的な調査の数に基づいて、処方する薬の量を減らそうとする圧力を示している。右側のループは、製薬会社の収益や販売努力に基づき、処方する薬の量を増やそうとする製薬会社内の圧力を示している。

一般的な製薬製品では、処方された薬が増えるほど製薬メーカーの収益が上がり、その一部は医師に継続して処方してもらうための広告費に充てられる。この強化ループは、通常、医薬品に有害な作用があることでバランスが保たれている。その医薬品が処方されればされるほど、負の副作用が観測される可能性が高くなり、製薬会社からの圧力と釣り合うようになる。そして、この 2 つのループは理論上の動的平衡に達し、医薬品はその利益がリスクを上回った場合にのみ処方されるようになる。

バイオックスのケースで実証されたように、ループ内での遅延は、システムの振る舞いを大きく変える可能性がある。最初の重要な副作用が発見されるまでに、何百万もの薬が処方されていた。副作用に関するループの収束があまりにも遅れたため、製薬会社からの強化された圧力を効果的にコントロールできなくなったのである。図 8.13 は、収集データの品質、市場規模、患者の医薬品への要求などの追加要因をどのように組み込むことができるかを示している。

クチュリエは、バイオックス事件後に、IOM が提案した変更、FDAAA で実際に実施された変更、STAMP に基づく因果関係分析から得られた推奨事項をシステムダイナミクス・モデルに取り込んだ。大きな違いの 1 つは、STAMP に基づく推奨事項がより広い範囲に及んだことである。IOM と FDAAAの変更が FDA に焦点を当てたものであったのに対し、STAMP の分析では、医薬品の安全コントロールストラクチャーのすべてのコンポーネントが、バイオックス事件に影響していると考えられ、STAMPの因果関係分析により、ほぼすべてのコンポーネントの変更が推奨されることになった。

5　処方薬ユーザーフィー法（PDUFA）は、1992 年に初めて議会で可決された。この法律では、新薬の承認にかかる費用を支払うために、FDA が製薬会社から手数料を徴収することを認めている。その見返りとして、FDA は医薬品審査のパフォーマンス目標を達成することに同意している。PDUFA の主な目的は、医薬品の審査プロセスを加速させることである。1993 年から 2002 年の間に、手数料によって FDA は申請書の審査を担当する要員を 77 パーセント増加させることができた。2004 年には、CDER の資金の半分以上が手数料からもたらされている[148]。科学者や規制当局のグループは、FDA が製薬会社から出資されるようになったことで、FDA は公衆の保護ではなく、「顧客」である企業を満足させることを優先するようになったのではないかという懸念を表明するようになった。

クチュリエは、当然のことながら、FDAAA の変更のほとんどは有用であり、意図した効果があるだろう、と結論づけた。さらに彼は、いくつかの変更は望む結果をもたらさない可能性があり、それ以外の変更は書き足す必要があることを見出した。書き足す必要があるのは、IOM の推奨事項と FDAAA が、システムの単一のコンポーネント（FDA）に焦点を当てているという事実によるものである。FDA は孤立した状態では役割を果たせないにもかかわらず、提案された変更には、システム内のほかのコンポーネント、特に医師が果たす安全性に関わる役割への考慮が含まれていなかった。その結果、システム全体の安全コントロールを侵した圧力は置き去りにされ、FDAAA によって実施された改善を損なうような、システムの静的および動的な安全コントロールの変化につながる可能性が高くなった。完全な結果については、クチュリエ[43]を参照されたい。

このような分析は、安全コントロールストラクチャー全体における複数の変更による影響を考慮することに、寄与できる可能性がある。現在起きている有害事象を解決するために、コントロールがバラバラに作られた場合、あまり効果のないコントロールが実装される可能性がある。新しいやり方において既存の圧力や影響が変更されないと、安全コントロールストラクチャーのコンポーネントにおいて、意図的ではない、バランスを崩すようなアクションを引き起こし、変更の意図を裏切る可能性がある。STAMP に基づく分析は、現行の医薬品の安全性を高めると同時に、新薬開発の促進を含むシステムの目標を達成するために、安全コントロールストラクチャーを全体としてどのようにリエンジニアリングすればよいかを示唆してくれる。

8.8　STPAと従来の伝統的なハザード分析法との比較

STPA と、フォールトツリー解析や HAZOP のような従来の伝統的な手法との正式な比較は、まだほとんど行われていない。理論的には、STAMP は、ハザード分析の基礎となる因果関係モデルを拡張しているため、従来の手法で識別される故障に関連する原因だけでなく、故障に起因しない原因やその他の原因も識別できるはずである。非公式のものから公式なものまで、これまでに行われたいくつかの比較で、この仮説は確認されている。

米国のミサイル防衛システムに対し STPA を使用した際には、以前の分析やシステム（BMDS）の個々のコンポーネントに関する広範なハザード分析では識別されなかった、誤った発射に至る潜在的な経路が識別された。システムの各要素は有効な安全プログラムを備えていたが、それらが 1 つのシステムに統合されたことで複雑さや結合が増し、新たに微妙で複雑なハザードシナリオが生まれた。STPA を使用して識別されたシナリオには、予想どおりコンポーネントの潜在的な故障に起因するものも含まれていたが、実際に故障するコンポーネントがなくても、コンポーネント間の非安全な相互作用に関わるシナリオも識別されていた。つまり、それぞれが規定の要求に従って動作していても、相互作用によってハザードにつながるシステムの状態に至る可能性があったということである。この活動の評価では、ほかに次の 2 つの利点が指摘されている。

1. 活動の境界が示されており、活動がわかりやすかったため、エンジニアが活動範囲を決める際の手助けとなった。すべてのコントロールアクションを調査したら、評価は完了するということである。

2. コントロールストラクチャーが構築され、潜在的に不適切なコントロールアクションが識別されると、どのコントロールアクションが、システムのハザード状態への移行を防ぐために最も大きな役割を果たすかがわかるようになった。これにより、必要な変更の優先順位を付けられた。

この活動について発表された論文は、次のように結ばれている。

STPA 安全性評価方法論は、［……］分析を行うための秩序ある系統だった方法を提供した。この活動は、要素の統合から生じる安全リスクを評価することに成功した。この評価は、システムに関連するハザードの残留安全リスクを評価するために必要な情報を与えてくれる。分析と支援データは、経営者がリスク受容の判断をするための、確かで基本的な基礎原理を与えてくれる。最後に、評価結果は、未解決の安全リスクの緩和を計画する際にも使用された。システムに変更が加えられると、コントロールストラクチャー図と評価分析テンプレートを更新することで、その違いが評価される。

もう 1 つの非公式な比較は、8.6 節で述べた ITA 分析で行われた。NASA の非公式なリスク分析プロセスでは、そのような分析によく使われる伝統的な方法が使われていたが、STPA を用いて識別されたリスクを非公式にレビューしたところ、その伝統的な方法で識別されたすべてのリスクが含まれていることがわかった。STPA によって識別された追加のリスクは、NASA の分析によって識別されたリスクと同様に重要であるとして表面に現れた。前述したように、あまり公式的でない NASA のプロセスで追加のリスクは識別されたのだが、何らかの理由で破棄したのか、あるいは単に欠落していたのかを判断する方法はない。

また、より慎重な比較も行われている。JAXA（日本の宇宙機関）と MIT のエンジニアが、国際宇宙ステーション（ISS）に貨物を移送する JAXA の無人宇宙船（HTV）に対して、STPA の使用を比較検討した。人命に関わる可能性があるため（国際宇宙ステーションとの衝突が 1 つのハザード）、フォールトツリーやその他の分析などを用いた厳密な NASA のハザード分析基準が採用され、NASA のレビューを受けた。また、JAXA における新技術の潜在能力の評価で使用された HTV の STPA 分析では、フォールトツリー解析で識別されたすべてのハザード因果要因が、STPA でも識別された[88]。BMDS での比較と同様に、STPA だけで、追加の因果要因が識別されたのである。これらの追加の因果要因は、ここでもまた、単純なコンポーネントの故障を超えた、より高度なタイプのエラーに関連するもの、ソフトウェアやヒューマンエラーに関連するものであった。

STAMP と従来の手法を比較した、事故因果関係分析手法の独立した比較（筆者やその学生が行ったものではない）も行われている。その結果は、STAMP に基づく事故分析に関する第 11 章に記載されている。

8.9　まとめ

本章では、STAMP とシステム理論に基づくハザードとリスク分析の、いくつかの新しいアプローチを提案した。私たちは、このような手法の開発を始めたばかりであり、ほかの方々が、代わりとなる手法や改善に取り組んでくれることを期待している。ただ 1 つ確かなことは、単純な電気機械システム用に開発された手法を、その基礎を根本的に変化させることなく、複雑な、人間やソフトウェア集約型のシステムに適用することは、効果がないということである。第 1 章で述べたようなエンジニアリングの世界の変化に対応して問題を解決するためには、新しい考え方がどうしても必要である。

第9章 安全主導設計

　前章のSTPAの例では、設計の開発が独立していることを想定していた。ほとんどの場合、ハザード分析は、主要な設計上の決定（design decision）がなされた後に行われる。しかし、STPAは、単に既存の設計に対するハザード分析手法というよりもむしろ、設計やシステム開発の指針として積極的に活用できる。このような設計と分析を統合したプロセスを、**安全主導設計**（safety-guided design）と呼ぶ（図9.1）。

　私たちが構築し運用するシステムが大規模かつ複雑なものになるにつれ、高度なシステム工学アプローチの利用がより重要になる。安全性のような重要なシステムレベルの（創発）特性は、これらのシステムの設計に組み込まれなければならない。つまり後からは、効果的に追加したり、簡単に測定したりすることはできない。防護壁や保護装置を後から追加することは、莫大な費用がかかるだけでなく、最初から安全性を設計するよりもはるかに効果が低い（『セーフウェア』の第16章を参照）。本章では、事故防止を「故障（failures）を防ぐ」問題ではなく「コントロール」の問題と定義することにより、安全主導設計のプロセスを説明する。次の章では、安全工学と安全主導設計を基本的なシステム工学のプロセスにどのように組み込むことができるかを示す。

9.1 安全主導設計プロセス

　安全への費用対効果の高い取り組みを行うための1つの鍵は、安全性を最初からシステム工学のプロセスに組み込み、設計上の決定を行う際に、システムの中に安全性を設計することである。繰り返しになるが、このプロセスは第7章で述べた基本的な活動から始まる。ハザードとシステムレベルの安全要求および制約が識別された後、設計プロセスを開始する。

1. 概念設計からハザードの除去を試みる。
2. ハザードの除去ができない場合は、システムレベルでそれらをコントロールする可能性を識別する。
3. システムのコントロールストラクチャーを作り、安全制約を課すための責任を割り当てる。このプロセスに関するいくつかのガイドは、運用と管理の章（訳注：第12章、第13章）に記載されている。

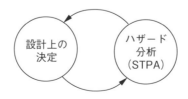

図9.1　安全主導設計とは、設計上の決定とその分析を緊密に連携させ、より良い意思決定を支援することである

4. 制約と設計の洗練を並行して行う。

    a. STPAステップ1を使用して、システム設計制約に違反する可能性がある各システムコンポーネントごとに、ハザードにつながり得るコントロールアクションを識別する。識別したハザードにつながるコントロールアクションを、コンポーネントの設計制約として記述しなおす。

    b. STPAステップ2を用いて、どのような要因が安全制約の違反につながる可能性があるのかを明らかにする。

    c. 潜在的に非安全なコントロールアクションや振る舞いを、排除またはコントロールするために、基本設計を補強する。

    d. プロセスの反復、つまり、新しく補強した設計に対してSTPAステップ1と2を実行し、ハザードにつながるすべてのシナリオが排除、緩和、またはコントロールされるまで、設計を洗練し続ける。

次の節では、安全主導設計のプロセスの例を提供する。それ以降の節では、物理的なプロセス、自動化のコントローラー（automated controllers）、ヒューマンコントローラー（human controllers）に対する安全設計の原則を説明する。

9.2　産業用ロボットの安全主導設計の例

安全主導設計のプロセスと、それをサポートするSTPAの使用について、ここではCMU（訳注：カーネギーメロン大学）の研究プロジェクトで作成された設計[57]に基づいた、スペースシャトル向けの、ロボットによる実験用の耐熱タイル処理システム（Thermal Tile Processing System：TTPS）の設計を例に説明する。

TTPSシステムの目的は、スペースシャトルの腹部にある熱防護タイルを点検し、防水加工することである。それにより、シャトル着陸のすぐ後から発射直前までの、通常3〜4か月に及ぶ手間のかかる作業を、人間がやらなくても済むようにする。宇宙船が、カリフォルニアのドライデン（Dryden）施設かフロリダのケネディ宇宙センター（Kennedy Space Center：KSC）に着陸すると、その宇宙船は、結合分離装置（Mate-Demate Device：MDD）あるいはオービター整備施設（Orbiter Processing Facility：OPF）に運び込まれる。これらの巨大な建造物では、宇宙船のすべての場所にアクセスすることができる。

スペースシャトルは、宇宙船のアルミニウムの表面を再突入時の熱から保護するために、数種類の耐熱タイルで覆われている。上面の大部分は柔軟性のある断熱ブランケット（insulation blankets）で覆われており、下面はシリカタイルで覆われている。これらのタイルは、多孔質で柔らかいシリカ繊維の上に釉薬が塗られている。このタイルは、体積の95パーセントが空気であるため、非常に軽量だが、大量の水を吸収する性質もある。タイルに水が含まれると、重量が大幅に増加し、シャトルの打ち上げや軌道上での能力に悪影響を及ぼすという問題がでてくる。また、輸送中や発射台で雨にさらされる可能性があるため、タイルに防水加工を施す必要がある。このタスクは、DMESという特殊な疎水性化学物質を各タイルに注入することで達成される。下面タイルは約17,000枚あり、約25メートル×40メートルの面積をカバーする。

標準プロセスでは、手に持つツールでノズルに少量の化学物質を送り込み、各タイルの小さな穴に

DMES を注入する。ノズルをタイルに当て、加圧窒素パージ（pressurized nitrogen purge）で数秒間、化学物質をタイルに押し込む。宇宙船のタイルを防水加工するのに約240時間かかる。化学物質は有毒なため、人間の作業者は、注入時に重い作業スーツと人工呼吸器を装着し、同時に、込み入った作業エリアの中で操作しなければならない。この作業をロボットに任せる目的の1つは、非常に退屈で、不快で、ハザードにつながり得る人間の活動を排除することであった。

また、タイルを点検することも必要である。TTPSの目的は、人間の目よりも正確にタイルを点検することで、何度も点検する必要性を減らすことだった。打ち上げ、再突入、輸送の過程で、タイルには傷、割れ、くぼみ、変色、表面の侵食など、さまざまな異常が発生する。タイルの検査によって、交換や修理が必要かどうかが判断される。一般的な手順としては、各タイルに損傷がないか目視で点検し、詳細なチェックリストに従って異常を評価・カテゴリー化する。その後、個々のタイルの修理のための作業指示が出される。

ほかの設計プロセスと同様に、安全主導設計は、システムの目的と、システムの動作で守るべき制約の識別から始める。TTPSの高レベルの目的は以下のとおりである。

1. 打ち上げ、再突入、輸送の間に生じる耐熱タイルの損傷を点検する。
2. 耐熱タイルに防水加工化学物質を塗布する。

環境の制約はこれらの目的を達成する方法を制限し、それらの制約、特に安全制約を識別することが、安全主導設計の初期の目的である。

システム設計の環境制約は、KSCのオービター整備施設（OPF）の物理的な制約から生じる。たとえば、物理的なシステムコンポーネントのサイズに関する制約や、移動ロボットのコンポーネントが込み入った作業エリアに対処する必要があり、人間がそのエリアにいなければならないといった制約である。TTPSの作業エリアの環境制約の例を以下に示す。

EA1：オービター整備施設（OPF）の作業エリアは、非常に込み入っていることがある。この施設では、配管、配線、通路、昇降装置などが複雑に入り組んだプラットフォームを使い、宇宙船のあらゆる場所にアクセスできる。宇宙船を施設に入れた後は、ジャッキアップし、水平にする。そして、頑丈な構造物を旋回させて、宇宙船の全方位をあらゆる高さで囲む。宇宙船を支えるジャッキスタンドを除き、宇宙船の真下の床面には最初は何もないが、周囲の構造物は非常に込み入っていることがある。

EA2：移動ロボットは、幅1.1メートル（42インチ）の要員用の入り口から施設に入らなければならない。OPF内のレイアウトとしては、ロボット用に2.5メートル（100インチ）の長さを確保している。構造物の梁の高さは1.75メートル（70インチ）と低いものもあるが、宇宙船の下ではタイルの高さは約2.9メートルから4メートルにもなる。移動ロボットはコンパクトなロールイン式であるが、1ミリの精度の要求を満たしつつこのような空間の中をうまく移動し、点検・注入機材を4メートルの高さまで上げて、個別のタイルに到達しなければならない。

EA3：込み入った作業空間内を移動するための追加の制約がある。ロボットは、ジャッキスタンド、柱、作業台、ケーブル、ホースを避けなければならない。さらに、ぶら下がったコード、クランプ（訳注：部品を挟み込んで固定する器具）、ホースがある。ロボットは床にある邪魔なものを傷つける可能性があるため、保護のためにケーブルカバーが使用されており、ロボットシステムはこのカバーを横切らなければならない。

その他、TTPS の設計上の制約は以下のとおりである。

- TTPS の使用は、以前の手動によるシステム以上に、宇宙船の飛行計画に対して悪影響を及ぼしてはならない。
- TTPS の保守コストは、年間 x ドルを超えてはならない。
- TTPS の使用は、シャトルの管理者が定義する許容できない損失（事故）を引き起こしたり、その一因となってはならない。

多くのシステムと同様に、このケースでも過酷度（severity）によるハザードの優先順位付けが、設計時のエンジニアの意思決定に十分に役立つ。ハザードの除去やコントロール、および設計のトレードオフに対して、どれだけの労力を費やすかを決めるために、リスクマトリックスを用いた予備的ハザード分析（preliminary hazard analysis：PHA）が行われることもある。この時点では起こりやすさ（likelihood）は不明であるが、10.3.4 項で示すように、たとえば緩和性（mitigatibility）といった、ある種の代用値を使用することができる。TTPS の例では、過酷度に対して、先に述べた NASA の方針を加えたものが適切である。開発のこの段階では起こりやすさが明らかではないため、まったく考慮しないハザードを決定してしまうことは、無意味であり危険なことである。設計が進み、決定する必要がでてくると、そのときには、有用なさらなる詳細な情報が見つかり、その情報を取得できるかもしれない。システム設計が完了した後、あるハザードを適切に処理できないか、処理するために必要な妥協が大きすぎると判断された場合、その制限を文書化し（第 10 章で説明）、その時点で、システムを使用するリスクについて決定しなければならないだろう。しかし、そのときには、開発プロセス開始前よりも、決定に必要な情報を入手できている可能性は高い。

　ハザードが識別されると、そこから、システムレベルの安全関連の要求と設計制約が導出される。たとえば、ハザード H7（耐熱防護の不十分性）については、移動ロボットの処理における点検や防水処理において、1 枚のタイルも見逃さないことが、システムレベルの安全設計の 1 つの制約となる。より詳細な設計制約は安全主導設計プロセスで生成される。

　設計プロセスを開始するには、一般的なシステムアーキテクチャーを選択する必要がある（図 9.2）。当初の TTPS アーキテクチャーは、処理を行うマニピュレーターアーム（manipulator arm）を含むツールが搭載された、可動ベース（mobile base）から構成されると想定してみる。そしてそのアームは、視覚系や防水加工ツールを持つこととする。きわめて初期のこの決定は、安全主導設計プロセスが開始されれば変更される可能性はあるが、ごく基本的な初期の想定の中には、作業を進める上で必要なものもある。コンセプト開発と詳細設計のプロセスが進むにつれて、ハザードと設計のトレードオフに関する情報が生成され、これにより初期の構成が変更される可能性がある。あるいは、複数の設計の構成が並行して検討されることもある。

　当初のアーキテクチャー（コントロールストラクチャー）の候補では、ハザードの多くがロボットの移動に関連しているため、その移動を監督するために人間のオペレーターを取り入れるという決定がなされている。一方、すべての動作をオペレーターが監視することは現実的ではないため、システムアーキテクチャーの最初のバージョンでは、移動以外の動作は TTPS 制御システムが担当し、移動のコントロールについては、TTPS と制御室のオペレーターがともに担っている。STPA を含む安全主導設計プロセスでは、この決定の影響を特定し、関係する安全性のトレードオフを見つけ出すために、さまざまな構成要素へのタスク割り当ての分析を支援する。

　最初のアーキテクチャー（コントロールストラクチャー）の候補の中には、TTPS の全体的な処理の

安全主導設計　　　211

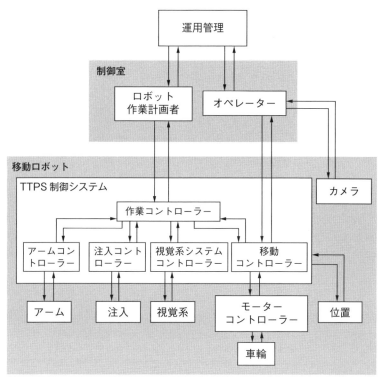

図9.2　TTPSのストラクチャーの候補

目的とタスクを用意するための、自動ロボット作業の計画者が存在する。ロボットの現在位置に関する情報を移動コントローラーに提供するために、位置システムが必要である。制御室は宇宙船から離れた場所にあるため、ヒューマンコントローラーに情報を提供するためのカメラを使う。その他のコンポーネントの役割も明らかにすべきである。

提案された設計では、潜在的な移動コントローラーが2つあるため（訳注：図9.2の「オペレーター」と「作業コントローラー」にコントロールされるもの）、連携（coordination）の問題を排除する必要がある。オペレーターがすべての移動をコントロールすることも可能であるが、処理要件を考えると非現実的に思える。この決定プロセスを支援するために、エンジニアが運用概念（concept of operations）を作成し、ヒューマンタスク分析を行ってもよい[48, 122]。

STPAを含め、安全主導設計プロセスは、候補となるタスクに対して基本的な決定事項が与える影響を特定し、関係する安全性のトレードオフを見つけ出すために、さまざまなコンポーネントへのタスク割り当ての分析を支援する。

これで設計プロセスを始める準備は万端である。設計者は、すでに特定されている情報、特に各コンポーネントに割り当てられた一般的な機能上の責任についての情報を用いて、安全制約を破る可能性のあるシステムコンポーネントごとに、ハザードにつながるコントロールアクションを識別する。そして、そのハザードにつながるコントロールアクションを引き起こす因果要因を見つけ出し、システム設計の中で、それを防止またはコントロールする。したがって、このプロセスでは、安全制約に違反する可能性のあるシナリオを、トップダウンで識別する。そして、そのシナリオは、より詳細な設計上の決定の指針とすることができる。

一般的に、安全主導設計では、まず設計からハザードの除去を試みる。それが不可能な場合や許容で

きないトレードオフが必要な場合は、ハザードの発生しやすさを減少させ、ハザードが発生した場合の望ましくない影響を低減し、被害を抑えるための緊急時対応計画を実施する。設計手順の詳細については、次節で説明する。

設計上の決定が行われる際、その意思決定の情報を伝えるために、STPA に基づくハザード分析が用いられる。システム設計プロセスの初期には、利用可能な情報はほとんどないため、ハザード分析は、最初は非常におおまかなものである。システム設計活動を通して、追加の情報が明らかになるにつれて、付け足され、洗練されていく。

たとえば、ロボットの不安定性のハザードに着目してみる。まず、システム設計の最初の目的として、このハザードを除去する必要がある。潜在的な不安定性を排除する 1 つの方法として、ロボットのベースを非常に重くして、マニピュレーターアームがどの位置にあっても、不安定にならないようにすることが挙げられる。しかし、ベースが重いと、人間や物に接触したときの損傷が大きくなったり、緊急時に作業者が手作業でロボットを退避させることが困難になったりするかもしれない。そこで、別の解決策が考えられる。それは、ベースを長く、広くすることで、マニピュレーターアームの動きで生み出される力（moments）を、ロボットの重心から離れたベース支柱で作り出される力で相殺するというものである。しかし、長くて広いベースはハザードを取り除けるかもしれないが、ドアを通り抜けたり込み入った OPF 内で移動したりする必要性などの、施設レイアウトにおける環境の制約に違反する可能性がある。

前述した環境の制約 EA2 は、ロボットの最大長を 2.5 メートル、幅を 1.1 メートル以下にすることを意味している。要求されるマニピュレーターアームの最大の伸長の長さ（訳注：アームを伸ばした長さ）や可動ベースに載せて運ぶ機材の重量を考えると、計算上では、ロボットベースの長さは縦方向の不安定性を防止するのに十分ではあるが、ベースの幅は横方向の不安定性を防止するのに十分でないかもしれない。

ハザードの除去が（このケースのように）現実的ではなかったり、何らかの理由で望ましくないと判断された場合、その代わりに、ハザードをコントロールする方法を識別する。ハザードをコントロールするという決定は、現実的ではないと判断されたり、重量を増やす（先に却下された解決策）よりも満足度が低いと思われるかもしれない。代替案についてより多くの情報が得られ、後戻りの可能性があるうちは、すべての決定はオープンな状態にしておくべきである。

設計の初期段階では、一般的なハザード、たとえばロボットベースの不安定性に関するハザードと、それに関連する、最悪の動作条件下でも可動ベースが転倒してはならないという、システム設計上の制約だけを識別している。設計上の決定が提案され、分析されるにつれて、ハザードと設計制約はさらに洗練される。

たとえば、安定性の問題に対してあり得る解決策としては、横方向のスタビライザ脚（stabilizer legs）を使用することが考えられる。これは、マニピュレーターアームが伸長しているときには伸長し、ロボットベースが動くときには格納が必要となるものである。少なくともこの解決策を検討するという決定がなされたと仮定しよう。この潜在的な設計上の決定により、高レベルの安定性についてのハザード（H2）から、洗練された新しいハザードが生成される。

H2.1：スタビライザ脚が完全には伸長していない状態で、マニピュレーターアームを伸長する。

スタビライザ脚を追加したことにより、「脚部（leg）を伸長した状態で可動ベースが移動すると、可動ベースや OPF 周辺のほかの機材が損傷する」という、新たな潜在的なハザードが生じる。この場合もやはり、エンジニアが、スタビライザ脚の適切な設計によって、このハザードを除去できるかどうかを

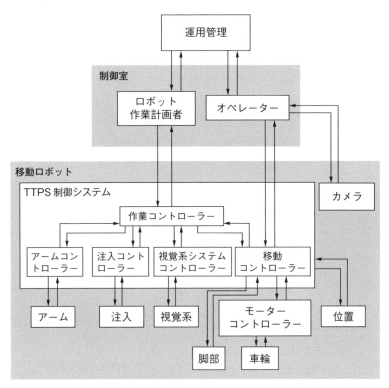

図 9.3　TTPS の洗練されたコントロールストラクチャー

検討することになる。除去できない場合は、設計でコントロールしなければならない 2 つ目のハザードが追加される。このハザードには、「可動ベースはスタビライザ脚を伸長したまま移動してはならない」という設計制約が対応する。

今のところ、洗練された新しいハザードが 2 つあり、以下の設計制約への変換が必要である。

1. スタビライザ脚が伸長していない場合、マニピュレーターアームを決して伸長してはならない。
2. 可動ベースはスタビライザ脚を伸長したまま移動してはならない。

STPA では、これらの制約をさらに洗練させ、結果として得られる設計を評価するために使用することができる。このプロセスの中で、安全コントロールストラクチャーは洗練され、おそらく変更されるであろう。このケースでは、以前は設計になかったスタビライザ脚のためのコントローラーを識別する必要がある。脚部は、TTPS 移動コントローラーでコントロールされると仮定する（図 9.3）。

STPA の残りの活動では、拡張されたコントロールストラクチャーを使って、安全制約を破る可能性のあるシステムコンポーネントごとに、ハザードにつながり得るコントロールアクションを識別する。そして、そのハザードにつながるコントロールアクションを引き起こす因果要因を識別し、その要因を、システム設計において防止またはコントロールする。このように、このプロセスでは、安全制約に違反する可能性のあるシナリオをトップダウンで識別するので、それらをより詳細な設計上の決定の指針として利用できるのである。

安定性のハザードに関連する非安全なコントロールアクションを図 9.4 に示す。移動と耐熱タイル処理のハザードも、この表の中で識別している。表の中の、H1 に対する似たような記述を組み合わせると、不安定性のハザードに対して、脚部コントローラーによる以下の非安全なコントロールアクション

ハザード1：脚部格納中にアームが伸長される

ハザード2：移動中に脚部が伸長される

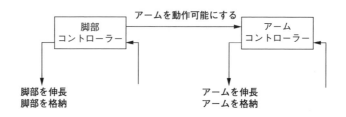

指示	与えられないとハザード	与えられるとハザード	誤ったタイミング／順序でハザード	早すぎる停止／長すぎる適用でハザード
脚部を伸長	アームの伸長前に脚部を伸長しない　H1	移動中に脚部を伸長する　H2	脚部の伸長前にアームを伸長する　H1	完全に伸長する前に停止する　H1
脚部を格納	移動前に格納しない　H2	アームを伸長中に格納する　H1	アームの完全な格納前に脚部を格納する　H1	まだ伸長しているのに格納を停止する　H1

指示	与えられないとハザード	与えられるとハザード	誤ったタイミング／順序でハザード	早すぎる停止／長すぎる適用でハザード
アームを伸長	ハザードにはならない	脚部格納時にアームを伸長する　H1	脚部を完全に伸長する前にアームを伸長する　H1	（タイル処理ハザード）
アームを格納	移動前に格納しない　H2	（タイル処理ハザード）	（タイル処理ハザード）	アームを完全に格納し移動を開始する前に、または、脚部を格納する前に、格納を停止する　H1　H2

図9.4　脚部とアームのコントロールに関連する安定性と移動のハザードに対する STPA ステップ 1

が、導出される。

1. 脚部コントローラーが、アームの伸長前にスタビライザ脚の伸長を指示（command）しない。
2. 脚部コントローラーが、マニピュレーターアームが完全に格納される前に、スタビライザ脚を格納するよう指示する。
3. 脚部コントローラーが、マニピュレーターアームの伸長後にスタビライザ脚の格納を指示したり、アームの格納前にスタビライザ脚の格納を指示する。
4. 脚部コントローラーが、スタビライザ脚が完全に伸長する前に伸長を停止する。

そしてアームコントローラーによるものは、以下のとおりである。

1. アームコントローラーが、スタビライザ脚が伸長していないとき、あるいは伸長する前に、マニピュレーターアームを伸長する。

不適切なコントロールアクションは、（自動化コントローラーでも、ヒューマンコントローラーでも）コントローラーの振る舞いに対するシステム安全制約に言い換えることができる。

1. 脚部コントローラーは、アームの動作を有効にする前に、スタビライザ脚が完全に伸長していることを確認する必要がある。

2. 脚部コントローラーは、マニピュレーターアームが完全に格納されていなければ、スタビライザ脚の格納を指示してはならない。

3. 脚部コントローラーは、アームの動作が可能になる前に、スタビライザ脚の伸長を指示しなければならない。そして、マニピュレーターアームが格納される前に、スタビライザ脚の格納を指示してはならない。

4. 脚部コントローラーは、脚部が完全に伸長するまで、脚部の伸長を停止してはならない。

同様の制約は、ハザードにつながるすべての指示に対して識別される。たとえば、「アームコントローラーは、スタビライザ脚が完全に伸長する前に、マニピュレーターアームを伸長してはならない」などとなる。

これらのシステム安全制約は、物理的なインターロックや人間による手順などを通して課される場合がある。詳細設計において STPA ステップ 2 を実行することにより、次の用途のための情報を得ることができる。

(1) 設計上の異なる選択の評価と比較
(2) コントローラーの設計とシステムの耐障害性機能の設計
(3) テストと検証の手順（あるいは人間の訓練）の指針

設計上の決定と安全制約を識別するにつれて、コントローラーの機能仕様を作成できるようになる。

安全制約に違反した場合の詳細なシナリオを作り出すために、コントロールストラクチャーはプロセスモデルで拡張される。プロセスモデルの基本設計は、システムの安全制約が確実に成立するために必要な情報から生じる。たとえば、「アームコントローラーは、スタビライザ脚が完全に伸長する前に、マニピュレーターの動作を許可してはならない」という制約は、脚部の伸長が完了したことを判断するために、アームコントローラーに対して、何らかのフィードバックが必要であることを意味する。

プロセスを開始するために、準備として、システムコンポーネントの機能分解が行われる。しかしながら、ハザード分析からより多くの情報が得られ、システム設計が続いていくと、この分解は、耐障害性とコミュニケーション要求を最適化するために、変更されるかもしれない。たとえば、この時点において、脚部とアームのコントローラーのプロセスモデルを整合させるという要求と、この目的の達成に必要となる通信への要求のために、設計者は脚部とアームのコントローラーの結合を決定するかもしれない（図 9.5）。

安定性ハザードが破られる場合の因果要因は、STPA ステップ 2 を使って見つけ出すことができる。脚部の位置に関するフィードバックは、スタビライザ脚の状態についてのプロセスモデルを実際の状態と確実に一致させるために、明らかに重要なものである。移動コントローラーとアームコントローラーは、脚部を伸長する指示が出されたとしても、脚部が伸長しているとは想定しないほうがよい。指示は実行されていないかもしれないし、実行途中かもしれない。たとえば、外部の物体によって、スタビライザ脚の完全な伸長が妨げられる、というシナリオが考えられる。この場合、（人間または自動化）ロボットコントローラーが、伸長モーターのパワーが上昇したために、スタビライザ脚が伸長されたと想定する可能性がある（よくあるタイプの設計エラー）。その後にマニピュレーターアームが動作すると、識別された安全制約に違反することになる。コンポーネントの安全制約（機能要求）を洗練する上で分析が役立つのと同じように、因果関係分析は、これらの要求をさらに洗練し、コントロールアルゴリズム、コントロールループのコンポーネント、およびそれらの実行に必要なフィードバックを設計するために使用できる。

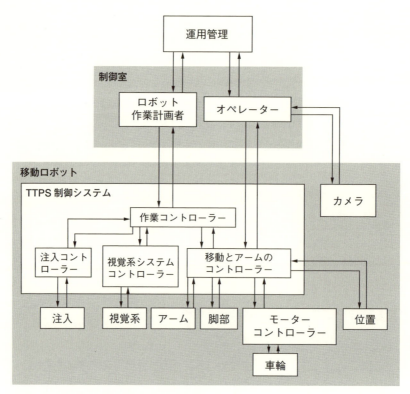

図9.5 TTPS のさらに洗練されたコントロールストラクチャー

不適切なコントロールアクションの多くの原因はとてもありふれたものなので、安全が重視されるコントロールループの一般的な設計原則に言い換えることができる。前の段落で述べた、指示が実行されたかどうかのフィードバックが必要であるという要求も、その1つである。本章の以降の節では、これらの一般的な設計原則を紹介する。

9.3 安全性の設計

STPA を用いたハザード分析により、コントロールアルゴリズムが課すべき、アプリケーション固有の安全設計制約が識別される。耐熱タイル処理ロボットの場合、前述のとおり、「スタビライザ脚が完全に伸長していない場合、マニピュレーターアームを決して伸長してはならない」という安全制約が識別された。因果関係分析（STPA のステップ2）では、この制約に違反する具体的な原因を識別し、それを排除またはコントロールするための設計機能を作成できる。

安全なコントロールアルゴリズムの機能設計に対するより一般的な原則は、STAMP で定義されている（そして STPA ステップ2で使用される）一般的な事故原因、一般的な工学原理、そして過去に事故につながった、よく知られている設計の欠陥を使用して、特定することもできる。

ソフトウェアやシステムロジックの設計に関わる事故は、コントローラーの機能設計が不完全であり処理されないという事態に起因することが多い。コントローラーの機能設計が不完全であることは、要求や機能設計の問題と考えることができる。『セーフウェア』では、いくつかの要求の完全性基準 (requirements completeness criteria) が識別されており、状態機械モデルを用いて記述されている。本書では、それらの基準と追加の設計基準を、コントロールループのコンポーネントに対する機能設計

原則に置き換える。

　STAMP では、事故は不適切なコントロールによって引き起こされるとしている。コントローラーは人間でも物理的なものでもよい。この節では、コントロールループ内のコンポーネントの設計原則に焦点を当てるが、この設計原則は、ループの中に人間がいるかいないかにかかわらず重要なものである。次の 9.4 節では、ヒューマンコントローラーを含むシステムに対して特別に適用される、安全性に関連する設計原則について説明する。ヒューマンコントローラーを「設計」することはできないが、彼らが機能する（operate）環境やコンテキストを設計することはできる。また、彼らが使用する手順、彼らがその中で機能するコントロールループ、コントロールするプロセス、受ける訓練を設計できる。

9.3.1　コントロール対象のプロセスと物理的なコンポーネントの設計

　コンポーネントの故障による事故に対する防護は、エンジニアリングの分野ではよく知られている（図 9.6）。機械的な設計や電気的な設計など、一般的なハードウェアシステム（センサーやアクチュエーターを含む）のための標準的な安全制約を用いた安全設計の原則は、産業界のチェックリストに体系化され記号化されていることが多い。さらに、ほとんどのエンジニアは、コンポーネントの故障に対する防護のために、冗長性と過大設計（安全マージン）を使用することを学んできている。

　これらの標準的な設計手法は現在でも妥当ではあるが、コンポーネントの相互作用による事故に対し

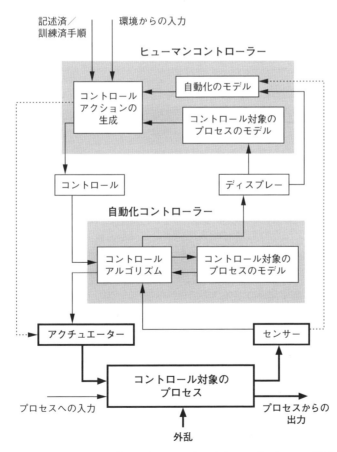

図 9.6　コントロール対象のプロセスと物理的なコンポーネントの設計

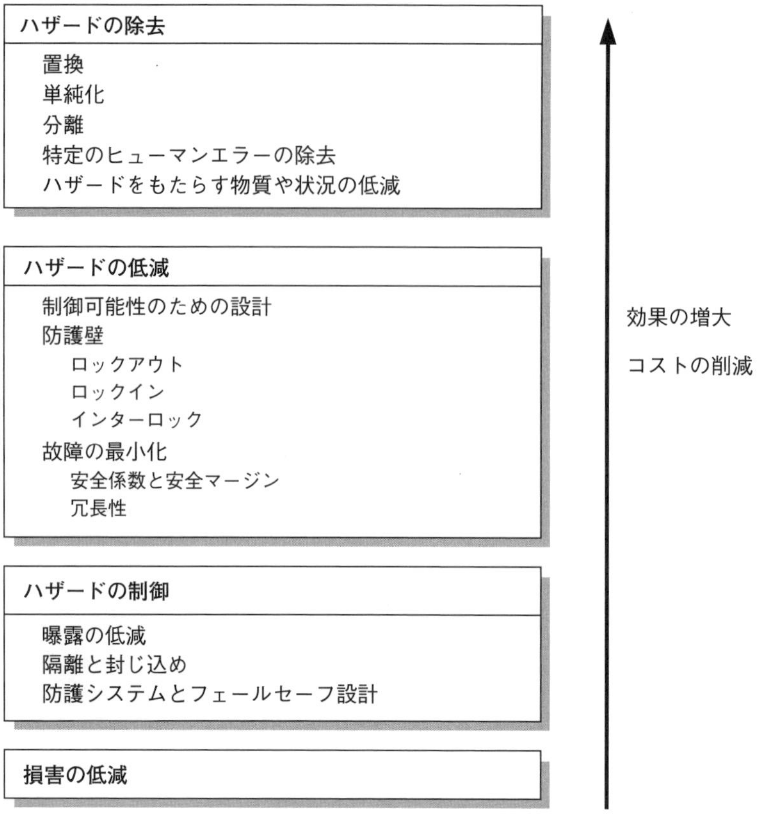

```
┌─────────────────────────────────────────────┐
│ ハザードの除去                                │
│                                              │
│   置換                                        │
│   単純化                                      │
│   分離                                        │
│   特定のヒューマンエラーの除去                  │
│   ハザードをもたらす物質や状況の低減            │
└─────────────────────────────────────────────┘

┌─────────────────────────────────────────────┐
│ ハザードの低減                                │
│                                              │
│   制御可能性のための設計                        │
│   防護壁                                       │
│     ロックアウト                               │
│     ロックイン                                 │
│     インターロック                             │
│   故障の最小化                                 │
│     安全係数と安全マージン                      │
│     冗長性                                     │
└─────────────────────────────────────────────┘

┌─────────────────────────────────────────────┐
│ ハザードの制御                                │
│                                              │
│   曝露の低減                                   │
│   隔離と封じ込め                               │
│   防護システムとフェールセーフ設計             │
└─────────────────────────────────────────────┘

┌─────────────────────────────────────────────┐
│ 損害の低減                                    │
└─────────────────────────────────────────────┘
```

効果の増大

コストの削減

図 9.7　基本的なシステム安全設計の優先順位

てはほとんど、あるいはまったく防護することができていない。それどころか、冗長設計により複雑に
なり、事故の発生を増やす可能性さえある。図9.7に『セーフウェア』で説明されている設計の優先順
位を示す。最も優先順位が高いのは、ハザードの除去である。ハザードを除去できない場合には、ハ
ザードの起こりやすさ、ハザードが事故につながる起こりやすさを低減する。発生し得る損害を設計に
より低減することは、最も優先順位が低い。優先順位が高ければ高いほど、明らかに、安全設計への取
り組みはより効果的で、費用もかからない。この項に関して、STAMP の因果関係モデルから得られる
新しい情報はほとんどない。読者は、『セーフウェア』や標準的なエンジニアリングの参考文献を参照
されたい。

9.3.2　コントロールアルゴリズムの機能設計

　安全性のための設計には、単に物理的なコンポーネントだけでなく、コントロールするコンポーネン
トも含まれる。まず、コントロールアルゴリズムの設計から考えていく。

　コントローラーのアルゴリズムには、入力とフィードバックの処理に対する責任、プロセスモデルの
初期化と更新に対する責任、そして、プロセスモデルに加えてほかの情報や入力を使用したコントロー
ル出力の生成に対する責任がある。これらのそれぞれについて、順に考えていく。

入力とフィードバックの設計と処理

　アルゴリズムの基本的な機能は、コントローラーの責任で定義されたとおりにフィードバック・コン

安全主導設計

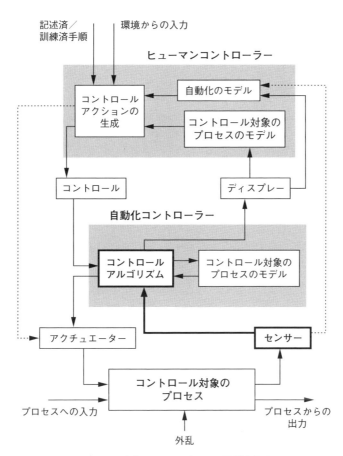

図9.8 入力とフィードバックの設計と処理

トロールループを実行することである（図9.8）。それとともに、内部または外部の故障やエラーを検出するための適切なチェックも実行する。

　安全なコントロールを行うためにはフィードバックが重要である。フィードバックがなければ、コントローラーは、自分のコントロールアクションが正しく受け取られ、実行されたかどうか、あるいは、その指示がコントローラーの目的を達成するために効果的であったかどうかということを知ることができない。また、フィードバックは、コントローラー自身のアクションのエラーや故障、コントロール対象のシステムの故障（failures）や障害（faults）を検出する上でも重要な役割を果たす。最後に、フィードバックはプロセスモデルを更新するために重要であり、そして、システムについて学び、システムがさまざまな状況にどのように対応するかを学ぶためにも重要である。

　プロセスモデルを更新するには、システムの現在の状態と、発生したあらゆる変化に関するフィードバックが必要である。迅速な対応が必要なシステムの場合、コントローラーが意思決定に使うフィードバック情報には、タイミングに関する要求が必須となる。また、タスクの実行において、コントローラーが情報の適時性を評価する必要があるか、必要と思われる場合には、フィードバックには日時の情報を含まなければならない。

　STPAを用いたハザード分析によって、いつどのようなタイプのフィードバックが必要かという情報を提供できる。ここでもまた、一般的な安全設計の原則を用いて、設計者に対し、いくつかの追加のガイダンスを提供することができる。

コントローラーは、可能性のある（つまりセンサーで検出可能な）どのような入力が到着してもいつでも適切に対応できるように、また、一定時間内の到着が期待されている入力がなかったとしても適切に対応できるように、設計されていなければならない。このようなタスクは人間の方が自動化コントローラーよりも得意である（かつ柔軟性がある）。自動化（automation）は、予期しない入力に対応するようには設計されていないことがよくある。たとえば、停止のメッセージがすでに送られたレーダーから標的検出の報告があった場合などである。

すべての入力は、範囲外の値や予期しない値に対して、そして、コントロールアルゴリズムで設計された対応のために、チェックする必要がある。予期しない入力を扱う処理がソフトウェアにプログラミングされていないことが原因で、いまだに驚くほど多くの損失が発生している。

さらに、各入力の時間制限（下限と上限）をチェックし、その時間内に入力が到着しない場合には、適切な振る舞いを提供する必要がある。プロセスモデル内のすべての変数についても、入力が一定時間内に到着しない場合（タイムアウト）の対応を用意しておく必要がある。また、過大な入力（過負荷状態）に対しても、コントローラーが安全に対応するよう設計されていなければならない。

センサーや入力チャネルでうまくいかない可能性があるため、物理的に異なる各通信経路に対して最小到着率をチェックすべきである。また、コントローラーは、用意された通信経路が不活発であること（inactivity）について、その周囲の状況を問い合わせる能力を持つ必要がある。この問い合わせは伝統的に**健全性チェック**（health checks）と呼ばれている。とはいえ、健全性チェックに対応する設計は通常の入力とは区別し、潜在的なハードウェアの故障が健全性チェックに影響を与えないように配慮する必要がある。ハードウェアの故障が影響を与えた例として、1980 年 6 月、米国の指揮統制本部 (U.S. command and control headquarters) で、米国に対して大規模な核攻撃が発射されたとの警告を受けた例がある[180]。軍は報復の準備をしたが、司令本部の職員が警報センサーに直接接触することにより、飛来するミサイルは検出されていないことを確認し、警報は解除された。その 3 日後、また同じことが起きた。誤警告の原因はマルチプレクサシステム（multiplexor system）の中のコンピューターチップの故障であった。このシステムは継続的に指揮所（command posts）に送出される健全性メッセージをフォーマットしていた。この健全性メッセージは通信回路が正常に動作していることを示すものであったが、設計としては、ICBM が「000 基」、SLBM が「000 基」検出されたことを報告するようになっていた。ところが、集積回路の故障により、ゼロの一部が「2」に置き換わったのである。問題が判明した後、メッセージのフォーマットは変更され、通信システムの状態だけを報告して、弾道ミサイルの検出については何も報告しないようになった。おそらく開発者はメッセージのフォーマットを共通化した方が簡単だと考えたのだろうが、ハードウェアの間違った振る舞いの影響を考えなかったのであろう。

STAMP では、プロセスモデルと実際のシステムの状態の矛盾（inconsistency）を事故の一般的な原因として識別する。早期警戒システムの例のような間違ったフィードバックのほかに、プロセスモデルと実プロセスの状態が矛盾するケースとしては、出された指示が実行されていないのに、コントローラーは実行されたと想定していることがよくある。たとえば、TTPS コントローラーは、スタビライザ脚を伸長する指示を送ったので、相応の時間が経てば脚部が伸長するだろうと想定してしまう。タイムアウトなどの何らかの理由で指示が実行できない場合には、コントローラーはその理由を知る必要がある。アクチュエーターやコントロール対象のプロセスのエラーや故障を検出するためには、プロセスに対する出力の結果を検出するためにコントローラーが使用できる入力（フィードバック）がなければならない。

しかし、このフィードバックは、指示がコントロール対象のプロセスに到着したことだけを示すもの

であってはならない。たとえば、「バルブの開放」という指示がバルブに届いたということだけではなく、実際にバルブが開いたかどうかを示すものでなければならない。米国空軍のシステムでは、オペレーターが開放指示を出したにもかかわらず、開放バルブが開かず、過圧による爆発が発生したことがある。制御盤では、位置表示灯と開度表示灯の両方が点灯していた。オペレーターは一次側バルブが開いたと信じていたため、一次側バルブが故障したときに使用することになっている二次側バルブを開かなかった。事故後の検査において、表示灯の回路はバルブにシグナルがあることを表示するように配線されてはいたが、バルブの位置を表示するものではなかったことが判明した。そのため、この表示灯は起動ボタンが押されたことを示しただけであり、バルブが開いたことを示してはいなかった。この設計に対する大規模な定量的安全分析では、2つの開放バルブが同時に故障する確率は低いと想定していたが、電気配線の設計エラーの可能性は無視されていた。つまり、設計エラーの確率は定量化されなかったのである。スリーマイル島（Three Mile Island）を含め、ほかの多くの事故にも、同様の設計の欠陥が関係している。

コントローラーは、出力に関連するフィードバックを受け取ったとき、通常の対応をするだけではなく、欠落している、または、遅すぎる、早すぎる、予期しない値を持つフィードバックに対しても対処できなければならない。

プロセスモデルの初期化と更新

プロセスモデルは、いつどのようなコントロール指示を出すかを判断するために、コントローラーによって使用されるため、コントロール対象のプロセスに関するプロセスモデルの正確性は重要な意味を持つ。先に述べたとおり、ソフトウェアが関係する多くの損失は、このような矛盾から生じている。STPA は、どのプロセスモデルの変数が安全性にとって重要であるのかを識別する。コントローラーの設計では、コントローラーがこれらの変数の更新をタイムリーに受信し、処理することを確実にする必要がある（図 9.9）。

コントローラーによるプロセスモデルの通常の更新は正しく行われるが、起動時や一時停止後の初期化において問題が発生することがある。初期起動時や再起動した後には、プロセスモデルは実際のプロセスの状態を反映しなければならない。インシデントや事故の数からすると、ソフトウェアが動作していなくても世界は変化し続けているということをソフトウェア設計者が忘れていることが多いように思われる。プロセスをコントロールしているコンピューターは、ソフトウェアの保守や更新のために一時的に停止した場合、コントロール対象のプロセスの状態について、ソフトウェアが前回動作していたときのままであると想定して再起動することがある。さらに、コントローラーの動作がいつ開始されるかについての想定が破られることがある。たとえば、特定の航空機システムが離陸前に電源投入され初期化されると想定されており、プロセスモデルには離陸前の初期化に適したデフォルト値が使用されているかもしれない。もし想定と違って、離陸前に起動していなかったり停止してしまっていて、離陸後に再起動されたりすると、プロセスモデルにおけるデフォルトの起動値が当てはまらず、ハザードにつながる可能性がある。

本章の冒頭で紹介したタイル処理移動ロボットについて考えてみよう。ロボットがタイルを処理しているときに緊急事態が発生し、ロボットを物理的に移動させなければならないことがあるとすれば、可動ベースはスタビライザ脚を手動で格納できるように設計されるかもしれない。ロボットが再起動すると、コントローラーはスタビライザ脚が伸長したままであると想定し、安全制約に違反するようなアーム動作を指示する可能性がある。

Unknown（不明）な値を使用することは、このような設計の欠陥に対する防護に役立つ。起動時お

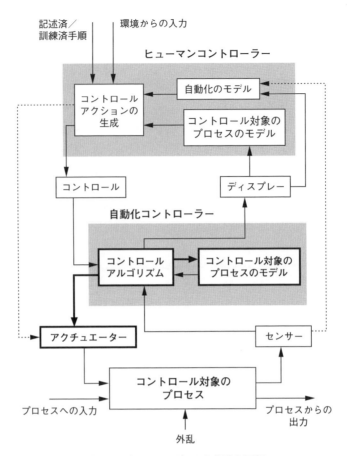

図9.9 プロセスモデルの初期化と更新

よび一時的に停止した後には、コントロール対象のプロセスの状態を反映するプロセス変数を値 unknown で初期化し、新しいフィードバックが到着したときに更新するべきである。この手順により、プロセスモデルとコントロール対象のプロセスの状態が再同期されることになる。値 unknown を持つプロセスモデル変数を使用する必要がある場合には、もちろんコントロールアルゴリズムも適切な振る舞いの責任を負わなければならない。

　先に述べたように、基本的な入力処理においてタイムアウトを指定した処理が必要であるのと同様に、起動後の最初の入力までのコントローラーの最大待ち時間を確定し、この時間制限に違反した場合にどうするかを明らかにしておく必要がある。繰り返しになるが、入力チャネルがうまくいかないことやシステム起動時に再起動されないものがあるといった問題は、ヒューマンコントローラーであればいずれ検出すると思われる。しかし、コンピューターはこのようにタイムアウトを検出して対処する指示を与えない限り、気長にいつまでも待ち続ける。

　一般的に、システムとコントロールループは安全な状態で起動する必要がある。インターロックを一時的に無効にした後の起動も含め、システム起動時にはインターロックの初期化や稼働状況のチェックが必要であろう。

　最後に、起動前や停止後、またはコントローラーがプロセスから一時的に切り離されている（オフラインの）間に受け取った入力に関しては、コントローラーの振る舞いを考慮しなければならない。そして、この情報を無視しても安全かどうか、あるいは無視できない場合にはどのように保存して後で処理

するのかを見極めなければならない。たとえばレキシントン（Lexington）空港で間違った滑走路から離陸した航空機の損失では、空港の誘導路の一時的な変更に関する情報が、乗務員に提供された空港の地図に反映されていなかったことが、要因の1つである。この変更に関する情報は、国立飛行データセンター（National Flight Data Center）から送られてきていたが、地図を提供するコンピューターがオンラインではない時間に受信されたために、空港の実際の状態とは一致しない地図が提供されてしまった。地図の提供者が使用していた文書管理システムのソフトウェアは、月曜から金曜のビジネス時間帯に受信した情報しか報告しないように設計されていた[142]。

出力の生成

プロセスコントローラーの主な責任は、コントロールに関する責任を果たすための指示を生成することである。ここでも、STPAのハザード分析と安全主導設計プロセスによって、アプリケーション固有の振る舞いについての安全要求と、コントローラーの振る舞いに対する、安全確保のための制約が作成される（図9.10）。しかし、いくつかの一般的な指針も有用である。

一般的な安全制約の1つは、自動化のコントローラーの振る舞いは決定論的（deterministic）でなければならないということである。つまり、特定の1つの状態においては、どんな入力が到着しても、1つの振る舞いしか示さないようにしなければならない。非決定論的な振る舞いをするソフトウェアの設計は簡単であり、場合によってはソフトウェアの観点からは実際に好都合なこともある。しかし一方

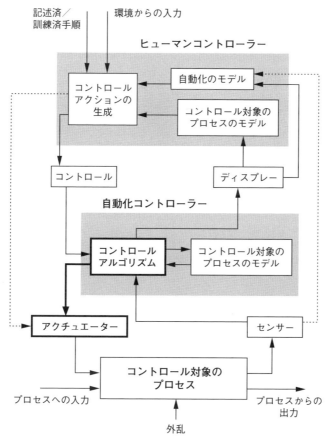

図9.10　出力の生成

で、非決定論的な振る舞いはテストをより困難にし、さらに重要なことには、人間が自動化システムの動作を学び、それを監視することをより困難なものにする。もし人間に対して、自動化システムや自動化コントローラーをコントロールすることや監視することを期待するのであれば、自動化の振る舞いは決定論的でなければならない。

コントローラーで処理されるよりも速く入力が到着することと同様に、アクチュエーターやコントローラーからの出力を、受け取る側が吸収する速度も考慮しなければならない。ここでも通常、高速な出力装置（コンピューターなど）が、人間のように低速な装置に入力を提供する場合に問題が発生する。出力を吸収する速度が限界を超えた場合に備えて、不測の事態のアクションを設計しておく必要がある。

さらに、コントローラーを安全に設計するための一般的な考慮事項として、データの寿命、待ち時間（Latency）、障害処理の3つがある。

データの寿命：永久に有効な入力や出力指示というものは存在しない。コントロールループの設計は、すでに有効ではなくコントローラーが使用すべきではない入力と、即時に実行できない出力について、責任を持たなければならない。出力指示の生成に使用されるすべての入力に対して、使用時間を適切に制限し、その制限時間を超えたら廃止のマークを付ける必要がある。一方で、コントロールループの設計では、一定時間内に実行されない出力についても考慮しなければならない。設計において、データの寿命が適切に処理されていない場合に起き得る例を挙げる。B-lA型航空機のコックピットで作業していたエンジニアが、テスト中に武器庫のドア閉鎖指示を出した。そのとき、ドアの作業をしていた整備士は、ドアの機械的な抑制装置（inhibit、訳注：機械的に閉まらないようにする装置）を有効化していた。そのため、ドア閉鎖指示は実行されなかったが、その指示は有効なままであった。数時間後、ドアの保守が完了し、機械的な抑制装置が解除された。ドアは突然閉まり、整備士は死亡した[64]。

待ち時間：待ち時間とは、たとえ出力するより前に新しい情報が到着したとしても、その情報が出力を変化させることができない時間間隔のことである。待ち時間はさまざまな設計手法によって短縮させることができるが、完全になくすことはできない。コントローラーは、先に出した指示に影響を与えるフィードバックの到着を知る必要がある。そして、可能であれば、今はもう不必要なその指示を取り消すか、その影響を緩和する能力を持つべきである。

障害処理：事故の多くには、起動・停止や障害処理など、非定常時の処理モードが関係している。コントロールループの設計は、コントローラーがこれらのモードを処理するのに役立つべきであり、設計者はこのモードに対して特に注意を払う必要がある。

システム設計では、パフォーマンスの劣化を許容して、故障時には安全な状態に移行するように、あるいは部分的な停止と再起動を可能にするように設計することができる。プロセスにおいてフェールセーフな振る舞いが発生した場合はコントローラーに報告する必要がある。場合によっては、自動化システムがあまりにも優雅に（gracefully）失敗する（fail）よう設計されているために、ヒューマンコントローラーは、コントロールする必要性が生じるまで何が起きているのか認識できず、その準備ができていないこともある。また、コントロール対象のプロセスが正常な状態から外れる原因となった条件がまだ存在するか再発する場合には、ピンポン（ping-ponging）を避けるために（訳注：再び正常な状態から外れるのを避けるために）、非定常時と定常時の処理モード間の遷移に対して、ヒステリシス（hysteresis、訳注：履歴効果を用いて、入力の変化がすぐには望ましくない反応を引き起こさないようにする概念）をコントロールアルゴリズムに用意する必要がある。

ハザードにつながる機能には特別な要求がある。インターロックが故障した場合、それが防護している機能を停止させる必要があることは明らかである。さらに、コントローラーの出力がハザードを減少させるか増加させるかによって、故障が検出された後のコントロールアルゴリズムの設計が異なる場合がある。ハザードを増加させる出力とは、コントロール対象のプロセスを、よりハザードにつながる状態に移行させるもので、たとえば、武器を構えさせるような出力である。ハザードを減少させる出力とは、リスク状態を減少させる指示であり、たとえば、武器の安全化など、安全を維持することを目的とした指示である。

センサーやアクチュエーターなどのコントロールループ中の故障が、ハザードを減少させる指示の生成を妨害する可能性がある場合、そのハザードを減少させる指示を引き起こす方法は複数存在すべきである。一方、ハザードにつながる状態を引き起こす指示は、不用意に出されないように、指示の開始には複数の入力が求められるべきである。どんな故障があっても、ハザードを増加させる指示の作成は抑えられるべきである。そのような状況の例を挙げると、センサーの故障などによって、コントローラーが、ハザードにつながる出力の作成をしないための入力を受け取れなくなった場合には、ハザードにつながる出力をコントローラーが出すことを差し止めるべきである。

9.4 ヒューマンコントローラーの設計における特別な考慮事項

9.3 節の設計原則は、コントローラーが自動化されている場合でも人間の場合でも当てはまるが、特にヒューマンコントローラーが従うべき手順を設計する場合に当てはまる。しかし、人間は必ずしも手順に従うとは限らないし、従うべきでもない。人間にシステムをコントロールさせるのは、条件の変化や設計者の誤った想定に対して、人間が柔軟性と適応性を持っているからである。ヒューマンエラーは必然的で避けられない結果である。しかし、適切な設計を行うことでヒューマンエラーを減らし、人間がコントロールするシステムの安全性を高めることができる。

ヒューマンエラーは偶然によるものではない。人間の基本的で精神的な（mental）能力や身体的なスキルが、使用するツールや割り当てられたタスク、作業環境の特徴と組み合わさって生じるものである。人間の精神的な能力に関する知識を利用して、システムのほかの側面（ツール、タスク、作業環境）を設計することで、ヒューマンエラーを大幅に減らし、コントロールすることができる。前節では、安全設計のための一般原則を説明した。この節では、人間が安全上重要なシステムを、直接的または間接的にコントロールする場合に適用される追加の設計原則に焦点を当てる。

9.4.1 簡単であるが効果のないアプローチ

エンジニアのための簡単な解決策は、単にヒューマンファクターのチェックリストを使用することである。そのようなチェックリストは数多く存在するが、それらは、高めるべき品質を区別していないことが多く、安全性とは無関係であったり、矛盾していることさえもある。このような世界共通の指針が役立つのは、すべての設計品質が補完し合い、まったく同じ方法で達成されている場合だけであるが、実際にはそのようなことはない。品質は矛盾するものであり、設計上のトレードオフや優先度に関する決定が必要なものである。

特にユーザビリティーと安全性は矛盾することが多く、使いやすいインターフェースが必ずしも安全であるとは限らない。たとえば、一般的な指針として、ユーザーがデータを入力するのは一度だけにしておいて、後で同じタスクや違うタスクでそのデータが必要になったときに、コンピューターがアクセスできるようにすることが挙げられる[192]。しかし再入力することは、入力エラーが妥当性の基準を

逸脱するほど極端に誤っていない限り、コンピューターがその入力エラーを検出するために必要なものである。通常、小さな過ちは検出できず、そのような入力エラーが多くの事故につながっている。重要なデータを複数回入力することにより、このような損失を防止することができる。

　たとえば、データや指示を画面に表示し、オペレーターが確認して検証するためにエンターキーを押すという設計は、オペレーターの入力タイピングを最小限に抑えることができる。しかし、時間が経っても入力エラーがほとんど検出されないと、オペレーターは、何度も連続してエンターキーを押す癖がついてしまう。この設計上の特徴は多くの損失に関係している。たとえば、線形加速器（linear accelerator）であるセラック25（Therac-25）は、放射線治療中の複数の患者に対して過剰照射をしてしまった。セラック25の当初の設計では、オペレーターは治療パラメーターを治療現場で入力するだけでなく、コンピューターコンソール上でも入力する必要があった。この再入力に対してオペレーターから不満が出たため、治療現場で入力したパラメーターをコンソール上に表示し、正しければリターンキーを押すだけでよいことになった。オペレーターはすぐに、パラメーターをよく確認せず、必要な回数だけ素早くリターンキーを押すことに慣れてしまった。

　もう1つの簡単ではあるがあまり効果のない解決策は、人間のオペレーターが従うべき手順を書くことであり、それでエンジニアリングの仕事は終わったと思い込んでしまう。しかしながら、手順に従うことを課しても、高レベルの安全性につながるとは考えにくい。

　デッカー（Dekker）は、彼が呼ぶところの「手順に従うことのジレンマ（Following Procedures Dilemma）」に、言及している[50]。オペレーターは、予期せぬ事態に直面したときに手順を適応させることと、手順を適応させるべききっかけがあるのに手順に固執することの間で、バランスをとらなければならない。もしヒューマンコントローラーが前者を選んだ場合、つまり手順が間違っていると思われるときに手順を適応させた場合には、ヒューマンコントローラーが状況やシステムの状態を完全に把握していなければ、損失が発生する可能性がある。この場合、手順からの逸脱や不遵守について、人間が非難されることになる。一方、手順が間違っていることが判明したときに、人間が手順（提供されたコントロールアルゴリズム）に固執した場合には、柔軟性に欠けていること、間違った状況でルールを適用したことについて非難されることになる。後知恵バイアスは、オペレーターが何を知っているべきであったか、何をすべきであったかの特定に関係していることが多い。

　オペレーターに対して、運用上の手順を常に守れと強く要求することは、安全性を保証することにはならない。とはいえ、これにより、何か悪いことが起きたときには、手順に従おうとそうでなかろうと、必ず誰かが非難されることになる。安全性は、いつどのように手順を適用するかということを、コントローラーが熟練の技で判断することから生まれる。第12章で考察するように、組織は単に遵守（compliance）を課すためではなく、手順と慣行の間のギャップがどのように、なぜ大きくなっているかを理解し、その情報を使ってシステムと手順の両方を再設計するために、手順の積極的な遵守（adherence）を監視する必要がある[50]。

　第8章8.5節では、人間と自動化のコントローラーの重要な違いについて説明している。その違いの1つは、人間が使用するコントロールアルゴリズムが動的であるということである。この人間のコントロールの動的な側面が、人間をシステムに含めておく理由である。彼らは、エンジニアリング設計の想定が誤っていると判明したときには、手順から逸脱する柔軟性を備えている。しかし、この柔軟性ゆえに、動的なコントロールアルゴリズムに非安全な変更が生じる可能性がある。したがって、エンジニアやシステム設計者にとっては、そのような非安全な変更の理由を理解し、適切なシステム設計によってそれを防ぐという、新しい設計要求が生じる。

　エンジニアは、設計している物理システムのハザードを理解し、それをコントロールし軽減する責任

があるのと同時に、自分のシステム設計がいかにヒューマンエラーにつながり得るか、そして、いかにエラーを減らす設計ができるのかを理解しなければならない。

ヒューマンエラーを防止するための設計を行うには、システムにおいて人間が果たす役割とヒューマンエラーについての基本的な理解が必要である。

9.4.2 コントロールシステムの中の人間の役割

コントロールシステムの中で、人間はさまざまな役割を果たすことができる。最も単純なケースでは、人間は、コントロール指示を作成し、それをコントロール対象のプロセスに直接適用する。さまざまな理由、特に速度や効率上の理由から、ヒューマンコントローラーとシステムの間にコンピューターが存在するシステムを設計することもある。コンピューターは、データを処理して人間のオペレーターに提示するために、フィードバックループの中だけに存在することもある。そのほか、人間のオペレーターはコンピューターを高レベルで監視するか、単にエラーや問題を検出するために監視するだけで、実際にはコンピューターがコントロール指示を出すというシステムもある。

「安全性が重視されるプロセスのコントロールにおいて、人間にとって最適な役割は何か」という、答えのない問いがある。直接的なコントロール以外にも、次の3つの選択肢がある。自動化されたコントロールシステムを人間が監視する、自動化の予備として人間が機能する、人間と自動化の両方がある種のパートナーシップを通してコントロールに参加する、である。これらの選択肢については『セーフウェア』で詳しく考察されているので、ここではその要約にとどめる。

最初の選択肢についてであるが、残念ながら人間は監視するのが非常に苦手である。能動的にコントロールする義務がないものを長時間座って見ていることはできないし、警戒心を維持することもできない。オペレーターの積極的な活動をほとんど必要としないタスクは注意力の低下を招き、自動化に自己満足して（complacency）過度に信頼してしまう可能性がある。自己満足と警戒心の低下は、自動化されたシステムの高い信頼性と低い故障率により悪化する。

とはいえ、人間が仮に、コントロールタスクを実行している（通常は正常に動作している）コンピューターをただ座って監視している間中、警戒を続けられるとしよう。これについてベインブリッジ（Bainbridge）は、たとえそうだとしても、「自動制御システムは、人間よりも仕事が優れているという理由で導入されたはずであるが、その自動化システムを監視する仕事が人間に割り当てられている」という皮肉を述べている[14]。以下の2つの疑問が生じる。

1. 監視する人間は、何がコントロール対象のプロセスなのか、何が監視対象のプロセスの正しい振る舞いなのかを知る必要がある。しかし、複雑な動作モードの場合、たとえばプロセス内の変数が時間とともに特定の軌跡（trajectory）をたどる必要がある場合、自動化された制御システムが正しく動作しているかどうかを評価するためには、監視対象の自動化されたシステムからしか得られない、特別な表示と情報が必要かもしれない。コンピューターからの情報しかない場合、コンピューターに問題があることを、人間の監視はどのように知ることができるのだろうか。さらに、自動化のコントローラーから提供される情報はより間接的なので、それにより、人間にとってシステムを明確に把握することが難しくなることもある。つまり、自動化によって、故障が気づかれないか、隠されてしまう可能性がある。

2. もし、決定を完全に規定することができれば、コンピューターは人間よりも速く、正確に決定を下すことができるであろう。そうなると、そのようなシステムを人間はどのように監視すればよいのだろうか。たとえば、ホイットフィールド（Whitfield）とオード（Ord）は、コンピューター

を使用することで実現可能になる交通量の多い水準では、交通状況を把握する航空管制官の能力が低下することを発見した[198]。このような状況では、人間は自動化のコントローラーをあるメタレベルで監視し、コンピューターの決定が完全に正しいかどうかではなく、受け入れられるかどうかを決定する必要がある。相違があった場合、最終的な決定者は人間であるべきだろうか、あるいはコンピューターであるべきだろうか。

人間を予備として使うのも、同様に効果がない。コントローラーは、効果的にコントロールするために正確なプロセスモデルを持つ必要があるが、能動的にコントロールしないとプロセスモデルの劣化につながる。介入の必要があるときに、「状況の把握」をするのにしばらく時間がかかるかもしれない。つまり、自分のプロセスモデルを更新し、効果的で安全なコントロール指示を出すには時間がかかる。また、コントローラーには手動のスキルと認知の（cognitive）スキルの両方が必要であるが、どちらも実践を積まないと衰えてしまう。人間の予備要員が、自動化されたシステムからコントロールを引き継ぐ必要がある場合、効果的かつ安全に引き継ぐことができないかもしれない。安全性が重視されるコントロールループにコンピューターが導入されるのは、システムの信頼性を高めるためである。しかし一方で、その高い信頼性によって、ヒューマンコントローラーには、問題が実際に発生したときの介入に必要となるスキルと知識を、実践し維持する機会がほとんど与えられないであろう。

少なくとも今のところ、監視の完全な排除を正当化できるほどの十分な信頼が、自動化に対して確立されない限り、人間が直接コントロールを行うか、自動化とコントロールを共有しなければならないと思われる。安全性が危ぶまれている今日、そのような信頼を持てるようなシステムはほとんど存在しない。そこで問題となるのが、人間とコンピューターとの、適切な協力関係とタスクの割り当てを見出すことである。残念ながら、この問題は解決されていないが、いくつかの指針を後ほど紹介する。

この問題を難しくしていることの1つは、単なる責任分担の問題ではないということである。コンピューター制御は、ヒューマンコントローラーの認知的要求（cognitive demands）を変化させつつある。人間はプロセスを直接監視する（monitoring）のではなく、コンピューターを監督する（supervising）ことが多くなり、より認知的に複雑な意思決定が行われるようになっている。自動化されたロジックの複雑さと制御モードの急増が人間を混乱させている。さらに、複数のコントローラーが存在する場合、人間とコンピューターの間だけでなく、同じコンピューターと相互作用する人間同士、たとえば、コンピューターに入力する複数の人々の間で連携する必要性など、協力とコミュニケーションの必要性が高まっている。その結果、記憶力や新しいスキル、知識の必要性が増しており、人間のプロセスモデルを更新することが難しくなっている。

設計上、答えを出して実装しなければならない基本的な問いは、適切なコントロールアクションについて人間とコンピューターの意見が一致しない場合、誰が最終的な権限を持つかということである。1993年のワルシャワにおけるエアバス320型機（Airbus 320）の着陸時の損失は、自動化されたシステムがパイロットによるブレーキシステムの起動を妨げ、滑走路の端にある土手への衝突の防止に間に合わなかったことが、要因の1つであった。この自動化の機能は、過去の事故原因と思われる飛行中の誤った逆噴射を防ぐために搭載された保護装置であった。自動化システムが受け取ったフィードバックは、航空機が着陸したことを判断するためにソフトウェアのロジックが使用していた基準を満たしていなかった。これには、滑走路上の水が航空機の車輪のハイドロプレーニングを引き起こすなどのさまざまな理由があった[133]。ほかにも、パイロットと自動化のどちらが制御しているのかということについて、パイロットが混乱し、気がついたら自動化と闘っていた、というインシデントも発生している[181]。

よくある設計上の間違いの1つは、すべてを自動化することを目標とし、自動化するのが困難な雑多なタスクはヒューマンコントローラーに実行させるというものである。そのため、オペレーターには、支援、特に正確なプロセスモデルを維持するための支援がほとんど考慮されていない、自由裁量によるタスクの集まりが残されることになる。その結果、残されたタスクは、より複雑で、エラーが発生しやすくなる可能性がある。また、保守や監視などの新しいタスクが追加され、新しいタイプのエラーが発生することもある。部分的な自動化は、オペレーターの作業量を減らすのではなく、単にオペレーターへの要求の種類を変えるだけで、潜在的な作業量の増加につながるかもしれない。たとえば、コックピットの自動化により、すでにやるべきことが多いアプローチ（訳注：着陸のための空港への進入）において、多くのデータ入力タスクが生み出され、パイロットへの要求が増えるかもしれない。このような自動化との相互作用のタスクにおいては、まわりの交通を監視する必要があるのに、まわりを見ない「頭を下げる（heads down）」作業も発生する。

自動化は、オペレーターの仕事から簡単な部分を取り除くことで、より難しい部分をさらに難しくすることがある[14]。ここでの因果要因の1つは、オペレーターのタスクの一部を取り除いたり変更したりすることで、オペレーターが正確なプロセスモデルの維持に必要なフィードバックを受け取ることを難しくしたり不可能にしたりする可能性があるということである。

自動化を設計する際には、これらの要因を考慮する必要がある。設計の基本原則は、自動化は人間の能力を補強するものであって、それに取って代わるものではない、つまり、オペレーターを助けるものであって、それを代行するものではないということである。

人間をループに入れた安全な自動化のコントローラーを設計するためには、設計者に、コントロールタスクに関連するヒューマンエラーについての基本的な知識が必要である。実際、ラスムッセン（Rasmussen）はヒューマンエラーという用語に代えて、このような事象を人間とタスクのミスマッチ（human–task mismatches）と捉えることを提案している。

9.4.3 ヒューマンエラーの基本的な考え方

ヒューマンエラーは、スリップ（slips）とミステイク（mistakes）という一般的なカテゴリーに分けることができる[143, 144]。この違いの基本は、意向（intention）、つまり希望どおりの行動の概念である。ミステイクとは、意向のエラー、つまり、行動の計画時に発生するエラーのことである。一方、スリップとは、意向を実行する際のエラーである。たとえば、オペレーターがボタンAを押すことを決めたとして、代わりにボタンBを押したとしたら、それは意向と一致した行動ではないので、スリップと呼ばれる。オペレーターはボタンAを押した（意向に沿って正しく操作した）が、その意向が間違っていた、つまりボタンAを押すべきではなかったと判明した場合、これをミステイクと呼ぶ。

スリップ防止のための設計では、ミステイクを防止するための設計とは異なる原則を適用する必要がある。たとえば、異なるコントロールの外観を大きく変えたり、異なるコントロール同士を離して配置することは、スリップを減らすことはできてもミステイクを減らすことはできない。一般的に、スリップを減らす設計は比較的簡単だが、ミステイクを減らす設計はそれよりも難しい。

計画のエラーやミステイクをなくすことの難しさの1つは、そのようなエラーは後知恵で初めてわかることが多いということである。その時点で入手可能な情報では、その決定は合理的であるように見えるかもしれない。その上、計画のエラーは、人間の問題解決能力に不可欠な副作用である。（もし可能だとして）ミステイクや計画のエラーが完全になくなれば、コントローラーとしての人間も不要になるであろう。

計画のエラーは、問題を解決するための人間の基本的な認知能力から発生する。ある状況下での

ヒューマンエラーは他の状況下での人間の創意工夫である。人間による問題解決はいくつかの人間特有の能力の上に成り立っている。そのうちの1つは、仮説（hypotheses）を立て、それをテストすることで、それまで考えられなかった問題に対する新しい解決策を生み出す能力である。しかし、この仮説が間違っていることもある。ラスムッセンは、ヒューマンエラーとは多くの場合、不親切な環境（unkind environment）において成功しなかった単なる試行の結果であると提言している。ここでの不親切な環境とは、許容できない結果に至る前に、パフォーマンスの不適切な変動（variations）の影響を人間が修正できない環境であると定義されている[166]。彼は、人間のパフォーマンスとは、スキルを最適化したいという欲求と、探索的行為のリスクを受け入れたいという意志との間のバランスであると結論づけている。

　問題解決に対する人間の第2の基本的なアプローチは、同じような問題に対して、ほかの状況でうまくいった解決策を試してみることである。繰り返しになるが、このアプローチは常に成功するわけではない。しかし、古い解決策や計画（学習した手順）が適用できないかどうかは、後知恵の恩恵がなければ判断できないかもしれない。

　このような問題解決方法を用いる能力は、自動化コントローラーよりヒューマンコントローラーの方が優れている点であるが、成功が保証されるわけではない。設計者は、人間の問題解決の限界を理解していれば、よくある落とし穴を回避し、人間の問題解決を強化するための設計上の支援を行うことができる。たとえば、オペレーターが追加の情報を得たり、仮説を安全にテストしたりする方法を提供できる。一方で、考慮しなければならない人間の基本的な認知の特徴もいくつかある。

　仮説テストは、基本的なフィードバックコントロールの概念で説明することができる。コントローラーはプロセスモデルの情報を使い、コントロール対象のプロセスに関する仮説を立てる。仮説を評価するのに有用なフィードバックを生成するために、コントロールアクションで構成されるテストが作成され、次にそのフィードバックがプロセスモデルと仮説を更新するために使用される。

　コントローラーが問題を正確に診断できなければ、不確実で不完全な、そしてしばしば矛盾する情報に基づいて、何が起きているのかを暫定的に評価しなければならない[50]。この暫定的な評価は、情報収集の指針となる。しかしこれにより、フィードバック処理やプロセスモデルの更新をする際に、確証的な根拠に過剰に注目し、一方で、現在の診断に矛盾する情報を軽視する可能性もある。心理学者はこの現象を認知的固着（cognitive fixation）と呼んでいる。別の現象として、テーマの放浪（thematic vagabonding）と呼ばれるものがある。コントローラーは、最も目立っているか最新のフィードバックや警告に突き動かされ、説（explanation）から説へと飛び回り、起きていることを首尾一貫して評価することは決してない。コントローラーが、ある説を捨てて別の説をとるべきであったかどうかは、後知恵でしか判断できない。したがって、あちこち飛び回り、一貫した計画プロセスを追求しないよりも、1つの評価に固執する方が、多くの状況ではより前進することにつながる可能性がある。

　計画継続（plan continuation）も人間による問題解決のもう1つの特徴であり、認知的固着に関連するものである。初期の診断に傾倒すると、状況が変化して別の計画が必要になったとしても、元の計画に固執することにつながる可能性がある。オリサヌ（Orisanu）[149]は、早い時期に初期の計画が正しいことを示す手掛かりがあると、それは通常、非常に強力で明白であり、計画継続について人々を納得させるのに役立つと述べている。それより後のフィードバックは、計画を断念すべきであることを示すが、通常はより不明瞭で弱い。状況は徐々に悪化する。コントローラーがこのフィードバックを受け取り、それを認識したとしても、この新しい情報では計画を変更しないかもしれない。特に、計画を放棄することが組織的な影響、経済的な影響という点でコストがかかる場合は、変更しないことになる。経済的な影響を受ける後者のケースでは、コントローラーは当然、確証を探してそこに集中するわけで

あり、計画の変更を正当化するためには、反論するための多くの根拠が必要となる。

認知的固着と計画継続は、ストレスと疲労によってさらに深刻化する。この2つの要因により、コントローラーにとっては、1つの問題についての複数の仮説をこなすことや、代わりの計画の効果を頭の中でシミュレーションし、現状から未来を予測することが、難しくなる[50]。

自動化ツールは、コントローラーの計画立案と意思決定に役立つように設計することができる。一方で、そのツールは、前述した基本的な認知の限界に対する知識を具体化し、ヒューマンコントローラーがその限界を克服することを支援する必要がある。それに加えて、人間による問題解決を支援するシミュレーションやその他の計画ツールは、最初に問題を引き起こしたシステムについての、同じ誤った想定に基づかないように注意しなければならない。

もう1つの有用な区別は、オミッションエラー（error of omission、訳注：行うべきことを行わないというヒューマンエラー）とコミッションエラー（error of commission、訳注：誤った行為によって起こるヒューマンエラー）である。サーター（Sarter）とウッズ（Woods）[181]は、古くて複雑ではない航空機のコックピットでは、パイロットのコントロールアクションの結果として発生するほとんどのエラーはコミッションエラーであると述べている。コントローラー（このケースではパイロット）は、自身が直接アクションを起こすので、そのアクションの意図した効果が実際にあったかどうかを確認する可能性が高い。フィードバックループが短いため、オペレーターは深刻な事態になる前に、ほとんどのエラーを修復することができる。このタイプのエラーは、比較的単純な装置では、いまだによくあるものである。

対照的に、航空機におけるより高度な自動化の研究では、エラーの種類としてはオミッションエラーが群を抜いていることがわかっている[181]。自動化の場合、必要なコントロールアクションを実行するのはコントローラーではない。オペレーターのアクションが自動化の振る舞いを明示的に呼び出すことはないので、自動化が何かをしたことに、オペレーターが気づかないことがある。ヒューマンコントローラーは自動化の振る舞いの変化を予期していないため、特に作業量が多いときには、関連する表示やフィードバックに注意を払いにくくなる。

オミッションエラーは、システムの中での人間の役割が、直接のコントローラーから、自動化コントローラーの監視、例外処理、監督へと変わることに関係している。役割が変わると、認知的要求は減少するのではなく、その基本的な本質が変わる場合がある。その変化は、テンポが速く重要な局面において、より顕著に現れる傾向がある。そのため、ある種のヒューマンエラーが減少する一方で、新しいタイプのエラーも発生するようになってきた。

ヒューマンエラーをなくすことは難しく、おそらく不可能であるが、この点においてシステム設計を大きく改善できないというわけではない。システム設計によって、人間の認知能力を活用したり、そこから生じる可能性のあるエラーを最小化したりすることはできる。本章の残りでは、安全上重要なプロセスをコントロールする人間をよりよく支援し、ヒューマンエラーを低減する設計の原則をいくつか紹介する。

9.4.4 コントロールの選択肢の提供

システム設計の目的が、コントロールシステムの安全に対する責任を人間に負わせることであるならば、人間は、望ましくない振る舞いや非安全な振る舞いに対処するための十分な柔軟性を持つ必要があり、不適切なコントロールの選択肢に縛られてはならない。次の3つの一般的な設計原則、つまり冗長性の設計、段階的なコントロールの設計、エラー耐性のある設計を適用する（図9.11）。

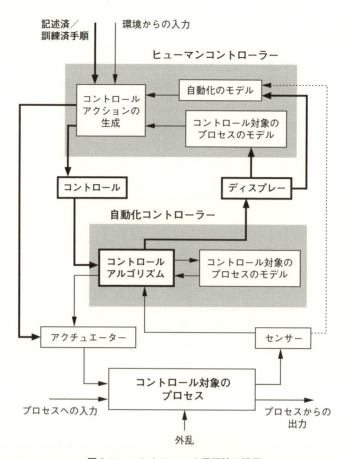

図9.11　コントロールの選択肢の提供

冗長経路の設計：設計上の特徴として有用なのは、複数の物理装置と論理経路を用意することで、単一のハードウェアの故障やソフトウェアのエラーが、システムの安全な状態を維持しハザードを回避するためのオペレーターのアクションを邪魔できないようにすることである。また、非安全な状態から安全な状態に変化させる方法は複数あるべきであり、安全な状態から非安全な状態に変化させる方法は1つだけにすべきである。

段階的なコントロールの設計：段階的なコントロールは、重要なステップを1回のコントロールアクションで行うのではなく段階的に行うことにより、人間にとってもコンピューターにとっても、システムをコントロールしやすくするものである。**武器を持ち、狙いを定め、発射する**といった段階的シーケンスがその一般的な例である。コントローラーは、意思決定する上での想定やモデルの妥当性をテストするために、システムを観測しフィードバックを得る能力を持つべきである。また、重大な損害が発生する前に、そこまでのコントロールアクションを修正または中止できるような補償コントロールアクションを、システム設計によってコントローラーに対して提供するべきである。一般的に制御性の設計においては、可能であれば、コントローラーへの時間に対するプレッシャーを弱めることが、重要な考慮事項である。

　軍用機のようなストレスの多い多忙な環境において、ヒューマンコントローラーが実際の物理プロセスを制御するコンピューターをコントロールする場合、段階的なコントロールアルゴリズムの設計が複雑になる可能性がある。段階的なコントロールシーケンスの中の指示の1つを指定時間内に実行でき

ない場合、人間のオペレーターに遅延や延期を知らせるか、シーケンス全体をキャンセルし、そのオペレーターに知らせる必要がある。それに加えて、パイロットが忙しいときに、重要ではなさそうな多くのメッセージで邪魔することも危険である。複数のステップのコントロール入力を、それが完了する前に、置き換えや中断がいつできるか、また、置き換えや中断が起きたことをいつフィードバックすべきかを見極めるには、慎重な分析が必要である[90]。

エラー耐性のある設計：ラスムッセンは、人々は常にエラーを起こすが、有害な結果が発生する前にエラーを検出し修正できると指摘している[165]。人々が自分たちのエラーを検出し、そこから回復する能力を、システム設計が制限する可能性がある。ラスムッセンは、**エラー耐性のあるシステム**（error tolerant systems）というシステム設計の目的を定義した。このようなシステムでは、エラーは（適切な制限時間内に）観測でき、許容できない結果が生じる前に、元に戻すことができる。コンピューターのエラーも同様に、観測でき、かつ元に戻すことが可能であるべきである。

　全体的な目標は、コントローラーが自身のパフォーマンスを監視できるようにすることである。この目標を達成するために、システム設計には以下が求められる。

1. オペレーターがアクションを監視し、エラーから回復することを支援する。

2. 不用意なアクションがあった場合に備えて、オペレーターが行ったアクションとその効果に関するフィードバックを提供する。よくある例としては、オペレーターの入力を送り返したり、意図の確認を要求することがある。

3. 間違ったアクションからの回復を可能にする。システムは、アクションの補正や取り消しなどのコントロールの選択肢と、有害な結果が生じる前に回復アクションを実行するための十分な時間を提供する必要がある。

前述した段階的なコントロールは、エラー耐性のある設計の手法の一種である。

9.4.5　タスクを人間の特徴に合わせる

　一般的に、設計者はシステムを人間の要求に合わせて作るべきであり、その逆ではない。人間の振る舞いを変更するよりも、エンジニアリングされたシステムの振る舞いを変更する方が容易である。

　直接コントロールするタスクを持たない人間は警戒心を失うため、設計によって警戒心の欠如に対抗する必要がある。そのために、ヒューマンタスクを刺激的で変化に富んだものにし、有効なフィードバックを提供し、ほとんどの操作においてヒューマンコントローラーが積極的に関与できるように設計するべきである（図9.12）。警戒心のためだけではなく、プロセスモデルの更新に必要な情報を得るためにも、人手による関与を維持することが重要である。

　タスクへの能動的な関与を維持するということは、設計者によるヒューマンコントローラーへの支援の提供と、タスクの取り上げを区別しなければならないことを意味する。ヒューマンタスクを単純化しすぎず、受動的・反復的なアクションを伴うタスクは最小限にする必要がある。タスクの遂行方法に自由度を持たせることにより、単調でエラーしがちな傾向を抑えられるだけでなく、限られた行動様式だけでは解決できない問題を、オペレーターが臨機応変に解決できるようになる柔軟性をもたらすことにもつながる。多くの事故は、オペレーターが予期しない事象に対処するために、装置を間に合わせで作ったり、その場しのぎで手順を作成することで回避されてきた。物理的な故障によって機能しなくなる経路があるかもしれないが、目的達成のための柔軟性があれば、その代替経路を提供できる。

　例外による管理（management by exception）を要求したり、助長したりするような設計も避ける

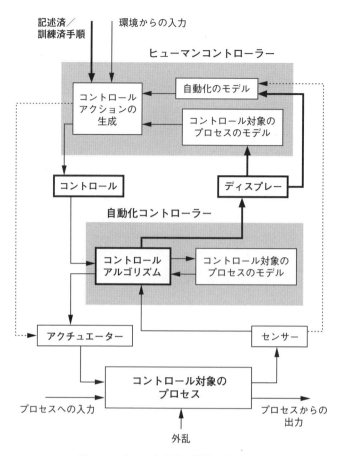

図 9.12　タスクを人間の特徴に合わせる

べきである。例外による管理とは、コントローラーが警報シグナルを待ってから行動を起こすようなものである。例外による管理では、コントローラーは、プロセス状態の早期の警告や傾向を調べて外乱を防止するということができない。オペレーターが望ましくない事象を予期するためには、プロセスモデルを継続的に更新する必要がある。スウェーネンバーグ（Swaanenburg）らの実験では、例外による管理は、ヒューマンコントローラーが通常の監督の方法として採用する戦略ではないことがわかっている[196]。例外による管理を避けるためには、コントロールタスクへの能動的な関与と、プロセスモデルを更新するための適切なフィードバックが必要である。たとえば、プロセスの状態に関する概要のみを提示し、詳細な情報を提示しないディスプレーでは、差し迫った警報状態を検出するために必要な情報が提供されないであろう。

　最後になるが、もし設計者がオペレーターに対して、緊急時に正しく対応することを期待するのであれば、彼らのタスクを支援し、先に述べた認知的固着や計画継続といった人間の基本的な傾向に対抗できるように、設計する必要がある。システム設計は、緊急時の意思決定や計画活動において、ヒューマンコントローラーを支援する必要がある。

9.4.6　一般的なヒューマンエラーを減らすための設計

　いくつかのヒューマンエラーは、あまりにも一般的であり無駄なものなので、それを防止するための設計を行わないことに対しては、ほとんど言い訳はできない。ただし、エラーを含む行動を減らすから

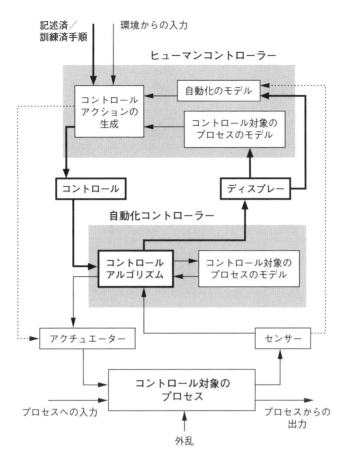

図 9.13　一般的なヒューマンエラーを減らすための設計

といっても、設計時に「何をすべきか」、「何をすべきでないか」について立てた仮定が間違っていることが判明した場合の緊急時には、ヒューマンコントローラーの介入を妨げないように注意しなければならない（図 9.13）。

　基本的な設計目的の 1 つは、安全性を高めるアクションを簡単で自然なものにし、省略したり間違えたりしにくいものにすることである。一般的には、ヒューマンコントローラーに対して、安全な操作よりも非安全な操作の方を難しい設計にする必要がある。安全性を高めるアクションが簡単であれば、そのアクションを意図的あるいは偶発的に避けることが起きにくくなる。非安全なアクションの停止や非安全な状態からの復帰は、システムを安全な状態に移行させる 1 回のキー操作でできるようにするべきである。設計者は、フェールセーフのアクションを簡単かつ自然に行えるようにし、回避や省略を難しくしたり、間違った操作をしにくくする必要がある。

　対照的に、ハザードにつながる可能性のある機能やそのシーケンスの開始には、オペレーターによる複数の特有のアクションを必要とすべきである。ハザードにつながるアクションは、不注意により有効化してしまう可能性を最小限にするように設計するべきである。たとえば、1 つのキーやボタンを押すことによって開始できるようにするべきではない（前述の段階的なコントロールに関する考察を参照）。

　一般的な設計の目的は、安全な行動のためのヒューマンコントローラーの能力を高めることであるべきである。それと同時に、非安全な行動を困難にすることでなければならない。宇宙船の打ち上げなど潜在的に非安全なプロセスに切り替える際には、複数のキーストロークやアクションを必要とするべき

であるが、打ち上げを停止する場合は1回で済むようにすべきである。

安全性は、オペレーターに対して、特定のアクションをとるかとらないかについて指示する手順的な安全措置を用いるか、システムに安全措置を設計することによって、高めることができる。後者の安全措置を設計する方がより効果的である。たとえば、エラーの可能性として重要なアクションの見落としがある場合、オペレーターに対して常にそのアクションをとるように指示するか、そのアクションをプロセスの完全な一部にすることが考えられる。保守の最中の典型的なエラーとして、機器（安全インターロックなど）を動作モードに戻さないことがある。スリーマイル島での一連の事故は、このようなエラーで始まった。切り離されたアクションであり、修理やテストタスクの「ゲシュタルト（gestalt）」（訳注：全体像、全体のまとまり）と直接関係のないものは、容易に忘れ去られる。注意の必要性を強調する（通常のアプローチ）のではなく、そのアクションを物理的にタスクに統合するようシステムを変更する、検出を物理的な結果として出すようにツールを設計する、あるいは運用計画やレビューを変更する。つまり、人間を変えるのではなく、設計や管理を変更するのである[162]。

判断力を高めるために、安全と非安全の境界をマーク付き計量器で表示するなど、意思決定のための参考情報を提供することが必要である。人間は固定観念や文化的規範に立ち戻ることが多いので、設計においてもその規範に従うべきである。人間がストレスを感じながら働いていたり、注意をそらしていたり、ほかのことを考えながらタスクを行っているときにエラーを起こさないためには、シンプルで自然に、今までと同じようなことをする（むやみに設計変更をしない）のが有効である。

順序付けの誤り防止を支援するためには、コントロールは実際に使用する順序で配置しなければならない。それと同時に、重要なコントロール同士が類似していたり、近接していたり、相互関係があったり、不便な位置にあることは避けるべきである。オペレーターがさまざまな部類や種類のコントロールアクションを行わなければならない場合、順序は可能な限り異なっているべきである。

最後に、ヒューマンエラーを減らすための最も効果的な設計手法の1つは、エラーが物理的に起きないように、あるいはエラーが明白になるように設計することである。たとえば、バルブは、接続部を異なるサイズにして交換できないように設計することが可能であり、非対称やオス・メス接続にして組み立てミスを防止できる。また、色分けをすることで接続エラーを目立たせることもできる。患者の静脈に挿入するチューブに誤って栄養チューブを接続してしまうなど、病院でのチューブ接続ミスによる死亡事故が数十年にわたり何百件も発生している。驚くべきことには、それにもかかわらず、規制当局、病院、チューブ製造者は、この標準的な安全設計手法を実装するための行動を起こしていない[80]。

9.4.7　正確なプロセスモデルの作成と維持の支援

自動化を監督するヒューマンコントローラーは、2つのプロセスモデルを維持する必要がある。1つは自動化によるコントロール対象のプロセスのモデル、もう1つは自動化コントローラー自身のモデルである。設計では、ヒューマンコントローラーのこれら2つのモデルの維持を支援する必要がある。ここでの適切な目的は、直接的または間接的にコントロール対象のシステムについて試して学ぶための便宜を、人間に対して提供することである。また、オペレーターがプロセスモデルを更新し、スキルを維持し、自信を保つために、人手で関与し続けられるようにする必要がある。単に観測するだけでは、人間の監督のスキルと自信を劣化させることになる（図9.14）。

ヒューマンコントローラーが自動化コントローラーを監督する場合、自動化には特別な設計要求がある。自動化に用いられるコントロールアルゴリズムは、学習可能で理解しやすいものでなければならない。自動化コントローラーにありがちな設計の欠陥としては、自動化による矛盾した振る舞い（inconsistent behavior）と、意図しない副作用（unintended side effects）の2つがある。

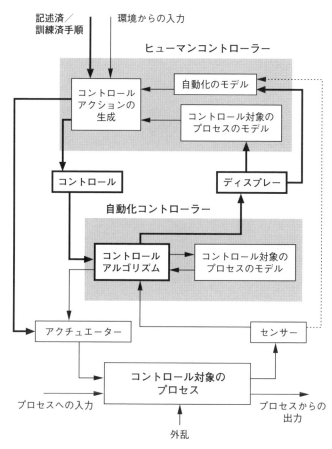

図 9.14　正確なプロセスモデルの作成と維持の支援

矛盾した振る舞い

キャロル（Carroll）とオルソン（Olson）は、矛盾のない（consistent）設計とは、類似のタスクや目的が、類似または同一のアクションに関連付けられているものであると定義している[35]。自動化コントローラーの側で矛盾のない振る舞いをすることで、監視制御を行う人間が自動化の動作を学び、適切なプロセスモデルを構築し、その動作を予測することが容易になる。

A320 シミュレーターの研究で検出された矛盾の一例として、地上 100 フィート以下での航空機のゴー・アラウンド（go-around、訳注：着陸のやり直し）が挙げられる。サーターとウッズは、パイロットがこの条件下（訳注：地上 100 フィート以下）で離陸／ゴー・アラウンド（takeoff/go-around：TOGA）パワーを選択したときに、他のあらゆる条件下における適用では問題がなかったため、自動推力システムが準備されないことを、彼らが予期・認識できなかったことを発見した[181]。

A320 の事故に関係している矛盾した自動化の動作のもう 1 つの例は、自動操縦が動作していたすべての自動化構成では保護機能が提供されていたが、特定のモード（この場合は ALTITUDE ACQUISITION モード）では除外されていたことである[181]。

重要なシステムに対するヒューマンファクターは、航空機のコックピット設計において最も広く研究されている。研究によると、一貫性（consistency）が最も重要になるのは、テンポが速く、非常に動的な飛行フェーズにおいて、パイロットが常に監視しなくても期待どおりに動作させるために、自動化システムに頼らざるを得ない場合である。また、高度に技術化された飛行デッキでは、パイロットの通

常の監視行動も変化することがあるという調査を根拠にすると、よりプレッシャーの低い状況においても一貫性（または予測可能性）は重要である[181]。

　従来の航空機のパイロットは、高度に訓練された計器スキャニング（訳注：計器を素早く確認すること）のパターンで、与えられた基本的な飛行パラメーターのセットを繰り返し抽出する。これとは対照的に、A320のパイロットの中には、もはやスキャニングすることはなく、予想される自動化の状態と動作に基づいて、コックピットディスプレー内およびディスプレー間に注意を振り向けていると報告しているものもいる。変化が予想されないパラメーターは、長い間無視されるかもしれない[181]。自動化の動作に一貫性がなければ、パイロットが必要なときに介入しない、オミッションエラーが発生する可能性がある。

　9.3.2項において、自動化のコントローラーに対する安全設計の要点の1つとして、決定性（determinism）が特定された。しかし、一貫性には決定論的な振る舞い以上のものが必要である。オペレーターが同じ入力を行っても、オペレーターが行った（あるいは知っているかもしれない）こと以外の何らかの理由で異なる出力（振る舞い）が生じる場合、その振る舞いは決定論的であっても、オペレーターの視点からは矛盾したものとなる。設計者には、自動化のコントローラーに矛盾した振る舞いを含める正当な理由があるかもしれないが、その結果起こり得る潜在的なハザードとのトレードオフを慎重に行う必要がある。

意図しない副作用

　ある効果を意図したアクションに、ヒューマンコントローラーが容易に予想できない副作用が加わった場合、間違ったプロセスモデルが発生することがある。その例は、先に引用したサーターとウッズのA320航空機シミュレーターの研究の中で起きた。目的地の空港へのアプローチはパイロットにとって非常に忙しい時間であり、自動化は頭を下げる多くの作業を必要とする。そのため、パイロットはしばしば、航空管制官から滑走路を割り当てられるとすぐに自動化をセットする。サーターとウッズは、彼らの研究に参加した経験豊富なパイロットが、割り当てられたアプローチのデータを入力した後に滑走路の変更を入力すると、以前に入力した高度と速度の制約のすべてが、たとえそれらがまだ用いられていたとしても、自動化によって削除されることに気が付かないということを発見した。

　繰り返しになるが、自動化の設計者がこのような副作用を含めるのには正当な理由があるかもしれないが、その結果として起こり得るヒューマンエラーの可能性を考慮する必要がある。

モードの混乱

　モードは、自動化動作の相互排他的なセットを定義する。モードは、入力をどのように解釈するかを判断したり、必要なコントローラーの振る舞いを定義するために使用できる。一般的には、コントローラーの動作（operating）モード、監督（supervisory）モード、ディスプレーモード、およびコントロール対象のプロセスのモードの4種類のモードがよく知られている。

　コントローラーの動作モードは、停止、定常時動作、障害処理など、コントローラー内の関連した振る舞いのセットを定義する。

　監督モードは、複数の監督者がコントロールの責任を引き受けている場合に、誰が、あるいは何がコンポーネントをコントロールしているかを判断するものである。たとえば、航空機の飛行誘導システムに対しては、パイロットかパイロットが監督している別のコンピューターが、直接指示を出すことがある。耐熱タイル処理システムの移動コントローラーは、（ヒューマンコントローラーによる）手動の監督モードか、（TTPSタスクコントローラーによる）自動化モードのいずれかになるように、設計され

安全主導設計

るかもしれない。複数の監督者間のコントロールアクションの調整は、これらの監督モードの観点から定義することができる。現在の監督モードに関する混乱は、ハザードにつながるシステムの振る舞いをもたらす可能性がある。

　一般的なモードの３番目のタイプは、ディスプレーモードである。ディスプレーモードは、ディスプレー上で提供される情報と、その情報をユーザーがどのように解釈するのかに対して影響を与える。

　モードの最後のタイプは、コントロール対象のプロセスの動作モードである。たとえば、耐熱タイル処理移動ロボットは、移動モード（作業エリア間）の場合もあれば、作業モード（作業エリア内にいてタイルを処理している。その間に、別のコントローラーによってコントロールされるかもしれない）の場合もある。このモードの値によって、たとえば、スタビライザ脚やマニピュレーターアームを伸長するなどのさまざまな操作が、安全であるかどうかが判断される。

　初期の自動化されたシステムでは、独立したモードの数がかなり少なかった。オペレーターが目標データを入力しシステム動作を要求するための、受動的な背景的情報を提供するものであった。また、それぞれの機能ごとにすべてを含む１つのモードが設定されているだけであった。現在有効なモードとモード間の遷移を示す指標は、ディスプレーの１か所に集中させることができた。

　こうしたシステム設計では、モード認識の破綻がもたらす影響はかなり小さいものだった。オペレーターは、深刻な問題が発生する前に、間違ったアクションを比較的早く検出し、回復することができていたように思われる。サーターとウッズは、ほとんどのケースにおいて、これらの単純なシステムにおけるモードの混乱が、問題発生につながるコミッションエラー、つまり、コントローラーのアクションを要するエラーに関連していると結論づけている[181]。ヒューマンコントローラーは、自身が明示的なアクションを起こしたので、そのアクションで意図した効果があったかどうかを実際に確認する可能性が高い。先に述べたように、フィードバックループが短いため、コントローラーはほとんどのエラーを迅速に修復することができる。

　高度な自動化の柔軟性によって、設計者はより複雑でモードが豊富なシステムを開発することができるようになった。その結果、多くのモードの指標が複数のディスプレーにまたがり、各ディスプレーは特定のシステムやサブシステムに対応するモード状態データの一部しか含まなくなった。また、設計により、モード間の相互作用も可能になる。その上、増大した自動化の能力によって、ユーザーの入力と、システムの振る舞いに関するフィードバックの間の遅延が拡大している。

　このようなモードが豊富な新しいシステムでは、モード認識の維持の必要性と難易度が高まる。STAMPの用語では、このモード認識の維持を、コントローラーのプロセスモデルにおけるコントロール対象のシステムの動作モードを、実際のコントロール対象のシステムのモードと一致させることと定義している。モード数が多いと、アクティブモード（訳注：有効なモード）、アームド（armed）モード（訳注：作動可能なモード）、環境状態とモードの動作との相互作用、そして、モード間の相互作用に対する認識を維持するための、人間の能力が問われる。また、エラーや故障の検出と回復の難しさも増大する。

　システムに対して、より少ない、あるいはより複雑ではないモードを求めるのは、おそらく非現実的である。モードや自動化動作を単純化するには、精度や効率と、多様な顧客からのマーケティング要求とのトレードオフが必要な場合が多い[181]。しかし、偶発的な（不必要な）複雑さを持つシステムであれば、ヒューマンエラーの可能性を低減するために、システム能力を犠牲にすることなく再設計することができる。潜在的なモードの混乱のエラーを排除するために、求められる目標とのトレードオフが必要な場合、ハザード分析に基づくシステムとインターフェースの設計により、最もトレードオフが少なくて済む解決策を見つけられる。たとえば、事故はモード間の遷移時、特に通常モードと非通常モー

ドの遷移時に最も多く発生するため、遷移にはより厳しい設計上の制約を適用する必要がある。

　モードの混乱のエラーの特定のタイプについて、より深く理解することは、設計の助けとなる。問題になりやすいのは、インターフェース解釈モードと間接的なモード変更の2つのタイプである。

インターフェース解釈モードの混乱：インターフェースのモードエラーは、モードの混乱のエラーの形態であり、従来からあるものである。

1. 入力に関連するエラー：ユーザーが入力した値を、ソフトウェアが意図とは異なる解釈をする。
2. 出力に関連するエラー：コントローラーのアクティブモードに応じて、ソフトウェアが同じ出力に対して複数の条件を対応付けることにより、オペレーターがインターフェース解釈を間違える。

入力インターフェース解釈のエラーの一般的な例として、多くのワープロソフトでは、ユーザーは挿入モードだと思っていても、実際は挿入・削除モード、または指示モードであり、入力が違う方法で解釈され、意図とは違う振る舞いになってしまうということが起きている。

　より複雑な例が、A320型航空機の事故の原因と思われるもので発生した。乗務員は自動化されたシステムに、水平方向（TRACK）と垂直方向（FLIGHT PATH ANGLE（訳注：飛行経路角））の両方のナビゲーションに関連する複合モードである TRACK/FLIGHT PATH ANGLE モードで飛行するよう指示していた。

> 航空管制官からレーダー誘導されたとき、管制官が要求する方向を入力できるように、TRACK モードから HDG SEL（訳注：針路選択）モードに切り替えたようである。しかし、水平方向のモードを変更するボタンを押すと、自動的に垂直方向のモードも FLIGHT PATH ANGLE から VERTICAL SPEED（訳注：垂直速度）に変更される。つまり、モード切替ボタンは水平方向と垂直方向の両方のナビゲーションに影響を与える。その後、パイロットが、要求する飛行経路角3.3度を選択するために「33」と入力すると、自動化システムはその入力を垂直速度3300フィートが要求されたと解釈した。これはパイロットが意図したものではなかった。パイロットは、有効な「インターフェースモード」に気づかなかったため、問題を検出することができなかったのである。急降下しすぎた結果、航空機は山に激突した[181]。

出力インターフェースモードの問題の一例は、クック（Cook）らにより、手術室用医療装置の暖機モードと通常モードの2つの動作モードにおいて確認された[41]。この装置は電源を入れると暖機モードで起動し、2つの特定の設定のいずれかがオペレーターによって調整されるたびに、通常モードから暖機モードに変更される。この2つのモードでは、警報メッセージの意味やコントロールの結果が異なるにもかかわらず、現在の装置の動作モードやモードの変更は、オペレーターに対しては示されない。また、2つの警報メッセージには4つの異なる警報発生条件が対応付けられ、同じメッセージでも、動作モードによって異なる意味を持つ。どのような内部条件でメッセージが発生したかをオペレーターが理解するためには、警報がどの機能不全を示しているかを推測しなければならない。

　設計上のいくつかの制約は、インターフェースの解釈エラーを減らすのに役立つ。少なくとも、監督用のインターフェースの解釈をコントロールするために使用されるモードは、監督者に知らされるべきである。もっと広く言えば、自動化の現在の動作モードは常に表示されている必要がある。加えて、動作モードに何か変更があれば、インターフェースに反映されている、つまりオペレーターに表示されている現在の動作モードは変更されるべきである。要するに、告知されるモードは内部のモードと一貫性がなければならない。

　より強力な設計の選択肢は、監督用のインターフェースの解釈を、モードにまったく関係づけないこ

とかもしれない。しかし、さまざまな理由からおそらくそれはあまり望ましくないであろう。別の可能
性としては、モード間の関係を単純化することである。たとえば、A320では、HDG SELモードに関
して、水平方向と垂直方向のモードを分離することかもしれない。それ以外の選択肢としては、混乱を
少なくするために必要な入力を異なるものにしたり（例：「33」ではなく、「3.3」と「3,300」）、現在
のモードについての制御盤上のモード表示を、より明確にすることもあり得る。単にモードを表示する
ことで十分なケースもあるが、さまざまな理由により表示を見落とす可能性があるため、さらに設計機
能を考慮する必要がある。

間接的なモード変更によるモードの混乱：オペレーターによる明示的な指示や直接の指示がなくても、
自動化がモードを変更すると、間接的なモード変更が起きる。このような遷移は、あらかじめプログラ
ムされた包絡線保護（envelope protection、訳注：パイロットによる、航空機の動作限界を超える制
御コマンドの実行を防ぐ）のように、自動化の条件によって起きることがある。また、事前にプログラ
ムされた目標の達成や、事前に選択されたモード遷移を伴うアームドモードのように、コンピューター
でコントロールされたプロセスの状態についてのコンピューターへのセンサー入力からモード遷移が生
じることもある。事前に選択されたモード遷移の例としては、特定の高度に達すると自動操縦装置が水
平飛行に移るよう指示するようなモードがある。つまり、パイロットによる直接の指示がなくても、そ
の高度に達すると航空機の動作モードが（水平飛行に移るように）変更される。一般的に、あるモード
の有効化によって、そのときのシステムの状態次第でさまざまなモードが有効化されることで、この問
題が発生する。

　モード変更のきっかけは、次の4通りである。

1. 自動化の監督者が、明示的に新しいモードを選択する。
2. 自動化の監督者が、モード変更につながるデータ（目標高度など）や指示を入力する。
   a. あらゆる条件下
   b. 自動化が特定の状態にあるとき
   c. 自動化のコントロール対象のシステムのモデルや環境が特定の状態にあるとき
3. 自動化の監督者は何もしないが、自動化のコントロール対象のシステムが変化した結果として、
   自動化のロジックがモードを変更する。
4. 自動化の監督者はモード変更を選択するが、自動化はそのときの自動化の状態やコントロール対
   象のシステムの状態のどちらかによって、何か別のことをする。

ここでも、モードの混乱に関連するエラーは、自動化のコントローラーの監督者である人間が、正確な
プロセスモデルを維持する上で抱えている問題に関係している。先に述べたパイロットのスキャニング
動作の変化のように、高度に自動化されたシステムにおけるヒューマンコントローラーの振る舞いの変
化も、このようなモードの混乱のエラーに関係している。

　自動化コントローラーの振る舞いに対する予想は、人間の監督者が持つ自動化への入力に関する知識
と、自動化に対するプロセスモデルに基づいて形成される。このモデルに相違や誤解があると、間接的
なモード遷移の予測・追跡や、モード間の相互作用の理解が妨げられる場合がある。

　間接的なモード変更に起因すると考えられる事故の一例は、A320がインドのバンガロール
（Bangalore）に着陸している最中に発生した[182]。自動化がALTITUDE ACQUISITIONモード（訳
注：選択された高度に近づくと切り替わるモード）のときに、パイロットがより低い高度を選択したた
め、航空機のピッチ（訳注：傾斜角度）のみで速度をコントロールし、スロットルをアイドルにする

OPEN DESCENT モード（訳注：設定した高度まで下降するモード）が有効化された。このモードでは、自動化は事前にプログラムされた高度制約を無視する。パイロットが選択した速度を動力なしで維持するために、自動化は過度な降下率を用いなければならず、その結果、航空機は滑走路の手前で墜落してしまった。

このようなことが起こり得ることを理解することは、モードのロジックがいかに複雑なものになり得るかを理解する上で有益である。A320 の OPEN DESCENT モードの有効化には、次の3通りの方法がある。

1. 低い高度を選択した後、高度ノブを引く。
2. 航空機が EXPEDITE モード（訳注：目的の高度に到達するために最大の垂直勾配で上昇・下降するモード）のときに、速度ノブを引く。
3. ALTITUDE ACQUISITION モードのときに、より低い高度を選択する。

発生が疑われるのは、3つ目の条件である。以前入力されていた目標高度の 200 フィート以内に入ることにより、航空機は ALTITUDE ACQUISITION モードになる。しかし、パイロットはそのモードになっていることに気が付かなかったに違いない。したがって、その時点でより低い高度を選択することがモード遷移につながるとは思っておらず、この忙しい時間帯にモード告知を注意深くは監視しなかったのだろう。彼は衝突の 10 秒前に何が起こったかを発見したが、エンジンはアイドル状態にあり、回復するには遅すぎた[182]。

パイロットが、手遅れになるまで問題を発見できなかったのには、別の要因も影響している。そのうちの1つは、次の項で考察するように、複数のコントローラーが存在する場合に、一貫したプロセスモデルを維持することができないという問題である。操縦パイロットはアプローチ中にフライトディレクター[1]を解除しており、操縦補佐パイロットも同じことをするだろうと想定していた。そうなっていれば、飛行のアプローチフェーズで推奨された手順である、オートスロットルによって対気速度が自動的に制御されるモード（SPEED モード）の構成になっていたはずである。しかし、操縦補佐パイロットはフライトディレクターをオフにせず、低高度を選択した。そのときに、OPEN DESCENT モードが有効化されてしまった。この間接的なモード変更が、先に述べたようなハザードにつながる状態、ひいては事故につながったのである。しかし、複雑になった要因は、各パイロットが自分のフライトディレクターの状態表示しか受け取っておらず、希望するモードが作動するかどうかを判断するのに、必要な情報のすべては受け取っていなかったことである。フィードバックの欠如とその結果生じた航空機の状態に関する不完全な知識（航空機に対する間違ったプロセスモデル）が、パイロットが非安全な状態を検出できず修正が間に合わなかったことに影響した。

間接的なモード遷移は、ソフトウェア設計の中で明らかにすることができる。明らかにした後や、最初から含めないと決定した後にどうするかということは、もっと困難である。トレードオフと緩和のための設計機能を、特定のシステムごとに考慮しなければならない。ここでの決定は、システム設計における複雑さによる利益と、その結果として起こり得るハザードに関わる多くの決定の中の1つにすぎない。

---

1 フライトディレクターは、解釈しやすいディスプレーで航空機の飛行経路を表示し、パイロットに視覚的な合図を与える自動化装置である。あらかじめプログラムされた経路が自動計算され、希望する経路を確保するために必要な操舵指示が提供される。

複数コントローラーのプロセスモデルの連携

　複数のコントローラーが連携して1つのプロセスをコントロールする場合、各コントローラーのプロセスモデル間の矛盾により、ハザードにつながるコントロールアクションが発生する可能性がある。そのため、コミュニケーション・チャネルや連携した活動の設計は、慎重に行う必要がある。航空機では、乗務員リソース管理（crew resource management）と呼ばれるこの連携を、各コントローラーの役割分担を慎重に設計し、コミュニケーションを強化するとともに、各乗務員のプロセスモデル間の一貫性を確保することで実現している。

　この問題における特別なケースは、あるヒューマンコントローラーが別のヒューマンコントローラーと交代するときに起きる。コントロール対象のプロセスと、人間によって監督されている自動化の両方の状態に関する情報のハンドオフ（handoff、訳注：引き渡し）は、慎重に設計されなければならない。

　トーマス（Thomas）は、地上の航空管制官（controller）と航空機の間のコミュニケーションが長時間にわたって失われたインシデントについて述べている[199]。このインシデントでは、管制官のシフト交代があり、1人の地上管制官が引き継いでいた。航空機は、ハンドオフと呼ばれる入念に設計された一連のやりとりを通して、ある航空管制セクターから別のセクターに受け渡され、その間に、航空機は新しいセクターの無線周波数に切り替えるように指示される。管制官のシフト交代後、後任の管制官がある特定の航空機に指示を出しても応答はなかったが、その管制官はそれ以上アクションを起こさないことにした。なぜなら、応答がないのは、航空機がすでに新しいセクターに切り替わり、次の管制官と話をしているからだと推測したからである。

　シフト交代時のプロセスモデルの連携は、**配置交代ブリーフィング**（position relief briefing）において、部分的にはコントロール可能である。このブリーフィングは通常、そのときに正しい無線周波数にいるか、まだチェックイン（訳注：指示を受け始めるための管制官への連絡）していないすべての航空機を対象としている。問題の特定の航空機はブリーフィングでは言及されなかったので、後任の管制官は、この管制ステーションではその航空機をすでに管制していないことを意味すると解釈した。その航空機がブリーフィングで言及されていなかったので、後任の管制官はこの状態を検証するために次のセクターの管制官を呼び出すことはしなかった。

　航空管制システムの設計には、エラーを回避するための冗長性がある。それは、航空機が次のセクターの管制官にチェックインしない場合、その管制官は前のセクターの管制官（訳注：前の段落の「後任の管制官」）を呼び出すことになっている。後任の管制官は、ディスプレイ上に表示された航空機が自分のセクターを離れているのを確認し、そのような呼び出しはなかったので、これもまた、その航空機が確かに次のセクターの管制官と会話しているあかしだと解釈したのである。

　コミュニケーション喪失の最後の要因は、後任の管制官が引き継いだときには、その航空機の高度においては交通量が少なく、衝突の危険もなかったことである。このような状況では、次のセクターの管制官に早めにハンドオフを行うのが、管制官として一般的なやり方である。そのため、航空機はまだ自分のセクターの半分しか通過していなかったが、後任の管制官は早期のハンドオフが行われたと思い込んでいた。

　このインシデントのさらなる因果要因には、チェックインした航空機と次のセクターの管制官に引き渡された航空機を、管制官が追跡する方法も含まれている。古いシステムでは、航空機がチェックインした際に、印刷された飛行進行表（flight progress strip）に印をつける必要があった。新しいシステムでは、電子的な飛行進行表を使用して同じ情報を表示するが、チェックインが完了したことを示す標準的な方法がない。そのため、各管制官は各自でこの状態を追跡するための方法を、個人的に考案している。今回のコミュニケーション喪失のケースでは、関係した管制官（訳注：後任の管制官）はコメン

トエリアに記号を打ち込み、すでに次のセクターにハンドオフしたすべての航空機に印をつけていた。交代された方の管制官（訳注：前任の管制官）は、通常、自分の記憶に頼るか、どの航空機とコミュニケーションしているかを表示するボックスにチェックを入れていたと報告している。

　航空管制のように慎重に設計され連携されたプロセスが、複数の管制官のプロセスモデル（および手順）の連携による問題に苦しむということは、この設計問題の難しさと慎重な設計・分析の必要性を証明している。

9.4.8　情報とフィードバックの提供

　フィードバックの一般的な設計については、9.3.2項で説明した。ここでは、ヒューマンコントローラーに特化したフィードバック設計の原則について説明する。フィードバックの設計において重要な問題は、どのような情報を提供すべきか、フィードバックプロセスをより強固にするにはどうすればよいか、そして、その情報をどのようにヒューマンコントローラーに提示すればよいか、などである（図9.15）。

フィードバックのタイプ

　STPAを用いたハザード分析によって、いつどのようなタイプのフィードバックが必要かという情報を提供することができる。ここでもまた、一般的な安全設計の原則を用いて、設計者にいくつかの追加ガイダンスを提供できる。

　フィードバックには、基本的に次の2つのタイプが必要である。

1. **コントロール対象のプロセスの状態**：この情報は、(1)コントローラーのプロセスモデルを更新するため、(2)コントロールループのほかの部分、システム、環境における障害や故障を検出するため、に使用される。

2. **コントローラーのアクションの影響**：このフィードバックはヒューマンエラーの検出に用いられる。エラー耐性のある設計（9.4.4項参照）で考察したように、エラーを観測できる、そして取り除けるようにするための鍵は、エラーに関するフィードバックを提供することである。このフィードバックは、コントローラーのアクションの影響に関する情報の場合もあれば、不注意なアクションに備えた単なるアクションそのものについての情報の場合もある。

プロセスモデルの更新

　プロセスモデルを更新するには、システムの現在の状態に関するフィードバックと、発生した変化に関するフィードバックが必要である。オペレーターの迅速な対応を要するシステムでは、コントローラーが判断に使うフィードバック情報には、タイミングの要求が必要である。さらに、タスクの実行において、コントローラーが情報の適時性を評価する必要があるか、ありそうな場合は、フィードバックディスプレーにはデータに関連する日時の情報が含まれるべきである。

　ヒューマンコントローラーが自動化を監督したり監視したりする場合、自動化はコントローラーとその近くにいる人に対して、自動化が作動していることを示す必要がある。第8章に挙げた高電力インターロックに警告灯を追加した例は、このタイプのフィードバックの簡単な例である。ロボットシステムの場合は、機械に電源が入ったときには近くにいる人に対して、シグナルを送ったり、危険なゾーンに入ったときに警告したりする必要がある。人間はロボットのエリアに立ち入る必要はないということを想定してはならない。完全に自動化されたあるプラントにおいて、ロボットの信頼性が高いので、

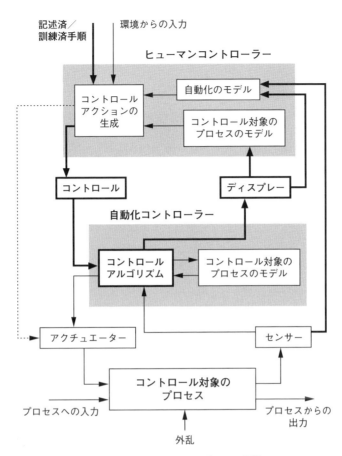

図9.15　情報とフィードバックの提供

ヒューマンコントローラーは頻繁にプラント内に入る必要はないだろう、したがって、立ち入る必要があるときには、プラント全体をパワーダウンさせればよいという想定がなされた。設計者は、人間のための高架歩道や、ロボットの動きを知らせる聴覚的な警告音といった、通常の安全機能を提供しなかった。プラント起動後、ロボットの信頼性が非常に低いことが判明したため、ヒューマンコントローラーがプラント内に入り、シフト中に何度もロボットを助けなければならなくなった。プラント全体の電源を落とすと生産性に悪影響が出るため、人間が、すべての電源を落とさずにプラントの自動化エリアに入る習慣を身につけた。その結果、やむを得ない状況が発生し、死亡者がでた[72]。

自動化は、その内部状態（センサーやアクチュエーターの状態など）、コントロールアクション、システムの状態に関する想定、および発生した可能性のある異常に関する情報を提供する必要がある。数秒を要するような処理の場合には、ヒューマンコントローラーが自動化されたシステムの処理と故障を区別できるように、状態表示を行う必要がある。ある原子力発電所において、オペレーターに警報を通知するアナログ部品が、同じ機能を持つデジタルコンポーネントに置き換えられた。このとき、「同種交換（like for like）」なので安全分析は必要ない、という議論があった。しかしながら、機能的な振る舞いは同じでも、故障の振る舞いが異なる可能性があるとは、誰も考えなかった。以前のアナログの警報通報機が故障したときには画面は真っ白になったので、人間のオペレーターにも故障したことがすぐにわかった。ところが、新しいデジタルシステムが故障すると画面がフリーズしてしまい、オペレーターにはすぐにはわからなくなった。そのため、警報システムが動作していないという重要なフィード

バックが遅れてしまった。

　自動化のコントローラーにとっては、事象がないことの検出は比較的容易であるが（たとえば、ウォッチドッグタイマー（watchdog timers、訳注：システムが機能し続けていることを確認するためのタイマー）を使用することができる）、人間にとっては、そのような検出は非常に困難である。信号、読み取り、重要な情報の欠落は通常、人間にはすぐにはわからないものであり、欠落した信号がプロセスの状態の変化を示していることを認識できない可能性がある。たとえば、2009年にアムステルダムのスキポール（Schiphol）空港で発生したトルコ航空TK1951便の事故では、パイロットは重要なモード変更がないことに気づかなかった[52]。設計では、重要なシグナルの欠落を記録し、人間がそれに気づくことを確実なものにしなければならない。

　テストや保守のために安全インターロックを解除している間、その状態はオペレーターやテスト担当者に示されるべきである。設計においては、通常動作の再開を許可する前に、インターロックがもとに戻されたことを確認するよう要求すべきである。NASAが設計していたある打ち上げ制御システムでは、オペレーターが警報を一時的に解除することが可能であった。しかし、ディスプレーには警報が解除されたことを表示するようにはなっていなかった。もしシフト交代で別のオペレーターがその持ち場を引き継いだ場合には、その新しいオペレーターは、警報が鳴らないことを知る術がなかったことになる。

　オペレーターが、プロセスを効率的かつ安全にコントロールするために必要な情報をすぐには得られない場合、コントローラーはコントロール対象のシステムの状態に関する仮説をテストするために試行を行うことになる。このようなテストが危険につながる可能性があるならば、単に禁止するのではなく、オペレーターが仮説をテストするための、安全な方法を提供する必要がある。そのような便宜は、緊急事態を処理する際にさらなる利益をもたらすであろう。

　緊急時のフィードバックの問題は、外乱によりセンサーが故障する可能性があるため、複雑なものとなる。コントローラー（あるいは自動化されたシステム）が利用できる情報は、外乱が進むにつれてますます信頼性が低くなる。安全上重要な情報を確認するための代替手段が提供されるべきである。それだけではなく、設計者が想定していない追加情報をヒューマンコントローラーが取得するための方法も提供する必要があるだろう。

　意思決定支援は慎重に設計する必要がある。ヒューマンコントローラーを支援する目的で自動化されたシステムは、（フィードバックに加えて）フィードフォワード情報も提供するかもしれない。予測ディスプレーでは、プロセスパラメーターの現在の状態や値を示すのと同様に、高速シミュレーション、数学モデル、そして特定のコントロールアクションの影響や何もしなかった場合の外乱の進行を予測する他の分析方法を通して、1つ以上の将来の状態をオペレーターに示す。

　間違ったフィードフォワード情報は、プロセスの混乱や事故につながる可能性がある。人間は、自動化の支援に依存するようになり、エラーがほとんど発生しないと、自動化のアドバイスが妥当かどうかを確認しなくなることがある。一方で、システムの将来のすべての状態も合わせて、プロセス（コントロールアルゴリズム）が本当に正確に決めておけるのであれば、それは自動化されるべきである。自動化の導入に際しては、通常は人間をシステムに残しておく。人間は、条件が変化したり、元のモデルやアルゴリズムに誤りが見つかったりした場合に、プロセスモデルやコントロールアルゴリズムを変更できるからである。予測ディスプレーのような自動化による支援は、オペレーターの自信過剰と自己満足、ひいては過度な依存につながるかもしれない。人間は、時間が経ち、期待から外れることがほとんどなくなると、自分自身の知的な（mental）予測やチェックをやめてしまう可能性がある。そうなると、オペレーターは意思決定支援に依存するようになるのである。

安全主導設計　　　　　　　　　　　　　　　　　　　　　　　　　　　　　　　　　　　　　247

　意思決定支援を使用するのであれば、支援の名の下にオペレーターの役割を奪うのではなく、過度な依存を減らし、オペレーターのスキルと動機を支援するように設計する必要がある。意思決定支援では、要求されたときだけ支援を提供し、その使用が日常化しないようにするべきである。人々に対して、緊急時の意思決定や、自動化による誤った決定の検出を期待するのであれば、彼らは常に意思決定を実践する必要がある。

障害と故障の検出

　フィードバックの第2の用途は、コントロール対象のシステムにおける障害と故障を検出することである。コントロール対象のシステムには、物理的なプロセスや、コンピューターのあらゆる制御とディスプレーが含まれる。もしオペレーターに対して、コンピューターや自動化された意思決定を監視することを期待するのであれば、コンピューターはオペレーターが付いてこられる方法と速度で意思決定をしなければならない。そうしなければ、オペレーターは、監督しているシステムの障害と故障を確実に検出することはできない。さらに、監督者が自動化に対する信頼を失うと、飛行機の自動着陸の重要な瞬間など、ハザードとなり得る状況下で自動運転を中断してしまうかもしれない。人間の監督者は、自動化のシステムが適切に修正していることをディスプレーで確認できれば、たとえ大きなコントロールアクションを引き起こすような外乱があったとしても、不適切な介入をする可能性は低くなる。

　オペレーターが危険な状態を予期したり検出したりするためには、システムの進捗と動的な状態を監視できるように、プロセスの状態についての継続的な更新が必要である。人間の能力では長時間にわたって監視を行うことは難しいため、先に議論したように、何らかの形でタスクに関与させる必要がある。可能であれば、システムの失敗がわかりやすいように、あるいは上品な劣化（graceful degradation、訳注：機能不全の際に、影響を限定的にすること）が監督者にわかるように、設計されるべきである。

　安全上重要なコンポーネントや状態変数についてのステータスは強調表示し、コントローラーに対して曖昧性なく完全に提示する必要がある。ヒューマンコントローラーが監視している自動化のシステムにおいて非安全な状況が検出された場合、ヒューマンコントローラーは、どのような異常が検出されたか、どのようなアクションがとられたか、また、現在のシステム構成がどうなっているかを知らされる必要がある。ハザードにつながる可能性のある故障のオーバーライド（overrides、訳注：無効化）やステータスデータの消去は、すべてのデータが表示されるまで許可されるべきではないし、オペレーターがそれを見たことを確認するまでは、おそらく許可されるべきではない。システムにおけるある一連の障害は、単独の発生であれば安全にオーバーライドできるかもしれないが、複数の障害が発生した場合にはハザードを引き起こす可能性がある。そのような場合、オーバーライドの指示を出したりステータス表示をリセットしたりする前に、監督者に安全上重要な障害をすべて認識させる必要がある。

　警報は、出さなければ気づかないようなプロセス内の事象や条件を、コントローラーに警告するために使用される。そして警報は、確率の低い事象に対しては特に重要である。しかし、警報を使いすぎると、例外による管理、過負荷、不信反応（incredulity response、訳注：多くの誤報が発生した後、警報を信じないで無視する反応）につながる可能性がある。

　オペレーターが、警報シグナルを待ってからアクションを起こすという例外による管理の戦略の採用を、奨励したり守らせたりするようなシステム設計は危険になり得る。この戦略では、オペレーターは、プロセス状態における早期警告シグナルや、プロセス状態の傾向を探すことによって混乱を避けることができない。

　短時間で多数のシステム変数をチェックできるコンピューターを使用することにより、警報の追加や

大量の警報の設置が容易になった。このようなプラントでは、警報が頻繁に発生するのが普通であり、1時間に5回から7回発生することもある[196]。オペレーターは多数の警報を認識しなければならないため、特に緊急時には、ほかの作業をする時間をほとんど持てないかもしれない[196]。スリーマイル島（Three Mile Island：TMI）の公聴会において、交代勤務監督者（shift supervisor）は、制御室では警報点灯が52個以下のことはなかったと証言している[98]。TMI事故では、100個以上の警報灯が制御盤で点灯し、それぞれが異なる機能不全を警告していたが、順序やタイミングに関する情報はほとんど提供されなかった。TMIでは非常に多くの警報が発生していたため、コンピューターからの印刷は事象の発生から何時間も遅れ、そして、ある場所で詰まっていたために有用な情報が失われた。ブルックス（Brookes）は、オペレーターは現時点での判断のためにリアルタイムの警報情報が必要になると、履歴情報を破棄するために警報を抑制するのが一般的であると主張している[26]。警報が多すぎると、混乱と信頼の欠如につながり、警報の原因となった問題に対するオペレーターによる是正が妨げられ、まさに間違った対応を引き起こしてしまうのである。

　また、警報に関連するもう1つ別の現象として、多くの誤報が発生した後、警報を信じないで無視する不信反応がある。問題は、極端な措置を避けるために警報を早期に発するには、警報を出す基準値を望ましい運用レベルに近いところに設定しなければならないということである。運用上の範囲にかなり幅のある動的なプロセスでは、この目的を達成することは難しく、偽の警報の問題につながる。また、統計誤差や測定誤差もこの問題に拍車をかけている。

　警報管理については、特に原子力の分野で多くのことが書かれており、外乱と警報の高度な分析システムが開発されている。警報システムを設計する者は、そのようなシステムに関する最新の知識に精通している必要がある。以下に少しではあるが、簡単な指針を示す。

- **偽の警報は最小限にとどめる**：この指針は、過負荷と不信反応を低減する。

- **正常な計器と故障した計器を区別するためのチェックを提供する**：応答時間が重要ではない場合、ほとんどのオペレーターは警報の妥当性をチェックしようとする[209]。この妥当性の確認を迅速かつ正確に行うことができて、気を散らす原因とならないような形で情報を提供することで、オペレーターが適切に行動する確率が高まる。

- **警報システム自体のチェックを提供する**：オペレーターは、問題が警報にあるのか、システムにあるのかを知らなければならない。アナログ装置では、煙探知機の「テスト用ボタン（press to test）」、あるいは照明付き計器の電球をテストするボタンなど、簡単なチェックを行うことができる。コンピューターに表示される警報はチェックが難しく、チェックには通常、何らかのハードウェアを追加するか、コンピューターを通さない冗長的な情報が必要である。警報分析システムでは、警報をチェックし、主原因とそれに関連した影響を表示することが、複雑さをもたらすことがある。オペレーターは、これらのシステムに必然的に含まれる複雑なロジックに対して、妥当性チェックを実行できないかもしれず、これが過度な依存につながる[209]。ウィーナー（Weiner）とカレー（Curry）はまた、自動化された警報分析においては優先度が常に適切であるとは限らず、オペレーターはその事実を認識できないかもしれないことを懸念している。

- **日常的な警報と安全上重要な警報を区別する**：聴覚的な合図やメッセージの強調表示などの警報の形態によって、度合いや緊急性を示さなければならない。警報は、どれが最も優先度が高いのか、分類されるべきである。

- **事象や状態の変化に関する時間的な情報を提供する**：適切な意思決定を行うには、事象のタイミン

グや順番に関する知識が必要な場合が多い。しかし、システムは複雑であり、もともと埋め込まれているサンプリング間隔による時間的な遅れもあるため、条件や事象に関する情報は必ずしもタイムリーではなく、実際に事象が発生した順序で表示されるとも限らない。複雑なシステムは、監視する変数のサンプリング頻度が異なるように設計されることがよくある。ある変数は数秒おきにサンプリングされ、別の変数は数分単位で測定されるかもしれない。サンプリング期間内に取り消された変化は記録されない可能性がある。事象は、順序と時間の両方において、その状況から切り離される可能性がある[26]。

- **必要な場合は是正措置を要求する**：多くの理解されていない、ときには矛盾する情報に直面したときには、人間はまず何が問題になっているのかを突き止めようとする。システムを救おうとするのに熱中しすぎて、復旧作業を断念するまでに時間が掛かりすぎることもある。あるいは、理解できない警報や、安全上重要でないと思われる警報を無視することもある。システム設計では、オペレーターが是正措置をとらなかったり、中断された動作の完了に必要な後続のアクションを実行しなければ、安全上重要な警告を解除できないようにする必要があるかもしれない。複数の患者に大量に過剰照射した線形加速器であるセラック25では、エラーメッセージが表示された後、オペレーターが1つのキーを押すだけで5回の治療を続行できてしまっていた[115]。安全上重要なエラーと、それ以外のエラーの区別がされていなかった。

- **どの条件が警報の原因であるかを表示する**：複数のモードを持つシステム設計や1つのモードに対して複数の条件で警報を発生させるシステム設計の場合、どの条件が警報の原因となったのかを明確に表示する必要がある。セラック25では、あるメッセージが、放射線量が低すぎる、あるいは高すぎることを意味していたが、どちらのエラーが発生したのかについてはオペレーターに情報を提供していなかった。一般的に、警報の原因を見極めることは難しいかもしれない。複雑で緊密に結合したプラントでは、最初に警報が作動した地点が、実際に障害が発生した地点から遠く離れているということがある。

- **例外による管理につながる可能性がある場合は、警報の使用を最小限にとどめる**：米国政府のある報告書では、航空機の乗務員や地上支援員から自発的に報告された何千ものニアミス事故を調査した後に、一部の長距離飛行を除き、高度警告シグナル（聴覚的な音）を無効にするよう推奨した[141]。調査員は、このシグナルが乗務員の高度認識を低下させ、1万フィートで水平飛行するのではなく、たとえば、警報が鳴るまで航空機が上昇あるいは下降を続けるといった、オーバーシュートを頻繁に招いたことを発見した。このようなオーバーシュートに関する研究では、乗務員が最も注意を払う悪天候時には、オーバーシュートはほとんど発生しないことが指摘されている。

フィードバック処理の堅牢性

フィードバックは安全性にとって非常に重要であるため、フィードバック・チャネルに堅牢性を設計する必要がある。外乱によってセンサーが故障する可能性があるため、緊急時のフィードバックの問題は複雑になる。コントローラー（または自動化されたシステム）が利用できる情報は、外乱が進むにつれてますます信頼性が低くなる。

故障に備える方法の1つは、安全上重要な情報を確認するために、代替となる情報源や代替手段を提供することである。また、特定の状況下で必要になることを設計者が予見していなかった追加の情報を、オペレーターが入手することも有用である。コントロール対象のシステムの動作やそれが動作する環境、コントローラーに必要な情報について、設計者が誤った想定をしたために、緊急事態が発生して

しまう可能性もある。

　自動化のコントローラーが、コントロール対象のシステムの状態に関する情報しか提供しないのであれば、自動化を監督するヒューマンコントローラーは、ほとんど管理監督（oversight）を行うことができない。人間の監督者は、完全な無効状態のような少数の故障モードの場合を除き、障害と故障を検出するための独立した情報源にアクセスできなければならない。シャイアンマウンテン（Cheyenne Mountain）にある NORAD 本部の指揮統制（command and control）警報システムに関わるいくつかのインシデントでは、コンピューターが間違った情報を与えられ、米国が核攻撃を受けていると思い込んでしまったという状況が関わっていた。人間の監督者は、警報センサー（衛星とレーダー）に直接接触することで、コンピューターが間違っていることを確認することができた。この直接の接触により、センサーが動作中であり、ミサイルが飛んでくる証拠を受け取っていないことが示された[180]。もし人間が、センサーに関する情報を、間違った情報を持つコンピューターからしか得ることができなければ、エラー検出は不可能であっただろう。しかし、このようなセンサーからの直接入力（訳注：前文の「直接の接触」を指す）の多くは、コンピューターによる表示だけが必要であるという間違った信念のもとに、取り去られつつある。

　重要な点は、監視に使われる情報が監視対象から独立していなければ、自動化に対する人間の監督者は自動化のパフォーマンスを監視することができないということである。コンピューターディスプレーが故障した場合や、ソフトウェアのプロセスモデルが間違っている場合に備えて、代わりの情報源を提供する必要がある。もちろん、機能不全に対処するための道具は、機能不全によって使用不能になってはならない。つまり、共通の原因による故障は、排除またはコントロールしなければならない。故障のコントロールの例としては、DC-10 型機の主翼から 1 つのエンジンとパイロン（pylon、訳注：エンジンやミサイルを取り付けるための支柱）が外れ、前縁スラット（leading edge slats、訳注：翼の前縁の一部を押し出すことにより揚力を増やす高揚力装置）を制御するケーブルと、4 本の油圧ラインが切断されたことがある。これらの故障により、スラット不一致シグナル（訳注：スラット状態が左右非対称の場合に点灯）や失速警告灯を含むいくつかの警告シグナルが無効となってしまった[155]。もしスラットが格納されていたことを乗務員が知っており、失速の可能性が警告されていれば、その航空機を救うことができたかもしれない。

ヒューマンコントローラーへのフィードバック表示

　コンピューターディスプレーは、ヒューマンコントローラーにフィードバック情報を提供するために、今やいたるところで見られるようになり、その設計に対する不満も増えている。

　多くのコンピューターディスプレーは、提供するデータが多すぎる（データオーバーロード）ため、ヒューマンコントローラーは、大量のデータの中から必要なものを探し出さなければならないという批判がある。そして、別の場所にある情報の統合が必要な場合もある。ベインブリッジは、オペレーターは、現在考えている以外のプロセスの部分の異常状態に関する情報を得るために、ディスプレー間を行き来する必要はなく、また、たった 1 つの判断プロセスに必要な情報のために、ディスプレー間を行き来する必要もないはずだと提言している。

　このような設計上の問題を排除することは難しいが、ハザード分析と組み合わせてタスク分析を行うことで、より良い設計の助けとなる。それは、1 つの判断プロセスに必要なすべての情報を同時に表示する、よく使うディスプレーを中央に配置する、タスク分析で得られた情報を使って情報のディスプレーをグループ化するというような設計である。また、情報の表示に別の表示方法を用いたり、必要な情報を簡単に要求できるようにすることも有効であろう。

コンピューターディスプレーの設計方法については、これまでにも多くのことが書かれてきたが、いまだに多くのディスプレーがうまく設計されていないようである。このような設計の難しさは、やはり矛盾するものが存在し得るという問題にある。たとえば、ユーザーへの情報提供は、直感的には、素早く簡単に解釈できる形で支援するのがよいと思われる。迅速な対応が必要な場合には、この考えは正しい。しかし、心理学的な研究では、意味を理解するための認知処理が、より良い情報の記憶につながるという説もある。つまり、オペレーターの側に思考や作業をほとんど必要としないディスプレーは、異常な状況で必要とされる知識や思考スキルの習得を支援しない可能性がある[168]。

繰り返しになるが、設計者は、ディスプレーを使うユーザーがどのようなタスクを実行しているのかを理解する必要がある。安全性を高めるには、情報がどのように使われるのか、どのようなディスプレーがヒューマンエラーを引き起こす可能性があるのかについて、わかっていることをディスプレーに反映させる必要がある。情報の表示方法を少し変えるだけでも、パフォーマンスに劇的な効果がある。

本項の残りの部分では、安全性のために特に重要ないくつかの設計指針だけに絞って説明する。より詳細な情報については、ディスプレー設計に関する標準的な文献を参照されたい。

安全性に関する情報は、安全性以外の情報とは区別して強調表示するべきである。また、安全インターロックが解除されている場合は、その状態をディスプレーで表示する。同様に、安全性に関する警報が一時的に抑制されるのが妥当な場合がある。抑制すれば、オペレーターは追加の警報に邪魔されることなく問題に対処できるが、その抑制状態はディスプレーに表示されるべきである。警告ディスプレーは簡潔かつシンプルにする。

よくある間違いは、コンピューターがデジタル装置だからといって、情報ディスプレーをすべてデジタル化することである。アナログディスプレーは、人間が処理する上で非常に大きな利点がある。たとえば、人間はパターン認識に優れているので、スキャニング可能なディスプレーを提供し、オペレーターがパターン認識によってフィードバックや問題点を診断できるようにすれば、人間のパフォーマンスを向上させることができる。また、多くの情報は、パターン化することで比較的容易に理解できる。

人間が絶対値を要求しない限り、絶対値の表示は避ける。デジタル数値が上下しても、事象や傾向などの変化には気づきにくい。これに関連した指針としては、判断のための基準を提供することが挙げられる。たとえば、ディスプレーのユーザーは、絶対値ではなく、限界を超えている、あるいは限界以下であるという事実だけが必要な場合がよくある。アナログの目盛り盤で値を示し、限界値を示すための基準があれば、エラーになりやすく余計なユーザー処理の量を最小限に抑えることができる。全体的な目的は、ディスプレーのユーザーが意思決定やプロセスモデルの更新に必要な情報を得るための、余計な精神的な処理の必要性を最小限に抑えることである。

もう1つの典型的な問題は、ユーザーが、コンピューターディスプレーを順次要求し、アクセスしなければならない場合に発生する。これは、オペレーターに多大な記憶を要求し、難しい意思決定タスクにマイナスの影響を与える[14]。従来の計装機器では、常にすべての処理（process）情報がオペレーターに提供されており、コンソールを一目見るだけで、処理の状態の全体像を把握できていた。詳細読み取りが必要となるのは、正常な状態からの逸脱が検出された場合のみであった。新しい方式であるコンピューターコンソール上の処理概観（process overview）のディスプレーは、処理に時間がかかる。つまり、ある範囲の処理に関する追加情報を得るためには、オペレーターはディスプレーを意識的に選択しなければならない。

スウェーネンバーグらは、プロセス産業におけるコンピューターディスプレーの研究において、ほとんどのオペレーターが、コンピューターディスプレーは従来の並列インターフェースよりも操作が難しく、特に処理状態を概観することが困難だと考えていることを明らかにした。さらに、オペレー

は、コンピューター上の概観のディスプレーが、タスクの変化に関する最新情報を提供するのに限界があると感じており、その代わりに、監督タスクのために、グループ（group）ディスプレーに大きく依存する傾向があった。研究者は、グループディスプレーは、異なる処理変数（測定値、設定値、バルブ位置など）を適度に詳細に表示するものであり、明らかにオペレーターが望むデータを提供していると結論づけている。逐次的に表示される情報では、外乱の成り行きを追跡することが非常に困難である[196]。ここで学んだ1つの一般的な教訓は、ディスプレー設計の決定には、システムのオペレーターが関わる必要があるということである。設計者は、実装が最も簡単になる設計や、美的感覚を満足させる設計だけを行うべきでない。

　ソフトウェア設計者は、創造性や独自性を追求するのではなく、オペレーターが慣れ親しんできた標準的なディスプレー、それも多くの場合、優れた心理学的な理由から開発されたディスプレーを、可能な限り真似するべきである。たとえば、アイコンは標準的に解釈できるものを使用すべきである。システム設計者はアイコンを気に入っていることがよくあるが、研究者は、ユーザーがアイコンにいらいらしていることを発見した[92]。たとえば、航空管制官は、新しいディスプレー上の方向を示す矢印のアイコンは役に立たないと感じ、数字を好んでいた。もう一度言うが、経験豊富なオペレーターを設計プロセスに参加させ、現在のアナログディスプレーがなぜそのように開発されたのかを理解することは、こうした基本的なタイプの設計エラーを回避するのに役立つ。

　人間による解釈と処理を強化する優れた方法は、プラントやシステムの物理的なレイアウトを真似して制御盤を設計することである。たとえば、グラフィカルなディスプレーでは、配管図や原料の流れの中でバルブの状態を示すことができる。また、変数のプロットを表示し、重要な関係を強調表示できる。

　コンピューターディスプレーのグラフィック能力は、従来の計装を改善するための刺激的な可能性をもたらす。しかし、設計は心理学の原則に基づく必要があり、複雑なプロセスを運用したこともない設計者の興味だけに基づいてはならない。リー（Lees）が提案しているとおり、オペレーターのタスクと問題に対する考慮事項を出発点にするべきであり、ディスプレーはタスクと問題に対する解決策として発展させるべきである[110]。

　設計プロセスへのオペレーターの入力や広範なシミュレーションとテストは、利用に適したコンピューターディスプレーの設計に役立つ。全体的な目的は、プロセスモデルの更新における人間の精神的な作業負荷を減らし、フィードバックを解釈する際のヒューマンエラーを減らすことである。そのことを忘れないでほしい。

9.5　まとめ

　本章では、STPAを使用した安全主導設計プロセスと、安全設計の基本原則をいくつか説明した。このテーマは重要なものであり、特にヒューマンコントローラーを対象とした安全なシステムの設計に関しては、まだまだ学ぶべきことがある。コンピューターシミュレーションと相互に作用するオペレーターに主に頼るのではなく、熟練した経験豊富なオペレーターを設計プロセスの最初から参加させることは、高度なヒューマンタスク分析を行うことと同様に有効であろう。

　第6章で示したとおり、次の章では、第3部でここまで記述してきた本質的に異なる知識やテクニックをシステム工学のプロセスに統合し、安全を最初から設計プロセスに組み込む方法について説明する。

第10章 システム工学への安全の統合

これまでの章では、「より安全な世界を実現するためのエンジニアリング（engineering a safer world）」の解決策の個々の断片を提供してきた。本章では、これらの断片を組み合わせて、システム工学（system engineering）のプロセスに安全を組み込む方法を示す。本章では、1つだけのプロセスを提案しているわけではない。安全は、あらゆるシステム工学のプロセスの一部でなければならない。

複雑なシステムの開発と運用の活動を統合するつなぎ役は、仕様書（specification）と安全情報システム（safety information system）である。複雑なシステムで創発される特性を扱うには、コミュニケーションが重要である。今日のシステムは、数百人、ときには数千人のエンジニアによって設計・構築され、さらに数千人、数万人の人々によって運用される。システムの振る舞いに安全制約を課すためには、システムの開発、運用、保守、リエンジニアリングのいずれにおいても、意思決定に必要な情報が適切なタイミングで適切な人に提供されることが必要である。

本章では、まず仕様書の役割について考察し、複雑なシステムを仕様化するための基礎として、システム理論がどのように利用できるかを説明する。そして、システム設計や開発において、どのようにコンポーネントを組み合わせていくかについての例を紹介する。第11章と第12章では、事故やインシデントから最大限の学びを得る方法と、運用上の安全制約を課す方法について取り上げる。第13章では、安全情報システムの設計について考察する。

10.1 仕様書の役割と安全情報システム

過去の単純な電気機械的なシステムの開発では、エンジニアは最小限の仕様書で済んだかもしれないが、今日私たちが作ろうとしている規模の複雑なシステムの開発を成功させるためには、仕様書が重要な意味を持つ。仕様書はもはや単なる情報保管の手段ではなく、システム工学のプロセスにおいて能動的な役割を果たすべきものである。そして仕様書は、増大する複雑性に対処するために、私たちの知的能力を拡張する重要なツールである。

仕様書は、システム安全工学のプロセス、および時間の経過に伴うシステムの安全な運用、進化、変化を反映し、サポートするものでなければならない。また仕様書は、ハザードと安全に関する論理的な考察（reasoning）、ハザードを除去したりコントロールするためのシステム設計、システム開発の初期段階から各段階での検証（進化するシステムが望ましい安全レベルを持つかどうか）を実施するために、記法や技術の使用をサポートする必要がある。その後、仕様書は運用を支援し、時間の経過とともに変化していく必要がある。

仕様記述言語は、システム要求分析、ハザード分析、設計、レビュー、検証と妥当性確認、デバッグ、運用での利用（operational use）、保守と進化（持続）に関わるさまざまな問題解決の活動における人間のパフォーマンスを助ける（または妨げる）ことができる。そのために、次のような能力を向上させる表記法やツールを用意している。

(1) 特定の特性について論理的に考える。

(2) 特定の特性を達成するためにシステムおよびソフトウェアを構築する。

(3) システム開発の初期段階から各段階において、進化するシステムが望ましい品質を備えていることを検証する。

また、システム、特にソフトウェアコンポーネントは絶えず変化し、進化していくものなので、当初検証した特性における確実性を損なうことなく、変更可能な設計と進化を支援する仕様書が必要である。

ハザードとその解決策を文書化して追跡することは、効果的な安全プログラムの基本的な要求である。しかし、単に安全エンジニアがハザードを追跡し、ハザードログを管理するだけでは十分ではない。つまり、ハザードからシステム工学のプロセスに情報を導出しなければならず、その情報は、システム設計と運用の際の意思決定に影響を与えるような方法で、明記および記録されている必要がある。このような影響を与えるには、エンジニアが要求する安全に関する情報が、エンジニアリングの安全に関する意思決定が行われる環境に統合されている必要がある。エンジニアが大量のハザード分析情報に目を通し、それを容易に、作業中の特定のコンポーネントに関連付けることはまず不可能である。システム安全エンジニアが作成した情報は、システム設計者、実装者、保守担当者、およびオペレーターが、より安全な意思決定を行うために、必要な情報を容易に見つけられるような方法で提示されなければならない。

安全に関する情報は、システム設計時に重要なだけではなく、人々が学び、日々の仕事に生かし、プロジェクトのライフサイクルを通して活用できる形で提示する必要がある。初期設計期間が終了した後に行われた変更により、防止可能な事故が発生するケースが非常に多くなっている。事故は、時間の経過に伴うシステム自体やその環境の変化により、当初のハザード分析の基本的な想定が成り立たなくなることによって、安全な設計が非安全なものとなった結果であることが多い。明らかに、これらの想定は記録され、変化が生じたときに容易に取り出せるようになっていなければならない。複雑なシステムでは、安全な意思決定をするために必要なすべての情報を頭の中に入れておくことができないため、優れた文書が最も重要である。

システム安全工学と運用において人間を支援するために、どのような仕様書が必要だろうか。各段階における設計上の決定は、目標と制約を満たすために導出されるものであり、それらに対応付けられなければならない。そして、それ以前の決定と合わせて、プロセスの後の工程に対応付けられ追跡されていく。その結果、高レベルの要求からコンポーネントの要求、設計や運用上の手順に至るまで、シームレスで大きなずれのない記録となるはずである。設計上の決定の論理的根拠は、システム設計のレビューや変更を行う者が容易に検索できる方法で記録される必要がある。また、仕様書は、設計案の選択と設計プロセスの結果の検証に使われる、さまざまなタイプの形式的・非形式的な分析を支援しなければならない。最後に、仕様書は、コンポーネント機能およびそれらの間のインターフェースの協調設計を支援する必要がある。

仕様記述言語で使用される表記法は、読みやすく、学習しやすいものでなければならない。仕様書のユーザーが作り出したメンタルモデルに近い表記法やモデル、専門分野の標準的な表記法を用いることで、ユーザビリティーが向上する。

仕様書の構造も、ユーザビリティーには重要である。この構造によって、必要な情報を適切なタイミングで取り出す能力が高まったり、制限されたりする。

最後に、仕様書は、その仕様書のユーザーの問題解決戦略を制限すべきではない。人によって問題解決のための戦略が異なるということだけではなく、最も効果的に問題を解決する者は頻繁に戦略を変化させることがわかっている[167, 58]。専門家は、特定の戦略に従うことが難しくなった場合、また、

システム工学への安全の統合   255

目的やサブゴール、あるいは特定の戦略を使用するために必要な精神的作業量を変える新しい情報を得た場合に、問題解決の戦略を切り替える。その戦略が、ツールによって制限されることがよくある。ツールは大抵、ツール設計者の好みの戦略を実装しており、その結果、仕様書が支援する問題解決の戦略を制限してしまうのである。

　これらの原則を実装する１つの方法として、**インテント仕様**（intent specification、訳注：インテント（意図）や設計上の論理的根拠に関する情報を明示した仕様書）[120]を用いる方法がある。

10.2　インテント仕様

　インテント仕様は、システム理論、システム工学の原則、および人間の問題解決とそれを強化する方法に関する心理学的研究に基づいている。その目的は、複雑な問題への人間の対処を支援することである。インテント仕様を直接実装する商用ツールも存在するが、インテント仕様の特性を実装できる仕様記述言語やツールであれば、どのようなものでも利用できる。

　インテント仕様と標準仕様の違いは、内容ではなく、主に構造にある。つまり、インテント仕様は、詳細仕様に一般的に見られない、余分な情報を含むわけではない。情報の位置を特定し使用できるように、すでにわかっている方法で単に整理するだけである。複雑なシステムの多くには膨大な量の文書があるが、その多くは冗長性や矛盾を含んでおり、時間の経過に伴う変化により急速に劣化していく。ときには重要な情報が欠落していることもある。特に、なぜそのようにしたのか、つまりインテントや設計上の論理的根拠に関する情報が欠落していることがある。変更が安全性に悪影響を及ぼすかどうかを判断しようとすると、そもそも可能だったとしても、通常莫大な費用がかかる。また、すでに実施されたはずの分析や作業が記録されていなかったり、必要なときに簡単に位置を特定できなかったりするため、その分析や作業をやり直すことになる場合もよくある。インテント仕様は、このような問題を解決するために設計されたものである。設計の論理的根拠、安全分析結果、システム設計と妥当性確認の基礎となる想定（assumptions）は、別々の文書に保存されるのではなく、システム仕様とその構造に直接統合されるので、意思決定に必要なときには情報が手元にあるわけである。

　インテント仕様の構造は、システム理論（第３章参照）における階層の基本概念に基づいている。複雑なシステムは、組織のレベルの階層によってモデル化され、各レベルは下位レベルのコンポーネントの自由度に制約を課している。それぞれ異なるレベルでは、異なる記述言語が適切である場合がある。図10.1にインテント仕様の７つのレベルを示す。

　インテント仕様は、インテントの抽象化、部分と全体の抽象化、洗練化の３つの軸で構成される。これらの軸は、人間がナビゲートする問題空間を構成する。部分と全体の（水平軸に沿った）抽象化と（各レベル内の）洗練化により、ユーザーは各レベルやモデル内で視点の詳細度を上げ下げして、注目する焦点を変えることができる。垂直の軸は、問題が検討されているインテントレベルを指定する。

　各インテントレベルには、環境、人間のオペレーターやユーザー、物理的および機能的なシステムコンポーネントの特徴、そしてそのレベルに対する検証と妥当性確認のアクティビティの要求と結果に関する情報が含まれる。安全性に関する情報は、個別の安全ログで管理するのではなく、各レベルに組み込まれるが、容易に位置が特定でき、レビューできるように互いにリンクされている。

　垂直のインテントの軸は、７つのレベルを持っている。各レベルは、異なる視点から見たシステムの異なるモデルを表し、そのレベルに関する異なるタイプの論理的な考察を支援する。洗練と分解がなされるのは、レベル間というよりも仕様の各レベルの中においてである。各レベルでは、「何を」「どのように」だけでなく「なぜ」、つまり、安全性の考慮事項を含む設計上の決定の背景にある、設計の論理

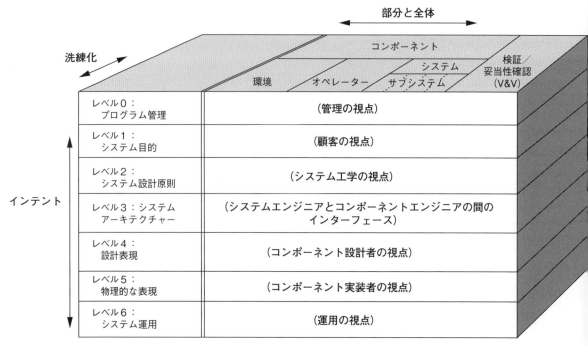

図10.1 インテント仕様の構造

	環境	オペレーター	システムとコンポーネント	V&V
レベル0 プログラム管理	プロジェクト管理計画、ステータス情報、安全計画、など			
レベル1 システム 目的	想定 制約	責務 要求 I/F 要求	システム目標、高レベルの 要求、設計制約、制限	予備的 ハザード分析、 レビュー
レベル2 システム 設計原則	外部 インター フェース	タスク分析 タスク割り当て コントロール、 ディスプレー	論理的な原則 コントロールの法則 機能分割と割り当て	妥当性確認計画 と結果、システム ハザード分析
レベル3 ブラック ボックス モデル	環境モデル	オペレータータスク モデル HCI モデル	ブラックボックス機能モデル インターフェース仕様	分析計画と結果、 サブシステム ハザード分析
レベル4 設計表現		HCI 設計	ソフトウェアとハードウェア の設計仕様	テスト計画 および結果
レベル5 物理的な 表現		GUI 設計、 物理的な コントロール設計	ソフトウェアコード、 ハードウェア実装指示	テスト計画 および結果
レベル6 運用	監査手順	オペレーターマニュアル 保守 訓練教材	エラー報告、 変更要求、など	性能監視と監査

図10.2 インテント仕様に含まれる情報の一例

的根拠とその理由についての情報を提供する。

インテント仕様の各レベルに含まれる可能性のある情報の例を、図10.2に示す。

最上位レベル（レベル0）は、プロジェクト管理の視点と、インテント仕様のほかの部分へのリンクを通じて、計画とプロジェクト開発のステータスとの関係についての洞察を提供する。このレベルには、プロジェクト管理計画、安全計画、ステータスの情報などが含まれるだろう。

レベル1は顧客の視点であり、何を構築すべきか、また、後にそれが達成されたかどうかについて、システムエンジニアと顧客が合意するのを支援する。これには、目標、高レベルの要求と制約（物理的な要求と制約およびオペレーターへの要求と制約の両方）、環境の想定、事故の定義、ハザード情報、システムの制限（limitations）が含まれる。

レベル2はシステム工学の視点であり、システムエンジニアが、システム設計の基礎となる物理的な原理とシステムレベルの設計原則の観点から、システムを記録し論理的に考えることを支援する。

レベル3は、システムアーキテクチャーを特定し、システムエンジニアとコンポーネントエンジニアまたは請負業者との間の明確なインターフェースとして機能する。レベル3では、レベル2で定義されたシステム機能を分解し、コンポーネントに割り当て、厳密かつ完全に仕様化する。ブラックボックスとして振る舞いを記述したコンポーネントモデルは、実装の詳細に気を取られることなく、システム全体の論理的設計と個々のシステムコンポーネント間の相互作用を特定し、論理的に考えるために使用することができる。

レベル3で使用される言語が形式的（厳密な定義）であれば、システムの妥当性確認において重要な役割を果たすことができる。たとえば、開発初期にシステム要求や設計エラーを識別するために、システムシミュレーション環境でモデルを実行することができる。また、システムやコンポーネントのテストデータの自動生成や、さまざまなタイプの数学的分析などに利用することも可能である。とはいえ、ブラックボックス（つまり伝達関数）モデルは、専門家が簡単にレビューできることが重要である。それは、仕様の安全性に関するエラーのほとんどは、自動化ツールや形式的な証明ではなく、専門家によって発見されるからである。

筆者とその門下生は、読みやすいが形式的かつ実行可能なブラックボックス要求仕様の言語を、FAAによる空中衝突防止装置（Traffic Alert and Collision Avoidance System：TCAS）の要求仕様の定義を支援していた際に開発した[123]。レビュアーは、表記法についての短時間の教育を受ければ、仕様書の読み方を学ぶことができる。この言語は長年にわたり改善がなされ、実際のシステムにおいて有用に使用されている。そしてこの言語は、読みやすく学習しやすいが、形式的な仕様記述言語が可能であるという実例である。他の言語でも同じ特性を持つのであれば、もちろん有効に利用できる。

次の2つのレベル（「設計表現（Design Representation）」と「物理的な表現（Physical Representation）」）では、個々のコンポーネントの設計と実装に関する問題について、論理的に考えるために必要な情報を提供する。レベル3のモデルから物理的な設計の少なくとも一部が自動生成できるのであれば、レベル4の一部は必要ないかもしれない。

最後のレベルである「運用」は、運用上のシステムの視点を提供し、開発と運用の間のインターフェースとして機能する。これは、システム運用中のシステム安全活動の設計と実行を支援する。これには、必須もしくは推奨の運用監査手順、ユーザーマニュアル、訓練の資料、保守要求、エラー報告、変更要求、過去の使用情報などが含まれる。

インテント仕様の各レベルは、システムに関する異なるタイプの論理的な考察を支援する。最も高いレベルは、システムレベルの目標、制約、優先度、およびトレードオフに関するシステムエンジニアの論理的考察を支援するものである。2番目のレベルである「システム設計原則」では、エンジニアが、

設計の基礎となる物理的な原理や法則の観点から、システムについて論理的に考えることができる。アーキテクチャーレベル（訳注：レベル3を指す）は、実装上の問題に惑わされることなく、システム全体の論理的設計、コンポーネント間の相互作用、コンポーネントが計算する機能についての論理的な考察を強化するものである。一番下の2つのレベル（訳注：レベル4とレベル5を指す）では、個々のコンポーネントの設計や実装上の問題について、論理的に考えるために必要な情報が提供される。レベル間を対応付けることで関係を表す情報が提供され、階層レベルを超えた論理的な考察と、要求から設計へのトレーサビリティーが可能になる。

関係を表す情報を提供するためには、ハイパーリンクを使用する。これにより、高レベルの要求から実装まで、またはその逆のトレースを含む、レベル内およびレベル間の論理的な考察が可能になる。その例については、本章の残りの部分を参照されたい。

インテント仕様の構造は、開発が最上位のレベルから最下位のレベルまで順に進めなければならないことを意味するものではなく、開発プロセスの最後に、すべてのレベルが完了することだけを意味している。ほとんどすべての開発は、すべてのレベルで同時に作業を行う。

システムが変化した場合、あるいは、システムが運用される環境が変化した場合、コンポーネントが別のシステムで再利用される場合には、新しい安全分析や更新された安全分析が必要となる。インテント仕様は、そのプロセスを実行可能かつ実用的なものにすることができる。

インテント仕様の例は、それらを支援する商用ツールと同様に、利用することができる[121, 151]。しかし、ほとんどの原則は、テキストエディタとハイパーリンク機能さえあれば特別なツールなしで実装できる。本章の残りの部分では、これらの非常に限定された機能のみが利用可能であることを想定している。

10.3 システムと安全を統合した工学のプロセス

合意された最良のシステム工学のプロセスというものは存在せず、おそらく1つもあり得ない。プロセスは、それが使用される特定の問題や環境に合わせる必要がある。この節では、安全工学のプロセスを、あらゆる合理的なシステム工学のプロセスに統合する方法について説明する。

システム工学のプロセスは、問題解決のための論理的な構造を提供する。簡単に説明すると、まずニーズや問題が、システムが満たすべき目標と、設計案をランク付けするための基準という観点から特定される。次に、システム総合（system synthesis）のプロセスが行われ、通常、複数の設計案が検討される。それぞれの設計案は、指定された目標と設計基準の観点から分析と評価がなされ、1つの設計案が選択される。実際には、このプロセスは非常に反復的であり、後の工程で得られた結果は、初期段階にフィードバックされ、目標、基準、設計上の決定などが更新される。

設計案は、システムアーキテクチャーの開発と分析のプロセスを通して生成される。システムエンジニアはまず、システム全体に対する要求と設計制約を開発し、次にシステムをサブシステムに分割し、サブシステムのインターフェースとサブシステムのインターフェーストポロジーを設計する。システムの機能と制約が洗練され、個々のサブシステムに割り当てられる。創発する設計は、望ましいシステム性能特性と制約に関して分析され、許容可能なシステム設計が得られるまでプロセスが反復される。

安全主導設計における違いは、設計の決定時に考慮される安全制約を生成するために、プロセス全体を通してハザード分析が使用されることである。このプロセスの最後にある基本設計は、サブシステムの実装を独立して進めることができるように、十分詳細に記述されていなければならない。サブシステムの要求と設計のプロセスは、より大きなシステム工学のプロセスのサブセットである。

システム工学への安全の統合　　　　　　　　　　　　　　　　　　　　　　259

　この一般的なシステム工学のプロセスには、特に重要な側面がある。その１つが、インターフェースへの着目である。システム工学では、各システムが物理的なコンポーネント、論理的なコンポーネント、人間的なコンポーネントなど、多様で特化したコンポーネントで構成されていても、全体を統合されたものとして捉える。その目的は、全体として統合されたときに、全体目標を達成するのに最も効果のあるシステムを提供するような、サブシステムを設計することである。今日、複雑なシステムを構築する上で最も難しい問題は、コンポーネント間のインターフェースに起因している。その一例として、高度に自動化された新しい航空機があり、これまでインシデントや事故の多くがヒューマンエラーのせいにされてきた。しかし、それよりも実際には、航空機、航空電子機器システム、コックピットのディスプレーやコントロール、そしてパイロットに課される要求などの付加的な設計に難題があることの反映である。

　第２の重要な要素は、人間と人間以外のシステムコンポーネントを統合することである。安全性と同様、ヒューマンファクターの設計と分析も、従来は別のグループが行っていた。安全を重視すべきシステムを構築するには、システムの安全性とヒューマンファクターの両方を基本的なシステム工学プロセスに統合する必要があり、これはひいてはエンジニアリング教育にも重要な意味を持つ。残念ながら、今日のほとんどのエンジニアリング教育では、安全性もヒューマンファクターも重要な役割を担っていない。

　プログラムとプロジェクトの計画においては、システム安全計画、規格、プロジェクト開発の安全コントロールストラクチャーについて、方針、手順、安全管理（safety management）およびコントロールストラクチャー、コミュニケーション・チャネルを含めて、設計する必要がある。安全管理計画については、第12章と第13章に詳細が記載されている。

　図10.3は、このような統合されたプロセスにおいて実行する必要がある活動の種類と、システム安全およびヒューマンファクターの入力と成果物を示している。標準的な妥当性確認と検証の活動は、プロセス全体を通して含まれる必要があるため、示していない。

　本章の残りの部分では、TCAS II を使用した例を示す。TCAS が適切でない場合や、十分に興味深い例を提示できない箇所では、ほかの例を適宜記述する。

10.3.1　システムの目標の設定

　システム工学のプロセスの最初のステップは、その取り組みの目標を識別することである。行き先が決まらなければ、そこにたどり着く方法も、いつたどり着いたのかも、判断することはできない。

　TCAS II は、ほとんどの民間航空機と一部の一般航空機に必要な、空中衝突の防止を支援するコンピューターである。TCAS II の目標は、以下のとおりである。

G1：米国空域システム（National Airspace System）の幅広いユーザーに対して、手頃で互換性のある衝突防止システムの選択肢を提供する。

G2：あらゆる気象条件下で、航行可能な空域（ATC の一次または二次レーダーシステムがカバーしていない空域を含む）において、また地上設備がない場合でも、他の航空機との空中衝突の可能性を検出する。

TCAS は、通常の航空管制（Air Traffic Control：ATC）システムとパイロットの「見て回避する（Sense and Avoid）」責務（responsibilities）に対する、独立したバックアップであることが意図されていた。TCAS は、周辺にいる航空機の航空管制応答機（air traffic control transponders）に問い合

システムの目標の合意
目標を達成するための制約条件を特定 ・事故（許容できない損失）を定義 ・ハザードを識別 ・システムレベルの安全・非安全制約の策定
システムアーキテクチャーの選択 ・アーキテクチャートレードオフ分析 ・予備的ハザード分析
環境に関する想定の識別
運用概念の作成 オペレーターのタスク分析の予備的な実行
目標をテスト可能で達成可能なシステムレベルの機能要求に洗練
安全制約と機能要求を洗練 ・予備的な安全コントロールストラクチャーを識別 ・STPA を実施
安全駆動型システム設計と分析を実施 ・機能要求と安全制約を満たすための、システムレベルの設計上の意思決定 ・コンポーネントの責務の明確化 ・潜在的に非安全なコントロールアクションを識別し、システムおよびコンポーネントの振る舞いに関する制約として再定義
実装（構築・製造）
システム制限の文書化
最終安全性評価の実施
安全認証
実地テスト、設置、訓練
保守とアップグレードを含む運用 ・変更分析 ・インシデントおよび事故分析 ・性能監視 ・定期監査
廃止措置

図 10.3　システムの安全性とヒューマンファクターは、典型的なシステム工学のタスク群に統合されている。標準的な検証や妥当性確認の活動は、それらが集中しがちな最終段階だけでなく、全プロセスを通して実施されることを想定しているため、示していない。

わせ、応答機の応答を待つ。TCASは、この応答を斜めの範囲と相対高度に関して分析することにより、どの航空機が潜在的な衝突の脅威であるかを判断し、適度な距離を保証するために、アドバイザリーと呼ばれる適切なディスプレイ表示を航空機の乗務員に提供する。アドバイザリーには2つのタイプがある。レゾリューション・アドバイザリー（Resolution Advisories：RA）は、パイロットに垂直方向に近いトラフィックから安全な距離をとるよう指示を与える[1]。トラフィック・アドバイザリー（Traffic Advisories：TA）回避指示は、後にレゾリューション・アドバイザリーを表示する原因となるかもしれない侵入中の航空機の位置を示すものである。

TCASは、目標がすべて安全に直結しており、安全に直接効果をもたらすために作られたシステムの一例である。しかし、システム安全工学と安全駆動設計（safety-driven design）は、安全の維持が唯一の目標ではなく、実際には人間の安全が要素にさえならないシステムにも適用できる。その例として、第7章では外惑星探査機の例を示した。別の例としては航空管制システムがあり、このシステムは、安全の目標と安全に関係しない目標（スループット）の両方の目標を持つ。

10.3.2 事故の定義

安全性に関する活動を開始する前に、事故の定義について、システムの顧客やその他のステークホルダーが合意する必要がある。この定義は、本質的には、安全性への取り組みの目的を確立するものである。

TCASの事故の定義は簡単で、関連するのは空中衝突だけである。第7章には、さらに興味深いほかの例が示されている。

基本的に、事象を事故であると特定する基準は、その損失が、設計やトレードオフのプロセスの中心的な役割を果たす必要があるほど重大であることである。第7章の外惑星探査機の例では、損失の中にはミッションの目標そのものに関わるものもあれば、別のミッションの損失や太陽系の生態系への悪影響に関わるものもある。

安全の目標間の競合、ミッション目標と安全目標の競合など、競合をどのように解決するかを示し、より低いレベルでの設計選択の指針とするために、優先度や評価基準を事故に割り当てることがある。そして、その優先度は、それぞれの事故に関連するハザードに継承され、安全に関する設計機能（design feature）へとトレースされる。

10.3.3 システムハザードの識別

事故がひととおり合意されると、そこからハザードを導出することができる。このプロセスは、システム安全（MIL-STD-882）において予備的ハザード分析（Preliminary Hazard Analysis：PHA）と呼ばれるものの一部である。ハザードログは、通常、考慮すべきハザードが識別されるとすぐに開始される。ハザードログの情報の多くは後で入力されることになるが、この時点での情報もある。

どのようなハザードを考慮するかについて、関係者全員が合意すればよいだけで、ハザードリストに正しいものも間違ったものもない。TCASの設計中に考慮されたいくつかのハザードは、第7章にリストアップされているが、便宜上ここで繰り返すことにする。

1. TCASが、異常接近（near midair collision：NMAC）を引き起こす、またはそれに関与する。異常接近は、2機の制御された航空機が最小間隔基準に違反すること、と定義されている。

---

[1] 水平方向のアドバイザリーは、もともとTCASの後のバージョンで計画されていたが、まだ実装されていない。

2. TCAS が、地面へと向かう操縦制御（control maneuver）を引き起こす、またはそれに関与する。

3. TCAS が、パイロットの航空機制御の喪失を引き起こす、またはそれに関与する。

4. TCAS が、安全性に関する他の航空機システム（例：地上接近警報）に干渉する。

5. TCAS が、地上の航空管制システム（例：応答機による地上への伝送、レーダーや無線サービス）に干渉する。

6. TCAS が、安全性に関する ATC アドバイザリー（訳注：ATC（航空管制）からの指示）（例：制限エリアや悪天候の回避など）を妨害する。

事故とハザードが識別されれば、システムと安全性を統合した工学のプロセスのための初期概念の形成（ときに高レベルなアーキテクチャー開発と呼ばれる）を開始できる。

10.3.4　アーキテクチャーの選択とシステムのトレードオフ検討への安全性の組み込み

　複雑なシステムのシステム工学の初期活動は、システム全体のアーキテクチャーの選択、またはシステム概念の形成と呼ばれることがある。たとえば、有人宇宙探査のためのアーキテクチャーには、アーキテクチャー上で可能性のある、技術、方針、運用に関連する各特徴に対するパラメーターと選択肢を持つ輸送システムが含まれるだろう。輸送船とモジュールの数とタイプや、輸送船の目的地、ドッキングとドッキング解除、軌道、輸送船の組み立て（宇宙または地球上）、輸送船の廃棄、軌道上と惑星の表面での配置など、各機体の役割と活動について、早期に決定する必要がある。技術的な選択肢としては、推進力のタイプ、自律性のレベル、支援システム（人間を輸送する場合は水と酸素）、そのほかにも多数ある。方針や運用上の選択肢には、乗組員の人数、国際投資のレベル、ミッションのタイプと期間、着陸場所などが含まれるだろう。これらの全体的なシステム概念に関する決定は、明らかにシステムの実装に先行する必要がある。

　これらの意思決定はどのように行われるのだろうか。通常、選択プロセスでは、重要なシステム特性に関して、実現可能なさまざまなアーキテクチャーを比較する広範なトレードオフ分析が行われる。当然のことながら、選択プロセスではコストが大きな役割を果たす一方、システムの安全性を含むコスト以外の特性は、大抵、開発ライフサイクルの後半で対処すべき問題として残される。しかし、初期のアーキテクチャー上の決定の多くは、安全性に重大かつ持続的な影響を与え、基本的なアーキテクチャー上の決定がなされた後では元に戻すことができない場合がある。たとえば、スペースシャトルに乗組員用の脱出システムを搭載しないという決定は、初期のアーキテクチャー上の決定であり、30 年以上にわたってシャトルの安全性に影響を与え続けている[74, 136]。チャレンジャー号の事故後、そしてコロンビア号の損失後、このアイデアは再浮上したが、当時は乗組員の脱出システムを追加する費用対効果の高い方法がなかった。

　初期のアーキテクチャー上のトレードオフプロセスにおいて、おそらく非公式の場合を除いて、安全性がほとんど考慮されない最大の理由は、安全性を分析するための実践的な方法、すなわちその時点で適用可能なハザード分析方法が存在しないためである。しかし、もし安全性に関する情報が早期に入手できるのであれば、それを選択プロセスに利用することができ、適切なアーキテクチャーの選択肢を選ぶことでハザードを除去したり、早期にハザードを緩和することができる。そのためコストは、システムのライフサイクルの後半に比べれば、はるかに低い。下流で基本設計を変更すると、開発が進むにつれてコストと混乱が大きくなる。そのため、初期のアーキテクチャーに関する評価プロセスで安全性を考慮していれば排除できていたはずの安全に対する妥協点を、受け入れざるを得ないことがよくある。

　システム構想時にハザードを識別することは比較的容易であるが、設計が入手できる前にハザードや

システム工学への安全の統合　　　　　　　　　　　　　　　　　　　　　263

過酷度

		I 致命的	II 重大	III 軽微	IV 無視可能
A	頻繁に起こる	I-A	II-A	III-A	IV-A
B	かなり起こる	I-B	II-B	III-B	IV-B
C	たまに起こる	I-C	II-C	III-C	IV-C
D	あまり起こらない	I-D	II-D	III-D	IV-D
E	起こりそうにない	I-E	II-E	III-E	IV-E
F	起こり得ない	I-F	II-F	III-F	IV-F

起こりやすさ

図 10.4　標準的なリスクマトリックス

リスクの評価を実施することはより困難である。せいぜい、非常に大まかな推定が可能な程度である。リスクは通常、過酷度（severity）と起こりやすさ（likelihood）の組み合わせとして定義される。これら 2 つの異なる品質（過酷度と起こりやすさ）を数学的に組み合わせることはできないので、一般にリスクマトリックスを用いて定性的に組み合わせる。図 10.4 は、このようなマトリックスのきわめて標準的な形式を示したものである。まず、高レベルのハザードを識別し、識別したハザードごとに、その過酷度と起こりやすさに応じてハザードを分類し、定性的な評価を行う。

　過酷度は通常、そのハザードであり得る最悪の結果を用いて評価することができるが、起こりやすさについてはほとんどの場合に未知であり、複雑なシステムにおいては、システム設計上の意思決定がなされる前にこれを知ることはおそらくできない。この問題は、システムアーキテクチャーが選択される前であればなおさらである。もちろん、物理的な事象については、ある程度の確率論的な情報が得られるのが普通であり、過去の情報（historical information）も理論上は利用できるかもしれない。しかし、新しいシステムは通常、既存のシステムや設計者がシステムの目標を達成するのに十分でないために作られるものである。そして、新しいシステムはおそらく新しい技術や設計機能を使うことになるので、過去の情報の正確さは限定される。たとえば、推進関連の損失の起こりやすさに関する過去の情報は、原子力推進を使用する新しい宇宙船の設計では正確ではないだろう。同様に、航空管制官が犯すエラーに関する過去の情報は、エラーの種類が劇的に変わる可能性のある新しい航空管制システムとは関連性はない。

　ほとんどの複雑なシステムにおいてソフトウェアの使用が増加していることが、状況をさらに複雑にしている。システム内の多くの、あるいはほとんどのソフトウェアは新しいものであり、過去の使用情報がない。さらに、ランダム性を想定した統計手法は、ソフトウェア設計の欠陥には適用できない。ソフトウェアとデジタルシステムは、新しいタイプのコンポーネントの相互作用による事故など、ハザードが発生する新しい経路をももたらす。安全性はシステム特性であり、第 1 部で論じたように、使用するシステムコンポーネントの故障確率を組み合わせても、システム全体としての安全性にはほとんど関係がない。

　非安全なソフトウェアの振る舞いを含む非ランダム故障やシステム設計エラーについて、過去のデー

タや分析を用いて、確率論的あるいは主観的でさえある起こりやすさの情報を得るための方法で、厳密で科学的な方法として知られていたり、受け入れられているものはない。このような評価をせざるを得ない場合、通常はエンジニアリング的な判断が用いられ、ほとんどのケースでは想像から数字を引き出すことになり、政治的な要因やその他の非技術的な要因に影響されることも少なくない。このような原則に基づいてシステムアーキテクチャーを選択し、早期のアーキテクチャーのトレードオフを評価することには疑問の余地があり、おそらくそれが、早期のアーキテクチャーのトレードオフのプロセスにおいて、リスクが主要な役割を果たさない理由の1つであろう。

　標準的なリスクマトリックスの代替案はあり得るが、用途に特化する傾向があるため、新しいシステムごとに構築しなければならない。多くのシステムにおいて、トレードオフの検討におけるハザードのカテゴリー化は、過酷度だけで十分である場合が多い。ここに、2つの代替案の例を示す。1つは航空管制技術の拡張のために作成されたもので、もう1つはNASAのコンステレーション計画（Project Constellation、訳注：月に戻り、その後火星に行く計画）の初期のアーキテクチャーのトレードオフの検討で作成および使用されたものである。読者には、それぞれの用途に適した独自の方法を考え出すことを推奨する。これらの例は決定的なものではなく、何ができるかを示すものである。

例1　人間集約型のシステム：航空管制の強化

　航空管制（ATC）システムの強化は、新しいシステムや安全なシステムを作ることではなく、現在のシステムに組み込まれた非常に高い安全レベルを維持することが課題であるという点でユニークである。つまり、安全性を劣化させないことが目標である。リスクの起こりやすさは、このケースでは、提案された変更や新しいツールによって安全性が劣化する可能性（起こりやすさ）と言い換えることができる。この課題に取り組むため、私たちは起こりやすさの評価に使用する基準セットを作成した[2]。この基準は、提案された一連のATCツールの高レベルのアーキテクチャーの多様な設計機能を、これらのシステムにおけるリスクに関連するさまざまな要因で順位付けしたものである。順位付けは定性的であり、ほとんどの基準は、安全性が現在のレベルからの劣化のしやすさに対して、低、中、高のいずれかの影響を与えるものとして順位付けした。大半の要因について、「低」はその要因に関して新システムと現行システムで安全性が変わらないか、ほとんど変わらないことを意味し、「中」は小さな変化の可能性を示し、「高」は安全性に重大な変化が生じる可能性を意味する。航空管制は非常に人間集約的なシステムであり、今回提案された新機能は、主に人間の航空管制官を補佐するための新しい自動化であるため、基準の多くは人間と自動化の相互作用に関係している。以下に、使用された起こりやすさのレベルの基準の例を示す。

- 安全マージン：新機能は、既存の安全マージンに対して次の可能性を持つか。(1)軽微な変化、または変化なし、(2)小さな変化、(3)重大な変化。
- 状況認識：状況認識（situation awareness）を低下させる可能性があるのは、どの変化レベルか。
- 現在使用しているスキルと、新しい意志決定支援ツールのバックアップと監視をするために必要なスキル：コントローラーのスキルは、ほとんどまたはまったく変化がないか、小さな変化があるか、重大な変化があるか。
- 新しい故障モードやハザードの原因の導入：新しいツールは代替するシステムコンポーネントと同

2　これらの基準は、筆者がNASAとの契約のために開発したもので、これまで発表したことはない。

じ機能と故障モードを持っているか、導入された新しい故障モードとハザードがよく理解されており効果的な緩和策が設計されているか、新しい故障モードとハザードの原因はコントロールすることが困難か。

- 新しいソフトウェア機能が現在のシステムハザード緩和対策に及ぼす影響：新機能は現行の安全対策を効果のないものにし得るか、現行の安全対策とは無関係なものか。

- 新たにシステムハザードの緩和策を測定する必要性：提案された変更により、新たなハザード緩和策が必要となるか。

考えている変更と、その変更がシステムに新たな重大なリスクをもたらす潜在的な起こりやすさについては、早期にリスク評価をする必要がある。そのリスク評価において、上記の基準やその他の基準を数値化することで、これらを組み合わせて利用できるようにした。

これらの基準を重み付けし、相対的な重要度を評価して、リスク分析で用いた。

例2　有人宇宙探査の初期リスク分析

2つ目の例は、将来の有人宇宙探査のためのアーキテクチャー上のトレードオフ分析を行うために、MITとドレイパー研究所（Draper Labs）がNASAと契約し、ニコラス・デュラック（Nicolas Dulac）らによって作成されたものである[59]。このシステムエンジニアたちは、質量などの通常の要因に加えて、安全性も含めてアーキテクチャーの候補を評価したいと考えていたが、このときも、システム工学の初期段階ではほとんど情報を入手することができなかった。潜在的なアーキテクチャーはすべて、新しい技術、新しいミッション、そして膨大な量のソフトウェアを含んでおり、過去の情報を用いて起こりやすさを評価することは不可能であった。

目標を達成するために開発された手順では、図10.5に示すようにハザードを最初に識別した。どのプロジェクトでも初めはそうであるように、システムハザードの識別には、10パーセントの創造性と90パーセントの経験が必要であった。ハザードは安全専門家の指導のもと、ミッションのフェーズごとにドメイン専門家が識別した。火災、爆発、生命維持の損失など、いくつかのハザードは（すべてではないにしても）複数のミッションフェーズにまたがるため、**全般的な**ハザード（General Hazards）としてグループ化された。しかし、それらのハザードを緩和するためのコントロール戦略は、それらが発生するミッションフェーズに依存することもある。

ハザードが識別されると、ハザードに関連する最悪のケースの損失を検討することで、各ハザードの過酷度が評価された。この例では、人間（H）、ミッション（M）、設備（E）の3つのカテゴリーごとに損失が評価される。当初、地球および惑星の表面環境に対する潜在的な損傷は、ハザードログに含まれていた。最終的には、プロジェクト管理者がその分析を、NASAの惑星保護基準への強制的遵守に置き換えることを決定したため、環境のコンポーネントは分析からは除外された。リスク分析は、ハザードをどのように扱うかという顧客の方針によって、置き換わる可能性がある。しかし、別のシステムにおけるより完全な例では、通常は、環境のハザードが含まれる。

3つのカテゴリーそれぞれに関連する損失を考慮し、過酷度の尺度を作成した。使用した尺度を図10.6に示すが、もちろん、異なる産業や会社における特定の方針や標準的な実践に合うように、別の尺度を容易に作成することができる。

いつものことであるが、過酷度は比較的容易に扱えるが、潜在的なハザードが発生する起こりやすさは、システム工学のこの初期段階では不明であった。さらに、宇宙探査の例では、前のATCの例とは正反対で、システムはまだ存在していなかった。アーキテクチャーやミッションもこれまでにないもの

ID#	フェーズ	ハザード	過酷度 H M E
G1	全般	発火源の存在下での可燃性物質（火災）	4 4 4
G2	全般	閉鎖空間に発火源が存在する可燃性物質（爆発）	4 4 4
G3	全般	生命維持を支えるものの喪失（電力、温度、酸素、気圧、食料、水などを含む）	4 4 4
G4	全般	乗務員の負傷または疾病	4 4 1
G5	全般	安全レベルを超える日射または核放射線	3 3 2
G6	全般	衝突（マイクロメテロイドや破片との衝突、ランデブー中または分離操作中の衝突など）	4 4 4
G7	全般	姿勢制御の喪失	4 4 4
G8	全般	エンジンが点火しない	4 4 2
PL1	打ち上げ前	ペイロードの損傷	2 3 3
PL2	打ち上げ前	打ち上げの遅延（天候、打ち上げ前テストの失敗などによる）	1 4 1
L1	打ち上げ	上昇中の推進力／軌道／制御の誤り	4 4 4
L2	打ち上げ	構造的完全性の喪失（空気力学的負荷、振動などによる）	4 4 4
L3	打ち上げ	ステージの分離が正しくない	4 4 4
E1	宇宙での船外活動	宇宙空間で宇宙飛行士が失われる	4 4 1
AS1	組み立て	ランデブー中の推進／制御が正しくない	4 4 4
AS2	組み立て	ドッキングできない	1 4 3
AS3	組み立て	ドッキング中にエアロックを達成できない	1 4 3
AS4	組み立て	ドッキングを解除できない	4 4 3
T1	コース変更	コース変更燃焼時の推進力／軌道／制御の誤り	4 4 3
D1	降下	ドッキングを解除できない	4 4 3
D2	降下	降下中の推進力／軌道／制御の誤り	4 4 4
D3	降下	構造的完全性の喪失（不十分な熱制御、空力負荷、振動などによる）	4 4 4
AC1	上昇	ステージの分離が正しくない（上昇モジュールが降下ステージから外れているなど）	4 3 3
AC2	上昇	上昇中の推進力／軌道／制御の誤り	4 3 3
AC3	上昇	構造的完全性の喪失（空気力学的負荷、振動などによる）	4 3 3
S1	地表活動	船外活動中に月／火星表面に乗組員が取り残される	4 3 3
S2	地表活動	船外活動中に月／火星表面で乗組員が失われる	4 3 3
S3	地表活動	設備の損傷（月の塵による損傷を含む）	2 3 3
NP1	原子力	地球表面に放出された核燃料	4 4 2
NP2	原子力	発電不足（原子炉が動かない）	4 3 3
NP3	原子力	原子炉の冷却が不十分（原子炉のメルトダウンにつながる）	4 3 3
RE1	再突入	ドッキングを解除できない	4 3 3
RE2	再突入	降下中の推進力／軌道／制御の誤り	4 3 3
RE3	再突入	構造的完全性の喪失（不十分な熱制御、空力負荷、振動などによる）	4 3 4

図 10.5　システムレベルのハザードと関連する過酷度

過酷度レベル	人間（Human）	ミッション（Mission）	設備（Equipment）
4	人命の損失	ミッションの中止または損失	システムの損失
3	重傷または重症疾患	主要なミッション目標の未完了	主要システムの損傷
2	軽傷または軽症疾患	小さなミッション目標の未完了	小さなシステムの損傷
1	怪我なし／疾患なし	すべてのミッション目標の完了	損傷なし／軽微な損傷

図 10.6　候補となるアーキテクチャ分析のための特別な過酷度の尺度

を含んでいたため、起こりやすさを推定するための別のアプローチが必要となった。

そこで、候補となるアーキテクチャーにおいて、ハザードの**緩和可能性**（mitigation potential）を、起こりやすさ（likelihood）の推定値または代用値として使用することにした。設計や運用上の緩和が容易なハザードは、事故につながる可能性が低くなる。同様に、システム設計時に除去されているハザードは、候補となるアーキテクチャーには含まれないため、事故につながることはない。また、詳細設計プロセスで容易に除去できるハザードも事故にはつながらない。

アーキテクチャー分析プロセスの安全性の目標は、重大なハザードが最も少なく、除去できないハザードを緩和できる可能性が最も高いアーキテクチャーを選択できるようにすることであった。ハザードの除去が可能であっても、すべてのハザードは必ずしも除去されないだろう。ハザードの除去を行わない理由の1つは、ほかの重要なシステムの目標や制約を達成する可能性が減少することかもしれない。当然ながら、安全性はアーキテクチャー選択プロセスにおける唯一の考慮事項ではないが、このケースでは選択プロセスにおける基準として、十分に重要である。

緩和可能性を起こりやすさの代用として選択した理由は2つある。

(1) 設計や運用においてハザードを除去できたりコントロールできたりする可能性が、ハザード発生の起こりやすさに直接かつ重要な影響を与える（従来の設計や技術が使われているか、新しいものが使われているかにかかわらず）。

(2) ハザードの緩和性（mitigatibility）は、アーキテクチャーや設計が選択される前に決定できる。それどころか、選択プロセスを支援する。

図10.7は、PHAの作業の過程で作成されたハザードログの一例である。例示されたハザードは**原子炉の過熱**である。原子力発電とその利用は、特に惑星の地表における活動での運用において、アーキテクチャー上のトレードオフの重要な選択肢の1つと考えられていた。潜在的な事故とその効果は、ハザードログに次のように記述されている。

原子炉の炉心溶融により、電力が失われ、放射線に被曝する可能性がある。地表での活動はミッションを中止し、避難しなければならない。中止が失敗した場合や中止できない場合には、乗組員や地表の設備が失われる可能性がある。地球への環境影響はない。

ハザードは、原子炉が設計限界以上の温度で運転されることと定義されている。

いくつかの因果要因は早期に仮説として立てることができる。しかし、STPAを用いたハザード分析により、開発プロセスの後の方でより完全な因果要因のリストを作成し、アーキテクチャー選択後の設計プロセスのガイドとして活用することができる。

緩和性についても過酷度と同様に、安全専門家の指導のもとでドメインの専門家によって評価された。潜在的な緩和戦略のコストと、その有効性の両方が評価された。原子力発電の例では、2つの戦略が識別された。第1の戦略は、原子力発電をまったく使用しないことである。この選択肢のコストは中程度と評価された（低、中、高の3段階）。しかし、ハザードを完全に除去するため、緩和可能性は高く評価された。使用された緩和優先度のスケールを図10.8に示す。エンジニアが識別した第2の緩和可能性は、地表活動のための予備発電システムを提供することであった。難易度とコストは高いと評価され、緩和策の評価は見込みが最も低いレベルである1となった。なぜなら、事故が発生した場合の損傷をせいぜい軽減するだけで、潜在的な重大損失はまだ発生する可能性があるためである。これ以外の緩和策も可能であるが、提示したハザードログの記入サンプルでは省略している。

ここで費やされた労力は決して無駄にはならない。ハザードログに含まれる緩和戦略に関する情報

ハザード名称：	**原子炉の過熱**									

ミッションフェーズ： （該当するすべてを丸で囲う）	打ち上げ前	宇宙への 打ち上げ	宇宙での 組み立て	Mへ 移動	Mへ 降下	（地表の 探査）	Mから 上昇	Eへ 移動	Eの軌道に 到着	Eに 着陸	Eで 回収

運用／事象：

例：ドッキング、発射など
　　地表探査活動のための発電

影響を受ける輸送船／システム：

例：CEV、DAVなど
　　地表原子力発電、およびM表面で使用されるすべてのシステム（HAB、DAV、ローバー、動力機器）

影響を受けるサブシステム：

例：エンジン、熱シールドなど
　　原子炉、冷却サブシステム

過酷度（1-4）：

人間	ミッション	設備	環境
4	4	3	1

事故／影響の記述：

ハザードの発生により、どのような潜在的な損失が発生する可能性があるか？　緩和戦略が実装されていないと仮定した場合、最悪の潜在的な影響は何であるか？　どのような損傷が発生する可能性があるか？　上記の過酷度評価について説明する。
　　原子炉の炉心溶融により、電力が失われ、放射線に被曝する可能性がある。地表での活動はミッションを中止し、避難しなければならない。中止が失敗した場合、または中止できない場合は、乗組員が失われる可能性がある。すべての地表設備が失われる。地球への環境への影響はない。

ハザードの記述：

ハザードをシステム状態として記述する。他にどのような環境条件がハザード発生の影響を左右する可能性があるか？
　　設計限界を超える温度で運転している原子炉。

因果要因／想定：

どのような条件がハザードの発生を可能にするか？
　　未定。考えられる原因には、熱制御システムの誤動作、日射保護の不十分、ラジエーターの不十分な熱除去が含まれる。

緩和戦略：

	コスト／難易度（L、M、H）	緩和優先度（1-4）
1. 地表発電は原子力技術に依存させない	M	4
2. 地表活動に予備発電システムを利用できるようにする	H	1

図 10.7　宇宙探査アーキテクチャー候補のトレードオフ分析のための予備的なハザード分析で生成されたハザードログのサンプル（訳注：ミッションフェーズの M は月／火星、E は地球、緩和戦略のコスト／難易度の L、M、H は低・中・高を表す）

レベル	概要的な記述	詳細な記述
4	除去	設計からハザードを完全に除去
3	防止	ハザードが発生する起こりやすさの低減
2	制御	ハザードが事故につながる起こりやすさの低減
1	損害低減	事故が起きた場合の損害の低減

図 10.8　ハザード緩和の優先度の例

は、最終的に選択されたアーキテクチャーが地表で原子力発電を使用する場合には、設計プロセスの後の方で有用となる。NASA も将来のプロジェクトでこの情報を利用できるかもしれない。そして、このような初期のリスク分析情報の作成は、企業や産業界で共通となって、プロジェクトごとに作成する必要はなくなるかもしれない。産業界に新しい技術が導入された場合には、以前に保存された情報に新たなハザードや軽減策を追加すればよい。

　プロセスの最終ステップは、各アーキテクチャー候補の安全リスクの評価指標を作成することであ

る。このプロジェクトのシステムエンジニアは実現可能なアーキテクチャーを何百も作成したため、評価プロセスを自動化した。使用された数学的手順の実際の詳細は、[59]により入手可能なため省略する。緩和要因と過酷度要因を組み合わせて加重平均を行い、最終的な**総合残留安全リスク評価指標**（Overall Residual Safety-Risk Metric）を作成した。この評価指標は、考えられ得る有人宇宙探査アーキテクチャーの候補の評価とランク付けに使用された。

　また、アーキテクチャーの記述における選択肢を選択・解除することで、総合残留安全リスク評価指標を判断する際に各アーキテクチャーの選択肢の相対的重要性を一次評価することも可能であった。

　リスク分析では何百ものパラメーターが考慮されたが、このプロセスにより、選択されたアーキテクチャーのハザード緩和可能性に大きく寄与するものが識別され、アーキテクチャーの選択プロセスやトレードオフ分析に情報を提供することができた。たとえば、安全性の向上に寄与する重要なものとして、火星表面での重いモジュールや装備の事前配置、最小限の接近およびドッキングマヌーバー（docking maneuvers、訳注：燃料を噴射して姿勢を修正したり、高度を保ったりする操作）の使用などが含まれると判断された。モジュールを事前に配置することで、事前テストが可能になり、人命支援の損失や設備の損傷などに関連するハザードを緩和することができる。一方、モジュールを事前配置すると、すべての着陸モジュールが互いに利用可能な範囲内にあることを確実にするために、精密な着陸への依存度が高くなる。その結果、事前配置を多用すると、誤った位置に着陸した場合のリスクを軽減するために、緩和戦略や技術開発を追加する必要が生じる可能性がある。このような情報はすべて、最適なアーキテクチャーを選択するために考慮されなければならない。別の例を挙げると、火星軌道上や地球帰還時にドッキングを必要としない輸送アーキテクチャーは、衝突や接近とドッキングマヌーバーに失敗した場合のハザードを本質的に緩和することができる。その一方、緊急時にドッキングする能力を持つことは、通常の運用では必要ないとしても、特に地球軌道上では人命支援の損失をさらに緩和する可能性がある。

　これらの考慮事項を数字に落とし込むことは、明らかに理想的ではない。しかし、何百もの潜在的なアーキテクチャーをより少ない選択肢に絞り込むためには、数字に落とし込む必要があった。その後、絞り込んだ選択肢に対しては、より慎重なトレードオフ分析が可能になる。

　緩和性は、多くのタイプのドメインで起こりやすさの代用として広く適用可能であり、上記で使用した実際のプロセスは、その使用方法の一例にすぎない。エンジニアは、このプロセスの尺度やその他の特徴を、それぞれの産業界での慣行に適応させる必要がある。この項で提供した2つの例以外にも、プロジェクトの初期フェーズにおいて、起こりやすさの見積りを扱うための代替方法が考えられる。提供した2つのアプローチはいずれも理想的なものではないが、意思決定において安全性を無視したり、希望的観測や予備的ハザード分析プロセスにしばしばつきまとう政治的な要因のみに基づいて、起こりやすさの推定値を選択したりするよりははるかに優れている。

　概念設計が決まると、開発が開始される。

10.3.5　環境に関する想定の文書化

　システム開発プロセスの重要な部分は、システム要求および設計機能が導出される際の想定、ならびにハザード分析の基となる想定を決定し文書化することである。想定は、システム工学のプロセスおよび設計仕様書を通して、識別・明記される。それは、決定を説明するためであり、また、設計の基礎となる基本情報を記録するためである。想定が時間の経過に伴って変化した場合、またはシステムが変化して想定が当てはまらなくなった場合、その変化によって安全性が損なわれていないことを確実にするために、当初の想定に基づく要求と安全制約および設計機能を見直す必要がある。

運用の安全性は、設計およびハザード分析プロセスの基礎となる想定およびモデルの正確性に依存するため、運用システムを監視して、以下のことを確認する必要がある。

1. 設計者が想定した方法でシステムが構築され、運用され、保守管理されていること。
2. 初期の意思決定や設計に用いたモデルや想定が正しいこと。
3. 回避策や手順の不正な変更などのシステムの変化や環境の変化によって、モデルや想定への違反がないこと。

傾向（trends）、インシデント、事故に関する運用上のフィードバックは、必要に応じて再分析のきっかけとすべきである。文書全体の想定と、その想定に基づくハザード分析の部分とをリンクさせることで、安全維持活動の実施を支援できるようになる。

想定にはいくつかのタイプが関連する。それは、システムが利用される上での想定と、システムが運用される環境である。これらの想定は、システム開発において重要な役割を果たすだけでなく、運用上の安全コントロールストラクチャーや安全コントロールを作るための基礎の一部となるものである。たとえば、システム設計や安全分析の根底にあるそれらの想定が、運用中に、システムおよびその環境の経時的変化に伴って、破られないようにするためのフィードバックループを作成するための基礎となる。

新システムが統合される既存の環境に由来する想定の多くは開発当初に特定できるが、設計プロセスを継続し、新たな要求や設計上の決定と特徴が特定されるにつれて、追加の想定が特定されることになる。さらに、新たなシステム設計が周辺環境に課す想定は、設計と安全分析で詳細な決定がなされた後に初めて明らかになる。

TCAS II の重要な環境の想定例として、以下が挙げられる。

EA1：航空機の間には信頼性の高い通信が存在する。
EA2：TCAS 搭載航空機は、モード S 航空管制応答機[3] を搭載している。
EA3：動作している応答機を全航空機が持っている。
EA4：すべての航空機は法的識別番号を持つ。
EA5：侵入した標的から、最低 100 フィートの精度で高度情報を入手できる。
EA6：TCAS 装置に自航空機の気圧高度を提供する高度計測システムは、RTCA 規格の要求事項を満たしている。
EA7：脅威となる航空機は、TCAS の脱出操縦（escape maneuver）を妨害するような急な操縦制御をしない。

前述のとおり、これらの想定は、全体的な安全コントロールストラクチャーの中で課されなければならない。たとえば、想定 EA4 に関しては、識別番号は通常、各国の航空機関によって提供され、その要求は、国際協定や何らかの国際機関によって保証される必要がある。動作する応答機を航空機が持っているという想定（EA3）は、特定の国の空域ルールによって課される場合があり、やはり、それなりのグループによって保証されなければならない。明らかに、これらの想定は、安全コントロールストラクチャーを構築し、最終的なシステムに対する責務を割り当てる上で重要な役割を担っている。TCAS

---

3 航空機の応答機は、航空管制が航空機の間隔を維持するために役立つ情報を送信する。一次レーダーは一般に、方位と距離の位置情報を提供するが、高度情報はない。モード A 応答機は識別信号のみを送信し、モード C とモード S 応答機は気圧高度も報告する。モード S はモード C より新しく、より多くの能力を持っており、そのうちのいくつかは TCAS の衝突防止機能に必要なものである。

については、これらの想定のいくつかは、すでに既存の航空輸送安全コントロールストラクチャーによって課されているであろう。一方では、コントロールストラクチャー内の何らかのグループの責務への追加が必要な想定も、あるかもしれない。最後の想定EA7は、パイロットと航空管制システムに制約を課すものである。

環境の要求と制約は、新しいシステム（このケースではTCAS）の使用制限につながるかもしれないし、安全性を確実にするために、作成されるシステム（再びTCAS）またはより大きな包括的システムに課される制約を判断するための、システム安全やその他の分析の必要性を示唆するものかもしれない。新しいサブシステムをより大きなシステムに安全に統合するために必要な要求は、早期に決定されなければならない。TCASの例としては、以下のようなものがある。

E1：TCAS以外の機器の振る舞いやTCASとの相互作用は、TCAS機器の性能やTCASが相互作用する機器の性能を劣化させてはならない。

E2：航空機の環境上の警告の中の優先順位は、ウィンドシア（Wind Shear、訳注：風向や風速の急変）が最優先で、次に地上接近警報装置（Ground Proximity Warning System：GPWS）、そしてTCASの順とする。

E3：TCASの警告とアドバイザリーは、マスター警報システム（master caution and warming system）を使用する警告やアドバイザリーから独立したものでなければならない。

10.3.6　システムレベルの要求の生成

目標とハザードが識別され、概念的なシステムアーキテクチャーが選択されると、システムレベルの要求生成を開始できる。通常、プロジェクトの初期段階では、G1とG2に示したように、非常に一般的な用語で目標が述べられる。設計プロセスの最初のステップの1つは、目標をテスト可能で達成可能な高レベルの要求（「shall」ステートメント、訳注：RFC2119規格において「要求」を意味する。should「推奨」、may「許容」、can「可能性」よりも強い意味になる）に洗練させることである。TCASの目標を実装する高レベルの機能要求の例は、以下のとおりである。

1.18：TCASは、水平方向に最大1200ノットまで、垂直方向に毎分10,000フィートまで接近する2機の航空機に対し、衝突防止保護を提供するものとする。

　想定：この要求は、民間航空機が垂直上昇またはコントロールされた降下中に、最大600ノット、毎分5,000フィートで操縦できる（したがって、2機の飛行機は水平方向に最大1,200ノット、垂直方向に最大毎分10,000フィートまで接近できる）という想定から導かれたものである。

1.19.1：TCASは、航空交通密度が1平方海里あたり0.3機（すなわち、5海里内に24機）までの航空路上およびターミナルエリアで運用されるものとする。

　想定：1990年までにこのレベルまで航空交通密度が増加し、その後20年間はこの密度がおそらく最大であろう。

先に述べたように、決定を説明するため、あるいは設計の基礎となる基本情報を記録するために必要であれば、想定を引き続き明記する必要がある。想定は設計の論理的根拠の文書化の重要なコンポーネントであり、運用中の安全監査の基本を形成する。たとえば、1.18と書かれた上記の要求を考えてみよう。将来、航空機の性能限界が変化したり、空域管理の変更が提案された場合、要求の具体的な数値（1,200と10,000）の由来を判断し、その妥当性が継続するかどうかを評価することができる。このよ

うな想定と、それが詳細設計上の決定にどのように影響するかを文書化しなければ、数値は「絶対的真理」となりがちで、誰もがそれを変更することを恐れてしまう。

要求（および制約）には、人間のオペレーター、および、人間とコンピューターのインターフェースに対するものも含まれなければならない。これらの要求は、**運用概念**から導出されるものもある。運用概念には、今度は逆にヒューマンタスク分析[48, 47]が含まれるべきであり、それにより、TCAS がパイロットによってどのように使用されることが期待されるかを判断する（これも、運用中の安全監査で確認されなければならない）。これらのタスク分析では、システムの目標、安全上の制約を含む目標の達成方法に関する制約、自動化がどのように使用されるか、自動化なしで人間がどのようにシステムをコントロールし、システムで作業するか、人間が行う必要があるタスクとこれらのタスクを行う際に自動化がどのようにサポートするか、についての情報を使用する。タスク分析では、作業量とそれがオペレーターのパフォーマンスに与える影響も考慮する必要がある。作業量が少ない場合は、作業量が多い場合よりも危険である可能性があることに注意する。

オペレーター（このケースではパイロット）に対する要求は、TCAS とパイロットのインターフェースの設計、自動化ロジックの設計、航空機乗務員のタスクと手順、航空機飛行マニュアル、訓練計画やプログラムの指針として用いられる。関係を示すために、トレーサビリティーのリンクが提供されるべきである。また、安全性に関する要求が導出されるハザード分析の部分へのリンクも、提供されるべきである。TCAS II のオペレーターの安全要求と制約の例は、以下のとおりである。

OP.4：脅威が解消された後、パイロットは速やかに、かつ円滑に、元の飛行経路に復帰するものとする（→ HA-560, ↓3.3）。

OP.9：パイロットは、トラフィック・アドバイザリーのみに基づいた操縦制御をしてはならない（→ HA-630, ↓2.71.3）。

要求と制約には、情報を生成したハザード分析へのリンクと、要求が適用される場所を示す設計文書と決定へのリンクが含まれている。この2つの例では、それらを導出したハザード分析へのリンク、それらが強制されるシステム設計やオペレーター手順へのリンク、特定の活動や振る舞いが要求される理由を説明するためのユーザーマニュアル（このケースではパイロットマニュアル）へのリンクが張られている。

リンクは要求仕様から実装、実装から要求仕様へのトレーサビリティーを提供し、レビュー活動を支援するだけでなく、設計の論理的根拠となる情報を仕様に埋め込むことができる。システムに変更が必要な場合、リンクをたどって、なぜどのように特定の設計上の決定がなされたかを判断することが容易にできる。

10.3.7　高レベルの設計制約と安全制約の識別

設計制約とは、システムがその目的を達成するための制限である。たとえば、TCAS は、地上の航空管制システムが航空機間の適切な間隔を維持しようとしている間、その航空管制システムに干渉することは許されない。とはいえ、干渉を回避することが TCAS の目標や目的ということではない。それが目標や目的となれば、その目標を達成する最善の方法はシステムをまったく構築しないことになってしまう。そうではなく、干渉を回避することは、システムがその目的を達成する方法に対する制約、つまり潜在的なシステム設計の制約となる。設計案の間のトレードオフを評価し明確にする必要があるため、この2種類のインテントの情報（目標と設計制約）を分離することが重要である。

安全を重視すべきシステムについては、制約をさらに、安全に関連するものとそうでないものに分ける必要がある。たとえば、TCAS のために識別された安全に関係のない制約の 1 つは、航空機に搭載する TCAS の新しいハードウェアと設備に対する要件を最小限にしなければ、航空会社はこの新しい衝突防止システムを購入することができないだろうというものであった。TCAS II の安全性に関係ない制約の例を、以下に示す。

C.1：このシステムは、航空機が地上 ATC のために規定どおりに搭載している応答機を使用しなければならない（↓2.3, 2.6）。

　論理的根拠：航空会社に受け入れられるためには、TCAS は新しいハードウェアに必要な金額を最小限にしなければならない。

C.4：TCAS は、適用されるすべての FAA および FCC（Federal Communications Commission：連邦通信委員会）の方針、ルールおよび理念に従わなければならない（↓2.30, 2.79）。

TCAS が相互作用する物理的な環境は、図 10.9 に示すとおりである。これらの既存の環境コンポーネントによって課された制約も、システム設計を開始する前に識別されなければならない。

安全に関連する制約には、システムのハザードログと、その制約を特定するに至った分析結果、および制約を排除またはコントロールするために含まれる設計機能（通常はレベル 2）への双方向のリンクが必要である。ハザード分析は、レベル 1 の要求と制約、レベル 2 の設計機能、およびシステムの制限（あるいは許容可能なリスク）にリンクされている。ハザードを防止するために導出されるレベル 1 の安全制約の例は以下のとおりである。

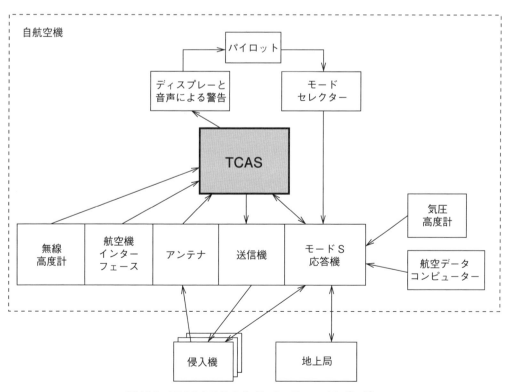

図 10.9　TACS システムのインターフェーストポロジー

SC.3：TCAS は、ATC の離着陸許可からできるだけ逸脱しないように、アドバイザリーを生成しな
ければならない（→ H6, HA-550, ↓2.30）。

SC.3 の 2.30 へのリンクは、この安全制約を実装するレベル 2 のシステム設計機能を指している。そ
れ以外のリンクは、制約が導出されたハザード（H6）と、関連するハザード分析の箇所（この場合、
HA-550 とラベル付けされたハザード分析の箇所）へのトレーサビリティーを提供するものである。

以下は、TCAS II の安全制約と、それを洗練したいくつかの制約の例である。これらはすべて、
TCAS が統合されるシステム全体における安全上の考慮事項から導かれた、高レベルの環境上の制約か
ら生じているものである。安全に関する決定がなされ、STPA のハザード分析によって導かれるにつれ
て洗練される。

SC.2：TCAS は、地上 ATC システムや他の航空機の地上 ATC システムへの送信に干渉してはなら
ない（→ H5）。

  SC.2.1：システム設計は、地上二次監視レーダー、距離測定機器チャネル、および 1030/1090 MHz
周波数帯で運用される他の無線サービスへの干渉を制限しなければならない（↓2.5.1）。

    SC.2.1.1：TCAS が使用するモード S 波形の設計は、地上二次監視レーダーシステムのモード A
およびモード C との互換性を提供しなければならない（↓2.6）。

    SC.2.1.2：モード S 送信の周波数スペクトルは、隣接する距離測定機器チャネルを保護するため
にコントロールされなければならない（↓2.13）。

    SC.2.1.3：TCAS と［……］との間の電磁両立性（electromagnetic compatibility）を確実にする
設計でなければならない（↓21.4）。

  SC.2.2：互いに検出範囲内（約 30 海里）にある複数の TCAS ユニットは、自身の伝送を制限する
ように設計されなければならない。この領域内でそのような TCAS ユニットの数が増加するに
つれて、ATC への望ましくない干渉を防止するために、TCAS それぞれに対する問い合わせ速
度と電力割り当てを減少させなければならない（↓2.13）。

想定は、安全制約とも関連する。そのような想定の例として、以下を考えてみよう。

  SC.6：TCAS は、飛行中の重要なフェーズにおいて、パイロットや ATC の操作を妨げたり、航空機
の操作を妨げたりしてはならない（→ H3, ↓2.2.3, 2.19, 2.24.2）。

    SC.6.1：TCAS 搭載航空機のパイロットは、トラフィック・アドバイザリーは表示されるがレゾ
リューション・アドバイザリーの表示が抑制される、トラフィック・アドバイザリーのみのモー
ド（Traffic-Advisory-Only mode）に切り替える選択肢を持たなければならない（↓2.2.3）。

      想定：この機能は、並行滑走路への最終アプローチにおいて、2 機の航空機が接近すると予測さ
れ、TCAS が回避操縦を呼びかける場合に使用される（↓6.17）。

詳しく記述された想定は、運用上の安全性を評価する上で重要なものである。人間は時間の経過に伴っ
て振る舞いを変化させ、設計者の当初の意図とは異なる方法で自動化機能を利用する傾向がある。とき
には、これらの新しい使い方が危険な場合もある。想定の最後にあるハイパーリンク（↓6.17）は、運
用上の安全性に要求される監査手順と、この想定を監査する手順が規定されている場所を示している。

これらの安全制約はどこから来るのだろうか。システムエンジニアは単に制約を作るだけでよいのだ
ろうか。ドメインに関する知識と専門性は常に必要なものであるが、このプロセスを導くために使用で

システム工学への安全の統合　　275

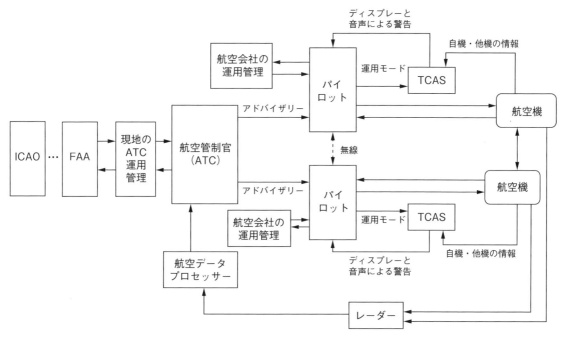

図 10.10　高レベルの運用 TCAS コントロールストラクチャー

きるやり方がある。

　最も高いレベルの安全制約は、システムに対して識別されたハザードから直接来るものである。たとえば、TCAS はニアミスを起こしてはならない、または関与してはならない（H1）、TCAS は地面へと向かう操縦制御を起こしてはならない（H2）、TCAS は地上の ATC システムに干渉してはならない、などである。第 8 章で説明したとおり、これらの高レベルの設計制約をより詳細な設計制約に洗練させるために、STPA を使用できる。

　STPA の最初のステップは、高レベルの TCAS 運用の安全コントロールストラクチャーを作成することである。TCAS の場合、このストラクチャーは図 10.10 に示すとおりである。わかりやすくするために、ここでは、ATC 運用管理上の構造の多くは省略され、役割と責務は単純化されている。実際の設計プロジェクトでは、開発が進み、分析が行われ、設計上の意思決定がなされるにつれて、役割と責務が増大し、洗練されていくことになる。システム概念形成の初期には、具体的な役割がすべて決定されていないこともあるが、設計概念が洗練されるにつれて、さらに追加されていくことになる。注意すべき点の 1 つは、可能性のある NMAC に対するパイロットの応答に対して、TCAS、地上 ATC、そして航空会社の運用センターの 3 つのグループが潜在的な責務を持っていることである。航空会社の運用センターは、TCAS 警告に対応するための航空会社の手順を提供する。これら 3 つのコントローラー間の潜在的な競合や連携問題は、明らかに航空交通管理システム全体の設計で解決される必要がある。TCAS のケースでは、乗務員に発せられたかもしれない TCAS アドバイザリーの情報を、地上の管制官にダウンリンク（訳注：航空機などから地上受信局へデータを送信すること）する現実的な方法が、当時はなかった。そこで設計者は、パイロットが TCAS アドバイザリーをただちに実行し、副パイロットは TCAS 警告情報を無線で地上 ATC に伝達することに決定した。航空会社はこの規約（protocol）を実行するための適切な手順と訓練を提供することになった。

　このコントロールストラクチャーの定義には、システムの目標（この場合は衝突回避）に関連する各コンポーネントの責務の特定が含まれる。TCAS の場合、これらの責務は以下のとおりである。

第10章

- 航空機のコンポーネント（応答機、アンテナなど）：パイロットが生成した TCAS 操縦制御を実行し、他機とのメッセージの送受信を行うなど。

- TCAS：自機および他機についての情報を受信し、受信した情報を解析して、(1)周辺にいる他機の位置情報、(2)潜在的な NMAC の脅威を避けるための脱出操縦、をパイロットに提供する。

- パイロット：自機と他機の間隔を維持し、TCAS ディスプレーを監視し、TCAS 脱出操縦を実行する。また、パイロットは ATC アドバイザリーに従わなければならない。

- 航空管制（ATC）：パイロットが従うべきアドバイザリー（コントロールアクション）を提供することによって、管制空域における航空機間の間隔を維持する。TCAS は航空管制官から独立し、そのバックアップとして設計されている。そのため、ATC は TCAS の安全コントロールストラクチャーにおいて直接的な役割を担ってはいないが、間接的な役割を担っているのは明らかである。

- 航空会社の運用管理：TCAS の使用と TCAS アドバイザリーに従う手順を提供し、パイロットを訓練し、パイロットのパフォーマンスを監査する。

- ATC 運用管理：手順を提供し、管制官を訓練し、管制官のパフォーマンスと衝突回避システム全体の監査を行う。

- ICAO（International Civil Aviation Organization：国際民間航空機関）：TCAS の使用に関する世界的な手順と方針を提供し、各国がそれを実行していることを監督する。

全体的なコントロールストラクチャーが定義されたら（あるいは代替のコントロールストラクチャー候補が特定されたら）、次のステップでは、コントロールされたシステム（2 機の航空機）がどのようにハザードにつながる状態になるかを判断する。この情報は、設計者が安全制約を生成するために使用される。STAMP では、ハザードにつながる状態（安全制約に違反する状態）は、コントロールが無効であった結果であると想定している。STPA のステップ 1 では、不適切なコントロールアクションの可能性があるものを識別する。

　TCAS のコントロールアクションは、レゾリューション・アドバイザリー（RA）と呼ばれている。RA とは、TCAS が作成した航空機の脱出操縦であり、パイロットが従うべきものである。RA の例としては、下降せよ、上昇率を毎分 2,500 フィートに上げよ、下降するな、などがある。コントロールストラクチャーの、TCAS コンポーネント（図 10.10 参照）と NMAC のハザードを考えてみよう。コントロールの欠陥の 4 つのタイプは、この例では、以下のように置き換えられる。

1. 航空機が衝突寸前のコース上にあるが、TCAS がそれを回避する RA を提供しない（つまり、RA を提供しない、または NMAC を回避しない RA を提供する）。

2. 航空機がすぐそばに近接しているが、TCAS が垂直間隔を低下させる RA を提供する（NMAC の原因になる）。

3. 航空機は衝突寸前のコース上にあるが、TCAS の操縦制御が、NMAC を防止するには遅すぎる。

4. TCAS が RA を解除するのが早すぎる。

これらの不適切なコントロールアクションは、以下のように、TCAS の振る舞いに対する高レベルの制約として言い換えることができる。

1. TCAS は、異常接近を回避するための RA を提供しなければならない。

2. TCAS は、2 機の航空機の垂直間隔を低下させる（つまり、NMAC を引き起こす）RA を提供し

てはならない。

3. TCAS は、パイロットが NMAC を回避するのに十分な時間が残っている間に、RA を提供しなければならない。（このとき、ヒューマンファクターと空力の解析を行い、回避するにはどの程度の時間があるのかを正確に判断する必要がある）。

4. TCAS は、NMAC が解決する前に、RA を解除してはならない。

同様に、パイロットについての不適切なコントロールアクションは、以下のとおりである。

1. パイロットが、異常接近を回避するためのコントロールアクションを出さない。
2. パイロットが、NMAC を回避しないコントロールアクションを出す。
3. パイロットが、発生しないはずの NMAC の発生を引き起こすコントロールアクションを出す。
4. パイロットが、NMAC を回避できるようなコントロールアクションを出すが、遅すぎる。
5. パイロットが、NMAC を回避するためにコントロールアクションを出したが、すぐに停止してしまう。

繰り返しになるが、これらの不適切なパイロットのコントロールアクションは、パイロット手順を生成するために使用できる安全制約として、言い換えることができる。同様のハザードにつながるコントロールアクションと制約は、ほかのそれぞれのシステムコンポーネントに対しても特定しなければならない。さらに、TCAS が提供する別の機能（RA 以外）、たとえばトラフィック・アドバイザリーなどについても、不適切なコントロールアクションを識別しなければならない。

　高レベルの設計制約を識別した後は、システム設計の指針となる、より詳細な設計制約に洗練し、設計上の意思決定に伴い新たな制約を追加し、システム設計とハザード分析のシームレスな統合と反復のプロセスを構築する必要がある。

　制約の洗練化には、制約がどのように違反され得るかの判断が含まれる。洗練された制約は、システム設計においてハザードを除去またはコントロールする試みを導くために使用される。それが不可能な場合には、システムやコンポーネント設計においてハザードを防止またはコントロールする試みを導くために使用される。このシナリオ開発のプロセスが、まさにハザード分析と STPA の目的である。高レベルの安全制約を洗練するために、分析結果がどのように使われるかの例として、TCAS の 2 番目の高レベルの制約を考えてみよう。これは、TCAS は 2 機の航空機の垂直間隔を低下させる（NMAC を引き起こす）レゾリューション・アドバイザリーを提供してはならないという制約である。

SC.7：TCAS はニアミス（TCAS を搭載していなければ発生しなかったであろうハザードレベルの垂直間隔をもたらすこと）を発生させてはならない（→ <u>H1</u>）。

SC.7.1：針路が交差する操縦制御は可能な限り避けなければならない（↓<u>2.36</u>, ↓<u>2.38</u>, ↓<u>2.48</u>, ↓<u>2.49.2</u>）。

SC.7.2：表示されたアドバイザリーの取り消しは、きわめてまれ[4]でなければならない（↓<u>2.51</u>, ↓<u>2.56.3</u>, ↓<u>2.65.3</u>, ↓<u>2.66</u>）。

SC.7.3：パイロットが最接近（4 秒以内）の前に RA に応答するのに十分な時間がない場合（4 秒以内）、または最接近点まで 10 秒以内であり自機と侵入機（intruder）が垂直方向に 200 フィー

4　この要求は明らかに曖昧であり、テスト不可能である。残念ながら、私が入手した TCAS の文書には、「きわめてまれ」の定義が見つからなかった。

ト未満しか離れていない場合、TCAS はアドバイザリーを取り消してはならない（↓2.52）。

これらの制約から、それらを実装するために使われる設計機能へとトレースするために、ポインターが使用されていることに再度注意されたい。

10.3.8　システム設計と分析

　基本要求と設計制約が少なくとも部分的に特定されたら、それを実装するためのシステム設計機能を生成する必要がある。厳密なトップダウン設計プロセスは、もちろん通常は実行不可能である。設計上の意思決定がなされ、システムの振る舞いがより理解されるにつれて、要求と制約の追加や変更が行われる可能性が高い。想定の記述とトレーサビリティーのリンクを含めることで、このプロセスを支援し、後の決定や変更によって安全性が損なわれないようにすることができる。以前の意思決定の背景にある論理的根拠は、意外と早く忘れ去られるものである。

　システム設計機能が決まったら、(1)システム自体の内部のコントロールストラクチャーをコンポーネント間のインターフェースに沿って構築し、(2)システムレベルの要求と制約から導出される機能要求と設計制約を、個々のシステムコンポーネントに割り当てていく。

システム設計

　本章でこれまで説明してきたことは、インテント仕様のレベル 1 に含まれる。インテント仕様のレベル 2 には、**システム設計原則**（最上位レベルで特定された振る舞いを実現するために必要な基本的なシステム設計と科学および工学の原則、そしてレベル 1 の要求に関係なく導出された要求と設計機能）が含まれる。

　従来の設計プロセスも使用可能だが、STAMP と STPA は安全駆動型設計の可能性を提供する。安全駆動型設計では、高レベルのハザード分析の洗練は、システム設計の洗練と結び付き、システム設計とシステムアーキテクチャー開発の指針となる。第 9 章で説明したように、STPA を安全な設計案を生成するために使用するか、ほかの方法で生成された設計案に適用することによって、設計の進行に伴う継続的な安全性の評価と、創発する設計におけるハザードの除去やコントロールができるようになる。

　TCAS の場合、インテント仕様のこのレベルは、すべての高レベルの警告目標と制約に関連する、基本的な tau 概念のような一般原則を含んでいる。

2.2：TCAS 搭載の各航空機は、保護された空域に囲まれている。この空域の境界は、tau と DMOD の基準（↑1.20.3）によって形作られる。

    2.2.1：TAU：衝突防止では、最接近点（closest point of approach：CPA）までの距離よりも時間（Time-to-Go）が重要である。tau は CPA までの秒単位の時間の近似値である。tau は直線距離（海里）の 3,600 倍を、近づく速度（ノット）で割ったものである。

    2.2.2：DMOD：接近率が非常に低い場合、標的は tau 境界を越えずにアドバイザリーも発せられることなく、非常に近くまで忍び寄る可能性がある。このような航空機による操縦制御や速度変化の可能性を考慮し、tau 境界を修正する（DMOD と呼ぶ）。DMOD は自機高度に依存して変化する（→2.2.4）。

この原則は、関連する上位の要求、制約、想定、制限、ハザード分析だけでなく、下位のシステム設計や文書化、同じレベルの他の情報にもリンクされる。設計原則の策定で使用された想定も、このレベルで明記されるべきである。

システム工学への安全の統合　　　　279

　たとえば、設計原則 2.51（前項で示した安全制約 SC-7.2 に関連）は、センス（sense）[5] の反転をどのように扱うかについて述べている。

2.51：センスの反転：（↓Reversal-Provides-More-Separation）ほとんどの遭遇状況では、脅威となる航空機との遭遇の間、レゾリューション・アドバイザリーが維持される（↑SC-7.2）。しかし、ある状況下では、そのセンスを反転させることが必要な場合がある。たとえば、TCAS を搭載した航空機同士が競合すると、航空機間の連携プロトコルにより、非常に高い確率で補完的なアドバイザリーのセンスが選択されることになる。しかし、センス選択の重要なタイミングで両航空機間の連携コミュニケーションが途絶えた場合、両航空機は別々にアドバイザリーを選択するかもしれない（↑HA-130）。その結果、互換性のないセンスが選択される可能性がある（↑HA-395）。

2.51.1：（非互換の処理方法に関する情報）

設計原則 2.51 は、TCAS のアドバイザリーの反転を行った場合に、センスが非互換となり、TCAS によるハザードの創出につながる場合の条件を記述している。HA-395 と書かれたポインターは、その問題を分析するハザード分析の箇所を指している。HA-395 とラベル付けされたハザード分析箇所には、2.51 への補完的なポインターがあるであろう。このような非互換性を扱うための設計上の意思決定は、2.51.1 に記載されているが、ここではその部分の説明は省略する。また、2.51 には、その設計上の決定を実装するために使用される機能のレベル3の詳細なロジック（コンポーネントブラックボックス要求仕様）へのハイパーリンク（↓Reversal-Provides-More-Separation）が記載されている。

　これらの設計上の決定の個々のシステムコンポーネントへの割り当てと、関連するロジックに関する情報は、レベル3に位置し、さらに下位のレベルの論理の実装とリンクしている。システムコンポーネントの変更（ソフトウェアモジュールの変更など）が必要な場合、そのモジュールが計算する機能をインテント仕様のレベルで上方に追跡し、そのモジュールが安全上重要なものかどうか、その変更がシステムの安全性に影響を及ぼす可能性があるかどうか（どのように影響するか）を判断することができる。

　別の例を挙げると、TCAS の設計には、航空機が経路を横断することになるアドバイザリー（**高度交差アドバイザリー**（altitude crossing advisories）と呼ばれる）を生成することに対するバイアスが組み込まれている。

2.36.2：高度交差 RA に対するバイアスは、TCAS 航空機の少なくとも 600 フィート上または下に、侵入機が水平飛行している状況でも使用される（↑SC.7.1）。このような状況では、自機の高度を横切ると予測される侵入機が、垂直の距離で 600 フィート以上離れている場合、高度交差アドバイザリーは延期される（↓Alt_Separation_Test）。

想定：ほとんどのケースで、侵入機は 600 フィート以上離れたところで水平飛行を始めるので、その高度間隔の 200 フィート以内に入るまでに垂直速度を大きく下げている可能性がある（それにより、侵入機が zthr[6] フィート以上離れて水平飛行している場合には、RA は必要ない。あるいは、zthr を超えた後 600 フィートの閾値に達する前に水平飛行を始めた場合には、非交差アドバイザリーを要求することになる）。

5　センスとは、下降する、上昇するなどのアドバイザリーの方向性を示す。

6　zthr とは、アドバイザリーを出すべきかどうかを判断するための垂直軸であり、TCAS 航空機の高度によって 750 フィートから 950 フィートまで変化する。

この例でも、設計原則を具体化する、ブラックボックスのコンポーネント要求（機能）仕様（Alt_Separation_Test）の箇所へのポインターが含まれている。また、設計上の決定を支援し、妥当性を確認するために使用される詳細な数学的分析へのリンクも提供され得る。

リンクを使用して設計の論理的根拠を仕様に埋め込み、設計でコントロールできなかった制限（後で定義）やハザードにつながり得る振る舞いを明記する別の例として、以下を考えてみよう。TCAS が搭載された航空機の上昇性能が不十分なため、TCAS II アドバイザリーを抑制する必要があるかもしれない。TCAS のアドバイザリー（RA、つまりレゾリューション・アドバイザリーと呼ばれる）として示される衝突防止操縦は、航空機が安全にその操縦を達成する能力を有していることを想定している。もし、航空機の能力を超えている可能性がある場合、TCAS は事前にそれを把握し、戦略を変更し、代わりとなるアドバイザリーを出さなければならない。性能特性は、航空機のインターフェース（訳注：aircraft discrete と呼ばれ、衝突回避操縦の実行が可能かどうかを示す、最高速度や最大操縦性能といった性能の情報）を通して TCAS に提供される。場合によっては、この問題に対する実現可能な解決策が見つからないこともある。TCAS のインテント仕様のレベル 2 に見られる、この問題に関連する設計原則の例を以下に示す。

> **2.39**：航空機用 TCAS への入力数が制限されているため、性能が阻害され、RA の抑制が適切な場合であっても抑制できない場合がある（↑L6）。このようなケースでは、TCAS は失速マージンを著しく減少させる、あるいは失速警報（↑SC9.1）を発生させるような指令操縦を出すことがある。こうした事態が発生する可能性があるのは、[……] のような場合である。航空機の飛行マニュアルや飛行マニュアルの付録は、TCAS のこのような側面に関する情報を提供し、飛行乗務員が適切なアクションをとれるようにしなければならない（↓（レベル 3 のパイロット手順とレベル 6 の航空機飛行マニュアルへのポインター））。

最後に、設計原則は、より高いレベルの目標と制約の間のトレードオフを反映することができる。その例を以下に示す。

> **2.2.3**：必要な保護（↑1.18）と不必要なアドバイザリー（↑SC.5, SC.6）の間で、トレードオフを行う必要がある。これは、tau を制御する感度レベルをコントロールし、それにより、TCAS を搭載した各航空機の周囲の保護空域の広がりがコントロールされることによって、達成される。感度レベルを大きくすればするほど、より多くの保護が提供されるが、不必要な警告の発生率は高くなる。感度レベルは、[……] によって判断する。

> **2.38**：航空機の上昇性能が不十分なため、上昇 RA を抑制する必要がある場合、TCAS II の以下の起こりやすさが上昇する。(a) 針路が交差する操縦制御を発令し、その結果、侵入機の操縦制御により RA が妨害される可能性が高まる（↑SC7.1, HA-115）、(b) 低高度での下降 RA の増加を引き起こす（↑SC8.1）、(c) 下降禁止レベル（離陸時地上 1,200 フィート、着陸アプローチ時地上 1,000 フィート）以下では、RA を提供しない。

アーキテクチャー設計、機能割り当て、コンポーネント実装（レベル 3）

大まかなシステム設計概念が合意されると、次のステップでは通常、設計アーキテクチャーを開発し、サブシステムやコンポーネントに振る舞いの要求と制約を割り当てることになる。ここでもまた、コンポーネント要求と、システム設計原則およびシステム設計要求との間に、双方向のトレースが存在する必要がある。これらのリンクは、サブシステム開発者が実装や開発活動、検証（テストやレビュー）

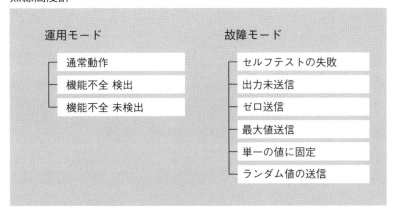

図 10.11　環境コンポーネント（無線高度計）の SpecTRM-RL 記述の一部。故障の振る舞いをモデル化することは、安全分析において特に重要である。この例では、(1)高度計が正常に動作している、(2)高度計は、TCAS II が故障を検出できるような形で故障している（つまり、セルフテストに失敗して TCAS にステータスメッセージを送っている、あるいは全く出力を送っていない）、(3)機能不全が検出されておらず、誤った無線高度を出力している、という可能性がある。

において利用できる。最終的には、実地テストと運用を通して、運用システムが安全であり、また安全であり続けることを保証するために、リンクと、記録された想定および設計の論理的根拠は、必要に応じて安全変更分析、インシデント・事故分析、定期監査、性能監視において使用することができる。

　インテント仕様のレベル3は、システムアーキテクチャー、つまり、コンポーネントへの機能の割り当てと、それらのコンポーネント（人間のオペレーターを含む）間の設計されたコミュニケーション経路を含んでいる。このとき、ブラックボックス的な機能要求仕様言語、特に実行可能な形式言語が役立つ。この項では仕様言語の例として、SpecTRM-RL が使用されている [85, 86]。この言語の初期バージョンは1990年に TCAS II の要求仕様の記述のために開発され、それ以来、洗練され改善されてきた。SpecTRM-RL は、SpecTRM（Specification Tools and Requirements Methodology：仕様ツールと要求方法論）と呼ばれる大きな仕様管理システムの一部である。もちろん、ほかの言語を使用することも可能である。

　低レベルのアーキテクチャー設計の最初のステップの1つは、システムを一連のコンポーネントに分割することである。TCAS では、監視、衝突防止、性能監視の3つのコンポーネントのみを使用する。

　レベル3の環境記述には、TCAS システムとその環境とのインターフェースの記述とともに、システム設計の正しさの根拠となる外部コンポーネント（TCAS の高度計や応答機など）の想定される振る舞いが含まれている。そこにはおそらく、故障／失敗の振る舞いも含まれる。図 10.11 に環境コンポーネント（この場合は高度計）の SpecTRM-RL 記述の一部を示す。

　システムは抽象化されたものであり、システムの境界は、仕様作成者の目的に適した場所であればどこにでも設定できる。この例では、環境の中には、すでに航空機や空域コントロールシステムに存在するあらゆるコンポーネントが含まれている。これらは、TCAS の取り組みの一部として、新たに設計されたり構築されたわけではない。

　システムと外部コンポーネント間のコミュニケーションは、設計されたインターフェースを含め、すべて詳細に記述する必要がある。また、各コンポーネントのブラックボックス的な振る舞いも特定する必要がある。この仕様がコンポーネントの機能要求となる。コンポーネントの仕様に何が含まれるかは、そのコンポーネントが環境の一部であるか、構築されるシステムの一部であるかによって異なる。

図 10.12 衝突防止ロジックの SpecTRM-RL モデルのレベル 3 の例。これは、(保護された空域への) 侵入機の状態を、Threat のラベルから単に Other-Traffic とみなすようにダウングレードするための基準を定義している。侵入機は、Threat、Potential-Threat、Proximate-Traffic、Other-Traffic として、過酷度の降順に分類される。この例では、状態 Threat から状態 Other-Traffic への移行を行うための基準を AND/OR 表で表し、その列のいずれかが真と評価される場合に真と評価される。列は、「T」を持つ行がすべて真で、「F」を持つ行がすべて偽であれば、真と評価される。ドットを含む行は、「無関係」条件を表す。

図 10.12 は CAS (衝突回避システム) サブコンポーネントの振る舞いに関する SpecTRM-RL の記述の一部である。SpecTRM-RL の仕様は、最小限の説明で簡単に読むことができ、かつ形式的に解析可能であることを意図している。また、実行可能であり、システムシミュレーション環境で利用することもできる。SpecTRM-RL の設計では、安全性に関する完全性と同様に、読みやすさが第 1 の目標であった。要求の完全性基準については、『セーフウェア』で記述され、本書の第 9 章で機能設計原則として書き直されているが、そのほとんどが、要求のシステム安全のレビューを支援するためにこの言語の構文に含まれている。

SpecTRM-RL は、コントローラーが使用するプロセスモデルを明示し、そのプロセスモデルの観点から要求される振る舞いを記述する。システムコンポーネントのプロセスモデル (このケースでは、航空機とその周辺の空域の状態)、およびプロセスモデルの状態変化のしかたを記述するために、状態機械モデルを使用する。

論理的な振る舞いは、SpecTRM-RL の中で、AND/OR 表を用いて記述される。図 10.12 に、TCAS の衝突防止ロジックの仕様の一部を示す。TCAS における重要な状態変数は、侵入機の状態 (TCAS 搭載機の周囲の侵入機と呼ばれる他機の状態) である。侵入機は、「Other Traffic (その他のトラフィック)」、「Proximate Traffic (近接したトラフィック)」、「Potential Threat (潜在的な脅威)」、「Threat (脅威)」の 4 つに分類される。この図では、侵入機を Other Traffic に分類するロジックを AND/OR 表で表している。表内の情報は、さらに他の方法でも視覚化できる。

表の行は AND の関係を表し、列は OR の関係を表す。列のいずれかが真と評価されると、状態変数

は指定された値（このケースでは Other Traffic）をとる。列は、すべての行がその列のその行に指定された値を持つ場合、真と評価される。表中のドット「.」は、その行の値が無関係であることを示す。下線付きの変数は、ハイパーリンクを表す。たとえば、「Alt Reporting（高度報告）」をクリックすると、Alt Reporting 変数がどのように定義されているかが示される。TCAS のインテント仕様[7][121]では、航空機の高度報告は、過去6秒間に有効な高度報告が受信されなかった場合、Lost と定義される。「Bearing Valid（方位有効）」、「Range Valid（距離有効）」、「Proximate Traffic Condition（近接トラフィック条件）」、「Proximate Threat Condition（近接脅威条件）」はマクロであり、これは単にそれらが別々のロジック表を使用して定義されていることを意味する。マクロの追加ロジックはここに挿入することもできるが、ロジックが非常に複雑になる場合があり、そのような場合には表を小さく分割する（洗練された抽象化の一形態）方が仕様作成者やレビュアーにとって楽である。この判断は、もちろん表の作成者の自由である。

　このレベルの振る舞いの記述は、純粋にブラックボックスである。各コンポーネントの入力と出力、およびそれらの関係を、外から見える振る舞いだけで記述する。基本的には、コンポーネント間の伝達機能を表している。これらのコンポーネントは（もちろん人間を除いて）、ハードウェアでもソフトウェアでも実装することができる。実際、TCAS の監視機能の中には、アナログ装置を用いて実装しているベンダーもあれば、デジタル装置を用いているベンダーもある。物理的な実装、ソフトウェア設計、内部変数などの判断は、これより下位のレベルの仕様に限定される。こうすることでこのレベルは、システム設計者と、コンポーネント設計者および実装者（下請け業者を含む）との間の堅牢なインターフェースとして機能する。

　ソフトウェアは、システムのほかの部分と異なる扱いをする必要はない。安全性に関係するソフトウェアの問題のほとんどは、要求の欠陥に起因している。ソフトウェアの振る舞いに課すべき安全制約と、ソフトウェアがコントロール対象のシステムに課すべき振る舞いの安全制約は、システム要求とシステムハザード分析を用いて判断する必要がある。これが完成すると、これらの要求と制約は（ブラックボックス要求仕様を通して）ソフトウェア開発者に渡され、ハードウェア開発者が行うのと同様に、設計を生成し検証するために使用される。

　このレベルの他の情報には、タスクや運用手順の記述などの飛行乗務員の要求、インターフェース要求、このレベルで記述された機能のテスト要求が含まれるかもしれない。ブラックボックス要求仕様が実行可能な場合、要求を検証するために、システムおよび環境シミュレーターや、ハードウェア・インザループ・シミュレーション（hardware-in-the-loop simulation）を使用して、システムテストを早期に実施することができる。オペレーターの視覚的なタスクモデリング言語（visual operator task-modeling language）を含めると、人間とコンピューターの相互作用を含むシステム全体の統合的なシミュレーションと分析が可能になる[15, 177]。

　このレベルのモデルは再利用可能であり、これらのモデルが、コンポーネントの再利用を提供し、コンポーネントライブラリを構築するのに最適な場所であることがわかった[119]。コードレベルでアプリケーションソフトウェアを再利用することは、よく言ったとしても問題があり、驚くほど多くの事故の原因になっている[116]。レベル3のブラックボックスの振る舞い仕様は、ソフトウェアの再利用に

7　TCAS の SpecTRM-RL モデルは、TCAS II の認証を支援するために、筆者とその門下生であるジョン・リース（Jon Reese）、マッツ・ハイムダール（Mats Heimdahl）、ホリー・ヒルドレス（Holly Hildreth）によって作成されたものである。その後、インテント仕様の作成が可能であることを示す実験として、筆者は TCAS のインテント仕様のレベル1およびレベル2を作成した。ジョン・リースは、レベル3衝突回避システムのロジックを初期バージョンの言語から SpecTRM-RL に書き直した。

ほぼ必ず必要となる変更を、レビュー可能で検証可能な形式で提供する。さらに、ブラックボックスモデルは、システムを保守したり、さまざまな製造メーカーの製品に変更を加える前に、その変更の仕様記述や検証をするために使用することができる。変更されたレベル3仕様の妥当性が確認されると、モデル化された振る舞いを実装するモジュールへのリンクを使用して、どのモジュールをどのように変更する必要があるかを判断することができる。また、製品ファミリーを開発するために、コンポーネントモデルのライブラリを開発し、必要な変更を加えながらプラグアンドプレイ方式で使用することも可能である[211]。

残りの開発プロセスは、コンポーネント要求と制約の実装を含んでおり、インテント仕様のレベル4とレベル5で文書化される。このプロセスは単純であり、今日通常行われていることとほとんど変わらない。

10.3.9 システム制限の文書化

システムが完成したら、システム制限を識別し、文書化する必要がある。もちろん、開発を通して識別されるものもある。この情報は、管理者とステークホルダーが、システムが十分に安全に使用できるかどうかを判断するために、識別された各ハザードとその対処方法に関する情報とともに、使用するものである。

制限はインテント仕様のレベル1に含めるべきである。なぜなら、制限はシステムの顧客の視点にあるのが当然であり、受入と認証の両方に影響を与えるからである。

制限の中には、以下のような基本的な機能要求に関連するものがあるかもしれない。

L4：現在、TCAS は水平脱出操縦を示すことはないため、水平間隔を増やすことはない（また、そのように意図しない）。

制限は、環境の想定に関係することもある。たとえば、以下のようなものである。

L1：TCAS は、応答機のない航空機や応答機が動作していない航空機に対しては、保護を提供しない（→ EA3, HA-430）。

L6：航空機の性能の限界は、飛行乗務員がレゾリューション・アドバイザリーに応えて安全に実行できる脱出操縦の規模を制限する。この限界のために、競合の解決に成功しないこともあり得る（→ H3, ↓2.38, 2.39）。

L4：TCAS は、脅威となっている航空機が報告した高度の精度に依存する。侵入機の応答機から報告される侵入機の気圧高度のエラーにより、間隔の保証が低下する可能性がある（→ EA5）。

想定：この制限は、TCAS 初期配置時に存在した空域で、多くの航空機がGPSではなく気圧高度計を使用していた場合に適用される。より多くの航空機が現在の気圧高度計より高精度のGPSシステムを導入すれば、この制限は減少するか、解消されるであろう。

制限は、多くの場合、設計において完全に除去またはコントロールできなかったハザードやハザードの因果要因と関連している。したがって、制限は許容されたリスクを表している。たとえば、以下のようなものである。

L3：TCAS は、競合しているときには、スイッチが入っても、あるいは、レゾリューション・アドバイザリーを出すことが有効になっても、アドバイザリーを出さないであろう（→ HA-405）。

システム工学への安全の統合   285

L5：2 機の航空機のうち、1 機だけが TCAS を装備し、もう 1 機は ATCRBS（air traffic control radar beacon system：航空管制用レーダービーコンシステム）の高度報告能力しかない場合、安全な間隔の保証が低下する可能性がある（→ HA-290）。

仕様書では、これらのシステム制限の両方とも、なぜシステム設計で排除または適切にコントロールすることができなかったかの説明とともに、ハザード分析の関連する箇所へのポインターを持つべきである。システムの配置と認証に関する判断は、部分的にはこれらの制限と、それを包含するシステム（TCAS のケースでは、航空交通システム全体）の安全分析と安全想定への影響に基づいて行われる必要がある。

　最後のタイプの制限は、システム設計時に発生した問題やトレードオフに関連するものである。たとえば、TCAS には高レベルの性能監視要求があり、そのため TCAS が正しく動作しているかを判断するためのセルフテスト機能をシステム設計に盛り込むことにつながった。以下のシステム制限は、このセルフテストの特別な機能に関連するものである。

L9：パイロットが飛行中にセルフテスト機能を使用すると、追尾している標的の数に応じて、最大20 秒間 TCAS の運用が阻害される。ATC 応答機は、一連のセルフテスト中に何度か機能しなくなる（↓6.52）。

これらの制限は、開発の関連する部分にリンクさせるべきであり、最も重要なのは、運用仕様（operational specifications）にリンクさせることである。たとえば、L9 はパイロットの操作マニュアルにリンクさせればよい。

第10章

10.3.10　システム認証、保守、進化

　開発のこの時点で、安全要求と制約が文書化され、それを実装するために使用される設計機能にトレースされる。ハザードログには、開発プロセスで生成されたハザード情報（またはそのリンク）と、実施されたハザード分析の結果が含まれる。ログには、機能要求、設計制約、システム設計機能、運用手順、システム制限など、各ハザードの解決策へのリンクが埋め込まれる。文書化された情報は、最終的な安全評価やシステムの認証に使用できるような形式に、簡単に収集できるものでなければならない。

　安全を重視すべきシステムやソフトウェアに変更が加えられた場合（開発時、保守・進化時）、その変更の安全性を再評価する必要がある。このプロセスを毎回ゼロから始めなければならないとすると、困難でコストがかかることになる。仕様書全体にリンクを設けることによって、特定の設計上の決定やコードの一部が、当初の安全分析や安全関連の設計制約に基づいているのか、そして、安全分析プロセスのその部分だけを再実施または再評価したのかどうかを、容易に判断することができるはずである。

第11章 CAST
事故とインシデントの分析

　事故やインシデント（訳注：事故より軽微な事象）の分析に使用される因果関係モデルは、何を探すのか、どのように「事実」を探すのか、何を関連するとみなすのかを明らかにできる。私たちの経験によると、STAMP に基づく事故分析を用いることで、既存の事故報告書に記載された情報だけを使用したとしても、事故とその原因について、まったく異なる見方を発想できることがわかっている。

　ほとんどの事故報告書は、事象ベースのモデルの観点から書かれている。ほとんどの場合、事象は明確に記述され、通常、これらの事象のうち 1 つ以上が「根本原因（root cause）」として選ばれる。ときには、これ以外に「影響した原因（contributory causes）」が特定されることもある。しかし、これらの事象がなぜ発生したかに対する分析は、通常、不完全なものである。つまりその分析は、非難（blame）すべき人物（大抵は人間のオペレーター）を見つけたところで止まってしまい、重要な教訓を学ぶ機会が失われてしまうことが多い。

　事故分析手法は、事故の発生プロセス全体の理解と、関係する最も重要なシステミックな（systemic）因果要因の特定を、支援するためのフレームワークやプロセスを提供するものである。本章では、CAST（Causal Analysis based on STAMP：STAMP に基づく因果関係分析）と呼ばれる、STAMP に基づく事故分析のアプローチについて説明する。CAST は、事故がなぜ発生したのかを完全に理解するために、必要な疑問（questions）とその答えを識別するのに役立ち、事象から最大限の学びを得るための基本原理を提供するものである。

　CAST の使用は、唯一の因果要因や変数の識別につながるものではない。それよりむしろ、社会技術システムの設計全体を調べ、既存の安全コントロールストラクチャーの弱点を識別する能力、そして、単に症状を取り除くだけでなく、システミックな要因を含むすべての因果要因を潜在的に取り除くような変更を識別する能力をもたらす。

　CAST の目的の 1 つは、責任の所在を明らかにすること（assigning blame）から離れ、その代わりに、なぜ事故が起きたのか、将来の同様の損失を防止するためにはどうすればよいのかということに焦点を移すことである。この目的を達成するためには、後知恵バイアスを最小限に抑え、代わりに、その時点で持っていた情報をもとに、なぜ人々がそのような行動をとったのかを見極める必要がある。

　第 5 章では、CAST を使った事故分析の結果の一例を紹介している。付録 B と C では、さらに事例を紹介する。本章では、このような分析を作成する際のステップを説明する。シティケム（Citichem）という架空の化学プラントの事故[174]を使って、そのプロセスを示す[1]。この事故のシナリオは、事故調査官を訓練するためにリスクマネジメント・プロ（Risk Management Pro）が開発したもので、化学プラントで発生した多くの事故と同様の、現実的な事故の発生プロセスを記述している。有毒化学物質の放出を伴う損失の例だが、この分析は、あらゆる産業の事故分析やインシデント分析の方法として役立つ。

　ここでは、事故調査のプロセスを特定するのではなく、そのプロセスの結果を文書化し、分析する方

---

[1] 本章で使用した架空の事故の CAST 分析には、MIT の大学院生であるマギー・ストリングフェロー（Maggie Stringfellow）とジョン・トーマス（John Thomas）の 2 名が寄与した。

法だけを記述する。事故調査は、本書の目的を超えた、より大きなテーマである。本章では、データを収集・整理した後の分析方法についてのみ検討する。しかし、本章で説明する事故分析プロセスは、調査中にどのような疑問を持つべきかの判断に寄与するものである。既存の事故報告書に対してSTAMPに基づく分析の適用を試みると、なぜ損失が発生したのか、そして将来の発生を防止するにはどうすればよいのかについて、十分に理解するために必要となる重要な情報が得られていないか、少なくとも報告書には含まれていないことが、しばしば明らかになる。

11.1 STAMPの事故分析への適用における一般的なプロセス

STAMPでは、事故には個々の事象だけでなく、複雑なプロセスが関与していると考える。そこでCASTでの事故分析には、損失に至った動的なプロセスを理解することが必要である。その事故の発生プロセスは、対象となるシステムの社会技術的な安全コントロールストラクチャーと、そのコントロールストラクチャーの各レベルで違反した安全制約と違反した理由を示すことによって文書化される。この分析により、損失を見る視点とレベルに応じて、事故に対する複数の見方ができるようになる。

このプロセスはステップとして記述されているが、分析プロセスが線形であるとか、あるステップを完了してから次のステップを開始しなければならないということではない。最初の3つのステップは、これまで説明したSTAMPに基づく手法の基本原理と同じものである。

1. 損失に関与したシステムおよびハザードを識別する。

2. そのハザードに関連する、システムの安全制約とシステム要求を識別する。

3. ハザードをコントロールし、安全制約を課すために機能する安全コントロールストラクチャーを文書化する。このストラクチャーには、ストラクチャー内の各コンポーネントの役割と責任、およびその責任を実行するために提供・作成されたコントロールと、その実行を助けるための関連するフィードバックが含まれる。このストラクチャーは、以降のステップと並行して完成させることができる。

4. 損失につながる近接事象（proximate events、訳注：損失に直接的につながる事象）を明らかにする。

5. 損失を物理的なシステムのレベルで分析する。物理的および運用上のコントロール、物理的な不具合（failures）、相互作用の機能不全（dysfunctional interactions）、コミュニケーション（communication）と連携（coordination）の欠陥、未処理の外乱（disturbances）のそれぞれが事象に影響したことを明らかにする。実施されている物理的なコントロールが、なぜハザードの防止に効果がなかったかを特定する。

6. 安全コントロールストラクチャーのレベルを上げていき、上位レベルにある一連の各コンポーネントが、現在のレベルの不適切なコントロールを、なぜ、どのように許し、影響を与えたのかを特定する。システムの安全制約それぞれに対して、それを課す責任が、安全コントロールストラクチャー内の1つのコンポーネントに割り当てられていなかったか、コンポーネントが、その下のコンポーネントに対して、割り当てられた責任（安全制約）を確実に課すための適切なコントロールを行わなかったのかのどちらかである。人間による意思決定やコントロールアクションの欠陥は、（少なくとも）意思決定者が利用できた情報、必要だったが利用できなかった情報、振る舞い形成のメカニズム（意思決定プロセスにおけるコンテキストと影響）、意思決定の根底に

ある価値構造、意思決定者のプロセスモデルにおける欠陥とその欠陥が存在した理由、という観点から理解する必要がある。

7. 損失に影響した全体的な連携とコミュニケーションの要因を調査する。

8. 損失や時間の経過に伴う安全コントロールストラクチャーの弱体化に関連する、システムおよび安全コントロールストラクチャーのダイナミクス（dynamics）と変化を明らかにする。

9. 推奨事項（recommendations）を生成する。

一般的に、コントロールストラクチャーにおける各コンポーネントの役割の記述には、以下が含まれる。

- 安全要求と制約
- コントロール
- コンテキスト
  - 役割と責任
  - 環境要因および振る舞いを形成する要因（environmental and behavior-shaping factors）
- 誤ったコントロールアクションを引き起こす、相互作用の機能不全、不具合、欠陥のある決定
- 欠陥のあるコントロールアクションと相互作用の機能不全の理由
  - コントロールアルゴリズムの欠陥
  - 間違ったプロセスモデルやインターフェースモデル
  - 複数のコントローラー間の不適切な連携やコミュニケーション
  - 参照チャネル（reference channel）の欠陥
  - フィードバックの欠陥

以降の節では、シティケムを実施例として、分析プロセスのステップを詳細に説明する。

11.2 近接事象連鎖の作成

事象連鎖は因果関係の最も重要な情報を提供するものではないが、損失に関連する基本的な事象は、損失に関わる物理的なプロセスを理解するために識別する必要がある。

シティケムの場合、物理的なプロセス事象は比較的単純である。シティケムのプラントの貯蔵タンク701と702で、タンク内に含まれる化学物質K34が水と接触し、化学反応が起きた。K34は、水と激しく反応する非常に有毒で危険な化学物質で構成されているため、水からは離しておく必要があった。暴走反応により、引火性、腐食性、揮発性のある有毒な四塩化シアン（tetrachloric cyanide：TCC）ガスが放出された。このTCCは、オークブリッジ市の中の、プラントから近い公園や住宅地に向かって吹き出し、400人以上の人々が死亡した。

放出と死亡に至る直接的な事象：

1. 雨が、シティケムのオークブリッジプラントのユニット7にあるタンク701に（おそらくタンク702にも）入り込む。ユニット7は当時、K34の需要減少のため停止していた。

2. K34の大量受注に伴い、ユニット7を再起動する。

3. タンク701に少量の水が見つかったため、起動前にタンクが乾いていることを確認するよう指示が出される。

4. ユニット7でK34の移送が開始される。

5. 貯蔵タンク701のレベル計の発信器が、基準を超えた数値を示す。

6. 新しいレベル発信器を取り付けるよう、保守に依頼が入る。

7. タンク702のレベル発信器を、タンク701に移動させる。(タンク702は、問題発生時に、タンク701がオーバーフローした際の予備タンクとして使用する。)

8. ユニット7の圧力が高すぎると表示される。

9. 予備の冷却コンプレッサーが稼働する。

10. タンク701の温度が摂氏12度を超える。

11. サンプルが採取され、タンク圧チェックのためにオペレーターが派遣され、プラント管理者に連絡が入る。

12. タンク701に振動が検出される。

13. タンク701内の温度と圧力が上昇し続ける。

14. 採取したサンプルに水が混入していることが見つかった(事象11参照)。

15. タンク701の中身が、予備タンク702に放出される。

16. タンク702で暴走反応が起きる。

17. 緊急時開放バルブが詰まり、排ガスが予備の排ガス洗浄装置に流されない。

18. 制御不能なガス放出が発生する。

19. プラント内で警報が鳴る。

20. 必須の要員以外は、正圧でろ過された空気が供給されるユニット2およびユニット3に入るよう指示される。

21. プラントの柵の外では、人々が意識を失い倒れる。

22. 警察は、近くの学校の人々を避難させる。

23. 技術管理者は、地元の病院に電話をかけ、化学物質の名称と、その化学物質について詳しく知るためのホットラインの電話番号を伝える。

24. 公道が渋滞し、緊急時の隊員がプラント周囲の地域社会に入れない。

25. 病院の要員は、絶え間なく押し寄せる被害者に対応しきれない。

26. 緊急時の医療チームが航空輸送される。

これらの事象はここでは1つのリストとして示されているが、第5章の味方への誤射(friendly fire)における事象の記述のように、相互作用する個別のコンポーネントの事象連鎖に分ける方が、何が起きたかを理解する上では有用な場合がある。

ここにあるシティケムの事象連鎖は、何が起きたかを表面的に分析したものである。なぜその事象が発生したのかを深く理解するには、もっと多くの情報が必要である。STAMPに基づく分析の目的は、誰を非難するべきかを明らかにすることではなく、その事象が発生した理由の究明であり、その事象や将来の類似の事象を防止するための変更の識別であることを忘れないでほしい。

11.3 損失が発生したシステムとハザードの定義

シティケムでは、物理的プラントと公衆衛生という2つの関連する物理的プロセスがコントロールされている。この2つのプロセスは別々の独立したコントローラーによってコントロールされていたため、(1)化学プロセスをコントロールする化学企業と、(2)公衆衛生に関する責任を持つ公的で政治

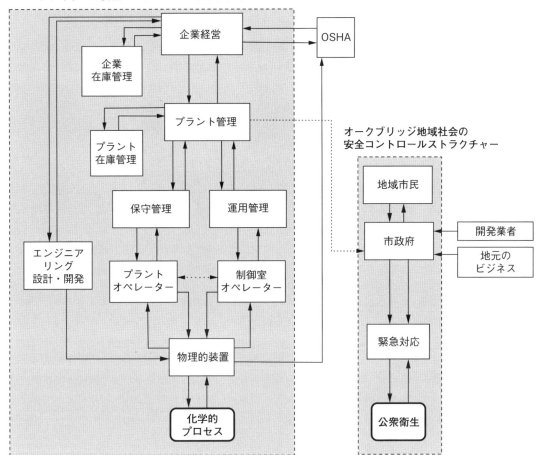

図11.1 シティケムの事故分析に最も関連する2つの安全コントロールストラクチャー

的なストラクチャーという、相互作用はあるが独立した2つのシステムとして考えるのが合理的である。図11.1に、2つの安全コントロールストラクチャーの主要コンポーネントと、それらの間の相互作用を示す。図には主要な構造のみを示し、詳細は本章を通して付け加えていく[2]。事故の記述には、シティケムのプラントの設計やエンジニアリングプロセスについての情報がなかったため、その詳細は省略する。開発のコントロールストラクチャーのより完全な例とその役割の分析については、付録Bに記載する。

分析者はまた、回避すべきハザードと課すべき安全制約を識別する必要がある。化学プラントと公衆衛生が結合したストラクチャーにおける事故や損失事象は、有毒化学物質への曝露による死亡、疾病、負傷と定義することができる。

2つのコントロールストラクチャーによってコントロールされるハザードは、関連性はあるが違いがある。公衆衛生ストラクチャーのハザードは、**一般市民が有毒な化学物質にさらされる**ことである。公

---

[2] OSHA（Occupational Safety and Health Administration：労働安全衛生庁）は、ほかにも多くのコンポーネントを持つ、3番目に大きな政府のコントロールストラクチャーの一部である。単純化のため、この分析例ではOSHAのみを示し、考察する。

衆衛生のコントロールシステムのシステムレベルの安全制約は次のとおりである。

1. 市民が有毒な化学物質にさらされることがあってはならない。
2. もしそれが発生した場合は、曝露を低減するための手段が必要である。
3. プラント外で曝露した人を治療するための手段が利用可能であり、効果的であり、使用できなければならない。

化学プラントプロセスのハザードは、**有毒化学物質の制御不能な放出**（uncontrolled release of toxic chemicals）である。したがって、システムレベルの制約は以下のとおりである。

1. 化学物質は常に積極的に制御されていなければならない。
2. 不用意に放出した場合、曝露を低減するための手段が必要である。
3. プラント内の作業者を保護し、外部地域社会での損失を最小限に抑えるために、警告などの対策が用意されていなければならない。
4. プラント内で曝露した人を治療するための手段が利用可能であり、効果的であり、使用できなければならない。

ハザードと安全制約は、システムを設計した者の設計空間の中にあり、それを運用する者の運用空間の中になければならない。たとえば、化学プラントの設計者は、化学プラントの境界の外側にあるものに対して何らかの影響を与えるかもしれないが、コントロールできないものについては責任を持てない。プラントの環境に関するコントロールは、通常、地域社会や政府のさまざまなレベルに責任がある。別の例を挙げると、プラントのオペレーターが公衆衛生と緊急対応施設を提供する上で地域の職員と協力することがあるが、この機能に対する責任は通常、公的領域にある。同様に、化学プラントの設計に対しては、地域社会と地方自治体がある程度の影響力を持つかもしれないが、企業のエンジニアと経営者が詳細設計と経営をコントロールする。

目的と制約が特定されたら、それを課すためのコントロールを識別しなければならない。

11.4 安全コントロールストラクチャーの文書化

もしSTAMPが、当初のエンジニアリングプロセス、または過去のインシデントや事故の調査・分析など、以前の安全活動の基本として使用されていた場合、安全コントロールストラクチャーのモデルはすでに存在しているかもしれない。存在していなければ作成が必要であるが、作成したものは将来、再利用することができる。第12章と第13章では、安全コントロールストラクチャーの設計に関する情報を提供する。

ストラクチャーのコンポーネントと、システム安全制約を課すための各コンポーネントの責任を識別する必要がある。これらが何であるか（あるいは何であるべきか）の判断は、システム安全要求から始めることができる。以下は、シティケムの化学プラントの例において適切と思われる、システム安全要求の例である。

1. 化学物質は、最も安全な状態で保管する必要がある。
2. 有毒化学物質の保管量は最小限にしなければならない。
3. 有毒化学物質の放出や環境汚染は防止しなければならない。

4. 潜在的な有毒化学物質を処理したり保管しているときは、常に安全設備が使用できる状態で、適切に保守されていなければならない。

5. 化学物質が不注意により放出された場合には、曝露を低減するために、安全設備と緊急処置（警告装置を含む）を提供しなければならない。

6. （化学物質に）曝露した人を処置するために、緊急時の処置と設備が用意されており、使用できなければならない。

7. 緊急時には、プラントのすべてのエリアにおいて、緊急要員や設備にアクセスできなければならない。緊急治療を提供する際の遅延は、最小限に抑えなければならない。

8. 従業員には、次のような訓練を行う必要がある。
   a. 業務を安全に実施し、安全設備の適切な使用方法を理解する。
   b. 安全に対する責任と業務に関するハザードを理解する。
   c. 緊急時に適切な対応をする。

9. 周囲の地域社会の安全に対する責任者は、プラントによる潜在的なハザードについて教育を受け、適切に対応するための情報が提供されなければならない。

地域社会の安全コントロールストラクチャーについても、安全に関する要求と責任についての同様のリストが作成されるかもしれない。

これらの一般的なシステム要求は、安全コントロールストラクチャーのどこかに課さなければならない。事故分析が進むにつれて、これらの要求は、取り扱われる特定の化学物質に対する制約など、より具体的な制約を生成するための出発点として使用される。たとえば、要求4をTCCを対象として具体化すると、化学物質と水との接触を防止するための要求が生成されるかもしれない。事故分析が進むにつれて、コンポーネントに対して識別された責任は、システムの安全要求に対応付けられる。これは、安全主導設計（safety-guided design）で用いられるトレースフォワード（訳注：システム安全要求からコンポーネントに対する責任への追跡）の逆バージョンである。システムの設計や分析にSTPAが使用された場合には、安全コントロールストラクチャーの文書はすでに存在しているはずである。

場合によっては、政府や専門職団体によって、ある産業に対する一般的な要求や方針が定められていることもある。これらは、事故分析において、事故発生時の実際の安全コントロールストラクチャー（プラントと地域社会の両方）と、産業界と国の規格やベストプラクティスを比較する際の助けとして、利用することができる。このようにすることで、事故分析者の恣意性を排除し、何を不適切なコントロールとみなすべきかについて、より多くのガイダンスを分析者に提供することができる。

残りの分析を開始する前に、詳細に設計されたすべてのコントロールを識別する必要はない。プロセスの次のステップを通して、分析者は追加のコントロールを識別していくことができる。したがって、分析プロセスの出だしは、通常順調なものになる。

11.5 物理的なプロセスの分析

分析は、物理的なプロセスから始め、物理的な運用上のコントロールと、事象に影響した潜在的で物理的な不具合、相互作用やコミュニケーションの機能不全、または処理できない外乱を特定する。その目的は、実施されている物理的なコントロールが、なぜハザードの防止に効果がなかったのかを見出すことである。ほとんどの事故分析では、事象に対して物理的に影響を及ぼしたものをうまく特定できて

物理的なプラントの安全コントロール

違反した安全要求と制約：
- 暴走反応を防止する
- 有毒化学物質の不用意な放出や爆発を防止する
- 放出された化学物質を非危険物またはより危険性の低い形態に変換する
- 危険な状態であることを示す表示器（警報）を提供する
- 放出後の人間または環境への曝露に対する保護を提供する
- 曝露した人を治療するための緊急設備を提供する

緊急安全設備（コントロール）：リストの一部
- 空気モニター
- 風向きを判断する吹き流し
- 過熱を防止する自動温度制御
- 過剰な圧力に対応する圧力開放システム
- プロセスの状態に関する情報を提供する計器や表示器
- 放出されたガスを燃焼または中和するためのフレアや洗浄装置
- 一部のユニットにおける、従業員保護のための正圧でろ過された空気
- 排水用予備タンク
- 緊急時用シャワー
- 洗眼器
- 従業員用の保護設備
- サイレン

不具合と不適切なコントロール：
- タンクへの水の侵入に対する保護が不十分である
- 化学プロセスの監視が不十分である。計器がなかった、または作動しなかった
- 緊急開放システムが不十分であった
  - 緊急時開放バルブが詰まった（余分なガスを排ガス洗浄装置に送れなかった）
  - ユニット7と9のポップアップ式圧力開放バルブが狭すぎた。バルブに微量の腐食があり、ガス以外の物質があると排出口が塞がれる可能性があった
  - 圧力開放バルブの導管が狭すぎて、十分な速さで圧力が開放されない。これは事実上、緊急開放システムの単一障害点となった

物理的なコンテキスト要因：
- 30年前、プラントは人里離れた場所に建設されたため、周囲に緩衝地帯があったが、街が年々大きくなり近づいてきた
- プラントへのアクセスは、2車線の細い道路のみである。将来的には道路を拡幅する計画もあったが、実現しなかった
- オークブリッジでは、約24種類の化学物質が製造されており、そのほとんどが人間に対して有毒で、中には非常に毒性の高いものもある
- このプラントでは、四塩化シアン（TCC）を含むK34を製造している。TCCは引火性、腐食性、揮発性がある。水と激しく反応し、非常に有毒で危険な物質である
- ユニット7は以前、殺虫剤の製造に使用されていたが、メキシコでの製造の方が安価であったため、生産はメキシコに移された。事故の近接事象が始まったときには、ユニット7は停止しており、使用されていなかった。K34を追加で提供するために再起動した
- プラントは24時間運用で、3交代制である
- K34の増産を決定する前に、すでにプラントはフル稼働で運用されていた

図11.2　シティケムの物理的なプラントレベルのSTAMP分析

いる。

図 11.2 は、シティケムの物理的なプラントレベルにおける要求とコントロール、および不具合と不適切なコントロールを示したものである。事象に影響した物理的なコンテキスト要因も含まれている。

タンク 701、702 に水が入った原因としては、少し前の暴風雨における防水のためのコントロールが不適切だったことが第一に考えられるが（図 4.8 のシステムに対する処理できない外乱、訳注：図 4.8 では「未確認あるいは範囲外の外乱」と記載されている）、それを確実に特定する方法はない。

事故調査では、事象や物理的な原因が明らかでない場合、フォールトツリー（fault trees）などのハザード分析手法を活用して、検討すべきシナリオを作成することがよくある。このような用途で、STPA を用いることができる。物理的なシステムのコントロール図を使用すると、物理的なレベルでの安全制約を課さないシナリオを生成することが可能である。設計の欠陥の識別には、第 9 章で述べた安全設計の原則が役に立つ。

プロセス産業では一般的であるが、シティケムの物理的なプラントの安全設備（コントロール）は、以前に識別したシステム安全制約、すなわち、暴走反応からの保護、有毒化学物質の不用意な放出や爆発（制御不能なエネルギー）からの保護、放出された化学物質を非危険物またはより危険性の低い形態に変換すること、放出後の人間や環境への曝露からの保護、曝露した人の治療のための緊急設備、を満たす一連の防護壁として設計されていた。シティケムは、物理的なシステムの状態を示す計器やその他の表示器を含む、標準的なタイプの安全設備を設置していた。さらに、緊急開放システムや、放出された化学物質の有毒性を低減する排ガス洗浄装置、ガスが大気に放出される前に燃焼させるフレアタワーなど、放出された化学物質による危険性を最小限に抑える設備も備えていた。

CAST 事故分析では、どのコントロールが適切に機能しなかったか、またその理由を見出すために、コントロールを調査する。シティケムでは、物理的な安全コントロールはそれなりに行われていたが、これらの設備の多くは不適切なものであったり、運用上の問題があったりした。これらは、化学プラントの事故後によく見つかることである。

特に、雨水がタンクに入り込んだことは、TCC が水と混ざることで重大なハザードが生じるにもかかわらず、タンクの雨水に対する防護が適切でなかったことを示唆している。雨水に対する防護が不適切であったことは調査されるべきであるが、シティケムの事故の記述には情報が記載されていなかった。プロセス産業では、ハザード分析プロセスでよく HAZOP が使われるが、このハザードは識別されたのだろうか。もしそうでなければ、重要な要因を見落とした理由を特定するために、会社が使用したハザード分析プロセスを調査する必要がある。見落としていないのであれば、欠陥は、設計や運用において、ハザード分析結果からハザードに対する防護措置を作り上げるプロセスの中にある。タンクへの水の浸入を防護するコントロールは提供されていたのだろうか。提供されていなかったのであれば、なぜ提供されていなかったのだろうか。提供されていたのであれば、なぜ効果がなかったのだろうか。

暴走反応が起きたときには、重要な計器や監視設備が欠落していたり、作動していなかったりした。1 つの重要な例を挙げると、レベル表示器が安全上重要な情報を提供するにもかかわらず、事故当時のプラントでは、タンク 702 においては、使用できるレベル表示器がなかった。そこで、事故分析のタスクの 1 つは、この表示器が安全上重要なものとして指定されていたかどうかを明らかにすることである。そのように指定されれば、メンテナンス活動の優先度を上げるなど、上位レベルでのコントロールが出されるはずである（あるいは出されるべきである）。また、使用できないレベル表示器については、安全上重要な設備を提供し維持する責任を負っている上位レベルのコントロールストラクチャーを、注意して見る必要がある。

最後の例として、緊急時の開放システムの設計が不適切であったことが挙げられる。緊急時の開放バ

ルブが詰まってしまい、余分なガスを排ガス洗浄装置に送ることができなかったのである。プラントの
ユニット7（およびユニット9）のポップアップ式開放バルブが狭すぎて、ガス以外の物質がある場合、
ガスを逃がすことができなかった。また、開放バルブの導管も狭すぎて、十分な速さで圧力を逃がすこ
とができず、結果として緊急開放システムに単一障害点（single point of failure）を作り出してしまっ
た。なぜ不適切な設計が存在したのかについて、上位レベルのコントロールストラクチャーで調査する
必要がある。どのグループが設計の責任者だったのだろうか、そしてなぜ欠陥のある設計が生まれたの
だろうか。あるいは、当初は適切な設計であったものの、時間の経過に伴い状況が変化したのだろう
か。

　図11.2で特定した、プラントへのアクセスの制限などの物理的なコンテキスト要因は、事故因果関
係分析において一定の役割を果たすが、その重要性が明らかになるのはコントロールストラクチャーの
上位レベルにおいてのみである。

　分析のこの時点では、タンクへの雨水の侵入を防ぐための防護システムを追加する、緊急開放システ
ムのバルブとベント管の設計を変更する、タンク702にレベル表示器を設置するなどのいくつかの妥
当な提案がある。事故調査は多くの場合、この物理プロセスの分析で止めてしまう。それよりむしろ、
もう一歩踏み込んで、オペレーター（物理プロセスの直接のコントローラー）が何を間違えたかを明ら
かにするべきである。

　ここでコントロールされているもう1つの物理的なプロセスである公衆衛生についても、同じよう
に調査してみる必要がある。プラント周辺の地域社会であるオークブリッジでは、公衆衛生をコント
ロールするものがほとんどなく、あったとしても不適切なものであった。また、市民は緊急事態の際に
何をすべきかについての訓練を受けておらず、緊急対応システムはまったく不適切であり、プラントの
すぐ近くに児童公園が作られるなど、非安全な開発も行われていた。これらの不備（inadequacies）
の理由と、物理的なプラントのプロセスに対するコントロールの不備については、次節で考察する。

11.6　安全コントロールストラクチャーの上位レベルの分析

　物理的なコントロールの不備は分析で比較的容易に特定でき、通常どの事故分析でもうまく処理され
るが、それらの物理的な不具合や設計の不備がなぜ存在したのかを理解するには、上位レベルの安全コ
ントロールを調査することが必要である。つまり、社会技術的な安全コントロールストラクチャーのど
のレベルにおいても、その振る舞いを完全に理解するには、すぐ上のレベルのコントロールが現在のレ
ベルの不適切なコントロールをなぜどのように許容し、その不適切なコントロールに影響したのかを理
解することが必要である。ほとんどの事故報告書には、上位レベルの要因のいくつかが含まれている
が、通常は不完全で矛盾しており、誰かあるいは何かの責任を追及することに重点が置かれている。

　安全コントロールストラクチャーにおける関連する各コンポーネントについては、最も低い物理的な
コントロールから始め、社会的、政治的なコントロールへと上に向かって調査する必要がある。調査す
るコンポーネントはどのように決めるのだろうか。すべてを検討することは現実的ではなく、費用対効
果も良くない。最下層から始めることで、検討すべき関連するコンポーネントを識別することができ
る。各レベルにおいて、欠陥のある振る舞いや不適切なコントロールを調査し、なぜその振る舞いが発
生したのか、なぜその振る舞いを防ぐのに上位レベルのコントロールが効果的でなかったのかを明らか
にする。たとえば、空港の工事中に、航空機が間違った滑走路から離陸した事故に対するSTAMPに基
づく分析では、パイロットに提供された空港地図が古かったことが判明したことがある[142]。そのた
め、地図を提供した会社の手順と、地図が最新であることを確実にするためのFAAの手順を検査する

ことにつながった。

　安全コントロールストラクチャーの下位レベルによる不適切なコントロールアクションを特定した後に、事故調査をやめてしまうことはよくあることである。その結果、原因は「オペレーターのエラー」にあるということになり、将来の事故を防止するための十分な情報を提供することにはならない。また、後知恵バイアスの問題も克服できない。後知恵では、別の振る舞いをすればより安全であったのに、という光景をいつも目にする。しかし、より安全なその振る舞いを識別するために必要な情報というものは、通常、事後的にしか得られないのである。安全性を向上させるためには、人々がなぜそのような行動をとったのかを理解する必要がある。そうすれば、将来、より良い意思決定ができるように、条件（conditions）を変化させるべきかどうか、どのように変化させるべきかを明らかにすることができる。

　事故分析者は、ほとんどの人々が善意で行動しており、故意に事故を起こすことはないという想定から始める必要がある。そして、その目的は、人々がなぜ違う行動をとらなかったのか、あるいはとれなかったのかを理解することである。人々には至極まっとうな理由があり、そのように行動したのである。私たちは、人々の振る舞いが、なぜその時点で彼らにとって理にかなっていたのかを理解する必要がある[51]。

　これらの理由を識別するには、安全コントロールストラクチャーにおいてその振る舞いに影響を与えたコンテキストと、振る舞いを形成する要因を調査する必要がある。どのようなコンテキスト要因を考慮すべきなのだろうか。大抵は、重要なコンテキスト要因と振る舞いを形成する要因は、人々がなぜそのように行動したかを説明するプロセスの中で明らかになる。ストリングフェロー（Stringfellow）は、考慮すべき一般的な要因を、以下のように提案している[195]。

- 歴史：経験、教育、文化規範、行動パターン。コントローラーや組織の歴史的コンテキストが、適切なコントロールを行う能力にどのように影響を与える可能性があるか。

- リソース：人員、資金、時間。

- ツールとインターフェース：ツールの品質、有用性、設計、および精度。ツールには、リスク評価、チェックリスト、測定器などのほか、ディスプレー、コントロールレバー、自動化ツールなどのインターフェースの設計が含まれる。

- 訓練：公式および非公式の訓練の品質、頻度、および有用性。

- 人間の認知（cognition）の特徴：人物とタスクの適合性、個人のリスク許容度、コントロールの役割、生来の人間の限界。

- プレッシャー：時間、スケジュール、リソース、生産、インセンティブ、報酬、政治的なプレッシャー。プレッシャーは、振る舞いに影響を与え得る、正か負の力を含む可能性がある。

- 安全文化：インシデント報告、回避策、安全管理手順などに関する価値観や期待。

- コミュニケーション：コミュニケーションの手法や形式、スタイル、内容が、どのように振る舞いに影響を与えたか。

- 人間の生理現象（physiology）：中毒、睡眠不足、など。

また、意思決定に使用されたプロセスモデルにも注目する必要がある。不適切なコントロールアクションに関して、意思決定者はどのような情報を持っていたのか、あるいは必要としていたのか。ほかにどのような情報があれば、彼らの振る舞いを変えることができたのか。分析によって、その人が本当に無

保守管理者

安全に関する責任:
- 安全な状態でプラント設備を維持する
- 発見した安全関連の問題を報告する

コンテキスト:
- 長年にわたり会社で勤務してきた
- 労働力は不十分(人手不足)である
- 作業者は疲労しており、残業が多い
- 極端なスケジュールのプレッシャーと非現実的なスケジュール
- 運用中の安全分析とリスク評価を担当する組織がない

非安全な決定とコントロールアクション:
- 作業者にタンク 701 を乾燥させるよう指示したが、他のタンクを点検するようには指示しなかった。タンク 701 が本当に乾燥しているかどうかが確認されなかった
- タンク内の水を見つけた後、水がどのように入ったのかを調査するための追跡調査を行わなかった
- タンク 701 内に水を見つけたことを、プラント管理者に知らせなかった
- ユニット 7 のポンプを徹底的に点検しなかった。時間的な制限のため、代わりにテストをすることを決定した
- ポンプが徹底的に点検されていないことを、プラント管理者に知らせなかった
- 必要なメンテナンスを 10 日間延期することに同意した
- ハザード分析をせずに、上記すべての決定を行った

プロセスモデルの欠陥:
- タンクの残留水は、雨がタンクに入ったのではなく、結露によるものと思い込んでいた

← 非公式なコミュニケーション →

運用管理者

安全に関する責任:
- ハザードを適切にコントロールするための運用手順を開発する
- プラントのハザードと安全な運用手順について、オペレーターに教育する
- (安全に関連する)方針と手順が遵守されていることを確認するために、運用を監督する

コンテキスト:
- 他の人と同等の実績を求めるプレッシャー
- 安全分析とリスク評価を担当する組織がない
- 人手不足

非安全な決定とコントロールアクション:
- タンク 702 から 701 にレベル計を移動することを決定した。タンク 702 にレベル計がないのにユニット 7 を稼働させた。レベル計のないタンクの稼働に対するオペレーターの懸念を無視した
- 関連するハザードを徹底的に分析せずに、変更することに同意した、または変更した
- 詳細な点検と適切な起動作業を行う要員がいないことを知っていたのに、ユニット 7 を 10 日以内に起動することに同意した

プロセスモデルの欠陥:
- タンク 702 は空だと思っている。タンク 701 の保守により、水が見つかったことを知らない
- タンク 702 の使用が必須となる可能性についての、不正確な評価
- 他と同様に、おそらく安全装置の設計の限界を理解していない

保守作業者

安全に関する責任:
- 保守管理者の指示に従い、プラント設備を安全な状態に保つ
- 発見されたすべての問題を報告する

コンテキスト:
- 1 日 14 時間労働による疲労

非安全な決定とコントロールアクション:
- タンク 701 からの不適切な水の除去

プロセスモデルの欠陥:
- タンクの残留水は、雨水ではなく結露だと思い込んでいた

図 11.3 シティケムにおける中間管理レベルの分析

能であったと判断された場合（通常はそのようなことはない）、なぜ無能な人がこの業務のために雇われたのか、なぜその位置に留まったのかを問うことに、焦点を移していく。人間の振る舞いの理解を助けるのに役立つ方法は、ヒューマンコントローラーが参加した重要な事象ごとに、そのコントローラーのプロセスモデルを示すことである。つまり、人間が意思決定をするときに、コントロール対象のプロセスについて、どのような情報を持っていたかを示すことである。

シティケムの安全コントロールストラクチャー上で、物理的なプラントの不備をたどってみる。図11.3では、シティケムの不適切なコントロールに対するSTAMPに基づく分析の3つの例、保守作業者、保守管理者、運用管理者の例を示す。

調査中に、保守作業者がタンク701の中で水を見つけていたことが判明した。彼は、ユニット7のタンクをK34生産のための起動に対応できるよう、確実にチェックするように言われていた。ユニット7は以前には停止していた（「物理的なプラントのコンテキスト」を参照、訳注：図11.2の「物理的なコンテキスト要因」）。起動は、K34を追加生産する意思決定がなされてから10日後に予定された。作業者はタンクに少量の水を見つけ、保守管理者に報告したところ、タンクを必ず「完全に乾かす」ように言われた。しかし、制御不能な反応の直前には、タンク701から採取されたサンプルから水が見つかっていた。作業者が水を取り除かなかったのか、それとも以前に入った経路と同じ経路から、後からさらに水が入ったのか、または別の経路で入ったのかはわからない（おそらく知ることができない）。ただ、彼が疲れていたこと、1日14時間労働だったことはわかっており、業務をきちんとこなす時間がなかったのかもしれない。また、彼はタンクの残留水は雨ではなく結露によるものだと思い込んでいた（believed）。すべての水を取り除いたかどうかを判断するための独立したチェックは行われなかった。

これまで述べてきたことから、品質コントロールと安全上重要な活動のチェックのための手順を確立することが、推奨事項となり得る。たとえば、水との反応性が高い化学物質を生産するために使用するタンクに水が溜まっているなど、ハザードにつながる状態が存在する場合は、危険な運用を開始したり再起動する前に、なぜそのような状態が発生したのかを徹底的に調査する必要がある。さらに、安全上重要な操作を行うオペレーターが、適切なスキル、知識、物理的なリソース（このケースでは十分な休息など）を有していることを確実にするための手順が制定されなければならない。重要な活動については、独立したチェックも必要だと思われる。

保守作業者は保守管理者の指示に従っただけなので、安全コントロールストラクチャーにおける保守管理者の役割も調査する必要がある。暴走反応は、TCCが水と接触した結果である。保守管理者の下で働いていた作業者は、雨の後にタンク701に水を見つけたことを話し、それを取り除くように指示された。保守管理者は作業者に対して、予備のタンク702に水があるかどうかをチェックするよう指示せず、そのチェックのために何も行おうとはしなかったらしい。彼は、水の出所が結露であるという説明を受け入れ、そのため、水漏れをそれ以上調査しなかったようである。

長年従業員として勤めており、これまで常に安全を意識していた保守管理者は、なぜそれ以上調査しなかったのだろうか。保守管理者は、時間に対する非常に強いプレッシャーの下で、また、必要な業務を行うための人員も不十分な状態で仕事をしていた。そして、絶対に水に触れてはいけない有毒化学物質に使われているタンクから水が見つかったというような、ハザードにつながる事象について、調査責任を持つ者への報告チャネルはなかった。通常、調査は保守管理者の責任ではなく、エンジニアリングや安全工学（safety engineering）の担当者の管轄となるはずである。シティケムには、タンクに水が入った理由を理解するために必要な調査や、リスク分析を行う責任者がいなかったようである。このような事象は、プロセス安全（process safety、訳注：プラントの爆発などを予防するために危険なプロ

セスを管理するためのフレームワーク）に対する責任を負うグループ（もちろん、そのようなグループが存在することが前提だが）によって、徹底的に調査されるべきものである。

保守管理者は、自分に与えられた非安全な命令や、自分の業務を適切にこなすのには不十分な時間とリソースに対して、（プラント管理者に）抗議していた。その一方で、彼は起きていたいくつかの事柄について、プラント管理者に伝えていなかった。たとえば、彼はタンク701で水を見つけたことを、プラント管理者には知らせていなかった。もし、プラント管理者がこれらのことを知っていれば、違った行動をとったかもしれない。このプラントには、このような情報を意思決定者に確実に伝えるための問題報告システムがなかったのである。コミュニケーションは、偶然に出会う機会と非公式なチャネルに依存していた。

この分析からは、ハザードにつながる状態が検出されたときのハザード分析の厳密な手順を提供することや、そのような分析を行う要員を訓練して配置することなど、変更のための多くの推奨事項を作ることができる。また、より良いコミュニケーション・チャネル、特に問題報告チャネルも必要である。

運用管理者（図11.3）も、事故の発生プロセスに一役買っていた。彼もまた、ユニット7の運用上のプレッシャーにさらされていた。彼は、保守グループがタンク701で水を見つけたことを知らず、タンク702は空だと思い込んでいた。ユニット7を稼働させようとしている最中に、タンク701のレベル表示器が作動していないことが判明した。彼は、プラントには予備のレベル表示器がなく、調達するのに2週間かかると判断し、タンク702のレベル表示器を一時的にタンク701に設置するよう命じた。タンク702は、緊急時のオーバーフローにのみ使用されていたが、彼は、そのような緊急事態のリスクは低いと判断したのである。この欠陥のある決定は、明らかに慎重に分析する必要がある。シティケムではどのようなタイプのリスク分析や安全分析が行われていたのだろうか。ハザードに関してどのような訓練が提供されたのだろうか。安全上重要な設備を停止させることに関して、どのような方針がとられていたのだろうか。また、プラントの在庫制御の手順のための、そして、安全上重要な交換部品が在庫切れになっていた理由を究明するための追加の分析も必要だと思われる。

安全設備に重大な不具合があったにもかかわらず運用を続けたシティケムでは、明らかに安全マージンが減少していた。しかし、誰も安全性が低下していることに気づかなかった。今回発生したような変化、すなわち以前停止していた装置の運用を開始し、安全上重要な設備を一時的に撤去するような場合には、ハザード分析と変更管理（management of change：MOC）プロセスを開始するべきであった。化学産業などにおける多くの事故は、非安全な回避策に関係している。ここまでの因果関係分析は、適切な変更管理と作業手順のコントロールが準備されていたにもかかわらず課されていなかったのか、あるいはまったく準備されていなかったかを見極めるための追加の調査のきっかけとなるはずである。このような分析の最初のステップは、上記の手順を作成する責任を持つ者（いたとすれば）と、その手順を確実に守られるようにする責任を持つ者を特定することである。ここでも目的は、誰かを非難することではなく、単にシティケムを運営するためのプロセスの欠陥を識別し、それを修正できるようにすることである。

この時点で、シティケムでは、上位レベルの管理者（保守管理者・運用管理者より上位）による意思決定とマネジメントコントロールが不適切であったように見える。図11.4と図11.5は、シティケムのプラント管理者とシティケムの企業経営のSTAMPに基づく分析結果の一例を示している。プラント管理者は、事故に直接影響する多くの非安全な意思決定と非安全なコントロールアクションを行ったか、安全のために必要なコントロールアクションを開始しなかったのである（図11.4参照）。一方で、彼は生産性を上げるための極度のプレッシャーにさらされており、より良い決定を下すために必要な情報が欠けていたことも明らかである。プラントにおける適切な安全コントロールストラクチャーが確立され

シティケムオークブリッジのプラント管理者

安全に関する責任：
- プラントの安全な運用を確実にする
  - 安全の組織を確立し、十分なリソース、適切な専門知識、およびプラントのすべてのパートへのコミュニケーション・チャネルを確実に持つようにする
  - 安全上重要な意思決定を行う際には、安全に関する組織からの適切な意見を求め、それを使用する
  - プラント管理者のすべてのレベルで、安全に関する意思決定と活動に対する適切な責任、説明責任、および権限を確立する
  - プラントにおける会社の安全方針および標準を確実に遵守するために監督を行う
  - 安全に関する情報のコミュニケーション・チャネルを構築し、監督する
- 緊急時に対する適切な準備と対応を、プラント内で確実なものにする
- 緊急時に対する十分な準備のための情報を、地域社会に確実に提供する

コンテキスト：
- 会社の販売注文を満たすために、K34 を短期間で大量に製造しなければならないというプレッシャーがあった。もし、失敗すれば、会社はプラントを閉鎖し、メキシコに運用を移す可能性がある。ユニット 9 の定期補修（大規模メンテナンス）が必要なため、プレッシャーはさらに大きくなっていた
- プラントの処理能力は、すでに限界に達していた。増産に必要な追加リソースはなく、従業員を増やす予算もないため、従業員を増やさずに増産しなければならなかった
- 高いスキルを持ち、非常に経験豊富である（会社に 20 年以上勤めている）。地域社会に強い絆を持っている。オークブリッジのプラントがシティケム社の重要な収入源であり続け、従業員が仕事を続けられるようにしたいと考えている
- シティケムオークブリッジのプラントでは、過去 30 年間、ほとんど事故が起きていない
- プラントは毎年数回の OSHA 点検に合格している

非安全な決定とコントロールアクション：
- 安全に実施するためのリソースがないのに、追加の K34 を生産することに同意した
- 非安全な条件下でユニット 7 の起動を開始した（安全に関する機器のすべては使用できず、ポンプの点検も徹底的にはなされていなかった）
- 緊急開放システム設計の不適切さに関する、新たな情報への対応が遅れた
- 安全に関する意思決定を行う際に、安全分析の情報を使用しなかった。変更を行う前に、関係するハザードを評価するための変更管理方針がなかった
- 安全に関する機器が、常に在庫にあることを確実にするための、在庫制御の方針と手順の確立が不適切であった
- インシデント／事故調査を徹底するための方針を設定せず、強制しなかった
- 問題報告システムを含め、安全関連情報に対するプラント内の適切なコミュニケーション・チャネルを確立しなかった
- プラントに隣接した開発の危険性について、地域社会に警告しなかった
- 緊急時に対する準備活動や、化学物質による緊急事態への対応のために必要となる情報を、地域社会が持っているかについて、確認していなかった

プロセスモデルの欠陥：
- 不正確なリスク評価。「利益を考えれば、リスクは許容可能」と思い込んでいる。最近のインシデントを安全マージンの低下と結びつけていない
- ポンプは徹底的に点検されたと、誤って思い込んでいた
- タンク 701 に水が見つかったことを知らなかった
- タンク 702 の表示器が作動していないこと、予備パーツがないことを知らなかった

図 11.4　シティケムのプラント管理者の分析

シティケムの企業経営

安全に関する責任：
- シティケムのプラントを安全に運用し、この目的を達成するために適切な設備とリソースを提供する
- 化学物質の放出やその他の危険事象の発生により化学物質にさらされた人々の傷害のリスクを低減するために、プラント周囲の地域社会とのコミュニケーションが適切に行われ、情報が交換されることを確実にする
- 会社の安全方針の作成と強制を含め、安全上の問題点についてリーダーシップをとる

コンテキスト：
- 価格競争が激化している。英国は最近、K34 の価格を引き下げた
- 化学プラントは、米国よりもメキシコ（および他の多くの国）の方が安く運用できる
- オークブリッジでは、過去に安全マージン減少の警告があったにもかかわらず、事故なく増産されてきた

非安全な決定とコントロールアクション：
- 生産目標の長期計画や販売目標の作成は、安全性への配慮が不十分なまま行われていた。オークブリッジの現在のリソースで K34 を増産することについてのハザード分析、リスク分析がなされていなかった
- 増産と非現実的なスケジュールに対して、オークブリッジへのリソースの割り当てが不十分であった
- 十分なリソースなしで増産すると、安全マージンが不適切なレベルまで減少するという、オークブリッジのプラント管理者からのフィードバックを無視した
- 安全に関する保守スケジュールや、その他のプラント運用の監督と強制が不十分であった
- 安全上重要なコンポーネントや部品の在庫管理方針が不十分であった
- ビジネス上の競争を理由に、どのような化学物質を使用しどのような製品を作っているかについて、周辺地域に開示しない方針を実践していた（地域の緊急対応の妨げになった）
- インシデントや事故の詳細な分析を要求しなかった

プロセスモデルの欠陥：
- 増産リスクの不正確な評価
- リスクをなくすには産業をなくすしかない、つまり、利益や生産性を下げずにリスクを減らすことはできないと思い込んでいる
- 最近のインシデントは、システムにおける本当の高リスクを示すものではなく、単に従業員自身のエラーや過失の結果であると思い込んでいる

図 11.5　シティケムの企業経営レベルの分析

ていなかったため、ほとんどの管理者、特にコントロールストラクチャーのより上位の管理者によって、非安全な運用の慣習や不正確なリスク評価が行われていた。下位レベルの従業員の中には、リスクの高い慣習に対して警告を発しようとする者もいたが、そのような懸念を表明するための適切なコミュニケーション・チャネルは確立されていなかった。

　企業経営レベルでは、安全コントロールはほとんど存在していなかった。経営の上層部は、安全性に関して十分なリーダーシップ、監督（oversight）、管理を提供していなかった。会社の適切な安全方針がなかったか、それが守られていなかったかのどちらかであり、そのどちらかがこの先の因果関係分析につながるはずである。適切なプロセス安全管理システムがシティケムに存在しなかったことは明らかである。経営者は競争による大きなプレッシャー下にあり、そのために企業の安全コントロールを無視したり、適切なコントロールが確立されなかったのかもしれない。適切な予防措置をとらずに生産量を増加させることのリスクについて、誰もがまさに欠陥のあるメンタルモデル（mental models）を持っていた。経営の意思決定者へのリスクに関するより良い情報と、プラント運用の状態の安全に関するより良い情報を提供するために、どのような変更を加えられるかについて検討することが、推奨事項に含まれるべきである。

オークブリッジの緊急対応

安全に関する責任：
概要：消火、避難、医療の介入など、適切な緊急対応を提供する

- **消防署長：**
 - 重大なインシデントが発生した場合に備えて、適切な消火設備と緊急計画を確実にする
 - 緊急時のニーズを市議会、市長、市政担当官（市政府）に効果的に伝える
 - プラント（製造・保管されている化学物質を含む）がもたらす、安全に対する潜在的なハザードについて学ぶ
 - 医療施設や他の緊急対応要員と連携する
- **消防隊：** プラント内外の緊急時の設備と訓練が十分であることを確実にし、プラントの境界の外にいる者に教え込む
- **医師・病院（その他、エリア内の医療施設）：**
 - シティケムのどのような化学物質や危険な製品が、プラント周辺の住民の健康に影響を及ぼす可能性があるのかを学ぶ
 - 緊急対応に必要となる十分な物資と情報を入手し、必要であれば追加の人材を獲得するための計画を立てる
 - 他の緊急対応要員（消防部門など）と連携する
 - 緊急対応の計画を評価し、改善するために定期的な訓練を実施する

コンテキスト：
- 市の避難計画は10年前のもので、現在の人口に対しては、あきれるほど不十分である。警察署長は計画を更新するための研究資金を何度も要求したが、そのたびに市から却下されている
- 市政府は緊急時に対する準備を、高い優先順位とはしていない
- シティケムは、どのような化学物質が使用され、どのような製品を作っているかを開示しない方針をとっている。州にはこの情報を提供することを強制する情報公開法がない
- シティケムは化学物質の漏出に対抗するために、消防隊よりも備えがあり、優れた設備を持っており、化学物質の漏出についても詳しい
- 消防署長はシティケムに対して、自分たちの問題は自分たちで解決することを望んでいる。このように望むことによって、より準備不足になる
- オークブリッジまでの道路拡張計画は実施されなかった

非安全な決定とコントロールアクション：
- シティケムが支援を要請しない限り（要請したことはない）、消防隊は「塀の外」にとどまる。消防隊はシティケムの潜在的なハザードについて知ろうとせず、シティケム内で十分な緊急設備、訓練、リソースが利用できることを確認しようともしなかった
- シティケムの外のほとんどの人は、緊急時に対する準備が不十分であった
- 病院は緊急時に対する十分なリソースを確保せず、予備計画も立てていなかった

プロセスモデルの欠陥：
- 病院はプラントの健康に対するハザードについて何も知らない
- 消防隊はプラントでどのような化学物質が使用されているのか知らない
- 誰もがプラントからのリスクは低いと思い込んでいた

図11.6　オークブリッジ緊急対応システムの STAMP 分析

ほかの重大事故と同様に徹底的に分析すると、損失につながるプロセスは複雑で多面的である。この事故の完全な分析は、ここでは必要ない。しかし、公衆衛生をコントロールすることを含め、プラントの環境に関わる要因をいくつか見ていくことは、学習する上では役に立つ。

図11.6は、オークブリッジ市の緊急対応システムをSTAMPに基づく分析で示したものである。計画はまったく不十分なもので、時代遅れのものであった。消防部門には化学物質による緊急事態に対応できる設備や訓練がなく、病院にも緊急時のリソースや予備計画がなかった。避難計画も10年前のもので、現在の人口レベルに対しては不十分なものであった。

このような不適切なコントロールがなぜ存在したのかを理解するには、コンテキストとプロセスモデルの欠陥を理解する必要がある。たとえば、警察署長は、設備や計画を更新するためのリソースを求めていたが、市はこれを却下していた。緊急設備が搬入できるように、オークブリッジまでの道路を拡幅する計画が立てられていたが、その計画は実行されなかった。計画者はその計画が現状に即して現実的であるかどうかを確認するために、計画に立ち戻ることもしなかった。シティケムは、自分たちが生産し、使用している化学物質を開示しない方針であり、競合他社からの機密保持の必要性から、この方針を正当化していた。これにより、病院が緊急時に必要な物資を備蓄し、訓練を提供することが不可能になった。これらすべてが、事故で死者を出す原因となったのである。化学企業が化学物質の情報を緊急対応要員に提供することを求めるための情報公開法を、政府は持っていなかった。

この分析から、たとえば避難計画の更新や計画プロセスの変更など、変更に関する明確な推奨事項が結果として出てくる。しかし、このレベルに留まっていては、地域社会の安全を向上させるようなシステミックな変更を識別することはできない。分析者は、コントロールストラクチャーを上へと上がり、事故の発生プロセス全体を理解する必要がある。たとえば、なぜ不十分な緊急対応システムが存在することが許されたのだろうか。

図11.7の分析は、この疑問に対する答えになる。たとえば、市政府のメンバーは、プラントに関連するハザードについて十分な知識を持っておらず、それらに関する情報や、プラント周辺の開発が増加した場合の影響についての情報を、得ようとはしなかった。それに加えて、住民の増加に伴って必要な緊急対応システムを改善するための資金提供を要請したり、市職員が市民向けに緊急対応パンフレットを提供して適切なコミュニケーション・チャネルを確立しようとする試みもすべて却下された。

なぜ、このような誤った決定をしたのだろうか。リスクに関する知識が不十分だったため、市政担当官（city managers）が用いた優先順位においては、プラントの危険性よりも開発拡大の利益の方が優先されていたのである。また、プラントにおける化学物質の処理の危険性についての誤解が、緊急時に対する準備活動の計画や承認がなされなかったことにも影響した。

市政府職員（city government officials）は、開発が進めば金銭的な利益を得られるような地元の開発業者や地元企業からのプレッシャーにさらされていた。開発業者は市議会へのプレッシャーを強めるために、開発が承認される前に住宅を販売していた。彼はまた、地元居住者向けの緊急対応パンフレットの提案に対して、反対する運動を展開した。なぜなら、そのパンフレットによって自分の売り上げが減少することを恐れたからである。市政府は、ビジネスと収益を増やすためにもっと開発を進めようとする地元の実業家たちから、さらなるプレッシャーをかけられていた。住民たちはビジネス界に対してプレッシャーをかけることもなく、政府が自分たちを守ってくれると思い込んでいた。地域社会には、地方政府の安全コントロールを監視し、政府が住民の健康と安全のニーズを十分に考慮していることを確認するための組織が存在しなかったのである（図11.8）。

市政担当官は、公共の安全に対する正しい直感と懸念事項をもっていたが、自分自身で意思決定する自由もなく、市長や市議会への影響力もなかった。彼女もまた、自分の要求を撤回せよという外部から

CAST：事故とインシデントの分析　　　　　　　　　　　　　　　　　　　　　　　　305

オークブリッジ市政府

安全に関する責任：
- 緊急時に対する準備計画が適切であり、実施されることを確実にし、必要なリソースを提供する
- 市民の安全を確保する。市民の安全を、許容レベル以下に下げない開発のみを承認する

コンテキスト：
- 投資と開発のための、快適な環境づくりのプレッシャーがある。選出され、職務を遂行するためには、ビジネス界やプラントで働く人々、地域社会に住む人々の支援が必要である
- プラントは 30 年間ずっと稼働しており、「悪臭」以上の悪い影響は出ていないという事実に基づき、安全であると思い込んでいる。プラントは、毎年数回の OSHA 点検に合格している
- 市政担当官は 18 年間働いて今の地位を得たが、その地位を失いたくない。多くの問題に気づいているが、自分にはシステムを変更する能力がないと思っている
- オークブリッジはさらなる開発により、追加の税収を利用できる。開発により、雇用、より多くの機会、税収の増加、より良い学校、より良い住宅、地元企業への利益がもたらされる
- プラントによる新規開発に関する公聴会には、ほとんど人が集まらなかった
- 開発を許可するよう、開発業者や地元の実業家から多くのプレッシャーがかかっていた

非安全な決定とコントロールアクション：
- 市議会は緊急対応パンフレットの資金調達を却下し、一度も作成しなかった
- 市政府は、緊急時に対する十分な準備を確実なものにしなかった。市議会は、緊急避難計画を更新するための資金を却下した
- 緊急時のアクセスのための十分な規模の道路を整備しないまま、開発を許可した。翌年には道路を拡幅すると主張していたが、その実現を確実なものとはしなかった
- 物理的な安全のための緩衝物が減少することを許した。プラントの柵近くの児童公園を承認した
- 公共の安全性を確実にすることよりも、開発と税収の増加を優先させた
- 開発の増加に対する適切なリスク評価を得ようとはしなかった。その代わり、利益（雇用、収入など）を考えればリスクは許容可能であるという、シティケムのプラント管理者の言葉を受け入れた
- 市政担当官が表明した懸念事項は、聞き入れられることも、十分に考慮されることもなかった。市政担当官が潜在的なハザードを洞察し、プラントと市との間の正式なコミュニケーションを設定しようとしたが、妨害された

プロセスモデルの欠陥：
- プラントからのリスクは、実際のリスクよりも低いと思い込んでいた。過去に安全と認識されれば、将来の安全も保証されると思い込んでいた
- 2 車線の狭い道路は、「来年」4 車線に拡張される計画なので、問題ないと思い込んでいた

図 11.7　事故におけるオークブリッジ市政府の役割についての STAMP 分析

第**11**章

のプレッシャーにさらされ、そのプレッシャーに対抗するための体制もなかった。

　一般的に、市議会議員になるために必要な条件はほとんどない。米国では市議会は、不動産業者や開発業者など、主に利害が対立する人々で構成されていることが多い。小規模な地域社会の市長は給与が少ないため、別の収入源を確保しなければならないことが多い。市議会議員の給与は、あるとしてもさらに少ない可能性がある。

　地域社会レベルの管理者が適切なコントロールを提供できないのであれば、上位レベルの政府がコントロールを課すこともできたであろう。この事故の完全な分析を行うことにより、州や連邦政府のレベルにどのようなコントロールが存在し、なぜそれが事故防止に効果的でなかったのかについて検討することができる。

オークブリッジ居住者（地元市民）

安全に関する責任：
- 選出された職員が、公共の安全に対する責任を適切に実行していることを確認する
- 化学プラントなどの近隣地域に移り住んだ際には、地域社会の潜在的なハザード、保護機構、緊急時に対する準備について、自ら情報を提供する
- 緊急時に何をすべきかを理解する

コンテキスト：
- 人々は職場の近くに住みたがる
- 通常、産業プラント（特に悪臭を放つプラント）の近くの地域社会に住むのは安い
- 一般市民はプラントのハザードについての情報を利用でき、政府や一般市民への情報公開法がなければ入手できないことが多い
- 開発業者は、雇用、より多くの機会、より良い学校、より良い住宅をもたらす

非安全な決定とコントロールアクション：
- 新規開発に関する公聴会に来なかった、または別のやり方で関心を示すこともなかった
- オークブリッジに移り住む前後に、プラントに関するハザードやリスク、緊急時に対する準備の状態について尋ねなかった

プロセスモデルの欠陥：
- プラントのハザードを知らない、理解していない
- 地域社会において、緊急時に対する準備が不足していることを知らない
- 選出された職員や地方政府が、自分たちの安全性に十分配慮していると思い込んでいる

図 11.8　オークブリッジ居住者の役割の分析

11.7　後知恵バイアスに関する言葉とその具体例

　事故分析において最も共通する間違いの 1 つは、後知恵バイアスの使用である。事故報告における「できたかもしれない（could have）」、「すべきであった（should have）」などの言葉は、ほとんどこのようなバイアスの結果として生じた判決（judgments）である[50]。事故分析者の役割は、人々が何をしたか、あるいはしなかったかという点で判決を下すことではなく（記録する必要はあるが）、なぜ彼らがそのように行動したかを理解することである。

　ほとんどの事故報告書はオペレーターに焦点を当てているため、事故報告書では、後知恵バイアスは、通常、オペレーターに適用される。しかし理論上は、「プラント管理者は……を知るべきであった」というように、組織のどのレベルの人々にも適用することができる。

　事故報告における後知恵バイアスの最大の問題は、それが不公平であるということではなく（大抵は不公平ではあるが）、事故から学び、将来の事故の発生を防止する機会が失われてしまうことである。後から振り返れば、より良い決定を特定することは常に可能であり、そうすれば損失やニアミスは発生しなかったであろう。しかし、決定を下さなければならなかった時点では、その決定に欠陥があることを特定するのは困難だったか、不可能だったのかもしれない。安全性を向上させエラーを減らすためには、その決定がなぜその人にとって理にかなっていたのかを理解し、人々がより良い判断を下せるようなシステムを再設計する必要がある。

　事故調査は、ほとんどの人々に善意があり、意図的に事故を起こしているわけではない、という想定

から始める必要がある。したがって、調査の目的は、なぜその特定の状況で間違った行動をとったのかを理解することである。特に、彼らの振る舞いに影響を与えたコンテキスト要因、システミックな要因、そして、安全コントロールストラクチャーの欠陥は何であったのか、ということである。多くの場合、その人はプロセスの状態を正確には把握できておらず、そのため、その時点では正しいと思われることを行ったが、結果的には実際の状態に対して間違ったことをしていたということがわかる。解決策は、コントローラーがより良い情報を持って決定できるように、システムを再設計することである。

一例として、タンクから化学物質があふれ出し、周辺の作業者数名が負傷したという実際の事故報告を考えてみよう[118]。制御室のオペレーターはバルブ開放の指示を出し、タンクへの液体の流入（flow）を開始させた。流量計では流入が示されなかったので、制御室オペレーターは（制御室の）外のオペレーターに、タンク付近の手動バルブが閉まっているか確認するよう依頼した。制御室オペレーターは、遠隔操作をしやすくするために、通常はバルブは開いたままの状態になっていると思い込んでいた。この時点でのタンクレベルは 7.2 フィートであった。

外のオペレーターが確認したところ、タンクの手動バルブは開いていた。また、外のオペレーターは流量計で流入が示されていないことを知り、流入のないことを目視で確認しようとした。その後、手動でバルブを開閉し、問題を解決しようとした。彼は制御室オペレーターに、「ガチャン」という音がして障害物が取り除かれたかもしれないと報告し、制御室オペレーターは再び遠隔操作でバルブを開けようとした。両オペレーターは流量計で流入がないことを確認した。このとき、外のオペレーターはプラント内の別の場所の問題への対処を依頼され、その場を離れた。彼は、流入があるかどうかについて、再度、目視で確認しようとはしなかった。制御室オペレーターはバルブを閉じた位置のままにしておいた。後から考えると、この時点でのタンクレベルは約 7.7 フィートであったと思われる。

12 分後、制御室でタンクの高位レベル警報が鳴った。制御室オペレーターはその警報を確認し、警報をオフにした。今から考えてみると、このときのタンクレベルは約 8.5 フィートであったと思われるが、制御盤には実際のレベルの数値は表示されていなかった。制御室オペレーターはプラントの別の場所での重大な事態についての警報を受け、その警報の対処に注意を向けた。数分後、タンクはオーバーフローした。

事故報告書では、「制御室オペレーターが得ることができた根拠（evidence）は、実際には（タンクは）充満しており、ただちに注意を払う必要があることをはっきりと示すには十分だったはずである（should have）」と結論づけている。この陳述は後知恵バイアスの典型的な例であり、「……はずである」という言葉が使われていることに注意されたい。報告書では、その根拠とは何かについては特定していない。実際には、この時点で両オペレーターが持っていた根拠のほとんどは、タンクは充満していない、というものであった。

後知恵バイアスを克服するためには、一連の事象における各決定の時点でオペレーターがどのような根拠を持っていたかを正確に調べることが有用である。これを行う 1 つの方法は、オペレーターのプロセスモデルと、その中の関連する各変数の値を得ることである。このケースでは、両方のオペレーターは制御バルブが閉じていると思っていた。つまり、制御室のオペレーターがバルブを閉じ、制御パネルはバルブが閉じていることを示し、流量計は流入がないことを示し、外のオペレーターは目視で確認したが流入はなかったのである。さらに、オペレーターたちが対応しなければならない別の警報が同時に発生したため、状況が複雑になった。

実際には制御バルブは開いているはずなのに、制御盤は、なぜ閉じていると表示したのだろうか。制御室オペレーターが「閉める」を指示した後に、実際にバルブが閉じたかどうかを確認する方法がなかったことがわかった。バルブ開閉位置を監視する（valve stem position monitor）機能がなかった

ため、制御室オペレーターは「バルブを閉める」というシグナルがバルブに送られたことだけはわかるが、実際に閉じたかどうかはわからないのである。これと同様の設計のために、スリーマイル島（Three Mile Island）を含む多くの事故では、バルブの実際の開閉位置についてのオペレーターの混乱を招いていた。

　さらに複雑なことには、タンクには液位（liquid level）が7.5フィートに達すると鳴ることになっている警報があったが、当時はその警報が作動しておらず、オペレーターはそれが作動していないことを知らなかった。つまり、オペレーターは、タンクへの流入はなく、7.5フィートの警報は鳴っていないと思い込んでいたわけであり、液位が7.5フィートより上昇していないと思い込むさらなる理由があったのである。（7.5フィートの警報に情報を提供する）レベル発信器（level transmitter）は1年半前から異常な動作をしていたが、修理のための作業指示書は前月まで出されていなかった。2週間前には修理されていたはずであったが、放出事故当時は明らかに作動していなかった。

　調査員は、何らかの流入が確かにあったはずだと後から知った上で、制御室オペレーターが制御盤のトレンドデータ（訳注：変化傾向を示すデータ）を呼び出して流入を検出することが「可能であった（could have）」と提言した。しかしこの提言は、典型的な後知恵バイアスである。制御室オペレーターには、そのようなさらなる確認を行う理由はなく、プラントの別の箇所で発生した重大な警報の対処に追われていたのである。デッカー（Dekker）は、**データの可用性**（data availability）とは状況のどこかで物理的に利用可能であったことを示せるものであり、**データの観測可能性**（data observability）とはインターフェースの特徴と、それを見ている人々の複数のタスク、目的、関心、知識が織り込まれていることによって観測できたものである、との区別に言及している[51]。トレンドデータは制御室オペレーターにとって可用性はあったが、その時点では不必要に見えた特別な行動を起こさない限り、観測はできなかったのである。

　オペレーターがタンクの充満に気づかなかったことは説明できたが、高位レベル警報に対応しなかったことは完全には説明できていない。オペレーターは、液体がセンサーに「触れた（tickling）」ために誤警報が発生したと思った、と話した。事故報告書では、オペレーターは、タンクが確かに充満している十分な根拠を持っていたはずであり、警報に対して対応すべきだったと結論づけている。公式の事故報告書には、このユニットでは迷惑警報が比較的よく発生する、という事実が記載されていなかった。この警報は月に1回程度発生し、サンプリングエラーやその他の日常活動によって引き起こされるものであった。この警報は、それまで深刻な問題を知らせたことはなかった。観測できるすべての根拠が、タンクは充満していないと示していたこと、そして当時オペレーターは、プラントの別の場所で発生した重大な警報に対応する必要があったことを考えると、オペレーターが警報に即応しなかったことは理にかなっていないとは思えない。

　一連の事象には、もう1つの警報が関係していた。この警報はタンクで発生したもので、タンク内の液体から発生したガスが、タンク外の空気中で検出されたことを示すものであった。外のオペレーターが調査に向かった。報告書では、この警報が鳴ってから避難警笛を鳴らすまでに30分も放置したことを、両オペレーターの過失としている。公式の報告書には次のように書かれている。

> 運用担当者への聞き取り調査では、［ガス］警報への対応に31分を要した明確な理由は得られなかった。唯一説明があったのは、彼らの経験上、以前の［ガス］警報はユニットの避難を必要としない小さな放出が原因だったので、緊急性を感じなかったということであった。

この陳述が不可解なのは、この陳述自体がその振る舞いについての過去の経験に基づいた明確な説明となっていることである。くわえて、警報は、空気に含まれる実際の量よりずっと低い25 ppmにおいて

最大級で鳴っていたが、実際の量がどのくらいだったのかについて、制御室オペレーターは知る由もなかった。その上、このガスがどの程度のレベルなのか、あるいは、避難警報を鳴らすべき緊急事態とみなされるのはどの警報なのかについて、どの手順書にも確立された基準はなかった。また、どの警報も重要な警報として指定されていなかったので、事故報告書では、制御室オペレーターが「競合する優先事項の中で、より注意を惹くものに引きつけられた」のかもしれないということを認めている。最後に、このガスの警報に対応する手順書は存在しなかった。「標準的な対応」は、外のオペレーターが状況の現場評価を行うことであり、彼はそのとおりにしていた。

漏れ出た特定のガスのハザードに関する訓練の情報は提供されていたが、この情報は、標準的な運用手順や緊急時の手順には盛り込まれていなかった。どうやらオペレーターは、緊急事態が発生したかどうかを自分たちで決定したようで、そして（後知恵により）正しい対応をしなかったと叱責されたわけである。もしオペレーターが安全上重要な状況において誤った決定をする可能性があるのであれば、そのような決定をするための基準を彼らに提供する必要がある。ストレス下にあり、おそらく現在のシステムの状態に関する情報も限られており、訓練も不十分なオペレーターに対して、自らの判断力でそのような重要な決定を行うことを要求するのは非現実的である。そのような要求は、後知恵でオペレーターの決定が間違っていたことが判明したときに、単に彼らを非難するためだけのものである。

オペレーターが批判された行動の1つは、ガス警報が鳴った後、すぐに緊急要員を呼ばず、問題を解決しようとしたことである。実は、この対応は人間にとって**正常な**対応である（第9章と[115]、以下の考察も参照）。もし望ましい対応でないならば、別の対応を引き起こすような手順や訓練を行う必要がある。事故報告書には、この会社の安全方針が記載されている。

> ユニットでは、従業員は状況を評価し、全従業員の安全を確実にし、環境への影響や機器・財産の損傷の可能性を緩和するために、どのレベルの避難とどの設備の停止が必要かを明らかにするものとする。不確かな場合は、避難する。

このような方針には2つの問題がある。

最初の問題は、避難の責任（一般的には緊急処置）が誰にも割り当てられておらず、すべての従業員が取り掛かれるように見えることである。これは良い考えのように思えるが、重大な欠点がある。それは、コントロールに関する責任が割り当てられていないことの結果として、誰もが、ほかの誰かが主導権を握り、警報が誤ったものだった場合には責任をとると考えるかもしれないからである。誰もが問題を報告し、必要に応じて緊急警告を発するべきであるが、それを行う実際の責任、権限、および説明責任を持つ者がいなければならない。また、その人が責任を果たせなかった場合に、別の人が実行に移せるような予備的な処置も必要である。

この安全方針の第2の問題は、手順に緊急処置を実行するように明確に書かれていない限り、人間はまず状況を診断しようとする可能性が非常に高いということである。これと同じ問題が、多くの事故報告書に記載されている。つまり人間は、情報をすぐに飲み込めなかったり、理解できずに圧倒されたりすると、警報を鳴らす前にまず何が起こっているのかを理解しようとするのである[115]。経営者が従業員に対して、迅速かつ一貫して警報を鳴らすことを望むならば、安全方針には警報がどんなときに必要であるかを正確に規定する必要がある。（このケースのように）何が起きているのかがわからずに混乱し、ストレスの多い状況下で迅速な決定を迫られるであろうときに「状況の判断」を従業員に任せてはいけない。どれだけの人々が、すぐに911（訳注：緊急通報番号。日本の110、119に該当）に電話をする代わりに、小さな台所の火災を自分で消そうとするだろうか。それがうまくいくことが多ければ、次の緊急時にも同じように行動する傾向が強まるだけである。そして、緊急ではない場合には、消

防士が到着する恥ずかしさを避けることができるのである。後になって、このプラントでは過去にも避難警告が遅れたことがあったが、その理由は誰も調査していなかったということがわかった。

事故報告書は、「オペレーターの警報対応義務を従業員に強化する必要がある」という勧告（recommendation）で締めくくられている。この勧告は、オペレーターが警報に対応しなかった理由を無視しているため、不十分なものである。より有用な勧告としては、制御バルブの実際の開閉位置（単に示された位置ではなく）、タンクへの流入の状態、タンク内の液位などに関する、より正確でより観測可能なフィードバックを設計することが挙げられるであろう。またこの勧告は、警報への対応に関する会社の方針が曖昧な状態であることも無視している。

公式の報告書が事故におけるオペレーターの役割だけに焦点を当て、事故について深く検討もしなかったため、将来の事故につながるようなプラントの設計や運用の欠陥を検出する機会は失われた。将来の事故を防止するために、報告書では、このユニットを対象として実施されたHAZOPにより、なぜそのユニットの警報がいずれも重要であるとは識別されなかったのか、といったことを説明する必要があった。HAZOPや、この会社でのHAZOPの実施方法に不備があったのだろうか。なぜ緊急対応処置の手順がなかったのだろうか、あるいは、あったとしても効果がなかったのだろうか。ハザードを識別していなかったか、ハザードに対処する手順を作成する方針が会社になかったか、または不注意で、識別されたすべてのハザードへの対処があるかどうかを確認する手順がなかったかのいずれかであろう。

この報告書では、このタンクの充満に関するリスク評価手順を作成し、充満プロセスの開始に必要な一連の手順、関連するプロセス制御パラメーター、タンクが充満したとみなされる安全レベル、タンクの充満プロセスの終了と安全確保に必要な一連の手順、警報への適切な対応などの重要な運用パラメーターを定義するよう勧告している。しかし、プラント内の別のプロセスに対する同じタスクの実施については何も書かれていない。このタンクとその安全上重要なプロセスだけにそのような手順がなかったか、あるいは、会社が複雑なもぐらたたきゲーム（Whack-a-Mole、第13章参照）を行っており、事象を調査するたびに実際の問題の症状だけが取り除かれているかのどちらかであろう。

公式の事故報告書では、制御室オペレーターは、「タンクのオーバーフローと、［タンク内の液体］が流出すると高濃度の［ガス］が生成される可能性とを関連付けたリスクへの認識を示さなかった」と結論づけている。なぜそう言えるのかということについて、それ以上の調査は報告書には含まれていなかった。彼の業務の責任に関するハザードについて、訓練手順に不備があったのだろうか。この特定のオペレーターが単に無能であり（おそらくそんなことはない）、効果がありそうな訓練を受けさせたにもかかわらず役に立たなかったと説明するのであれば、次の問題は、なぜこのようなオペレーターがその業務を続けることが許されたのか、また彼の訓練成果の評価においてこの不備を発見できなかったのか、ということになる。外のオペレーターもこのガスによるリスクを十分に理解していなかったらしいので、システミックな問題が存在することは明らかである。このタンクでの流出だけが理解されていない唯一のハザードなのか、混乱しているのはこの2人のオペレーターだけなのかを明らかにするために、監査が行われるべきであった。プラント内でこのユニットだけが単に設計・管理が不十分なのだろうか、それともこれ以外のユニットにも同様の不備があるのだろうか。

その他の重要な因果要因や疑問点、たとえば、レベル発信器が修理された後すぐに機能しなくなったのはなぜか、安全に関する指示がこれほど遅れたのはなぜか（このプラントでは安全関連の作業指示の平均期間は3か月であった（訳注：前述のとおり「1年半前から異常な動作をしていた」のに、平均期間の3か月では作業指示が出されていなかった）、安全に関する機器が機能していなかったり機能が不安定な状態で、きわめて重要なプロセスの運用が許されていたのはなぜか、このプラントの管理者はこ

うした事態を知っていたのか、などについても報告書には記載されていない。

後知恵バイアスや事故におけるオペレーターの役割だけに注目することは、事故から十分に学ぶことを妨げ、安全性を向上させるための大きな進歩を阻むことになる。

11.8 連携とコミュニケーション

ここまでの分析では、各コンポーネントを個別に見てきた。しかし、コントローラー間の連携とコミュニケーションこそ、非安全な振る舞いの重要な発生源（source）である。

コンポーネントが2つ以上のコントローラーを持つ場合、その連携は慎重に行う必要がある。各コントローラーはそれぞれ異なる責任を持っていることもあり、提供するコントロールアクションが矛盾する可能性がある。また、複数のコントローラーが、コントロール対象のコンポーネントの振る舞いの同じ側面をコントロールする可能性があり、それにより、誰がコントロールに対して責任を持つのかについての混乱が、常に生じる。付録Cのウォーカートン（Walkerton）における大腸菌による水質汚染の例では、ウォーカートン公共事業委員会（Walkerton Public Utility Commission：WPUC）、環境省（Ministry of the Environment：MOE）、保健省（Ministry of Health：MOH）の3つのコントロールコンポーネントが、点検報告の追跡調査と必要な変更を確実に行う責任を負っていた。WPUCの委員は、水道事業の運営に関する専門知識を持たず、変更について単にマネージャーに任せているだけであった。MOEとMOHの両者は、同じように監督を行う責任を負っていた。地域のMOHの機関はMOEがこの監督の役割を担っていると想定していたが、MOEの予算が削減されたため、追跡調査は行われなかった。このケースでは、責任ある3つのグループがそれぞれ、他の2つのコントローラーが、必要な監督を行っていると想定していた。これは、事故後によく判明することである。

2002年にドイツのユーバーリンゲン（Überlingen）近郊で発生した航空機の衝突事故では、異なるタイプの連携の問題が発生した[28,212]。自動化された機上のTCASシステムと地上の航空管制官（air traffic controller）という2つのコントローラーが、連携されていない（uncoordinated）コントロール指示を出し、それが矛盾したために実際に衝突を引き起こしたのである。どちらのパイロットもTCASの警告に従うか、あるいは、どちらも地上の管制官の指示に従っていれば、この損失は防止できたはずである。

第5章で分析した味方への誤射による事故においては、AWACS管制官（AWACS controllers）のうち1人が、飛行禁止区域の中の航空機を管制（control）し、もう1人が飛行禁止区域の外の航空機を監視・管制するというように、公式に責任の所在が分けられていた。しかし、この管制の区分は時間の経過とともに崩れ、その結果、運命の当日にはどちらもブラックホーク・ヘリコプターを管制していなかった。想定され設計された振る舞いを、安全コントロールストラクチャーのコンポーネントが実際に行っているかどうかを確認するためのパフォーマンス監査が行われていなかったのである。

フィードバックと情報交換の両方を含むコミュニケーションも重要である。すべてのコミュニケーション・リンクが確実に機能したかどうかを調査し、機能しなかった場合はコミュニケーションが不適切だった理由を明らかにしなければならない。ロシアのツポレフ（Tupolev）機とDHLのボーイング機が衝突したユーバーリンゲン衝突事故は、有用な事例である。ウォン（Wong）は、STAMPを使ってこの事故を分析し、事故当夜のコミュニケーションの断絶がいかに重要な影響を及ぼしたかを明示した[212]。図11.9は、当時、両方の航空機を管制していたチューリッヒの航空交通管制センター（Air Traffic Control Center）の管制官を取り巻くコンポーネントと、そのコンポーネント間のフィードバックループとコミュニケーション・リンクを示したものである。破線は、いつも利用できるわけではない

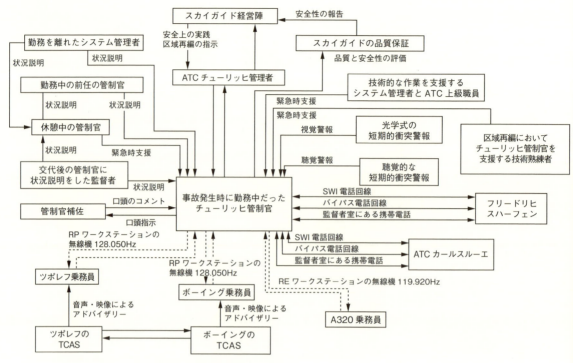

図 11.9　ユーバーリンゲンの航空機衝突時の理論上のコミュニケーション・リンク（出典：[212]より）

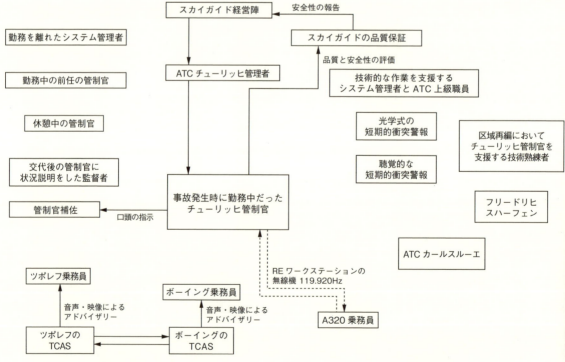

図 11.10　事故発生時のコミュニケーション・リンクとコントロール・ループの実際の状態（出典：[212]より）。この図と図 11.9 に示した、設計されたコミュニケーション・リンクを比較されたい

部分的なコミュニケーション・チャネルを表している。たとえば、管制官と複数の航空機の間で1つの無線周波数を共有している場合、一度に送信できるのは1か所のみであるため、部分的なコミュニケーションしかできない。また、管制官は、TCASアドバイザリー（TCAS advisories）の情報を直接受信することはできない。操縦補佐パイロットがTCASアドバイザリーを無線で管制官に報告することになっていた。さらに、すべての航空機と常時通信するためには、2人の管制官が2台の別々のコンソールにいる必要があるが、このときは管制官が1人しかいなかった。

　事故当時、ほぼすべてのコミュニケーション・リンクが切断されていたか、無効であった（図11.10参照）。リンクが失われた背景にはさまざまな条件が影響している。

　コミュニケーションの機能不全の第1の理由は、夜勤をする予定の2人の管制官への不十分な説明、2人目の管制官が休憩室にいたこと（公式には許可されていないが、交通量の少ない時間帯には管理者も知っていて許容していた）、管制官補佐が越権行為になると感じてこの状況を打開するための意見を躊躇したことなどの、安全ではない慣習であった。不十分な状況説明の原因は、情報不足に加え、各人が明確な情報を伝える責任がないと思い込んでいたこと、つまり役割と責任が明確にされていないことであった。

　物理的な区域再編のために管制室（control room）で行われていた保守作業によって、さらに多くのリンクが切断されていた。この作業により、隣接する航空管制センター（ATC centers、衝突が迫っているのを見てチューリッヒ航空管制に電話しようとしたカールスルーエ航空管制（ATC Karlsruhe）を含む）とのコミュニケーションに使われていた直通電話が使えなくなり、コンソールの光学式の短期的衝突警報（optical short-term conflict alert：STCA）が失われていた。聴覚的な短期的衝突警報は理論上は作動していたが、管制室でそれを聞いたものはいなかった。

　異常な状況により、さらにリンクが失われた。隣接する管制センターからのバイパス電話システムの故障（failure）や、フリードリヒスハーフェン（Friedrichshafen）へのA320航空機の着陸の遅延などである。3機すべての航空機とコミュニケーションするために、管制官は2台のコンソールを交互に操作しなければならなくなり、これにより、航空機と管制官のコミュニケーション・チャネルはすべて、不完全なリンクになってしまった。

　最後に、管制官が使えると認識していなかったため、使用されていないリンクがあった。これには、管制室にいたほかの人員（ただし、区域再編の作業中）の助けが得られる可能性があったことや、管制官が知らなかった第3の電話システムなどが含まれる。その上、ツポレフ機の乗務員とTCASユニットとの間のリンクは、その乗務員がTCASアドバイザリーを無視したために切断されていた。

　図11.10は、これらがすべて失われた後に残ったリンクを示したものである。事故当時、システムには完全なフィードバックループは残っておらず、わずかに残された接続は不完全なものであった。2機の航空機のTCASユニット間の接続は例外であり、まだお互いに通信（communicating）していた。しかし、TCASユニットは乗務員への情報提供しかできないため、この残されたループで航空機を管制することは不可能であった。

　コミュニケーションの失敗（failures）でほかに多いのが、問題報告チャネルでの失敗である。多くの事故において、損失を防ぐのに十分な時間内に問題が識別されたにもかかわらず、必要な問題報告チャネルが使用されていないことが、調査員により発見されている。事故報告書の勧告には通常、報告チャネルが使用されないのは訓練不足のためであるという想定に基づき、報告チャネルを使用するよう人々を訓練することや、すべての問題を報告するという要求を何度も繰り返し、報告チャネルの使用を課すことが含まれている。しかし、これらの調査（investigations）は、なぜ報告チャネルが使用されなかったのか、その原因を突き止めるまでには至らないことがほとんどである。多くの場合、正式な報

告チャネルが理解しにくいか使いにくい、そして使うのに時間がかかることが、注意深い調査（examination）といくつかの疑問によって明らかになる。設計が貧弱なシステムの使用を単に人々に命じるよりも、貧弱な設計のシステムを再設計する方が、将来の使用を確実にするためには効果的である。設計が貧弱なコミュニケーション・チャネルは、設計変更を行わない限り、時間が経てば再び使用されなくなる。

シティケムでは、問題はすべて制御室オペレーターに口頭で報告され、オペレーターはそれを上位の人間に報告することになっていた。情報伝達のパイプが1本では、報告システムとして非常に脆弱であることは明らかである。それに加えて、正式なコミュニケーション・チャネル、フィードバック・チャネルもほとんど確立されていなかった。つまり、シティケム内でも、シティケムと地方政府との間でも、コミュニケーションは非公式であり、その場しのぎのものであった。

11.9　ダイナミクスと高リスクな状態への移行

先に述べたようにほとんどの重大事故は、システムが時間の経過とともに、安全マージンが減少する方向に移行することによって生じる。シティケムの例では、商業的競争からのプレッシャーが、安全性の劣化の原因の1つであった。もちろん、これはとてもよくある原因である。シティケムにおいては、運用上の安全の慣習は過去には優れていたが、現在の市場の状況により、経営者が安全マージンを削減し、確立された安全の慣習を無視するようになっていた。通常、このような変化に伴うリスクの増大を示す前兆は、小さなインシデントや事故という形で現れる。しかしこのケースでは、ほかの多くのケースと同様に、こうした前兆が認識されなかった。皮肉なことに、シティケムの保守管理者が事故死したことで、経営者は運用方法を変更することになったわけであるが、有毒化学物質の放出を防ぐには遅すぎた。

企業リーダーは、操業をメキシコに移して現在の作業者を失業させると脅すことで、シティケムのプラント管理者に対して、より高いレベルのリスクで操業するようプレッシャーをかけた。現在の運用上のリスクについて正確なモデルを保持する術もなく、プラント管理者はプラントがより高いリスクの状態に移行することを容認した。

時間の経過に伴って、このシステムの安全性に影響を与えた他の変化としては、住民とプラントの距離に関する物理的な変化があった。通常、危険な施設はもともと、人口の中心地から離れた場所に設置されるが、施設ができた後に住民が移動してくる。人々は職場の近くに住みたがり、長い通勤時間を嫌がる。悪臭を放ち汚染を引き起こすプラントの近くの方が、土地や住宅は安いのかもしれない。ボパール（Bhopal）のような第三世界の国々では、重工業プラントの近くの方が、電力や水道などの公共施設や輸送施設をより簡単に設置できることがある。

シティケムのケースでは、時間の経過に伴う重要な変化として、住民の増加に伴い、緊急時に対する準備が陳腐化したことが挙げられる。道路、病院施設、消防設備など、緊急時に必要なリソースが不十分になっていたのである。人口密度や居住地の変化に対応するリソースが不足していただけでなく、緊急時のリソースや計画を更新しようとしても、金銭的プレッシャーやその他のプレッシャーに阻まれていた。

オークブリッジの地域社会のダイナミクスを考えると、オークブリッジ市は、どの市政府も直面するような普通のプレッシャーにより、安全コントロールを低下させ、事故に加担したのである。いかなる事故の履歴もなく、また、そうでないことを示すリスク評価もないことで、プラントは安全だとみなされ、市職員はそれまで制限していた土地に開発業者が建設することを許した。それに影響した要因は、

CAST：事故とインシデントの分析　　　　　　　　　　　　　　　　　　　　　　　　　315

その市職員が再任されやすいように、市の財政とビジネスとの関係を充実させたいという欲望であった。そして市は、事故が起きれば大量の犠牲者が出る状態になっていった。

　ダイナミクスを理解する目的は、システムと安全コントロールストラクチャーを再設計してシステム安全に貢献することである。たとえば、最近の事故やインシデントの影響を受けて、振る舞いが変化することがある。つまり、安全への取り組みが成功すると、事故は起こらないという気持ちが強くなり、安全への取り組みが縮小され、そして事故が起きる。するとしばらくはコントロールが強化されるが、システムは再び安全ではない状態に戻り、自己満足（complacency）が再び高まる、というように続く。

　この自己満足という要因はとてもよくあることなので、システム安全への取り組みには、この要因に対処する方法を含める必要がある。米国の原子力潜水艦の安全プログラムであるSUBSAFEは、特にこの目的を達成するのに成功している。SUBSAFEプログラムについては第14章に記載されている。

　このような安全性の低下に対抗する1つの方法は、システムのコントローラーのプロセスモデルにおいて、正確なリスク評価を維持する方法を提供することである。コントローラーがもっと多くのより良い情報を持てば、そのプロセスモデルはもっと正確になり、その結果、判断もより的確になる。

　シティケムの例では、より良いハザード分析を行うこと、市とプラント間のコミュニケーションを増やすこと（例：発生しているインシデントについて知ること）、地域社会の市民グループを形成し、市職員に対して緊急対応システムやその他の公共安全対策を維持するよう対抗的なプレッシャーをかけることで、市がより高いリスクの方へと移行するダイナミクスを改善できるかもしれない。

　最後に、このような移行の理由を理解することによって、移行を防止するため、あるいは移行が起きたときにそれを検出するための安全コントロールストラクチャーを設計する機会がもたらされる。CASTを用いた徹底的なインシデント調査とそこから得られる洞察は、リスクを増大させる方向への移行を事故が発生する前に阻止するために、システムの再設計や運用上のコントロールの確立に利用することができる。

11.10　CAST分析からの推奨事項の生成

　事故分析の目的は、単に症状に対処することでも、責任の所在を明らかにすることや誰かを非難することでも、どのグループがほかよりも責任が重いかを突き止めることでもないはずである。

　非難を排除することは難しいが、2.7節で考察したように、非難は安全性の向上とは正反対である。それは事故やインシデントの調査、損失が発生する前のエラーの報告の妨げとなり、将来の事故を防ぐために変更すべき最も重要な要因を発見する妨げとなる。多くの場合、コントロール階層の中で最も政治的な力がない者、あるいは実際の損失事象に物理的・運用的に最も近い人々や物理的なコンポーネントに対して責任を負わせることが多い。なぜ不適切なコントロールが提供されたのか、なぜコントローラーがそのように行動することに意味があったのかを理解することは、事象に対して責任を負わせようとする自然な欲求を緩和するのに役立つ。さらに、安全コントロールストラクチャー全体にどのような欠陥があったのかということに目を向け、事故を独立した事象の結果ではなく複雑なプロセスとして概念化することにより、事故の発生プロセスの一部としてオペレーター以外のシステムコンポーネントが特定されたときに起こりがちな他者への非難や言い争いを減らすことができるはずである。「もっと非難する（more to blame）」ことは、システムズアプローチによる事故分析に適した概念ではなく、抵抗し、避けるべきものである。システム内の各コンポーネントは、結果を得るために互いに協力するものであり、どのコンポーネントも他のコンポーネントより重要というわけではない。

　事故分析の目的は、やはり、将来同じような事故の発生プロセスを防止するために、最も費用対効果

が高く実践的な方法で、安全コントロールストラクチャー全体をどのように変更したり再構築したらよいか判断することであるべきである。いったん STAMP の分析が完了すれば、推奨事項を生成するのは比較的簡単であり、分析結果から直接導かれる。

STAMP の分析が完全であることの結果の 1 つとして、多くの推奨事項が生じる可能性がある。多すぎて、最終的な事故報告書に含めるのが現実的ではないこともある。将来発生し得る最も多くの事故に対して最も大きな影響を与えるという観点から、推奨事項の相対的な重要性の判断が必要かもしれない。これらの推奨事項を識別するためのアルゴリズムは存在しないし、存在し得ない。このような判断には、常に政治的な要因や状況的な要因が絡んでくる。しかし、事故の発生プロセス全体と安全コントロールストラクチャー全体を理解することは、この識別に役立つはずである。

シティケムの事例に対する推奨事項の例をいくつか、本章を通して示してきた。STAMP に基づくシティケムの事故分析から得られるであろう推奨事項の完全なリストを以下に示す。リストは、物理的な設備と設計、企業経営、プラント運用管理、政府と地域社会の 4 つの部分に分けられている。

物理的な設備と設計

1. 雨水がタンクに入るのを防護する機能を追加する。
2. 腐食の防止と検出のための対策を検討する。
3. 二相流の問題（バルブや配管が詰まる原因）に対応するため、バルブやベント管の設計を変更する。
4. その他（残りの物理的なプラント要因は省略）。

企業経営

1. 企業の安全方針を定め、以下を明記する。
   a. 安全性に対するすべての人の責任、権限、説明責任。
   b. 決定の評価基準、安全コントロールの設計・実装の基準。
2. 以下に責任を持ち、監督を行うための企業のプロセス安全の組織を設立する。
   a. 安全方針を守らせる。
   b. 安全に関する決定について企業経営者に助言する。
   c. リスク分析を行い、監査の実施や報告要件の設定など、運用上の安全性を監督する（企業のプロセスモデルを正確に保つため）。企業レベルの安全ワーキンググループを検討すべきである。
   d. プラントの安全工学と運用に関する最小限の要求事項を設定し、その要求事項の実施を監督するとともに、すべての変更について安全に与える影響を評価するための、変更要求の管理も監督する。
   e. 下位からの安全関連情報（正式な安全報告システム）のルートを提供するとともに、従業員によるプロセス安全に関する懸念事項についての独立したフィードバック・チャネルを提供する。
   f. 危険な化学物質を扱う業務について、物理的な運用上の最低基準（作動中の設備と予備を含む）を設定する。
   g. インシデント／事故調査の標準を制定し、推奨事項が適切に実施されていることを確認する。

CAST：事故とインシデントの分析　　317

h. 企業のプロセス安全情報システムを構築し、保守管理する。

3. 企業レベル内、およびシティケムのプラントから企業経営への情報とフィードバック・チャネルの両方において、プロセス安全のコミュニケーション・チャネルを改善する。

4. シティケムのプラントとそれが属する地域社会との間で適切なコミュニケーションと連携が行われていることを確実にする。

5. 安全上重要な部品の在庫管理システムを企業レベルで強化する、または構築する。安全に関する機器の在庫は常時確保する。

シティケムのオークリッジプラント運用管理

1. プラントの安全方針を作成する。プラントの安全方針は企業の安全方針から導出し、全員がそれを理解していることを確認する。運用に関する最小限の要求事項を盛り込む。たとえば、「安全設備は使用できなければならず、使用できない場合は生産を停止すべきである」。

2. プラントのプロセス安全の組織を設立し、この組織に責任、権限、および説明責任を割り当てる。プロセス安全に主に責任を持つプロセス安全管理者を参加させる。この組織の責任には、少なくとも次のものを含めるべきである。

   a. ハザード分析やリスク分析を行う。

   b. 安全に関する判断について、プラント管理者に助言する。

   c. プラントのプロセス安全情報システムを構築し、保守管理する。

   d. 運用・保守の必須条件として、ハザード分析結果を用いたプロセス安全監査・点検を実施する、または計画する。

   e. ハザードにつながる状況、インシデント、事故を調査する。

   f. リスクの先行指標を確立する。

   g. プロセス安全の方針と手順が確実に守られていることを確認するためのデータを収集する。

3. プロセス安全とプラント運用に関連する特定のハザードに関して、全員が適切な訓練を受けていることを確認する。

4. コミュニケーション・チャネルを正式なものにして、改善する。安全関連の意思決定に役立つ正確なプロセスモデルを保持するために必要となる、コントロール対象のコンポーネントからコントローラーへの運用上のフィードバック・チャネルを作成する。チャネルが存在するのに使用されていない場合は、使用されない理由を明らかにし、適切に変更する。

5. 管理者および一般労働者を含む問題報告のためのチャネルとともに、正式な問題報告システムを確立する。安全に関わるメッセージに対しては、単一障害点のあるコミュニケーション・チャネルを避ける。ハザードにつながる運用事象を管理者に知らせるかどうかの判断は手順化する。ハザードを含む運用状況が存在することが判明した場合は、システムの安全に対する責任者が報告し、徹底的に調査する。

6. 従業員の安全委員会と組合の代表（プラントに組合がある場合）の設置を検討する。また、プラントのプロセス安全ワーキンググループの設置を検討する。

7. 安全設備に影響を及ぼすすべての変更は、プラント管理者かプラント管理者が指名する安全担当者の承認を受けることを義務化する。安全上重要な設備が停止した場合は、ただちに報告しなけ

ればならない。

8. 安全上重要な活動の品質コントロールとチェック、および安全上の逸脱（ハザードにつながる状態）の追跡調査のための手順を確立する。

9. 安全上重要な運用を行う要員は、適切なスキルと物理的なリソース（十分な休息を含む）を確実に持つ。

10. オークブリッジプラントの安全上重要な部品の在庫管理手順を改善する。

11. ハザードにつながる可能性に関連する定期補修、保守、変更、運用などの手順をレビューし、これらが確実に守られていることを確認する。計画されたすべての変更について、ハザード分析を含む変更管理（MOC）手順を作成する。

12. 保守スケジュールを守らせる。やむを得ず遅延する場合は、安全分析を行い、関係するリスクを理解する。

13. インシデント／事故調査標準を制定し、それが遵守されていること、推奨事項が実施されていることを確実にする。

14. 運用の安全性とプラントの状態について、定期的な監査システムを構築する。監査範囲は、ハザード分析、識別されたリスクの先行指標、過去のインシデント／事故調査などの情報によって定義できるであろう。

15. 周囲の地域社会とのコミュニケーション・チャネルを確立し、地域社会のリーダーによるより良い意思決定のために適切な情報を提供し、緊急対応要員や医療の現場に対して情報を提供する。周辺地域社会と連係し、緊急時に対する効果的な準備と対応策を確立するための情報と支援を提供する。これらの対策には、警報サイレンなど緊急を知らせるものや、緊急時に何をすべきかに関する市民の情報が含まれるべきである。

政府と地域社会

1. 安全に関する方針を定め、その方針を確実に守らせる。

2. 地域社会の中の、ハザードにつながる産業とのコミュニケーション・チャネルを確立する。

3. 地域社会のリスクに関する情報チャネルを確立し、監視する。ハザードについての情報、市民が身を守るためにできる対策、緊急時の対処法に関する情報を収集し、広める。

4. 市民に対して、自分たちの安全に対する責任を持ち、地方、州、連邦政府が自分たちを保護するために必要なことを行うよう働きかけることを奨励する。

5. 地域社会の安全委員会、そして選挙で選ばれるわけではないが、安全に関わる意思決定において市民の代表となる安全オンブズマン部門の設立を奨励する。

6. 危険区域での新規開発を承認する前に、安全に関するコントロールが行われていることを確認し、もしそうでなければ（例：不十分な道路、コミュニケーション・チャネル、緊急対応設備など）、場合によっては、開発業者にその費用を負担させる。新規開発が地域社会の安全に与える影響についての分析を提供してもらえるよう、開発業者に要求することを検討する。地元にそのような専門知識がない場合は、外部のコンサルタントを雇い、これらの影響分析を評価させる。

7. 緊急時に対する準備計画を確立し、定期的に再評価し、最新の状態にあるかどうかを明らかにする。緊急対応者間の連携手順を含める。

8. 緊急時に人手を増やすための臨時対策を立案する。

9. 適切な設備を取得する。

10. 訓練を提供し、警告とコミュニケーション・チャネルが確実に存在し、使用できること確認する。

11. 緊急対応要員を訓練する。

12. 緊急時に備えて、輸送機関などの施設を確保しておく。

13. 緊急対応要員（病院人員、警察、消防、シティケム）間の正式なコミュニケーションを設定する。緊急時計画、およびそれを定期的に更新する手段を確立する。

この例の注目すべき点は、推奨事項の多くが単なる安全管理上の慣習であるということである。標準的な安全の慣習でほとんどの産業に共通するものはあり、今回挙げた例ではそれがないシステムを対象としたが、一方で、多くの事故調査では、標準的な安全管理の慣習が守られていなかったことを結論としている。このことは、本書で紹介されている手法を用いて標準的な安全コントロールを確立するだけで、事故を防止できる大きな機会があるということを示している。私たちは1つ1つの損失からできるだけ多くのことを学びたいわけではあるが、最初から損失を防止する方が失敗から学ぶのを待つよりもはるかに良い戦略である。

上記の推奨事項と、徹底して調査された他の事故から得られた推奨事項もまた、優れたリソースである。これらは、同様のタイプのシステムに対するシステム安全要求と制約の作成、および、改善された安全コントロールストラクチャーの設計に役立つ。

インシデントや事故を調査するだけでは、もちろん十分ではない。推奨事項は実施されなければ意味がない。実際に変更を確実にするための責任を割り当てる必要がある。さらに、推奨事項と変更によりリスク低減が成功したかどうかを判断するためには、フィードバック・チャネルを確立する必要がある。

11.11　CASTと伝統的な事故分析との実験的比較

CAST は新しいものであるが、これまでにもいくつかの評価が行われており、そのほとんどが航空関連のものである。

ロバート・アーノルド（Robert Arnold）はルンド（Lund）大学の修士論文で、航空交通管理（Air Traffic Management：ATM）の事故調査における SOAM と STAMP の定性的比較を行った。SOAM（Systemic Occurrence Analysis Methodology：システミックな発生分析方法論）は、欧州航空航法安全機構（Eurocontrol）が ATM のインシデントを分析するために使用している方法論である。アーノルドの実験では、あるインシデントを SOAM と STAMP を使って調査し、システミックな対策を識別する際のそれぞれの有用性を比較した。その結果、SOAM は発見的手法であり（useful heuristic）、強力なコミュニケーションの道具ではあるが、創発する（emergent）現象や非線形の（nonlinear）相互作用に対しては弱いことがわかった。SOAM は、事象が発生したコンテキスト、役に立たない防護壁、関与した組織的要因を検討するよう調査員に促す。しかし、それらを生み出したプロセスや、システム全体が安全運用の境界に向かってどのように移行し得るかを検討するようにはしない。これと対比して、著者（訳注：アーノルド）は次のように結論づけている。

STAMP は、システムコンポーネント間の相互作用のメカニズムや、システムが経時的にどのように適

応していくのかについて、より深く調査員を導く。STAMP は、システムコンポーネント間の望ましくない相互作用を防止するために必要なコントロールと制約を識別するのに役立つ。また、STAMP は、システムのコントロールストラクチャーの上位レベルの構造的な分析を使った調査を促し、高レベルのシステミックな対策を識別するのに役立つ。世界の ATM システムは、急速な技術的・政治的変化の時期にある。[……] ATM は、人間がコントロールする中央管理システムから、半自動化された分散型意思決定へと移行している。[……] 正常に機能しているシステムコンポーネント間の望ましくない相互作用を防ぎ、ますます複雑になる ATM システムの時間の経過に伴う変化を理解するためには、STAMP のように詳述された新しいシステミックなモデルが必要である。

　ポール・ネルソン (Paul Nelson) は、ルンド大学の別の修士論文で、2006 年 8 月 27 日にケンタッキー州のレキシントン (Lexington) で起きた、コムエアー (Comair) 5191 のパイロットが誤った滑走路から離陸した事故の分析に、STAMP と CAST を使っている[142]。この事故は、もちろん NTSB (National Transportation Safety Board：国家運輸安全委員会) によって徹底的に調査されていた。ネルソンは、NTSB の報告書は原因と潜在的な解決策を狭い範囲に絞っていると結論づけている。プロセスモデルの矛盾、不適切で機能不全のコントロールアクション、そして課されていない安全制約を助長する、根底にある安全コントロールストラクチャーを修正するための勧告は、出されていなかったのである。一方、CAST 分析では、将来の損失をなくすための有用な手段が明らかになった。

　ストリングフェロー (Stringfellow) は、アリゾナ州ノガレス (Nogales) 近郊のプレデター B (Predator-B) 無人航空機の墜落事故について、組織的エラーおよびヒューマンエラーの分析のためのガイドワード（訳注：分析者の発想を促し、分析を支援するために用意されている言葉。第 8 章を参照）を補強した STAMP の使用と、HFACS (Human Factors Analyzing and Classification System：人間要因分析と分類システム) の使用を比較した[195]。HFACS は、スイスチーズモデル（事象連鎖モデル）に基づくエラー分類リストであり、人間や組織によるエラー、問題点、不十分な意思決定の種類をラベル付けするために使用できる[186]。ここでも、STAMP に基づく無人機の分析では、HFACS を用いた公開されている事故分析[31, 195]で見つかったすべての要因を見つけたが、STAMP に基づく分析では、さらなる要因、特に安全コントロールストラクチャーの上位レベル、たとえば FAA の COA[3] 承認プロセスの問題なども特定された。ストリングフェローは次のように結論づけている。

> HFACS にリストアップされた組織の影響は、[……] エンジニアが組織の問題に対処するための推奨事項を作成するのに、十分なものではない。[……] スイスチーズに基づく方法で言及されている要因の多くは解決策を指し示すものではなく、多くはヒューマンエラーに偽装した別のラベルを貼っているにすぎない[195, p.154]。

一般的に、ほとんどの事故分析は何が起きたのかを説明するのには適しているが、なぜ起きたのかを説明するのには適していない。

3　COA または運用証明書 (Certificate of Operation) は、名目上 FAA の安全規格を満たしていない飛行体が米国航空宇宙システム (National Airspace System) にアクセスすることを許可するものである。COA 適用プロセスでは、無人航空機が使用する空域を区分けし、他の航空機が進入できないようにするなど、リスクを緩和するための手段を含む。

11.12 まとめ

　本章では、STAMPを基本原理として事故分析を行うプロセスを説明し、化学プラントの事故を例として説明してきた。安全コントロールストラクチャーの下位レベル、このケースでは物理的コントロールとプラントのオペレーターのところで分析をやめると、損失の因果関係を、ゆがんだ不完全な形で見ることになる。なぜ事故が起きたのか、また将来の事故を防止するためにはどうすればよいのかの両方をより深く理解することで、より完全な分析を行うことができるようになる。事故の発生プロセス全体の理解が深まると、個人の間違いやアクションの役割は、その決定やコントロールアクションが行われた環境やコンテキストが果たす役割と比較すると、はるかに重要ではなくなると思われる。下位レベルのオペレーターやコントローラーのエラーや過失に見えることがあっても、全体像を把握すればより理にかなったものに見えることもある。その上、安全コントロールストラクチャーの下位レベルの変更は、上位レベルの変更に比べて、重大事故の因果要因に影響を与える力がはるかに弱いということがよくある。

　どのレベルにおいても、事故の責任を負わせることに重点を置いていては、将来の事故を防止するために必要な情報を提供することはできない。事故は複雑なプロセスである。特定の事象に潜む症状を防止するだけではなく、多くの事故の防止に効果のある推奨事項を提供するには、プロセス全体を理解することが必要である。ほとんどの産業では、同じ原因の事故の繰り返しが多すぎる。私たちは過去から学ぶ能力を向上させる必要がある。

　事故調査を改善するには、システム思考や、分析時に考慮すべき環境要因および振る舞いを形成する要因の種類について、事故調査官への訓練が必要なこともある（その一部については後の章で説明する）。分析を支援するツール、特に相互作用や因果関係を示した図解も有効である。しかし、事故報告の限界は、調査員の真摯な努力からではなく、特定される因果関係を管理階層や政治階層より下位のレベルに限定しようとする政治的プレッシャーやその他のプレッシャーから生じていることが多い。このようなプレッシャーに対抗することは、本書の範囲外である。プロセスから非難を排除することは多少なりとも助けになるだろう。また、経営者・管理者には、安全は割に合う（safety pays）もので、長期的には、脆弱な安全プログラムと不完全な事故調査から生じる損失よりも低コストですむことを理解するよう教育しなければならない。

第12章 運用時の安全コントロール

　いくつかの産業においては、システム安全は開発時にその主要な役割があると考えられており、その活動のほとんどは運用開始前に行われる。安全に関わる関係者は、運用開始後には影響力とリソースを失う可能性がある。一例として、チャレンジャー号の事故報告書の「沈黙した安全プログラム（The Silent Safety Program）」と題された1つの章には、次のような嘆きが書かれている。

> シャトルプログラムの軌道飛行試験フェーズが成功裏に完了した後、システムは運用可能であると宣言された。その後、いくつかの安全性、信頼性、および品質保証に関わる組織は、機能の縮小や再編成を余儀なくされた。[……] そのようなアクションがとられた明確な理由は、シャトルの「日常的な」運用時になれば、必要とされる安全性、信頼性、および品質保証の活動は少なくても済むとの認識であった。この理由づけは誤りであった。

安全主導設計では、一部のハザードを除去し、それ以外のハザードをコントロールする。しかし、次の理由により、運用に入っても、依然としてハザードと損失が発生する可能性がある。

- おそらく運用に関する不適切な想定に起因する、システム設計における不適切なハザードの除去またはコントロール。
- 設計者が運用時に行われると想定していたコントロールが適切に実施されないこと。
- 設計の中で用いている想定に反する、時間経過とともに発生する変化。
- 未確認のハザード。つまり、時間の経過とともに発生し、設計および開発時には予期されなかった新たなハザード。

運用時の安全（operational safety）をコントロールの問題として扱うには、これらの潜在的な損失の原因に向き合い、軽減する必要がある。

　完全なシステム安全プログラムはシステムの全ライフサイクルに及び、ある意味では運用時の安全プログラムは開発時のそれよりもさらに重要である。開発が完了したらシステム安全プログラムも終わるというわけではなく、それはむしろ始まったばかりである。そこで、本章では、運用時の安全コントロールストラクチャーに焦点を当てる。

　本章では、運用へのSTAMPの関わりについて説明する。ここに関連するいくつかのトピックは、管理に関する次の章に譲る。それは、組織設計、安全文化とリーダーシップ、安全コントロールストラクチャー全体にわたる適切な責任の割り当て、安全情報システム、および企業の安全方針である。これらのトピックは開発と運用の両方にまたがり、同じ原則の多くがそれぞれに適用されるため、別の章としてまとめた。本章の最後の節では、STAMPとシステム思考の原則の労働安全への適用について考察する。

12.1 運用時の安全コントロール

　STAMPの基本原則を運用に適用する目的は、開発時と同様に安全制約を課すことである。ただし運用時には、システムの設計というよりも、運用システムに安全制約を課す。運用時に必要な具体的な責任とコントロールアクションについては、第13章で概説する。

　図12.1は、開発と運用の相互作用を示す。開発プロセスの最後では、安全制約、ハザード分析の結果、および安全関連の設計機能と設計の論理的根拠の文書を、システムの保守や改良を担う責任者に渡す必要がある。この情報は安全な運用のベースラインを形成する。たとえば、ハザード分析で安全上重要な項目と識別されたものは、労力の優先順位付けのために保守プロセスへの入力として使用する必要がある。

　同時に、開発中に実施されたハザード分析の精度と有効性、および特定された安全制約を、運用データと経験を利用して評価する必要がある。動向、インシデント、および事故に関する運用上のフィードバックは、適時、再分析のトリガーとすべきである。システム仕様全体の想定を、その想定に基づくハザード分析の箇所にリンクすることは、安全保守活動の実施に役立つ。そのリンクと、記録された想定および設計の論理的根拠は、運用システムの安全性を確保するために、実地テストと運用の期間を通して必要に応じて、安全変更分析、インシデントと事故の分析、定期的な監査、およびパフォーマンス監視に利用できる。

　たとえば、TCAS（Traffic alert and Collision Avoidance System：空中衝突防止装置）が、水平方向に最大1,200ノット、垂直方向に最大毎分10,000フィートで接近する2機の航空機に対し、衝突防止保護を提供する、というTCASの要求について考えてみる（訳注：10.3.6項の機能要求1.18参照）。論理的根拠で述べられているように、この要求は、TCASが作られた当時の航空機の性能制限に基づいている。また、水平方向と垂直方向の最小間隔の要求にも基づいている。TCASで最初に実施された安全分析は、これらの想定に基づいている。航空機の性能制限を変更した場合、あるいは、現在の新しい短縮垂直間隔（Reduced Vertical Separation Minimums：RVSM）で行われているように、空域管理の変更が提案された場合、そのような変更の安全性を判断するためのハザード分析には、インテント仕様に記録されているような、設計の論理的根拠と安全制約から特定のシステム設計機能へのトレースが

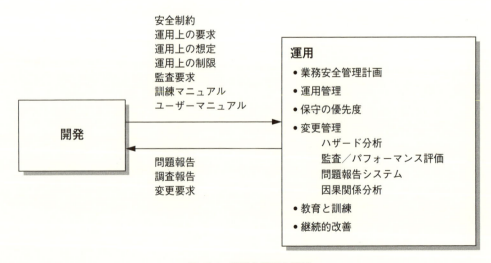

図12.1　開発と運用の関係

必要となる。このような文書がなければ、再分析のコストは膨大になり、場合によっては非現実的にすらなり得る。その上、設計と、レベル 6 における運用およびユーザーマニュアルとの間のリンクによって、設計変更が行われた場合の更新が容易になる。

従来のシステム安全（MIL-STD-882）プログラムでは、この情報の多くはハザードログに含まれているか、ハザードログから導き出すことができる。とはいえ、この情報は取り出して、運用において簡単に見つけて使用できる形式で提供する必要がある。設計の論理的根拠と想定をインテント仕様に記録することで、その情報を、安全制約の強制の前提となる基準として、そしてまた、運用時に必要となる避けられないアップグレードと変更の中で、使用することができる。第 10 章では、必要な情報を特定して記録する方法を示している。

運用時の安全コントロールの設計は、運用時の条件に関する想定に基づいている。たとえば、オペレーターがどのようにシステムを操作するかについての想定や、システムが運用される（社会的および物理的）環境に関する想定がある。これらの条件は変化する可能性がある。したがって、想定と設計の論理的根拠を、システムを運用する担当者に伝える必要があるだけでなく、それらの想定に反して時間経過に伴う変化（changes）が起こった際の安全措置も必要である。

その変化は、以下のように、システム自体の振る舞いに現れることもある。

- 物理的変化：機器が劣化したり、適切に保守されていない可能性がある。
- 人間の変化：人間の振る舞いや優先順位は通常、経時的に変化する。
- 組織の変化：ほとんどの組織では変化はつきものであり、この変化には、安全コントロールストラクチャー自体の変化や、システムが運用され、相互作用している物理的および社会的環境の中の変化も含まれる。

これらすべてのタイプの変化に関連するリスクを軽減するために、コントロールできる方法を確立する必要がある。

安全措置は、システム自体の設計や、運用上の安全コントロールストラクチャーの設計に含まれる場合がある。運用上の安全性は、設計およびハザード分析プロセスの基礎となる想定とモデルの精度に依存するため、運用システムを監視して、次のことを確認する必要がある。

1. システムは、設計者が想定した方法で構築、運用、保守されていること。
2. 初期の意思決定や設計時に使用したモデルと想定が正しいこと。
3. 回避策や誤った手順の変更といったシステムの変更や環境の変化によって、モデルと想定が違反されていないこと。

運用時の安全コントロールストラクチャーを設計するには、コントロールとフィードバックループを確立する必要がある。それにより、(1)元のハザード分析とシステム設計の欠陥を特定して処理する、(2)変化が損失につながる前に、運用中にシステムの安全ではない変化を検出する。変化は意図的なものである場合もあれば、システムコンポーネントの振る舞いや環境の中の、時間経過に伴う意図的ではないごく普通の変化である場合もある。意図的であるかどうかにかかわらず、安全制約に違反するシステムの変化はコントロールする必要がある。

12.2 運用時の開発プロセスの欠陥の検出

損失は、システム設計の根底にある当初の想定と論理的根拠の欠陥によって発生する可能性がある。システム設計時に使用したハザード分析プロセスにエラーがあった可能性もある。運用時には、次の3つの目的とそれを達成するためのプロセスを確立する必要がある。

1. システム設計および安全コントロールストラクチャーの欠陥を、できれば大きな損失が発生する前に検出し、修正する。

2. 欠陥が存在する原因となった開発プロセスの何が問題であったかを特定し、そのプロセスを改善して、同じことが将来発生しないようにする。

3. プロセスで特定された欠陥が、運用システム内の別の脆弱性につながる可能性があるかどうかを識別する。

時間の経過とともに損失を減らし、企業が絶え間ない不具合対応に忙殺されたくないのであれば、学習と継続的な改善のためのメカニズムが必要である。識別された欠陥を修正（症状を除去）するだけでなく、より広範囲の運用および開発の安全コントロールストラクチャーも、最初に欠陥の持ち込みを許したプロセスも、改善する必要がある。全体にわたる目的は、もっと深い問題があるのに逸脱や症状のみを識別して除去するだけという**修正志向**（fixing orientation）から、システミックな原因を含めて安全問題の根源の探索を行う**学習志向**（learning orientation）へと、企業文化を変えることにある[33]。

これらの目的を達成するには、開発の安全コントロールストラクチャーとそのコントロールの有効性を、定期的に追跡して評価するためのフィードバック・コントロールループが必要である。ハザードが見過ごされたり、可能性が低い、または重大ではないと、誤って評価されなかったか？ ハザード分析に含まれていない潜在的な失敗や設計エラーはなかったか？ 識別されたハザードは、修正されるのではなく、不適切に許容されていなかったか？ 設計されたコントロールは無効ではなかったか？ もしそうだったなら、それはなぜか？ （訳注：これらの疑問をフィードバックループに組み込む必要があるという趣旨で記載されている。）

数値で表すリスク評価手法を使用する場合、使用されるモデルと確率の精度に関する知見は、運用上の経験により提供される。マクドネル・ダグラス（McDonnell Douglas）によるDC-10のさまざまな研究では、離陸中にエンジン出力が失われ、結果としてスラットが損傷する可能性は、10億回の飛行に1回未満であると推定されていた。しかし、この非常に起こりにくいはずの出来事が、DC-10の運用開始から最初の数年間で4回発生した。事故が起きてモデルが変更されるまで、警告は出されなかった。たとえ1つの事象であっても、使用されたモデルが正しくない可能性があることを警告する必要があったであろう。驚いたことに、確率論的リスク評価手法の科学的評価はほとんど行われていないが[115]、これらの手法は、通常ほとんどの工学部の学生に教えられ、産業界で広く使用されている。フィードバックループは、作られたモデルと評価の根底にある想定を評価するものであり、問題を発見するためのわかりやすい方法である。

ほとんどの企業には、インシデントの近接故障（proximal failure）、たとえばタンク内の圧力開放バルブの設計の欠陥などを特定する事故／インシデント分析プロセスがある。典型的な事後点検には、改良された設計のバルブへの交換が含まれる。当面の問題解決に加えて、企業は、プラントおよび企業のあらゆる場所にあるタンクの圧力開放バルブ設計のすべての用途を評価し、場合によっては交換するための手順を用意する必要がある。タンク内だけでなく、プラント内のすべての用途に対して、圧力開放

バルブ設計の再評価を行えばさらに良い。しかし、長期的な改善のためには、欠陥のある設計を生み出したプロセスに対して、CAST などの因果関係分析を実施し、改善する必要がある。開発プロセスの、おそらくハザード分析や設計と検証において欠陥があった場合、そのプロセスを修正することで、将来の多数のインシデントや事故を防ぐことができる。

この目的に対する責任は、安全コントロールストラクチャー内の適切なコンポーネントに割り当てられ、フィードバック・コントロールループが確立されていなければならない。フィードバックは、事故やインシデントの報告だけではなく、設計および振る舞いの異常を検出した報告からも得られる場合がある。損失が発生する前に欠陥を特定することは、明らかに望ましいことである。監査とパフォーマンス評価を使用してデータを収集し、危機を待たずに、安全設計と分析プロセスを検証して知らせることができる。開発時の安全コントロールストラクチャーへのフィードバック・チャネルもまた、適切な情報を収集して改善の実施に使用できるようにするために、設けるべきである。これらのコントロールループの設計については本章の残りの部分で説明する。このようなコントロールループを確立する際の潜在的な課題については、管理に関する次の章で説明する。

12.3 変更の管理またはコントロール

システムは静的なプロセスではなく、目的を達成し、システム自体と環境の変化に対応するために継続的に適応する動的なプロセスである。STAMP では、適応性や変化はあらゆるシステム、特に人間や組織のコンポーネントを含むシステムに固有のものであると想定している。人間と組織は、システムが動作する世界と環境の変化に適応し、振る舞いを最適化して変更する。

損失を回避するには、当初の設計においてシステムの動作に安全制約を課す必要があるだけではなく、設計されたそのシステム（安全コントロールストラクチャー自体も含む）に経時的な変化が発生したとしても、安全コントロールストラクチャーによって安全制約を課し続ける必要がある。

エンジニアは通常、潜在的な変化を予測し、変化の可能性を考慮して設計しようとするが、変化に対処するための労力の大部分は、必然的に運用時に発生する。非安全な変化を防止するためにも、変化が発生した場合にそれを検出するためにも、コントロールが必要である。

第 5 章の味方への誤射の例を挙げると、AWACS（Airborne Warning And Control System：早期警戒管制機）の管制官は、ヘリコプターが飛行禁止区域に出入りする際にヘリコプターの管制移管をしていなかった。また、ヘリコプターのパイロットが、目的地名のコードネームがまだ使用されていると想定し、それらを提供し続けたにもかかわらず、AWACS の管制官は飛行計画を示すためのデルタポイントシステムを使用しなかった。誰も気づいていなかったが、ヘリコプターと AWACS 管制官の間のコミュニケーションは著しく劣化していた。AWACS 管制官が飛行禁止区域内のすべての航空機とその位置を知っているという基本的な安全制約は、AWACS 管制官が手順を最適化するにつれて、時間の経過とともに真実ではなくなっていった。この種の変化は自然なことである。したがって、安全性の前提となる想定が、長期にわたり真実であり続けることを検査することによって、こうした変化は特定される必要がある。

味方への誤射の例では、作戦中の想定行動からの逸脱は、事故が発生するまで発見されなかった。明らかに、逸脱がこの時点で発見されることは望ましくない。損失が起きる前に監査やその他の種類のフィードバックメカニズムを使用して、危険な変化、すなわち、安全制約に違反する変化を損失の発生前に発見すべきである。そして、将来的に安全制約を確実に課すために、何かしら行う必要がある。

意図的な（計画された）変更と意図的でない変化の両方に対して、コントロールが必要である。

12.3.1 計画された変更

意図的なシステムの変更（changes）は、物理的な変更、プロセスの変更、および安全コントロールストラクチャーの変更などを含む、事故の一般的な要因である[115]。フリックスボロー（Flixborough）の爆発は、大きな損失をもたらした一時的な物理的な変更の例である。最初に適切なハザード分析を実施せずに、仮設の配管を使用して、亀裂を修復するために反応器を取り外して交換した。亀裂自体は以前のプロセス変更の結果であった[54]。付録 C のウォーカートン（Walkerton）の水質汚染の損失は、環境省へのフィードバックへの影響を考慮せずに政府の水質検査機関を民営化した際に、コントロールストラクチャーがどのように変化したかの例を示している。

組織および安全コントロールストラクチャーの変更を含む、計画された変更を行う前には、安全性への影響を評価する必要がある。このプロセスに費用がかかるかどうかは、元のハザード分析がどのように実施されたか、特にどのように文書化されたかによって異なる。インテント仕様の設計の背後にある論理的根拠は、必要な情報を取得できるようにするためのものでもある。

変更のコントロールの実装は、少なくとも変更にかかる時間に関しては、柔軟性と適応性を制限する。とはいえ、意図的な変更に関連する高い事故率は、変更をコントロールすることの重要性と、コントロールしないことで想定される高レベルのリスクを裏付けている。意思決定者は、変更のコントロールをあきらめる前に、これらのリスクを理解する必要がある。

ほとんどのシステムと産業には、通常、変更管理（Management of Change：MOC）手順と呼ばれる変更のコントロールのようなものが含まれている。しかし、システムの変更後に安全性を評価することなく多数の事故が発生しているということは、これらのコントロールが広範囲にわたって実施されていないことを意味している。変更分析が実施され、結果が無視されないように、MOC 手順の遵守を保証する責任を割り当てる必要がある。これを行う方法の 1 つは、人々が他のシステム目標よりも安全を選択した場合には報酬を与え、事故が発生していない場合でも、MOC 手順を無視することを選択した場合には責任を負わせることである。この目的を達成するには、安全なシステムの構築と運用のほぼすべての側面と同様に、経営陣の安全へのコミットメントが必要である（第 13 章を参照）。

12.3.2 計画外の変更・変化

計画された変更に対処することは（強制するのは難しい場合でも）比較的簡単だが、システムをよりリスクの高い状態に移行させる計画外の変更・変化への対処はそれほど簡単ではない。運用時の安全コントロールストラクチャーの能力に影響を与える変更を防止したり検出したりするための手順を確立する必要があり、安全制約を課すために設計されたコントロールが必要である。

前述のように、人はさまざまな目的を達成するために、時間の経過とともにパフォーマンスを最適化する傾向がある。非安全な変化が検出された場合は迅速に対応することが重要である。人は、一定期間何事もないと、リスクに対する認識を誤って再評価してしまう。このリスク再評価プロセスを中断する方法の 1 つは、安全マージンがさらに減少したり、損失が発生したりする前に、迅速に介入してプロセスを停止させることである。しかしそれには、安全制約が満たされていることを保証する責任者に対してフィードバックを提供する警告機能が必要である。

同時に、変更はどのシステムにもつきものである。成功しているシステムは、継続的に変更し、現在の状況に適応している。変更は、それが安全な振る舞いに関する基本的な制約に違反せず、したがって許容できないレベルまでリスクを増大させない限り、許容されるべきである。短期的には、安全制約を緩和することで、システムの他の目的をより多く達成できる可能性があるが、長期的には、事故や損失は短期的な利益よりもはるかに多くの費用がかかる可能性がある。

重要なことは、安全目標を達成する方法に柔軟性を持たせることだが、目的に違反する場合には柔軟性を持たせず、意思決定者が正確なリスクを認識できるような情報を提供することである。

よりリスクの高い振る舞いへの移行を検出するには、ベースライン要求を特定することから始める。要求はハザード分析から導かれる。これらの要求は、一般的なもの（「機器は、識別された安全上重要な制限を超えて操作されない」、あるいは「システムの稼働中は、安全上重要な機器を稼働させる必要がある」）である場合もあれば、特にハザード分析に結び付けられている場合もある（「AWACS 管制官は、航空機が飛行禁止区域に出入りするときは常に管制移管しなければならない」、あるいは「パイロットは常に TCAS の警告を遵守し、キャンセルされるまで遵守し続けなければならない」）。

次のステップは、安全コントロールストラクチャーの適切な場所に責任を割り当てることである。これにより、ベースライン要求に違反しないようにすると同時に、リスクを引き起こさない変更を許容する。ベースライン要求がシステムの目的達成を不可能にする場合、要求を放棄するのではなく、安全コントロールストラクチャー全体を再検討し、再設計する必要がある。たとえば、スペースシャトルの断熱材の剥離の問題を考えてみる。シャトルの運用期間のほとんどの間、外部タンクから断熱材の剥離が発生していた。開発中には、断熱材が宇宙船の耐熱制御面を損傷することに関連するハザードが、識別され文書化されていた。断熱材の剥離をなくす試みがなされたが、提案された修正はどれもうまくいかなかった。対応は、各フライトの前に要求を単に放棄することであった。実際、コロンビア号の喪失時には、3,000 個を超える潜在的に重大な故障モードがあったが、それらについては何もできないし、シャトルは飛ばさなければならないという口実で、いつものように放棄されていた[74]。これらの放棄の 3 分の 1 以上は、事故までの 10 年もの間、見直されていなかった。

コロンビア号の喪失後、製造手順の変更、カメラの追加、検査および修理機能の追加、その他の不測の事態への対応など、断熱材の剥離に対するコントロールと緩和策が特定され、実施された。理論的には、コロンビア号が失われる前に同じ措置を講じることは可能であった。放棄されていたほかのハザードのほとんども、事故の直後に解決された。断熱材の剥離を運用時にコントロールして対処することは、（開発時に）問題を解決するよりも、シャトル事故に関連するリスクを高めるが、単に無視してハザードが発生するのを待つよりもリスクは低くなる。リスクを理解し、明確に許容することは、単にリスクを否定して無視するよりも優れている。

NASA の安全プログラムと安全コントロールストラクチャーは、チャレンジャー号とコロンビア号の両方が失われる前に著しく劣化していた[117]。現在の設計が安全ではないと判断されたにもかかわらず、要求を永久に放棄するということは、運用時のコントロールを含めてシステムを再設計する責任を放棄することを意味する。

このような強硬なやり方は、現実には起こり得ないだろうか。第 14 章で説明されているように、USS スレッシャー（Thresher）の喪失後に設立された米国の原子力潜水艦安全プログラムである SUBSAFE は、45 年以上にわたって SUBSAFE 安全要求を放棄することを許可していなかったが、1 つだけ例外があった。SUBSAFE が確立されてから 4 年後の 1967 年に、海軍の緊急の達成目標を満たすために、一隻の潜水艦に対する SUBSAFE 要求が放棄された。それから 1 年も経たないうちに、その潜水艦と乗組員は失われた。その後、同じ過ちは繰り返されていない。

システムを安全にするために再設計すると同時に、その存在を正当化するシステム要求を満たす方法がまったくない場合には、システム自体の存在を再考し、大規模な入れ替えや新しい設計を検討する必要がある。最初の事故が起きると、より厳しく、おそらく許容できないコントロールが運用に課されるであろう。リスクを負うという決定は通常、経営者の判断に委ねるが、損失を被る者にも決定に加わる権利があるはずである。幸いなことに、安全制約を維持する方法に柔軟性があり、短期的な視野ではな

く長期的な視野が優先される場合には、通常、選択はそれほど過酷なものにはならない。

あらゆるコントロールのセットと同様に、計画外の変更のコントロールには適切なコントロールループの設計が含まれる。一般的にこのプロセスには、コントローラーの責任の識別、データの収集（フィードバック）、フィードバックの有用な情報への変換（分析）とプロセスモデルの更新、必要なコントロールアクションと他のコントローラーへの適切なコミュニケーションの生成、プロセス全体の効果の測定（再フィードバック）の5つが含まれる。

12.4 フィードバック・チャネル

フィードバックは、STAMP の基本的な部分であり、安全性をコントロールの問題として扱う基本的な部分である。情報の流れは、安全を維持する上で重要である。

少数の「先行指標」が事故のリスクの増加、または STAMP 用語で言うところの高リスクな状態への移行を識別できると信じられていたり、期待されていることがよくある。大規模な産業セグメントに適用できる一般的な先行指標は、存在するとは考えにくく、また、有用であるとは思えない。ただし、システム安全制約を識別することで、特定のシステムに適用可能な先行指標を識別できる可能性はある。

未来を予測したいという願望は、多くの場合、何か有用なものが得られ、それに気づくという期待をもとに、大量の情報を収集することにつながる。NASA のスペースシャトル・プログラムは、コロンビア号が失われる前、1か月間に 600 個もの評価指標を収集していた。企業は、休業災害のない日数などの労働安全に関するデータを収集し、これらのデータがシステム安全に反映されていると想定している[17]が、もちろんそうではない。このようなデータの誤用は、誤解を招く可能性があるだけではない。実際のリスクを示さない可能性のある情報を収集すると、限られたリソースと注意を、より効果的なリスク削減の取り組みからそらすことになる。

フィードバックの定義が不十分だと、安全性が低下する可能性がある。たとえば、カリフォルニアの建設業界では、事故の数を減らすための動機付けとして、報告されたインシデント数の少なさで評価される安全実績がもっとも良い作業者に報酬が与えられた[126]。報酬は、小さな事故やニアミスに関する情報を差し控えるという動機付けを生み出したため、それらを調査して原因を除去することができなくなった。インシデントの過小報告によって、システムがより安全になっているという幻想が生み出されたが、それどころかリスクは単に伏せられただけであった。経営陣による不正確なリスク認識により、リスクを軽減するために必要なコントロールアクションをとらないことにつながった。それよりむしろ、事故の報告者が報酬を受けるべきであった。

フィードバック要求は、組織の安全コントロールストラクチャーの設計、システムの運用の際に課すべき安全制約（システムのハザードから導出）、システム安全設計の根底にある想定と論理的根拠を考慮して決定する必要がある。フィードバック要求が異なる組織においても同様のものとなるのは、ハザード、安全制約、およびシステム設計が同様である範囲においてのみである。

ハザードと安全制約、および STPA の使用によって得られる因果関係の情報は、コントローラーが安全責任を果たすために必要な情報を提供するためにどのようなフィードバックが必要かを決定するための基礎になる。さらに、フィードバック・チャネルが効果的に機能していることを確認する仕組みが必要である。

フィードバックは、コントローラーのプロセスモデルを更新し、コントロール対象のプロセスのリスクを理解し、コントロールアルゴリズムを更新し、適切なコントロールアクションを実行するために使用される。

運用時の安全コントロール 331

　場合によっては、文化的な問題がコントロール対象のプロセスの状態に関するフィードバックを妨げる。組織文化が情報の共有を奨励しておらず、情報を提供する者に不利になるようにその情報が利用される可能性がある。そのような認識がある場合は、組織文化の変革（changes）が必要となる。このような変革には、リーダーシップと、非難からの解放が必要である（第13章の「ジャスト・カルチャー」を参照）。効果的なフィードバックを収集するためには、報告者が、その情報が批判や懲戒処分の根拠としてではなく、安全性の改善のために建設的に使用されるということを確信している必要がある。内輪の恥をさらすことへの抵抗は理解できるが、報復を恐れていては、良いニュースだけが伝えられる組織文化へとすぐに変わってしまう。誰でも、過去の経験には個々の過ちが含まれており、同じ過ちを繰り返さないためには、情報の共有を促す文化が必要である。

　一般的に3つのタイプのフィードバックが使用される。それは、①監査とパフォーマンス評価、②異常とインシデントおよび事故の調査、③報告システムである。

12.4.1　監査とパフォーマンス評価

　繰り返しになるが、監査とパフォーマンス評価は、安全制約と設計の想定と論理的根拠から始めるべきである。目的は、システムの運用において安全制約が課されているかどうか、および安全設計と論理的根拠の根底にある想定が依然として正しいかどうかを判断することである。監査とパフォーマンス評価は、システムとシステムコンポーネントの振る舞いが安全制約を満たしているか、およびシステムがプロセスモデルに反映されているとおりに動作している、というコントローラーの考え方が正確かどうかを判断する機会を提供する。

　より低いレベルのプロセスだけでなく、安全コントロールストラクチャー全体を監査する必要がある。組織のより高いレベルを監査するには、経営陣の賛同とコミットメント、監査を管理するのに十分なレベルの独立したグループ、および監査を実施するための明確なルールが必要である。

　多くの場合、監査はあまり効果的ではない。監査が独立した企業との契約を通して行われる場合、監査チームは、顧客基盤を維持するために、必要以上に積極的にならないように、あるいは、徹底しないようにといった微妙な圧力を受ける可能性がある。その上、監査を見越して振る舞いや条件が変更され、その後すぐに通常の状態に戻される場合もある。

　これらの限界を克服するには、組織文化と監査結果の使用方法を変える必要がある。安全コントローラー（マネージャー）は、安全に対する個人の責任を感じ取らなければならない。この考えを促す方法の1つは、彼らを信頼し、彼らが解決策の一部となり、安全に関心をもつことを期待することである。「安全は全員の責任」は単なるスローガンではなく、組織文化の一部でなければならない。

　参加型の監査の理念は、これらの文化的目標に重要な影響を与える可能性がある。そのような理念のいくつかの特徴は次のとおりである。

- 監査は懲罰的であってはならない。監査は、従業員を評価する方法ではなく、安全性を改善し、プロセスを評価する機会とみなす必要がある。

- 賛同とコミットメントを高めるために、監査対象のプロセスをコントロールする者は、ルールと手順の作成に参加し、監査の理由とその結果がどのように使用されるかを理解する必要がある。誰もが、監査により否定的な結果になることなく、監査から学ぶ機会を持つべきである。つまり、監査は、改善方法を学ぶ機会とみなされるべきである。

- 監査対象のプロセスの人々は、監査チームに参加する必要がある。根拠のある外部の意見を得るには、外部の監査会社を利用するよりも、その組織において直接監査を受けていない別の部門にいる

プロセスの専門家を利用する方がよい。労働組合など、安全に関するさまざまなステークホルダーを含める場合がある。目的は、これが**自分たちの**監査であり、**自分たちの**慣行を改善する機会であるという姿勢を教え込むことである。監査は、監査人も含め、関係者全員にとって学習経験として扱われるべきである。

- フィードバックは即座に提供し、解決策について話し合う必要がある。多くの場合、監査結果は監査後まで入手できず、書面による報告書で提示される。監査中に監査チームとのフィードバックおよび議論を行うことは推奨されない。ただし、チームが集まってその場にいることは、見つかった問題と解決策を策定する方法について議論する絶好のタイミングの1つである。目的はプロセスを改善することであり、そうすることで、関係者を罰したり評価したりすることではないという理解も深まる。

- 安全コントロールストラクチャーのすべてのレベルは、物理的なプロセスとそのすぐそばにいるオペレーターとともに監査される必要がある。監査を受け入れ、結果として改善を実施すること、つまり模範を示して指導することは、安全とその改善に対するリーダーの決意を伝える強力な方法である。

- 監査の一環として、マネージャーがその存在を信じているものや、訓練プログラムやユーザーマニュアルの中に存在するもので判断するのではなく、実際に存在する安全知識と訓練のレベルを判断すべきである。これらの結果は訓練の資料や教育プログラムにフィードバックできる。もちろん、いかなる状況においても、そのような評価を否定的な方法で使用することや評価対象者から懲罰的とみなされることは行ってはならない。

　これらの監査ルールは一般的な慣行からかけ離れているため、非現実的とみなされる可能性がある。しかし、このタイプの監査は今日、大きな成功を収めている。例については第14章を参照されたい。これらの慣行の背後にある根本的な理念は、ほとんどの人々は他人に危害を加えることを望んでおらず、安全性を目的とすることを生来の信念としてもっているということである。安全性よりもそれ以外の目的が報われたり強調されたりすると、問題が発生する。組織文化において安全性が高く評価されている場合、賛同を得ることは通常難しくはない。重要なステップは、その決意を伝えることにある。

12.4.2　異常、インシデント、および事故の調査

　異常、インシデントおよび事故の調査は、多くの場合、単一の「根本（root）」原因に焦点を当て、その事象を引き起こす関連原因を探す。根本原因があるという信念は、**根本原因の誘惑**（root cause seduction）と呼ばれることもあり[32]、コントロールの幻想（訳注：自分がコントロールできない事象を、あたかも自分はコントロールできている、あるいは影響を与えられると思い込むこと）を与えるため、強力である。根本原因を簡単に除去することができ、その原因が安全コントロールストラクチャーの下位にある場合は、管理に影響を与えたり、組織に費用がかかったり混乱を招いたりする変更は必要なく、事故をなくす変更を簡単に行うことができてしまう。その結果、大抵は、物理設計の機能や低レベルのオペレーターが根本原因として識別される。

　しかし、本書全体で論じているように、因果関係は、この単純だが非常に固い信念よりもはるかに複雑である。大規模な損失を防ぐことができる影響力の強い方針と変更を実施するには、損失に関連する安全コントロールストラクチャー全体の弱点を識別し、コントロールストラクチャーをより効果的に再設計する必要がある。

運用時の安全コントロール　　　　　　　　　　　　　　　　　　　　　　　　　　　　　　　333

　一般的に、経験から効果的に学習を行うには、修正志向から継続的な学習と改善の文化への変革が必要である。そのような文化を作るには、経営陣による高度なリーダーシップが必要であり、場合によっては組織の変革も必要である。

　第11章では、異常、インシデント、および事故をより適切に分析する方法について説明した。しかし、そこで述べたプロセスを理解するだけでは十分ではない。プロセスは、そのプロセスをうまく活用できる組織構造に組み込まれている必要がある。訓練と追跡調査という2つの重要な組織的要因が、CASTの使用の成否に影響を与える。

　システム思考を事故分析に適用するには、訓練と経験が必要である。大規模な組織では、CAST分析を実行するために調査員のグループやチームを訓練する場合がある。このグループは、経営上も財政上も独立していなければならない。一部のマネージャーは、低レベルのシステムオペレーターと物理的プロセスに焦点を当てた事故／インシデント分析報告を作成することを好み、そして、その報告書はこれらの要因（訳注：低レベルのオペレーターと物理プロセス）を超えることはない。ほかには、事故分析に関与する者が、善意はあるが視野が狭すぎるため、適切な因果関係分析を実行するために必要な視点を提供できない場合もある。志が高く、現場の技術や知識がある場合でも、予算が非常に厳しく、パフォーマンススケジュールの遵守に対する圧力が非常に高いと、現場のスタッフを使って徹底した因果関係分析を行うための時間やリソースの確保が困難な場合がある。独立した予算を持つ訓練を受けたチームは、こうした障害を克服できる。とはいえ、調査と因果関係分析のリーダーは独立していてもかまわないが、現場の知識を持つ人々の参加も重要である。

　2つ目の要求は**追跡調査**（follow-up）である。多くの場合、勧告が作成されて受け入れられた後、プロセスは停止する。勧告が実施されたか、または実施が効果的であったことを確認する追跡調査は提供されない。勧告を実施する期限および勧告を確実に実施するための実施者の割り当てが必要である。因果関係分析で得られた結果は、将来の監査とパフォーマンス評価へのインプットとなるはずである。同様の原因で問題が繰り返される場合は、最初に問題が検出されたときに問題が修正されなかった理由を分析する必要がある。修正が失敗したのか、根底にある因果要因がうまくコントロールされなかったためにシステムが同じ高リスク状態に戻ってしまったのか、それとも、最初の因果関係分析で見逃された要因があったのか。安全管理の進捗状況を確認するには、動向分析が重要となる。

12.4.3　報告システム

　損失が出る前に誰かが異常に気づいても、公式の報告システムを使用して報告しなかったことが、事故報告によく記載されている。多くの場合、事故調査報告における対応は、報告システムを使用する必要性を要員に強調することや、報告システムを使用するための追加訓練の提供を推奨することである。この対応は一時的に有効かもしれないが、最終的には以前の行動に戻ってしまう。本書（およびヒューマンファクターへのシステムズアプローチ）における人の振る舞いに関する基本的な想定は、人の振る舞いは普通、その人が運用しているシステムを見ることで説明できるということである。振る舞いの理由をシステム設計において特定し、変更する必要がある。人々に不自然な振る舞いを強制しようとするだけでは、通常は失敗する。

　したがって、最初に問うべき疑問は、人々が報告システムを使用しない理由と、その要因を修正する方法である。明らかな理由の1つは、それら報告システムの設計が不十分である可能性があるということである。ウェブベースのシステムへのログインなど、通常の操作手順や環境にはない、時間のかかる追加の手順が必要になることがある。ウェブサイトにアクセスすると、多くの無関係な情報を提供する必要があるか、提供したい情報を入力するのに必要な柔軟性をもたないようなデザインの悪いフォー

ムに直面する可能性もある。

　人々が報告しない2つ目の理由は、彼らが過去に提供した情報に対して誰も反応せず、情報がブラックホールに落ちたように見えたからである。このような状況下で情報を提供し続ける動機付けはほとんどなく、特に報告システムに時間がかかり、使いにくい場合はなおさらである。

　報告しない最後の理由は、彼らが提供した情報が彼ら自身に対して使用される可能性があることや、追加の報告に時間を費やす必要があるなどの、悪影響への恐れである。

　報告システムの利用がうまくいかない理由が理解されると、大抵は、解決策が明らかになる。たとえば、使いやすく、通常の作業手順と統合できるように、システムを再設計する必要があるかもしれない。一例として、電子メールは職場での主要なコミュニケーション手段になりつつある。問題を発見したときの最初の自然な反応は、問題を改善できる人に連絡することである。問題が迅速に処理されること、あるいは、適切な担当者に届けられることが保証されないようなデータベースに対して、報告することはない。この問題に対して、ある大規模な航空交通管制システムで使われた、うまくいった解決策は、安全工学部門と問題報告の責任者に対して公式に報告してもらうために、報告者が電子メールに「cc:」の追加を要求するだけでよかった[94]。

　さらに、問題報告を受け取った場合は、その受領確認と感謝の意の両方を伝えることが必要である。その後、解決策が識別されたら、問題の報告者に、その問題に対して何が行われたかについての情報を提供する必要がある。妥当な時間内に解決策が見つからない場合には、見つからないということも知らせる必要がある。報告者が、自分の情報が行動に移されると思わない場合、報告システムを使用する動機はほとんどない。

　最も重要なことは、効果的な報告システムでは、その情報が報告者への批判や懲戒処分の根拠としてではなく、安全性の建設的な改善に使用されることを、報告者が確信している必要があるということである。報告が報告者に悪影響を与えると考えられる場合、匿名性と、報告者の権利や報告された情報の用途を含む、報告システムの使用に関する方針を書面で提供する必要があるかもしれない。報告システムのこの側面については、多くのことが書かれている（たとえば、デッカー（Dekker）[51]を参照のこと）。1つの戒めは、信頼は得るのが難しく、失うのは簡単だということである。いったん信頼が失われると、それを取り戻すことは、最初に賛同を得ることよりもさらに困難である。

　報告に外部の規制機関や業界団体が関与する場合、安全性を向上させる目的以外での開示および使用から、安全に関する情報および専有データを保護する必要がある。

　効果的な報告システムを設計することは非常に困難である。原子力発電と民間航空の2つの成功した取り組みと、それらが直面している課題を検討することは有益である。

原子力発電

　米国の原子力発電所のオペレーターは、発電所の運転中に異常な事象が発生するたびに、原子力規制委員会（Nuclear Regulatory Commission：NRC）に異常事象報告（Licensee Event Report：LER）を提出する必要がある。NRCはこのようにプラントの運転経験に関する膨大な量の情報を収集していたが、データはスリーマイル島事故（Three Mile Island：TMI）の後まで、一貫して分析されてきたわけではなかった。米国会計検査院（General Accounting Office：GAO）は、以前にこの失敗についてNRCを批判していたが、TMIの事故の後まで是正措置はとられなかった[98]。

　また、システムは完結していなかった。重要な安全性の問題が提起され、ある程度研究されたが、解決には至らなかった[115]。TMI事故に関係する状況の多くは、以前に他のプラントで発生したものであったが、それらを修正するために何も行われていなかった。TMIのエンジニアリング会社であるバ

ブコック・アンド・ウィルコックス社（Babcock and Wilcox）は、建設したプラントで進行中の問題を分析したり、NRC に提出したプラントの LER をレビューしたりするための正式な手段をもっていなかった。

TMI の一連の事故は、パイロット操作開放バルブが開いたままになったことが始まりであった。TMI 事故の 9 年前には、これらのバルブのうち 11 個が他のプラントにおいて開いたままになっていた。また、この事故のわずか 1 年前に、TMI の事故と同様の一連の事象が米国の別のプラントでも発生していた。

TMI の事故を防ぐために必要な情報は、他のプラントでの以前のインシデント、TMI の同じ装置で再発していた問題、および特定の状況でオペレーターが間違った操作を教えられたというエンジニアの批判を含め、入手可能であった。しかし、この情報を運用上の慣行に組み込むための措置は何も講じられていなかった。

TMI を振り返って、電力会社の社長、ハーマン・ディーカンプ（Herman Dieckamp）は次のように述べている。

> 事故全体（TMI）の中で、私にとっておそらく最も重要な教訓の 1 つは、経験のフィードバックループの不備が、我々とプラントをこの事故に対して脆弱にする大きな原因になったということである[98]。

この警鐘の結果、原子力産業は LER のより良い評価と追跡調査手順を開始した。また、パフォーマンスとプロセスの外部審査、訓練と認定プログラム、事象分析、運用情報とベストプラクティスの共有、会員事業者への特別の支援を通して、安全性と信頼性を促進する原子力発電運転協会（Institute for Nuclear Power Operations：INPO）を設立した。国際原子力機関（International Atomic Energy Agency：IAEA）と世界原子力発電事業者協会（World Association of Nuclear Operators：WANO）は、これらの目標を共有し、世界中で同様の機能を果たしている。

報告システムは現在、各原子力発電所のオペレーターが問題を特定し、これらの問題の理由を解釈し、問題とその原因を改善するための是正措置を選択するために、自身の運転経験を振り返る方法を提供している。インシデントレビューは、自己分析（self-analysis）、特定のプラント内外の境界を越えた知識の共有、および問題解決の取り組みの発展のための重要な手段として機能している。INPO と NRC は両方とも、IAEA のインシデント報告システムと同様に、運転経験のフィードバックの一環として業界にインシデントを認識させるために、さまざまなレターと報告書を発行している。

もちろん、原子力エンジニアリングの経験は完璧ではないが、幸運にも大きな人的損失がなかった TMI の警鐘以降には、大きな進歩が見られた。彼らは自分たちで改善と学習の取り組みを開始し、継続している。TMI のような注目を集めるインシデントはまれだが、小規模な自己分析と問題解決の取り組みは、小さな欠陥、ニアミス、および前兆と負の動向の検出につながる。ときには NRC が介入して、変更が要求された。たとえば、1996 年に NRC は、コネチカット州のミルストーン（Millstone）原子力発電所に対し、経営陣が「安全意識の高い職場環境」を実証できるまで閉鎖を続けるよう命じた。問題が識別された後、是正措置なしで続行することが許可された[34]。

民間航空

高く評価されている航空安全報告システム（Aviation Safety Reporting System：ASRS）は、多くの個々の航空会社の情報システムで模倣されている。現在、多くの情報が収集されているが、その評価と学習にはまだ問題がある。取得される情報の幅と種類は、前述の NRC 報告システムよりもはるかに多い。ASRS 報告の数は非常に多く、情報を自由に入力できるため、評価は非常に困難である。報告が

正確であるか、問題を正しく評価したかを判断するための確立された方法はほとんどない。報告に含まれる因果属性が主観的であり、用語と情報に一貫性がないことにより、比較分析と分類が困難になり、場合によっては不可能である。

航空機や地上での運用におけるデジタル技術や、コンピューターの使用の増加などの技術の変化に伴い、既存の分類体系も不適切になっている。新しい分類が確立されても、古い分類体系を使用したデータと比較する際に問題が生じる。

システムの使用を促進するという目的から生じるもう１つの問題は、データの正確性である。ASRSの報告を提出することにより、処罰に対する限定的な免責が保証される。連邦航空局（Federal Aviation Administration：FAA）の規則違反を報告する提出書類の大部分からも明らかなように、報告の多くは個人保護を配慮する傾向がある。たとえば、ASRSで９年間にわたって報告されたヘリコプターの事故に関するNASAラングレー研究所（Langley）の研究では、連邦航空規則（Federal Aviation Regulations：FAR）の違反が、報告の大部分を占めるカテゴリーであった。インシデントデータにおけるFAR違反が圧倒的に多いことは、FARの違反を認識もしくは実際に違反した場合に免責を得ようとするASRS報告者の動機を反映しているかもしれず、必ずしも本当の割合を表しているとはいえない。

しかし、こうした問題や限界があるにもかかわらず、ASRSおよび同様の産業報告システムは大変に成功しており、得られた情報は安全性の向上に非常に役立っていると見られている。たとえば、報告された危険な空港の状態は迅速に修正され、ASRSの報告に基づいて航空管制やその他の種類の手順が改善された。

ASRSの成功は、この業界における他の報告システムの作成につながった。たとえば、米国の航空安全対策プログラム（Aviation Safety Action Program：ASAP）では、識別された安全上の懸念に対する是正措置を策定するために使用される安全情報を、航空会社および修理工場の担当者が自発的に報告することを奨励している。ASAPには、FAAと認定組織（**証明書取得者**と呼ばれる）とのパートナーシップが含まれており、従業員の労働組織などの第三者も含まれる場合がある。これは、ASAP参加企業の従業員が安全上の問題を特定し、経営陣とFAAに報告するための手段を提供するものである。FAAが、このプログラムに基づいて受け入れた報告を利用して、従業員や会社に対して法執行措置を講じたり、企業がその情報を使用して従業員に対して懲戒処分を行うことはない。

証明書取得者は、ASAPプログラムを開発し、レビューと承認のためにFAAに提出することがある。通常、プログラムは、航空機乗務員、客室乗務員、整備士、航空機運航管理者などの特定の従業員グループ向けに開発される。FAAはまた、識別された安全上の問題を解決するために、証明書取得者がASAPを作成することを提案する場合があるが、必須ではない。

ASAPの報告が提出されると、イベント審査委員会（Event Review Committee：ERC）がレビューし、分析を行う。ERCには通常、証明書取得者の管理代表者、従業員労働組合の代表者（該当者がいる場合）、および特別に訓練されたFAA検査官が含まれる。ERCは、各ASAP報告を承認するか、または拒否するかを検討し、承認された場合は報告を分析して、識別された問題に対応するために必要なコントロールを決定する。

単一のASAP報告によって是正措置を講じることができ、さらに、集められたASAPデータの分析によって、必要となる措置の傾向を明らかにすることができる。ASAPの下では、安全上の問題は、罰や規律ではなく是正措置によって解決される。

報告は、ASAPプログラムが提供する免責の悪用を防ぐために、安全性を意図的に無視しているのではない不注意による規制違反や、犯罪行為・薬物乱用・意図的な改ざんを伴わない事象についてのみ受

け入れられる。

さらに報告プログラムでは、航空会社が内部利用のために収集したデータを共有できる。FOQA（Flight Operational Quality Assurance：運航品質保証）はその一例である。多くの場合、航空会社は航空機に大規模な飛行データ記録システムを装備したり、パイロットが作成したチェックリストや報告を使用したりして内部で情報を収集し、運用と安全性を向上させている。FOQA は、航空会社がこの情報を他の航空会社や FAA と共有するための自発的な手段を提供する。これにより、全国的な傾向が監視され、FAA は、最も重要な運用上のリスクの問題に対処するために、そのリソースを集中できる。[1]

ASAP における単一事象の自発的報告とは対照的に、FOQA プログラムでは、単一事象や航空実績データの全般的なパターンを識別して分析できるように、複数の航空機の種類によりすべてのフライトをカバーする正確な運用実績情報を蓄積する。このような集計データによって、航空機の機種ごとの特徴、地域の飛行経路の状態、および民間航空機業界全体の飛行実績の傾向を判断できる。FOQA データは、特定の航空機群に対する航空会社の運用手順を変更する必要性、および特殊な輸送形態の制限がある特定の空港における、航空交通管制の慣行を変更する必要性の識別に使用されている。

FOQA やその他の自主的な報告プログラムにより、事故につながる前に、行動の傾向や変化（つまり、リスクが増大する状態へのシステムの移行）を早期に特定できる。安全でない状態が是正措置によって効果的に修復されるように、追跡調査が提供される。

FOQA プログラムの要は、繰り返しになるが、FAA に提供された集計データを機密扱いとして、報告者や航空会社の身元は匿名のままにするという合意にある。乗務員の識別に使用できるデータは、収集されたデータの初期処理の一環として、電子情報から削除される。ただし、航空会社の FOQA プログラムでは大抵、FOQA 事象に関連する、特定の乗務員からの追加情報の追跡の要求を可能にするために、限られた時間だけ識別情報を安全に取得できるゲートキーパーを提供する。ゲートキーパーは一般的に、航空会社のパイロット協会によって指定された機長である。FOQA プログラムには通常、収集された情報の使用方法を定義する、パイロット組織と航空会社との間の合意が含まれる。

12.5 フィードバックの利用

フィードバックを取得したら、それを使用してコントローラーのプロセスモデルを更新し、おそらくコントロールアルゴリズムを更新する必要がある。フィードバックとその分析は、それを必要とするコントロールストラクチャー内の他のコンポーネントに渡すことができる。

情報は、人々が学び、日常業務に適用し、システムのライフサイクル全体で使用できる形式で提供する必要がある。

フィードバックに対しては、動向分析などのさまざまなタイプの分析が、コントローラーによって行われる可能性がある。システム設計の欠陥や非安全な変更が検出された場合、明らかに、問題を解決するためのアクションが必要である。

重大な事故では、ほとんどの場合、前兆と警告があるが、無視されたり、誤って処理されたりする。警告のように見えるものは単に後知恵である場合もあるが、明確な兆候が存在する場合もある。たとえば、ボパール（Bhopal）の事故の 2 年前の 1982 年には、監査が実施され、損失に関係する欠陥の多くが識別されていた。監査報告書には、スリップブラインドを使用しないフィルター洗浄作業、バルブ

---

1 FOQA は米国では任意であるが、必須としている国もある。

の漏れ、圧力計の不良など、後の悲劇に関連する要因が指摘されていた。報告書は、水幕設備の能力を上げることを推奨し、フレアタワーの警報が機能していないことから漏出が長期間気づかれない可能性があることを指摘していた。報告書ではまた、多くの危険な状態がわかっていながら長期間放置されていたことや、それらへの対策が十分とられていなかったことにも言及している。さらに、欠陥の修正を確認するための追跡調査もなかった。ボパールの責任者によると、報告で要求されたすべての改善が実施されたとのことだが、明らかに、それは事実ではないか、もしくは修正に効果がなかったかのどちらかである。

　事故やインシデントと同様に、警告のサインや異常も CAST を使用して分析する必要がある。慣行は手順から自然に逸脱するものであり、多くの場合、至極真っ当な理由がある。そのため、手順と慣行の間のギャップを監視し、理解しておく必要がある[50]。

12.6　教育と訓練

　下位レベルの物理システムのコントローラーだけでなく、安全コントロールストラクチャーに関わる全員が、安全に関する役割と責任、およびシステムがなぜそのように設計されたのか（安全コントロールストラクチャーの組織的側面を含む）を理解しておく必要がある。

　管理者とオペレーターの両者が、意思決定の際に負うリスクを理解する必要がある。誤った決定が下されることが多いのは、想定されるリスクについて意思決定者が誤った評価をしているためであり、これは訓練に影響を与える。コントローラーは、HRO（High Reliability Organization：高信頼性組織）の文献によくあるとおり「弱いシグナル」を探すように指示されるが、そうするには何を探すべきか正確に知っている必要がある。悪い結果が生じる前は、弱いシグナルは単なるノイズであり、それらの関連性が明らかになった後になって初めて、シグナルとしての姿を表す。管理者やオペレーターに「弱いシグナルに注意する」ように言うことは、損失事象が発生した後に非難する口実を作るだけである。そうではなく、関係者に対して事故の前兆を認識することを期待するのであれば、彼らはシステムの操作に関連するハザードについて精通している必要がある。知識は、識別できない弱いシグナルを、識別可能な強いシグナルに変える。関係者は何を探すべきかを知る必要がある。

　安全コントロールストラクチャーのすべてのレベルの意思決定者は、意思決定の際にリスクを負うことも理解する必要がある。訓練には、「何を行うか」だけでなく、「なぜ行うか」を含める必要がある。運用上の安全性について適切な意思決定を行うためには、意思決定者はシステムのハザードと、それらを回避する責任を理解する必要がある。システム設計の背後にある安全性の論理的根拠、つまり「なぜ」を理解することは、危険な状態につながる自己満足や意図しない変更への対処にも影響する。この論理的根拠には、過去の事故がなぜ発生したかへの理解が含まれる。コロンビア号事故調査委員会は、スペースシャトル計画に携わっている NASA エンジニアの中で、チャレンジャー号の公式事故報告を一度も読んだことがないエンジニアの数に驚いた[74]。対照的に、米国原子力海軍では全員が毎年、USS スレッシャーの損失についての訓練を受けている。

　従業員の責任とシステムのハザードを思い起こすためであれば、訓練は従業員にとって1回限りのイベントであってはならず、従業員が雇用されている間は継続する必要がある。最近の事象や傾向について学ぶことが、この訓練の焦点である。

　最終的には、定期的な監査中にこれらの訓練の有効性を評価することは、おそらく効果的な改善と学習プロセスの確立に役立つ。

　高度に自動化されたシステムでは、多くの場合、必要な訓練が少なくて済むと考えられがちである。

実際には、自動化されたシステムでは訓練の要求が（下がるのではなく）上がり、その性質も変化する。自動化を利用する場合、訓練はより広範かつ慎重に行う必要がある。この要求の理由の1つは、第8章で説明したように、高度に自動化されたシステムの人間のオペレーターは、現在のプロセス状態のモデルと、状態を変更する方法を必要とするだけでなく、自動化とその運用のモデルも必要とするからである。

複雑で高度に自動化されたシステムを安全にコントロールするには、オペレーター（コントローラー）は従うべき手順だけでなく、それ以上のことを学ぶ必要がある。自動化をコントロールおよび監視する場合、コントロール対象の物理プロセスと、監視対象の自動化されたコントローラーで使用されるロジックについても、深く理解しておく必要がある。システムコントローラーは、すべてのレベルで、次のことを知っている必要がある。

- システムのハザードと、安全上重要な手順と運用ルールの背後にある理由。
- コントロールの削除や無効化、所定の手順の変更、および安全上重要な機能と不注意な操作により起こり得る結果：過去の事故とその原因を見直して理解する必要がある。
- フィードバックの解釈方法：訓練には、単一の事象だけでなく、警告と一連の事象のさまざまな組み合わせを含める必要がある。
- 問題解決時の柔軟な考え方：コントローラーに問題解決の練習の機会を与える必要がある。
- 具体的な対応ではなく一般的な戦略：コントローラーは、予期しない出来事に対処するためのスキルを開発する必要がある。
- 適切な方法で仮説を検証する方法：ヒューマンコントローラーは、メンタルモデルを更新するために、仮説テストを使用してシステムの状態をよりよく理解し、プロセスモデルを更新する。このような仮説テストはコンピューターや自動化されたシステムでは一般的であり、文書が貧弱で使いにくいことから自動化の振る舞いや設計を理解するには試行が唯一の方法となることがよくある。ただし、このようなテストは損失につながる可能性がある。設計者はオペレーターが仮説を安全にテストできるようにする必要があり、コントローラーはその方法について教育を受ける必要がある。

最後に、あらゆるシステムで言えることだが、緊急時の手順についても学習し、継続的に実践する必要がある。コントローラーには、運用上の制限と、それを超えた場合にとるべき具体的なアクションを提供しておく必要がある。ストレスがかかり、十分情報がない状態でオペレーターに意思決定を強いることは、回避できない損失事象の責任を確実にオペレーターに負わせることにほかならず、大抵は、後知恵バイアスに基づくものである。重大な制限をはっきりさせてオペレーターに提示し、緊急時の手順を明示しておく必要がある。

12.7　運用安全管理計画の作成

運用安全管理計画は、運用時の安全のコントロールを導くために使用される。この計画では、運用安全プログラムの目的と、それらの達成方法について説明している。そして、遵守と進捗状況を評価するためのベースラインを提供する。安全プログラムの他の部分と同様に、計画には同意と監視が必要である。

組織は運用安全管理計画のテンプレートと期待することを文書化したものを用意すべきであるが、このテンプレートは特定のプロジェクト要求に合わせて調整する必要があるかもしれない。

すべての情報が1つの文書に含まれている必要はなく、情報が見つかる箇所へのポインターを含む、中心となる参照資料が必要である。安全コントロールストラクチャーの他のどの部分にも当てはまることであるが、計画には、計画自体のレビュー手順と、経験からのフィードバックを通じて計画の更新および改善を行う方法を含める必要がある。

計画に含まれる可能性のあるものは、以下のとおりである。

- 一般的な考慮事項
  - 範囲と目標
  - 適用規格（企業、産業）
  - 文書化と報告
  - 計画および進捗報告手順のレビュー
- 安全組織（安全コントロールストラクチャー）
  - 要員の資格と職務
  - 人員配置と人材
  - コミュニケーション・チャネル
  - 責任、権限、説明責任（機能別組織、組織構造）
  - 情報要求（フィードバック要求、プロセスモデル、更新要求）
  - 下請け業者の責任
  - 連携
  - ワーキンググループ
  - 他のグループとのシステム安全インターフェース、保守とテスト、労働安全、品質保証など
- 手順
  - 問題報告（プロセス、追跡調査）
  - インシデントと事故の調査
    - 手順
    - 人員配置（参加者）
    - 追跡調査（ハザードおよびリスク分析への追跡、連絡）
  - テストおよび監査プログラム
    - 手順
    - スケジューリング
    - レビューと追跡調査
    - 評価指標と動向分析
    - ハザードおよびリスク分析からの運用上の想定
  - 緊急事態と不測の事態になった際の計画と手順
  - 変更手続きの管理
  - 訓練
  - 意思決定、競合の解消
- スケジュール
  - 重要なチェックポイントとマイルストーン
  - タスク、報告書、レビューの開始日と完了日

運用時の安全コントロール 341

　　　　−レビュー手順と参加者

- 安全情報システム
　　　−ハザードおよびリスク分析、ハザードログ（コントロール、レビュー、およびフィードバック手
　　　　順）
　　　−ハザード追跡および報告システム
　　　−学んだ教訓
　　　−安全性データライブラリ（文書とファイル）
　　　−記録保持の方針
- 運用ハザード分析
　　　−識別されたハザード
　　　−ハザードの緩和策
- 計画を最新の状態に保ち長期的に改善するための、フィードバックの評価と計画的な活用

12.8　労働安全へのSTAMPの適用

　労働安全は伝統的に、システムズアプローチを採用するのではなく、個人とその振る舞いの変化に焦点を当てている。システム理論を労働安全に適用する際には、システム設計が振る舞いに与える影響を理解することに重点が置かれ、人ではなくシステムを変更することに焦点が当てられる。たとえば、大規模なプラントで使用される車両では、人間が速度制限に従うことに依存して、それに違反したときに彼らを罰するのではなく、速度調整装置を装備できるであろう。第9章で説明した、ヒューマンコントローラーに対する同じ安全設計の原則が、労働安全設計にも適用される。

　プラントの複雑化と自動化が進むにつれて、労働安全と工学的安全の境界線があいまいになってきている。競合する作業のプレッシャーの下で、通常のヒューマンエラーや判断ミスがあったとしても、安全なシステムを設計することによって、作業者が職務遂行中に負傷しないように、よりいっそう保護できるであろう。

第**13**章 安全のための経営管理と安全文化

前章で説明したゴールを効果的に達成するための鍵は、経営管理（management、訳注：本章では文意に合わせて「経営（経営陣）」、「管理（管理者）」とも訳す）にある。単に優れたツールがあっても、それが使用されなければ十分ではない。先行研究では、安全目標に対する経営へのコミットメントは、安全なシステムや企業と、安全ではないものを区別する最も重要な要因であることが示されている[101]。経営の意思決定が不十分だと、安全性を向上させる試みが台無しになり、事故が起き続けることになりかねない。

本章では、事故を減らすために最も重要な経営に関わる要因について概説する。最初の疑問は、なぜ経営者（manager、訳注：本章では文意に合わせて「経営者」、「管理者」と訳す）は安全に配慮し、投資しなければならないかということである。その答えは、一言で言えば、安全は割に合うもので、安全への投資は長期的に大きな利益をもたらすからである。

経営者が組織の目標を達成する上で安全の重要性を理解し、組織の安全性を向上させたいと決心した場合、その目標を達成するには3つの基本的な組織要件が必要となる。1つ目は、効果的な安全コントロールストラクチャー（safety control structure）である。安全コントロールストラクチャーがいかに効果的に運用されるかにおいては、安全文化が重要であるため、2つ目の要件は、強力な安全文化の導入と維持である。しかし、どんなに優れた意図を持っていても、それを実行に移すための適切な情報がなければ十分ではない。そのため、最後の重要な要件は、安全情報システムとなる。

本書のこれまでの章では、設計や運用中に安全をコントロールし、安全制約を課すために何をする必要があるかということに焦点を当ててきた。本章では、その過程における経営の包括的な役割について説明する。

13.1 なぜ経営者は安全に配慮し投資する必要があるのか？

ほとんどの経営者は、安全に気を配っている。問題は通常、高い安全レベルを達成するために必要なことと、安全が正しく行われる場合にかかる実際のコストについての誤解から生じる。安全には、莫大な経済的コストやその他のコストは必要ではない。

従来からの通念では、安全とは、他の目的の達成と競合（conflict）するものであり、損失を防ぐためにトレードオフが必要なものであるとされている。実は、この信念は完全に誤りである。安全は、経済的利益や企業存続など、ほとんどの組織の目的を達成するための前提条件である。

過去には、巨額の経済的損失をもたらし、その結果として企業が倒産した大事故の例は枚挙にいとまがない。最大手のグローバル企業でさえ、評判や顧客の喪失などの損失に伴うコストに耐えられないかもしれない。これだけの事例がありながら、そこから彼ら自身の脆弱性について学ぼうとする人がほとんどいないのは驚くべきことである。おそらく人間の本質として、大惨事は自分には起こらず、他人にだけ起こると思い込む楽観的な性格があるのだろう。また、かつてのより単純な社会では、政府や組織に安全に対する責任を問うことはあまり一般的ではなかった。しかし、自分たちを取り巻く環境やそのハザードをコントロールできなくなり、富や生活水準が上昇するにつれて、一般の人々は安全に関する

振る舞いについてより高い水準を求めるようになってきた。

「競合」の通念は、安全がどのように達成されるのかということと、リスクの高い条件下で運用された場合の長期的な結果についての誤解から生じている。多くの場合、私たちは最善を尽くして安全を向上させようとしているが、単に間違ったことをしているだけである。労力やリソースの不足が問題なのではなく、その使い方が問題なのである。安全への投資は、それを達成するために最も効果のある活動に振り向けられる必要がある。

ときに、組織が高度な「もぐらたたき」（訳注：安全に関わる事象が起きるたびに後で対策をとること）をしているように見えることがある。この場合、症状を発見しては修正するが、それら症状を発生させるプロセスは修正されない。膨大なリソースが費やされても、その投資に対する見返りはほとんどない。発生した多くのインシデントのすべてを詳細に調査することはできないため、いくつかのインシデントについて表面的な分析のみが試みられている。もし代わりに、少数のインシデントを詳細に調査し、システミックな要因を修正することができれば、インシデントの数は桁違いに減少するはずである。

このような組織は、絶え間ない消火モードに陥り、最終的には事故は避けられず、事故防止のための投資は費用対効果が低いと結論づける。そして、シジフォス（Sisyphus、訳注：ギリシャ神話に登場する人物。地獄で永久に大石を山頂に押し上げる刑に処された）のように、永遠に同じ悪循環をたどることを自らに強いることになる。多くの場合、彼らは自分たちの産業がほかの産業よりもとにかく危険性が高く、自分たちの世界での事故は避けられず、これは生産性の代償であると思い込んでいる。

事故は避けられず、ランダムな偶然によって起こるというこの信念は、事故を防止するための私たち自身の労力の不十分さから生じている。本書のシステムズアプローチで事故の原因を詳細に調べると、事故にランダムなものはないということが明らかになる。実際、私たちは、症状が違うだけで原因はほとんど変わらない同じような事故を何度も繰り返しているように見える。これらの原因の多くは排除することができるのに、排除されていない。バルブの固着などの直接的な要因には、どのバルブが実際に損失を引き起こすのかなど、何らかのランダム性が伴うかもしれない。しかし、欠陥のあるバルブ設計や分析、または不適切な保守慣行のような、長期間にわたって修正されずに存在するシステミックな要因は、ランダムなものではない。

前の章で述べたように、組織は、パフォーマンスに対するさまざまなタイプの圧力がかかると、事故が防げなくなるまで、より高いリスクの状態に容赦なく移行する傾向がある。外部圧力や内部圧力の下で、プロジェクトは、「この手順はどうしても今日中に終わらせなければならないので、今回だけそうしよう」と言って、自分たちのルールに違反するようになる。2010年のディープウォーター・ホライズン（Deepwater Horizon）石油プラットフォームの爆発事故では、コスト優先のために標準的な安全手続きに従わず、それが最終的に莫大な経済的損失につながった[18]。同じようなダイナミクス（訳注：前の文の「コスト優先のために標準的な安全手続きに従わず」を指す）が、わずかに異なる圧力、主にNASAの外部の力によって生み出された目標間の競合によって、**コロンビア号**のスペースシャトルの損失でも発生した。しかし、これら2つのケースで見られるように、組織の他の目的と安全目標とが短期的に競合しているように見えるものは、長期的には存在しない可能性がある。

リスクのレベルが高い状態で運用する場合、唯一の問題は、多くの潜在的な事象のうち、どの事象が損失の引き金になるかということである。**コロンビア号**の事故以前、NASA有人宇宙オペレーション（NASA manned space operations）では、軌道上で多くの問題が発生していた。当時のNASA有人宇宙計画の責任者は、問題を発見して修正しているという事実を誤解し、リスクは5分の1以上減少したと結論づける報告書を書いた[74]。リスクに対するこの同じ非現実的な見方が1995年の別の報告

書に引き継がれ、NASA に対して「全体的な安全性、信頼性、品質保証の要素の再構築と削減」が勧告された[105]。

図 13.1 は、動作中のダイナミクスの一部を示している[1]。このモデルは、コロンビア号の損失時の、シャトルのプログラムにおける高リスクの主な原因を示している。NASA は、スペースシャトルの製造と運用に必要な資金を得るために、達成不可能なパフォーマンスを約束していた。NASA と他の政府機関との間では、支出を正当化し、有人宇宙飛行の価値を証明する必要性が、主要かつ一貫した緊張圧力（tension）となっていた。つまり、シャトルが飛行できるミッションが多ければ多いほど、このプログラムはより多くの資金を生み出すことができた。さらに、2004年2月までに国際宇宙ステーションの建設を完了させる（「コアコンプリート（core complete）」と呼ばれる）という公約があり、シャトルでなければ運べない大きな荷物の搬入が必要であったことも、この圧力に拍車をかけていた。この期限を守る唯一の方法は、打ち上げの遅延がないことであり、これはそれまで一度も達成したことのないパフォーマンスレベルであった[117]。圧力のほんの一例ではあるが、コアコンプリートの期限までカウントダウン（秒単位）する時計が描かれた、コンピューターのスクリーンセーバーが、NASA の有人宇宙飛行プログラムの経営陣に送られていた[74]。

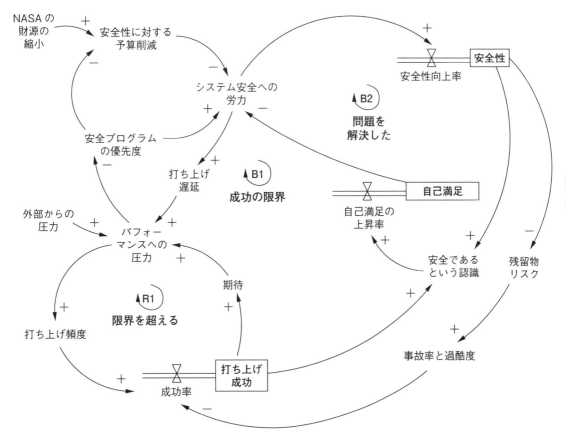

図 13.1　コロンビア号の損失にいたるまでの安全性とパフォーマンスに対するプレッシャーの動的なモデルを簡略化したもの。完全なモデルについては [125] を参照のこと

1　付録 D では、システムダイナミクス・モデルに慣れていない人のために、このモデルの読み方を説明している。

図 13.1 の左下にある「R1」とラベル付けされた「限界を超える（Pushing the Limit）」と書かれた
ループは、外部からの圧力が高まるにつれてパフォーマンスへの圧力が高まり、それが打ち上げ頻度
(launch rates) の上昇、ひいては打ち上げ頻度の期待値の上昇につながり、さらにそれが期待の高ま
りとパフォーマンスへの圧力の高まりにつながったことを示している。この強化ループは不安定なシス
テムを表しており、永久には維持することはできないが、NASA は十分な労力を払いさえすれば何で
も達成できると信じている「can-do」組織なのである[136]。

左上のループはスペースシャトルの安全計画を表しており、効果的に運用されている場合、ループ
R1 に関連するリスクのバランスをとることを意味している。しかし、予算削減とパフォーマンスへの
圧力の増大という外部からの影響によって、安全手順の優先度が下がり、システム安全への労力が減少
してしまう。

さらに問題だったのは、システム安全への労力が、問題発見時には打ち上げ遅延につながったという
事実が、打ち上げ圧力に直面した際に安全への労力の優先度を下げることに対して、別の理由を生じさ
せたことである。

安全への労力の削減や安全の懸念事項に対する優先度の低下は、事故につながる可能性がある。しか
し大抵は、事故はしばらく起きないため、削減しても安全性には影響がないという誤った自信が生まれ
る。そのため、外部と内部からのパフォーマンスに対する圧力が高まるにつれて、労力と優先度をさら
に削減するような圧力がかかってしまうのである。

安全への労力の減少に、発見された問題を解決することで自己満足（これもまたシステム安全への労
力を減少させる）を増大させるループ「B2」が組み合わさることにより、結局は高いリスクを認識で
きない状況に陥ってしまう。

このようなリスクのレベルが高い状態の中で活動している場合、唯一疑問となるのは、多くの潜在的
な事象のうちどれが損失の引き金になるかということである。この事故では、引き金となった事象は、
損失の前後に識別された他の深刻な問題ではなく、断熱材の剥落であったという事実だけが、唯一のラ
ンダムな部分であった。コロンビア号の事故当時、NASA は多くのコントロール不能なハザードを抱
えながら定期的にシャトルを飛行させており、断熱材の剥落はそのうちの１つにすぎなかった。

皮肉なことに、事故をなくそう、減らそうという私たちの労力が、より高いリスクへと向かわせるこ
とがよくある。ある活動に関連する実際のリスクはまったく変化していないにもかかわらず、損失が発
生しない期間が続くと、リスクの認知は大抵、低下する。この誤った認知によって、事故を防止してい
る要因はもはや必要ではなくなり、他のニーズとトレードオフできるとみなされるため、その要因その
ものを減らすことにつながっていく。その結果、大きな損失が発生するまで、リスクは増大することに
なる。事故を防止するためには、この悪循環を断ち切らなければならない。STAMP の用語で言えば、
損失につながる条件が発生する前に、時間の経過に伴う安全コントロールストラクチャーの弱体化を防
ぐか検出する必要がある。

リスクの高い状態へのシステムの移行は、潜在的にコントロール可能であり、検出可能である[167]。
このリスクの高い状態への移行は、安全コントロールストラクチャーの弱体化に起因する。永続的な安
全を達成するには、時間の経過とともに安全性を低下させ、安全コントロールストラクチャーとその中
の振る舞いを変化させる、絶え間ない環境の影響や圧力から守り、それらに適切に対応するための、運
用上の安全に関する強力な取り組みが必要である。

原子力潜水艦共同体（nuclear submarine community）での経験は、このようなダイナミクスを克
服できることを示すものである。SUBSAFE プログラム（次章で述べる）は、1963 年のスレッシャー
号の損失後に設立された。SUBSAFE が設立される以前は潜水艦の損失はよくあったが、設立後には、

SUBSAFEプログラムの潜水艦、つまりSUBSAFEの要求事項を満たしている潜水艦は一隻も失われていない。

SUBSAFEのリーダーは、重要な資産の損失を防ぐこと以外の利点についても述べている。潜水艦を操縦する者は、自分たちの船を完全に信用しているからこそ、任務を完遂することだけに集中できるのである。米国の原子力潜水艦プログラムの過去45年間の経験は、安全を高めると必然的にシステムのパフォーマンスが低下するという通念が誤りであることを示している。この長期間にわたる、より安全な運用は、概して言えばより効率的である。その理由の1つは、停止や遅延がなくなったことである。

こうした例は、民間の産業にも見られる。一例を挙げると、多くの重大事故が発生したため、OSHA（労働安全衛生庁）は、従業員が生産サイクル中に片手または両手を、ラム（ram、訳注：プレス機械の用語で、給油されることにより油圧力で上昇する部品。ピストンのこと）の下に置かなければならないような動力プレスの使用を禁止しようとした[96]。生産性の低下という点で代償があまりにも大きいという猛烈な抗議があり、その要求は取り下げられた。事前の動作研究において、すべての取り付け（loading）と取り外し（unloading）がダイ（die、訳注：被加工素材をその中で変形させ、所定の形状に加工するための工具）をラムの下から外して行われると、生産性が低下することが示されたからである。OSHAがこの計画を断念してからしばらくして、電動プレスを使用していたある製造メーカーが、純粋に安全と人道的対策として、生産性の低下を受け入れることを決定した。すると、機械の工程（machine cycle）が長くなったにもかかわらず、生産量を減らすどころか、生産量は5パーセントから15パーセントの増加となった。同様の学びに関するほかの例については、『セーフウェア』[115]を参照していただきたい。

安全性の高いシステムはコストが高いという信念や、最初から安全を作り込むには、他の目標との間に許容できない妥協が必要であるという信念は、まったく正当化されるものではない。コストは、他のものと同様に、安全性の向上を達成するために使われる手法によって、違ってくる。皮肉なことに、安全とのトレードオフを避けようとして、システムがミッションの目標を最適化するように設計され、安全装置は設計が完了してからしぶしぶ追加されることが多い。しかし、このアプローチは、最もコストがかかり、最も効果のない方法である。いつものように冗長性や精巧な保護システムという形で後から追加したり改造したりするのではなく、最初からシステム設計に安全を組み込んでおけば、コストははるかに低く、実際に削減することができる。設計の早い段階でハザードの除去や低減を行うと、設計はよりシンプルになることが多く、それ自体がリスクとコストの両方を低減できる可能性がある。リスクが低減されれば、ミッションやシステムの目標が達成される可能性は高くなる。

「信条（訳注：前段落で述べた信念）に走る（get religion）」ことが大惨事につながることがあるが、そうであってはならない。本章は、安全への投資が報われるという事実を悲劇によって思い知らされる前であっても（大抵は手遅れとなるが）、この事実を理解している賢明な経営者のために書かれている。

13.2 安全目標を達成するための一般的な要求事項

もぐらたたきの罠から抜け出すには、事故の背後にあるシステミックな要因を識別し、取り除くことが必要である。第6章では、安全への取り組みが費用対効果に見合わない共通の理由を、以下のように識別した。

- 表面的、孤立的、または見当違いな安全工学（safety engineering）活動。システムを安全にするのではなく、安全であることを証明するためにほとんどの労力を費やすなど。
- 開始が遅すぎる。
- 今日の複雑なシステムや新しいテクノロジーに対して不適切な手法を使う。
- システムの技術的な部分だけに焦点を当てる。
- システムがその存続期間を通して変化しないことを前提とし、運用中の安全への配慮を怠る。

安全を管理（manage）し、適切なコントロール手段を確立する必要がある。効果的な安全管理（safety management）の主な要素は以下のとおりである。

- コミットメントとリーダーシップ
- 企業の安全方針
- リスク認識とコミュニケーション・チャネル
- より高いリスクへのシステム移行のコントロール
- 企業の強い安全文化
- 責任、権限、説明責任（accountability）が適切に割り当てられた安全コントロールストラクチャー
- 安全情報システム
- 継続的な改善と学習
- 教育、訓練、および能力開発

これらのそれぞれについて、以下で説明する。

13.2.1 経営陣のコミットメントとリーダーシップ

　安全に関するトップマネジメントの関与は、安全以外の他の要因は互角だとして、安全な企業とそうでない企業を識別する上では最も重要な要因である[100]。このコミットメントは、単なるスローガンではなく、本物でなければならない。従業員が安全への懸念を示した場合には、彼らはサポートされるはずであると感じる必要がある。システム安全に関する空軍の調査では、次のような結論が出されている。

> システム安全に対する空軍のトップマネジメントのサポートは、請負業者でも気づかないわけがない。請負業者は今、システム安全のタスクを「外見を繕う」ことではなく、意味ある活動として積極的に取り入れているようである[70, pp.5-11]。

　B1-B プログラムは、この結果を達成した一例である。この開発プログラムでは、プログラム管理者や副プログラム管理者が、安全に関わる意思決定が行われるグループ会議の議長を務めた。「プログラムにおけるシステム安全の重要性について、請負業者に明確なイメージが伝わった」[70, p.5]。

　従業員や請負業者との日常的なやりとりに対して、経営者が率直に誠実に関わることは、安全関連の活動に対する受け止め方に大きな影響を与える可能性がある[157]。調査によると、安全への取り組みに対するトップマネジメントのサポートと参加が、事故のコントロールと低減のために最も効果的な方法であることが示されている[93]。この安全へのサポートは、個人としての関与、有能な人材の配置と適切な目的とリソースの付与、包括的な組織の安全コントロールストラクチャーの確立、および他者によるイニシアチブへの対応によって示される。

13.2.2 企業の安全方針

方針（policy）とは、組織の目標を宣言し、その達成を導く、組織の上級経営者の知恵、意図、理念、経験、および信念を書面化したものである[93]。企業の安全方針は、組織の安全に関する目標と価値観、およびそれらを達成するための戦略について、明確で共有されたビジョンを従業員に提供する。これは、安全に関わる管理上の優先事項を文書化し、示すものである。

筆者は、「我々のビジネスにおいては、安全が重要であることは誰もが知っている」という理由で、安全方針を持たないことを正当化する企業に出会ってきている。特定のビジネスにとっては、安全は重要であると思われるかもしれないが、経営陣が方針について無言でいることは、安全が他の目的と競合するように見える場合に、トレードオフが許容されるという印象を与えることになる。安全方針は、経営陣が意思決定に使いたいと思っている、競合する目的間の優先度を、明確に定義する方法を提供するものである。安全方針は、安全と他の組織目標との関係を定義し、特定の状況下で何をすべきかを決定する際に、裁量、イニシアチブおよび判断の範囲を提供するものでなければならない。

安全方針は、2つの部分に分けて考える必要がある。1つ目は、企業の安全に対する価値観と、安全に関して従業員に期待されることを短く簡潔にまとめたステートメントである。方針がどのように実行されるかの詳細は、別の文書に分けるべきである。

完全な安全方針には、安全プログラムの目標、目標に対するプログラムの短期的および長期的な成功を評価するための一連の基準、トレードオフの意思決定に用いるべき価値観、そして責任、権限、説明責任、範囲の明確なステートメントなどが含まれる。方針は、曖昧さがなく、何が期待されているかを明確でわかりやすい言葉で述べるべきであり、運用できないような高尚な目標を並べるべきではない。ときどき見受けられる例として、（前章で述べたように）従業員に対する「弱いシグナルに注意する」という方針がある。この方針は、何をすべきかについて役立つガイダンスを提供していない。「注意する」と「弱いシグナル」の両方が定義されていないし、定義できないからである。代わりに、「安全でないものを見かけたら、すぐに報告する責任がある」とするのがよいだろう。さらに、従業員は、自分がコントロールしているプロセスにおけるハザードと、何を探すべきかについて訓練を受ける必要がある。

単に安全方針を持っているだけでは十分ではない。従業員は、安全方針が経営陣の真のコミットメントを反映していると信じている必要がある。このコミットメントを効果的に伝える唯一の方法は、そのコミットメントを示す経営陣の行動である。従業員が、他の目標よりも安全を優先させる合理的な判断を行う場合には、経営陣が彼らをサポートしてくれると感じる必要がある。インセンティブと報酬の仕組みは、安全と他の目標との間のトレードオフに適切に対処することを促進するものでなければならない。形式的な報酬やルールだけでなく、組織文化の形式的でないルール（社会的プロセス）も、全体的な安全方針をサポートするものでなければならない。実際には、従業員が生産上の要求よりも安全を選択した場合に、会社の経営陣が彼らをサポートしてくれると信じているかどうかということで確認できる[128]。

適切な意思決定を促すには、安全の問題に対応するための柔軟性を、組織の手順に組み込む必要がある。たとえば、スケジュールは、安全の懸念事項による不確実性や遅延の可能性を考慮した上で適応性のあるものでなければならないし、生産目標も合理的でなければならない。

最後に、安全方針を定義するだけでなく、それを周知させ、遵守させなければならない。経営陣は意思決定において、安全に適切な注意が払われるようにする必要がある。フィードバック・チャネルを確立し、目標達成の進捗を監視し、改善点を識別し、優先順位をつけて実行しなければならない。

13.2.3 コミュニケーションとリスク認識

コントロールされたプロセスにおけるリスクを認識すること（awareness）は、コントローラーによる安全関連の意思決定を行う際の主要な構成要素である。問題は、損失事象の過酷度（severity）とその起こりやすさ（likelihood）を組み合わせたものとして定義されるリスクは、計算することも知ることもできないということである。リスクは一連の要因の集合から推定するしかなく、そのうちのいくつかは未知である可能性があり、またこれらの要因の起こりやすさを評価するための情報が不足していたり、不正確であったりすることもある。しかし、この未知の特性に基づいて意思決定を行う必要がある。

プロセスの状態に関する正確な情報がない場合、事故が起こらずに時間が経過すると、リスク認知（perception）が低い方に再評価されることがある。実際には、おそらくリスクは変化しておらず、私たちのリスクの認知が変化しているにすぎない。この罠の中で、リスクは、安全コントロールストラクチャーの状態に反映されているのではなく、事故やインシデントがないという状態に反映されているとみなされてしまう。

STAMPを安全プログラムの基盤として使用する場合、安全とリスクとは、**安全なシステム動作を課すためのコントロールの有効性で決まる要素**、つまり安全制約とその制約を課すために使用されるコントロールストラクチャーのことである。たとえば、経営陣側で安全関連の意思決定がうまくいかないのは、不十分なフィードバックや不正確なプロセスモデルが関係しているのが一般的である。このように、リスクは潜在的に知り得るものであり、確率推定値によって示されるような得体のしれない特性ではない。このリスクの新しい定義は、新しいリスク評価手順を構築するのに利用できる。

事故が起きないということは、強い安全コントロールストラクチャーを反映している可能性もあるが、単にコントロールのゆるみと、良くない影響の間にある遅延を反映しているだけという可能性もある。この遅延は、より多くのコントロールのゆるみを促し、それが事故につながるのである。基本的な問題は、不正確なリスク認知と誤った要因によるリスクの予測である。このプロセスは、たびたび使われるがあまり定義されない「自己満足」というレッテルの背後に隠れている。自己満足は、不正確なプロセスモデルとリスク認識から生じる。

リスク認知は、コミュニケーションとフィードバックに直接関係している。対象システムにおける事故の潜在的な原因と、それらを防ぐために実行されたコントロールの状態に関する情報が、より多くより適切に得られるほど、リスクの認知はより正確になる。2006年8月に、ケンタッキー州レキシントンで航空機が滑走路を間違えて離陸し、損失が発生した事故を考えてみよう。この事故の要因の1つは、工事が行われており、誘導路の走行のパターンが一時的に変更されたことについて、パイロットが混乱したことである。事故の前の週にも、乗務員が混乱する同様の事例が発生していたが、この情報を当局に伝えるための効果的なコミュニケーション・チャネルがなかった。損失後、航空機の保守作業員の小グループが調査官に語ったところによると、彼らもエンジンテストのために誘導路を走行する際に、混乱を経験していた。つまり、彼らは事故が起こるのではないかと心配していたが、改善できる人々に効果的に知らせる方法を知らなかったのである[142]。

この事故では、リスクの誤認につながるもう1つのコミュニケーションのすれ違いによって、空港の管制塔の人員配置に関する経営陣の誤解につながった。ターミナル・サービスの経営陣は空港の航空管制の管理者に対し、管制塔の予算を削減することと、管制塔とレーダー機能の人員を別々に配置することの両方を命じた。この両方の指示に従うことは、不可能なことであった。フィードバックの仕組みが有効ではなかったため、経営陣は自分たちが、不可能で危険な目標の競合を引き起こしたこと、つまり、その競合の解決策が、予算の削減と追加の人員配置への要求の無視であることに気がつかなかっ

た。

　もう１つの例は、ディープウォーター・ホライズンの事故で起きた。事故後の報告によると、作業者は、安全上の懸念や安全向上のためのアイデアをリグ（訳注：石油プラットフォームとも呼ばれる。海底から石油や天然ガスを掘削・生産するために必要な労働者や機械類を収容する、海上に設置される規模の大きい海洋構造物）の管理者には気軽に提起できると感じていたが、部門または企業レベルで経営陣に懸念を表明すれば、必ず報復を受けると感じていた。石油プラットフォームが爆発する前にディープウォーター・ホライズンの作業者を対象に実施された機密調査において、作業者は安全上の懸念を述べていた。

　　ある作業者は、「高所から何かを落下させてしまうのが怖いのは、誰かを傷つけるのが怖いからではなく（エリアは防護壁で囲まれている）、クビになるのが怖いからだ」と、書いている。他の作業者は、「会社はいつも恐怖の戦術を使っている」、「こんなゲーム的な活動ばかりしていると、心が疲れてしまう」と言った。調査官はまた、「インタビューした作業者のほぼ全員が、リグでの健康と安全上の問題を追跡するためのトランスオーシャン（Transocean）のシステムは逆効果であると考えていた」と述べた。多くの作業者が、見る（See）、考える（Think）、行動する（Act）、補強する（Reinforce）、追跡する（Track）（あるいはSTART、訳注：頭文字を合わせて作成）として知られるこのシステムを回避しようとして、偽のデータを入力していたのである。その結果、リグの安全に対する同社の認知はゆがめられた、と報告書は結論づけている[27, p.AI]。

運用上の形式的な手法や厳格な組織階層は、コミュニケーションを制約することがある。情報が階層の上へと伝達されるときに、経営者の関心や情報の解釈の仕方によって、情報はゆがめられる可能性がある。安全に関する懸念は、指揮系統の上方に渡されるにつれて完全に黙殺されることさえある。従業員は、自分の懸念に応えない上司のもとにいることに抵抗を感じるかもしれない。その結果、リスクを誤認し、安全制約を課すための不適切なコントロールアクションにつながる可能性がある。

　その他の事故では、さまざまな理由で報告やフィードバックのシステムが単に使われていないだけである。多くの損失では、損失を防ぐのに十分な時間があったのに問題が発生した、という証拠があった。しかし、その情報を理解できる人や意思決定者に届けるためのコミュニケーション・チャネルが確立されていなかったか、あるいは問題を報告するチャネルには効果がなかったか、単に使われていなかったかのいずれかであった。

　コミュニケーションは、情報の提供とコントロールアクションの実行において肝要であり、そしてコントロールアクションが成功したかどうか、さらにどのようなアクションが必要かを判断するためのフィードバックを提供する上で重要なものである。意思決定者は正確でタイムリーな情報を必要としている。実際のパフォーマンスと要求されたパフォーマンスを比較し、必要なアクションが確実に実行されるための手段を含めて、情報の拡散とフィードバックのためのチャネルは、確立されている必要がある。

　要約すると、コミュニケーション・チャネルの設計とコミュニケーション・ダイナミクスの両方、およびフィードバックの潜在的な遅延を考慮しなければならない。コミュニケーション・ダイナミクスの一例として、グループ会議中の対面での口頭報告への依存は、より下位レベルの運用を評価するには一般的な手法である[189]。しかし、特に部下が上司とコミュニケーションをとる場合には、悪い状況が目立たないようにする傾向がある[20]。

13.2.4 より高いリスクへのシステム移行のコントロール

本書で説明している安全へのアプローチの根底にある重要な想定の１つは、システムは時間の経過とともに適応し、変化するということである。さまざまな種類の圧力の下で、その適応はしばしばより高いリスクの方向に進む。幸いなことに、先に述べたとおり、適応性は予測可能であり、潜在的なコントロールが可能である。安全コントロールストラクチャーは、時間が経つと安全性を低下させがちな継続的な影響や圧力からの保護を提供し、適切な対応を提供する必要がある。もっと具体的に言うと、より高いリスクへ移行する潜在的な理由と種類を特定し、それを防ぐためのコントロールを策定する必要がある。さらに、システム開発中に識別された安全制約に基づく監査とパフォーマンス評価を使用して、第12章で述べたように、（より高いリスクへの）移行と制約の違反を検出することができる。

このような移行を防止する１つの方法は、短期的なプログラム管理者の圧力を超えて、安全への取り組みを定着させる（anchor）ことである。かつて NASA は、すべての人に共通の基準と要求を課す、機関全体の強力なシステム安全プログラムを有していた。時間が経つにつれて、機関全体の基準は骨抜きにされ、プログラムは、プログラム管理者のコントロール下で、独自の基準を設けることが許可されるようになった。有人宇宙プログラムは強力な安全基準で開始されたが、予算とパフォーマンスに対する圧力の下で、それらは徐々に弱体化された[117]。

一例として、効果的な運用上の安全プログラムへの基本要求として、運用時におけるすべての危険なインシデントを徹底的に調査するというものがある。デブリ（debris、訳注：シャトルの打ち上げなどにおける破片）の剥離は、シャトル開発中に潜在的なハザードとして識別されていた。しかし、スペースシャトル・プログラムにおけるハザード分析を実施する基準が、（断熱材の剥離のような）異常が起きた後ではなく、新しい設計の場合やシャトルの設計が変更された場合にのみ、ハザードを見直すという規定に変更されてしまった[117]。

コロンビア号の事故の後、スペースシャトル・プログラム（および NASA の残りのプログラム）の安全基準の責任は、プロジェクトの外に移された。これにより、安全基準を効果的に**定着させる**ことができ、時間の経過とともに弱体化することから守られた。

13.2.5 安全、文化、非難

安全管理における高レベルの目標は、効果的な安全コントロールストラクチャーを構築し、維持することである。コントロールストラクチャーの運用においては安全文化が重要なため、この目標を達成するには、強力な安全文化を導入し、持続することが要求される。

安全コントロールストラクチャーが適切に機能するかどうかは、ストラクチャー内のコントローラー（訳注：体制内の経営者や管理者）による意思決定に依存している。意思決定は常に、産業や組織の価値観と想定のセットに基づいて行われる。文化とは、共有された価値観と規範のセットであり、私たちの周りの世界と周囲の事象の見方や解釈の仕方、そして社会的背景における行動の仕方を指す。安全文化とは、文化のサブセットであり、安全およびリスク管理に対する一般的な姿勢やアプローチを反映するものである。

シャイン（Shein）は、文化を３つのレベルに分けている（図 13.2）[188]。最上位は、表面レベルの文化的な人工物（artifact）、またはハザード分析、コントロールアルゴリズムと手順を含む日々の活動の中の型にはまった行動の側面である。２番目の中間のレベルは、安全方針、基準、指針（ガイドライン）など、最上位レベルの人工物を構築するために使用される、明示された組織のルール、価値観、および慣行である。最下層には、目に見えないことが多いものの、根底に深く浸透している文化的な運用上の想定（assumption）がある。これに基づいて行動がとられ、意思決定がなされるために、上位

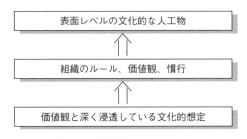

図 13.2 組織文化の 3 つのレベル

のレベルが成り立っているのである。

　方針、目標、ミッション、職務内容、標準的な運用手順など、組織の仕組みを変更するだけで安全に関わる結果を変えようとすることにより、短期的にはリスクが低下する可能性がある。しかし、一連の共通の価値観や社会規範に対処しない表面的な解決策では、時間が経つと元に戻ってしまう可能性が非常に高い。人々の行動の根底にある組織の価値観を変える必要がある。

　安全文化は主に、組織のリーダーが決定を下す際の基本的な価値観を確立するときに定められる。このことは、高いレベルの安全の達成においては、リーダーのリーダーシップとコミットメントが重要であることを明らかにしている。

　安全文化を創り出す（engineering）には、望ましい組織の安全原則と価値観を識別し、それらの価値観を達成し、長期にわたって維持するための安全コントロールストラクチャーを確立する必要がある。スローガンや圧力をかけることでは十分ではない。安全コントロールストラクチャーのすべての側面を組織の安全原則と一致するように創り出す必要があり、リーダーが組織の安全に関する方針と原則にコミットする必要がある。

　安全目標を達成するには、組織の基本的価値としてのリーダーシップと安全へのコミットメントに加えて開放的なコミュニケーションが必要である。コロンビア号の喪失後のインタビューで、ケネディ宇宙センターの新しいセンターディレクターは、シャトルのプログラムが直面した最も重要な文化的課題は、開放的で誠実であるという感覚をすべての従業員とともに確立することであり、すべての人の声が尊重されることであると示唆した。コロンビア号の事故調査中の声明と NASA Watch（訳注：NASA の活動について発信する非公式な機関）のウェブサイトに投稿されたメッセージでは、NASA の従業員の発言への信頼の欠如が記されている。同時に、CAIB（コロンビア号の事故調査委員会）報告書の重要な所見は、経営者がエンジニアの懸念を聞かなかったというエンジニアの主張に焦点を当てていた[74]。報告書では、これは経営者が尋ねたり聞いたりしなかったことが原因の一端にあると結論づけている。経営者は、確固たるデータではなく、主観的な知識と経験に基づいた先入観による結論を述べることで、反対意見に対する防護壁を作った。多くの場合、彼らは、自分たちが聞きたいことを述べる人の話に耳を傾けていた。安全にまつわる不十分なコミュニケーションと、こうした当時の雰囲気についての 1 つの兆しは、1995 年のクラフト（Kraft）報告書[105]の中の記述、「スペースシャトルの安全に関する懸念を唱えた者を不必要な『安全シールドの陰謀（safety shield conspiracy）』の仲間であると非難することで、その懸念を退けた」に現れている。

　安全とコミュニケーションに関する不健全な職場環境は、NASA に限ったことではない。キャロル（Carroll）は、同様の機能不全に陥った、ミルストーン（Millstone）原子力発電所における安全文化について記録している[33]。1996 年の NRC（原子力規制委員会）の調査では、このプラントの安全文化には危険な欠陥があると結論づけている。それは、反対意見を許さず、従業員の問いかける姿勢を抑圧したという理由からであった。

このような意思疎通のやり方を変えることは容易ではない。管理の様式は、訓練やメンタリング、経営陣に就く人々の適切な人選によって対処できるが、信頼は得るのが難しく、失うのは簡単である。従業員は、懸念を報告することについて、心理的に安全であると感じる必要があり、経営者が彼らの懸念を聞いて、適切な行動をとることについて信頼できると信じている必要がある。一方、経営者は、従業員には耳を傾ける価値があり、尊敬に値すると信じていなければならない。

難しいのは、人々に現実に対する見方を変えさせることである。社会人類学者のガレス・モーガン（Gareth Morgan）は、文化を、現実を構築する継続的かつ前向きなプロセスであると定義している。この見方によれば、組織とは、社会的に構築された現実であり、具体的な一連のルールや規則と同様に、メンバーの頭や心の中にあるものである。モーガンは、組織は「合理性の大切さを重視する信念体系（belief systems）によって持続される」[139]と主張している。この合理性の通念は、「我々に、一定の行動パターンを、正当で信頼できるもので、正常であると思わせる。そのため、価値観や行動の多くの根底にある基本的な不確実性と曖昧さを我々が認識したとしても、生じる論争や議論を回避するようにしてしまう」[139]。

チャレンジャー号の事故もコロンビア号の事故も、そして意思決定に欠陥のあったほかのほとんどの重大事故においても、意思決定者は自分たちの行動が合理的であると考えていた。不確実性のある状況下で、意思決定の誤りを理解し防止するためには、私たちの信念体系を拡張し、必ずしも見たくないパターンを見ることができるような環境とツールを提供することが必要である。

機能していない安全文化のいくつかのタイプは、産業や組織に共通しており、特定することができる。ホプキンス（Hopkins）は、鉱業界での事故を調査した後、「否定の文化（culture of denial）」という用語を作り出したが、否定が蔓延している産業は鉱業界だけではない。このような文化では、リスク評価は非現実的なものであり、信頼できる警告は、適切な行動を起こすことなく却下される。経営陣は良いニュースのみを聞きたいと思っており、ときにはそれとなく、ときにはあからさまに悪いニュースを叱責することで、良いニュースを確実に聞けるようにすることもある。これらの業界では、その状況は本質的に他の業界よりも危険であり、したがって安全を向上させるためにできることはほとんどない、あるいは、事故は生産性の代償であり、なくすことはできないという議論がしばしば行われる。もちろん、この論理的根拠は正しくはないが、都合の良いものではある。

機能していない安全文化の第2のタイプは、「ペーパーワーク文化」と呼ばれているかもしれない。これらの組織では、従業員はシステムが安全であることを証明することに全時間を費やすが、安全にするために必要なことを実際に行う時間はほとんどない。2006年にアフガニスタンで起きたニムロッド（Nimrod）航空機の損失事故の後、事故報告書では、実際の安全を犠牲にした「書類上の安全文化（culture of paper safety）」について指摘をしていた[78]。

それでは、優れた安全文化の側面、つまり、安全に関するより良い意思決定を可能にする主要な価値と規範とは何であろうか。

- 安全コミットメントが重視される。
- 安全に関する情報が恐れずに表面化され、インシデント分析が非難されることなく行われる。
- インシデントや事故が、システムが本来果たすべき機能を果たしていないということを知る重要な機会として評価され、詳細で制限のない因果関係分析と改善アクションのきっかけとなる。
- 開放的で誠実な雰囲気があり、すべての人の声が尊重される。従業員は経営者が耳を傾けていると感じている。

ーすべての関係者の間に信頼がある。

ー従業員は懸念を報告することに心理的な安全を感じている。

ー従業員は、経営者が自分たちの懸念を聞き入れ、適切な行動をとってくれると信じている。

ー経営者が、従業員は話を聞く価値があり、尊敬に値すると信じている。

これらの価値観に基づく安全文化に共通している構成要素には、安全と安全価値に対する経営陣のコミットメント、安全目標の達成への経営陣の関与、従業員への権限移譲、そして適切かつ効果的なインセンティブ体制と報告システムが含まれる。

　これらの構成要素が安全文化の基礎を形成すると、組織は次のような特徴を持つ。

• 安全は主要な文化に統合されており、切り離された下位の文化ではない。

• 安全は開発と運用の両方に統合されている。安全活動は、トップダウンのエンジニアリングやリエンジニアリングと、ボトムアップのプロセス改善の組み合わせで行われる。

• 個人個人が必要な知識、スキル、能力を持っている。

• 高リスクな状態への移行に対する早期警報システムが確立され、効果的である。

• 組織として、ステークホルダー間で共有される、明確に表現された安全に関するビジョン、価値観、および手順を持っている。

• 安全の優先度とシステムの他の優先度との間の対立は、建設的な交渉プロセスを通して対処される。

• 主要なステークホルダー（全従業員、および組合などのグループを含む）は、安全に関して完全なパートナーシップの役割と責任を負う。

• 情熱的で効果的なリーダーシップが組織のすべてのレベル（特にトップ）に存在し、安全コントロールストラクチャーのすべての部分（訳注：経営陣、従業員など、安全コントロールストラクチャーを構成する要素）が、組織にとっての最優先事項として安全に取り組んでいる。

• 安全に関する情報を発信するための効果的なコミュニケーション・チャネルが存在する。

• 安全コントロールストラクチャーのすべてのレベルにおいて、適切かつ効果的なフィードバックを通して、安全の状態の可視化（すなわちリスク認識）が高レベルでなされている。

• 運用経験、プロセスハザード分析、監査、ヒヤリハット、または事故調査の結果は、運用と安全コントロールストラクチャーを改善するために使用されている。

• 評価、監査、検査、およびインシデント調査中に発見された不備は迅速に対処され、完了まで追跡される。

ジャスト・カルチャー運動

　ジャスト・カルチャー（Just Culture）運動は、多くの事故に関係している非安全な文化的価値観や専門家の影響を回避する試みである。その起源は航空業界にあるが、医療業界、特に病院の一部でもこの方向に向かって歩んでいるところがある。ジャスト・カルチャーについては多くのことが書かれているが、ここではその要約のみを提供する。読者は特に、この項における多くの引用元であるデッカー（Dekker）の著書『Just Culture（邦題：ヒューマンエラーは裁けるか、東京大学出版会）』[51]を参照されたい。

ジャスト・カルチャーの基本原則は、安全な組織と安全でない組織の違いは、報告されたインシデントにどう対処するかというところにある、というものである。この原則は、間違いを犯した人々を処罰するよりも、間違いから学ぶことの方が、組織はより多くの利益を得ることができるという信念から生じている。

このようなジャスト・カルチャーを促進する組織には、以下の信念がある[51]。

- エラーを報告し変更を提案することは正常で当然のことであり、有罪になる危険に関係者をさらすことではない。
- ミスやインシデントは失敗とはみなされない。無料のレッスン、そして注意を集中して学ぶ機会とみなされる。
- このシステムは人々を恐れさせるのではなく、人々を変化と改善に参加させる。
- 誠意を持って提供された情報は、報告した人に不利になるようには使用されない。

ほとんどの人々は、自分の仕事の安全と品質について心からの懸念を持っている。問題を報告することで目に見える改善に貢献できるのであれば、報告するための別の動機づけや働きかけはほとんど必要ない。一般的に、自分の労働条件に影響を及ぼす権限を与え、安全の問題の報告者を変更プロセスに加えることは、自らが責任を引き受け、安全の問題についての情報を共有する意欲を促進する。

ジャスト・カルチャーは、明白な安全という意味合いを超えて、士気、組織へのコミットメント、仕事の満足度、および自分の役割以上のことを進んでやろうという意欲を向上させる可能性がある。従業員の改善活動への参加を促し、より安全なシステムと職場の創造に積極的に関与させることができる。

人々が安全に関わる問題を報告しないのにはいくつか理由があり、これについては第12章で取り上げた。要約すると、報告チャネルが使いにくい、時間がかかる、組織が何もしてくれないので報告する意味がないと感じる、報告することで良くない結果がでることを恐れる、といったことである。これらの理由はそれぞれ、より良いシステムの設計で緩和されるべきであり、そしてそれは可能である。報告は簡潔にすべきであり、直接の職務から過度な時間や労力を奪うべきではない。最初の報告に対しては、それが受理され読まれたことを示す応答がなされ、報告された問題の解決に関するその後の情報が提供されなければならない。

ジャスト・カルチャーを推進するには、安全の問題の解決策として、非難や処罰を避けることが必要である。第2章では、事故モデルとその基礎となるSTAMPの新たな想定の1つとして、次のようなものがあった。

> 非難することは安全の敵である。システムの振る舞いが全体としてどのように損失に影響したかを理解することに焦点を当てるべきであり、誰を・何を非難するかに焦点を当てるべきではない。

非難や処罰は、システムが改善できるように問題や間違いを報告することを妨げる。本書で述べてきたように、安全を達成する最善の方法は、人を変えようとすることではなく、システムを変えることである。

非難することが安全文化の主要な構成要素である場合、人々はインシデントを報告しなくなる。この基本的な理解は航空安全報告システム（Aviation Safety Reporting System：ASRS）の根底にあり、パイロットやそれ以外の人々は誤りを報告しても処罰されないように保護されている（第12章参照）。ASRSやその他の航空報告システムが確立される際に、組織や業界は人々を罰するよりも間違いから学ぶことの方が重要であるという決定がなされたのである。もし、ほとんどのエラーがシステム設計に起

因しているか、システムの設計を変更することで防止できるのであれば、ミスした人を非難することは、とにかく見当違いなことである。

　非難する文化は、人々が情報を共有するのをためらうような恐怖の風潮を生み出す。また、インシデントから学ぶ潜在的な可能性を妨げる。たとえば、安全記録装置を改ざんして、スイッチを切ることさえあるかもしれない。非難する文化では、人々や組織は協力しようとしないため、規制に関わる作業や事故調査が妨げられる。弁護士の役割が安全への取り組みを妨げ、実際に事故の可能性を高めることがある。つまり、組織は、優れた安全工学の実践を活用する代わりに、紙の証跡の作成に注力するかもしれない。一部の企業は法的手続きで保護されるという弁護士の助言のもとで、標準的な安全の実践を回避してしまう。これにより、事故と法的手続きが必ず発生することになる。

　行動を変える方法として非難と処罰を乱用すると、そうしなければ起こらなかったかもしれない事故に直接つながる可能性がある。一例として、2005年に日本で起きた福知山線脱線事故は、電車の運転士が軽微な違反で通報されないようにするために電話をかけていたときに発生した。電話による注意散漫のため、運転士はカーブで速度を落とさず、106人の乗客と運転士が死亡、562人の乗客が負傷する結果となった[150]。過ちに対して非難したり処罰したりすることは、ストレスや孤立を引き起こし、人々のパフォーマンスを低下させる。

　代替案は、過ちを組織的、運用的、教育的、政治的な問題の兆候とみなすことである。そうすれば論点は、その問題に対して何をすべきか、その変更を実行する責任を誰が負うかということになる。過ちとそれによる損害は認識されるべきだが、その対処としては、（特定の人だけでなく）すべての人がそのような過ちを減らす機会と、再びその過ちが起こる可能性が低くなるように変更を加える責任を明らかにすることであるべきである。このアプローチによって、人々と組織は、過去の振る舞いを処罰することに焦点を当てるのではなく、将来的に過ちを防止するために前進することができる[51]。その人（訳注：過ちを犯した人）が運用しているシステムが過ちの原因を解消しなければ、処罰は通常、過ちに対する長期的な抑止にはならない。ジャスト・カルチャーの原則によって、悲劇が起こるまで待つのではなく、小さなインシデントから学ぶことができるのである。

　よくある誤解は、ジャスト・カルチャーは説明責任の欠如を意味するというものである。しかし、実際にはその逆であり、ジャスト・カルチャーのもとでは説明責任が高まる。とはいえそれは、安全コントロールストラクチャーの一番下にいて、過ちに関与した直接の行動を起こした人に、責任と説明責任を単純に割り当てることによって高まるわけではない。説明責任は、過ちに関与した安全コントロールストラクチャー下のすべての構成員（以下を含む）が負う。

(1) 運用上の圧力をかけ、安全な手順の遵守を確認するための十分な監視を行わず、過ちに関与した運用者、運用管理者
(2) 過ちを助長するシステム設計を行った開発者

ジャスト・カルチャーにおける違いは、安全の問題に対する説明責任ではなく、説明責任をどのように実現するかにある。処罰は、重大な過失や他人の安全を無視した行為に対する適切な対応であり、それはもちろん、上位レベルの経営陣や開発者だけでなく、より下位レベルのコントローラーを含む、安全コントロールストラクチャーに属する全員に適用されるものである。しかし、コントロール対象のシステムや、安全コントロールストラクチャーの設計に欠陥があったために過ちが生じたり、提供された安全に対するコントロールが不十分であったりした場合、処罰は適切な対応ではない。つまり、システムや安全コントロールストラクチャーを修正することが必要である。デッカーは、過ちの原因となったシステム設計上の問題に対する解決策を見つける責任という観点から、説明責任を定義することを提案

している[51]。

　過ちを犯した人を処罰するという私たちの文化的バイアスと、振る舞いを変える唯一の方法が処罰であるという一般的な思い込みを克服することは、非常に困難なことである。しかし、事故率を大幅に削減したい場合、その見返りは非常に大きい。大きな損失が発生する前に何か手を打つことができるように、人々に、過ちや安全の問題を他者と共有する気にさせるには、信頼が重要な要件となる。

13.2.6　効果のある安全コントロールストラクチャーの構築

　産業界によっては、安全コントロールストラクチャーを SMS（Safety Management System：安全管理システム）と呼ぶ場合もある。民間航空では、ICAO（International Civil Aviation Authority：国際民間航空機関）が安全管理システムの規格や推奨事項を作成し、各国は、事故の原因となる組織的な要因をコントロールするために、認証された航空会社にそのようなシステムの確立を強く推奨したり、要求したりしている。

　安全コントロールストラクチャーや SMS の設計に正しいものも間違ったものもない。第 9 章で述べた安全コントロールループの設計に関する原則のほとんどが、ここでも適用される。業界と組織の文化は、何が実用的で効果的かという点で重要な役割を果たす。とはいえ、実践において重要であることが判明している一般的な経験則がいくつかある。

一般的な安全コントロールストラクチャーの設計原則

　安全に対する責任を全員に持たせることは、求められていることについての、良い意味での誤解である。もちろん、誰もが安全な振る舞いを心掛け、安全目標の達成がなされるよう努めるべきであるが、その目標が達成されることを保証する責任は、誰かに割り当てられる必要がある。これは、かなり前に米国の大陸間弾道ミサイル（ICBM）システムで得られた教訓である。1950 年代初期のミサイルシステムの構築では、安全は非常に重要な考慮事項であった。そのため、安全はある特定の責任として割り当てられたのではなく、全員の責任であるとみなされていた。その結果、特にサブシステム間のインターフェースに関わるインシデントが多く発生し、それにより、安全にはリーダーシップと集中が必要であることが理解されるようになった。

　設計と運用においては、危険な振る舞いを排除したり、それが可能でない場合は緩和を保証するための責任を割り当てる必要がある。開発中には、ほとんどすべての注意が、システムとそのコンポーネントがするべきことに焦点を合わせている。システム安全工学では、システムがしてはいけないことにも十分な注意を払い、危険な振る舞いが起こらないことを確認する責任がある。この独自の焦点が、システムにおいて他の工学的なプロセスでは発見されなかった問題を、安全工学が見事に識別したという違いを生んだのである。

　その一方で、安全への取り組みが、重要な意思決定から切り離された別のグループに割り当てられることもある。システム開発中には、安全に対する責任をシステム工学の組織ではなく、別の品質保証グループに集約させることがある。（システムの）運用時の安全については、実際の権限やライン運用への影響力がほとんどないスタッフの立場の責任である場合がある。

　安全の取り組みがこのように孤立していることに内在する危険性は、本書で繰り返し論じてきている。安全の取り組みが効果的であるためには、その取り組みが影響力を持ち、主流のシステム工学と運用に統合されなければならない。

　安全を品質保証の組織に入れ置くことは、安全にとって最悪の場所である。1 つには、安全は事後的な活動、もしくは監査活動のみであるという期待を抱かせるからである。安全は設計や意思決定活動に

密接に統合されなければならない。安全は、開発と運用のあらゆる部分に浸透している。組織とその下部組織レベルの全員に影響を与える、安全機能を実施するスタッフのポジションはあるかもしれないが、安全はエンジニアリング開発とライン運用のすべてに統合されていなければならない。重要な安全機能はほとんどの人が実行するが、それらが効果的に実施されていることを確実なものとするには、誰かが責任を負う必要がある。

　同時に、独立性も重要である。CAIB の報告書はこの問題を取り上げている。

　　リスクの高い技術の運用に成功している組織には、大きな共通点がある。それは、組織のプログラムを構築することによって、安全性と信頼性を重要なものとして位置づけていることである。そのプログラムでは、技術と安全工学の組織が、コスト、スケジュール、およびミッションの達成目標に縛られているプログラム管理者と同等でありながら独立した立場であり、技術要求を決定、維持、放棄するプロセスを自分たちのものとしている[74, p.184]。

安全を事後保証と関連付け、システム工学から切り離すだけではなく、安全を品質保証グループに入れ置くことは、安全の重要さ、ひいては影響力にマイナスの影響を与える可能性がある。保証グループは、安全が要求する意思決定に影響を与えるのに必要な威信を持っていないことがよくある。NASAでは、システム安全を品質保証に集中させ、他の組織とマトリックス化（訳注：複数の上司に報告する組織構造）させていた。それが、**コロンビア号**の損失より前に起きていた安全文化の衰退の主な要因であったといえる。安全は完全には独立しておらず、損失事象を防ぐのに十分な影響力を有していたわけでもなかった[117]。

　安全に対する責任は、レベルにより異なるが、組織の各レベルに割り当てるべきである。企業レベルでは、システムの安全に対する責任として、企業の安全方針を定義し強制すること、および安全コントロールストラクチャーを確立し監視することが含まれるだろう。きわめて危険なシステムを構築する一部の組織では、企業レベルまたは本社レベルのグループが、これらのシステムが安全に使用できることを認証している。たとえば、米国海軍には兵器システム爆発物安全審査委員会（Weapons Systems Explosives Safety Review Board）があり、システムのすべてのライフサイクルフェーズを通して実施されるレビューにより、すべての兵器システムに爆発物の安全基準が組み込まれることを保証している。企業によっては、このようなレビュープロセスを最上位レベル以外でも実施することが合理的な場合もある。

　あるサブシステムでの安全に起因する変更は、他のサブシステムやシステム全体に影響を与える可能性があるため、コミュニケーションは重要である。軍事調達グループでは、**安全ワーキンググループ**の活用により、監督（oversight）とコミュニケーションが強化されている。監督プロセスの確立においては、2つの極端な状況を回避する必要がある。それは、プロジェクトと「一体化（getting into bed）」して客観性を失うことと、第三者的になりすぎて洞察力を失うことである。ワーキンググループは、こうした極端な状況を回避する効果的な方法である。彼らは、独立したレビューと報告チャネルを可能にしながら、大局的で一元化された計画と行動を保証する。

　ワーキンググループは通常、組織のさまざまなレベルで活動する。一例として、非常に大規模で複雑なシステムである海軍のイージス艦[2]システム開発では、トップレベルとして海軍の安全担当責任者（Principal for Safety）が議長を務めるシステム安全ワーキンググループが含まれ、常任メンバーには

2　イージス戦闘システムは高度な指揮統制、および兵器制御システムであり、強力なコンピューターとレーダーを使用して兵器を追跡、誘導し、敵の標的を破壊する。

請負業者のシステム安全責任者と、海軍のさまざまな部門の代表者が参加していた。請負業者の代表者は必要に応じて会議に出席していた。このグループのメンバーは、それぞれの組織内で安全に対する取り組みを調整し、未解決の安全問題の状況をグループに報告し、海軍の兵器システム爆発物安全審査委員会に情報を提供する責任を負っていた。ワーキンググループはより下位のレベルでも機能し、当該レベルとその上下のレベルに必要な連携とコミュニケーションを提供していた。

最近の航空宇宙における事故に関する報告では驚くほど多くの割合で、監督（oversight）のプロセスから洞察（insight）のプロセスへの不適切な移行を示唆している（たとえば、[193, 215, 153]を参照されたい）。この移行は、さまざまなレベルのフィードバックコントロールの使用、および、規範的な経営管理から目的による管理への変更を意味する。目的による管理では、目的は現場の状況に従って解釈され満たされる。これらの事故では、管理者の役割が監督から洞察へと変更されたが、特定の重要なタスクの責任が誰かに割り当てられることもなく、それは単に人員と予算の削減のために行われたようである。

責任の割り当て

重要な疑問は、コントロールストラクチャーのコンポーネントにどのような責任を割り当てるべきかということである。以下のリストは、多数のさまざまなプロジェクトでの筆者の経験に基づいている。多くは事故報告での勧告、特に CAST を使用して生成されたものにも現れている。

このリストは、大局的な安全コントロールストラクチャーを確立する際の出発点となるものであり、すでに高度な安全管理システムを持っている人のためのチェックリストである。そしてこれは他の情報源や経験を用いて補足する必要がある。

このリストは、それぞれの責任が1人の人物や1つのグループに割り当てられることを意味するものではない。責任はおそらく複数の個々の責任に分けられ、安全コントロールストラクチャーのあらゆる箇所に割り当てられる必要がある。あるグループが実際に責任を実行し、その上位にいる別のグループが、実行するグループの活動を監視（supervising）し、先導（方向づけ）し、監督する必要がある。もちろん、各責任には、関連する権限と説明責任に加え、責任を実行するために必要なコントロール、フィードバック、コミュニケーション・チャネルが必要であることが前提である。このリストは、不適切なコントロールとコントロールストラクチャーを識別するために、事故とインシデントの分析をする際にも役立つ場合がある。

経営管理と一般的な責任

- 組織のあらゆるレベルにおいて、安全に関するリーダーシップ、監督、そして管理を提供する。
- 企業や組織の安全方針を作る。安全上重要な決定を評価し、安全コントロールを実行するための基準を確立する。この方針を行き渡らせるためのチャネルを確立する。従業員がそれを理解しているか、従っているか、効果的であるかを判断するためのフィードバック・チャネルを確立する。必要に応じて、方針を更新する。
- 企業や組織の安全基準を定め、それを実行、更新、強制する。開発と運用における安全工学に関する最低限の要求事項を設定し、それら要求の実行を監督する。危険な運用時のための、運用上の物理的な最小限の基準を設定する。
- インシデントと事故の調査基準を定め、勧告が実行され、効果的であることを確認する。基準を改善するためにフィードバックを活用する。

安全のための経営管理と安全文化 361

- 安全コントロールストラクチャーの変更を含むすべての変更が安全に与える影響について、評価するための変更要求の管理を確立する。計画外の変更や高リスクな状態への移行がないか、安全コントロールストラクチャーを監査する。

- 組織の安全コントロールストラクチャーを作り、監視する。安全に対する責任、権限、説明責任を割り当てる。

- ワーキンググループを設置する。

- 堅牢で信頼できるコミュニケーション・チャネルを確立し、開発システムの設計と運用プロセスの状態に関する正確なリスク認識の管理を保証する。

- 安全関連の活動のために、物理的および人的リソースを提供する。安全上重要な活動を行う者が、適切なスキル、知識および物理的なリソースを持つことを保証する。

- 利用しやすい問題報告システムを作成し、必要な変更と改善を監視する。

- 全従業員に対する安全教育、訓練を確立し、それが効果的であるかどうかを判断するためのフィードバック・チャネルを確立するとともに、継続的な改善のためのプロセスを定義する。教育には、過去の事故や原因の再認識、学んだ教訓やトラブル報告からの情報を含むべきである。効果の評価には、監査における知識の評価から得られる情報が含まれることもある。

- 安全関連の技術的な意思決定が、コストやスケジュールなど、プログラム上の考慮事項から独立していることを保証するための、組織的な管理構造を確立する。

- 安全関連の技術的決定とプログラム上の考慮事項との間の競合について、明確で透明性のある定義された解決手順を確立する。競合の解決手順が使用されていて効果的であることを保証する。

- 安全関連の決定を下す人が、十分な情報とスキルを持っていることを保証する。すべての従業員および請負業者が安全関連の意思決定に寄与することが認められ、奨励されるようなメカニズムを確立する。

- 安全関連の意思決定のための評価、および改善プロセスを確立する。

- 組織の安全情報システムを作成し、更新する。

- 安全管理計画を作成し、更新する。

- 従業員や請負業者が、システムの安全や安全コントロールストラクチャーの一部が適切に機能していないことに関する苦情や懸念を表面化できるようにするためのコミュニケーション・チャネル、解決プロセス、裁定手順を確立する。懸念を報告する際の匿名性の必要性を評価する。

開発

- 開発者と開発の管理者に対して安全主導設計やその他の必要なスキルに関する特別な訓練を実施する。（安全に関わる）事象が発生し、経験からより多くのことを学ぶにつれて、この訓練を更新する。訓練のフィードバック、評価、そして改善プロセスを作成する。

- ハザードログを作成し、維持する。

- ワーキンググループを確立する。

- システムのハザードと安全制約を用いて、システム設計に安全を組み込む。設計プロセスを進める中で、設計と安全制約を反復し、洗練する。システム設計には、ヒューマンエラーを減らす方法の検討が含まれることを保証する。

- 運用の前提条件、安全制約、安全関連の設計特性、運用中の想定、安全関連の運用制限、訓練と運用のための教育、監査とパフォーマンス評価の要求、運用手順、そして安全妥当性確認と安全分析結果を文書化する。安全制約とそれを課すための設計特性の間のトレーサビリティを含め、何を（what）となぜか（why）をともに文書化する。

- 初期の意思決定に始まりシステムの寿命が尽きるまで、安全関連の意思決定が必要な場合には、それが利用可能で通用するように、高品質で大局的なハザード分析を行う。ハザード分析結果が、必要な人にタイムリーに伝わることを保証する。下方向、上方向、横方向（すなわち、サブシステムを構築している者同士）のコミュニケーションを可能にするコミュニケーション構造を確立する。設計が進化しテスト経験が得られるにつれて、ハザード分析が更新されることを保証する。

- ハザード分析の結果を意思決定に利用できるように、エンジニアと管理者を訓練する。

- システムに関する経験を経るとともに、ハザードログとハザード分析を維持し、利用する。安全関連の要求と制約が、開発に携わるすべての人に伝わることを保証する。

- 運用で学んだ教訓（事故やインシデントの報告を含む）を収集し、それらを活用して開発プロセスを改善する。運用経験をもとに、開発での安全コントロールの欠陥を識別し、改善する。

運用

- オペレーターと運用管理者が必要なスキルを習得するための特別な訓練を作成する。（安全に関わる）事象が発生して経験からより多くのことを学ぶにつれて、この訓練を更新する。この訓練のフィードバック、評価、改善プロセスを作成する。従業員が安全に仕事を行い、安全設備の適切な使用方法を理解し、緊急時に適切に対応できるよう、訓練を行う。

- ワーキンググループを設立する。

- 運用中に経験を経るとともに、ハザードログとハザード分析を維持し、利用する。

- 危険な運用の間は、すべての非常用設備と安全装置が常に運用可能であることを保証する。安全上重要で非日常的かつ潜在的に危険な運用を開始する前に、警報のテストを含めて、すべての安全設備を点検し、運用可能であることを確かなものにする。

- 危険な条件（水に反応する化学物質を含むタンク内の水など）や事象を含む、運用上の異常について、綿密な調査を行う。危険な運用が開始されたり再開される前に、それらが発生した理由を究明する。この種の調査を行うために必要な訓練、および管理者への適切なフィードバック・チャネルを提供する。

- 変更管理手順を作成し、それが確実に守られることを保証する。これらの手順には、提案されたすべての変更に関わるハザード分析と、安全上重要な運用に関するすべての変更の承認が含まれている必要がある。安全上重要な設備の停止に関する方針を作成し、強制する。

- 運用・保守の前提条件として、ハザード分析結果を用いて安全監査、パフォーマンス評価、点検を行う。安全方針と手順が守られていること、安全に関する教育と訓練が効果的であることを保証するためのデータを収集する。リスク増加の先行指標に対するフィードバック・チャネルを確立する。

- 開発中に作成され、運用に引き渡されたハザード分析と文書を用いて、リスクの高い状態への移行の先行指標を識別する。先行指標を検出し、適切に対応するためのフィードバック・チャネルを確立する。

- 運用上の経験に関する情報を返すために、運用から開発へのコミュニケーション・チャネルを確立する。
- すべてのシステミックな要因を含め、インシデントと事故の調査を綿密に行う。すべての勧告を実行するための責任を割り当てる。勧告が完全に実行され、効果があったかどうかを判断するための追跡調査を行う。
- 安全上重要な活動が適切に行われたことを確実にするために、独立したチェックを実施する。
- 識別された安全上重要な品目の保守管理に優先順位をつける。保守管理のスケジュールを守らせる。
- 安全上重要な設備の無効化と、物理的なシステムの変更に関する方針を作成し、強制する。
- 以前に停止したユニットの運用、もしくは保守後の運用を開始するための特別な手順を作成し、実施する。
- 疑似警報の発生頻度を調査し、低減する。
- 誤動作している警報や計器に、はっきりとしたマークをつける。一般的には、現在誤動作しているすべての設備に関する情報をオペレーターに伝えるための手順を確立し、その手順が守られていることを保証する。誤動作している設備を報告するための、すべての障壁を取り除く。
- すべての安全上重要な設備と警報の手順について、安全の運用制限を定義し、伝える。そして、オペレーターがこれらの限界を認識していることを保証する。緊急事態が発生していないことが判明した場合でも、オペレーターが運用制限を遵守し、警報手順に従った場合、必ずその努力に報いるようにする。必要に応じて、時間の経過とともに運用制限と警報手順を調整できるようにする。
- 安全上重要な品目の予備が在庫にあるか、迅速に入手できることを保証する。
- 安全関連のすべての事象および活動について、プラント管理者のコミュニケーション・チャネルを確立する。管理者が、運用に関わる安全の意思決定を行うために必要な情報とリスク認識を持つことを保証する。
- 負傷した労働者を治療するための緊急設備と対応が利用でき、運用可能であることを保証する。
- 地域社会とのコミュニケーション・チャネルを確立し、ハザード、不測時に必要な行動、緊急時の対応要求に関する情報を提供する。

13.2.7 安全情報システム

　安全情報システムは、安全を管理する上で重要なコンポーネントである。コントロール対象のシステムの安全状態に関する情報源として機能するため、コントローラーのプロセスモデルは正確かつ調整された状態が保たれ、その結果、より良い意思決定が可能となる。本質的に、共通のプロセスモデルや個々のプロセスモデルを更新するための情報源として機能するため、正確でタイムリーなフィードバックとデータが重要となる。キジェラン（Kjellan）は、組織と事故について研究した後、似たような2つの企業が安全な企業か非安全な企業かを区別するのは、第1にトップマネジメントの安全に対する関心、そして、第2に効果的な安全情報システムであると結論づけている[101]。

　長期間にわたる情報システムの設置は、コストと時間を要することもあるが、損失を防止するという点では、その労力を補って余りあるものである。一例として、ボーイング社では、商用ジェット輸送の構造設計と分析のために、教訓情報システム（Lessons Learned Information System）を作成した。

この業界はタイムスケールが長いが、（ボーイング）757 と 767 の設計にこのシステムを使った後に、ようやくその妥当性を確認することができた[87]。消耗と疲労による保守コストを 10 分の 1 に削減できたのは、記録された過去の設計からの教訓を活用したことによるものであった。B787 のような新しい炭素繊維の航空機構造の導入で経験したすべての問題は、過去からのこのような学習がいかに価値があるものか、そしてそれが存在しない場合に生じる問題をも示している。

　一般に、教訓情報システムは、安全を改善するための要求を満たすには不十分であることが多い。収集されたデータのフィルタリングが不適切であるために不正確かもしれない。原因データの分析と要約のための手法が不足していたり、意思決定者にとって意味のある形で情報が利用できない可能性もある。そして、こうした長期的な情報システムの取り組みは、初期の指導者や開始した者が別のプロジェクトに移り、経営陣が（このシステムを）続けるためのリソースとリーダーシップを提供しない場合には、存続できないかもしれない。労働安全に関する情報は政府への報告に必要となるため、大抵は数多く収集されるが、エンジニアリングの安全に関する情報はあまり収集されない。

　安全情報システムは、単一のプロジェクトや製品に対して設置する方が簡単かもしれない。その取り組みは開発プロセスに始まり、それから運用での活用に引き継がれる。第 12 章で説明したとおり、安全主導設計のプロセスで蓄積された情報は、運用のベースラインを提供する。たとえば、ハザード分析における重要な項目の識別は、優先順位付けのために保守プロセスへの入力として使用できる。別の例としては、ハザード分析の基礎をなしている想定を使用して、監査とパフォーマンス評価のプロセスを進めることが挙げられる。ただし、まず情報を記録して、運用担当者が簡単に見つけて使用できるようにする必要がある。

　一般的に、安全情報システムには以下が含まれる。

- 安全管理計画（開発と運用の両方）
- すべての安全関連活動の状況
- 運用上の制限を含む、設計の基礎をなしている安全制約と想定
- ハザード分析（ハザードログ）、パフォーマンス監査、そして評価の結果
- すべての既知のハザードに関する追跡とステータス情報
- インシデントと事故の調査報告書、および取られた是正措置
- 学んだ教訓と履歴情報
- 傾向の分析

特定のプロジェクトや製品にとって、安全情報システムの最初のコンポーネントの 1 つが、安全プログラム計画である。この計画では、プログラムの目的とその達成方法を記載する。この計画は、他のことに加えて、コンプライアンスと進捗を評価するためのベースラインも提供する。組織は、安全管理計画の一般的なフォーマットと想定する記述内容を持っているかもしれないが、このテンプレートは特定のプロジェクトの要求に合わせて仕立て直す必要があるだろう。計画には、計画自体のレビュー手順と、経験からのフィードバックを通して計画を更新し、改善する方法を含めるべきである。

　安全情報システムのすべての情報は、おそらく 1 つの文書にまとめられているわけではないが、すべての情報を見つけることができるポインターを含む、中心的な場所は必要である。第 12 章には、運用の安全管理計画に含めるべきもののリストが含まれている。全体的な安全管理計画には、開発のためのいくつかの情報とともに、そのリストと同様の情報が含まれる。

　安全情報が会社間や規制当局と共有される場合、安全の改善以外の目的で機密データが開示されたり使用されたりしないよう保護する必要がある。

安全のための経営管理と安全文化　　　　　　　　　　　　　　　　　　　　　365

13.2.8　継続的改善と学習

　継続的な改善と学習を可能とする、プロセスと体制を確立する必要がある。試行は学習プロセスの重要な一部であり、安全を改善するための新しいアイデアやアプローチを試すことができ、むしろ奨励される必要がある。

　さらに、第11章で述べたように、事故やインシデントは学習の機会と捉え、十分に調査されるべきである。関連するシステミックな要因の理解を深めることができないと、学習が阻害される。

　単に因果要因を識別するだけでは十分ではない。それらの要因を排除またはコントロールするための推奨事項と、推奨事項を実行するための具体的な計画を作成する必要がある。推奨事項がタイムリーに実行されていること、同じ因果要因が将来再発した場合に、それを検出して対応するためのコントロールが確立されていることを確認するために、フィードバックループが必要となる。

13.2.9　教育、訓練、能力開発

　従業員が安全プログラムの意図を理解し、それにコミットすれば、都合の良いときに単にルールに従うよりも、その意図を遵守する可能性が高くなる。

　効果的な訓練プログラムのいくつかの特徴は、第12章に示した。下位のコントローラーやオペレーターだけでなく、潜在的に危険なプロセスのコントロールに関与するすべての人が、安全に関する訓練を受ける必要がある。訓練には、ハザードと、コントロールストラクチャーと安全コントロールで実施される安全制約に関する情報だけでなく、優先順位と安全に関する意思決定の方法に関する情報も含まれなければならない。

　興味深い選択肢の1つは、経営者に教師としての役割を担わせることである[46]。この教育プログラムの設計では、訓練の専門家はグループの力関係とカリキュラム開発のやりくりを支援するが、訓練そのものはプロジェクトリーダーが実施する。フォード・モーター社（Ford Motor Company）は、このアプローチをビジネス・リーダーシップ・イニシアチブ（Business Leadership Initiative）と呼ぶものの一部として使用し、それ以降、セーフティ・リーダーシップ・イニシアチブ（Safety Leadership Initiative）の一部として拡張してきた。その結果、従業員はトレーナーや安全担当者よりも、上司が伝えるメッセージの方に注意を払うということがわかった。教材を教えることを通して学ぶことで、監督者（supervisor）と経営者も重要な原則を吸収して、実践する可能性が高くなる[46]。

13.3　最終的な考察

　経営は安全にとっての鍵である。トップレベルの経営陣が文化を作り、安全方針を定め、安全コントロールストラクチャーを確立する。中間管理職は、設計されたコントロールを通して、安全な振る舞いを徹底する。

　ほとんどの人々は安全な組織を運営したいと考えているが、必要なトレードオフと目標を達成する方法を誤解しているかもしれない。この章と本書全体を通して、誤った認識を正し、より安全な製品と組織を作る方法について、アドバイスを提供するよう努めてきた。次の章では、安全に対するシステムズアプローチの実際の成功例を紹介する。

第14章 SUBSAFE
米国海軍の潜水艦安全プログラムの成功事例

本書では、さまざまの事故と、それを防ぐためにしてはいけないことの事例を紹介してきた。これらは、複雑なシステムではどんなに努力しても事故を避けることができないということを示唆しているが、その結論は間違っているかもしれない。多くの産業界や企業では、事故を回避できた事例もある。米国海軍の原子力潜水艦の SUBSAFE プログラムは、その代表的な例である。SUBSAFE は、誰が見ても驚くほどの成功を収めている。SUBSAFE が始まって以来50年近く、このプログラムで管理された潜水艦は一隻も失われていないのである。

成功した安全プログラムを見て、それがなぜ成功したのかを理解しようとすることは、非常に有益なことである[1]。本章では、このプログラムの歴史とその内容を見ながら、それが大きな成功に至った理由を説明してみたい。SUBSAFE は、本書で説明してきた安全原則のほとんどをカバーする良い事例でもある。

SUBSAFE は政府と軍の環境の中にあるが、重要な構成要素（component）のほとんどは、一般の収益ビジネスの世界に置き換えることができる。また、この成功は、規模の小ささとは関係ないことに注意してほしい。米国の潜水艦安全プログラムには 4 万人の人々が関わっているが、その大部分は政府の職員ではなく民間の請負業者であり、民間と公共の両方の造船所が関係している。SUBSAFE は米国全体で使われているものの、当然ではあるが、大部分は沿岸部にある。5 つの潜水艦のクラスと、世界的な海軍の運用プログラムが含まれている。

14.1 プログラムの沿革

SUBSAFE プログラムは、原子力潜水艦スレッシャー（Thresher）の事故（loss）をきっかけに作られたものである。USS（United States Ship：アメリカ海軍艦船）スレッシャーは、このクラスにおける最初の船である。当時の最先端技術で作られた原子力潜水艦で、原子力発電と近代的な船体設計、新たに設計された設備や構成部品（component）を組み合わせて作られた。1963 年 4 月 10 日、USS スレッシャーは、米国北東部沿岸から約 200 マイルの場所で深海潜水テストを行っていたが、112 人の海軍要員と 17 名の民間人を乗せたまま沈没し、全員が亡くなった。

米国海軍原子力部門のトップであるハイマン・リックオーバー提督（Admiral Hyman Rickover）は、スレッシャーの事故後、スタッフを集め、このような事故が二度と起こらないようにするためのプログラムを設計するよう命じた。このプログラムは、6 月までに完成させ、同年 12 月までに運用を開始するというものであったが、今日に至るまで継続して実施され、その目的を達成し続けている。1915 年から 1963 年までの間に、米国は 15 隻の潜水艦、平均して 3 年に 1 隻を戦闘以外の原因で失い、合計454 人の犠牲者を出していた。スレッシャーは初めて失われた原子力潜水艦であり、失われた人命の数という点でも史上最悪の潜水艦の事故となった（図 14.1）。

---

1 SUBSAFE プログラムに関する深い見識と情報を提供してくれたウォルト・キャントレル少将（Rear Admiral Walt Cantrell）、アル・フォード（Al Ford）、ジム・ハセット司令官（Commander Jim Hassett）に感謝する。

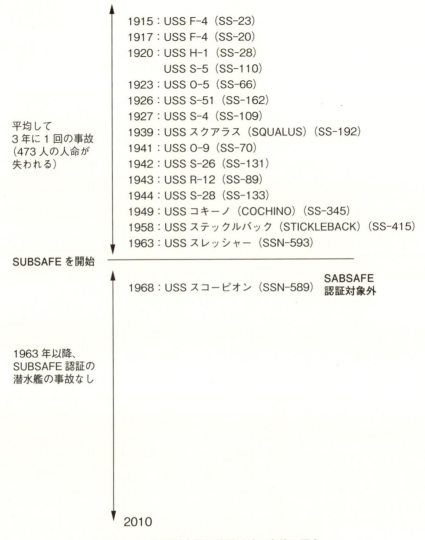

図 14.1　米国潜水艦の戦闘以外の事故の歴史

　SUBSAFE は、スレッシャーの事故からわずか 54 日後に作られた。1963 年 6 月 3 日に創設され、同年 12 月 20 日にプログラム要求事項が発布された。それ以来、SUBSAFE で認証された潜水艦は一隻も失われていない。

　1968 年に 1 隻の事故が発生したが、この USS スコーピオン（Scorpion）は SUBSAFE の認証を受けた船ではなかった。スコーピオンは 1967 年に大規模な点検修理（overhaul）を予定していたが、急ぎの任務に就けるよう、海軍の運用責任者は点検修理のプロセスを短縮し、必要とされている SUBSAFE 点検の延期を許可したのである。スレッシャーの事故後に必要とされた設計変更は行われなかった。たとえば、集中バルブコントロールや緊急ブローシステムは、スレッシャーでは正常に作動していなかったのだが、これらのシステムの新しい設計は取り入れられることはなかった。冷戦のプレッシャーのために、海軍は点検修理期間の短縮方法を探しており、SABSAFE の要求を無視することによって、スコーピオンの休止期間を短縮したのである。

　さらに、SUBSAFE が要求する潜水艦の構成部品の高品質化と構造点検の強化のために、海水配管

などの重要な部品の入手が難しくなっていた[8]。1年後の1968年5月、スコーピオンは海中に沈んだ。一部に、ソ連の攻撃による事故とする者もいたが、その後の残骸調査により、魚雷室内での魚雷の自爆が最も有力な事故原因であることが判明した[8]。スコーピオンの事故後、SUBSAFE の必要性が再認識され、受け入れられるようになった。

本章の残りの部分では、SUBSAFE プログラムの概要を説明し、その目覚ましい成功を説明するためのいくつかの仮説を提示する。読者は、このプログラムの多くが、本書で提唱したものと同じシステム思考の基本に基づいていることに気づくだろう。

スレッシャーの事故詳細

この事故は、海軍の威信をかけて、技術的な失敗や欠陥だけでなく、システミック（systemic）な要因も含めて徹底的に調査された。深海の写真、回収された人工物、スレッシャーの設計と運用歴の評価により、査問委員会は、溶接の代わりに銀ろう付けに頼っていた海水配管システムの接合部の欠陥がエンジンルームの浸水を引き起こしたと結論づけた。乗組員は、浸水を止めるために重要な設備に近づくことができなかった。浸水の結果、電気部品に塩水がかかり、回路がショートして原子炉が停止し、推進力が失われた。乗組員が、浮上するためにメインバラストタンクに空気を注入して水を排出（ブロー）しようとしたところ、エアシステム内の過度の湿気が凍結し、空気の流れが失われ、浮上することができなかった。

事故報告書では、設計上の問題点を修正するために、緊急ブローシステムを作動させるための高圧空気圧縮機を追加することなどが提言された。また、主海水系統と補助海水系統の隔離バルブが集中配置されていなかったので、隔離バルブを中央操作パネルから遠隔で閉じることができる、浸水制御レバーを設置することも提言された。

この事故が起きた時代には、ほとんどの事故分析はこのような提言で終わっていた。しかし、彼らが調査を継続し、なぜ技術的な不備が存在したのか、言い換えると、事故に関与した管理体制やシステミックな要因に目を向けたことは賞賛に値する。調査結果からは、仕様の不備、造船や保守の実施方法の不備、不十分な建造・保守活動の文書化、さらには、運用手順の不備が見つかった。文書化については、潜水艦での作業および、使用された重要な材料や作業プロセスに関して、記録が不完全であったり記載がなかったりしたことが明らかにされた。

その一例として、スレッシャーには約3,000か所の銀ろう付けの配管接合部があったが、潜水艦が潜水している間は最大圧力にさらされていた。また、造船所での最後の保守の際、「遅延しないように」という船舶点検の原則の下で、これらの接合部のうち145か所が、当時としては新しい手法であった超音波テストによって検査された。その結果、145か所のうち14パーセントが、規格をはずれた接合状態であることがわかっていた。この結果を3,000か所の接合部全体に当てはめると、400か所以上の接合部が規格外であった可能性がある。この状態で、船は出航することが許されたのである。スレッシャーの事故調査員は、接合部の問題の全容が究明されたかどうか、接合部を修理せずに出航させる論理的根拠は何であったのかを調査した。

事故調査の結論の1つは、海軍のリスク管理の実施方法が、潜水艦の能力ほどには進んでいなかったということである。

14.2 SUBSAFE の目的と要求事項

1963 年、SUBSAFE プログラムを必要不可欠な部分に集中させるという意思決定がなされ、下記の2 つの事柄について最大限の合理的保証（reasonable assurance）を得るためのプログラムが設計された。

- 潜水艦の船体の防水の完全性
- 浸水ハザードのコントロールと回復のために重要なシステムの運用性（operability）と完全性（integrity）

焦点を絞ることによって、SUBSAFE プログラムは、この明記された目的以外に焦点を広げたり弱めたりすることはない。たとえば、ミッションの達成は大事ではあるが、SUBSAFE の焦点ではない。同様に、火災安全、兵器の安全、労働者の安全衛生、原子炉システムの安全は SUBSAFE には含まれない。これらの追加的な関心事項は、通常のシステム安全（MIL-STD-882）プログラムおよび追加的なハザードに焦点を当てたミッション保証活動によって取り扱われる。このように、SUBSAFE で要求した特別で厳格な安全目標は、米国の潜水艦が緊急時に確実に浮上し帰港できるような活動に限定されているため、このプログラムは他の方法よりも受け入れられやすく、現実的なものとなった。

SUBSAFE マニュアルに文書化されている要求事項は、潜水艦に関わる共同体全体に浸透している。これらの要求事項は、設計、建造、運用、保守の各分野で求められ、潜水艦の開発と運用に関わる以下の内容をカバーしている。

- 経営・管理（administrative）
- 組織
- 技術
- 固有の設計
- 材料の管理
- 製造
- 検証試験
- 作業管理
- 監査（audits）
- 認証（certification）

これらの要求事項は、設計契約、工事契約、点検修理契約、艦隊保守マニュアル、スペアパーツ調達仕様などに含まれる。

これらの要求事項には、プログラムの技術の側面だけでなく、経営・管理や組織の側面も含まれていることに注意されたい。プログラムの要求事項は定期的にレビューされ、必要と判断されれば更新される。全国のすべての SUBSAFE 施設の SUBSAFE プログラムディレクター（SUBSAFE Program Directors）で構成される潜水艦安全ワーキンググループ（Submarine Safety Working Group）が年2 回開催され、相互の関心事項についてのプログラムの問題について議論している。この会議は、しばしばプログラムの変更や改善につながっている。

14.3　SUBSAFEのリスク管理の基本

　SUBSAFE は、技術的ならびに文化的な視点からのリスク管理の原則にのっとっている。これらの基本は以下のようなものである。

- 仕事の規律：要求事項に関する知識とコンプライアンス
- 材料の管理：正しい材料を正しく使う
- 文書化：(1)設計プロダクト（仕様書、図面、保守規格、システム図など）、(2)品質についての客観的な証拠（後で定義する）
- コンプライアンス検証（compliance verification）：点検、監視、技術レビュー、監査
- 点検、監査、不適合事例からの学習

これらの基本は、疑問を持つ姿勢と、SUBSAFE 用語で**慢性不安症**（chronic uneasiness）と呼ぶものと相まって、SUBSAFE の成功につながったといえる。これらの基本は、潜水艦に関わる共同体全体で教えられ、受け入れられている。この共同体のメンバーは、これらの基本から外れることを許さないことが絶対に重要であると信じている。

　特に海軍は、SUBSAFE 要求事項のコンプライアンス検証を保証するために多くの労力を費やしている。この共同体でよく言われるのは、「全員を信用せよ、しかし、検証せよ」である。材料の欠陥、システムの機能不全、プロセスの欠陥、設備の損傷など、SUBSAFE 要求事項へのコンプライアンス（compliance、訳注：準拠）に関わる重大な問題が発生した場合、海軍は 24 時間以内に海軍海事システム司令部（Naval Sea Systems Command：NAVSEA）本拠地に初期報告書を出すよう求めている。報告書には、何が起こったかを説明し、見かけ上の根本原因（apparent root cause）と緊急の是正措置に関する予備的な情報を含まなければならない。この要求事項は、再発防止のための情報を提供するだけでなく、安全と SUBSAFE プログラムに対する経営管理者の決意を示すものである。

　先に挙げた技術的、管理上のリスク管理の基本に加え、SUBSAFE は、文化的な原則もプログラムに組み込んでいる。

- 疑問を持つ姿勢
- 厳しい自己評価
- 学んだ教訓と継続的な改善
- 継続的な訓練
- 権力の分離（チェックアンドバランスの提供と安全への適切な配慮を保証する管理体制）

ほとんどのリスク管理プログラムと同様に、SUBSAFE の基礎は、プログラムに携わる個人の誠実さ（integrity）と責任感である。この基礎を固めるのは、SUBSAFE 業務を遂行する個人の人選、訓練、文化的指導である。最終的には、これらの人々は、重要なデータ、パラメーター、ステートメントを文書化し、作業が適切に完了したことを確認する個人の署名をすることで、技術的要求事項を遵守していることを証明する。

14.4　権力の分離

SUBSAFEは、「権力の分離」と呼ぶ独自の管理体制を構築した（図14.2）。わかりやすく言い換えると、3本脚の腰掛のように、独立した脚（権力）で安全を支える仕組みである。この構造は、SUBSAFEプログラムの土台となるものである。責任は3つの組織に分割され、チェックアンドバランスシステムを可能にする。

新しい建造と就航までのプラットフォームプログラム管理者（Platform Program Managers）は、彼らが管轄（control）する船のコスト、スケジュール、品質に責任を持つ。コストとスケジュールのプレッシャーの中で安全が犠牲にならないよう、プログラム管理者は、許容可能な設計選択肢の中からしか選択することができない。独立技術部門（Independent Technical Authority：ITA）には、それらの許容可能な選択肢を承認する責任がある。

3番目の脚は、独立安全品質保証部門（Independent Safety and Quality Assurance Authority）である。この部門は、SUBSAFEプログラムの管理と、コンプライアンスを強制する責任を負っている。ここは、独立技術部門とプログラム管理者がSUBSAFE要求事項へのコンプライアンスを疑問視し、説明や修正を求める権限を持つエンジニアで構成されている。

独立技術部門（ITA）は、技術的な規格や方針を確立し、その遵守を保証する責任を負っている。より具体的な事例を以下に示す。

- 技術的な規格を設定し、強制する。
- 技術的な内容に関する専門性を維持する。
- 安全で信頼性の高い運用を保証する。
- 効果的かつ効率的なシステム工学（systems engineering）を保証する。
- 偏りのない、独立した技術的な意思決定を行う。
- 技術的および工学的な能力を管理・育成する。

SUBSAFEでは説明責任が重要であり、ITAはこれらの責任を果たすための説明責任を負っている。

この管理体制は、経営上層部からの支援があって初めて機能する。プログラム管理者が、SUBSAFE要求を満たしてしまうと彼らのプログラム目標は達成できず、新しい潜水艦を納入できなくなると不満を漏らしたとしても、SUBSAFE要求が優先される。

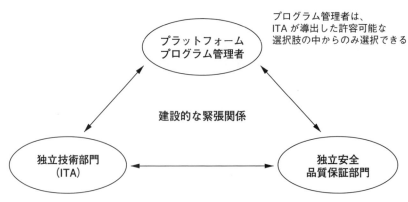

図14.2　SUBSAFE 権力の分離（「3本脚の腰掛」）

14.5 認証

1963年、SUBSAFE認証の**境界線**（boundary）が定義された。認証は、潜水艦の防水の完全性と回復能力に対する重要な構造、システム、構成部品に重点を置いている。

また、認証は、SUBSAFEプログラムが品質についての**客観的な証拠**（Objective Quality Evidence：OQE）として定義しているものに、厳密に基づいて行う。OQEは、製品やサービスの品質に関する定量的または定性的な事実のステートメントとして定義されており、これらは**検証可能な観測**、測定、テストに基づいていなければならない。通常、検証することができない確率論的リスク評価（Probabilistic Risk Assessment）は用いない。

OQEは、要求事項に準拠するために、計画的なステップが踏まれたことを示す証拠である。誰が作業したか、どれだけうまく作業をしたかは関係なく、OQEがなければ、認証の基本的根拠はないことになる。

認証の目的は、SUBSAFEの初期認証と、潜水艦の寿命を通した認証の維持により、最大限の合理的保証を提供することである。SUBSAFEは、システムは存在している間ずっと変化し続けるというSTAMPの基本的な想定（assumption）を体現している。SUBSAFE認証は1回限りの活動ではなく、長期間にわたって維持管理されなければならない。つまり、SUBSAFE認証はプロセスであり、単なる最終ステップではない。この厳密なプロセスにより、海上試運転と海軍への引き渡しに対する正式な承認を得るために指定された一連の活動を通して、建造（construction）プログラムとして体系化されている。認証はその後、保守・運用プログラムに適用され、船の寿命が尽きるまで維持されなければならない。

14.5.1 初期認証

初期認証は、4つの要素に分かれている（図14.3）。

1. **設計認証**：設計認証は、OQEに基づく設計プロダクト承認と設計レビュー承認から構成される。設計プロダクト承認ではOQEをレビューし、適切な技術部門が技術図面などの設計プロダクトを承認していることを確認する。ほとんどの図面は潜水艦の設計ヤードで作られる。承認するのは、各民間造船所の請負作業を管理監督する海軍の造船監督者であるが、場合によってはNAVSEAが技術部門のレビューと承認を行う。設計承認は、適切な技術部門がOQEをレビューして初めて完全なものとみなされ、その時点で設計が認証される。

2. **材料認証**：設計が認証された後、潜水艦を建造するために調達される材料は、その設計の要求事項を満たしていなければならない。技術仕様は、購買文書（訳注：材料を購入するための注文書など）で具体化されていなければならない。材料を受け取るとすぐに、厳密な受入検査プロセスを経て、技術的な仕様に適合していることを確認し認証する。このプロセスには通常、ベンダー

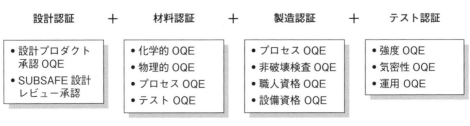

図14.3　SUBSAFE認証の4つのコンポーネント

が提供する材料の化学的・物理的な OQE の検査も含まれる。OQE は、化学物質の分析結果、材料に施された熱処理、材料に行われた非破壊検査などの記録から構成される。

3. **製造認証**：認証された材料を入手したら、次のステップは製造（fabrication）であり、機械加工、溶接、組み立てなどの工業プロセスを用いて構成部品、システム、船舶を組み立てる。OQE は、工業プロセスの文書化に使用される。これとは別に、最終製品の実際の製造に先立ち、作業を行う施設も、その作業を行うのに必要な工業プロセスの中で認証される。たとえば、特定の高強度鋼の溶接手順がある。溶接手順に加えて、実際の製造でこの特定のプロセスを使用する個々の溶接工は、記録として保存管理される訓練を受け、使用する特定の溶接手順の正式な資格認定を終えていなければならない。他の工業プロセスにも、同様の認証と資格要件がある。さらに、温度センサー、圧力計、トルクレンチ、マイクロメーターなどの測定装置が、施設での堅牢な校正（calibration）プログラムに含まれていることを保証するための手順もある。

4. **テスト認証**：最後に、一連のテストにより、組み立て、システム、船舶が設計パラメーターを満たしていることを証明する。テストは構成部品レベルから始まり、システムの組み立て、最終組み立て、海上試運転と、潜水艦の製造全体を通して行われる。材料や構成部品は、放射線検査、磁粉探傷検査などの典型的な非破壊検査と、その他の代表的なテストを受けることができる。また、システムは強度テストや運用テストも受ける。構成部品によっては、代表的なサンプルを用いた破壊テストも行われる。

これらの認証要素は、それぞれ詳細に文書化された SUBSAFE 要求事項によって定義されている。

通常 5 年程度かかる新造船建造期間が終わるころには、すべての潜水艦が SUBSAFE 初期認証を取得する。このプロセスは非常に公式的なもので、造船所、監督官庁、そして最後に NAVSEA の安全品質保証部門が中心となって結成した NAVSEA 認証監査団（Certification Audit Team）によって、精査・監査が行われる。この初期認証は最終的に、海軍将官レベルに与えられる。

14.5.2 認証の維持

潜水艦が艦隊に入った後、SUBSAFE 認証は船の寿命を通して維持されなければならない。再認証制御（Reentry Control：REC）プロセス、無制限運用保守要求カード（Unrestricted Operations Maintenance Requirements Card：URO MRC）プログラム、監査プログラムという 3 つのツールが使用される。

再認証制御（REC）プロセスは、SUBSAFE の対象、すなわち、潜水艦の防水の完全性と回復能力にとって重要である構造・システム・構成部品に関して、作業とテストを慎重にコントロールしなければならない。REC の目的は、破壊されたエリアが完全に認証された状態に復元されていることについて、最大限の合理的保証を与えることである。使用される手順により、識別しやすく、説明可能であり、監査可能な作業の記録が得られる。

REC コントロールの手順には 3 つの目的がある。(1)行われるべき作業と満たすべき規格を識別することによって、作業規律を維持すること、(2)再認証制御文書に責任者が署名することによって、個人の説明責任を確立すること、(3)認証を維持するために必要な OQE を収集すること、である。

2 つ目のプロセスである無制限運用保守要求カード（URO MRC）プログラムでは、重要なアイテムが使用や経年、環境によって許容できないレベルまで劣化していないことを確認するために、定期的に点検とテストを行う。実際、URO MRC は SUBSAFE 発祥のものではなく、1969 年に USS クイーンフィッシュ（Queenfish）の運用サイクルを 1 年延長するために開発されたものである。現在では、試

験深度（test depth）まで潜水艦を無制限に運用し続けるための技術的な基盤となっている。

3つ目は認証を維持するための監査プログラムである。監査プロセスは、単なる認証の維持だけではなく、より一般的な目的に使われるため、次節で検討する。

14.6 監査手順とアプローチ

SUBSAFEにおけるコンプライアンス検証は、プロセスやプログラムの1つのステップにとどまらず、1つのプロセスとして扱われる。海軍は、各海軍施設に対し、検査、監視、監査により自らのコンプライアンスを確認することを含め、このプロセスに完全に参加することを要求している。このプロセスが機能していることを検証するために、監査が行われるのである。監査は、一定の間隔で、あるいは、注意を要する特定の条件が判明した場合に実施される。

監査は多層的であり、請負業者や造船所レベル、地方政府レベル、海軍本部レベルに存在する。本書で採用されている用語を用いると、図14.4に示すように、安全コントロールストラクチャーのすべて

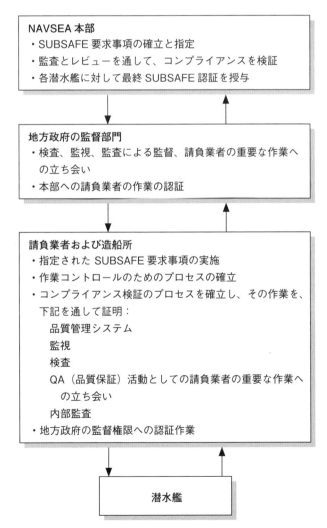

図14.4　SUBSAFEコンプライアンスのコントロールストラクチャーにおける責任の割り当て

のコンポーネントに対して、責任が割り当てられるということである。請負業者と造船所の責任には、指定された SUBSAFE 要求事項の実施、作業をコントロールするためのプロセスの確立、コンプライアンスの検証と自らの作業を証明するためのプロセスの確立、および、地方政府の監督部門への認証OQE の提示、が含まれる。コンプライアンスの検証と自らの作業を証明するために確立されたプロセスには、品質管理システム、監視、検査、請負業者の重要な作業への立ち会い（請負業者の品質保証）、および内部監査が含まれる。

　地方政府の監督責任には、監視、検査、品質保証、請負業者の重要な作業への立ち会い、請負業者の監査、海軍本部への請負業者の作業の認証、が含まれる。

　海軍本部の責任には、SUBSAFE 要求事項の確立と指定、要求事項コンプライアンスの検証、および、各潜水艦への SUBSAFE 認証の提供、が含まれる。コンプライアンスは、(1)船舶固有の監査、(2)機能や施設の監査、という 2 つのタイプの監査を通して検証される。

　船舶固有の監査は、個々の船に関連する OQE を調べ、その潜水艦の材料条件が、海上試運転や無制限の運用を満たすことを保証するためのものである。この監査は、潜水艦の状態が SUBSAFE の要求事項を満たし、安全に出航できることを認証するプロセスの重要な部分を占めている。

　機能や施設の監査（請負業者や造船所など）には、SUBSAFE プログラム要求事項へのコンプライアンス、プロセスの健全性、認証されたハードウェアや設計プロダクトの生産能力を確認するための方針、手順、実施方法のレビューが含まれる。

　どちらのタイプの監査も、体系化された監査計画と資格を持った監査人により実施される。

　監査理念（audit philosophy）は、SUBSAFE が成功した理由の 1 つである。監査は、**建設的で学習する経験**として扱われる。監査は、方針、手順、実施方法の要求事項へのコンプライアンスという想定からスタートする。監査の目的は、そのコンプライアンスを確認することである。監査で発覚したことがらは、明確な要求事項違反に基づくか、「運用上の改善」として識別されていなければならない。

　監査の目標は「我々の潜水艦をより安全にすること」であり、個々のパフォーマンスを評価したり、責任の所在を明らかにしたりすることではない。「我々」という言葉が使われていることに注目されたい。つまり、SUBSAFE プログラムでは、共通の安全目標とその達成のための集団としての努力が重視される。誰もが安全目標を持ち、その目標の達成を約束し、同じ目的のために作業していると想定されている。SUBSAFE の文献や訓練プロセスを見ると、関係者が「我々の国の潜水艦を設計、建造、維持、運用する特別な人々の家族のような集まり」の一員であることがわかる。

　このような目的を達成するため、監査は相互レビューで行う。典型的な監査チームは 20 人から 30 人で構成され、チームの約 80 パーセントは全国の SUBSAFE 施設から、残りの 20 パーセントは NAVSEA本部から集まってくる。監査はチームとしての努力とみなされ、監査される施設の人々には、監査チームが監査報告書をできるだけ正確で意味のあるものにするために協力することが求められている。

　監査は、継続的なコミュニケーションのルールのもとで行われる。問題が発見された場合、識別された問題を十分に理解するとともに、可能な解決策を識別することに重点が置かれる。不備は文書化され、解決される。ときには争点となる問題が発生することもあるが、監査プロセスの中で解決するよう努める。

　SUBSAFE 監査の重要な副産物は、監査する側と監査される側の双方にもたらされる学習経験である。期待される結果には、成功した手順やプロセス改善の「異花受粉（cross-pollination）」が含まれる。SUBSAFE 参加者を監査チームに参加させる背景にある論理的根拠は、SUBSAFE プログラムと要求事項を理解させることだけでなく、監査から学び、その学びを彼ら自身の SUBSAFE グループに反映する能力を育てることにもある。

SUBSAFE：米国海軍の潜水艦安全プログラムの成功事例 377

　現在の監査理念は、経験と学習の成果である。1986 年以前は船舶固有の監査しか行わず、施設や本部の監査は行われていなかった。1986 年、彼らは自己満足に陥っており、いったん監査が終われば追跡の監査を行っても新たな調査結果は出ないだろうと思っていた。また、船舶固有の監査は厳密でも完全でもないと決めつけていた。STAMP の用語で言えば、最も低いレベルの安全コントロールストラクチャーだけが監査され、他のコンポーネント（訳注：上位レベルの組織や人）は監査されていなかった。その後、隔年監査が導入され、管理体制の最も高いレベルでさえも含めた安全コントロールストラクチャーの監査まで、実施されるようになった。隔年で行われる NAVSEA の内部監査の中で、現場活動の 1 つとして、本部の業務・運用を評価する機会が生まれた。本部要員は、原子力潜水艦共同体の他のメンバーと同じように、監査結果を受け入れ、解決する姿勢が必要になった。

　学んだ教訓の 1 つは、堅牢なコンプライアンス検証プログラムを開発することは難しいということである。その過程で彼らは、(1)監査に関する明確な基本ルールを定め、伝え、遵守すること、(2)要求事項を「監査する」ことは不可能であること、(3)コンプライアンス検証組織は、プログラム管理者や技術部門と対等でなければならないこと、などを学んだ。さらに、SUBSAFE 業務は誰にでもできるわけではないこともわかった。SUBSAFE 活動を行うことを許可された活動の数は、厳しくコントロールされるべきである。

14.7　問題の報告と批評

　SUBSAFE は、学んだ教訓は潜水艦の安全に不可欠であると考え、問題の報告や批評に重点を置いている。重要な問題とは、船の安全に影響を与えるもの、船や設備に重大な損傷を与えるもの、船の配備を遅延させたり大幅なコスト増をもたらすもの、要員の深刻な負傷を伴うもの、と定義されている。トラブル報告は、海軍の船の建造、修理、保守で遭遇するすべての重要な問題に対して作成される。他の活動のための重要な教訓となるシステミックな問題も、トラブル報告から識別できる。批評はトラブル報告と似たようなもので、艦隊で利用される。

　トラブル報告は、SUBSAFE が責任を持つすべての活動に配布され、重要な問題を NAVSEA に報告するために使用される。NAVSEA はこの報告書を評価して、SUBSAFE プログラムの改善を行う。

14.8　課題

　SUBSAFE のリーダーは、最大の課題を以下のように考えている。

- 無知：知らないという状態
- 傲慢：プライド、偉ぶった態度、うぬぼれ、知的優越感による憶測、事実に基づかない知識による推測
- 自己満足：実際の危険や不備を認識せずに、自分の功績に満足する

これらの課題との戦いは、「毎日の絶え間ない苦闘」である[69]。プログラムの多くの特徴は、これらの課題をコントロールするために設計されており、特に訓練と教育が特徴的である。

14.9 継続的な訓練と教育

継続的な訓練と教育は SUBSAFE の特徴で、その目的は以下のようなものである。

- 自分の仕事に自己満足した結果がどうなるか、注意喚起する。
- 積極的に問題を修正し、防止することの必要性を重視する。
- プログラムの基本を守ることの必要性を強調する。
- プログラムに対する管理者側の支援を伝える。

SUBSAFE 訓練プログラムの継続的な改善とフィードバックは、トラブル報告やインシデントからだけではなく、SUBSAFE 業務を行う組織の監査に際して行われる知識評価の段階でも得られる。

年1回の訓練は、見習い職人から提督までの、本部のすべての SUBSAFE 作業者に課される。また、定期的な再教育も各請負業者の施設で行われる。その会議では、スレッシャーの事故に関するビデオが上映され、SUBSAFE プログラムの概要とその責任についても、最近得られた教訓や過去数年間の不具合の動向についても説明される。これにより、自己満足に陥らず、積極的に問題を修正・防止する必要性が強化される。

また、年次会議では、プログラムの歴史を出席者全員に思い出させる時間が設けられている。USS スレッシャーで起きたことを誰もが忘れないようにすることで、SUBSAFE プログラムは、方針と手順を厳格に遵守する文化の醸成を助けているのである。1963年に起きたような悲劇が二度と起きないよう、毎年全員が決意を新たにしている。SUBSAFE は、プログラムに参加している人たちから、「要求事項、姿勢、責任」と表現されている。

14.10 潜水艦の生涯を通した実行とコンプライアンス

設計、建造、初期認証は、認証された船の生涯の中では、ごく一部にすぎない。認証された船の生涯の大部分におけるプログラムの成功は、潜水艦を運用・管理する者の知識、コンプライアンス、監査に依存する。下士官、船員、艦艇職員による厳格なコンプライアンスと持続的な知識獲得なしには、SUBSAFE の大きな利点はすべて「無に帰す」ことになる[30]。ウォルト・キャントレル提督の次の逸話は、SUBSAFE の原則が海軍原子力部門全体にどのように浸透しているかを示す指標となるものである。

> 私は、NASA の懐疑論者の最初のグループを潜水艦に案内したときのことを鮮明に覚えています。彼らは、私がプログラムの完全性を誇張していることを証明しようと考え、船の部隊のメンバーをランダムに選び、SUBSAFE について質問したのです。NASA の人たちは驚いていました。二等機械工の航海士は、プログラムの要素について、説得力のある、完全で正しい解説をして、潜水艦部隊のすべてのレベルで、これに準拠することがいかに重要であるかを説明したのです。こうしたことがプログラムの成功には不可欠であり、他のすべての支援職員による努力と同じか、それ以上に重要なのです[30]。

14.11 SUBSAFE から学ぶべき教訓

SUBSAFE に携わる人々は、その業績と、50年近く無事故を続けているこのプログラムが今もなお強力で活気に満ちていることに大きな誇りを持っている。2005年1月8日、26年前の船である USS

サンフランシスコが海底の山に正面衝突した。数名の乗組員が負傷し、1名が死亡したが、この事故はSUBSAFEにとっての成功例であると考えられている。前部構造に甚大な損傷があったにもかかわらず浸水はなく、船は自力で浮上し帰港した。船体の破損はなく、原子炉は運転を継続し、緊急メインバラストタンク・ブローシステムは意図したとおりに機能し、浮上制御は適切に機能したのである。SUBSAFEプログラムの関係者は、この成功はUSSサンフランシスコの設計、建造、保守で実施された作業規律、材料コントロール、文書化、コンプライアンス検証のおかげであると述べている。

SUBSAFEの原則は、軍事から民間会社や産業に移転できるのだろうか。その答えは、このプログラムがなぜこれほどまでに効果的であったのか、また、この原則を軍事以外の場に、より適した形で実装でき、プログラムが効果的であった要因を維持できるかどうかにある。もちろん、民間請負業者が、海軍原子力部門に関わる企業と作業者の大部分を占めており、SUBSAFEプログラムの要求事項を満たす能力があることを忘れてはならない。主な違いは、組織の基本的な目的そのものにある。

SUBSAFEを成功に導いた、以下のいくつかの要因は、そのほとんどを民間の産業における安全プログラムに置き換えることができるだろう。

- リーダーシップの支援とプログラムへのコミットメント（約束）。
- 管理者（NAVSEA）が、SUBSAFEの原則と要求事項を曲げようとするプレッシャーに直面した場合、「ノー」と言うことを恐れない。また、経営上層部も、SUBSAFEの原則を遵守しているかどうかを監査され、発見された不備を修正することに同意する。
- 安全に関する明確で文書化された要求事項を確立する。
- 単なる訓練ではなく、毎年過去を振り返り、継続的な改善を行い、監査時の教訓やトラブル報告、評価などをインプットした上で教育を行う。
- SUBSAFEプログラムの必要な要求事項と、それに対するコミットメントを定期的に更新する。
- 権力の分離と責任の割り当て。
- 厳密で技術的なコンプライアンスと仕事の規律を重視する。
- 何をするのか、なぜするのかを把握する文書を作成する。
- 参加型監査の理念と品質についての客観的な証拠に関わる要求事項。
- 個人の性格に左右されない、文書化された手順に基づいたプログラム。
- 継続的なフィードバックと改善。SUBSAFE仕様を満たさない事象が発生した場合、なぜそのようなことが起こったのかの因果関係分析（システミックな要因を含む）とともに、NAVSEA本部に報告しなければならない。組織のあらゆるレベルの全員が、インシデントにおける自分の役割を積極的に検証する。
- 船の生涯にわたる継続的な認証。一回限りの認証ではない。
- 責任に伴う説明責任。個人の完全性と個人の責任を強調する。誰もが自分の仕事に誇りを持てるようなプログラムを設計する。
- 安全に対する責任とSUBSAFE要求事項を共有する文化。
- 自己満足に警戒心を持ち、気づいたときはそれと戦う努力を惜しまない。

あとがき

過去の単純な世界では、故障や故障事象の連鎖を防ぐことに焦点を当てた古典的な安全工学の手法で十分だった。しかし、私たちが作りたいシステムは、人間の頭脳と現在のツールで扱える複雑さの限界を超えつつあり、もはや十分ではない。また、社会は、潜在的に危険性を持つシステムに対して、より強力な防護責任を期待している。

システム理論は、複雑性に対処する人間の限界を超えるために必要なツールを構築するための基礎を提供する。STAMP は、システム理論の基本的な考え方を安全分野に置き換えたもので、私たちの未来への礎となるものである。

前章で示したように、事故防止に成功している産業がある。これは、米国の原子力潜水艦安全プログラムだけではない。一方で、事故は進歩や利益の代償であると信じているような産業もあり、そこでは、あまり成功していない。成功を体験している人たちを特徴づけているのは、次のようなことだと思われる。

- 開発と運用の両面において、安全に対するシステムズアプローチをとっている。
- 事故から効果的に学ぶ学習文化を確立している。
- 安全を優先事項として設定し、長期的な成功が安全にかかっていることを理解している。

本書は、「故障の防止」から「振る舞いに関する安全制約の強化」へ、「信頼性の確保」から「安全のコントロール」へと焦点を変えた、安全工学の新しいアプローチを提案している。このアプローチは、事故因果要因の拡張モデルに基づいて構築されている。この拡張モデルでは、従来のモデルに比べて、今日ますます増加しつつある事故を引き起こすさまざまな要因を追加している。これにより、より複雑なシステムを扱うことができるようになった。驚くべきは、第 3 部で説明した STAMP をベースにした技術やツールを、きわめて複雑なシステムに対して実際に適用した結果、それらが従来のものより使いやすく、はるかに効果的であったことである。

これらの最初のツールや技法を改良する人もいるであろう。重要なのは、コントロールの機能としての安全性という全体的な哲学である。この哲学は新しいものではなく、第二次世界大戦後、軍の航空システムや弾道ミサイル防衛システムにおいてシステム安全（MIL-STD-882）を作り上げた先見の明のある技術者に由来するものである。彼らに欠けていたもの、そして私たちが持っていなかったために進歩が妨げられていたものは、今日の新しい技術や社会的推進力にマッチした、より強力な事故因果関係モデルである。STAMP はそれを提供するものである。この基礎の上にシステム理論を用いて、より強力なハザード分析、設計、仕様、システム工学、事故・インシデント分析、運用、管理技術を新たに開発することで、より安全な世界を設計することができる。

1968 年にミューラー（Mueller）は、システム安全（MIL-STD-882）を「組織化された常識」[109] と表現した。この表現が本書の内容を正確に表現していることをおわかりいただけたと思う。最後に、バートランド・ラッセル（Bertrand Russell）の「冒険のない人生は満足できない可能性が高いが、いかなる形の冒険も許されている人生は短いものになるに違いない」[179, p.21] という警句を思い出していただきたい。

付　録

付録A 定　義

　これらの定義は何十年にもわたって議論されてきたものであり、すべての人が完全に同意することはないであろう。しかし、ここでは本書におけるこれらの用語の使い方を示す。

事故（Accident）　損失（人命の損失や負傷、経済的損害、環境汚染などを含む）をもたらす、望ましくなく、計画されていない事象。（訳注：詳細は第4章で定義されている。）

ハザード（Hazard）　特定の最悪の環境条件において事故（損失）（accident（loss））につながるシステムの状態（system state）または条件の集合（set of conditions）。（訳注：詳細は7.2節で定義されている。）

ハザード分析（Hazard Analysis）　ハザードとその潜在的な因果要因（causal factors）を特定するプロセス。

ハザード評価（Hazard Assessment）　ハザードレベルの決定に関わるプロセス。

ハザードレベル（Hazard Level）　ハザードの過酷度（severity、環境が最も好ましくない状態である場合にハザードから生じ得る最悪の場合の損害（damage））とその起こりやすさ（likelihood、定性的または定量的）を組み合わせて評価する関数（図A.1）。（訳注：「ハザードレベル（Hazard Level）」のこの定義は『セーフウェア』における「リスク」の包括的な定義からの引用である。「リスク＝ハザードが事故に至る可能性」と限定されることもあるが、『セーフウェア』では「リスク」を「ハザードレベル」であると定義しており、図A.1 を用いて解説している。）

リスク分析（Risk Analysis）　リスク要因とその潜在的な因果要因を特定するプロセス。

リスク評価（Risk Assessment）　リスクレベルを決定する（リスクを定量化する）プロセス。

リスク要因（Risk Factors）　事故につながる要因。事故につながるハザードと、そのハザードに関連する環境の条件または状態の両方を含む。

リスクレベル（Risk Level）　ハザードレベルに、(1)ハザードが事故につながる可能性と、(2)ハザードの曝露可能性（exposure）または継続時間（duration）を組み合わせてリスクを評価する関数。

図A.1　リスクの構成要素

安全性（Safety）　事故（損失事象）からの解放。

システム安全工学（System Safety Engineering）　ハザードを特定し、除去またはコントロールすることにより、事故を防止するために用いられるシステム工学のプロセス。ハザードと故障（failures）は別物であり、故障への対処は通常、信頼性工学（reliability engineering）の領域であることに注意。

付録 B 人工衛星の損失

　1999 年 4 月 30 日 12 時 30 分（米国東部夏時間）、フロリダ州ケープカナベラル（Cape Canaveral）から、上段（upper stage）にセントール（Centaur）TC-14 を搭載し、ブースターを装着したタイタン（Titan）IV B-32 が打ち上げられた。ミッションは、ミルスター 3（Milstar-3）衛星を対地同期軌道（geosynchronous orbit）に投入することであった。ミルスターは、戦時中の要求に応え、保護されていて妨害に強い世界的規模の通信を提供する統合サービスの衛星通信システムである。このシステムは、当時としては最も先進的な軍事通信衛星システムであった。ミルスター衛星初号機は 1994 年 2 月 7 日に打ち上げられ、2 号機は 1995 年 11 月 5 日に打ち上げられた。今回のミッションは 3 度目の打ち上げであった。

　いくつかの異常事象の結果、ミルスター衛星は、予定していた対地同期軌道とは異なり、利用価値のない誤った低楕円軌道に最終的に投入された。この事故はタイタン IV の 3 回連続の失敗になり、また、民間による別の打ち上げの失敗があったばかりであったので、メディアの関心も高かった。さらにこの事故は、ケープカナベラルでの打ち上げ運用（Launch Operations）の歴史の中で、最もコストのかかった無人機の損失の 1 つと考えられている。ミルスター衛星のコストは約 8 億ドル、打ち上げ機はさらに 4 億 3,300 万ドルがかかった。

　事故調査委員会が通常の事象連鎖モデルを超えて、複雑なプロセスの欠陥という観点から事故を解釈したことは、称賛に値する。

> タイタン IV B-32 ミッションの失敗は、上段のセントールのソフトウェア開発、テスト、品質保証（quality assurance）プロセスの失敗が原因である。慣性計測システム（Inertial Measurement System：IMS）の飛行ソフトウェアファイルに入力された I1(25) ロールレートフィルター定数（roll rate filter constant、訳注：ロケットの横揺れの角速度を制御するための計算式に必要な定数）の手動入力におけるヒューマンエラーを検出・修正できなかったのが、プロセスの失敗である。その値は「-1.992476」と入力されるべきであったが、「-0.1992476」と入力されていた。I1(25) 定数が誤っているという兆候は、打ち上げプロセスと打ち上げカウントダウン中に現れていたが、その影響は十分に認識・理解されず、結果的に打ち上げ前に修正されることはなかった。誤ったロールレートフィルター定数により、ロールレートデータがゼロとなり、ロール軸の制御（control）ができなくなり、その結果、ヨー（yaw、訳注：偏揺れ）とピッチ（pitch、訳注：縦揺れ）の制御ができなくなった。姿勢制御の喪失は、姿勢制御システム（Reaction Control System：RCS）の過剰な作動と、それに伴うヒドラジン（hydrazine、訳注：ロケットエンジンの推進剤として用いられる）の枯渇を引き起こした。セントールのメインエンジン燃焼中に機体が不安定に飛行したことにより、セントールは予定よりはるかに低い遠地点と近地点からなる軌道に到達し、その結果ミルスターは利用価値のない低い軌道で分離してしまった。[153]

この事故を完全に理解するには、ロールレートフィルター定数のエラーが、なぜ読み込みテープに取り込まれたのか、なぜ読み込みテープの製造プロセスや内部レビュープロセスで発見されなかったのか、なぜこのソフトウェアに適用された強化型の独立検証および妥当性確認の作業で発見されなかったのか、なぜ射場（launch site）での作業中に発見されなかったのか——つまりこれらのそれぞれのケー

スで、安全コントロールストラクチャーがなぜ効果的ではなかったのか、を理解することが必要である。

図 B.1 は、この事故の階層的なコントロールモデルの、少なくとも公式の事故報告書[1]から読み取れる部分を示している。ロッキード・マーティン社（Lockheed Martin Astronautics：LMA）はこのミッションの主契約者であった。空軍の宇宙ミサイルシステムセンター打ち上げ部門（Space and Missile Systems Center Launch Directorate：SMC）は、LMA の契約の洞察（insight）と管理を担当していた。LMA と SMC のほかに、国防契約管理司令部（Defense Contract Management Command：DCMC）が監督（oversight）の役割を果たしていたが、報告書では、契約管理、ソフトウェア監視、開発プロセスの監督などの責任についての一般的なステートメント以上には、この役割が具体的に何であったかは明確になっていない。

LMA が飛行制御ソフトウェアの設計・開発を行い、ハネウェル社（Honeywell）が慣性計測システム（IMS）のソフトウェアを担当した。このようにコントロールの責任が分断していたことと、連携がうまくいかなかったことが、今回発生した問題の一因となっている。アナレックス社（Analex）は独

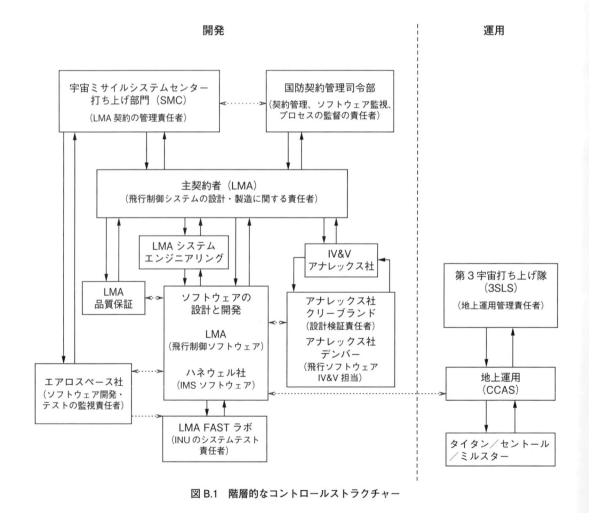

図 B.1　階層的なコントロールストラクチャー

---

[1] コントロールストラクチャーの詳細については、報告書に記載されていないため不正確なものもあるが、本章の目的には十分近いものである。

立検証および妥当性確認（independent verification and validation：IV&V）の業者であり、エアロスペース社（Aerospace Corporation）は独立した監視と評価を担当した。ケープカナベラル空軍基地（Cape Canaveral Air Station：CCAS）での地上打ち上げ運用は、第3宇宙打ち上げ隊（Third Space Launch Squadron：3SLS）が管理した。

　もう一度、物理的プロセスから始めてコントロールのレベルを上げていき、各レベルにおいて、そのレベルのプロセスの欠陥が、下のレベルのプロセスにおける安全のコントロールを不適切なものにしていないかどうかをSTAMP分析で調べる。そして、各レベルのプロセスの欠陥に関しては、次のような観点から調査し、説明する。コントローラーのプロセスモデルと実際のプロセスとの間のモデルの潜在的な不一致、コントロールアルゴリズムの誤った設計、コントロール活動間の連携不足、参照チャネルの欠陥、フィードバックまたは監視チャネルの欠陥といった観点である。人間の意思決定が関与している場合、分析結果には、判断がなされたコンテキストや、意思決定者が利用可能な情報（および必要だが利用できない情報）についての情報も含むべきである。

　この事故で概して注意すべきことは、損失を防ぐためにプロセスの各部に多数の冗長性が設けられていたが、それが有効ではなかったということである。ときには（このケースのように）組み込まれた冗長性そのものが自己満足と過信を引き起こし、事故の発生プロセスの重要な要因となることもある。損失に対する防護を目的とした冗長性の利用には、カバレッジや冗長性によって提供される安全コントロールに潜在的な相違がないかといった詳細な分析が必要である。

B.1　物理的なプロセス

物理的なプロセスのコンポーネント：ロッキード社（LMA）のタイタンIV Bは、防衛支援プログラム（Defense Support Program）、ミルスター、国家偵察部門（National Reconnaissance Office）の衛星など、政府のペイロードを宇宙へ運ぶために使われる重量級ロケットである。地球の低軌道には最大47,800ポンド、対地同期軌道には最大12,700ポンドまで運ぶことができる。このロケットは、上段を伴わないか、あるいは、2種類の上段のうちのどちらかを使って打ち上げることができ、より幅広い多様な能力を提供することができる。

　LMAのセントールは、極低温（cryogenic）・高エネルギーの上段となっている。独自の誘導・航法・制御システムを搭載し、飛行中、そのシステムがセントールの位置と速度を継続的に測定している。また、ピッチ、ヨー、ロール軸のベクトルから、ロケットの望ましい向きも判断する。そして、メインエンジンや姿勢制御システム（RCS）エンジンを用いて、機体を適切な姿勢と位置にするために必要な制御コンポーネントに指令を出す（図B.2）。メインエンジンは推力と速度をコントロールするために使用される。RCSは、機体のピッチ、ヨー、ロール制御のため、噴射後の分離および方向転換マヌーバー（maneuvers、訳注：燃料を噴射して姿勢を修正したり、高度を保つ操作）のため、エンジン再起動前の推進剤リテンション（propellant settling）のために推力を提供している。

システムハザード：(1)衛星が有用な対地同期軌道に到達しない。(2)軌道投入時のマヌーバーで衛星が損傷し、本来の機能を提供できない。

プロセスコントローラー（INU）の記述内容：慣性航法ユニット（Inertial Navigation Unit：INU）は2つの部分からなる（図B.2）。(1)誘導・航法・制御のシステム（飛行制御ソフトウェア（Flight Control Software：FCS））と、(2)慣性計測システム（IMS）である。FCSは機体の姿勢をピッチ、ヨー、ロールの各軸ベクトルで計算し、メインエンジンと姿勢制御システムに機体姿勢と推力をコント

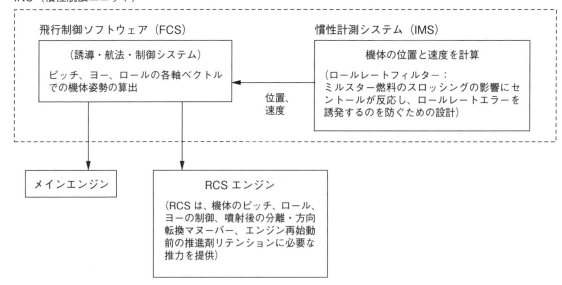

図 B.2　INU の技術的なプロセスのコントロールストラクチャー

ロールするための指令を出す。この目的を達成するために、FCS は IMS から提供される位置と速度の情報を用いる。今回損失に関与した IMS のコンポーネントは、ロールレートフィルターである。これは、ミルスター燃料のスロッシング（sloshing、訳注：液体が振動により揺動すること）の影響でセントールが反応し、ロールレートエラーが発生するのを防止するように設計されている。

FCS の違反した安全制約：FCS は、対地同期軌道に到達するために必要な姿勢制御、分離、方向転換マヌーバーの指令をメインエンジンおよび RCS システムに出す必要がある。

IMS の違反した安全制約：FCS に提供される位置と速度の値は、ハザードにつながるコントロールアクションを引き起こしてはならない。ロールレートフィルターは、燃料スロッシングの影響によりセントールが反応し、ロールレートエラーを誘発することを防止しなければならない。

B.2　損失につながる近接事象の記述

セントールの飛行計画では、3 回の燃焼が予定されていた。最初の燃焼は、セントールをパーキング軌道に乗せるためのものである。2 回目はセントールを楕円形の軌道に乗せ、衛星と一緒に対地同期軌道に乗せる。最後の 3 回目の燃焼では、セントールを対地同期軌道に周回させる。各燃焼の間には慣性飛行フェーズが計画されていた。慣性飛行フェーズでは、セントールは次の燃焼のために軌道上の適切な地点まで自分の運動量で進むことになっていた。セントールは、受動的な熱制御を行い、メインエンジンの推進剤をタンクの底に沈めるために、慣性飛行期間中にロールシーケンスと姿勢制御マヌーバーを行う予定であった。

- **1 回目の燃焼**：1 回目の燃焼は、セントールをパーキング軌道に乗せるためのものであった。しかし IMS は、誤ったロールレートフィルター定数を使用したため、ゼロまたはゼロに近いロールレートを飛行制御ソフトウェアに送信してしまった。ロールレートのフィードバックがないため、FCS

は不適切な制御コマンドを出し、その結果、セントールはロール軸に対して不安定になり、期待される第1燃焼の方向へロールすることができなくなった。セントールは前後に揺れ始め、最終的にはタンク内の液体燃料がスロッシングを起こし、機体に予想外の力がかかり、エンジンへの燃料の流れに悪影響を及ぼした。1回目の燃焼が終わる頃（打ち上げから約11分35秒後）には、このロール振動が機体のピッチとヨーの速度にも影響を及ぼし始めた。FCSは、機体のタンブリング（tumbling、訳注：機体前端面、側面、後端面が交互に進行方向を向くランダム回転）と燃料のスロッシングによる加速度への影響から、メインエンジンを停止するタイミングを誤って予想した。この誤った停止により、セントールは最初の燃焼で所定の速度に達することができず、意図しないパーキング軌道に投入された。

1回目の慣性飛行フェーズ：慣性飛行フェーズでは、セントールは次の燃焼のために軌道上の適切な地点まで自身の運動量で進むことになっていた。この慣性飛行期間中、FCSはロールシーケンスと姿勢制御マヌーバーの指令を出し、受動的な熱制御を行い、メインエンジンの推進剤をタンクの底に落ち着かせることになっていた。エンジン停止によるロールの不安定性と過渡現象（transients）のため、セントールはこの最初の慣性飛行フェーズでタンブリングしてしまった。FCSはRCSに指示して、機体を安定させた。パーク軌道の後半、セントールはロール軸を中心に振動し続けたが、ようやくピッチとヨー軸を安定させることができた。しかし、機体を安定させるために、RCSはRCSシステムの推進剤（ヒドラジン）の85パーセント近くを消費してしまった。

2回目の燃焼：FCSは2回目の燃焼のための適切な姿勢に移行する指令に成功し、セントールと衛星を楕円のトランスファー軌道に乗せ、対地同期軌道に乗せることに成功した。FCSは、打ち上げから1時間6分28秒後にメインエンジンに点火した。しかし、2回目の燃焼フェーズに入った直後に、不適切なFCS制御コマンドにより、機体は再びロール軸が不安定になり、発振的なロール振動（diverging roll oscillation）を開始した。2回目の燃焼は1回目よりも長いため、FCSからの過剰なロール指令は、やがてピッチとヨーのチャネルを飽和させることになった。2回目の燃焼の約2分後、ピッチとヨーの制御ができなくなり（ロールも）、残りの燃焼の間、機体はタンブリングすることになった。燃焼中の制御不能なタンブリングにより、機体はトランスファー軌道での計画した加速度を達成することができなかった。

2回目の慣性飛行フェーズ（トランスファー軌道）：RCSは機体を安定させようと試みたが、タンブリングが続いた。RCSは、FCSが2回目の燃焼を停止してから約12分後に残りの推進剤を使い果たした。

3回目の燃焼：3回目の燃焼の目的は、計画どおりセントールの対地同期軌道を円形にすることであった。FCSは、打ち上げから2時間34分15秒後に3回目の燃焼を開始した。これは計画よりも早く、そして短い時間であった。3回目の燃焼の間、機体はタンブリングしたが、RCSが機能しないためコントロールすることはできなかった。3回目の燃焼が始まってから約2時間後に機体分離の指令が出され、ミルスターは期待していた対地同期軌道ではなく、利用価値のない低楕円軌道に投入されてしまった（図B.3）。

分離後：ミッションディレクターは衛星を救うために早期の電源投入を指示したが、地上管制官（ground controllers）は約3時間、衛星とコンタクトすることができなかった。打ち上げから6時間14分後、コントロールが可能になり、さまざまなサバイバルかつ緊急のアクションがとられた。しかし、制御不能となった機体のピッチ、ヨー、ロール運動により衛星は損傷しており、地上管制官は、異常事態に対応してミッションを救えるようなアクションをとれなかった。

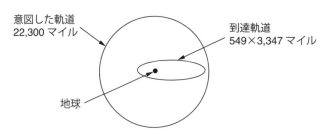

図 B.3 到達軌道と意図した軌道の比較

　ミッションは 1999 年 5 月 4 日に正式に失敗とされたが、運用中の他の衛星へのリスクを最小限に抑え、この衛星を干渉しない軌道に乗せるため、LMA と空軍の職員はさらに 6 日間、衛星をコントロールした。異常な状況にもかかわらず、衛星は設計どおりに振る舞ったように思われる。1999 年 5 月 10 日、衛星は地上管制官によってシャットダウンされた。

B.3　物理的なプロセスや自動化コントローラーの故障と相互作用の機能不全

　図 B.4 は事故につながった自動化コントローラーの欠陥を示している。慣性計測システム（IMS）のプロセスモデルには誤りがあった。具体的には、IMS ソフトウェアのファイル（図 B.4）に誤ったロールレートフィルター定数が設定され、これが飛行制御ソフトウェアとの相互作用の機能不全を招いた。[2]

　飛行制御ソフトウェアも、正しく、つまり要求どおりに運用された。しかし、IMS から誤った入力を受けたため、宇宙船の状態に関する FCS の内部モデルが正しくないものとなった。つまり、実際とは異なり、ロールレートがゼロまたはゼロに近いとみなされた。FCS 内部のプロセス状態のモデルと実際のプロセス状態との間に不一致が生じた。この不一致により、FCS はメインエンジン（に早期停

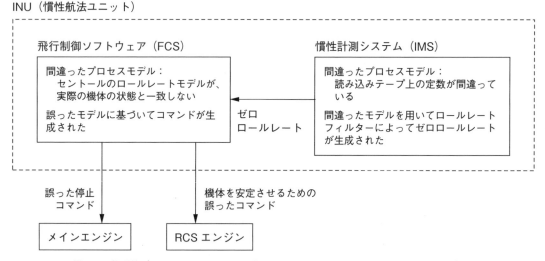

図 B.4　物理的プロセスレベル、ソフトウェアコントローラレベルでのコントロール欠陥

2　宇宙船のコンピューター制御プログラムの読み込みテープには、実行中のミッションに特有の値、つまり、その特定のミッションに対応したコントロール対象のプロセスのモデルが含まれている。IMS のソフトウェアアルゴリズムは、それ自体が「故障」したのではなく、設計どおりに動作したが、情報を生成するために使用されたプロセスモデルが正しくなかったため、飛行制御ソフトウェアに誤った情報を提供してしまったのである。

止コマンド）とRCSエンジンに誤った制御コマンドを出した。STAMPの用語を使うと、この損失はFCSとIMSの相互作用の機能不全に起因することになる。どちらも故障してはいない。どちらも提供された指示（定数を含む）およびデータに対して正しく振る舞っていた。

　事故報告書では、FCSのソフトウェアに、IMSから誤ったロールレートが提供されたことを検出するための、ロールレートや機体挙動の健全性チェックが含まれていたかどうかについては触れられていない。たとえFCSが異常なロールレートを検知したとしても、システムに設計されているべきであった回復またはフェールセーフの動作がなかったかもしれない。セントールのコントロール要求と設計に関する詳細な情報がないため、慣性航法ユニットソフトウェア（IMSとFCS）がフィルター定数エラーに対して耐性を持つように設計されていたかどうかを推測することはできない。

プロセスモデル：FCS、IMSはともにプロセスモデルが実際のプロセス状態と一致せず、ソフトウェアの出力はハザードにつながるものになっていた。FCSの機体姿勢のモデルは、コントロール対象の変数（ロールレート）の状態に関する誤った入力により、実際の姿勢と一致していなかった。IMSが不正な入力を提供したのは、プロセスモデル、すなわちロールレートフィルターで使用されるI1(25)定数が原因である。つまり、FCSのフィードバック・チャネルまたは監視チャネルが、ロールレートに関する誤ったフィードバックを提供してしまったのである。

　プロセス（機体とその飛行の振る舞い）および直接関連するコントローラーの欠陥についてのこのレベルの説明では、「症状」の説明はできるが、再発を防止するための要因に関する情報は十分ではない。その特定の飛行テープを修正するだけでは、何の問題解決にもならない。再発防止のために十分なように事故の発生プロセスを理解するには、コントロールストラクチャーのより高いレベルに目を向ける必要がある。具体的には、以下のような疑問に答えるべきである。なぜロールレートエラーは打ち上げ運用中に検出されなかったのか。そもそもなぜエラーを含む読み込みテープが作成されたのか、なぜ通常の検証および妥当性確認プロセスや、強化型の独立検証および妥当性確認プロセスでエラーが検出されなかったのか、なぜエラーが品質保証プロセスを通過したのか、プログラム管理者はこの事故においてどのような役割を果たしたのか。この種の疑問に答えるのには、この事故報告書はアリアン5（Ariane5）の報告書よりもよくできている。

　図B.5と図B.6は、STAMPに基づく事故分析をまとめたものである。

B.4　射場運用

　射場運用（図B.6）の機能は、射点（launchpad、訳注：発射台）の振る舞いとテストを監視し、飛行前に重要な異常を検出することである。打ち上げ運用中にロールレートエラーはなぜ検出されなかったのか。

コントロール対象のプロセス：射場での打ち上げ準備と、打ち上げそのもの。

違反した安全制約：重要な変数（ソフトウェア内部のものも含む）を監視し、打ち上げ前にエラーを検出しなければならない。射場で検出された潜在的ハザードとなる異常は、正式にログに記録し、徹底的に調査し処理しなければならない。

コンテキスト：管理者が打ち上げ運用に携わるエンジニアの数を大幅に減らし、残されたエンジニアにどのように仕事をすればよいか、ほとんど指針を与えなかった。事故報告書によると、管理者はエンジニアたちのタスクを定義していなかったため、どのタスクを行うべきか、どの変数を監視すべきか、各

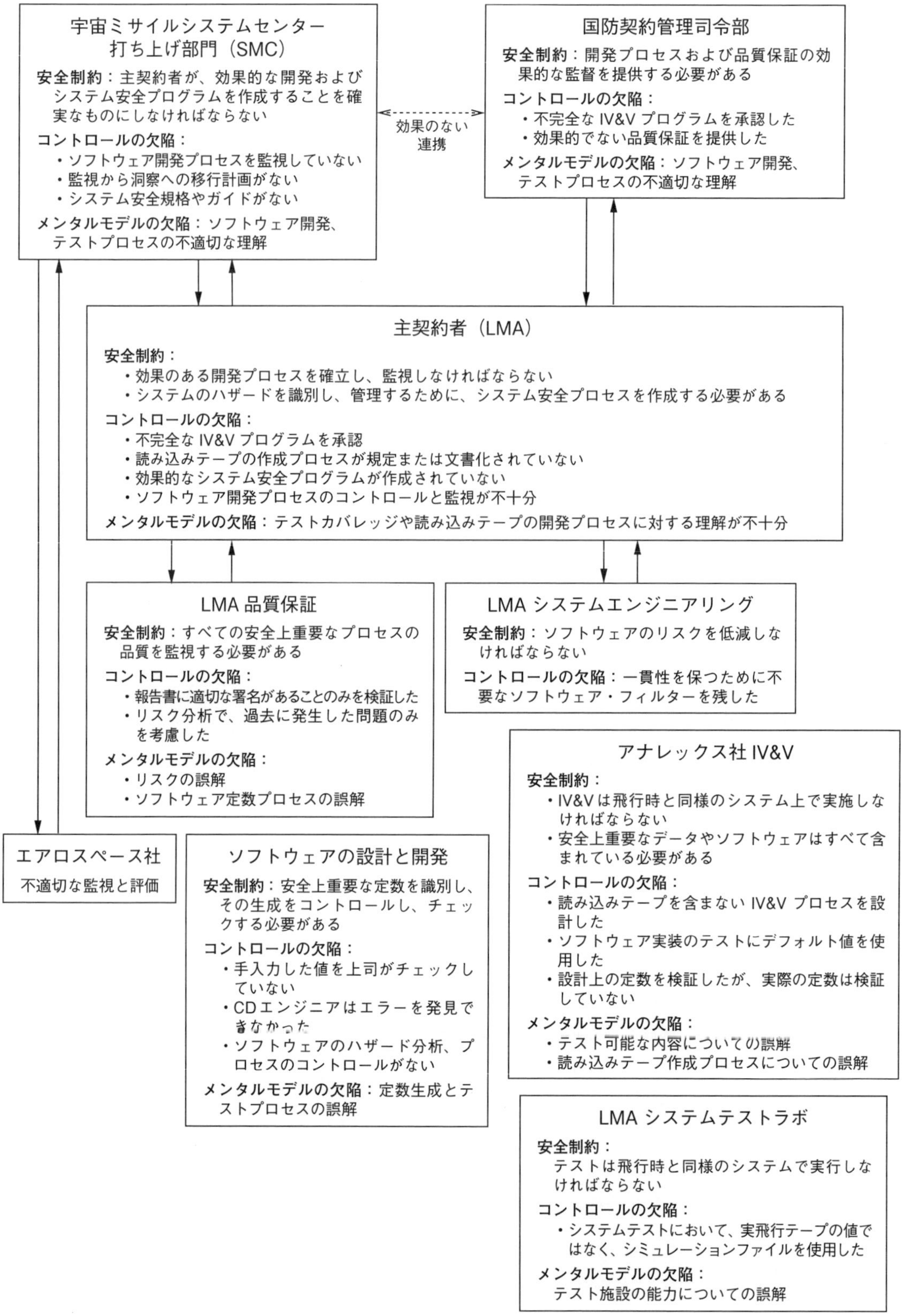

宇宙ミサイルシステムセンター 打ち上げ部門（SMC）

安全制約：主契約者が、効果的な開発および システム安全プログラムを作成することを確実なものにしなければならない

コントロールの欠陥：
- ソフトウェア開発プロセスを監視していない
- 監視から洞察への移行計画がない
- システム安全規格やガイドがない

メンタルモデルの欠陥：ソフトウェア開発、テストプロセスの不適切な理解

← 効果のない連携 →

国防契約管理司令部

安全制約：開発プロセスおよび品質保証の効果的な監督を提供する必要がある

コントロールの欠陥：
- 不完全な IV&V プログラムを承認した
- 効果的でない品質保証を提供した

メンタルモデルの欠陥：ソフトウェア開発、テストプロセスの不適切な理解

主契約者（LMA）

安全制約：
- 効果のある開発プロセスを確立し、監視しなければならない
- システムのハザードを識別し、管理するために、システム安全プロセスを作成する必要がある

コントロールの欠陥：
- 不完全な IV&V プログラムを承認
- 読み込みテープの作成プロセスが規定または文書化されていない
- 効果的なシステム安全プログラムが作成されていない
- ソフトウェア開発プロセスのコントロールと監視が不十分

メンタルモデルの欠陥：テストカバレッジや読み込みテープの開発プロセスに対する理解が不十分

LMA 品質保証

安全制約：すべての安全上重要なプロセスの品質を監視する必要がある

コントロールの欠陥：
- 報告書に適切な署名があることのみを検証した
- リスク分析で、過去に発生した問題のみを考慮した

メンタルモデルの欠陥：
- リスクの誤解
- ソフトウェア定数プロセスの誤解

LMA システムエンジニアリング

安全制約：ソフトウェアのリスクを低減しなければならない

コントロールの欠陥：一貫性を保つために不要なソフトウェア・フィルターを残した

エアロスペース社

不適切な監視と評価

ソフトウェアの設計と開発

安全制約：安全上重要な定数を識別し、その生成をコントロールし、チェックする必要がある

コントロールの欠陥：
- 手入力した値を上司がチェックしていない
- CD エンジニアはエラーを発見できなかった
- ソフトウェアのハザード分析、プロセスのコントロールがない

メンタルモデルの欠陥：定数生成とテストプロセスの誤解

アナレックス社 IV&V

安全制約：
- IV&V は飛行時と同様のシステム上で実施しなければならない
- 安全上重要なデータやソフトウェアはすべて含まれている必要がある

コントロールの欠陥：
- 読み込みテープを含まない IV&V プロセスを設計した
- ソフトウェア実装のテストにデフォルト値を使用した
- 設計上の定数を検証したが、実際の定数は検証していない

メンタルモデルの欠陥：
- テスト可能な内容についての誤解
- 読み込みテープ作成プロセスについての誤解

LMA システムテストラボ

安全制約：テストは飛行時と同様のシステムで実行しなければならない

コントロールの欠陥：
- システムテストにおいて、実飛行テープの値ではなく、シミュレーションファイルを使用した

メンタルモデルの欠陥：テスト施設の能力についての誤解

図 B.5　開発プロセスの STAMP モデル

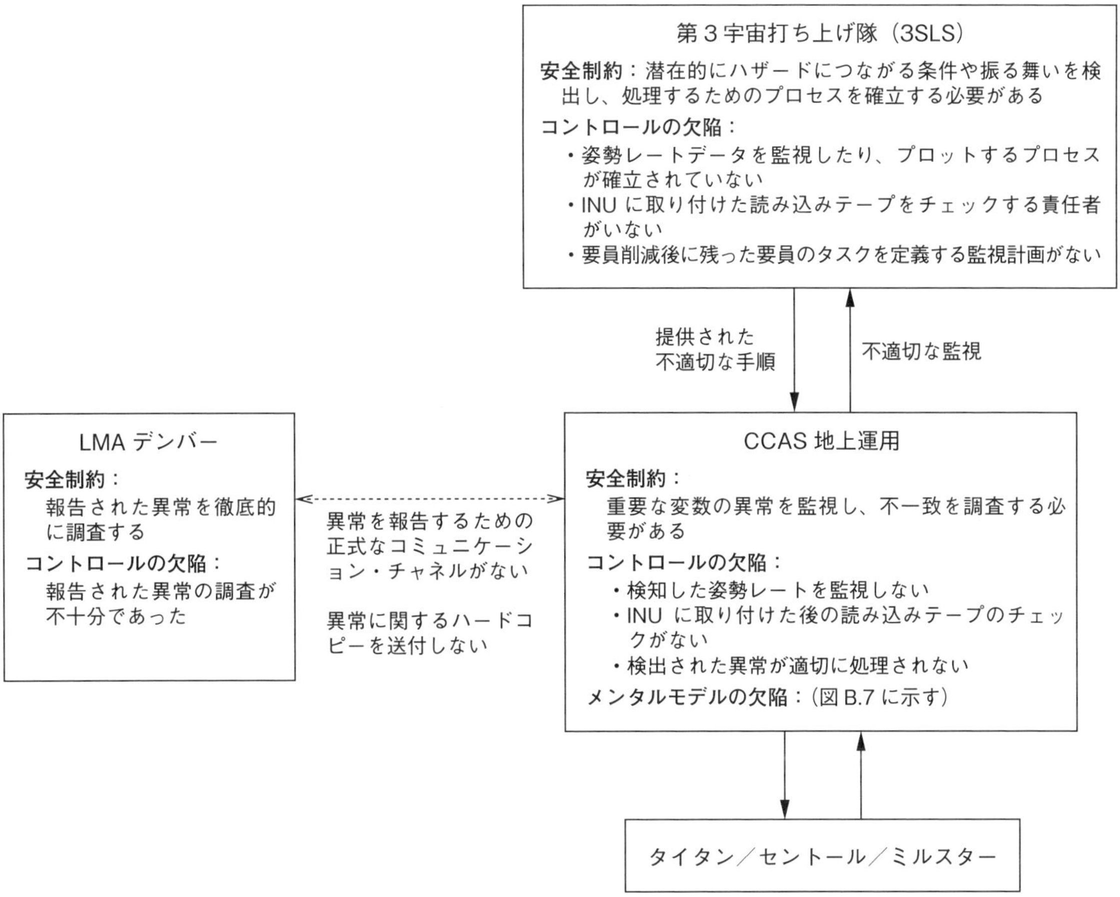

人工衛星の損失 395

第３宇宙打ち上げ隊（3SLS）

安全制約：潜在的にハザードにつながる条件や振る舞いを検出し、処理するためのプロセスを確立する必要がある

コントロールの欠陥：
- 姿勢レートデータを監視したり、プロットするプロセスが確立されていない
- INU に取り付けた読み込みテープをチェックする責任者がいない
- 要員削減後に残った要員のタスクを定義する監視計画がない

↓ 提供された
不適切な手順　　　不適切な監視 ↑

LMA デンバー

安全制約：
報告された異常を徹底的に調査する

コントロールの欠陥：
報告された異常の調査が不十分であった

← 異常を報告するための
正式なコミュニケーション・チャネルがない →

異常に関するハードコピーを送付しない

CCAS 地上運用

安全制約：
重要な変数の異常を監視し、不一致を調査する必要がある

コントロールの欠陥：
- 検知した姿勢レートを監視しない
- INU に取り付けた後の読み込みテープのチェックがない
- 検出された異常が適切に処理されない

メンタルモデルの欠陥：（図 B.7 に示す）

↓

タイタン／セントール／ミルスター

図 B.6　打ち上げ運用プロセスの STAMP モデル

監視タスクに関連するデータをどの程度詳細に分析すべきかを、エンジニアが自身でできる限りの技術的判断を行い、決定するしかなかった。

コントロール：報告書では、コントロールについての記述が不十分である。記載されている内容から、多くの機体の変数が監視されていたものの、射場でのソフトウェアエラーを監視・検出するためのコントロールが実施されたことは確認できない。

役割と責任：報告書では、関係者の役割と責任についても明確にしていない。LMA は CCAS に、プロダクトインテグリティエンジニア（Product Integrity Engineers：PIE）を含む打ち上げ要員を配置していた。3SLS には、打ち上げプロセスを制御する打ち上げ要員と、プロセス変数をチェックし、取得データの評価においてオペレーターを支援するためのソフトウェアがあった。

故障、相互作用の機能不全、欠陥のある決定、不十分なコントロールアクション：IMS が生成したロールレート情報に問題があることが明確に識別されていたにもかかわらず、一部の打ち上げ要員は、その問題を検出すべきであったが検出できず、別の要員が検出していた。しかし、誤って処理していた。具体的には以下のとおりである。

1. 打ち上げ１週間前、CCAS にいた LMA の要員は、期待値より低いロールレートフィルター値を

付録 B

観測した。その違いを自分たちのレベルでは説明できないため、彼らはそのとき CCAS にいたデンバー (Denver) の LMA 誘導プロダクトインテグリティエンジニア (PIE) に懸念事項を伝えた。現場の PIE もその違いを説明できなかったため、CCAS の担当者にデンバーの制御力学 (control dynamics：CD) 設計エンジニアに電話するように指示した。4 月 23 日（金）、LMA 誘導エンジニア (guidance engineer) は LMA の CD リーダーに電話をかけた。CD リーダーはオフィスにいなかったので、誘導エンジニアは、最新のフィルターレート係数を入力したところロールレートにかなりの変化があったことに気づいたとボイスメールを残した。彼女は自分か上司に折り返し電話をするように要求した。誘導エンジニアは、CCAS にいる彼女の上司にも状況を説明する電子メールを残していった。誘導エンジニアの上司は休暇中で、彼女が第 2 シフトに入る予定の 4 月 26 日（月）の朝にはオフィスに戻る予定であった。CD リーダーと最初にフィルター値を指定した CD エンジニアは、誘導エンジニアからの音声メールを聞いた。彼らは、休暇から戻ったばかりの彼女の上司に電話をかけた。上司は最初、会話中に電子メールを見つけることができなかった。上司が「折り返し電話する」と言ったので、CD エンジニアは CD リーダーのオフィスを後にした。その後、誘導エンジニアの上司が電子メールを見つけて読んだ後、CD リーダーは彼と話をした。CD リーダーは CCAS にいる上司に、1999 年 4 月 14 日に最初に読み込まれた飛行テープのフィルター値が変化しており、ロールレート出力も変化することが予想される、と話した。両者は、観測されたロールレートの違いは、飛行テープの配送に伴う想定内の変更に起因すると考えていた。

2. 打ち上げ当日、CCAS の 3SLS の INU プロダクトインテグリティエンジニア (PIE) は、低いロールレートに気づき、ジャイロが適切に動作しているかどうか、レートチェックを実施した。残念ながら、プログラムされたレートチェックでは、測定されたレートをフィルタリングするために I1 定数のデフォルトセットを使用しており、その結果、ジャイロが地球レートを正しく感知していると報告された。もし、そのときに感知した姿勢レートを監視していれば、あるいは、地球の重力レートを正しく感知していることを確実にするために合計してプロットしていれば、ロールレートの問題は識別できたかもしれない。

3. 3SLS のエンジニアもタワーのロールバック（訳注：発射台タワーの準備）時にロールレートデータを見たが、ロールレートが低いという問題を識別することはできなかった。データをレビューするために必要な要求や手順が文書化されておらず、実際に作製したロールレートと比較するための参考資料も持っていなかった。

LMA デンバーと CCAS の LMA エンジニアのコミュニケーション・チャネルには、明らかに欠陥があった。事故報告書には、LMA CCAS または LMA デンバーのエンジニアから安全組織やマネジメント階層の上層への確立された報告チャネルに関する情報はない。十分に問題を検出するような、あるいは問題が適切に処理されていないことを示すような「警報」システムは存在しなかったようである。報告書によると、ロールレート異常が CCAS の LMA エンジニアによって電子メールやボイスメールで最初に提起されてから「解決」されるまで、それが「懸念事項 (concern)」であり「逸脱 (deviation)」ではないため、どのように報告、分析、文書化、追跡すべきかについて混乱と不確実性があったとしている。事故報告書には、これらの用語の説明も、正式な問題報告・処理システムの記述もない。

不適切なコントロールアルゴリズム：事故報告書によると、打ち上げ前のこの時点では、姿勢レートデータを監視したりプロットしたりするプロセス、つまり、姿勢フィルターが地球の回転速度を正しく

検知しているかどうかのチェックを行うプロセスは存在しなかったという。また、射場でINUにテープを読み込んだ後、読み込みテープの定数をチェックする役割を担う者もいなかった。そのため、記録された異常なレートデータを疑問視したり、打ち上げの約1週間前と打ち上げ当日に観測された低いロールレートと関連付けたりすることが、誰もできなかった。さらに、デンバーのLMAエンジニアは、CCASで観測された実際のデータのハードコピーを見るように要求することもなく、低いフィルターレートを疑問に思ったCCASの誘導エンジニアやデータ・ステーション監視者（Data Station Monitor）と話をすることもなかった。彼らは単に、飛行テープの配送に伴う想定内の変更に起因すると説明していた。

プロセスモデルの欠陥：ここでは、5つのモデルが関係している（図B.7参照）。

1. 地上でのレートチェックソフトウェア：打ち上げ当日のレートチェックに使用したソフトウェアは、実際の読み込みテープの代わりにデフォルトの定数を使用していた。そのため、地上でのレートチェックソフトウェアで使用されているモデルと、実際のIMSソフトウェアで使用されているモデルとの間に不一致があった。

2. 開発プロセスに対する地上要員のモデル：報告書では掘り下げていないが、自己満足が関係しており、地上運用要員と打ち上げ直前に異常を知らされたLMA誘導エンジニアの頭の中にあった内部品質保証と外部IV&Vの開発プロセスの徹底のためのモデルが、実際の開発プロセスと一致していなかった可能性が高い。開発中の標準的なテストをした後に、ソフトウェアが正しいかどうかのチェックが行われていなかったようである。ハードウェアの故障は通常、打ち上げ時までチェックされるが、ソフトウェアのエラーはテストによってすべて取り除かれたものと想定され、それ以上のチェックは必要ないとみなされることが多い。

3. IMSソフトウェア設計に対する地上要員のモデル：地上打ち上げ要員は、ロールレートフィル

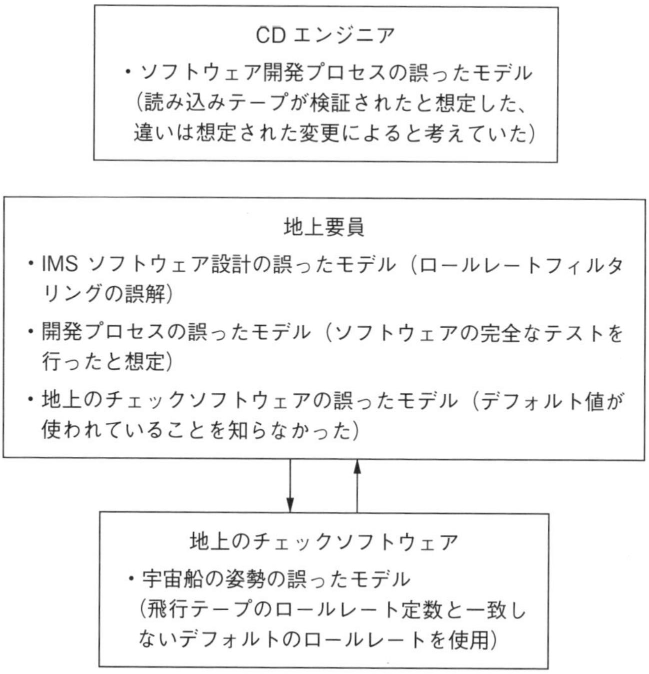

図B.7　地上要員やソフトウェアが用いた欠陥のあるプロセスモデル

ターの仕組みについて理解が適切でなかった。I1 のロールレート定数を設計した制御力学エンジニア以外は誰も、その使い方や、ロールレートフィルターをゼロにすることの影響を理解していなかった。そのため、打ち上げ前に食い違いが見つかっても、射場では誰も I1 ロールレートフィルターの設計を理解していなかったので、エラーを検出することができなかった。

4. レートチェックソフトウェアに対する地上要員のモデル：地上要員は、チェックソフトウェアがフィルター定数にデフォルト値を使用していることを知らなかった。

5. 飛行テープの変化に対する CD エンジニアのモデル：射場の制御力学リードエンジニアと LMA デンバーの監督者は、ロールレートの異常は、飛行テープの既知の変更によるものだと考えていた。この結論は、セントールの制御力学の詳細について最も専門的な知識を持つエンジニアが確認したものではなかった。

連携：射場では複数の異なるグループが活動していたにもかかわらず、誰もソフトウェアが INU に読み込まれた後の振る舞いを監視する責任を割り当てられていなかった。事故報告書には、連携についての問題は書かれていないが、LMA の打ち上げ要員（CCAS）と LMA デンバーの開発要員の間で、互いの責任に対する理解が不足しており、そのために CCAS にいた LMA の要員からの懸念事項への対処が不十分だったと書かれている。

調査されるべきだったより一般的な疑問として、ロールレートの問題を検出した後に適切な対応ができなかったのは、CCAS の LMA エンジニアと 3SLS の要員の間の連携不足やコミュニケーションの問題が関係しているのではないか、ということがある。なぜ複数の人々がロールレートの問題に気づいていながら何もしなかったのか、なぜ異常に気づいていたのに、それをどうにかできる人々に効果的に伝えられなかったのか。さまざまなタイプの連携についての問題が存在していた可能性がある。たとえば、問題を発見した人が、別の人が対処していると想定するような重複の問題があったのかもしれないし、複数の人々の責任のはざまで問題が発生していたのかもしれない。

フィードバック：打ち上げ要員から開発組織へのフィードバック・チャネルが欠落していた、または不適切なものであった。

打ち上げ直前のテストでゼロロールレートを検出したが、その情報を理解できる人に伝えるための正式なコミュニケーション・チャネルは確立されていなかった。代わりに音声メールと電子メールが使われた。報告書は明確ではないが、正式な異常報告・追跡システムがなかったか、あるいはそのシステムがプロセス関係者に知られていなかったか使われていなかったかの、いずれかであろう。航空宇宙の近年の事故の中でも、正式な異常報告チャネルを回避し、非公式の電子メールやその他のコミュニケーションで代用していることがあり、同様の結果となっている。

LMA（デンバー）のエンジニアは報告された異常に関するハードコピー情報を要求せず、CCAS の誘導エンジニアやデータ・ステーション監視者と直接話をすることもなかった。

B.5 空軍打ち上げ運用管理者

空軍の打ち上げ運用は、第 3 宇宙打ち上げ隊（3SLS）が管理した。

コントロール対象のプロセス：射場での CCAS 要員の活動（地上打ち上げ運用）。

安全制約：打ち上げ準備中に検出された潜在的にハザードにつながる条件や振る舞いを検出し、処置す

るプロセスを確立する必要がある。

コンテキスト：3SLS の管理者は、監督（oversight）から洞察（insight、訳注：内部監視）へとその役割が移行していたが、そのような移行が何を意味し、何を要求するのか、明確には定義されていなかった。

コントロールアルゴリズムの欠陥：地上打ち上げ要員が削減された後、3SLS の管理者は、残った要員のタスクを定義するマスター監視計画を作成していなかった（正式な洞察計画はまだドラフトの段階だった）。特に、I1 フィルター定数の妥当性を確認したり、打ち上げ前にケープカナベラル基地（CCAS）の INU に飛行テープを読み込ませてから姿勢レートを監視したりするための正式なプロセスが確立されていなかった。3SLS の打ち上げ要員には、データをレビューするための文書化された要求や手順が提供されず、観測されたデータを比較して異常を検出するための参考資料もなかった。

プロセスモデル：開発プロセスの徹底に関する誤解（誤ったモデル）があったために、射場でのソフトウェアチェックの要求やプロセスを提供することができなかった可能性がある。また、自己満足もあったかもしれない。「ソフトウェアは失敗しない」、「ソフトウェアテストは完全である」「だから追加のソフトウェアチェックは必要ない」という想定が一般的である。しかし、これは推測にすぎない。報告書では、管理者がなぜ打ち上げデータをレビューするための文書化された要求と手順を提供せず、食い違いを発見できるように比較するための参考資料を確実に利用できるようにしなかったのかを説明していない。

連携：監督の欠如により、一部の特定の射場タスクの責任が誰にも割り当てられていないというプロセスになってしまった。

フィードバックまたは監視チャネル：明らかに、射場運用管理者には、打ち上げ運用プロセスのパフォーマンスを監視するための「洞察」計画がなかった。事故報告書には、射場運用プロセスのパフォーマンスを監視するためのプロセスについての情報や、運用プロセスを洞察するために、（あったとしても）どのようなフィードバックが行われたのかについての情報の記載はない。

B.6　セントール飛行制御システムのソフトウェア／システム開発

　事故調査員は、もしそれが起こらなかったら損失を防げたかもしれない運用上のエラーを識別した時点で調査を止めてしまうことが非常に多い。ときには運用上の管理者に過失がある場合もある。今回のケースでは、事故調査委員会が調査を続けたことは評価できる。なぜそもそも間違った飛行テープが作成されたのかを理解するために（そして今後同様のことが発生するのを防止する方法を学習するために）、飛行テープの作成に関連するソフトウェアとシステムの開発プロセスを点検する必要がある。

プロセス記述：INU は、異なる会社によって開発された 2 つの主要なソフトウェアコンポーネントで構成されている。LMA は飛行制御システムのソフトウェアを開発し、INU 全体のテストに責任を持ち、ハネウェル社は IMS を開発し、そのソフトウェア開発とテストに一部責任を持っていた。I1 定数はハネウェルの IMS で処理されるが、設計とテストは LMA が行った。

違反した安全制約：安全上重要な定数を識別し、その生成をコントロールし、チェックしなければならない。

相互作用の機能不全、欠陥のある決定、不適切なコントロールアクション：1997 年 12 月 23 日に、LMA の制御力学（CD）グループはソフトウェア定数とコードワード（Code Words）のメモを生成し、LMA のセントール飛行ソフトウェア（FS）グループへ送った。このメモでは、最初の I1 定数の意図された正しい値がハードコピーで提供された。このメモには、LMA のアビオニクス（Avionics）グループが後日提供する 10 個の追加定数のためのスペースも割り当てられ、最初の 30 個の定数の電子バージョンのためのパスとファイル名が指定された。このメモでは、定数データベースの作成にハードコピー版と電子版のどちらを使用するかについて、指定や指示はなかった。

1999 年 2 月初旬、LMA のセントールの FS グループは、飛行読み込みテープのためのすべてのソフトウェアと定数の集約を担当しており、ベースライン・データ・ファイルの選択について裁量権を与えられていた。データベースを作成した飛行ソフトウェアエンジニアは、複数のソースから異なるフォーマットでさまざまな時間に（一部は何度も反復された）生成された 700 個以上の飛行定数を扱い、それらを 1 つのデータベースに統合する必要があった。定数値には、データベースに統合できる電子ファイルもあれば、データベースに手入力する紙のメモもあった。

FS エンジニアがソフトウェアの定数とコードワードのメモで指定された電子ファイルにアクセスしようとしたところ、オリジナルのファイルが生成されてから 1 年以上が経過していたため、電子ファイルのフォルダの指定された位置にそのファイルが存在しないことが判明した。FS エンジニアは、デジタルロールレートフィルター（5 つの定数を持つアルゴリズム）の I1 値 5 つを変えるだけで済む別のファイルをベースラインとして選択した。このフィルターは、ミルスター燃料のスロッシングの影響にセントールが反応し、4 ラジアン／秒のロールレートエラーを誘発するのを防ぐために設計されたものである。この 5 つの I1 ロールレートフィルターの値を手入力する際、LMA の FS エンジニアは I1(25) 定数の指数を誤って入力したか、まったく入力しなかった。I1(25) フィルター定数の正しい値は「-1.992476」であった。指数は「1」であるべきであったが、ゼロとして入力されたため、入力された定数は意図した値の 10 分の 1、つまり「-0.1992476」となった。飛行ソフトウェアエンジニアの直属の上司は手入力した値をチェックしなかった。

手入力した I1 フィルターレートの値をチェックしたのは、実際にデータを入力した飛行ソフトウェアエンジニアのほかには LMA の制御力学（CD）エンジニアだけであった。飛行読み込みテープを開発した FS エンジニアは、最初の 30 個の I1 定数の設計を担当した CD エンジニアに、テープが完成し定数のプリントアウトが点検できるようになったことを通知した。CD エンジニアは FS 部門に出向き、ハードコピーのリストを見て I1 定数のチェックを行い、承認（sign off）した。マニュアルと目視によるチェックは、ソフトウェア定数・コードワードメモの付録 C にある I1 定数リストと、飛行読み込みテープの紙のプリントアウトを比較するというものだった。各 I1 定数についてクロスチェックした 3 つの値について、浮動小数点数のフォーマット（小数部と指数部のフォーマット）がそれぞれの紙文書で異なっていた。CD エンジニアは I1(25) の指数エラーを見抜けず、飛行読み込みテープの I1 定数が正しいとして承認した。設計値が飛行テープの作成に使われたデータベースに手入力で挿入されたこと（値は電子的に保存されていたが、オリジナルのデータベースはもう存在しないことを思い出してほしい）、打ち上げ前に正式にシミュレーションでテストされたことがないことを彼は知らなかった。

CD エンジニアの直属の上司である CD セクションのリーダーは、承認された報告書をレビューせず、エラーも発見できなかった。承認された報告書で誤ったフィルター定数が検出されなかったため、このプロセスではこのほかに、飛行中に使用される I1 フィルターレート値が設計されたフィルターと一致することを保証する正式なチェックは行われなかった。

コントロールアルゴリズムの欠陥：

- プロセス入力（ソフトウェア定数・コードワードメモで指定した電子ファイル）が欠落していたため、エンジニアが再生成を行った際にミスをしてしまった。

- 定数プロセスに対するコントロールが不適切であった。すべての入力を電子的に1つのファイルに統合するための、指定された、または文書化されたソフトウェアプロセスが存在しなかった。また、飛行ソフトウェアエンジニアがファイルを作成する際に、その作業をチェックしたり検証したりするための正式な文書化されたプロセスも存在しなかった。データベースの作成と更新の手順は飛行ソフトウェアエンジニアの裁量に任されていた。

- 承認された報告書で誤ったフィルター定数が検出されなかったため、このプロセスではこのほかに、飛行中に使用されるI1フィルターレート値が設計されたフィルターと一致することを保証する正式なチェックは行われなかった。

- ハザード分析プロセスが不適切であり、非常に一般的なヒューマンエラーである誤った定数の手入力による潜在的な危険性をコントロールすることができなかった。もし、システム安全エンジニアが定数を重要なものとして識別していれば、これらの重要な変数の生成を監視するプロセスが存在したはずである。実際、事故報告書には、システム安全プログラムの存在も、いかなる形のハザード分析も記載されていない。もしそのようなプログラムが存在していたならば、言及されているはずである。

  報告書には、品質保証（Quality Assurance：QA）エンジニアがリスク分析を行ったとあるが、過去に起きた問題のみを考慮したとある。

  そのリスク分析は、ミッションの成功に重要なステップの判断に基づくのではなく、過去の打ち上げで特定のエリアに問題が表面化した頻度に基づいて行われた。ソフトウェアの定数の生成は、そのエリアでは過去に問題がなかったため、低リスクであると判断した。定数を含む承認された報告書に適切な署名すべてがあることだけを検証した[153]。

  過去の事故の原因だけを考えても、ソフトウェアの問題に対して、あるいはシステムに新しい技術が導入されたときには、効果があるとは思えない。実際、コンピューターは、これまで実現不可能だった機能や設計の変更を行うために導入されるものであり、「飛行－修正－再飛行（fly-fix-fly）」（訳注：試行錯誤の方法論）的なアプローチでは安全工学の効果が薄れてしまう。システムコンポーネントがどのように事故に影響し得るかの、すべての道筋を検討する適切なハザード分析を行う必要がある。

プロセスモデルの欠陥：事故報告によると、さまざまな関係者（partner）の多くは、他のグループが何をしているのかについて混乱していたようである。データベース（飛行テープの生成元）の作成を担当したLMAのソフトウェア要員は、検証および妥当性確認（IV&V）プロセスにおけるIV&Vテストでは、飛行時と同様の（手入力の）I1フィルター定数を使用していなかったことに気づいていなかった。I1レートフィルターを設計したLMA制御力学（CD）エンジニアも、設計値が飛行テープの作成に使われるデータベースに手入力され、その値が打ち上げ前のシミュレーションで正式にテストされたことがないことを知らなかった。

I1レートフィルターを設計したLMA CDエンジニアが目視のチェックでエラーを発見できなかったのは、フォーマットの異なる数値の長いリストをチェックすることの難しさも明らかに関係しているが、誤ったメンタルモデルによりプロセスでの注意が足りなかったことも一因だろう。(1)その値が

データベースに手入力されたものであること（彼が作成した電子ファイルからではなかった）を知らなかった、(2)読み込みテープが打ち上げ前に、いかなるシミュレーションでも正式にテストされていなかったことを知らなかった、(3)読み込みテープの定数がIV&Vプロセスで使われなかったことを知らなかった。

連携：飛行ソフトウェアの開発プロセスの断片化と縦割り（stovepiping）化に加え、包括的に定義されたシステムおよび安全工学のプロセスが欠如していたため、多くの関係者やサブプロセス間のコミュニケーションと連携が不十分で不適切になった。

　IMSのソフトウェアはハネウェル社が開発したため、ハネウェル社以外のほとんどの人員（LMA CDエンジニア、飛行ソフトウェアエンジニア、プロダクトインテグリティエンジニア、SQA、IV&V、DCMCの担当者）はFCSに注力し、IMSのソフトウェアについてはほとんど知識がなかった。

B.7　品質保証（QA）

コントロール対象のプロセス：誘導、航法、制御システムの設計、開発の品質。

安全制約：QAは、安全上重要なすべてのプロセスの品質を監視しなければならない。

プロセスの欠陥：LMA内部の品質保証プロセスでは、ロールレートフィルター定数が入力されたソフトウェアファイルなどのエラーを検出しなかった。

コントロールアルゴリズムの欠陥：QAが検証したのは、読み込みテープの定数を含む承認された報告書がすべて適切に署名されているかどうかだけであり、明らかに不適切なプロセスであった。この事故は、一般に実践されているQAの問題点と、なぜQAがしばしば効果のないものになるのかを示している。使用されたLMA品質保証計画は、プロセスの完全性の検証に焦点を当てた最上位レベルの文書であり、プロセスがどのように実行されたか、または実装されたかに焦点を当てたものではない。これは、オリジナルのジェネラル・ダイナミクス社の品質保証計画（General Dynamics Quality Assurance Plan）に基づき、ISO9001に確実に準拠するために最近更新されたものであった。この計画によると、LMAのソフトウェア品質保証スタッフは、定数を含む承認された報告書にすべての適切な署名があることを確認することだけが要求されていた。つまり、I1定数の生成と検証プロセスは飛行ソフトウェアとCDエンジニアに委ねられていた。ソフトウェア品質保証は、ソフトウェアのチェックサム（checksum）の検証と、製造されたソフトウェア製品に品質保証のスタンプを押すことにしか関わっていなかった。

B.8　開発者テストプロセス

　このエラーが読み込みテープに混入した時点で、検証および妥当性確認時に検出される可能性もあったはずである。非常に包括的で徹底した開発者と独立した検証および妥当性確認プロセスで、なぜこのエラーを見逃したのだろうか。

違反した安全制約：テストは飛行時と同様のソフトウェア（読み込みテープの定数を含む）で実施しなければならない。

テストプロセスの欠陥：INU（FCSとIMS）は、読み込みテープの実際の定数を使用したテストをまっ

たく行わなかった。

- ハネウェルは IMS のソフトウェアを作成し、テストを行ったが、実際の読み込みテープは持っていなかった。
- LMA の飛行アナログシミュレーションテスト（Flight Analogous Simulation Test：FAST）ラボは、システムテストに関する責任を担っており、飛行制御ソフトウェアとハネウェル IMS の互換性と機能性をテストした。しかし、FAST ラボのテストでは、IMS のフィルターに、飛行テープの値ではなく、300 Hz のフィルターシミュレーションデータファイルが使用された。シミュレーションデータファイルは、飛行読み込みテープの生成時にソフトウェア担当者が入力した値ではなく、（LMA CD エンジニアが指定した）設計定数のオリジナルの正しい値から構築されていた。そのため、FAST テストで使用された実際の飛行ソフトウェアとシミュレーション・フィルターを合わせたものには、I1(25)エラーが含まれておらず、LMA 内部のテストでもこのエラーを検出することはできなかった。

プロセスモデルの不一致：当時の要員が考えていたラボが持つテスト能力は、実際の能力と一致しなかった。LMA FAST 施設は、主に LMA が開発した飛行制御ソフトウェアをテストするために使用されていた。このラボは、もともと、I1 ロールレートフィルター定数の実際の飛行値を扱う能力を備えて構築されたが、この事故が起きるまで、その能力は当時の FAST ソフトウェアエンジニアには広く知られていなかった。この能力に関する知識は、企業の統合と進化の過程で失われたので、当時のソフトウェアエンジニアはデフォルトのロールレートフィルター定数を使用した。後に、打ち上げ前のシミュレーションに実際の飛行値を使用していれば、このエラーを発見できたはずだと結論づけられた。

B.9　独立検証および妥当性確認（IV&V）

違反した安全制約：IV&V は飛行時と同じソフトウェアと定数で実施しなければならない。安全上重要なデータやソフトウェアは、すべて IV&V プロセスに含まなければならない。

相互作用の機能不全：IV&V プロセスの各コンポーネントはその機能を正しく実施していたが、プロセスの全体設計に欠陥があった。実際、ロールレートのフィルター定数のエラーを検出できないような設計になっていた。

　アナレックス社は、飛行ソフトウェアの IV&V 作業全般を担当した。アナレックス社デンバーは、IV&V プロセスの設計に加え、オートパイロットの設計がソフトウェアに適切に実装されていることを確認するために飛行ソフトウェアの IV&V を行ったが、アナレックス社クリーブランド（Analex-Cleveland）は、オートパイロットの設計の検証はしたものの、その実装の検証は実施しなかった。LMA 社が提供した「真のベースライン（truth baseline）」は、LMA 社とアナレックス社の合意により、承認された報告書で検証された定数から生成されたものであった。

　飛行ソフトウェアの実装テストでは、アナレックス社デンバーは、飛行テープに含まれる実際の I1 定数ではなく、IMS のデフォルト値を使用した。一般的なまたはデフォルトの I1 定数を使用した理由は、実際の I1 定数を剛体シミュレーション（rigid body simulation）で十分に確証することができない、つまり、機体の剛体シミュレーションではフィルターを十分に動かすことができないと考えたからである。もし、実際の I1 定数をシミュレーションに使っていれば、桁数が大きく異なるエラーに気づいたはずであると、彼らはミッション失敗後に明らかにした。

アナレックス社デンバーはまた、プログラム定数とクラスⅠの飛行定数の範囲のチェックを実施し、フォーマット変換が正しく行われたことを検証した。しかし、このプロセスでは、アナレックス社デンバーは真のベースラインの数値の正確性を確認する必要はなく、誤った定数を含む点火表（firing tables）に対して範囲の確認とビットごとの比較を実施しただけであった。したがって、実施したフォーマット変換は、単に点火表の誤った I1(25) 値と変換後の誤った I1(25) 値を比較し、それらが一致することを確認したにすぎない。設計された I1 フィルター定数が、実際に飛行テープで使用されたものであるかどうかは検証していない。

アナレックス社クリーブランドは、設計定数の機能性を検証する責任はあったが、実際にセントールに搭載して飛行させる定数を検証する責任はなかった。つまり、設計の妥当性を確認するのみで、設計の「実装」までは検証を行っていなかった。アナレックス社クリーブランドは、ロールフィルター定数の正しい値を含む飛行力学と制御の分析報告書（Flight Dynamics and Control Analysis Report：FDACAR）を受け取った。彼らの役割は、FDACAR に記載されているオートパイロットの設計値が有効であることを確認するためのものだった。これには、飛行フォーマットにおける I1 定数の IV&V は含まれていない。元の設計は、FDACAR の定数によって正しく表現されていた。つまり、問題となっているフィルター定数は、飛行テープ上の値「−0.1992476」ではなく、正しい値「−1.992476」で FDACAR にリストアップされていたのである。

コントロールアルゴリズムの欠陥：アナレックス社は（LMA と政府の承認を得て）IV&V プログラムを開発したが、実際に飛行中に使用された I1 フィルターレート定数の検証や妥当性確認は行わなかった。アナレックス社クリーブランドは設計の妥当性確認のみを行うため、アナレックス社クリーブランドにはオートパイロットの妥当性確認のために I1 定数ファイルが送付されることはなかった。アナレックス社デンバーではテストにデフォルト値を使用しており、実際に飛行に使用された I1 定数の妥当性を確認することはなかった。

プロセスモデルの不一致：テストにデフォルト値を使用するという（LMA FAST ラボとアナレックス社デンバーの両社の）判断は、開発・テスト環境とテスト可能なものについての誤解に基づいている。LMA FAST ラボとアナレックス社デンバーの両社は、実際の読み込みテープの値を使用できたはずだが、それができないと考えていた。

さらに、アナレックス社デンバーは、IV&V プロセスを設計するにあたり、LMA から提供された「真のベースライン」のすべての定数の生成や内部検証プロセスについて理解していなかった。アナレックス社デンバーのエンジニアは、提供された I1 フィルターのレート値が手入力によるものであり、アナレックス社クリーブランドが独自に IV&V を実施した値と同じでない可能性があることを認識していなかった。

関係者の誰もが、実際の読み込みテープの値でソフトウェアを誰もテストしていないことも、自分たちが使ったデフォルト値が実際の値と一致しないことも認識していなかった。

連携：これは連携問題の典型的なケースであった。責任はさまざまな関係者に分散され、完全には網羅されていなかった。結局、誰も読み込みテープでテストをせず、誰もがほかの誰かがやっていると思い込んでいた。

人工衛星の損失 405

B.10 システムエンジニアリング

LMA のシステムエンジニアリング（Systems Engineering）は、システムに盛り込むべき機能の識別と割り当てに責任を負っていた。実際は、今回の損失に関わるソフトウェア・フィルターは不要であり、残すべきものでなく、取り除くべきであった。これもまた、非同期的な進化（asynchronous evolution）の一例である。なぜそのような意思決定がなされたのだろうか。フィルターは、ミルスター燃料のスロッシングの影響にセントールが反応し、4 ラジアン／秒のロールレートエラーを誘発するのを防ぐために設計されたものであった。最初のミルスター衛星の設計フェーズの初期に、製造メーカーからその周波数をフィルタリングするように求められた。その後、衛星製造メーカーはその周波数でのフィルタリングは必要ないと判断し、LMA に情報を伝えた。しかし、LMA は「一貫性（consistency）」のために、ミルスター衛星の初号機以降の飛行ではフィルターをそのままにすることを決定した。報告書には、それ以上の説明は含まれていない。

B.11 主契約者のプロジェクト管理

コントロール対象のプロセス：システムおよびそのコンポーネントの開発と保証に関する活動。

安全制約：効果的なソフトウェア開発プロセスを確立し、監視しなければならない。システムハザードを識別し、管理するために、システム安全プロセスを作成しなければならない。

コンテキスト：セントールのソフトウェアプロセスは、タイタン／セントール・プログラムの初期に開発された。企業合併や再編（ロッキード社、マーティン・マリエッタ社（Martin Marietta）、ジェネラル・ダイナミクス社など）、タイタン IV の設計・開発が成熟し完了したことによって、もはや当初のプロセスの設計者の多くは、プログラムに参加していなかった。システムとプロセスの過去の経緯と設計の論理的根拠の多くは、その設計者がいなくなるとともにほぼ失われた。

コントロールアルゴリズムの欠陥：

- 欠陥のあるソフトウェア開発プロセスを設計した。たとえば、飛行定数を作成し、妥当性確認をするためのプロセスを提供していなかった。
- LMA は主契約者として、開発プロセスを適切にコントロールしなかった。事故調査委員会は、構成の理解、設計、文書化、管理に責任を持っており、プロセスの適切な実行を確実にする責任を負う、唯一のプロセス所有者を特定することができなかった。
- 効果的なシステム安全プログラムを作成していなかった。
- 飛行中に使用される I1 フィルターレート定数の検証や妥当性確認をしないまま、不適切な IV&V プログラム（アナレックス社デンバーにより、設計されたもの）を承認し、制定した。

プロセスモデルの欠陥：誰もソフトウェア開発プロセス全体を理解しておらず、どうやら全員がテストプロセスが網羅する範囲について誤解していたようである。

付録 B

B.12 国防契約管理司令部（DCMC）

コントロール対象のプロセス：報告書では曖昧であるが、DCMC は契約管理、ソフトウェア監視、開発プロセスの監督を担っていた。

コントロールの不適切さ：報告書によると、DCMC は完全には網羅していない IV&V プロセスを承認し、DCMC でソフトウェア品質保証機能が運用されていたが、プロセスやプログラム全体を詳細に理解することなく運用されており、そのため効果的ではなかった。

連携：SMC と DCMA の間での連携には問題があった可能性もあるが、事故報告書には情報が記載されていない。双方とも相手方がプロセス全体を監視していることを想定していたのか。エアロスペース社はどのような役割を担っていたのか。ここで監督を行っている多くのグループのそれぞれに割り当てられた責任に相違はあったのか。重複している責任はどのように解決されたのか。DCMC はプロセス監視を行うにあたり、どのようなフィードバックを使用したのか。

B.13 空軍のプログラム部門

　空軍の宇宙ミサイルシステムセンター打ち上げ部門（SMC）が開発と打ち上げを担当した。

コントロール対象のプロセス：タイタン／セントール／ミルスター開発体制と打ち上げコントロール体制の管理。SMC は、LMA の契約の「洞察（insight）」と「管理（administration）」に責任を負っていた。

安全制約：SMC は、主契約者が効果的な開発・安全保証プログラムを作成することを保証しなければならない。

コンテキスト：3SLS と同様に、空軍の宇宙ミサイルシステムセンター打ち上げ部門は、タスクの監督からプロセスの洞察の役割に移行しており、同時に要員削減が行われていた。

コントロールアルゴリズムの欠陥：

- SMC の打ち上げプログラム部門には、ソフトウェア開発プロセスの生成と検証を監視したり、洞察したりする要員は、基本的に配置されていなかった。プログラム・オフィスはソフトウェア開発とテストプロセスを監視するためにエアロスペース社からの支援を受けていたが、その支援は 1994 年以降 50 パーセント以上も削減されていた。タイタンのプログラム・オフィスには、公務員や軍人が常駐しておらず、タイタン／セントールのソフトウェアに携わる常勤の支援もなかった。タイタン／セントールのソフトウェアは「成熟し、安定しており、過去に問題を起こしたことがない」ので、ハードウェアの問題に対処するために、リソースを最大限に活用できると判断した。

- 監督（oversight）から洞察（insight）への移行は、詳細な計画による管理がされていなかった。洞察の概念に基づく空軍の責任は十分に定義されておらず、それらの責任を果たすために必要な要件は全従業員に伝えられていなかった。さらに、監督の役割から洞察の役割への移行の実施は、文書化およびソフトウェア開発とテストプロセスの理解が不足していたことで、悪影響を受けた。「洞察」の役割移行に欠陥があったことは、最近の多くの宇宙開発における事故の共通要因となっている。

- タイタンのプログラム・オフィスは、安全に関する規格（MIL-STD-882 など）やプロセスを課さなかった。どの特定の安全規格やプログラムが課されたか、あるいは課されるべきだったかについては議論があるだろうが、そのようなプログラムが完全に欠如していることから、何のガイドも示されなかったことは明らかである。安全を効果的にコントロールするためには、コントロールストラクチャーの各レベルで安全に関する責任を割り当てることが必要である。このコントロールをなくすことは事故につながる。報告書には、安全に対するコントロールの責任がプログラム・オフィスにあったのか、それとも主契約者に委譲されていたのかは書かれていない。しかし、たとえLMA に委譲されていたとしても、プログラム・オフィスは全体的なリーダーシップを発揮し、その取り組みの効果の有無を監視しなければならない。この開発と配備のプロジェクトでは、明らかに不適切な安全プログラムがあった。この見落としを検出する責任は、プログラム・オフィスにある。

　まとめると、この事故がなぜ起こったのかを理解し、将来の事故を防ぐために必要な変化を起こすには、長い数字の羅列を書き写す中でのヒューマンエラーという直接要因を単に特定するだけでは不十分なのである。この種のエラーはよく知られており、それを検出し修正するためのコントロールがプロセス全体に確立されているべきであった。このようなコントロールが開発・運用プロセスに欠落していたか、またはそのコントロールの設計や実行が不適切であったかのどちらかである。

　この事故報告書は他の報告書よりも綿密なものであったが、事故の発生プロセス全体を理解し、より完全な推奨事項を作成するために役立つような情報が抜けていた。STAMP に基づく事故分析プロセスは、インシデントや事故の調査時にどのような疑問を投げかけるべきかを判断するための支援を提供するものである。

付録 C 公共水道の細菌汚染

2000年5月、カナダのオンタリオ州（Ontario）のウォーカートン（Walkerton）という小さな町で、いくつかの汚染菌、主に大腸菌（Escherichia coli）O157:H7 とカンピロバクター・ジェジュニ（Campylobacter jejuni、訳注：動物に保菌される食中毒細菌）が地方自治体の井戸を通してウォーカートンの水道システムに入り込んだ。4,800人の町の人々の約半数が病気になり、7人が死亡した[147]。まず近接事象（proximate events）を示して、次に STAMP による事故の分析を示す。

C.1 ウォーカートンでの一連の事象

ウォーカートン公共事業委員会（Walkerton Public Utilities Commission：WPUC）は、ウォーカートンの水道システムを運営していた。スタン・コーベル（Stan Koebel）は WPUC のゼネラルマネージャー（general manager）で、弟のフランク（Frank）は WPUC の現場監督（foreman）だった。2000年5月、この水道システムは3つの地下水源、井戸5号、6号、7号を利用していた。それぞれの井戸から汲み上げられた水は、配水システムに入る前に塩素処理（chlorine）されていた。

汚染の発生源は、井戸5号付近の農場で撒かれた肥料の糞尿だった。5月8日から5月12日にかけての、めったにない激しい雨が、細菌を井戸に運び込んだ。5月13日から5月15日にかけて、フランク・コーベルは井戸5号をチェックしたが、毎日チェックすることになっていた残留塩素（chlorine residuals）の測定は行わなかった[1]。5月15日、井戸5号を停止した。

5月15日の朝、1週間以上ウォーカートンを離れていたスタン・コーベルが職場に戻ってきた。彼は井戸7号を稼働させたが、その直後、井戸7号用の新しい塩素注入機が設置されておらず、そのため塩素消毒されていない水が直接配水システムに送られていることを知った。彼は井戸を止めず、新しい塩素注入機が設置される5月19日（金）正午まで塩素消毒せずに運用した。

5月15日、ウォーカートン配水システムからのサンプルは、通常の手順に従い、検査のために A&L ラボ（A&L Labs）に送られた。5月17日、A&L ラボはコーベル氏（訳注：兄のスタン・コーベル氏）に、5月15日のサンプルが大腸菌と総大腸菌群に陽性反応を示したと通知した。翌18日、地域にまん延する病気の、最初の症状が現れた。公共水道に関する一般市民からの問い合わせに、スタン・コーベルは水が安全であることを断言した。5月19日には感染が拡大し、小児科医が「診察している患者が大腸菌の症状を持っている疑いがある」と、地域の保健局に連絡した。

この地域の公衆衛生を担当する政府機関であるブルース・グレー・オーウェン・サウンド（Bruce-Grey-Owen Sound：BGOS）保健局（Health Unit）は、調査を開始した。スタン・コーベルにかけた2回の電話で、保健局の職員は「水は大丈夫だ」と言われた。そのとき、スタン・コーベルは5月15日のラボの検査結果を公表しなかったが、水中の汚染菌を殺菌するためにシステムの洗浄と過塩素注入処理（superchlorinate）を開始した。すると、残留塩素が回復し始めた。コーベル氏が検査結果を公表しなかったのには、2つの理由があったらしい。まず、5月15日から5月17日にかけて行った安全

---

1 残留塩素が低いということは、汚染が塩素消毒処理の殺菌能力を超えていることを示している。

でないやり方（つまり塩素消毒なしで井戸7号を稼働させたこと）を明らかにしたくなかったこと、そして、水道システム内の大腸菌の存在が深刻かつ潜在的に致命的な結果をもたらすことを理解していなかったことである。彼は、次の週末まで水の洗浄と過塩素注入処理を続け、残留塩素量を増やすことに成功した。皮肉なことに、汚染の原因は塩素消毒なしの井戸7号の運用ではなく、5月12日から5月15日に停止するまでの間、井戸5号からシステムに流入した汚染だった。

　5月20日、大腸菌感染の最初の陽性反応が報告され、BGOS保健局は、感染が水道システムに関連している可能性があるかどうかを判断するためにスタン・コーベルに2回電話をかけた。スタン・コーベルは2回とも残留塩素に問題がないと報告し、有害な検査結果を公表することはなかった。保健局は、コーベル氏の断言に基づき、水は安全であると市民に保証した。

　同日、WPUCの従業員が緊急コールセンターとして機能する環境省（Ministry of the Environment：MOE）流出事故対策センター（Spills Action Center）に匿名で電話をかけ、5月15日の有害な検査結果を報告した。コーベル氏に連絡したところ、MOEは言い逃れするための回答を受けた。コーベル氏はそれでも配水システムから汚染されたサンプルが発見されたことを明かさなかったのである。保健局は地域の保健医官（Local Medical Officer）と接触し、彼が調査を引き継いだ。保健局は自ら水のサンプルを採取（訳注：採取したのは5月21日）し、ロンドン（London、オンタリオ州）の保健省の検査機関（Ministry of Health laboratory）に届け、微生物検査を行った。

　MOEから証拠書類の提出を求められたスタン・コーベルは、ようやくA&Lラボからの有害な検査結果と、井戸5号と6号の日次運用記録を提示したが、井戸7号の運用記録は翌日にならないと提示できないと言った。その後、井戸7号が塩素消毒なしで運用されていたという事実を隠そうとして、弟のフランクに井戸7号の運用記録を修正するように指示した。5月23日（火）、スタン・コーベルは、改竄した日次運用記録をMOEに提出した。同日、保健局は、5月21日に採取した2つの水のサンプルから大腸菌が検出されたことを知った。

　BGOS保健局は、大腸菌検出の報告を受ける5月23日より前、5月21日に地元のラジオで煮沸勧告を出した。ウォーカートンの居住者の約半数が5月21日に勧告を認識したが、5月23日の時点でまだウォーカートンの町の水を飲用している人たちがいた。5月22日に最初の死者が出て、23日に2人目、24日にさらに2人が亡くなった。この間、多くの子どもたちが深刻な状態に陥り、被害者の中には腎臓の障害など長期的な健康被害を受ける者もいたと思われる。合計で7人の人々が亡くなり、2,300人以上が体調を崩した。

　これらの一連の事象だけを見て、何らかの因果連鎖でつなぐと、WPUCの従業員の無能、怠慢、不誠実という単純なケースに見える。事実、政府代表は事故調査の場で、スタン・コーベルとWPUCにこそ、この事故の発生の責任があり、それを防止できたのは彼らだけであったと主張した。事故からちょうど3年後の2003年5月、スタン・コーベルとフランク・コーベルは、人が亡くなるなどの損失をもたらした事故に加担した罪で逮捕された。しかし、STAMPを使ったシステム理論による分析は、事故を単にコーベル兄弟の行動のせいだけにするのではなく、より多くの有益で有用な理解を提供する。

C.2　システムハザード、システム安全制約、コントロールストラクチャー

　これまでの例と同様に、STAMPの分析を作成する最初のステップは、システムハザード、システム安全制約、および制約を課すための階層的なコントロールストラクチャーを識別することである。

　ウォーカートンの事故に関連するシステムハザードは、飲料水を通して大腸菌やその他の健康に関わ

公共水道の細菌汚染　　　　　　　　　　　　　　　　　　　　　　　　　　　　　　411

る汚染菌に市民がさらされることである。このハザードは、以下のシステム安全制約につながる。

　安全コントロールストラクチャーは、一般市民が汚染水にさらされることを防がなければならない。
　1. 水質を損なってはならない。
　2. 公衆衛生対策は、水質が損なわれた場合、それにさらされるリスクを低減させなければならない（例：煮沸勧告など）。

社会技術的な（sociotechnical）公共水道システムの安全コントロールストラクチャー（図 C.1）の各コンポーネントは、この一般的なシステム安全制約を課す役割を果たし、さらに、システム全体におけるその機能に関する独自の安全制約を、課すべきものとして持つことになる。たとえば、カナダ連邦政府は、全国的な公衆衛生システムを確立し、それが効果的に運用されることを保証する責任を負っている。連邦政府のガイドラインは州に提供されるが、水質に関する責任は主に個々の州に委ねられる。

　州政府は、飲料水の安全性に対する規制と監視（overseeing）に責任を負っている。彼らは、関係省庁（オンタリオ州では環境省（MOE）、保健省（Ministry of Health：MOH）、農業・食糧・農村省（Ministry of Agriculture, Food, and Rural Affairs））に予算を提供し、法律を制定し、水の安全性に影響を与える政府の方針を採用することによって、これを実現している。

　ウォーカートンの事故に関する公式の調査報告書[147]によると、オンタリオ州の農業・食糧・農村省は、飲料水源に影響を及ぼす可能性のある農業活動を規制する責任を負っている。実際は、農業排水から水道システムを保護するための流域保護計画は存在しなかった。その代わり、MOE が、水道システムがそのような排水の影響を受けないようにする責任を負っていた。

　MOE は、地方自治体の水道システムの建設と運用に適用される法令、規制、方針を規定し、強制する第一の責任を負っている。連邦政府のガイドラインに基づき、MOE がガイドラインおよび目標を設定している。これらは、オンタリオ州水資源法（Water Resources Act）に基づき、公共水道運用者（public water utilities operators）に発行される承認証明書（certificates of approval）を通じて強制的に適用される。MOE は、浄水場の建設・維持管理に関する法令上の責任も有しており、公共水道システムの点検や飲料水の監視、水道システムの認証に関する規格の設定、水の安全に関する知識向上のような能力維持のための運用者への継続的な教育要件についても責任を有している。

　MOH は、地域の保健局、この事例ではブルース・グレー・オーウェン・サウンド（BGOS）保健部門（Department of Health）を監督（supervises）し、その保健部門は地域の保健担当職員が運営している。BGOS は、病院、地域の医療関係者、MOH、WPUC などさまざまなところから情報を受け、公衆衛生を守るために必要な勧告や警告を出す責任を負っている。政府の検査機関（government testing labs）や MOE から有害な水質の報告を受けたウォーカートンの公衆衛生検査官は、通常 WPUC に連絡して、追跡調査（follow-up）のためのサンプルの採取と残留塩素の維持を確認することになっていた。

　ウォーカートンの公共水道システムは、WPUC によって運営されている。WPUC は井戸を運用し、塩素消毒と残留塩素の測定に責任を負っている。監督（oversight）するのは、選出された委員である。委員は WPUC の運用方針の策定とコントロールに責任を持ち、ゼネラルマネージャー（スタン・コーベル）と職員は、水道施設の運用においてこれらの方針を施行する責任を負っている。地方自治体は、理論上は公共水道システムの責任も負うが、水道システムの運用は WPUC に任せていた。

　これらすべてのシステムのコントロールコンポーネントによって課される安全制約は、システム全体の安全制約を課すのに十分なものでなければならない。図 C.1 はオンタリオ州における水道全体の理論的な安全コントロールストラクチャーと、各システムコンポーネントに対する安全に関する要求と制

付録 C

> システムハザード：飲料水を通して一般市民が大腸菌やその他の健康に関わる汚染菌にさらされる。
> システムの安全制約：安全コントロールストラクチャーは、一般市民が汚染水にさらされることを防がなければならない。
> （1）水質を損なってはならない。
> （2）公衆衛生対策は、水質が損なわれた場合、それにさらされるリスクを低減させなければならない。
> 　　（例：遵守すべき通知や手順など）

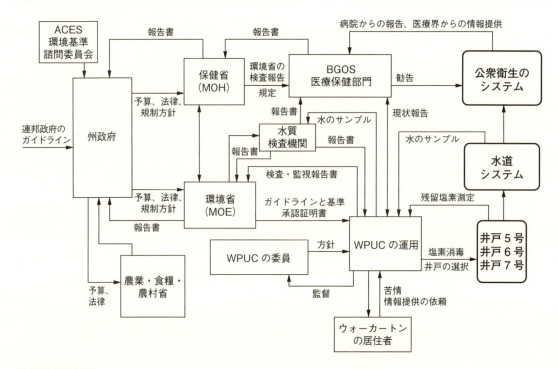

安全要求と制約：

連邦政府
- 全国的な公衆衛生システムを確立し、それが効果的に運用されることを確実にする。

州政府
- 規制機関および責任、権限、説明責任に関する規範を確立する。
- 規制機関がその責任を果たすために十分な資源を提供する。
- 規制機関が適切に職務を遂行していることを確認するための監督とフィードバックループを提供する。
- 適切なリスク評価を実施し、効果的なリスク管理計画を策定する。

環境省
- 水道の担当者がその責任を果たすための能力を有していることを確認する。
- 検査や監視を実施する。問題があれば、遵守を強制する。
- ハザード分析を行い、脆弱性を特定し、監視する。
- 既存の施設について継続的にリスク評価を行い、必要に応じて新たな管理体制を構築する。
- 井戸がリスクにさらされているかどうかを判断するための基準を確立する。
- 有害な検査結果に対するフィードバック経路を確立する。複数の経路を用意する。
- 自治体水道の建設と運営に適用される法律、規制、方針を施行する。
- 水道事業者の認証と訓練の要件を定める。

ACES
- 省庁の基準に関するステークホルダーと一般市民のレビューとインプットを提供する。

保健省
- 水質が悪化した場合の通知とリスク軽減のための適切な手順が存在することを確認する。

水質検査機関
- 検査結果をMOE、PUC、BGOS医療保健部門にタイムリーに報告する。

WPUCの委員
- 水質が損なわれないように業務を監督する。

WPUCの運用のマネジメント
- サンプルの採取と報告が正確に行われているか、塩素消毒が適切に行われているかを監視する。

WPUCの運用
- 残留塩素を測定する。
- 殺菌のために適切な量の塩素を適用する。

BGOS医療保健部門
- 飲料水の品質を監視する。
- 飲料水の水質に関する有害な報告を追跡調査する。
- 必要に応じて煮沸勧告を出す。

図C.1　基本的な水道の安全コントロールストラクチャー。箱の左側に入る線はコントロールである。箱の上や下からの線は、情報、フィードバック、物理的な流れを示す。角のとがった長方形はコントローラー、角の丸い長方形は施設・設備を示す。

公共水道の細菌汚染　413

約を示したものである。

　社会技術的な公共水道安全システムの各コンポーネントは、システムの安全制約を守らせる役割を担っている。事故を理解するには、システムの階層的なコントロールストラクチャーの各レベルが安全制約の一部を適切に守れなかったことと、それが事故シナリオに与えた影響を、改めて考えてみる必要がある。各コンポーネントについて、適切なコントロールに必要な4つの条件、すなわち、目標、アクション、プロセスモデルまたはメンタルモデル、フィードバックという観点から事故への影響を説明する。コントロールの各レベルでは、その振る舞いが起こったコンテキストも考慮される。人間の振る舞いを理解するには、その振る舞いが起こったコンテキストと、環境における振る舞いを形成する要因（behavior-shaping factors）を知らなければならない。

　この最初のレベルの分析では、事故発生時の静的なコントロールストラクチャーの限界を見ることができる。しかし、システムは静的なものではない。時間の経過に伴って適応し変化する。STAMPでは、システムは目的を達成し、それ自身と環境の変化に対応するために継続的に適応する動的なプロセスとして扱われる。当初のシステム設計は、システムの安全制約を強制するだけでなく、変化が起きてもその制約を強制し続けなければならない。したがって、事故の分析では、安全制約を破ることを可能にした静的コントロールストラクチャーの欠陥だけでなく、時間の経過に伴う安全コントロールストラクチャーの変化（**構造的なダイナミクス**（structural dynamics））と、その変化の背後にある動的プロセス（**振る舞いのダイナミクス**（behavioral dynamics））を理解することが必要である。C.8節では、ウォーカートンの事故における構造的なダイナミクスを分析する。

C.3　物理的なプロセスによる事故の見方

　ほかのコンポーネントの相互作用による事故と同様に、物理的な故障は関与していない。図C.2のように、物理的なシステムの境界を井戸、公共水道システム、公衆衛生の周りに引くと、物理システムレベルでの事故の「原因」は、物理的な設計が環境外乱に直面した際に、物理的な安全制約を守れなかったことである。このケースでの環境外乱は、田畑から水道への汚染菌の流入をもたらしためったにない激しい雨といえる。このレベルで守らせるべき安全制約は、許容できないレベルの汚染菌が水に存在しないことである。

　井戸5号は非常に浅い井戸で、すべての水が地下5mから8mのエリアから汲み上げられている。しかも、岩盤のエリアから取水しており、岩盤の上の表土が浅く、岩盤自体が亀裂のある多孔質な性質であることから、地上の細菌が井戸に流れ込む可能性があった。

C.4　運用の第1レベル

付録 **C**

　物理的なシステムの分析のほかに、ほとんどのハザード分析手法と事故調査では、システムの直接の運用者（operators）を考慮する。図C.3は、事故に関与したウォーカートンの下位の運用（operations）レベル（訳注：運用の第1レベル）による欠陥のSTAMP分析の結果を示している。

　地域の水道システムの運用者に課された安全要求と制約は、殺菌のための十分な塩素消毒と、残留塩素の測定であった。WPUCのゼネラルマネージャーであるスタン・コーベルと、現場監督であるフランク・コーベルは、WPUC内でその地位に就く資格を有していなかった。1993年以前は必須の認証要件がなく、1993年以降は単に経験に基づく既得権だけで認証されていたのである。スタン・コーベルは、水道システムの機械的な運用方法は知っていたが、システムの適切な運用を失敗した場合の健康リ

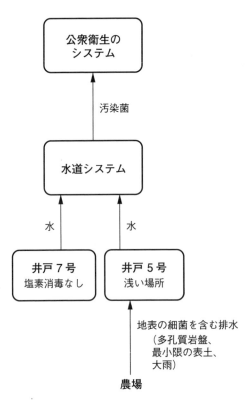

図 C.2　水道の安全コントロールストラクチャーの物理的な構成要素

スクや、消毒と水質の監視に関する要求事項を守ることの重要性についての知識は不足していた。調査報告によると、スタン・コーベルがゼネラルマネージャーになる以前から、多くの不適切な運用の慣習が何年も続いていたという。彼はそれをそのままにしておいたのである。その中には、微生物検査用サンプルの採取位置の虚偽、塩素消毒なしの井戸の運用、日次運用記録への虚偽入力、残留塩素を毎日測定しない、水を十分に塩素消毒しない、MOEに虚偽の年次報告を提出する、などの20年前から続く慣習が含まれていた。

ウォーカートンの水道システムのこの運用者たちは、意図的に市民を危険にさらしたわけではない。スタン・コーベルをはじめとするWPUCの従業員は、未消毒の水が安全だと信じていたし、井戸のある場所では自分たちもよく飲んでいた。地域住民も、塩素消毒水の味に不服を唱え、塩素の使用量を減らすようWPUCに圧力をかけていた。

第1レベルの2つ目のコントロールコンポーネントとして、地域の保健局、このケースではBGOS保健部門があった。地域の保健局は、公衆衛生を保護する役割を遂行するために、MOHによって監督され、地域の保健担当職員によって運営されている。BGOS医療保健部門は、病院、地域の医療関係者、MOH、WPUCなどさまざまな情報源から入力（フィードバック）を受け、公衆衛生を守るために必要な場合は勧告や警告を発する役割を担っている。この地域の保健局は、最終的に水道システムが関係している可能性があると判断した際には、地元のラジオで煮沸勧告を出したものの、この手段による市民への通知はあまり効果的ではなかった。もっと効果のある手段があったはずである。遅れた理由の1つは、水道システムが汚染源であるという証拠が薄かったことである。大腸菌は肉類から感染することが多いので、一般に「ハンバーガー病（hamburger disease）」と呼ばれている。さらに、いくつかの症例は、ウォーカートンの水域に住んでいない人々から出たものであった。最後に、地域の衛生検査官

公共水道の細菌汚染

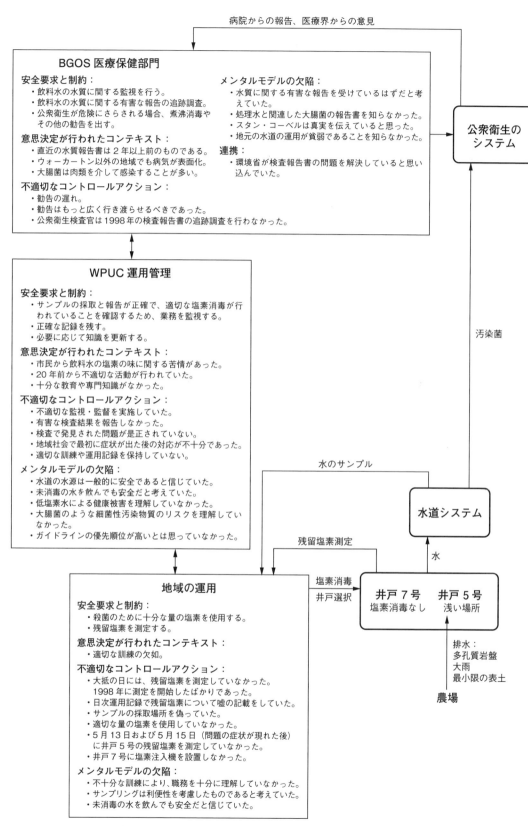

図 C.3 水道の安全コントロールストラクチャーの物理的および運用上のコンポーネント

(local health inspector) には、ウォーカートンの水道システムの運用方法に問題があると信じる理由はなかった。

この事故に関連する重要な事象は、1996年に政府の水質検査機関が民営化されたことであった。それまでは、水のサンプルは政府の検査機関に送られて検査されていた。これらの検査機関は、その結果を適切な政府機関や地域の運用者と共有していた。ウォーカートン地域の公衆衛生検査官は、政府の検査機関やMOEから有害な水質の報告を受けた場合、WPUCに連絡し、追跡調査のためのサンプルの採取と残留塩素の維持を確認することになっていた。

1996年に地方自治体の水質検査機関の業務が民間に移管された後、ウォーカートン地域のMOH保健局は、MOEの地方事務所（local office）に対して、地域の水道システムに関するすべての有害な水質の結果を引き続き通知してもらうよう保証を求めた。ウォーカートン地域のMOH保健局は、文書と会議の両方で報告を受けていたが、有害な水質検査の報告は受け取っていなかった。地域の公衆衛生当局は、水道システムに何らかの問題があるとのフィードバックがないため、すべて問題ないと考えていた。

実際には、問題発生の兆候は出ていた。2000年1月から4月にかけて（5月に大腸菌が発生する直前の数か月間）、ウォーカートンの水を検査した検査機関では何度も大腸菌群が検出されており、このことは地表水が水道に入り込んでいることを示唆していた。検査機関は5回にわたってMOEに通知した。MOEは都度WPUCに電話したが、問題は解決していると断言され、そのまま放置した。MOEは、法律で義務付けられているのにもかかわらず、地域のウォーカートン保健医療機関には知らせなかった。

WPUCは、2000年5月に水質検査機関を変更した。新しい検査機関であるA&Lカナダ・ラボラトリーズイースト（A&L Canada Laboratories East）は、通知に関するガイドラインを知らなかった。それどころか、検査結果は機密事項であり、依頼者（この場合はWPUCのマネージャーであるスタン・コーベル）以外に送るのは不適切だと考えていたのである。

1998年、BGOS保健局は、MOEによるウォーカートンの水道システムの点検報告書を受け取っていたが、そこにはいくつかの深刻な問題が存在していることが示されていた。ウォーカートン地域の公衆衛生検査官はその報告書を読み、そこに存在する問題をMOEが確実に対処してくれるものと考え、報告書を保管した。ここで、コントロールの重複した領域における連携（coordination）の問題に注目したい。MOEと地域の公衆衛生検査官の双方が1998年の点検報告の追跡調査をすべきであったが、有害な水質や水道システムの点検報告への対応を公衆衛生検査官に指示する、文書化された規約（protocol）が存在しなかったのである。また、MOEにもそのような規約はなかった。このときも、地域の公衆衛生当局は，水道システムの運用に問題があることを示すようなフィードバックは受けていなかった。

物理的なシステムと地域の運用だけを見れば、この事故は単に無能な水道運用者が自分の仕事を守るために嘘をついた（とはいえ、その嘘が致命的な結果になりかねないことに気づいていなかった）結果であり、地域の保健部門の不適切な対応によってさらに悪化したものと思われる。誰かを非難することが目的であれば、この結論は妥当である。しかし、今後の再発防止や、異なる状況での事故を防ぐ方法を学ぶために、事故がなぜ起きたのかを理解して（コーベル兄弟を解雇する以上の）効果的な改革を行うことが目的であれば、地域の運用を含む、水道のより大きな安全コントロールストラクチャーをより完全に調査する必要がある。

公共水道の細菌汚染

C.5 地方自治体政府

図 C.4 は、相互作用の機能不全（dysfunctional interactions）、ひいては事故の発生を可能にした地方自治体の水道システムのコントロールストラクチャーの欠陥についてまとめたものである。

公共水道システムの運用条件は、理論的には、地方自治体、WPUC の委員、WPUC のマネージャーによって課されていたはずである。地方自治体は水道システムの運用を WPUC に委ねていた。選挙で選ばれた委員は長年にわたり、運用上のことよりも WPUC の財政に重点を置くようになっていた。彼らは水道システムの運用や水質そのものに関する訓練や知識をほとんど、あるいはまったく持っていなかった。そのような知識もなく、財政上の問題に重点を置いていたため、運用に関するすべての責任を WPUC のゼネラルマネージャー（スタン・コーベル）に与え、それ以外の運用上の監督は一切行わな

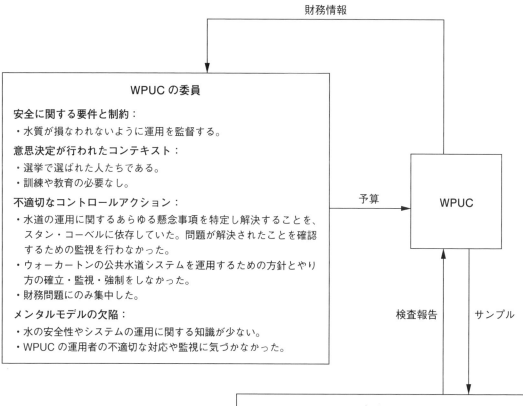

図 C.4　地方自治体のコントロールアクションと事故への影響

かった。

WPUC の委員は、1998 年の点検報告書のコピーを受け取ったが、スタン・コーベルに説明を求め、不完全なやり方を正すという彼の言葉を受け入れただけで、何もしなかった。そして、彼がその言葉を実行したかどうかを確認するための追跡調査もしなかった。ウォーカートン市長や地方自治体も報告書を受け取ったが、彼らは WPUC が問題に対処してくれるものと思っていた。

C.6 州の規制機関（省）

MOE は、地方自治体の水道システムの建設や運用に適用される法律、規制、方針を規定し、強制する第一の責任を負っている。ガイドラインと目標は、連邦政府のガイドラインに基づいて MOE が設定し、公共水道運用者に発行される承認証明書を通じて強制することができる。

ウォーカートンの井戸 5 号は、1978 年に建設され、1979 年に MOE から承認証明書が発行された。この井戸に供給される地下水は地表の汚染の影響を受けやすいという潜在的な問題はあったものの、当時は明確な運用条件が課されることはなかった。

井戸 5 号の最初の承認証明書には特別な運用条件は含まれていなかったが、時間の経過に伴い MOE のやり方は変化した。1992 年までに MOE は、水処理と監視に関する一連のモデル運用条件を開発し、地方自治体の水道システムの新規の承認証明書に常に添付するようになった。しかし、井戸 5 号のような既存の証明書にそのような条件を付すべきかどうか判断する取り組みはなされなかった。

州の水質ガイドラインは 1994 年に改正され、地表水の直接的な影響を受ける地下水源から供給される井戸（ウォーカートンの井戸 5 号もそうである）については、残留塩素と濁度の継続的な監視を要求するようになった。既存の井戸でこの要求が強制されていれば、自動監視と遮断弁がウォーカートンの運用上の問題を緩和し、2000 年 5 月の**大腸菌**汚染に関連した死亡や病気を防ぐことができたであろう。しかし、当時は、既存の井戸が継続的監視の要求事項を満たしているかどうかを判断するために再調査するプログラムや方針がなかった。さらに、MOE の検査官は、（コーベル兄弟のような）井戸の運用者に新しい要求事項を通知することや、井戸が継続的な監視を必要としているかどうかを検査中に評価することを指示されていなかった。

スタン・コーベルとフランク・コーベルには、井戸 5 号の脆弱性を自ら識別し、その結果として生じる残留塩素と濁度の継続的な監視の必要性を理解するための訓練と専門知識が不足していた。1993 年に認証が義務化された後、コーベル兄弟は認証要件を満たしていないにもかかわらず、経験に基づいて認証された。また、新しいルールでは、認証された運用者 1 人につき年間 40 時間の訓練も要求されていた。スタン・コーベルとフランク・コーベルは必要な量の訓練を受けず、また彼らが受けた訓練も飲料水の安全性について十分なものではなかった。MOE は訓練の要件を強制せず、飲料水の安全性に関する訓練に焦点を当てていなかった。

飲料水の安全性についての訓練や知識が不十分だったのは、コーベル兄弟やウォーカートンの委員だけではない。調査における証拠によると、MOE の地方事務所の環境担当者の何人かは、**大腸菌**が致死的であることを知らなかった。また、彼らのメンタルモデルは、水の安全性に不可欠な他の事柄に関しても不正確であったことが判明した。

1996 年に政府の水質検査機関が民営化された際、MOE は希望する自治体に対して指針を送付した。この文書では、地方自治体が民間の検査機関と契約する際に、検査機関が有害な検査結果について MOE と地域の保健医官に直接通知することを明記するよう強く勧告している。WPUC がこの文書を要求した証拠や受け取った証拠はない。MOE は、有害な結果を MOE と MOH に報告するための既存の

公共水道の細菌汚染 419

環境省（MOE）

安全要求と制約：
- 水の供給者が責任を遂行するための能力を有することを確認する。
- 点検を実施し、問題があれば法令遵守を強制する。
- ハザード分析を行い、脆弱性の情報を提供し、それを監視する。
- 既存の施設について継続的にリスク評価を行い、必要に応じて新たな管理体制を構築する。
- 井戸がリスクにさらされているかどうかを判断するための基準を確立する。
- 有害な検査結果に対するフィードバック経路を確立する。機能不全の経路が報告を妨げることがないよう、複数の経路を用意する。
- 地方自治体の水道の建設と運用に適用される法律、規制、および政策を施行する。
- 水道の運用者の認証と訓練の要件を確立する。

意思決定が行われたコンテキスト：
- 脆弱とされる水源の歴史に関する重要な情報に、容易にアクセスできない。
- 予算削減と人員削減。

不適切なコントロールアクション：
- 検査で特定された懸念事項に確実に対処するための法的強制力のある措置がとられていない。定期検査で発見された違反の繰り返しへの対応が弱い。
- 規制やガイドラインの自主的な遵守に依存している。
- 既存の承認証明書について、継続的なモニタリングのための条件を追加すべきかどうかについて体系的な見直しが行われていない。
- 1992 年に手続きが変更された際、古い施設に対して、新しい承認プログラムを過去にさかのぼって適用しなかった。
- 1994 年に ODWO（Ontario Drinking Water Objectives（オンタリオ飲料水基本方針））が改正された際、既存施設の継続的な監視を要求しなかった。
- MOE 検査官は、検査中に既存の井戸を評価するよう指示されていない。
- MOE 検査官には、井戸にリスクがあるかどうかを判断するための基準が提供されていない。日次運用記録を調査するよう指示されていない。
- 構成・運営された検査プログラムが不適切であり、検査が不足している。
- 運用条件や特別な監視・検査要求を付すことなく、井戸 5 号を承認した。
- 重大な欠陥を指摘した検査報告書の追跡調査を行わなかった。
- 2000 年 1 月から 4 月にかけての有害な検査結果について、ウォーカートン保健医官に報告するよう義務づけられていたにもかかわらず、行なわなかった。
- 民間検査機関は、報告ガイドラインについて知らされていない。
- 既得権のある運用者に対する認証や訓練の要件がない。
- 継続的な訓練の要件が実施されていない。
- 環境省職員への訓練が不足している。

メンタルモデルの欠陥：
- 水質に対する規制とガイドラインの遵守状況について、誤ったモデルを用いている。
- 大腸菌が致死的であることを知らない MOE 職員がいた。

フィードバック：
- 民営化が有害な検査結果の報告に及ぼす影響を監視していない。
- 水質状況や水質検査結果に関するフィードバックが不足している。

連携：
- MOE と MOH のいずれも、通知に関する法律の制定に責任を持たなかった。

付録 C

保健省（MOH）

安全要求と制約：
- 水質が悪化した場合の通知とリスク軽減のための適切な手順が存在することを確認する。

不適切なコントロールアクション：
- 水質悪化や検査報告への対応方法について、地域の公衆衛生検査官に文書による規約が提供されていない。

連携：
- MOE と MOH のいずれも、通知に関する法律の制定に責任を持たなかった。

図 C.5　事故発生時の各省の役割

ガイドラインを民間検査機関に周知するメカニズムを持っていなかった。

1997年、MOHはMOEに対して、有害な水質検査結果を確実に適切な機関に通知するよう法改正を求めるという異例の措置をとった。MOEは、既存のガイドラインで対処できることを示して、法案提出を拒否した。MOHとMOEの職員は、有害な検査結果を規約に従って地域の保健医官に報告しなかったことに何度か懸念を表明していた。しかし、規制に反対する文化やレッドテープ委員会（Red Tape Commission、訳注：官僚主義的手続き（レッドテープ）を削減するための機関）の存在により、地方自治体の運用者、すなわち地方自治体の水道システムおよび民間検査機関が通知することに対して、法的拘束力を持たせる提案は見送られた。

1996年の法律によるもう1つの重要な影響は、MOEの水道システム点検プログラムの縮小である。検査プログラムにはほかにも不備があったが、MOEにおける削減が検査件数に悪影響を及ぼした。

MOEは、1991年、1995年、1998年にウォーカートンの水道システムを点検した。点検した当時、水の安全性に関する問題が存在していた。検査官はそのうちのいくつかを特定したが、残念ながら最も重要な問題である井戸5号の地表汚染に対する脆弱性と、WPUCの不適切な塩素消毒と監視のやり方という2つの問題は検出されなかった。井戸5号の脆弱性に関する情報はMOEのファイルにあったが、検査官は水源の安全性について関連情報を見るように指示されておらず、アーカイブされた情報を見つけることは容易ではなかった。2つ目の問題であるWPUCの不適切な塩素消毒と監視慣行に関する情報は、WPUCが維持管理している運用記録から確認することができた。ウォーカートンの調査報告書では、日次運用記録を適切に検査すれば問題が明らかになっただろうと結論づけている。しかし、検査官は運用記録を徹底的にレビューするようには指示されていなかった。

1998年の点検報告では、処理水（treated water）から大腸菌が頻繁に検出されること、処理水の残留塩素が、求められる0.5 mg/Lより少ないこと、細菌学的サンプリングの最低要件を満たしていないこと、適切な訓練の記録を保持していないことなど、長年にわたり水道に問題があったことが示された。

MOEは改善すべき点をまとめたが、点検人員が絶望的に不足しており、地方各地の小規模水道システムが基準を満たしていない状況に直面していたため、改善が実際に行われているかどうかを確認するための事後点検のスケジュールは組まれなかった。ウォーカートンの調査報告書は、規制（regulations）ではなくガイドラインを用いたことが、ここに影響を与えたと指摘している。報告書によれば、もしWPUCがガイドラインではなく、法的強制力のある規制を遵守していないことが判明していれば、MOEはさらなる点検、監督命令（director's order、WPUCに処理と監視の要求を遵守するよう求めるもの）の発行、あるいは強制手続きといった、コンプライアンスを確保するための強力な対策を講じた可能性が高かっただろうとしている。何の追跡調査も強制力もないことから、コーベル兄弟は、「MOEにとっても、この勧告はあまり重要ではない」と考えていたのかもしれない。

2000年1月から4月（5月に大腸菌の集団感染が始まる直前の数か月間）、ウォーカートンの水を検査した検査機関は何度も大腸菌群を検出していた。それは、地表水が水道水に混入していることを示唆していた。検査機関は5回にわたってMOEに通知した。MOEはその都度WPUCに電話したが、問題は解決していると断言され、そのまま放置した。MOEは、法律で要求されている保健医官への報告を怠っていた。

オンタリオ州の水質管理システムにおけるこの階層レベルの役割を見ることで、ウォーカートンの事故の原因をより深く理解することができ、将来の事故を防ぐためにとるべき、より多くの是正措置が示唆される。しかし、このレベルのコントロールの欠陥を調べるだけでは、MOEの行動や行動の欠如を完全に理解することはできない。この悲劇における州政府の役割について、より大きな視点が必要である。

C.7　州政府

　オンタリオ州の水質コントロールストラクチャーにおける最後のコンポーネントは、州政府である。図 C.6 は、事故におけるその役割をまとめたものである。

　ウォーカートン（および他の地方自治体）における水道システムの運用の弱点はすべて、水の汚染源がコントロールされていれば緩和されたかもしれない。オンタリオ州の基本的な水道コントロールストラクチャーの弱点は、飲料水源に影響を与える可能性のある農業活動に対し、流域および土地の利用に関する政府の方針が欠如していたことである。実際、ウォーカートンの町議会が開かれた 1978 年 11 月（井戸 5 号建設時）には、MOE の代表が井戸 5 号周辺の土地利用の規制を提案したが、オンタリオ州政府がそのような規制のための法的根拠を提供していなかったため、地方自治体にはそうした土地利用の規制を実施する法的手段がなかった。

　工場式農場の増加により、自然のろ過能力で地域の水道システムの汚染を防げなくなっていったのと同じ時期に、肥料の糞尿の散布は長年にわたって環境保護法（Environmental Protection Act：EPA）の規制を免除されていたのである。ウォーカートンの事故が起こる前の 4 年間のオンタリオ州環境委員会（Environment Commissioner of Ontario）の年次報告には、政府が地下水戦略を立てるよう勧告が含まれていた。カナダ保健省（Health Canada）の研究活動では、ウォーカートンが位置するオンタリオ州南西部の畜産諸州は、大腸菌感染のリスクが高いエリアであると報告されていた。報告書は、

州政府

安全要求と制約：
- ・州の規制機関および責任、権限、説明責任に関する規則を確立する。
- ・規制機関がその責任を果たすために十分な資源を提供する。
- ・規制機関が適切に業務を遂行していることを確認するための監視とフィードバックループを提供する。
- ・適切なリスク評価を実施し、効果的なリスクマネジメント計画を策定する。
- ・水質保全のための法整備を行う。

意思決定が行われたコンテキスト：
- ・規制に反対する文化。
- ・官僚主義的手続きを減らす努力。

不適切なコントロールアクション：
- ・既知のリスクの範囲、リスクを想定すべきかどうか、リスクを想定した場合に管理できるかどうかを判断するためのリスク評価またはリスク管理計画が作成されていない。
- ・検査機関が有害な検査結果を MOE や保健当局に通知することを義務付けずに、飲料水の検査機関を民営化した（政府の適切な監視を確立しないまま民営化した）。
- ・法的強制力のある規制ではなく、ガイドラインを重視する。
- ・飲料水源に影響を与える農業活動に対する規制要件がない。
- ・EPA の承認証明書の要求を免除された肥料の糞尿の散布。
- ・上下水道サービス改善法により、地方の飲料水監視プログラムが終了した。
- ・水質検査機関の認定なし（検査担当者の質を管理する基準が確立されておらず、政府によるライセンス、検査、または監査の規定もない）。
- ・ACES を解散した。
- ・水質悪化の警告を無視した。
- ・飲料水基準、報告要件、インフラ資金調達の要求を法制化する法律がない。
- ・環境規制を計画的に撤廃したり無効にしたりしている。

フィードバック：
- ・変更の影響を評価するためのモニタリングやフィードバック経路が確立されていない。

図 C.6　事故における州政府の役割

牛の密度と大腸菌感染の直接的な関連性を指摘し、オンタリオ州農村部の井戸の32パーセントに糞便汚染が見られることを示していた。BGOS保健局の保健医官であるマレー・マクキッジ博士（Dr. Murray McQuigge、ウォーカートンでの**大腸菌**の集団感染を担当）は、「農地における不適切な施肥管理が、地下水、河川、湖沼の水質悪化につながっている」と、地域当局にメモで警告している。それに対しては何もなされなかった。

1995年に保守的な州政府が選出されると、環境規制や官僚主義的手続きに対する偏見から、飲料水の水質に関する政府の規制の多くが撤廃された。州政府は、政府や民間産業に対する報告やその他の要求事項を最小限に抑えるために、レッドテープ委員会を設立した。同時に政府は、水質に関するものを含め、省庁の規格をレビューしていた環境基準諮問委員会（Advisory Committee on Environmental Standards：ACES）などのグループを解散させた。ウォーカートンの汚染事故当時、オンタリオ州の浄水管理について、関係者や一般市民が検討する機会はなかった。

保守政権による予算と人員の削減は、環境に関するプログラムと機関に大きな打撃を与えた（ただし、予算削減は新しい州政府の選挙前から始まっていた）。MOEの予算は42パーセント削減され、環境規制の監視、検査、点検、執行を担当する2,400人の職員のうち900人が解雇された。ウォーカートンの公式の調査報告書では、この削減は、MOEの法定要件を満たすための評価に基づいておらず、環境、特に水質への潜在的影響に関するリスク評価にも基づいていなかったと結論づけている。削減後、州のオンブズマン（訳注：行政の監視を行い、市民の権利と利益を守る代理人）は、「削減のダメージが大きく、政府はもはや義務付けられたサービスを提供することができない」とする報告書を発表した。しかし、この報告書は無視された。

1996年には下水道サービス改善法（Water Sewage Services Improvement Act）が制定された。それにより、政府の水質検査機関は閉鎖され、州所有の上下水道施設の管理権は地方自治体に移った。そして、地方自治体の水道事業への資金援助は廃止され、MOEが州内の飲料水を監視する「州の飲料水監視プログラム（Drinking Water Surveillance Program）」も終了した。

州の水質ガイドラインでは、水質が危険であることを示す兆候を、MOEと地域の保健医官に報告するよう検査機関に指示していた。そして、保健医官が煮沸勧告を出すかどうかを判断することになっていた。政府の検査機関が、地方自治体の水道システムの定期的な飲料水検査をすべて実施していた頃は、法的強制力のある法律や規制ではなく、ガイドラインの形で規約を維持することが許容されていた。しかし、1996年に水質検査が民営化され、政府の検査機関がこの業務から撤退したことにより、必要な報告を確実に行うためには、ガイドラインの使用は効果的ではなくなってしまった。当時、政府は民間の環境検査機関を規制していなかった。検査の品質、民間の検査機関職員の資格や経験を管理する基準は設けられておらず、政府による民間の検査機関の免許取得、点検、監査のための規定もなかった。さらに、政府は有害な検査結果が出た場合に従う通知手続きに対する民営化の影響を監視するプログラムを実施していなかった。

1997年、MOHは環境大臣（Minister of the Environment）に、有害な水質検査結果を確実に適切な関係官庁に通知するための法令改正を要請するという異例の措置に踏み切った。環境大臣は、この問題は州の水質ガイドラインで対処していることを示し、法令改正の提案を拒否した。MOHとMOEの職員は、規約に従わずに有害な検査結果を地域の保健医に報告しないことに対して、懸念を何度か表明していた。しかし、規制に反対する文化やレッドテープ委員会の存在により、地方自治体の運用者、すなわち地方自治体の水道システムおよび民間検査機関に対して、通知に法的拘束力を持たせるという提案は却下された。

安全コントロールストラクチャーにおける最後の重要な変更は、MOEが州全域の飲料水を監視する

飲料水監視プログラムに関するものであった。1996年、州政府は飲料水監視プログラムから**大腸菌**の検査を取りやめた。翌年には、同プログラムは完全に停止された。同時に、州政府はMOEの職員に、まだ残っている数多くの環境関連の法規を強制しないよう指示した。特に、農場経営者には、家畜や排水の規制に違反していることがわかっても、理解ある態度で接することになっていた。1998年6月、ウォーカートンの町議会はこの状況を懸念し、マイク・ハリス（Mike Harris）州首相に直接手紙を送り、地方自治体の水質検査再開を訴えた。しかし、何の返事もなかった。

MOEの職員は、水質検査プログラムの閉鎖は公衆衛生を脅かすことになると政府に警告した。しかし、彼らの懸念事項は却下された。1997年、MOEの高官は、政府が**耳を傾けた**別のメモを起草した[55]。このメモは、大幅な削減によって環境省の環境規制を強制する能力が損なわれ、環境事故が発生した場合、MOEが過失による訴訟にさらされる可能性があることを警告したものであった。これを受けて、州政府は環境省の職員を集めて、どうすれば責任から身を守れるかを話し合う会議を招集し、特に、環境大臣が環境規制やガイドラインの適用に失敗したことによって、悪影響を受けた者が政府に対して訴訟を起こすことを禁止する法案（環境承認改善法（Environmental Approvals Improvement Act））を成立させた。

ほかにも多くのグループが、政府高官や大臣、内閣に対して、点検の削減や、通知に関するガイドラインを規則にしないことなど、彼らが行っていることの危険性を警告していた。しかし、警告は無視された。環境のグループは会合を開いた。州の監査役（Provincial Auditor）は年次報告書の中で、MOEの地下水資源の監視に不備があることや、州の小規模な水道施設の監査に失敗していることを批判した。国際合同委員会（International Joint Commission）は、オンタリオ州が水質問題を軽視していることに懸念を示し、オンタリオ州環境委員会（Environmental Commissioner）は、政府が環境保護に手ぬるいと警告し、特に飲料水の検査を懸念事項として指摘した。

ウォーカートンの事故が起こる3か月前の2000年1月、MOEの水政策課（Water Policy Branch）の職員は、「飲料水の水質を監視していないことは、公衆衛生を守るという省の任務から見て、重大な懸念事項である」と警告する報告書を州政府に提出している。報告書によると、多くの小規模な地方自治体は、飲料水の水質を監視する仕事ができていないとのことであった。さらに、検査機関が民営化されたため、地域の水道システムに問題が検出された場合に、MOEと地域の保健医官に確実に報告するメカニズムがなくなってしまったと警告していた。しかし、州政府はこの報告書を無視した。

警告は、グループや個人からのものだけではなかった。1995年から1998年にかけて、ウォーカートンから多くの有害な水質の報告が届いていた。1990年代半ばから後半にかけて、水質が悪化している明確な兆候が見られた。たとえば1996年には、ウォーカートン近郊の町コリングスウッド（Collingswood）で、クリプトスポリジウム（cryptosporidium、動物の糞に寄生する寄生虫）が飲料水に混入し、数百人の人々が体調を崩した。死者は出なかったが、水道の安全コントロールストラクチャーが劣化していたことを警告するものだったはずである。

ウォーカートンの調査報告書は、オンタリオ州における水の安全コントロールの撤廃やその強制力を弱める決定が、リスク評価やリスク管理計画の準備なしに行われたことを指摘している。報告書によると、判断の責任者である政府の最高幹部が、リスクは管理可能であると考えていたという証拠はあったが、特定のリスクが適切に評価され、対処されたという証拠はなかったという。

ここまでのところ、ウォーカートンの事故は、コントロールと安全制約の強制が不十分だったという観点で捉えられてきた。しかし、システムは静的なものではない。次節では、事故の動的な側面について説明する。

C.8 構造的なダイナミクス

ハザード分析やそれ以外の安全工学の手法の多くは、システムとその環境を静的な設計として扱う。しかし、システムは決して静的ではない。システムはその目的を達成するために、またシステム自体や目標、環境の変化に対応するために、絶えず適応し（adapting）、変化している。元の設計は、安全な運用を確実にするため、振る舞いに適切な制約を加えるだけでなく、時間の経過とともに変化や適応が生じた場合でも、安全に運用できるものでなければならない。システム理論の枠組みにおいては、事故は、経時的に変化する欠陥のあるプロセスとコントロールストラクチャーの結果とみなされる。

オンタリオ州における公共水道の安全コントロールストラクチャーは、当初はいくつかの弱点があったが、他のコントロールの存在によって緩和されていた。たとえば、運用者認証要求が導入されたり、1994年には地表水の影響を直接受ける井戸の残留塩素と濁度の継続的なモニタリングの要件が追加されたりして、ハザードに対するコントロールが時間の経過とともに改善されたケースもあった。これらの改善は新規の井戸には有効であったが、既存の井戸と既存の運用者に適用する方針がなかったため、全体的な公衆衛生体制（public health structure）には深刻な弱点が残された。

同じころに、検査回数を減らしたり監視プログラムを廃止したりすることで、システムコンポーネントの状態に関するMOEやMOHへのフィードバックが減少した。水質検査機関の民営化そのものが安全性を低下させたのではなく、民営化が実施された方法に問題があった。つまり、有害な検査結果について政府機関に報告するよう民間検査機関に義務付ける要求もなく、この通知に関するガイドラインも民間検査機関に知らされなかったのである。安全な運用条件についての規制や監督、強制がなく、安全要求についてのメンタルモデルが不十分であれば、安全と相反するさまざまな目標を最適化するために、運用方法は時間の経過とともに変化しがちである。この場合、目標の最適化としては、予算の削減、行政の削減、官僚主義的手続きの削減が挙げられる。

コントロールストラクチャーの非同期的な進化の例として、公共水道システムの運用に対する適切な監視がWPUCの委員によって行われているという地方自治体の政府（市長と市議会）の想定が挙げられる。この想定は、初期の運用上では正しかった。しかし、選出された委員は、時間が経つと予算への関心が高まり、水道システムの運用に関する専門性が低下し、必要な監視を提供することができなくなった。その変化を理解していない地方自治体の政府は、適切な対応をすることができなかった。

変化は、安全コントロールストラクチャーの環境にも関わる可能性がある。州の流域保護計画がないことは、水道システムが排水の影響を受けないことをMOEが保証することで埋め合わせされていた。ウォーカートンの当初の設計は、この安全制約を満たしていた。しかし、工場式農場や農場経営が飛躍的に増え、家畜の排泄物の発生が既存の設計の安全措置を圧倒するようになった。環境は変化したが、既存のコントロールが依然として適切かどうかを判断するための再検討は行われなかった。

オンタリオ州の水道の安全コントロールストラクチャーにおける、時間の経過に伴うこうした変化のすべてが、図C.7に示す変更されたコントロールストラクチャーにつながった。点線は、まだ存在するが効果がなくなってしまったコミュニケーション、コントロールまたはフィードバック・チャネルを表している。上部の元のストラクチャーと下部のストラクチャーを比較して注目すべき点は、多くのフィードバックループが消滅していることである。

公共水道の細菌汚染　　　425

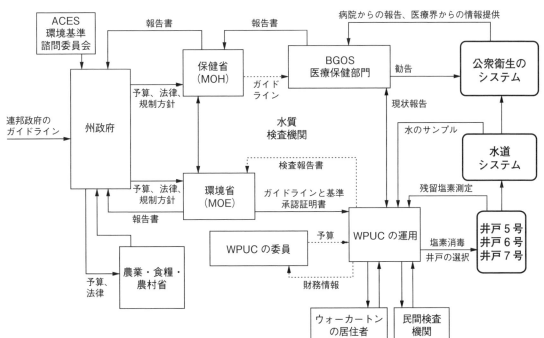

図 C.7　理論的な水道の安全コントロールストラクチャー(上)と事故当時のストラクチャー(下)。多くのフィードバックループが消滅していることに注目。

C.9 ウォーカートンの事故分析の補遺

　政府側は調査中、事故原因は単にコーベル兄弟の行動にあり、政府の行為や不作為は関係ない、と主張した。ウォーカートンの調査報告書は、この見方を否定した。その代わりに、報告書には、飲料水源に影響を与える可能性のある農業活動に対する規制要件を確立するための勧告が含まれていた。それは、①基準および技術の更新、②基準設定における現行のやり方の改善、③ガイドラインではなく法的強制力のある規制を確立すること、④すべての水道運用者に必須の訓練を義務付け、既得権のある運用者に2年以内の認証試験合格を要求すること、⑤運用者の訓練のカリキュラムと、水の品質と安全性の問題を特に強調した必須の訓練要件を策定すること、⑦地方全体の飲料水政策と安全飲料水法（Safe Drinking Water Act）を採用すること、⑧飲料水規制の厳格化、そして、⑨ MOE が効果的にその役割を果たせるよう、（財政的およびその他の）十分な資源を投入することである。2003年までは、これらの勧告のほとんどは実施されなかった。とはいえ、事故から3年後、コーベル兄弟は事件に関与したことで逮捕された。オンタリオ州の小さな町々では、水質汚染事故の発生が続いた。

付録D システムダイナミクス・モデリングの概要

　事故に直接つながる事象に注目する「事象連鎖（event chains）」の考え方では、システムを静的で不変な構造を持つものとして扱う。しかし、実際のシステムや組織は、継続的な変化を通して、状況に適応していくものである。システムダイナミクス・モデルは、そのようなシステムの動的な変化をモデル化し、表現するための１つの方法である。これまで主に、組織の意思決定が望ましくない結果を引き起こす可能性を検討するために用いられてきた[194]。

　本書の第１部で述べたように、安全コントロールループ（safety control loop）を構成するコンポーネントの振る舞いの変化により、システムの防御や安全コントロールが時間とともに劣化することがある。システムがリスクの高い状態に移行する要因は、システム固有のものであり非常に複雑である。事象連鎖型の事故モデルで表現されるのは、通常、シンプルで直接的な因果関係であるが、複雑な社会技術システムにおける事故のほとんどは、人間の振る舞いや事象の間の高度に非線形な相互作用が関係し、そこには複数のフィードバックループが含まれる。したがって、このようなシステムの事故を防ぐには、システムの静的構造（**構造の複雑さ**）とその経時的な変化（**構造のダイナミクス**）の理解だけでなく、その変化の背後にあるダイナミクス（**振る舞いのダイナミクス**）を理解することが必要となる。システムダイナミクスは、静的な安全コントロールストラクチャー（static safety control structure）の経時的変化の背後にある動的なプロセスをモデル化し、理解するための方法である。これによって、安全コントロールストラクチャーがなぜ、どのようにして時間の経過とともに変化し、効果がないコントロールやハザード状態を招く恐れがあるかを理解することができる。

　システムダイナミクスは、1950年代にMITでジェイ・フォレスター（Jay Forrester）によって創始されたもので、意思決定者が複雑なシステムの構造とダイナミクスについて理解し、持続的な改善のためのポリシーを設計し、実装および変更を上手く進めることに役立つ。システムダイナミクスは、原因と結果の関係が自明ではないような、動的な複雑性を扱うためのフレームワークを提供する。これは非線形動力学とフィードバック制御理論に基づいたものであるが、認知・社会心理学、組織論、経済学、その他の社会科学も利用している[194]。システムダイナミクス・モデルは形式的なものであり、実行することが可能である。モデルとシミュレーターは、複雑なダイナミクスを捉え、組織的な学習やポリシー設計のための環境を構築することに役立つ。

　システムダイナミクスは、事故の組織的な側面を分析する場合や、ハイレベルな安全コントロールストラクチャーでSTPAを行う場合の安全工学と特に関連する。この世界は動的なものであり、進化し続け、相互に作用し合うものであるにもかかわらず、私たちは静的で、狭く、還元主義的なメンタルモデルを使って意思決定する傾向がある。そのため、安全性に影響しないように見える決定や有益に見える決定であっても、実際には安全性を低下させ、リスクを増大させる可能性がある。システムダイナミクスのモデリングは、ポリシーが抵抗を受ける事例や、善意による介入がシステムの思わぬ反応で打ち消される傾向について理解し、予測するのに役立つ。

　システムダイナミクスでは、システムの振る舞いはフィードバック（因果関係）ループ、ストックとフロー（値と速度（levels and rates））、およびシステムコンポーネント間の相互作用によって生じる非線形性を用いてモデル化される。この世界観では、経時的な振る舞い（システムのダイナミクス）は、

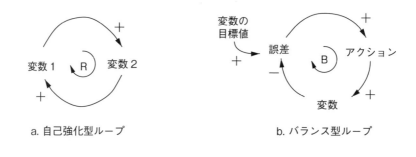

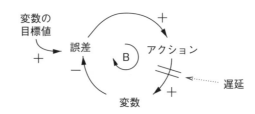

図 D.1　システムダイナミクス・モデルの3つの基本要素

正と負のフィードバックループの作用によって説明できる[185]。モデルは、3つの基本的な要素で構成される。すなわち、正のフィードバックループ（positive feedback loops）つまり自己強化型ループ（reinforcing loops）、負のフィードバックループ（negative feedback loops）つまりバランス型ループ（balancing loops）、そして遅延である。正のループ（自己強化型ループと呼ばれる）は自己強化していくループであり、負のループ（バランス型ループと呼ばれる）は変化を打ち消す傾向を持つループである。遅延は、システムに潜在的な不安定性をもたらす。

図 D.1a は**自己強化型ループ**を示している。自己強化型ループは、自分で自分自身の成長あるいは減衰を助長する構造である。自己強化型ループは、制御理論における正のフィードバックループに相当する。変数1の増加は変数2の増加をもたらし（「＋」記号で示される）、それはまた変数1の増加をもたらし、という具合に続く。「＋」の記号は必ずしも値が大きくなることを意味するわけではなく、変数1と変数2が同じ方向に変化するということを意味する。すなわち、変数1が減少すれば変数2も減少する。「－」は、変数の値が逆方向に変化することを意味する。外部からの影響がない場合、変数1と変数2のいずれも指数関数的に増加または減少していく。

自己強化型ループは、成長を生み出したり逸脱を増幅したりするものであり、また、変化を強化するものである[194]。

バランス型ループ（図 D.1b）は、何らかのアクションによって、システム変数や目標変数あるいは参照変数の現在の値を変化させる構造である。これは、制御理論における負のフィードバックループに相当する。変数の現在の値と目標値の差異（difference）は、誤差（error）として認識される。誤差に比例したアクションによって誤差が減少し、時間の経過とともに変数の現在の値が目標値に近づいていく。

3つ目の基本要素は**遅延**であり、原因から結果に至る時間をモデル化するために用いられる。遅延は、図 D.1c に示すように二重線で示される。遅延は、原因と結果のつながりを困難にし（動的複雑性）、システムの不安定な振る舞いを引き起こす場合がある。たとえば、船舶の操舵では、舵角の変化とそれに対応する針路の変化の間に遅延があり、しばしば過修正や不安定性をもたらす。

参考文献

1. Ackoff, Russell L. (July 1971). Towards a system of systems concepts. *Management Science* 17 (11):661–671.

2. Aeronautica Civil of the Republic of Colombia. AA965 Cali Accident Report. September 1996.

3. Air Force Space Division. *System Safety Handbook for the Acquisition Manager*. SDP 127-1, January 12, 1987.

4. Aircraft Accident Investigation Commission. Aircraft Accident Investigation Report 96–5. Ministry of Transport, Japan, 1996.

5. James G. Andrus. Aircraft Accident Investigation Board Report: U.S. Army UH-60 Black Hawk Helicopters 87-26000 and 88-26060. Department of Defense, July 13, 1994.

6. Angell, Marcia. 2005. *The Truth about the Drug Companies: How They Deceive Us and What to Do about It*. New York: Random House.

7. Anonymous. American Airlines only 75% responsible for 1995 Cali crash. Airline Industry Information, June 15, 2000.

8. Anonymous. USS Scorpion (SSN-589). Wikipedia.

9. Arnold, Richard. *A Qualitative Comparative Analysis of STAMP and SOAM in ATM Occurrence Investigation*. Master's thesis, Lund University, Sweden, June 1990.

10. Ashby, W. R. 1956. *An Introduction to Cybernetics*. London: Chapman and Hall.

11. Ashby, W. R. 1962. Principles of the self-organizing system. In *Principles of Self-Organization*, ed. H. Von Foerster and G. W. Zopf, 255–278. Pergamon.

12. Ayres, Robert U., and Pradeep K. Rohatgi. 1987. Bhopal: Lessons for technological decision-makers. *Technology in Society* 9:19–45.

13. Associated Press. Cali crash case overturned. CBS News, June 16, 1999 (http://www.csbnews.com/stories/1999/06/16/world/main51166.shtml).

14. Bainbridge, Lisanne. 1987. Ironies of automation. In *New Technology and Human Error*, ed. Jens Rasmussen, Keith Duncan, and Jacques Leplat, 271–283. New York: John Wiley & Sons.

15. Bachelder, Edward, and Nancy Leveson. Describing and probing complex system behavior: A graphical approach. *Aviation Safety Conference*, Society of Automotive Engineers, Seattle, September 2001.

16. Baciu, Alina, Kathleen R. Stratton, and Sheila P. Burke. 2007. *The Future of Drug Safety: Promoting and Protecting the Health of the Public, Institute of Medicine*. Washington, D.C.: National Academies Press.

17. Baker, James A. (Chair). The Report of the BP U.S. Refineries Independent Safety Review Panel. January 2007.

18. Barstow, David, Laura Dood, James Glanz, Stephanie Saul, and Ian Urbina. Regulators failed to address risk in oil rig fail-safe device. *New York Times*, New York Edition, June 21, 2010, Page Al.

19. Benner, Ludwig, Jr., Accident investigations: Multilinear events sequencing methods. (June 1975). *Journal of Safety Research* 7 (2):67–73.

20. Bernstein, D. A., and P. W. Nash. 2005. *Essentials of Psychology*. Boston: Houghton Mifflin.

21. Bertalanffy, Ludwig. 1969. *General Systems Theory: Foundations*. New York: Braziller. (ルートヴィヒ・フォン・ベルタランフィ, 長野敬・太田邦昌 訳 (1973). 『一般システム理論』みすず書房)

22. Billings, Charles. 1996. *Aviation Automation: The Search for a Human-Centered Approach*. New York: CRC Press.

23. Bogard, William. 1989. *The Bhopal Tragedy*. Boulder, Colo.: Westview Press.

24. Booten, Richard C., Jr., and Simon Ramo. (July 1984). The development of systems engineering. *IEEE Transactions on Aerospace and Electronic Systems* AES-20 (4):306–309.

25. Brehmer, B. 1992. Dynamic decision making: Human control of complex systems. *Acta Psychologica* 81:211–241.

26. Brookes, Malcolm J. 1982. Human factors in the design and operation of reactor safety systems. In *Accident at Three Mile Island: The Human Dimensions*, ed. David L. Sills, C. P. Wolf, and Vivien B. Shelanski, 155–160. Boulder, Colo.: Westview Press.

27. Brown, Robbie, and Griffin Palmer. Workers on doomed rig voiced concern about safety. *New York Times*, Page Al, July 22, 2010.

28. Bundesstelle für Flugunfalluntersuchung. Investigation Report. German Federal Bureau of Aircraft Accidents Investigation, May 2004.

29. Cameron, R., and A. J. Millard. 1985. *Technology Assessment: A Historical Approach*. Dubuque, IA: Kendall/ Hunt.

30. Cantrell, Rear Admiral Walt. (Ret). Personal communication.

31. Carrigan, Geoff, Dave Long, M. L. Cummings, and John Duffer. Human factors analysis of Predator B crash. *Proceedings of AUVSI: Unmanned Systems North America*, San Diego, CA 2008.

32. Carroll, J. S. 1995. Incident reviews in high-hazard industries: Sensemaking and learning under ambiguity and accountability. *Industrial and Environmental Crisis Quarterly* 9:175–197.

33. Carroll, J. S. (November 1998). Organizational learning activities in high-hazard industries: The logics underlying self-analysis. *Journal of Management Studies* 35 (6):699–717.

34. Carroll, John, and Sachi Hatakenaka. Driving organizational change in the midst of crisis. *MIT Sloan Management Review* 42:70–79.

35. Carroll, J. M., and J. R. Olson. 1988. Mental models in human-computer interaction. In *Handbook of Human-Computer Interaction*, ed. M. Helander, 45–65. Amsterdam: Elsevier Science Publishers.

36. Checkland, Peter. 1981. *Systems Thinking, Systems Practice*. New York: John Wiley & Sons. (ピーター・チェックランド, 飯島淳一 訳 (1985). 『新しいシステムアプローチ：システム思考とシステム実践』オーム社)

37. Childs, Charles W. Cosmetic system safety. *Hazard Prevention*, May/June 1979.

38. Chisti, Agnees. 1986. *Dateline Bhopal*. New Delhi: Concept.

39. Conant, R. C., and W. R. Ashby. 1970. Every good regulator of a system must be a model of that system. *International Journal of Systems Science* 1:89–97.

40. Cook, Richard I. Verite, abstraction, and ordinateur systems in the evolution of complex process control. *3rd Annual Symposium on Human Interaction with Complex Systems (HICS '96)*, Dayton Ohio, August 1996.

41. Cook, R. I., S. S. Potter, D. D. Woods, and J. M. McDonald. 1991. Evaluating the human engineering of microprocessor-controlled operating room devices. *Journal of Clinical Monitoring* 7:217–226.

42. Council for Science and Society. 1977. *The Acceptability of Risks (The Logic and Social Dynamics of Fair Decisions and Effective Controls)*. Chichester, UK: Barry Rose Publishers Ltd.

43. Couturier, Matthieu. *A Case Study of Vioxx Using STAMP*. Master's thesis, Technology and Policy Program, Engineering Systems Division, MIT, June 2010.

44. Couturier, Matthieu, Nancy Leveson, Stan Finkelstein, John Thomas, John Carroll, David Weirz, Bruce Psaty, and Meghan Dierks. 2010. Analyzing the Efficacy of Regulatory Reforms after Vioxx Using System Engineering, MIT Technical Report. Engineering Systems Division.

45. Cox, Lauren, and Joseph Brownstein. Aussie civil suit uncovers fake medical journals. ABC News Medical Unit, May 14, 2009.

46. Cutcher-Gershenfeld, Joel. Personal communication.

47. Daouk, Mirna. *A Human-Centered Approach to Developing Safe Systems*. Master's thesis, Aeronautics and Astronautics, MIT, Dec. 2001.

48. Daouk, Mirna, and Nancy Leveson. An approach to human-centered design. *International Workshop on Humana Error, Safety, and System Design (HESSD '01)*, Linchoping, Sweden, June 2001.

49. Dekker, Sidney. 2004. *Ten Questions about Human Error*. New York: CRC Press.

50. Dekker, Sidney. 2006. *The Field Guide to Understanding Human Error*. London: Ashgate. (シドニー・デッカー, 小松原明哲・十亀洋 訳 (2010). 『ヒューマンエラーを理解する：実務者のためのフィールドガイド』海文堂)

参考文献　　　　431

51. Dekker, Sidney. 2007. *Just Culture: Balancing Safety and Accountability*. London: Ashgate. (シドニー・デッカー，芳賀繁 訳（2009）．『ヒューマンエラーは裁けるか：安全で公正な文化を築くには』東京大学出版会)

52. Dekker, Sidney. *Report on the Flight Crew Human Factors Investigation Conducted for the Dutch Safety Board into the Accident of TK1951, Boeing 737−800 near Amsterdam Schiphol Airport, February 25, 2009*. Lund University, Sweden 2009.

53. Department of Defense. *MIL-STD-882D: Standard Practice for System Safety*. U.S. Department of Defense, January 2000.

54. Department of Employment. 1975. *The Flixborough Disaster: Report of the Court of Inquiry*. London: Her Majesty's Stationery Office.

55. Diemer, Ulli. Contamination: The poisonous legacy of Ontario's environment cutbacks. *Canada Dimension Magazine*, July−August, 2000.

56. Dorner, D. 1987. On the difficulties people have in dealing with complexity. In *New Technology and Human Error*, ed. Jens Rasmussen, Keith Duncan, and Jacques Leplat, 97−109. New York: John Wiley & Sons.

57. Dowling, K., R. Bennett, M. Blackwell, T. Graham, S. Gatrall, R. O'Toole, and H. Schempf. A mobile robot system for ground servicing operations on the space shuttle. *Cooperative Intelligent Robots in Space*, SPIE, November, 1992.

58. Dulac, Nicolas. *Empirical Evaluation of Design Principles for Increasing Reviewability of Formal Requirements Specifications through Visualization*. Master's thesis, MIT, August 2003.

59. Dulac, Nicolas. Incorporating safety risk in early system architecture trade studies. *AIAA Journal of Spacecraft and Rockets* 46 (2) (Mar−Apr 2009).

60. Duncan, K. D. 1987. Reflections on fault diagnostic expertise. In *New Technology and Human Error*, ed. Jens Rasmussen, Keith Duncan, and Jacques Leplat, 261−269. New York: John Wiley & Sons.

61. Eddy, Paul, Elaine Potter, and Bruce Page. 1976. *Destination Disaster*. New York: Quadrangle/Times Books.

62. Edwards, M. 1981. The design of an accident investigation procedure. *Applied Ergonomics* 12:111−115.

63. Edwards, W. 1962. Dynamic decision theory and probabilistic information processing. *Human Factors* 4:59−73.

64. Ericson, Clif. Software and system safety. *5th Int. System Safety Conference*, Denver, July 1981.

65. Euler, E. E., S. D. Jolly, and H. H. Curtis. 2001. The failures of the Mars climate orbiter and Mars polar lander: A perspective from the people involved. *Guidance and Control*, American Astronautical Society, paper AAS 01-074.

66. Fielder, J. H. 2008. The Vioxx debacle revisited. *Engineering in Medicine and Biology Magazine* 27(4):106−109.

67. Finkelstein, Stan N., and Peter Temin. 2008. *Reasonable Rx: Solving the Drug Price Crisis*. New York: FT Press.

68. Fischoff, B., P. Slovic, and S. Lichtenstein. 1978. Fault trees: Sensitivity of estimated failure probabilities to problem representation. *Journal of Experimental Psychology: Human Perception and Performance* 4: 330−344.

69. Ford, Al. Personal communication.

70. Frola, F. R., and C. O. Miller. System safety in aircraft acquisition. Logistics Management Institute, Washington DC, January 1984.

71. Fujita, Y. What shapes operator performance? JAERI Human Factors Meeting, Tokyo, November 1991.

72. Fuller, J. G. (March 1984). Death by robot. *Omni* 6 (6):45−46, 97−102.

73. Government Accountability Office (GAO). 2006. *Drug Safety: Improvement Needed in FDA's Post- market Decision-making and Oversight Process*. Washington, DC: US Government Printing Office.

74. Gehman, Harold (Chair). Columbia accident investigation report. August 2003.

75. Gordon, Sallie E., and Richard T. Gill. 1997. Cognitive task analysis. In *Naturalistic Decision Making*, ed. Caroline E. Zsambok and Gary Klein, 131−140. Mahwah, NJ: Lawrence Erlbaum Associates.

76. Graham, David J. Testimony of David J. Graham, M.D. Senate 9, November 18, 2004.

77. Haddon, William, Jr. 1967. The prevention of accidents. In *Preventive Medicine*, ed. Duncan W. Clark and Brian MacMahon, 591–621. Boston: Little, Brown.

78. Haddon-Cave, Charles. (October 28, 2009). The Nimrod Review. HC 1025. London: Her Majesty's Stationery Office.

79. Hammer, Willie. 1980. *Product Safety Management and Engineering*. Englewood Cliffs, NJ: Prentice-Hall.

80. Harris, Gardiner. U.S. inaction lets look-alike tubes kill patients. *New York Times*, August 20, 2010.

81. Helicopter Accident Analysis Team. 1998. *Final Report*. NASA.

82. Hidden, Anthony. 1990. *Investigation into the Clapham Junction Railway Accident*. London: Her Majesty's Stationery Office.

83. Hill, K. P., J. S. Ross, D. S. Egilman, and H. M. Krumholz. 2009. The ADVANTAGE seeding trial: A review of internal documents. *Annals of Internal Medicine* 149:251–258.

84. Hopkins, Andrew. 1999. *Managing Major Hazards: The Lessons of the Moira Mine Disaster*. Sydney: Allen & Unwin.

85. Howard, Jeffrey. Preserving system safety across the boundary between system integrator and soft- ware contractor. *Conference of the Society of Automotive Engineers*, Paper 04AD-114, SAE, 2004.

86. Howard, Jeffrey, and Grady Lee. 2005. *SpecTRM-Tutorial*. Seattle: Safeware Engineering Corporation.

87. Ingerson, Ulf. Personal communication.

88. Ishimatsu, Takuto, Nancy Leveson, John Thomas, Masa Katahira, Yuko Miyamoto, and Haruka Nakao. Modeling and hazard analysis using STPA. *Conference of the International Association for the Advancement of Space Safety*, IAASS, Huntsville, May 2010.

89. Ito, Shuichiro Daniel. *Assuring Safety in High-Speed Magnetically Levitated (Maglev) Systems*. Master's thesis, MIT, May 2008.

90. Jaffe, M. S. *Completeness, Robustness, and Safety of Real-Time Requirements Specification*. Ph.D. Dissertation, University of California, Irvine, 1988.

91. Jaffe, M. S., N. G. Leveson, M. P. E. Heimdahl, and B. E. Melhart. (March 1991). Software requirements analysis for real-time process-control systems. *IEEE Transactions on Software Engineering* SE-17 (3):241–258.

92. Johannsen, G., J. E. Rijndorp, and H. Tamura. 1986. Matching user needs and technologies of displays and graphics. In *Analysis, Design, and Evaluation of Man–Machine Systems*, ed. G. Mancini, G. Johannsen, and L. Martensson, 51–61. New York: Pergamon Press.

93. Johnson, William G. 1980. *MORT Safety Assurance System*. New York: Marcel Dekker.

94. Joyce, Jeffrey. Personal communication.

95. JPL Special Review Board. Report on the loss of the Mars polar lander and deep space 2 missions. NASA Jet Propulsion Laboratory, 22 March 2000.

96. Juechter, J. S. Guarding: The keystone of system safety. *Proc. of the Fifth International Conference of the System Safety Society*, VB-1–VB-21, July 1981.

97. Kahneman, D., P. Slovic, and A. Tversky. 1982. *Judgment under Uncertainty: Heuristics and Biases*. New York: Cambridge University Press.

98. Kemeny, John G. 1979. *Report of the President's Commission on Three Mile Island (The Need for Change: The Legacy of TMI)*. Washington, DC: U.S. Government Accounting Office.

99. Kemeny, John G. 1980. Saving American democracy: The lessons of Three Mile Island. *Technology Review* (June–July):65–75.

100. Kjellen, Urban. 1982. An evaluation of safety information systems at six medium-sized and large firms. *Journal of Occupational Accidents* 3:273–288.

101. Kjellen, Urban. 1987. Deviations and the feedback control of accidents. In *New Technology and Human Error*, ed. Jens Rasmussen, Keith Duncan, and Jacques Leplat, 143–156. New York: John Wiley & Sons.

102. Klein, Gary A., Judith Orasano, R. Calderwood, and Caroline E. Zsambok, eds. 1993. *Decision Making in Action: Models and Methods*. New York: Ablex Publishers.

103. Kletz, Trevor. Human problems with computer control. *Plant/Operations Progress* 1 (4), October 1982.

104. Koppel, Ross, Joshua Metlay, Abigail Cohen, Brian Abaluck, Russell Localio, Stephen Kimmel, and Brian Strom. (March 9, 2003). The role of computerized physical order entry systems in facilitating medication errors. *Journal of the American Medical Association* 293 (10):1197–1203.

105. Kraft, Christopher. Report of the Space Shuttle Management Independent Review. NASA, February 1995.

106. Ladd, John. Bhopal: An essay on moral responsibility and civic virtue. Department of Philosophy, Brown University, Rhode Island, January 1987.

107. La Porte, Todd R., and Paula Consolini. 1991. Working in practice but not in theory: Theoretical challenges of high-reliability organizations. *Journal of Public Administration: Research and Theory* 1:19–47.

108. Laracy, Joseph R. *A Systems-Theoretic Security Model for Large Scale, Complex Systems Applied to the U.S. Air Transportation System*. Master's thesis, Engineering Systems Division, MIT, 2007.

109. Lederer, Jerome. 1986. How far have we come? A look back at the leading edge of system safety eighteen years ago. *Hazard Prevention* (May/June):8–10.

110. Lees, Frank P. 1980. *Loss Prevention in the Process Industries, Vol. 1 and 2*. London: Butterworth.

111. Leplat, Jacques. 1987. Accidents and incidents production: Methods of analysis. In *New Technology and Human Error*, ed. Jens Rasmussen, Keith Duncan, and Jacques Leplat, 133–142. New York: John Wiley & Sons.

112. Leplat, Jacques. 1987. Occupational accident research and systems approach. In *New Technology and Human Error*, ed. Jens Rasmussen, Keith Duncan, and Jacques Leplat, 181–191. New York: John Wiley & Sons.

113. Leplat, Jacques. 1987. Some observations on error analysis. In *New Technology and Human Error*, ed. Jens Rasmussen, Keith Duncan, and Jacques Leplat, 311–316. New York: John Wiley & Sons.

114. Leveson, Nancy G. High-pressure steam engines and computer software. *IEEE Computer*, October 1994 (Keynote Address from IEEE/ACM International Conference on Software Engineering, 1992, Melbourne, Australia).

115. Leveson, Nancy G. 1995. *Safeware: System Safety and Computers*. Boston: Addison Wesley. (ナンシー・G・レブソン，松原友夫 監訳，西康晴・青木美津江・吉岡律夫・片平真史 訳 (2009)．『セーフウェア：安全・安心なシステムとソフトウェアを目指して』翔泳社)

116. Leveson, Nancy G. The role of software in spacecraft accidents. *AIAA Journal of Spacecraft and Rockets* 41 (4) (July 2004).

117. Leveson, Nancy G. 2007. Technical and managerial factors in the NASA Challenger and Columbia losses: Looking forward to the future. In *Controversies in Science and Technology, Vol. 2: From Chromosomes to the Cosmos*, ed. D. L. Kleinman, K. Hansen, C. Matta, and J. Handelsman, 237–261. New Rochelle, NY: Mary Ann Liebert, Inc.

118. Leveson, Nancy G., Margaret Stringfellow, and John Thomas. Systems Approach to Accident Analysis. IT Technical Report, 2009.

119. Leveson, Nancy, and Kathryn Weiss. Making embedded software reuse practical and safe. *Foundations of Software Engineering*, Newport Beach, Nov. 2004.

120. Leveson, Nancy G. (January 2000). Leveson intent specifications: An approach to building human- centered specifications. *IEEE Transactions on Software Engineering* SE-26 (1):15–35.

121. Leveson, Nancy, and Jon Reese. TCAS intent specification. http://sunnyday.mit.edu/papers/tcas- intent.pdf.

122. Leveson, Nancy, Maxime de Villepin, Mirna Daouk, John Bellingham, Jayakanth Srinivasan, Natasha Neogi, Ed Bacheldor, Nadine Pilon, and Geraldine Flynn. A safety and human-centered approach to developing new air traffic management tools. *4th International Seminar or Air Traffic Management Research and Development*, Santa Fe, New Mexico, December 2001.

123. Leveson, N.G., M. P.E. Heimdahl, H. Hildreth, and J.D. Reese. Requirements specification for process-control systems. *Trans. on Software Engineering*, SE-20(9), September 1994.

124. Leveson, Nancy G., Nicolas Dulac, Karen Marais, and John Carroll. (February/March 2009). Moving beyond normal accidents and high reliability organizations: A systems approach to safety in complex systems. *Organization Studies* 30:227–249.

125. Leveson, Nancy, Nicolas Dulac, Betty Barrett, John Carroll, Joel Cutcher-Gershenfield, and Stephen Friedenthal. 2005. *Risk Analysis of NASA Independent Technical Authority. ESD Technical Report Series, Engineering Systems Division*. Cambridge, MA: MIT.

126. Levitt, R. E., and H. W. Parker. 1976. Reducing construction accidents—Top management's role. *Journal of the Construction Division* 102 (CO3):465–478.

127. Lihou, David A. 1990. Management styles—The effects of loss prevention. In *Safety and Loss Prevention in the Chemical and Oil Processing Industries*, ed. C. B. Ching, 147–156. Rugby, UK: Institution of Chemical Engineers.

128. London, E. S. 1982. Operational safety. In *High Risk Safety Technology*, ed. A. E. Green, 111–127. New York: John Wiley & Sons.

129. Lucas, D. A. 1987. Mental models and new technology. In *New Technology and Human Error*, ed. Jens Rasmussen, Keith Duncan, and Jacques Leplat, 321–325. New York: John Wiley & Sons.

130. Lutz, Robyn R. Analyzing software requirements errors in safety-critical, embedded systems. *Proceedings of the International Conference on Software Requirements*, IEEE, January 1992.

131. Machol, Robert E. (May 1975). The Titanic coincidence. *Interfaces* 5 (5):53–54.

132. Mackall, Dale A. Development and Flight Test Experiences with a Flight-Critical Digital Control System. NASA Technical Paper 2857, National Aeronautics and Space Administration, Dryden Flight Research Facility, November 1988.

133. Main Commission Aircraft Accident Investigation Warsaw. Report on the Accident to Airbus A320-211 Aircraft in Warsaw, September 1993.

134. Martin, John S. 2006. Report of the Honorable John S. Martin to the Special Committee of the Board of Directors of Merck & Company, Inc, Concerning the Conduct of Senior Management in the Development and Marketing of Vioxx., Debevoise & Plimpton LLP, September 2006.

135. Martin, Mike W., and Roland Schinzinger. 1989. *Ethics in Engineering*. New York: McGraw-Hill.

136. McCurdy, H. 1994. *Inside NASA: High Technology and Organizational Change in the U.S. Space Program*. Baltimore: Johns Hopkins University Press.

137. Miles, Ralph F., Jr. 1973. Introduction. In *Systems Concepts: Lectures on Contemporary Approaches to Systems*, ed. Ralph F. Miles, Jr., 1–12. New York: John F. Wiley & Sons.

138. Miller, C. O. 1985. A comparison of military and civil approaches to aviation system safety. *Hazard Prevention* (May/June):29–34.

139. Morgan, Gareth. 1986. *Images of Organizations*. New York: Sage Publications.

140. Mostrous, Alexi. Electronic medical records not seen as a cure-all: As White House pushes expansion, critics cite errors, drop-off in care. *Washington Post*, Sunday Oct. 25, 2009.

141. NASA Aviation Safety Reporting System Staff. Human factors associated with altitude alert systems. NASA ASRS Sixth Quarterly Report, NASA TM-78511, July 1978.

142. Nelson, Paul S. *A STAMP Analysis of the LEX Comair 5191 Accident*. Master's thesis, Lund University, Sweden, June 2008.

143. Norman, Donald A. 1990. The "problem" with automation: Inappropriate feedback and interaction, not "over-automation." In *Human Factors in Hazardous Situations*, ed. D. E. Broadbent, J. Reason, and A. Baddeley, 137–145. Oxford: Clarendon Press.

144. Norman, Donald A. (January 1981). Categorization of action slips. *Psychological Review* 88 (1):1–15.

145. Norman, Donald A. (April 1983). Design rules based on analyses of human error. *Communications of the ACM* 26 (4):254–258.

146. Norman, D. A. 1993. *Things That Make Us Smart*. New York: Addison-Wesley.

147. O'Connor, Dennis R. 2002. *Report of the Walkerton Inquiry*. Toronto: Ontario Ministry of the Attorney General.

148. Okie, Susan 2005. What ails the FDA? *New England Journal of Medicine* 352 (11):1063–1066.

149. Orisanu, J., J. Martin, and J. Davison. 2007. Cognitive and contextual factors in aviation accidents: Decision errors. In *Applications of Naturalistic Decision Making*, ed. E. Salas and G. Klein, 209–225. Mahwah, NJ: Lawrence Erlbaum Associates.

150. Ota, Daniel Shuichiro. *Assuring Safety in High-Speed Magnetically Levitated (Maglev) Systems: The Need for a System Safety Approach*. Master's thesis, MIT, May 2008.

151. Owens, Brandon, Margaret Stringfellow, Nicolas Dulac, Nancy Leveson, Michel Ingham, and Kathryn Weiss. Application of a safety-driven design methodology to an outer planet exploration mission. *2008 IEEE Aerospace Conference*, Big Sky, Montana, March 2008.

152. Pate-Cornell, Elisabeth. (November 30, 1990). Organizational aspects of engineering system safety: The case of offshore platforms. *Science* 250:1210–1217.

153. Pavlovich, J. G. 1999. *Formal Report of the Investigation of the 30 April 1999 Titan IV B/Centaur TC-14/ Milstar-3 (B32)*. U.S. Air Force.

154. Pereira, Steven J., Grady Lee, and Jeffrey Howard. A system-theoretic hazard analysis methodology for a non-advocate safety assessment of the ballistic missile defense system. *AIAA Missile Sciences Conference*, Monterey, CA, Nov. 2006.

155. Perrow, Charles. 1999. *Normal Accidents: Living with High-Risk Technology*. Princeton, NJ: Princeton University Press.

156. Perrow, Charles. 1986. The habit of courting disaster. *The Nation* (October):346–356.

157. Petersen, Dan. 1971. *Techniques of Safety Management*. New York: McGraw-Hill.

158. Pickering, William H. 1973. Systems engineering at the Jet Propulsion Laboratory. In *Systems Concepts: Lectures on Contemporary Approaches to Systems*, ed. Ralph F. Miles, Jr., 125–150. New York: John F. Wiley & Sons.

159. Piper, Joan L. 2001. *Chain of Events: The Government Cover-Up of the Black Hawk Incident and the Friendly Fire Death of Lt. Laura Piper*. London: Brasseys.

160. Psaty, Bruce, and Richard A. Kronmal. (April 16, 2008). Reporting mortality findings in trials of rofecoxib for Alzheimer disease or cognitive impairment: A case study based on documents from rofecoxib litigation. *Journal of the American Medical Association* 299 (15):1813.

161. Ramo, Simon. 1973. The systems approach. In *Systems Concepts: Lectures on Contemporary Approaches to Systems*, ed. Ralph F. Miles, Jr., 13–32. New York: John Wiley & Sons.

162. Rasmussen, Jens. Approaches to the control of the effects of human error on chemical plant safety. In *International Symposium on Preventing Major Chemical Accidents*, American Inst. of Chemical Engineers, February 1987.

163. Rasmussen, J. (March/April 1985). The role of hierarchical knowledge representation in decision making and system management. *IEEE Transactions on Systems, Man, and Cybernetics* SMC-15 (2):234–243.

164. Rasmussen, J. 1986. *Information Processing and Human–Machine Interaction: An Approach to Cognitive Engineering*. Amsterdam: North Holland.

165. Rasmussen, J. 1990. Mental models and the control of action in complex environments. In *Mental Models and Human–Computer Interaction*, ed. D. Ackermann and M. J. Tauber, 41–69. Amsterdam: North-Holland.

166. Rasmussen, Jens. 1990. Human error and the problem of causality in analysis of accidents. In *Human Factors in Hazardous Situations*, ed. D. E. Broadbent, J. Reason, and A. Baddeley, 1–12. Oxford: Clarendon Press.

167. Rasmussen, Jens. Risk management in a dynamic society: A modelling problem. *Safety Science* 27 (2/3) (1997):183–213.

168. Rasmussen, Jens, Keith Duncan, and Jacques Leplat. 1987. *New Technology and Human Error*. New York: John Wiley & Sons.

169. Rasmussen, Jens, Annelise Mark Pejtersen, and L. P. Goodstein. 1994. *Cognitive System Engineering*. New York: John Wiley & Sons.

170. Rasmussen, Jens, and Annelise Mark Pejtersen. 1995. Virtual ecology of work. In *An Ecological Approach to Human Machine Systems I: A Global Perspective*, ed. J. M. Flach, P. A. Hancock, K. Caird, and K. J. Vicente, 121–156. Hillsdale, NJ: Erlbaum.

171. Rasmussen, Jens, and Inge Svedung. 2000. *Proactive Risk Management in a Dynamic Society*. Stockholm: Swedish Rescue Services Agency.

172. Reason, James. 1990. *Human Error*. New York: Cambridge University Press. (ジェームズ・リーズン，十亀洋 訳（2014）．『ヒューマンエラー』海文堂)

173. Reason, James. 1997. *Managing the Risks of Organizational Accidents*. London: Ashgate. (ジェームズ・リーズン，塩見弘・佐相邦英・高野研一 訳（1999）．『組織事故：起こるべくして起こる事故からの脱出』日科技連)

174. Risk Management Pro. Citichem Syndicate: Introduction to the Transcription of the Accident Scenario, ABC Circle Films, shown on ABC television, March 2, 1986.

175. Roberts, Karlene. 1990. Managing high reliability organizations. *California Management Review* 32 (4):101–114.

176. Rochlin, Gene, Todd LaPorte, and Karlene Roberts. The self-designing high reliability organization. *Naval War College Review* 40 (4):76–91, 1987.

177. Rodriguez, M., M. Katahira, M. de Villepin, and N. G. Leveson. Identifying mode confusion potential in software design. *Digital Aviation Systems Conference*, Philadelphia, October 2000.

178. Rubin, Rita. How did the Vioxx debacle happen? *USA Today*, October 12, 2004.

179. Russell, Bertrand. 1985. *Authority and the Individual*. 2nd ed. London: Routledge.

180. Sagan, Scott. 1995. *The Limits of Safety*. Princeton, NJ: Princeton University Press.

181. Sarter, Nadine, and David Woods. (November 1995). How in the world did I ever get into that mode? Mode error and awareness in supervisory control. *Human Factors* 37 (1):5–19.

182. Sarter, Nadine N., and David Woods. Strong, silent, and out-of-the-loop. CSEL Report 95-TR-01, Ohio State University, February 1995.

183. Sarter, Nadine, David D. Woods, and Charles E. Billings. 1997. Automation surprises. In *Handbook of Human Factors and Ergonomics*, 2nd ed., ed. G. Salvendy, 1926–1943. New York: Wiley.

184. Schein, Edgar. 1986. *Organizational Culture and Leadership*. 2nd ed. New York: Sage Publications.

185. Senge, Peter M. 1990. *The Fifth Discipline: The Art and Practice of Learning Organizations*. New York: Doubleday Currency. (ピーター・センゲ，枝廣淳子・小田理一郎・中小路佳代子 訳（2011）．『学習する組織：システム思考で未来を創造する』英治出版)

186. Shappell, S., and D. Wiegmann. The Human Factors Analysis and Classification System—HFACS. Civil Aeromedical Medical Institute, Oklahoma City, OK, Office of Aviation Medicine Technical Report COT/FAA/AN-00/7, 2000.

187. Sheen, Barry. 1987. *Herald of Free Enterprise Report Marine Accident Investigation Branch, Department of Transport (originally Report of Court No 8074 Formal Investigation)*. London: HMSO.

188. Shein, Edgar. 2004. *Organizational Culture and Leadership*. San Francisco: Jossey-Bass. (エドガー・H・シャイン，梅津裕良・横山哲夫 訳（2012）．『組織文化とリーダーシップ』白桃書房)

189. Shockley-Zabalek, P. 2002. *Fundamentals of Organizational Communication*. Boston: Allyn & Bacon.

190. Smith, Sheila Weiss. 2007. Sidelining safety—The FDA's inadequate response to the IOM. *New England Journal of Medicine* 357 (10):960–963.

191. Snook, Scott A. 2002. *Friendly Fire: The Accidental Shootdown of U.S. Black Hawks Over Northern Iraq*. Princeton, NJ: Princeton University Press.

192. Staff, Spectrum. 1987. Too much, too soon. *IEEE Spectrum* (June):51–55.

193. Stephenson, A. Mars Climate Orbiter: Mishap Investigation Board Report. NASA, November 10, 1999.

194. Sterman, John D. 2000. *Business Dynamics*. New York: McGraw-Hill.

195. Stringfellow, Margaret. *Human and Organizational Factors in Accidents*. Ph.D. Dissertation, Aeronautics and Astronautics, MIT, 2010.

196. Swaanenburg, H. A. C., H. J. Swaga, and F. Duijnhouwer. 1989. The evaluation of VDU-based man- machine interfaces in process industry. In *Analysis, Design, and Evaluation of Man-Machine Systems*, ed. J. Ranta, 71–76. New York: Pergamon Press.

197. Taylor, Donald H. 1987. The role of human action in man-machine system errors. In *New Technology and Human Error*, ed. Jens Rasmussen, Keith Duncan, and Jacques Leplat, 287–292. New York: John Wiley & Sons.

198. Taylor, J. R. 1982. An integrated approach to the treatment of design and specification errors in electronic systems and software. In *Electronic Components and Systems*, ed. E. Lauger and J. Moltoft, 87–93. Amsterdam: North Holland.

199. Thomas, John, and Nancy Leveson. 2010. *Analyzing Human Behavior in Accidents*. MIT Research Report, Engineering Systems Division.

199a. Thomas, John and Nancy Leveson. 2011. Performing hazard analysis on complex software and human-intensive systems. In *Proceedings of the International System Safety Society Conference*, Las Vegas.

200. U.S. Government Accounting Office, Office of Special Investigations. 1997. *Operation Provide Comfort: Review of Air Force Investigation of Black Hawk Fratricide Incident (GAO/T-OSI-98-13)*. Washington, DC: U.S. Government Printing Office.

201. Vicente, Kim J. 1995. *A Field Study of Operator Cognitive Monitoring at Pickering Nuclear Generating Station. Technical Report CEL 9504, Cognitive Engineering Laboratory*. University of Toronto.

202. Vicente, Kim J. 1999. *Cognitive Work Analysis: Toward Safe, Productive, and Healthy Computer-Based Work*. Mahwah, NJ: Lawrence Erlbaum Associates.

203. Vicente, Kim J., and J. Rasmussen. Ecological interface design: Theoretical foundations. *IEEE Trams. on Systems, Man, and Cybernetics* 22 (4) (July/August 1992).

204. Watt, Kenneth E.F. 1974. *The Titanic Effect*. Stamford, CT: Sinauer Associates.

205. Weick, Karl E. 1987. Organizational culture as a source of high reliability. *California Management Review* 29 (2):112–127.

206. Weick, Karl E. 1999. K. Sutcliffe, and D. Obstfeld. Organizing for high reliability. *Research in Organizational Behavior* 21:81–123.

207. Weinberg, Gerald. 1975. *An Introduction to General Systems Thinking*. New York: John Wiley & Sons. (ジェ ラルド・M・ワインバーグ，松田武彦 監訳，増田伸爾 訳 (1979)．『一般システム思考入門』紀伊國屋書店)

208. Weiner, E.L. *Human Factors of Advanced Technology ("Glass Cockpit") Transport Aircraft*. NASA Contractor Report 177528, NASA Ames Research Center, June 1989.

209. Weiner, Earl L., and Renwick E. Curry. 1980. Flight-deck automation: Promises and problems. *Ergonomics* 23 (10):995–1011.

210. Wiener, Norbert. 1965. *Cybernetics: or the Control and Communication in the Animal and the Machine*. 2nd ed. Cambridge, MA: MIT Press. (ノーバート・ウィーナー，池原止戈夫・彌永昌吉・室賀三郎・戸田巌 訳 (2011)．『サイバネティックス：動物と機械における制御と通信』岩波文庫)

211. Weiss, Kathryn A. *Building a Reusable Spacecraft Architecture Using Component-Based System Engineering*. Master's thesis, MIT, August 2003.

212. Wong, Brian. *A STAMP Model of the Überlingen Aircraft Collision Accident*. S.M. thesis, Aeronautics and Astronautics, MIT, 2004.

213. Woods, David D. Some results on operator performance in emergency events. In *Ergonomic Problems in Process Operations*, ed. D. Whitfield, Institute of Chemical Engineering Symposium, Ser. 90, 1984.

214. Woods, David D. Lessons from beyond human error: Designing for resilience in the face of change and surprise. Design for Safety Workshop, NASA Ames Research Center, October 8–10, 2000.

215. Young, Thomas (Chairman). *Mars Program Independent Assessment Team Report. NASA, March 2000*.

216. Young, T. Cuyler. 1975. Pollution begins in prehistory: The problem is people. *Man in Nature: Historical Perspectives on Mara in His Environment*, ed. Louis D. Levine. Toronto: Royal Ontario Museum.

217. Zsambok, Caroline E., and Gary Klein, eds. 1997. *Naturalistic Decision Making*. Mahwah, NJ: Lawrence Erlbaum Associates.

索　引

―――――― 英字 ――――――

A300 型機の事故　18

ASAP（航空安全対策プログラム）　336

ASRS（航空安全報告システム）　335, 356

B757 型機の事故　20, 33, 73, 80, 84, 146

CAST の比較　319

DC-10 型機の事故　18, 19, 250

FMEA（故障モード分析）　13, 175

FOQA（運航品質保証）　337

HAZOP　175, 176, 183

HFACS（人間要因分析と分類システム）　320

HRO（高信頼性組織）　36, 338

HRO 理論　37

ICBM（大陸間弾道ミサイル）　61, 358

INPO（原子力発電運転協会）　335

ITA（独立技術部門）　163-165, 192-198, 372

JAXA の無人宇宙船（HTV）　206

MORT（管理監督リスクツリー）　25, 26

NASA　163, 164

OQE（品質についての客観的な証拠）　373

PRA（確率論的リスク評価）　28-30

STAMP（システム理論に基づく事故モデルとプロセス）　61

STPA の比較　197

SUBSAFE　329, 338, 346, 347, 367, 370

SUBSAFE 認証　373

TCAS（空中衝突防止装置）　78, 157, 159, 160, 257, 259, 270-272, 276, 324

TMI（スリーマイル島）　248, 334, 335

TTPS（耐熱タイル処理システム）　208, 210, 213

USS スレッシャーの事故　369

―――――― ア行 ――――――

新しいタイプのヒューマンエラー　4

後知恵バイアス　32, 287, 297, 306, 308

安全管理計画　149, 339

安全コントロールストラクチャー　67, 162-165, 168, 171, 173

安全コントロールストラクチャー全体　169

安全コントロールストラクチャーの構築　270, 275

安全主導設計　143, 144, 207-211, 258

安全情報システム　363

安全性　10

安全性と信頼性　7, 10, 11, 153

安全制約　10, 54, 64, 159, 176, 181, 182, 215, 272, 328

安全プログラム計画　364

安全文化　43, 352-356

安全への取り組みの費用対効果　143, 149, 207

安全方針　149, 153, 316, 317, 349

安全ワーキンググループ　359

イベントツリー解析　175

医薬品の安全性　58, 147, 168, 169, 171, 173, 198, 200, 201, 205

因果関係のフィルタリング　44

インシデント　154

インターフェース　259

インテント仕様　255-258, 325, 328

宇宙船　181

宇宙探査機のハザード　156

運航品質保証（FOQA）　337

エラー耐性のある設計　38, 231, 233, 244

オペレーターのエラー　30-34, 39, 44, 297

―――――― カ行 ――――――

階層　52-54, 255

階層理論　53

回分式化学反応器（回分反応器）　8, 9, 40, 183

化学プラント　154, 155, 291, 292, 295

学習志向　326

核兵器　159

確率論的リスク解析　30, 47

確率論的リスク評価（PRA）　28-30, 48, 326, 373

環境の想定　270

勧告　333

監査　318, 327, 331, 333, 375

監視　270

監視における人間の役割　227

管理監督リスクツリー（MORT）　25

教育　332

教育と訓練　338, 365, 378

競合する目的　11

空中衝突防止装置（TCAS）　157, 257, 324

訓練　332

索　引　439

計画外の変化　177, 328
計画継続　230
計画された変更　177, 188, 328
計画におけるヒューマンエラー　229
警報　247-249
原子力発電　334
原子力発電運転協会（INPO）　335
健全性チェック　220
権力の分離　372

航空安全対策プログラム（ASAP）　336
航空安全報告システム（ASRS）　335, 356
航空管制　11, 58, 154, 155, 159, 160, 264
高信頼性組織（HRO）　11, 36, 338
高リスクな状態への移行　42, 43, 138, 191, 314, 328,
　　330, 344, 346, 351, 352
高リスクな状態への移行の防止　177
高リスクな状態への移行のモデリングと予測　201
故障モード影響分析　xvii
故障モード分析（FMEA）　13
コスト　321, 343, 347
コミュニケーション　253, 311
コミュニケーション・チャネル　317, 318
コロンビア号の事故　262
コンテキスト要因　297
コンポーネントの相互作用による事故　8, 9, 29, 73, 144,
　　205, 217
根本原因　15, 17, 18, 21, 22, 24, 26, 27, 34, 83, 287,
　　332

──────────── サ行 ────────────

参加型の監査　331

事故　63, 151, 153, 154
事故・インシデントの再調査　188
事故因果関係モデル　xvii, 13
事故におけるソフトウェアの役割　39
事故の発生プロセス　42, 83, 175, 287, 288, 315, 316,
　　321
自己満足　315, 350, 377
事故モデル　13-15, 20, 24, 27, 30, 38, 39, 47-49, 54
事象連鎖　289
事象連鎖の根本原因　19
事象連鎖モデル　15-17, 21, 26, 28, 31, 33, 38, 56
システミックな要因　17, 21, 24, 25, 28, 29, 326, 344,
　　347
システム境界　154
システム工学　147-150, 253, 255, 258, 259, 262
システム設計上の意思決定　263
システムダイナミクス・モデル　201
システム理論　51, 52, 54, 255, 381
社会システム　147, 168, 198
ジャスト・カルチャー　331, 355-357

柔軟性　58, 328
柔軟性の呪い　41
受動的コントロール　64
遵守のみの儀式　143
仕様　149, 186
仕様書　253-255
症状　310
冗長性　217
衝突防止システム　259
情報の共有　331
初期の設計上の決定　145, 149
信頼性　10, 39, 42, 53

推奨事項　315, 319
スイスチーズモデル　15, 28, 320
スリーマイル島（TMI）　10, 30, 33, 236, 248, 307, 334

制限　210, 284
セーフティケース　144
責任　149, 316, 319, 357-360
責任の割り当て　275
先行指標　43, 330

想定　177, 187, 269, 270, 271, 325, 331
創発　52
創発特性　53, 54, 56, 63
ソフトウェアの設計　145

──────────── タ行 ────────────

タイタニック号　29
タイタニック効果　29
タイタニック号での偶然の一致　29
耐熱タイル処理システム（TTPS）　152, 156, 208
タイムラグ　55, 70, 71, 78, 120, 129
大陸間弾道ミサイル（ICBM）システム　57, 358
段階的なコントロール　232
弾道ミサイルシステム　xvii
弾道ミサイル迎撃システム　178, 181, 186
弾道ミサイル防衛システム　178

遅延　78
チャレンジャー号　45
チャレンジャー号の事故　262, 338
沈黙した安全プログラム　323

追跡調査　333

ディープウォーター・ホライズン石油プラットフォームの
　　爆発事故　344, 351
適応　67, 84, 138, 327, 328
適応性　42
鉄道の連結事故　30

独立技術部門（ITA）　163, 165, 372
ドミノモデル　14, 15

トレーサビリティー　149, 254, 258, 272, 278, 280, 285, 324

トレードオフ検討　262, 264

トレードスタディ　59

──────── ナ行 ────────

ニムロッドの事故　143, 354

人間要因分析と分類システム（HFACS）　320

認知的固着　230, 231

能動的コントロール　64

──────── ハ行 ────────

パイロットのエラー　33

ハザード　153-159, 261, 262

ハザードの評価　262, 265

ハザード分析　149, 175, 205

ハザードログ　143, 180, 254, 261, 265, 267, 273, 285, 325

パフォーマンス評価　327

否定の文化　354

非同期的な進化　70, 78, 424

非難　43, 45, 46, 84, 226, 287, 315, 321, 331, 338, 352, 354, 356, 357

ヒューマンエラー　31, 33, 35, 37-39, 146, 189, 191, 225, 227, 229-231, 236, 238, 239, 259, 297

ヒューマンエラーを減らすための設計　234

ヒューマンタスク分析　146, 148, 211, 272

評価指標　49, 85, 330

費用対効果　344, 347

品質についての客観的な証拠（OQE）　373

フィードバック　35, 36, 54, 55, 66, 80, 177, 183, 190, 215, 218-220, 247, 249, 250, 310, 313, 325, 326 -328, 330, 350, 351

フィードバックの設計　244

フォールトツリー　13, 15, 25, 183

フォールトツリー解析　xvii, 48, 175, 206

複雑性　3, 4, 253

複数のコントローラー　160, 187, 194, 196, 228, 243

複数のコントローラーの連携　81

福知山線脱線事故　357

不適切なコントロール　56

フリックスボロー　328

プロセス改善　326, 333

プロセスモデル　72, 79, 183, 189, 190, 201, 215, 222, 236, 243, 307, 315, 337

プロセスモデルの更新　244

プロセスモデルの初期化と更新　221

文化　352, 354, 355, 371

分散型意思決定　13, 36

文書　255

文書化　278

ペーパーワーク文化　354

ヘラルド・オブ・フリーエンタープライズ号　11, 12, 25, 36, 56

ヘラルド・オブ・フリーエンタープライズ号の事故　73

変化　80, 146, 147, 150, 155, 176, 187, 188, 325, 327, 424

変更　317

報告システム　333, 351

ボパール　21, 22, 28, 42, 75, 337

──────── マ行 ────────

マーズ・ポーラー・ランダー　8, 9, 40, 56, 73

味方への誤射　18, 70, 186, 327

味方への誤射による事故　78, 82, 83, 87, 311

ミサイル防衛システム　187

ミルストーン原子力発電所　335, 353

民間航空　335

矛盾する目標　58, 169

メンタルモデル　34-36, 38, 79

モードの混乱　187, 228, 238-241

モデルに関する条件　55

問題報告　313, 317, 356, 377

──────── ヤ行 ────────

ユーバーリンゲンの事故　83, 160, 311, 312

要求と制約　11

要求の欠陥　40, 41

予備的ハザード分析　210, 261, 269

予備としての人間の役割　228

──────── ラ行 ────────

ラスムッセンとスベダンのリスク管理モデル　26, 27

リーダーシップ　149, 331, 333, 348, 353

リーダーシップとコミットメント　149

リスク認識　350

リスク評価　85, 194, 263, 265, 315, 350

リスク評価指標　268, 269

リスク分析　191, 194, 195, 197, 198

リスクマトリックス　263

例外による管理　233, 249

レキシントンのコムエアー事故　223, 320, 350

連携　311

連携リスク　196

労働安全　341

論理的根拠　149, 186, 254, 255, 280, 324, 325, 338

論理的根拠の文書化　271

──────── ワ行 ────────

ワーキンググループ　359

【監訳者・訳者】

兼本 茂（カネモト シゲル）[*, **]

1976 年　大阪大学大学院工学研究科原子力工学専攻修了

現　　在　会津大学 名誉教授、工学博士

主　　著　『システム技術に基づく安全設計ガイド』（共著，電波新聞社，2019）

株式会社東芝で原子力プラントの安全・異常診断技術などの研究開発に従事。2005 年より会津大学コンピュータ理工学部教授を務め、機能安全やシステム安全などの研究に従事し、2017 年に退官。その他、IPA/IoT システム安全性向上ワーキンググループ主査、福島県廃炉安全監視県民会議議長などを務める。

福島祐子（フクシマ ユウコ）[*, **]

1985 年　東京外国語大学外国語学部卒業

現　　在　BIPROGY 株式会社（旧日本ユニシス株式会社）総合技術研究所 主席研究員

主　　著　『CAST HANDBOOK 日本語版』（Nancy G. Leveson 著，共訳）

日本ユニシス株式会社に入社後、大規模システム開発プロセスのエンジニアリング、エンタープライズ・アーキテクチャ開発方法論の適用活動を経て、2015 年総合技術研究所に異動。システムズエンジニアリング、MBSE、STAMP/STPA の適用研究に従事。STAMP 関連の講演・講義・執筆多数。

【訳者】

青木善貴（アオキ ヨシタカ）

2015 年　芝浦工業大学大学院理工学研究科機能制御システム専攻博士後期課程修了

現　　在　BIPROGY 株式会社総合技術研究所 主席研究員、博士（工学）

石井正悟（イシイ ショウゴ）[*]

京都大学理学部（物理）卒業。株式会社東芝を経て、

現　　在　独立行政法人情報処理推進機構（IPA）専門委員

岡本圭史（オカモト ケイシ）[*, **]

1998 年　早稲田大学理工学研究科数学専攻博士後期課程退学

現　　在　仙台高等専門学校総合工学科 教授、博士（理学）

沖汐大志（オキシオ モトジ）[**]

現　　在　BIPROGY 株式会社総合技術研究所

片平真史（カタヒラ マサフミ）

1995 年　フロリダ工科大学 Computer Information System M.S. 修了

2000 年〜2001 年　MIT Nancy Leveson 研究室にて STAMP/STPA の適用研究に従事

現　　在　宇宙航空研究開発機構 研究領域総括、九州大学大学院システム情報科学府 非常勤講師

主　　著　『セーフウェア』（Nancy G. Leveson 著，共訳，翔泳社，2009）、『STPA HANDBOOK 日本語版』、
　　　　　『CAST HANDBOOK 日本語版』（いずれも Nancy G. Leveson 著，共訳）

金子朋子（カネコ トモコ）[*, **]

2014 年　情報セキュリティ大学院大学情報セキュリティ専攻博士後期課程修了

2016 年〜2019 年　情報処理推進機構にて STAMP/STPA、CAST の適用研究に従事

現　　在　創価大学理工学部情報システム工学科 教授、AI/IoT システム安全性研究会 代表、博士（情報学）

主　　著　『セーフティ＆セキュリティ入門』（単著，日科技連，2021）、『CAST HANDBOOK 日本語版』（Nancy
　　　　　G. Leveson 著，共訳）

日下部 茂（クサカベ シゲル）*, **

1991 年　九州大学大学院総合理工学研究科情報システム学専攻修士課程修了

現　　在　九州工業大学大学院情報工学研究院 教授、博士（工学）

野本秀樹（ノモト ヒデキ）*, **

2005 年〜2006 年　MIT 航空宇宙研究所 Nancy Leveson 研究室 客員研究員

2014 年　JAXA において、レジリエンス・エンジニアリングを立ち上げ、次世代宇宙ステーション補給機のアーキテクチャを設計

現　　在　有人宇宙システム株式会社 先端技術研究センター長、工学博士

橋本岳男（ハシモト タケオ）*, **

現　　在　株式会社日立産業制御ソリューションズ MBSE DESIGN センタ

向山 輝（ムカイヤマ アキラ）*, **

1988 年　国際基督教大学教養学部理学科卒業

1990 年　上智大学大学院理工学研究科機械工学専攻博士前期課程修了

現　　在　日本電気株式会社

山口晋一（ヤマグチ シンイチ）**

2015 年〜2017 年　Nancy Leveson 教授の指導の下、STAMP/STPA の適用研究を実施

2017 年　マサチューセッツ工科大学（MIT）修了

現　　在　サイバー大学 IT 総合学部 准教授、慶應義塾大学大学院附属システムデザイン・マネジメント研究所 研究員、博士（システムエンジニアリング学）

吉岡信和（ヨシオカ ノブカズ）**

1998 年　北陸先端科学技術大学院大学情報科学研究科博士後期課程修了

現　　在　QAML 株式会社 代表取締役社長、早稲田大学理工学術院総合研究所 研究院客員上級研究員（研究院客員教授）、北陸先端科学技術大学院大学 客員教授、国立情報学研究所 特任研究員

余宮尚志（ヨミヤ ヒサシ）*, **

1995 年　立命館大学理工学部卒業

1997 年　東京工業大学大学院理工学研究科修士課程修了

2011 年　東京工業大学大学院イノベーションマネジメント研究科専門職学位課程修了

現　　在　トヨタ自動車株式会社

主　　著　『システム技術に基づく安全設計ガイド』（共著，電波新聞社，2019）

* IPA/IoT システム安全性向上ワーキンググループメンバー

** AI/IoT システム安全性シンポジウム実行メンバー

システム理論による安全工学
想定外に気づくための思考法 STAMP
原題：Engineering a Safer World
　　　Systems Thinking Applied to Safety

2024 年 10 月 15 日　初版 1 刷発行

著　者　Nancy G. Leveson（ナンシー・G・レブソン）
監訳者　兼本　茂・福島祐子
訳　者　青木善貴・石井正悟・岡本圭史・
　　　　沖汐大志・片平真史・金子朋子・
　　　　兼本　茂・日下部茂・野本秀樹・
　　　　橋本岳男・福島祐子・向山　輝・
　　　　山口晋一・吉岡信和・余宮尚志　　©2024
発行者　南條光章
発行所　共立出版株式会社
　　　　郵便番号 112-0006
　　　　東京都文京区小日向 4 丁目 6 番 19 号
　　　　電話　（03）3947-2511（代表）
　　　　振替口座　00110-2-57035 番
　　　　www.kyoritsu-pub.co.jp

印　刷　加藤文明社
製　本　ブロケード

検印廃止
NDC 007.61, 509.8
ISBN 978-4-320-07203-9

一般社団法人
自然科学書協会
会員

Printed in Japan

JCOPY ＜出版者著作権管理機構委託出版物＞
本書の無断複製は著作権法上での例外を除き禁じられています．複製される場合は，そのつど事前に，出版者著作権管理機構（ＴＥＬ：03-5244-5088，ＦＡＸ：03-5244-5089，e-mail：info@jcopy.or.jp）の許諾を得てください．

■工学関連書

www.kyoritsu-pub.co.jp **共立出版**

工学公式ポケットブック 第2版……………………太田 博訳

オムニバス技術者倫理 第2版 オムニバス技術者倫理研究会編

アイデア・ドローイング コミュニケーションツールとして 第2版………中村純生著

システム理論による安全工学 想定外に気づくための思考法STAMP 兼本 茂他監訳

現場の声から考える人間中心設計……橋爪絢子他著

デザイン人間工学 魅力ある製品・UX・サービス構築のために…………山岡俊樹著

ユニバーサルデザイン実践ガイドライン 日本人間工学会編

ナノテクのための化学・材料入門‥日本表面科学会編集

ナノテクのための工学入門………日本表面科学会編集

工学系のための最適設計法 機械学習を活用した理論と実践……北山哲士著

グラフでわかる 初めてのフーリエ解析 比田井洋史著

3次元回転 パラメータ計算とリー代数による最適化……金谷健一著

流体工学と伝熱工学のための次元解析活用法 五十嵐 保他著

工学系学生のための数学入門…………石村園子著

工学系学生のための数学物理学演習 増補版 橋爪秀利著

災害対応と近現代史の交錯 デジタルアーカイブと質的データ分析の活用‥佐藤慶一著

データ分析失敗事例集 失敗から学び、成功を手にする………尾花山和哉他編著

マイクロコンピュータ入門 高性能な8ビットPICマイコンのC言語によるプログラミング 米谷 竜他編著

情報とデザイン (未来へつなぐDS 39)……………久野 靖他著

Raspberry Piでロボットをつくろう! 動いて、感じて、考えるロボットの製作とPythonプログラミング 齊藤哲哉訳

Raspberry Piでスーパーコンピュータをつくろう! 齊藤哲哉訳

第一原理計算の基礎と応用 (物理学最前線27) 大野かおる著

大学新入生のための力学………………西浦宏幸他著

スピントロニクス 応用編(現代講座・磁気工学4)‥‥鈴木義茂他著

電磁気学基礎論 ベクトル解析で再構築する古典理論‥常定芳基著

電磁気学 講義ノート…………………高木 淳他著

入門 工系の電磁気学…………………西浦宏幸他著

英語と日本語で学ぶ 表面張力現象の力学…‥小野直樹著

資源・エネルギー学 カーボンニュートラル社会実現のための……………浅田隆志他著

工業熱力学の基礎と要点………………中山 顕他著

ハイドロジェノミクス "水素"を使いこなすためのサイエンス………折茂慎一他編著

SDGs達成に向けたネクサスアプローチ 地球環境問題の解決のために 谷口真人編

昆虫の行動の仕組み 小さな脳による制御とロボットへの応用 (共立SS 13) 山脇兆史著

生物学と医学のための物理学 原著第4版 曽我部正博監訳

多結晶マテリアルズインフォマティクス 宇佐美徳隆編著

マテリアルズインフォマティクス…………伊藤 聡編

機能性材料科学入門…………………石井知彦他編

相関電子と軌道自由度 (物理学最前線22)……石原純夫著

持続可能システムデザイン学…………小林英樹著

超音波工学…………………………荻 博次著

無人航空機入門 ドローンと安全な空社会…………滝本 隆著

工科系のためのシステム工学 力学・制御工学 山本郁夫他著

テキスト 電気回路……………………庄 善之著